Hochschultext

W0261298

K. Leichtweiß

Konvexe Mengen

Mit 140 Abbildungen

Springer-Verlag
Berlin Heidelberg New York 1980

Kurt Leichtweiß
Mathematisches Institut B der Universität Stuttgart
Pfaffenwaldring 57
D-7000 Stuttgart 80

Lizenzausgabe für den Springer-Verlag Berlin Heidelberg
New York, Vertrieb in allen nicht-sozialistischen Ländern

AMS Subject Classification (1970): 52-01

ISBN-13: 978-3-540-09071-7   e-ISBN-13: 978-3-642-95335-4
DOI: 10.1007/978-3-642-95335-4

Vorwort

Die Theorie der konvexen Mengen stellt insofern eine besonders reizvolle mathematische Disziplin dar, als es in ihrem Rahmen möglich ist, aus wenigen, anschaulich unmittelbar einsichtigen Voraussetzungen geometrisch wie analytisch in gleicher Weise wichtige Schlußfolgerungen herzuleiten. Es erscheint daher nicht verwunderlich, daß es dem interessierten Laien hierbei schneller als bei anderen mathematischen Gebieten gelingen dürfte, sich einzuarbeiten und zu den Gegenständen aktueller Forschung vorzustoßen.

Eine Hilfestellung hierzu zu geben ist das Ziel dieses Buches. Es will kein neuer Ergebnisbericht im Stil des klassischen Werkes von BONNESEN-FENCHEL [3], sondern eine Einführung in die Theorie der konvexen Untermengen eines affinen bzw. euklidischen Raumes sein. Um diesem Anspruch gerecht zu werden, wurde besonderer Wert darauf gelegt, die behandelten Gegenstände so ausführlich und vollständig wie möglich darzustellen.

Dies hatte bei dem begrenzten Umfang des Buches natürlich eine zugegebenermaßen subjektive Stoffauswahl zur Folge, in welcher die Inhaltslehre und die Symmetrisierung konvexer Mengen eine bevorzugte Rolle spielen. Die diesbezüglichen Überlegungen gipfeln im Nachweis der Gültigkeit der verallgemeinerten Ungleichungen von BRUNN-MINKOWSKI nebst Gleichheitsdiskussion. Dagegen wurde auf eine eingehendere Behandlung der Theorie der konvexen Polytope verzichtet; diese findet sich in den Lehrbüchern von B. GRÜNBAUM [7] und McMULLEN-SHEPHARD [1]. Weiter blieben funktionalanalytische Verallgemeinerungen außer Betracht; in diesem Zusammenhang sei der Leser auf das Buch von F. VALENTINE [2] verwiesen. Auch auf Fragen über konvexe Körper mit Gitterpunkten, die in letzter Zeit durch Arbeiten von H. HADWIGER und J. WILLS wieder aktuell geworden sind, konnte nicht eingegangen werden. Schließlich mußten Anwendungen der Theorie der konvexen Mengen und speziell der polyedrischen Mengen auf die lineare Optimierung unterbleiben; hierzu werde insbesondere auf das umfassende Werk von J. STOER-CH. WITZGALL, Convexity and optimization in finite dimensions I (Springer-Verlag, Berlin-Heidelberg-New York 1970), verwiesen.

Von Frau R. BLIND geb. HAMMER (Stuttgart), die das gesamte Manuskript sorgfältig durchgesehen hat, stammen viele wichtige Hinweise und Verbesserungsvorschläge, die im Text bereits berücksichtigt wurden. Herr ADLER (Stuttgart) hat die erläuternden Figuren gezeichnet. Ich danke den Genannten sehr herzlich, ebenso dem VEB Deutscher Verlag der Wissenschaften für seine Unterstützung.

Möge dieses Buch mit dazu beitragen, einem interessierten Leserkreis die Freude an der Geometrie zu wecken und zu bewahren!

Stuttgart, im März 1977   K. LEICHTWEISS

Inhalt

I. Geometrische Eigenschaften konvexer Mengen

§ 1. Grundlegende Begriffe

Allen Betrachtungen dieses Buches liegt der n-dimensionale affine Raum A_n über den reellen Zahlen als Skalarbereich zugrunde (n beliebige natürliche Zahl). Die Punkte von A_n werden mit kleinen lateinischen Buchstaben bezeichnet; sie sollen der Einfachheit halber mit ihren Ortsvektoren (in bezug auf einen festen Koordinatenursprung $o \in A_n$) identifiziert werden. Wir schreiben also für den durch ein Punktepaar (a, b) des A_n gegebenen Vektor des zum A_n gehörenden Vektorraums V_n kurz $b - a$. Die reellen Zahlen werden im Gegensatz zu den Punkten mit kleinen griechischen Buchstaben bezeichnet. Aus der Analytischen Geometrie entnehmen wir die folgende

Definition 1.1. Eine Untermenge A des A_n heißt genau dann *affiner Unterraum* von A_n, wenn A *linear* ist, d. h., wenn A mit zwei beliebigen verschiedenen Punkten x_1 und x_2 auch deren Verbindungsgerade $x_1 \vee x_2$ enthält.

Dieser geometrischen Definition eines affinen Unterraumes läßt sich die folgende algebraische Definition zur Seite stellen:

Definition 1.2. Eine Untermenge A des A_n heißt genau dann *affiner Unterraum* von A_n, wenn A alle von A affin abhängenden Punkte enthält. Hierbei verstehen wir unter einem von A *affin abhängenden* Punkt $x \in A_n$ einen Punkt mit der Darstellung[1])

$$x = \sum_{l=1}^{k} \lambda_l x_l , \qquad \sum_{l=1}^{k} \lambda_l = 1 \qquad (x_1 \in A, \dots , x_k \in A) . \tag{1}$$

Satz 1.1. *Die Definitionen 1.1 und 1.2 sind äquivalent.*

Beweis. Es sei zunächst A ein affiner Unterraum des A_n im Sinne von Definition 1.2. Dann enthält A speziell mit zwei beliebigen verschiedenen Punkten x_1, x_2 auch alle Punkte x mit der Darstellung $x = \lambda_1 x_1 + \lambda_2 x_2$, $\lambda_1 + \lambda_2 = 1$ oder $x = x_1 + \lambda_2(x_2 - x_1)$, d. h. die ganze Verbindungsgerade $x_1 \vee x_2$ von x_1 und x_2. Ist aber A umgekehrt affiner Unterraum des A_n nach Definition 1.1, so läßt sich durch vollständige Induktion nach der in (1) auftretenden Zahl k zeigen, daß A jeden von A

---

[1]) Man überzeugt sich leicht, daß dieser Abhängigkeitsbegriff nicht von der Wahl des Koordinatenursprungs $o \in A_n$ abhängt (vgl. [1], S. 2).

affin abhängenden Punkt $x \in A_n$ enthält: Für $k = 1$ ist dies trivial, wir nehmen also an, A enthalte alle Punkte

$$y = \sum_{l'=1}^{k-1} \mu_{l'} y_{l'} \quad \text{mit} \quad \sum_{l'=1}^{k-1} \mu_{l'} = 1 \qquad (y_1 \in A, \ldots, y_{k-1} \in A) \, .$$

Ist dann x ein Punkt mit der Darstellung (1) $(k \geq 2)$, so können wir wegen $\sum_{l=1}^{k} \lambda_l = 1$ o. B. d. A. $\lambda_k \neq 1$ und damit $\sum_{m'=1}^{k-1} \lambda_{m'} \neq 0$ voraussetzen und erhalten

$$x = \left(\sum_{m'=1}^{k-1} \lambda_{m'} \right) \left(\sum_{l'=1}^{k-1} \mu_{l'} x_{l'} \right) + \lambda_k x_k \quad \left(\mu_{l'} = \frac{\lambda_{l'}}{\sum\limits_{m'=1}^{k-1} \lambda_{m'}} \right) . \tag{2}$$

Hierbei ist nach Induktionsvoraussetzung $y := \sum_{l'=1}^{k-1} \mu_{l'} x_{l'} \in A$ wegen $\sum_{l'=1}^{k-1} \mu_{l'} = 1$. Gleichung (2) sagt nun aus, daß x auf der Verbindungsgeraden der zu A gehörenden Punkte y und x_k liegt und somit (wie ganz $y \vee x_k$) zu A gehört. $\square$

Bemerkung 1.1. Aufgrund von (1) ist die folgende Bezeichnung plausibel: *Eine Untermenge X des A_n heißt dann affin unabhängig, wenn kein $x \in X$ von $X \setminus \{x\}$ affin abhängt, d. h., wenn aus $\sum_{l=1}^{k} \alpha_l x_l = 0$ mit $\sum_{l=1}^{k} \alpha_l = 0$ $(x_1 \in X, \ldots, x_k \in X$ paarweise verschieden) $\alpha_1 = \cdots = \alpha_k = 0$ folgt.* Offensichtlich ist dies mit der linearen Unabhängigkeit der Vektoren $x_2 - x_1, \ldots, x_k - x_1$ gleichbedeutend. Daraus ergibt sich unmittelbar

Bemerkung 1.2. *Jeder affine Unterraum A des A_n enthält eine maximale affin unabhängige Untermenge $\{x_0, \ldots, x_m\}$ so, daß A genau die Menge der von dieser Untermenge affin abhängenden Punkte des A_n darstellt:*

$$A = \left\{ x \in A_n; \, x = \sum_{l=0}^{m} \lambda_l x_l, \, \sum_{l=0}^{m} \lambda_l = 1 \right\} . \tag{3}$$

Bekanntlich ist die hier auftretende Zahl m die Dimension von A.[1]) Die durch (3) eindeutig bestimmten Koeffizienten λ_l $(l = 0, \ldots, m)$ heißen auch *baryzentrische Koordinaten* von x in bezug auf das Punktsystem $\{x_0, \ldots, x_m\}$.

Wir kommen nun zum Konvexitätsbegriff einer Untermenge des A_n, wenn wir in Definition 1.1 die Verbindungsgerade $x_1 \vee x_2$ durch die Verbindungsstrecke $x_1 x_2$ ersetzen:

Definition 1.3. Eine Untermenge K des A_n heißt genau dann *konvex*, wenn K mit zwei beliebigen verschiedenen Punkten x_1 und x_2 auch deren Verbindungsstrecke $x_1 x_2$ enthält.

Analog zu Definition 1.2 stellen wir der Definition 1.3 die folgende algebraische Definition zur Seite:

---

[1]) Im Fall $m = n - 1$ heißt A *Hyperebene* des A_n und zerlegt ihr Komplement in zwei Halbräume.

Definition 1.4. Eine Untermenge K des A_n heißt genau dann *konvex*, wenn K alle von K konvex abhängenden Punkte enthält. Hierbei sagen wir, $x \in A_n$ *hänge von K konvex ab*, wenn x die Darstellung

$$x = \sum_{l=1}^{k} \lambda_l x_l \,, \quad \sum_{l=1}^{k} \lambda_l = 1 \,, \quad \lambda_1 \geqq 0, \dots, \lambda_k \geqq 0 \quad (x_1 \in K, \dots, x_k \in K) \quad (4)$$

besitzt.

Satz 1.2. *Die Definitionen 1.3 und 1.4 sind äquivalent.*

Beweis. Der Beweis hierzu kann wortwörtlich wie derjenige von Satz 1.1 geführt werden; die hinzukommenden Positivitätsbedingungen für die Koeffizienten machen keine neuen Überlegungen erforderlich.

Beispiel 1.1. *(Offener) Halbraum.* Es sei

$$H := \{ x = (\xi_1, \dots, \xi_n) \in A_n; L(x) + \gamma \equiv \sum_{i=1}^{n} \gamma_i \xi_i + \gamma < 0 \}$$

$$((\gamma_1, \dots, \gamma_n) \neq (0, \dots, 0)) \,.$$

Dann ist H ein von der Hyperebene $L(x) + \gamma = 0$ begrenzter Halbraum des A_n. H ist konvex, da aus $x_1 \in H$, $x_2 \in H$ oder $L(x_1) + \gamma < 0$, $L(x_2) + \gamma < 0$ auch

$$L(\lambda_1 x_1 + \lambda_2 x_2) + \gamma = \lambda_1 L(x_1) + \lambda_2 L(x_2) + \gamma$$

$$= \lambda_1 (L(x_1) + \gamma) + \lambda_2 (L(x_2) + \gamma) < 0$$

oder $\lambda_1 x_1 + \lambda_2 x_2 \in H$ folgt ($\lambda_1 + \lambda_2 = 1, \lambda_1 \geqq 0, \lambda_2 \geqq 0$).

Beispiel 1.2. *Simplex.* Wir definieren die Punktmenge S durch

$$S := \{ x \in A_n; x = \sum_{l=0}^{n} \alpha_l e_l, \sum_{l=0}^{n} \alpha_l = 1 \,, \alpha_1 \geqq 0, \dots, \alpha_n \geqq 0 \}$$

($e_0, \dots, e_n$ affin unabhängige Punkte des A_n; vgl. Bemerkung 1.2). Sie stellt die Verallgemeinerung einer Strecke ($n = 1$) bzw. eines Dreiecks ($n = 2$) bzw. eines Tetraeders ($n = 3$) auf beliebige Dimensionen dar und wird *n-Simplex* (mit den *Ecken $e_0, \dots, e_n$*) genannt. S ist konvex; ist nämlich $x_1 \in S$, $x_2 \in S$ mit den baryzentrischen Koordinaten $(\alpha_0^{(1)}, \dots, \alpha_n^{(1)})$, $(\alpha_0^{(2)}, \dots, \alpha_n^{(2)})$ bezüglich $\{e_0, \dots, e_n\}$, dann errechnet sich für den Punkt $x = \lambda_1 x_1 + \lambda_2 x_2$ von $x_1 x_2$:

$$\lambda_1 x_1 + \lambda_2 x_2 = \lambda_1 \sum_{l=0}^{n} \alpha_l^{(1)} e_l + \lambda_2 \sum_{l=0}^{n} \alpha_l^{(2)} e_l = \sum_{l=0}^{n} (\lambda_1 \alpha_l^{(1)} + \lambda_2 \alpha_l^{(2)}) \, e_l$$

mit

$$\sum_{l=0}^{n} (\lambda_1 \alpha_l^{(1)} + \lambda_2 \alpha_l^{(2)}) = \lambda_1 \sum_{l=0}^{n} \alpha_l^{(1)} + \lambda_2 \sum_{l=0}^{n} \alpha_l^{(2)} = \lambda_1 + \lambda_2 = 1$$

und

$$\lambda_1 \alpha_l^{(1)} + \lambda_2 \alpha_l^{(2)} \geqq 0 \quad (l = 0, \dots, n) \,,$$

d. h. $\lambda_1 x_1 + \lambda_2 x_2 \in S$ ($\lambda_1 + \lambda_2 = 1, \lambda_1 \geqq 0, \lambda_2 \geqq 0$).

Beispiel 1.3. *Vollellipsoid.* Durch

$$E := \{x = (\xi_1, \ldots, \xi_n) \in A_n;\ F(x - x_0, x - x_0) - \gamma^2$$

$$\equiv \sum_{i=1}^{n} \sum_{j=1}^{n} \gamma_{ij}(\xi_i - \xi_i^{(0)})\ (\xi_j - \xi_j^{(0)}) - \gamma^2 \leqq 0\}$$

(F positiv definite quadratische Form, $x_0 = (\xi_1^{(0)}, \ldots, \xi_n^{(0)}) \in A_n$, $\gamma > 0$) wird ein Ellipsoid des A_n samt seinem „Inneren", d. h. ein sogenanntes Vollellipsoid gegeben. E ist konvex; ist nämlich $x_1 \in E$, $x_2 \in E$ oder $F(x_1 - x_0, x_1 - x_0) - \gamma^2 \leqq 0$, $F(x_2 - x_0, x_2 - x_0) - \gamma^2 \leqq 0$, dann gilt aufgrund der Schwarzschen Ungleichung auch

$$F((\lambda_1 x_1 + \lambda_2 x_2) - x_0, (\lambda_1 x_1 + \lambda_2 x_2) - x_0) - \gamma^2$$

$$= F(\lambda_1(x_1 - x_0) + \lambda_2(x_1 - x_0), \lambda_1(x_1 - x_0) + \lambda_2(x_2 - x_0)) - \gamma^2$$

$$= \lambda_1^2 F(x_1 - x_0, x_1 - x_0) + 2\lambda_1\lambda_2 F(x_1 - x_0, x_2 - x_0) + \lambda_2^2 F(x_2 - x_0, x_2 - x_0) - \gamma^2$$

$$\leqq (\lambda_1(F(x_1 - x_0, x_1 - x_0))^{1/2} + \lambda_2(F(x_2 - x_0, x_2 - x_0))^{1/2})^2 - \gamma^2 \leqq 0$$

oder

$$\lambda_1 x_1 + \lambda_2 x_2 \in E \qquad (\lambda_1 + \lambda_2 = 1, \lambda_1 \geqq 0, \lambda_2 \geqq 0)\ .$$

Der Begriff einer konvexen Menge K des A_n gehört analog zum Begriff des affinen Unterraums des A_n im *Sinne von Kleins Erlanger Programm zur affinen Geometrie.* Es gilt nämlich

Satz 1.3. *Es sei* $f\colon A_n \to B_m$ *eine affine Abbildung des affinen Raumes* A_n *in den affinen Raum* B_m, *und* $K \subseteq A_n$, $L \subseteq B_m$ *seien beliebige konvexe Mengen. Dann sind auch* a) $f(K) \subseteq B_m$ *und* b) $f^{-1}(L) \subseteq A_n$ *konvexe Mengen.*

Beweis. a) Sind $f(x_1)$, $f(x_2)$ beliebige Punkte aus $f(K)$ ($x_1 \in K$, $x_2 \in K$), so ist auch $\lambda_1 f(x_1) + \lambda_2 f(x_2) = f(\lambda_1 x_1 + \lambda_2 x_2)$ wegen der Konvexität von K ein Punkt von $f(K)$ ($\lambda_1 + \lambda_2 = 1, \lambda_1 \geqq 0, \lambda_2 \geqq 0$).

b) Sind dagegen x_1. x_2 beliebige Punkte aus $f^{-1}(L)$, so haben wir aufgrund der Konvexität von L

$$f(\lambda_1 x_1 + \lambda_2 x_2) = \lambda_1 f(x_1) + \lambda_2 f(x_2) \in L \quad \text{oder} \quad \lambda_1 x_1 + \lambda_2 x_2 \in f^{-1}(L)$$

$$(\lambda_1 + \lambda_2 = 1, \lambda_1 \geqq 0, \lambda_2 \geqq 0)\ .\ \square$$

Für die späteren strukturellen Betrachtungen spielen die beiden Sätze über die *Durchschnittsabgeschlossenheit* und die *Kettenabgeschlossenheit* konvexer Mengen eine herausragende Rolle:

Satz 1.4. *Es sei* $\{K_\alpha\}_{\alpha \in A}$ *eine beliebige Familie konvexer Mengen des* A_n. *Dann ist auch* $D := \bigcap_{\alpha \in A} K_\alpha$ *konvex.*

Beweis. Sind $x_1 \in D$, $x_2 \in D$, so gilt insbesondere $x_1 \in K_\alpha$, $x_2 \in K_\alpha$ und damit $\lambda_1 x_1 + \lambda_2 x_2 \in K_\alpha$ für alle $\alpha \in A$, so daß auch $\lambda_1 x_1 + \lambda_2 x_2 \in D$ ($\lambda_1 + \lambda_2 = 1$, $\lambda_1 \geqq 0$, $\lambda_2 \geqq 0$) gilt. $\square$

Satz 1.5. *Es sei* $\{K_\alpha\}_{\alpha \in A}$ *eine Familie von durch Inklusion linear geordneten konvexen Mengen des* A_n *(d. h.* $A =$ *linear geordnet und* $\alpha \leq \beta \Leftrightarrow K_\alpha \subseteq K_\beta$*). Dann ist auch* $V := \bigcup\limits_{\alpha \in A} K_\alpha$ *konvex.*

Beweis. Aus $x_1 \in V$, $x_2 \in V$ folgt etwa $x_1 \in K_\alpha$ und $x_2 \in K_\beta$ und damit $x_1 \in K_{\mathrm{Max}\,(\alpha,\beta)}$, $x_2 \in K_{\mathrm{Max}\,(\alpha,\beta)}$. Die Konvexität von $K_{\mathrm{Max}\,(\alpha,\beta)}$ ergibt $\lambda_1 x_1 + \lambda_2 x_2 \in K_{\mathrm{Max}\,(\alpha,\beta)} \subseteq V$ $(\lambda_1 + \lambda_2 = 1, \lambda_1 \geq 0, \lambda_2 \geq 0)$. $\square$

Bemerkung 1.3. *Satz 1.5 verliert seine Gültigkeit, wenn die Voraussetzung des Geordnetseins für* $\{K_\alpha\}_{\alpha \in A}$ *nicht gemacht wird. Gegenbeispiel:* $\{K_1, K_2\} = Paar\ verschiedener\ Punkte\ des$ A_n*, wo zwar* K_1 *und* K_2 *konvex, aber* $K_1 \cup K_2$ *nicht konvex ist.*

Es erweist sich jetzt als zweckmäßig, für die weiteren Untersuchungen über konvexe Mengen den affinen Raum A_n mit einer Topologie zu versehen. Obwohl es natürlich sehr viele Hausdorff-Topologien auf A_n gibt, ist bemerkenswert, *daß nur eine einzige hiervon den zu* A_n *gehörenden Vektorraum* V_n *zu einem topologischen Vektorraum macht, bei welchem die Vektoraddition und die skalare Multiplikation stetige Operationen darstellen* (zum Beweis vgl. [2], Satz 1.8). Diese *Standardtopologie* des A_n wird gerade durch eine (beliebige) euklidische Hilfsmetrik des A_n induziert, welche bekanntlich durch

$$d(x, y) = (\langle y - x, y - x \rangle)^{1/2} \tag{5}$$

definiert werden kann, wobei das innere Produkt $\langle\,,\rangle$ durch eine ausgezeichnete positiv definite, symmetrische Bilinearform auf $V_n \times V_n$ gegeben ist. Alle zukünftigen topologischen Betrachtungen werden sich auf diese Standardtopologie des A_n beziehen.

Satz 1.6. a) *Die abgeschlossene Hülle* $\overline{K} := \bigcap\limits_{\substack{B\ \text{abgeschlossen} \\ B \supseteq K}} B$ *und* b) *der offene Kern* $K^0 := \bigcup\limits_{\substack{O\ \text{offen} \\ O \subseteq K}} O$ *einer konvexen Menge* K *des* A_n *sind konvex.*

Beweis. a) Es seien x_0 und y_0 beliebige Punkte von $\overline{K}$, $z_0 = \lambda x_0 + \mu y_0$ mit $\lambda + \mu = 1, \lambda \geq 0, \mu \geq 0$ ein beliebig gewählter fester Punkt aus $x_0 y_0$ und W eine Umgebung[1]) von z_0. Aufgrund der Stetigkeit der durch $\Phi(x, y) = \lambda x + \mu y$ definierten Funktion Φ existieren dann Umgebungen U bzw. V von x_0 bzw. y_0 mit $\lambda U + \mu V \subseteq W$[2]). Wegen $x_0 \in \overline{K}$ und $y_0 \in \overline{K}$ existieren jetzt Punkte $x \in U \cap K$ und $y \in V \cap K$, woraus sich für den Punkt $z := \lambda x + \mu y$ wegen der Konvexität von K die Beziehung $z \in W \cap K \neq \emptyset$ ergibt. Da W beliebig gewählt war, ist also $z_0 \in \overline{K}$ womit $\overline{K}$ als konvex erkannt ist.

b) Dieser Teil von Satz 1.6 ist eine unmittelbare Folge aus dem auch für später wichtigen

---

[1]) Wir beschränken uns im folgenden immer auf offene Umgebungen.
[2]) Hierbei verwenden wir die übliche Komplexschreibweise.

Lemma 1.1. *Ist K eine konvexe Menge des A_n, $x_0 \in \overline{K}$ und $y_0 \in K^0$, so gilt* $x_0 y_0 \setminus \{x_0\} \subseteq K^0$.

Beweis. Wir machen zunächst die zusätzliche Voraussetzung $x_0 \in K$, von der wir uns anschließend befreien werden. In diesem Fall liegt für ein vorgegebenes $z_0 = \lambda x_0 + \mu y_0$ ($\lambda + \mu = 1$, $\lambda > 0$, $\mu > 0$) mit einer Umgebung V von y_0 auch die Punktmenge $W := \lambda x_0 + \mu V$ in K. Die Menge W ist Umgebung von z_0, da sie Bild der Umgebung V bei der durch $y \mapsto \lambda x_0 + \mu y$ gegebenen topologischen Abbildung von A_n auf sich darstellt (vgl. Abb. 1).[1]) Daher gilt $z_0 \in K^0$. Der allgemeinere

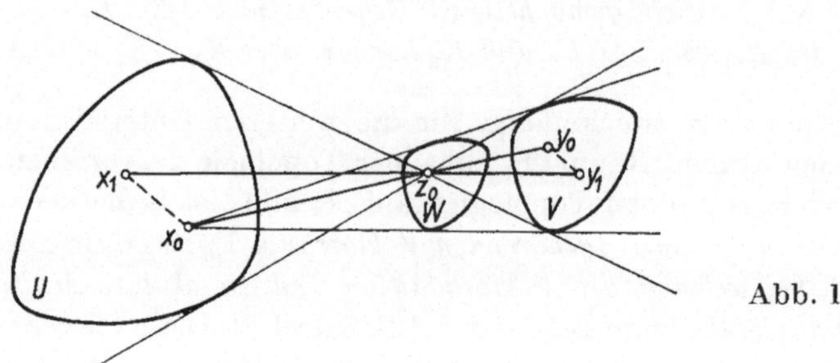

Abb. 1

Fall $x_0 \in \overline{K}$ läßt sich nun auf den eben behandelten Fall zurückführen, wenn man beachtet, daß die Umgebung $U := \dfrac{1}{\lambda} z_0 - \dfrac{\mu}{\lambda} V$ von x_0 einen Punkt $x_1 \in K$ mit $x_1 = \dfrac{1}{\lambda} z_0 - \dfrac{\mu}{\lambda} y_1$ und $y_1 \in V \subseteq K$ enthält, was $z_0 = \lambda x_1 + \mu y_1$ und $y_1 \in K^0$ zur Folge hat.[2]) $\square$

Beispiel 1.4. *Offener Kern und Rand eines Simplex.* Ist S ein Simplex mit den Ecken $e_0, \dots, e_n$ (vgl. Beispiel 1.2), so ist auch

$$S^0 = \left\{ x \in A_n; \; x = \sum_{l=0}^{n} \alpha_l e_l, \; \sum_{l=0}^{n} \alpha_l = 1, \alpha_0 > 0, \dots, \alpha_n > 0 \right\}$$

konvex. Für den *Rand* $\partial S := \overline{S} \setminus S^0$ von S gilt $\partial S = \bigcup_{l=0}^{n} S_{(l)}$, wobei

$$S_{(l)} := \left\{ x \in A_n; \; x = \sum_{\substack{l'=0 \\ l' \neq l}}^{n} \alpha_{l'} e_{l'}, \; \sum_{\substack{l'=0 \\ l' \neq l}}^{n} \alpha_{l'} = 1, \alpha_0 \geq 0, \dots, \alpha_{l-1} \geq 0, \right.$$
$$\left. \alpha_{l+1} \geq 0, \dots, \alpha_n \geq 0 \right\}$$

das von den Ecken von S mit Ausnahme von e_l aufgespannte *Seitensimplex* von S ist.

---

[1]) Die angegebene Abbildung ist topologisch, da sie umkehrbar und samt der zugehörigen inversen Abbildung $y \mapsto \dfrac{1}{\mu} (y - \lambda x_0)$ stetig ist.

[2]) Der Nachweis der Umgebungseigenschaft von U erfolgt analog dem der Umgebungseigenschaft von W.

Analog zur abgeschlossenen Hülle einer konvexen Menge K läßt sich auch die *affine Hülle* von K untersuchen.

Definition 1.5. Ist K eine konvexe Menge des A_n, so ist ihre affine Hülle der affine Unterraum $\operatorname{aff} K := \bigcap\limits_{\substack{A \text{ affin} \\ A \supseteq K}} A$ von A_n. Die Dimension von $\operatorname{aff} K$ heißt auch *Dimension* $\dim K$ von K.

Dann gilt

Satz 1.7. $\dim K = (\textit{Maximalzahl affin unabhängiger Punkte von } K) - 1$ (vgl. die Bemerkungen 1.1 und 1.2).

Beweis. Es sei $\{x_0, \dots, x_m\}$ ein maximales System affin unabhängiger Punkte von K (ein solches existiert nach Bemerkung 1.2 stets mit $m \leqq n$). Dann sind alle anderen Punkte von K von diesen $m + 1$ Punkten im Sinne von Definition 1.2 affin abhängig, d. h. $K \subseteq A_m := \left\{ x \in A_n; x = \sum\limits_{l=0}^{m} \lambda_l x_l, \sum\limits_{l=0}^{m} \lambda_l = 1 \right\}$. Nun ist aber schon $A_m = \operatorname{aff} K$ und damit $\dim K = m$, da sonst $K \subseteq A_{m'} \subset A_m$ mit $m' < m$, d. h. insbesondere $\{x_0, \dots, x_m\} \subseteq A_{m'}$ gelten müßte, aufgrund von Bemerkung 1.2 eine Unmöglichkeit. $\square$

Der Ausdruck *Dimension von K* für die Dimension von $\operatorname{aff} K$ wird nachträglich gerechtfertigt durch

Satz 1.8. *Der offene Kern $K^{(0)}$ einer beliebigen nichtleeren konvexen Menge K des A_n relativ zur affinen Hülle von K ist nicht leer.*[1]

Beweis. Aufgrund des Beweises von Satz 1.7 und der Definition 1.4 gilt

$$\operatorname{aff} K = \left\{ x \in A_n; x = \sum\limits_{l=0}^{m} \lambda_l x_l, \sum\limits_{l=0}^{m} \lambda_l = 1 \right\}$$

$$\supseteq K \supseteq \left\{ x \in A_n; x = \sum\limits_{l=0}^{m} \lambda_l x_l, \sum\limits_{l=0}^{m} \lambda_l = 1, \lambda_0 \geqq 0, \dots, \lambda_m \geqq 0 \right\} =: S.$$

Nun ist aber der *Schwerpunkt* $s := \dfrac{1}{m+1} \sum\limits_{l=0}^{m} x_l$ des Simplex S nach Beispiel 1.4 ein Punkt des offenen Kerns von S relativ zu $\operatorname{aff} K$, woraus unmittelbar die Behauptung von Satz 1.8 folgt. $\square$

Die Bedeutung von Satz 1.8 liegt darin, daß man sich o. B. d. A. auf die Untersuchung konvexer Mengen K mit nichtleerem offenen Kern oder — damit gleichbedeutend — mit „Innenpunkten" beschränken kann. Dabei verstehen wir in der üblichen Weise unter einem Innenpunkt von K einen Punkt, der eine ganz in K liegende Umgebung besitzt.

---

[1] Im Unterschied zu K^0 (vgl. Satz 1.6 b)) bezeichnet $K^{(0)}$ den offenen Kern von K relativ zur affinen Hülle von K.

Definition 1.6. Eine konvexe Menge K des A_n mit Innenpunkten heißt *konvexer Körper* des A_n.[1])

Zum Schluß dieses Paragraphen wollen wir ein aus strukturellen Gründen wichtiges Beispiel von konvexen Mengen, nämlich die von P. C. HAMMER 1951 entdeckten *Semiräume* kennenlernen (vgl. [4]). Um diese zu definieren, schicken wir folgenden Hilfssatz voraus:

Lemma 1.2. *Es sei $\{K_\alpha\}_{\alpha \in A}$ eine Familie konvexer Mengen des A_n mit der Eigenschaft, daß die Vereinigungsmenge der Elemente jeder durch Inklusion linear geordneten Teilfamilie zur Familie selbst gehört. Dann ist jedes K_α Teilmenge eines „maximalen", d. h. in der Familie keine Obermenge besitzenden K_{α_0}.*

Beweis. Wir betrachten alle ein fest gewähltes Element K_α enthaltenden Elemente unserer Ausgangsfamilie. Diese Teilfamilie bildet bezüglich Inklusion eine geordnete Menge, für die die Voraussetzungen des Lemmas von ZORN erfüllt sind (Existenz einer oberen Schranke für jede linear geordnete Teilmenge). Daher enthält die Teilfamilie ein maximales Element K_{α_0}, das auch in bezug auf die ganze Familie maximal ist und K_α enthält. $\square$

Wir kommen nun zum angekündigten Begriff des Semiraumes:

Definition 1.7. Es sei p ein beliebiger, fester Punkt des A_n. Dann heißt jede maximale, p nicht enthaltende nichtleere konvexe Teilmenge des A_n *Semiraum* S_p.

Die Existenz eines derartigen S_p wird gesichert durch

Satz 1.9. *Es sei K eine konvexe Menge des A_n und p ein Punkt des A_n mit $p \notin K$. Dann existiert stets ein Semiraum S_p mit der Eigenschaft $K \subseteq S_p$.*

Beweis. Dieser erfolgt unmittelbar durch Anwendung von Lemma 1.2 auf die Mengenfamilie aller p nicht enthaltenden konvexen Mengen des A_n unter Berücksichtigung von Satz 1.5. $\square$

Über die geometrische Gestalt eines Semiraumes läßt sich leicht Aufschluß gewinnen. Es gilt nämlich

Satz 1.10. *Es sei p ein Punkt des A_n. Für $i = 1, \ldots, n$ seien $H^{(i)}$ Halbräume der Dimension i, die (bezüglich ihrer affinen Hülle) offen sind. Außerdem sei p die Begrenzung von $H^{(1)}$, und für $i' = 1, \ldots, n-1$ sei $H^{(i')}$ in der Begrenzung von $H^{(i'+1)}$ gelegen. Dann ist $\bigcup\limits_{i=1}^{n} H^{(i)}$ ein Semiraum S_p, und jeder Semiraum S_p läßt sich so darstellen.*

Beweis. Zunächst ist klar, daß $\bigcup\limits_{i=1}^{n} H^{(i)}$ ein Semiraum S_p ist. Dem Beweis in der umgekehrten Richtung schicken wir ein Lemma voraus:

---

[1]) Früher wurden nur kompakte konvexe Mengen mit Innenpunkten konvexe Körper genannt (vgl. dazu [3], S. 3).

Lemma 1.3. *Es sei K_1, K_2 ein Paar nichtleerer komplementärer konvexer Mengen des A_n, d. h.*

$$K_1 \cup K_2 = A_n, \qquad K_1 \cap K_2 = \emptyset. \tag{6}$$

Dann ist a) $\overline{K}_1 \cap \overline{K}_2$ eine Hyperebene des A_n, und b) $(K_1)^0$ und $(K_2)^0$ bzw. $\overline{K}_1$ und $\overline{K}_2$ sind die beiden von dieser Hyperebene begrenzten offenen bzw. abgeschlossenen Halbräume des A_n.

Beweis. a) Es sei $A := \overline{K}_1 \cap \overline{K}_2$. Wir zeigen zunächst, daß A affiner Unterraum des A_n ist. Zu diesem Zweck werde angenommen, x und y seien beliebige verschiedene Punkte von A und z ein beliebiger Punkt der Verbindungsgerade $x \vee y$ von x und y. *Fall α*): $z \in xy$. Hier ist $z \in A$ wegen der aus Satz 1.6 a) und Satz 1.4 folgenden Konvexität von A. *Fall β*): $y \in xz \setminus \{z\} \setminus \{x\}$. Wäre hier

$$z \in A_n \setminus A = (A_n \setminus \overline{K}_1) \cup (A_n \setminus \overline{K}_2)$$
$$= (A_n \setminus K_1)^0 \cup (A_n \setminus K_2)^0 = (K_2)^0 \cup (K_1)^0$$

(vgl. (6)), d. h. etwa $z \in (K_1)^0$, so hätten wir aufgrund von $x \in \overline{K}_1$ und Lemma 1.1 auch $y \in (K_1)^0 = A_n \setminus \overline{K}_2$, wegen $y \in A \subseteq \overline{K}_2$ eine Unmöglichkeit. Also gilt auch hier $z \in A$. Der *Fall γ*): $x \in yz \setminus \{y\} \setminus \{z\}$ wird durch Vertauschung der Rollen von x und y auf den erledigten Fall β) zurückgeführt. Damit haben wir allgemein $x \vee y \subseteq A$ gezeigt, so daß A aufgrund von Definition 1.1 ein affiner Unterraum des A_n sein muß.

Um die Dimension von A zu bestimmen, überlegen wir uns zunächst, daß K_1 und K_2 die Dimension n besitzen müssen. Wäre nämlich etwa $\dim K_1 < n$, so wäre aufgrund von Definition 1.5 K_1 in einer Hyperebene B des A_n gelegen. In diesem Fall gäbe es einen Punkt $x_1 \in K_1$ und eine Gerade G des A_n mit $B \cap G = K_1 \cap G = \{x_1\}$. Sind dann y_1 und z_1 zwei beliebige Punkte von G auf verschiedenen Seiten des Punktes x_1, so wäre nach (6) $y_1 \in K_2$ und $z_1 \in K_2$ und damit wegen der Konvexität von K_2 auch $x_1 \in K_2$ im Widerspruch zu $x_1 \in K_1$. Aufgrund von Satz 1.8 ist also $(K_1)^0 \neq \emptyset, (K_2)^0 \neq \emptyset$ und damit $A_n \setminus A = (K_1)^0 \cup (K_2)^0 \neq \emptyset$, d. h. $\dim A < n$. Nun seien x_0 bzw. y_0 beliebige fest gewählte Punkte von $(K_1)^0$ bzw. $(K_2)^0$. Dann bilden die konvexen Durchschnitte $K_1 \cap x_0 y_0$ und $K_2 \cap x_0 y_0$ eine Zerlegung der Strecke $x_0 y_0$ in ein abgeschlossenes und in ein halboffenes Intervall mit einem *Zwischenpunkt* $z_0 \in \overline{K}_1 \cap \overline{K}_2 = A \neq \emptyset$. Wäre nun $\dim A < n - 1$, so existierte eine die Strecke $x_0 y_0$ enthaltende (zweidimensionale) Ebene E des A_n mit $A \cap E = \{z_0\}$. Daraus folgt aber für eine in E gelegene und hinreichend nahe Parallelstrecke $x_0' y_0'$ mit $x_0' \in (K_1)^0$ und $y_0' \in (K_2)^0$ die Beziehung $A \cap x_0' y_0' = \emptyset$ im Gegensatz zur Existenz eines Zwischenpunktes $z_0' \in A$ auf $x_0' y_0'$ wie bei $x_0 y_0$. Dieser Widerspruch zeigt, daß $\dim A = n - 1$ gelten muß.

b) Es seien H_1 und H_2 bzw. $\overline{H}_1$ und $\overline{H}_2$ die beiden von der Hyperebene A begrenzten offenen bzw. abgeschlossenen Halbräume des A_n. Dann folgt aus

$$A_n \setminus A = H_1 \cup H_2 = (K_1)^0 \cup (K_2)^0 \tag{7}$$

in Verbindung mit dem topologischen Zusammenhang der nach Satz 1.6 b) konvexen Mengen $(K_1)^0$ und $(K_2)^0$ o. B. d. A. etwa $(K_1)^0 = H_1$ und $(K_2)^0 = H_2$. Gäbe es jetzt einen Punkt $x_1 \in \overline{K}_1 \setminus \overline{H}_1$, so folgte aufgrund von Lemma 1.1 $A \subseteq (K_1)^0$ im Widerspruch zu (7). Daher ist $\overline{H}_1 = \overline{(K_1)^0} \subseteq \overline{K}_1 \subseteq \overline{H}_1$ oder $\overline{H}_1 = \overline{K}_1$, und analog findet man $\overline{H}_2 = \overline{K}_2$. $\square$

Beweis von Satz 1.10. Wir kehren zur Untersuchung eines Semiraumes S_p des A_n zurück. Um Satz 1.10 einzusehen, betrachten wir einmal alle durch p gehenden Geraden von A_n in bezug auf ihre Lage zu S_p. Jede derartige Gerade G wird durch p in zwei offene Halbgeraden G_1 und G_2 zerlegt, von denen nicht beide Punkte von S_p enthalten können, da sonst wegen der Konvexität von S_p auch der Punkt p entgegen Definition 1.7 zu S_p gehörte. Es sei o. B. d. A. etwa $G_2 \cap S_p = \emptyset$. Dann ergibt sich, daß $G_1 \subseteq S_p$ gelten muß: Wäre nämlich $x \in G_1 \setminus S_p$, so wäre mit S_p offensichtlich auch $\bigcup_{y \in S_p} xy$ eine S_p und x enthaltende konvexe Menge des A_n (vgl. Abb. 2), welche wegen $x \in G_1$, $p \notin S_p$ und $G_2 \cap S_p = \emptyset$ den Punkt p nicht enthalten kann. Dies ist ein Widerspruch zur Maximalitätseigenschaft von S_p.

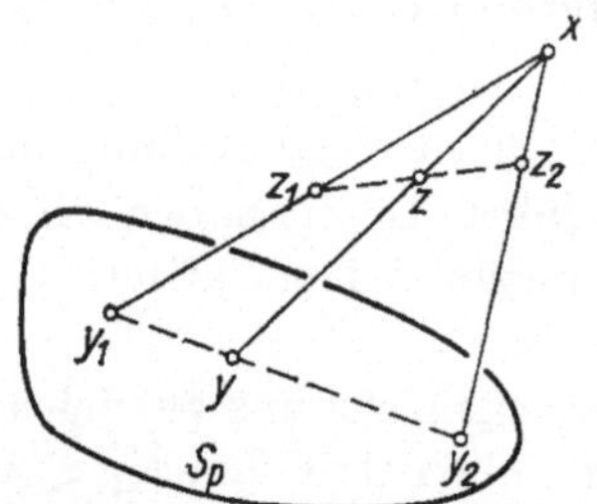

Abb. 2

Nun ist es nicht schwer einzusehen, daß mit S_p auch die Komplementärmenge $A_n \setminus S_p$ konvex sein muß. In der Tat, seien x_2 und x_2' zwei beliebige verschiedene Punkte von $A_n \setminus S_p$. *Fall α)*: $x_2 = p$, $x_2' \neq p$. Nach dem letzten Absatz ist dann $x_2 x_2' \setminus \{x_2\} \subseteq G_2$ mit $G_2 \cap S_p = \emptyset$, d. h. $x_2 x_2' \subseteq A_n \setminus S_p$. *Fall β)*: $x_2 \neq p$, $x_2' \neq p$. Jetzt ist nach dem letzten Absatz $p \notin x_2 x_2'$, so daß wir $px_2 \setminus \{p\} \subseteq G_2$ und $px_2' \setminus \{p\}$ $\subseteq G_2'$ mit Halbgeraden G_2 und G_2' haben, welche in $A_n \setminus S_p$ liegen und nicht die beiden Halbgeraden einer durch p zerlegten Geraden des A_n sind. Ist nun x ein beliebiger Punkt von $x_2 x_2'$ und wählen wir auf den zu G_2 bzw. G_2' „entgegengesetzten" Halbgeraden G_1 bzw. G_1' die beliebigen Punkte y_1 bzw. y_1', so existiert ein Punkt $y \in y_1 y_1'$ derart, daß $p \in xy$ gilt (vgl. Abb. 3). Hierbei ist aber y aufgrund von $G_1 \subseteq S_p$ und $G_1' \subseteq S_p$ sowie der Konvexität von S_p ein Punkt von S_p (vgl. den letzten Absatz), was umgekehrt $x \in A_n \setminus S_p$ zur Folge hat. Damit ist die Konvexität von $A_n \setminus S_p$ nachgewiesen.

Der eigentliche Beweis von Satz 1.10 erfolgt jetzt ganz einfach durch vollständige Induktion nach der Dimension n des affinen Raumes A_n. Für $n = 1$ ist dieser Satz offensichtlich trivial. Wir nehmen an, er sei für alle Dimensionen kleiner als $n > 1$ bewiesen. Dann folgt durch Anwendung von Lemma 1.3 b) auf die konvexen

Mengen $K_1 = S_p$ und $K_2 = A_n \setminus S_p$ des A_n sofort

$$(S_p)^0 = H^{(n)}, \qquad \overline{S_p} = \overline{H^{(n)}} \tag{8}$$

für einen geeigneten offenen Halbraum $H^{(n)}$ des A_n, welcher von der Hyperebene $A = \overline{S_p} \cap \overline{A_n \setminus S_p}$ begrenzt wird, wobei $p \in A$ gilt. Nun ist nach (8)

$$S_p = H^{(n)} \cup (S_p \cap A), \tag{9}$$

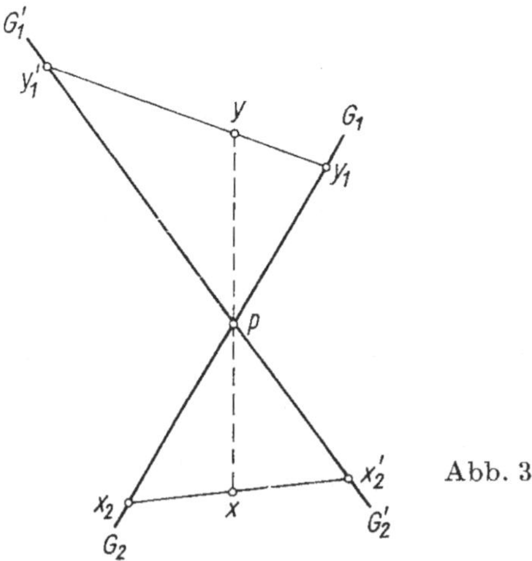

Abb. 3

wobei $S_p \cap A$ eine konvexe, p nicht enthaltende Teilmenge von A darstellt, welche wegen (9) und der Maximalität von S_p ebenfalls maximal sein muß, da die Vereinigung von $H^{(n)}$ mit einer beliebigen konvexen Teilmenge von A offensichtlich wieder konvex ist. Nach Induktionsvoraussetzung ist daher $S_p \cap A$ Vereinigung von offenen Halbräumen der Dimensionen $1, 2, \dots, n-1$ von der in Satz 1.10 angegebenen Art, woraus aufgrund von (9) die Richtigkeit dieses Satzes auch für n folgt. Damit ist Satz 1.10 vollständig bewiesen. $\square$

Der Beweis von Satz 1.10 legt die folgende Definition nahe:

Definition 1.8. Eine nichtleere konvexe Untermenge C des A_n heißt genau dann *konvexer Kegel mit der Spitze* x_0, wenn C mit jedem Punkt $x_1 \neq x_0$ auch die von x_0 ausgehende und x_1 enthaltende Halbgerade (einschließlich x_0) enthält.

Wir geben neben dieser Definition auch eine algebraische Definition eines konvexen Kegels an.

Definition 1.9. Eine nichtleere Untermenge C des A_n heißt genau dann *konvexer Kegel mit der Spitze* x_0, wenn C alle von C „(bezüglich x_0) positiv abhängenden" Punkte enthält. Hierbei sagen wir, $x \in A_n$ *hänge bezüglich x_0 von C positiv ab*, wenn x die Darstellung

$$x - x_0 = \sum_{l=1}^{k} \lambda_l (x_l - x_0) \quad \text{mit} \quad \lambda_1 \geqq 0, \dots, \lambda_k \geqq 0 \qquad (x_1 \in C, \dots, x_k \in C) \tag{10}$$

besitzt.

2 *

Satz 1.11. *Die Definitionen 1.8 und 1.9 sind äquivalent.*

Beweis. Es sei zunächst C ein konvexer Kegel des A_n im Sinne von Definition 1.9. Dann ist C nach Definition 1.4 konvex, da jeder von C konvex abhängende Punkt

$$x = \sum_{l=1}^{k} \lambda_l x_l \qquad \left(\sum_{l=1}^{k} \lambda_l = 1, \lambda_1 \geqq 0, \ldots, \lambda_k \geqq 0; x_1 \in C, \ldots, x_k \in C \right)$$

wegen

$$x = \left(1 - \sum_{l=1}^{k} \lambda_l \right) x_0 + \sum_{l=1}^{k} \lambda_l x_l = x_0 + \sum_{l=1}^{k} \lambda_l (x_l - x_0)$$

auch bezüglich x_0 von C positiv abhängt und somit zu C gehört. Weiter enthält C nach Definition 1.9 mit jedem Punkt $x_1 \neq x_0$ auch die von x_0 ausgehende Halbgerade $x = x_0 + \lambda(x_1 - x_0)$ $(\lambda \geqq 0)$ durch x_1. Ist aber umgekehrt C konvexer Kegel des A_n nach Definition 1.8 und ist x ein beliebiger bezüglich x_0 von C positiv abhängender Punkt, d. h., gilt $x - x_0 = \sum_{l=1}^{k} \lambda_l (x_l - x_0)$ mit $\lambda_1 \geqq 0, \ldots, \lambda_k \geqq 0$ und $x_1 \in C, \ldots, x_k \in C$, so liegen wegen der Kegeleigenschaft von C auch die Punkte $y_l := x_0 + k\lambda_l(x_l - x_0)$ $(l = 1, \ldots, k)$ in C, und wegen der Konvexität von C haben wir nach Definition 1.4 $x = \dfrac{1}{k} \sum_{l=1}^{k} y_l \in C$, d. h., C ist konvexer Kegel im Sinne von Definition 1.9. $\square$

Bemerkung 1.4. *An Beispielen von konvexen Kegeln kennen wir bereits den abgeschlossenen Halbraum $\overline{H}$ mit der Spitze auf seiner Begrenzung (vgl. Beispiel 1.1) und das Komplement $A_n \setminus S_p$ eines Semiraumes mit der Spitze p (vgl. Beweis von Satz 1.10); das Simplex S (vgl. Beispiel 1.2) und das Vollellipsoid E (vgl. Beispiel 1.3) sind zwar konvex, aber keine konvexen Kegel, da sie keine Halbgeraden enthalten.*

Übungen

1. Eine Untermenge T des A_n heißt *sternförmig relativ zu einem Punkt $x_0 \in A_n$*, wenn für jeden Punkt x aus T die Beziehung $x_0 x \subseteq T$ gilt. Man zeige, daß der sogenannte „Kern" von T, d. h. die Menge aller Punkte, in bezug auf die T sternförmig ist, eine konvexe Menge darstellt.
2. Man beweise, daß (von Homothetie mit positivem Faktor abgesehen) genau elf verschiedene konvexe Untermengen der affinen Geraden A_1 existieren.
3. Es ist zu zeigen: Für jeden konvexen Körper K des A_n gilt: a) $\overline{K} = \overline{(K^0)}$, b) $K^0 = (\overline{K})^0$.
4. Man beschreibe die Paare K_1, K_2 nichtleerer komplementärer konvexer Mengen des A_n.
5. Es sei K eine abgeschlossene konvexe Menge des A_n und x ein beliebiger Punkt von K. Wir definieren $\mathsf{CC}_x(K) := \{y; x + \lambda y \in K$ für alle $\lambda \geqq 0\}$. Dann ist zu beweisen:

a) $\mathsf{CC}_x(K)$ ist ein abgeschlossener konvexer Kegel mit dem Koordinatenursprung als Spitze, b) für jedes $x' \in K$ gilt $\mathsf{CC}_x(K) = \mathsf{CC}_{x'}(K)$, d. h., der sogenannte „charakteristische" Kegel $\mathsf{CC}_x(K)$ von K ist von der Wahl von x unabhängig.

§ 2.   Konvexe Hülle, Sätze von Carathéodory und Radon

Hauptinhalt dieses Paragraphen ist der Begriff der konvexen Hülle, welcher analog zur abgeschlossenen Hülle (vgl. Satz 1.6a)) und zur affinen Hülle (vgl. Definition 1.5) eingeführt werden kann:

Definition 2.1. Der nach Satz 1.4 konvexe Durchschnitt aller eine gegebene Untermenge X des A_n enthaltenden konvexen Mengen heißt *konvexe Hülle* conv X von X, in Formeln

$$\text{conv } X = \bigcap_{\substack{K \text{ konvex} \\ K \supseteq X}} K \,. \tag{11}$$

Bemerkung 2.1. *X ist genau dann konvex, wenn* conv $X = X$ *gilt.*

Die konvexe Hülle einer Menge X läßt nun folgende bemerkenswerte geometrische Darstellung zu:

Satz 2.1. *Die konvexe Hülle einer beliebigen Untermenge X des A_n ist der Durchschnitt aller X enthaltenden Semiräume des A_n bzw. ganz A_n[1]):*

$$\text{conv } X = \bigcap_{\substack{S_p \text{ Semiraum} \\ S_p \supseteq X}} S_p \,. \tag{12}$$

Der Beweis von Satz 2.1 folgt unmittelbar aus

Satz 2.2. *A_n und die Menge aller Semiräume S_p des A_n bilden eine minimale Durchschnittsbasis für die Menge aller konvexen Untermengen des A_n, d. h., jede konvexe Menge des A_n ist Durchschnitt von Mengen dieser Basis, und diese Basis kann nicht verkleinert werden, ohne diese Eigenschaft zu verlieren.*

Beweis. Es sei K eine beliebige konvexe Untermenge des A_n. Wir betrachten die (nach Satz 1.9 nichttrivial existierende) Menge $L := \bigcap\limits_{\substack{p \notin K \\ S_p \supseteq K}} S_p$, falls $K \subset A_n$, bzw. $L := A_n$, falls $K = A_n$ ist. Dann ist trivialerweise $K \subseteq L$, und aus $p \notin S_p$ folgt umgekehrt $p \notin L$ für alle p mit $p \notin K$, d. h. $A_n \setminus K \subseteq A_n \setminus L$. Daher gilt $K = L$. Um die Minimalität des Systems $\{A_n, S_p\}$ zu beweisen, nehmen wir an, S_{p_0} wäre darin entbehrlich.[2]) Dann würde für die konvexe Menge S_{p_0} speziell $S_{p_0} = \bigcap\limits_{\alpha \in A} S_{p_\alpha}^{(\alpha)}$ mit $S_{p_0} \subset S_{p_\alpha}^{(\alpha)}$ für alle $\alpha \in A$ gelten, woraus wegen der Maximalitätseigenschaft von S_{p_0} und der Konvexität von $S_{p_\alpha}^{(\alpha)}$ die Beziehung $p_0 \in S_{p_\alpha}^{(\alpha)}$ für alle $\alpha \in A$ oder $p_0 \in \bigcap\limits_{\alpha \in A} S_{p_\alpha}^{(\alpha)} = S_{p_0}$ und damit ein Widerspruch folgen würde. $\square$

Neben der in Satz 2.1 formulierten geometrischen Darstellung besitzt die konvexe Hülle einer Menge X auch eine analytische Darstellung:

---

[1]) Dieser Fall tritt genau dann ein, wenn es keinen X enthaltenden Semiraum des A_n gibt.

[2]) Daß auf A_n nicht verzichtet werden kann, ist trivial (wähle $K = A_n$!).

Satz 2.3. *Es sei X eine beliebige Untermenge des A_n. Dann gilt*

$$\operatorname{conv} X = \left\{ x \in A_n;\ x = \sum_{l=1}^{k} \lambda_l x_l,\ \sum_{l=1}^{k} \lambda_l = 1,\ \lambda_1 \geqq 0,\ \dots,\ \lambda_k \geqq 0,\ x_1 \in X,\ \dots,\ x_k \in X \right.$$

$$\left. (k = 1, 2, 3, \dots) \right\} \tag{13}$$

Beweis. Wir kürzen die auf der rechten Seite von (13) stehende Menge mit K ab. Dann enthält $\operatorname{conv} X$ als X enthaltende konvexe Menge nach Definition 1.4 auch alle von X konvex abhängenden Punkte des A_n, welche gerade die Menge K bilden, d. h. $\operatorname{conv} X \supseteq K$. Umgekehrt gilt aber auch $X \subseteq K$ (trivial), und wenn wir gezeigt haben, daß K konvex ist, ist Satz 2.3 bewiesen, da dann $\operatorname{conv} X \subseteq K$ gelten muß. Es seien also jetzt $y = \sum\limits_{l=1}^{k} \mu_l x_l$ und $z = \sum\limits_{m=k+1}^{h} v_m x_m$ mit $\sum\limits_{l=1}^{k} \mu_l = 1$,

$\mu_1 \geqq 0,\ \dots,\ \mu_k \geqq 0,\ x_1 \in X,\ \dots,\ x_k \in X,\ \sum\limits_{m=k+1}^{h} v_m = 1,\ v_{k+1} \geqq 0,\ \dots,\ v_h \geqq 0,\ x_{k+1} \in X,$

$\dots,\ x_h \in X$ zwei beliebige Punkte von K. Wir können ihre Darstellung durch Hinzunahme der Koeffizienten $\mu_{k+1} = 0,\ \dots,\ \mu_h = 0$ und $v_1 = 0,\ \dots,\ v_k = 0$ in der Form $y = \sum\limits_{j=1}^{h} \mu_j x_j$ mit $\sum\limits_{j=1}^{h} \mu_j = 1$, $\mu_1 \geqq 0,\ \dots,\ \mu_h \geqq 0$ und $z = \sum\limits_{j=1}^{h} v_j x_j$ mit

$\sum\limits_{j=1}^{h} v_j = 1,\ v_1 \geqq 0,\ \dots,\ v_h \geqq 0$ vereinheitlichen. Dann liegt auch der Zwischenpunkt $\mu y + v z = \sum\limits_{j=1}^{h} (\mu\mu_j + v v_j)\, x_j$ wegen

$$\sum_{j=1}^{h} \mu\mu_j + v v_j = \mu \sum_{j=1}^{h} \mu_j + v \sum_{j=1}^{h} v_j = \mu + v = 1 \quad \text{und} \quad \mu\mu_j + v v_j \geqq 0$$

$$(j = 1, \dots, h)$$

in K ($\mu + v = 1,\ \mu \geqq 0,\ v \geqq 0$), womit in der Tat K als konvex erkannt und unser Beweis beendet ist. $\square$

Korollar. *Es sei $X = \bigcup\limits_{\alpha \in A} X_\alpha$ Vereinigung von konvexen Untermengen X_α ($\alpha \in A$) des A_n. Dann ist*

$$\operatorname{conv} X = \left\{ x \in A_n;\ x = \sum_{l=1}^{k} \lambda_l x_{\alpha_l},\ \sum_{l=1}^{k} \lambda_l = 1,\ \lambda_1 \geqq 0,\ \dots,\ \lambda_k \geqq 0,\ \right.$$

$$\left. x_{\alpha_1} \in X_{\alpha_1},\ \dots,\ x_{\alpha_k} \in X_{\alpha_k} \right\} \quad (\alpha_l \neq \alpha_{l'}\ \text{für}\ l \neq l') . \tag{14}$$

Beweis. Dieser folgt unmittelbar aus (13), wenn darin alle nichttrivialen[1] Summanden mit Punkten x_l aus ein und demselben X_α in der Form $\sum\limits_{l} \lambda_l x_l = \left(\sum\limits_{m} \lambda_m \right) y$ mit $y := \sum\limits_{l} \left(\dfrac{\lambda_l}{\sum\limits_{m} \lambda_m} \right) x_l \in X_\alpha$ zusammengefaßt werden. $\square$

---

[1]) Ein Summand in (13) heiße hierbei *trivial*, wenn der zugehörige Koeffizient $\lambda_l = 0$ ist.

Beispiel 2.1. *Konvexe Hülle affin unabhängiger Punkte.* Es seien $e_0, \ldots, e_m$ $m + 1$ affin unabhängige Punkte des A_n ($m \leq n$). Dann ergibt sich aus Korollar zu Satz 2.3 in Verbindung mit Beispiel 1.2 unmittelbar, daß das (in aff $\{e_0, \ldots, e_m\}$ gelegene) m-Simplex mit den Ecken $e_0, \ldots, e_m$ die konvexe Hülle seiner Eckpunktmenge darstellt.

Beispiel 2.2. *Konvexe Hülle der Vereinigung zweier konvexer Mengen.* Es seien K_1, K_2 beliebige konvexe Mengen des A_n. Nach Korollar zu Satz 2.3 haben wir dann

$$\operatorname{conv}(K_1 \cup K_2) = \bigcup_{\substack{x_1 \in K_1 \\ x_2 \in K_2}} x_1 x_2 \ . \tag{15}$$

In Satz 2.3 ist über die Anzahl k der Summanden bei den Linearkombinationen der Punkte der konvexen Hülle einer Punktmenge X nichts ausgesagt. Von CARATHÉODORY [5] stammt nun das grundlegende Resultat, daß hierbei o. B. d. A. $k \leq n + 1$ gewählt werden kann ($n =$ Dimension des X enthaltenden affinen Raumes), d. h., — geometrisch ausgedrückt — gilt

Satz 2.4. *Die konvexe Hülle einer beliebigen Punktmenge X des n-dimensionalen affinen Raumes A_n ist die Vereinigungsmenge aller m-Simplizes des A_n ($m \leq n$) mit in X gelegenen Ecken.*

Beweis. Aufgrund von Definition 2.1 und Beispiel 2.1 ist klar, daß conv X die in Satz 2.4 angegebene Vereinigungsmenge von Simplizes enthält. Es braucht also nur noch gezeigt zu werden, daß umgekehrt jeder beliebige Punkt $x \in$ conv X in einem Simplex des A_n mit in X liegenden Ecken enthalten ist. Dies gilt, wenn x eine Darstellung der Art (13) mit affin unabhängiger Punktmenge $\{x_1, \ldots, x_k\}$ aus X besitzt (vgl. Bemerkung 1.1), denn dann ist automatisch auch $k \leq n + 1$, und das zugehörige Simplex mit den Ecken $x_1, \ldots, x_k$ besitzt höchstens die Dimension n. Um ersteres einzusehen, gehen wir von der (stets existierenden) Darstellung (13) des Punktes x aus. Dann sind entweder die Punkte $x_1, \ldots, x_k$ affin unabhängig, und wir sind fertig, oder aber diese Punkte sind affin abhängig, d. h., es existiert eine Relation

$$\sum_{l=1}^{k} \alpha_l x_l = 0 \quad \text{mit} \sum_{l=1}^{k} \alpha_l = 0 \quad \text{und} \quad \text{(o. B. d. A.) } \alpha_k > 0 \ . \tag{16}$$

Durch etwaige Umnumerierung können wir hierbei o. B. d. A. noch

$$\frac{\lambda_{l'}}{\alpha_{l'}} \geq \frac{\lambda_k}{\alpha_k} \quad \text{für alle } l' \quad \text{mit} \quad 1 \leq l' \leq k - 1 \quad \text{und} \quad \alpha_{l'} > 0 \tag{17}$$

erreichen. Wir setzen nun

$$\mu_{l'} := \lambda_{l'} - \frac{\lambda_k}{\alpha_k} \alpha_{l'} \ .$$

Dann wird aufgrund von (13), (16) und (17)

$$x = \sum_{l=1}^{k} \lambda_l x_l = \sum_{l=1}^{k} \lambda_l x_l - \frac{\lambda_k}{\alpha_k} \sum_{l=1}^{k} \alpha_l x_l = \sum_{l'=1}^{k-1} \mu_{l'} x_{l'} , \tag{18}$$

wobei

$$\sum_{l'=1}^{k-1} \mu_{l'} = \sum_{l=1}^{k} \lambda_l - \frac{\lambda_k}{\alpha_k} \sum_{l=1}^{k} \alpha_l = \sum_{l=1}^{k} \lambda_l = 1 \quad \text{und} \quad \mu_1 \geqq 0, \dots, \mu_{k-1} \geqq 0$$

ist. Sind jetzt in der neuen Darstellung (18) von x die Punkte $x_1, \dots, x_{k-1}$ affin unabhängig, so sind wir fertig; anderenfalls wird unser Abänderungsprozeß in der Darstellung von x in gleicher Weise fortgesetzt. Da sich die Zahl der Summanden in der Linearkombination von x dabei immer um 1 verkleinert, erreichen wir spätestens nach $k - 1$ Abänderungen affin unabhängige Punkte[1]), was zu zeigen war. $\square$

Wir wollen nun über die topologischen Eigenschaften der konvexen Hülle einige Aussagen machen. Zunächst gilt

Satz 2.5. *Ist X eine beliebige offene Untermenge des A_n, so ist auch* conv *X offen.*

Beweis. Aus $X \subseteq$ conv X und $X = X^0$ folgt unmittelbar $X = X^0 \subseteq (\text{conv } X)^0$. Kombinieren wir dies mit der Tatsache, daß $(\text{conv } X)^0$ nach Satz 1.6 b) konvex ist, so erhalten wir nach Definition 2.1 conv $X \subseteq (\text{conv } X)^0$, was zusammen mit der trivialen Relation $(\text{conv } X)^0 \subseteq$ conv X die zu beweisende Beziehung $(\text{conv } X)^0 = $ conv X ergibt. $\square$

Bemerkung 2.2. *Die nach Satz 2.5 naheliegende Vermutung, daß die konvexe Hülle einer beliebigen abgeschlossenen Untermenge X des A_n wieder abgeschlossen sein muß, ist falsch.* Als Gegenbeispiel genügt es, $X = A \cup p$ (A Hyperebene, p Punkt des A_n ($n \geqq 2$) mit $p \notin A$) zu wählen. Dann ist nach (15) conv X der halboffene Streifen zwischen A und der durch p gehenden Parallelhyperebene $A_{(p)}$ zu A vereinigt mit dem Punkt p und damit im Gegensatz zu X nicht abgeschlossen (Abb. 4).

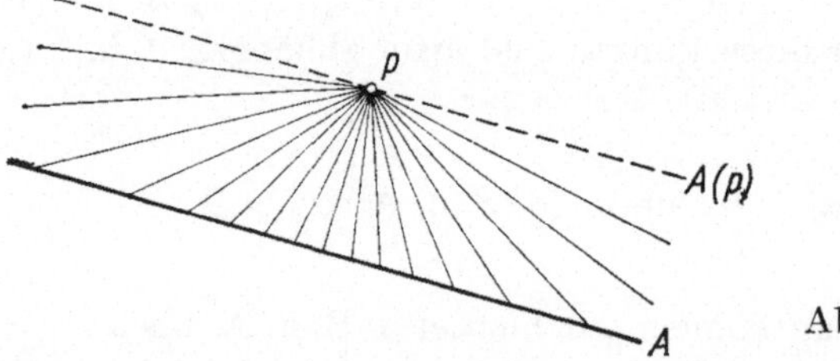

Abb. 4

Bemerkenswerterweise reproduziert sich im Gegensatz zur Abgeschlossenheit die Kompaktheit bei der Bildung der konvexen Hülle. Wir haben nämlich

Satz 2.6. *Die konvexe Hülle einer beliebigen kompakten Menge X des A_n ist wiederum kompakt.*

---

[1]) Eine aus nur einem Punkt des A_n bestehende Punktmenge ist nämlich affin unabhängig.

Beweis. Bekanntlich ist die Kompaktheit einer Untermenge X des A_n (bezüglich der Spurtopologie von X) mit der Tatsache äquivalent, daß jede Folge $\{x^{(\nu)}\}_{\nu \in N}$ mit $x^{(\nu)} \in X$ eine (innerhalb X) konvergente Teilfolge $\{x^{(\nu\mu)}\}_{\mu \in N}$ besitzt. Um Satz 2.6 einzusehen, gehen wir also von einer Folge $\{x^{(\nu)}\}_{\nu \in N}$ mit in conv X liegenden Elementen aus. Diese besitzen nach Satz 2.4 die Darstellungen

$$x^{(\nu)} = \sum_{l=0}^{n} \lambda_l^{(\nu)} x_l^{(\nu)} , \qquad \sum_{l=0}^{n} \lambda_l^{(\nu)} = 1 , \qquad \lambda_0^{(\nu)} \geqq 0, \dots , \lambda_n^{(\nu)} \geqq 0 ,$$

$$x_0^{(\nu)} \in X, \dots , x_n^{(\nu)} \in X \qquad (\nu = 1, 2, \dots) \,^1) . \tag{19}$$

Jetzt können wir wegen der vorausgesetzten Kompaktheit von X (nach eventueller Beschränkung auf eine geeignete Teilfolge) in (19) o. B. d. A.

$$\lim_{\mu \to \infty} x_l^{(\nu\mu)} = x_l \in X \qquad (l = 0, \dots , n) \tag{20}$$

annehmen. Desgleichen läßt sich aufgrund der Kompaktheit des die Koeffizienten $\lambda_l^{(\nu\mu)}$ enthaltenden Intervalls $[0, 1]$ in (19) o. B. d. A. außerdem

$$\lim_{\mu \to \infty} \lambda_l^{(\nu\mu)} = \lambda_l \qquad (l = 0, \dots , n) \tag{21}$$

voraussetzen. Durch Grenzübergang $\mu \to \infty$ ergibt sich dann aus (19) in Verbindung mit (20) und (21)

$$\dot{x} := \lim_{\mu \to \infty} x^{(\nu\mu)} = \sum_{l=0}^{n} \lambda_l x_l , \qquad \sum_{l=0}^{n} \lambda_l = 1 , \qquad \lambda_0 \geqq 0, \dots , \lambda_n \geqq 0 ,$$

$$x_0 \in X, \dots , x_n \in X ,$$

d. h. $x \in$ conv X, womit die Kompaktheit von conv X gezeigt ist. $\square$

Korollar. *Die konvexe Hülle einer beliebigen beschränkten, d. h. in einer kompakten Menge enthaltenen*[2]) *Untermenge X des A_n, ist wiederum beschränkt:*

Beweis. Da X Untermenge einer kompakten Menge $Y \subseteq A_n$ ist, gilt conv $X \subseteq$ conv Y mit nach Satz 2.6 kompaktem conv Y. $\square$

Eine besonders wichtige Klasse konvexer Hüllen von kompakten Mengen wird von den Verallgemeinerungen der konvexen Polygone ($n = 2$) und der konvexen Polyeder ($n = 3$), nämlich den sogenannten „konvexen Polytopen" gebildet.

Definition 2.2. Die konvexe Hülle einer beliebigen endlichen Punktmenge $\{x_1, \dots , x_k\}$ des A_n heißt *von $x_1, \dots , x_k$ aufgespanntes konvexes Polytop* des A_n.

Nach Satz 2.6 sind die Polytope kompakte und damit abgeschlossene Punktmengen des A_n. Sie sollen in den folgenden Paragraphen näher untersucht werden.

---

[1]) Ist hierbei $x^{(\nu)}$ in einem m-Simplex mit $m < n$ und in X gelegenen Ecken $x_0^{(\nu)}, \dots ,$ $x_m^{(\nu)}$ enthalten, so setze man $\lambda_{m+1}^{(\nu)} = \cdots = \lambda_n^{(\nu)} = 0$ und $x_{m+1}^{(\nu)} = \cdots = x_n^{(\nu)} = x_m^{(\nu)}$.

[2]) Diese Definition einer beschränkten Menge des A_n ist von einer etwaigen Metrisierung des A_n unabhängig; sie beruht auf der bekannten Tatsache, daß die kompakten Untermengen des A_n mit den abgeschlossenen und beschränkten Untermengen des A_n identisch sind.

Vorab sei nur eine grundlegende kombinatorische Eigenschaft der konvexen Polytope, die von RADON [6] entdeckt wurde, angegeben:

Satz 2.7. *Eine beliebige endliche Menge X von mindestens $n + 2$ Punkten des A_n kann stets so in zwei Teilmengen Y und Z zerlegt werden, daß die von Y und Z aufgespannten konvexen Polytope Punkte miteinander gemein haben.*

Beweis. Es sei $X = \{x_1, \ldots, x_k\}$ mit $k \geq n + 2$ die in Frage kommende Punktmenge. Da sie in einem n-dimensionalen affinen Raum liegt, muß sie affin abhängig sein, d. h., es gibt eine Relation

$$\sum_{l=1}^{k} \alpha_l x_l = 0 \quad \text{mit} \quad \sum_{l=1}^{k} \alpha_l = 0 \quad \text{und} \quad (\alpha_1, \ldots, \alpha_k) \neq (0, \ldots, 0) \tag{22}$$

(vgl. Bemerkung 1.1). Durch eine passende Umnumerierung kann hierbei o. B. d. A. noch

$$\alpha_1 > 0, \ldots, \alpha_{k'} > 0, \quad \alpha_{k'+1} \leqq 0, \ldots, \alpha_k \leqq 0 \qquad (1 \leqq k' < k)$$

erreicht werden. Dann läßt sich (22) auch in der Form

$$x := \sum_{l'=1}^{k'} \beta_{l'} x_{l'} = \sum_{l''=k'+1}^{k} \gamma_{l''} x_{l''} \tag{23}$$

mit

$$\sum_{l'=1}^{k'} \beta_{l'} = 1 , \qquad \beta_1 > 0, \ldots, \beta_{k'} > 0 \quad \text{und}$$

$$\sum_{l''=k'+1}^{k} \gamma_{l''} = 1 , \qquad \gamma_{k'+1} \geqq 0, \ldots, \gamma_k \geqq 0$$

schreiben, wenn

$$\beta_{l'} = \frac{\alpha_{l'}}{\sum\limits_{m'=1}^{k'} \alpha_{m'}} \qquad (l' = 1, \ldots, k')$$

und

$$\gamma_{l''} = \frac{-\alpha_{l''}}{\sum\limits_{m'=1}^{k'} \alpha_{m'}} \qquad (l'' = k' + 1, \ldots, k)$$

gesetzt wird. (23) besagt aber zusammen mit Satz 2.3

$$x \in \mathrm{conv}\,\{x_1, \ldots, x_{k'}\} \cap \mathrm{conv}\,\{x_{k'+1}, \ldots, x_k\} \neq \emptyset ,$$

womit Satz 2.7 (mit $Y = \{x_1, \ldots, x_{k'}\}$ und $Z = \{x_{k'+1}, \ldots, x_k\}$) bewiesen ist.

Übungen

1. Es soll gezeigt werden, daß die abgeschlossene Hülle der konvexen Hülle einer Menge X des A_n in der Form $\overline{\mathrm{conv}\,X} = \bigcap\limits_{\substack{K \text{ konvex} \\ \text{und abgeschlossen} \\ K \supseteq X}} K$ dargestellt werden kann. Wann gilt $\mathrm{conv}\,\overline{X} = \bigcap\limits_{\substack{K \text{ konvex} \\ \text{und abgeschlossen} \\ K \supseteq X}} K$?

2. Man beweise: Der offene Kern der konvexen Hülle einer beliebigen Punktmenge X des A_n ist die Vereinigungsmenge der offenen Kerne aller derjenigen konvexen Polytope des A_n, die von Punkten aus X aufgespannt werden.

3. Ist X eine beliebige Untermenge des n-dimensionalen affinen Raumes A_n, so werde eine Folge von Untermengen $\{X^{(\nu)}\}_{\nu \in N}$ rekursiv definiert durch

$$X^{(0)} := X , \qquad X^{(\nu+1)} := \bigcup_{x^{(\nu)},\, y^{(\nu)} \in X^{(\nu)}} x^{(\nu)} y^{(\nu)} .$$

Man zeige, daß für den durch $2^{\nu_0-1} < n+1 \leq 2^{\nu_0}$ definierten Index ν_0 die Gleichungen $\operatorname{conv} X = X^{(\nu_0)} = X^{(\nu_0+1)} = \cdots$ gelten. [Anleitung: Zum Beweis benutze man zweckmäßigerweise Satz 2.4.].

4. Es sei X eine Menge von $n+2$ Punkten des A_n, von denen je $n+1$ Punkte affin unabhängig sind. Man beweise, daß es dann nur eine mögliche Zerlegung von X in Teilmengen Y und Z mit der Eigenschaft $\operatorname{conv} Y \cap \operatorname{conv} Z \neq \emptyset$ geben kann (vgl. Satz 2.7).

§ 3.   Trennungs- und Stützeigenschaften

Der letzte Satz von § 2 gestattet die folgende bemerkenswerte Konsequenz: *Jede endliche Menge X von mindestens $n+2$ Punkten des A_n kann stets so in Teilmengen Y und Z zerlegt werden, daß Y und Z nicht in den durch eine Hyperebene A des A_n begrenzten beiden offenen Halbräumen H_1 und H_2 liegen, gleichgültig wie A gewählt wird* (anderenfalls wäre nämlich $\operatorname{conv} Y \cap \operatorname{conv} Z \subseteq H_1 \cap H_2 = \emptyset$ wegen der Konvexität von H_1 und H_2). Man kann dies auch so ausdrücken, daß sich Y und Z durch eine Hyperebene des A_n nicht „echt trennen" lassen. Wir geben allgemeiner die

Definition 3.1. Zwei Punktmengen X_1 und X_2 des A_n werden durch eine Hyperebene A des A_n *getrennt* bzw. *echt getrennt*, wenn für die durch A begrenzten offenen Halbräume H_1 und H_2 die Beziehungen $X_1 \subseteq \bar{H}_1 = H_1 \cup A$, $X_2 \subseteq \bar{H}_2 = H_2 \cup A$ bzw. $X_1 \subseteq H_1$, $X_2 \subseteq H_2$ gelten.

Um hinreichende Bedingungen für die Trennbarkeit zweier konvexer Punktmengen in diesem Sinne herleiten zu können, benötigen wir folgendes

Lemma 3.1. *Sind K_1, K_2 konvexe Mengen und ist p ein Punkt des A_n mit $K_1 \cap K_2 = \emptyset$, so gilt immer* $\operatorname{conv}(K_1 \cup \{p\}) \cap K_2 = \emptyset$ *oder* $\operatorname{conv}(K_2 \cup \{p\}) \cap K_1 = \emptyset$.

Beweis. Wir führen diesen Beweis indirekt und nehmen daher an, es sei $\operatorname{conv}(K_1 \cup \{p\}) \cap K_2 \neq \emptyset$ und $\operatorname{conv}(K_2 \cup \{p\}) \cap K_1 \neq \emptyset$. Dann gibt es zwei Punkte y_1 und y_2 mit

$$y_1 \in K_1 , \qquad y_2 \in K_2 \tag{24}$$

und

$$y_1 \in \operatorname{conv}(K_2 \cup \{p\}) , \qquad y_2 \in \operatorname{conv}(K_1 \cup \{p\}) . \tag{25}$$

(25) hat aber aufgrund von (15)

$$y_1 \in x_2 p , \qquad y_2 \in x_1 p \tag{26}$$

mit geeigneten

$$x_1 \in K_1, \qquad x_2 \in K_2 \tag{27}$$

zur Folge. Nun zeigt eine einfache Rechnung der analytischen Geometrie, daß sich wegen (26) die beiden Strecken $x_1 y_1$ und $x_2 y_2$ in einem Punkt z schneiden (vgl. Abb. 5), was wegen (24) und (27) und der Konvexität von K_1 und K_2 zu

$$z \in x_1 y_1 \cap x_2 y_2 \subseteq K_1 \cap K_2 \neq \emptyset$$

im Widerspruch mit der Voraussetzung $K_1 \cap K_2 = \emptyset$ führt. $\square$

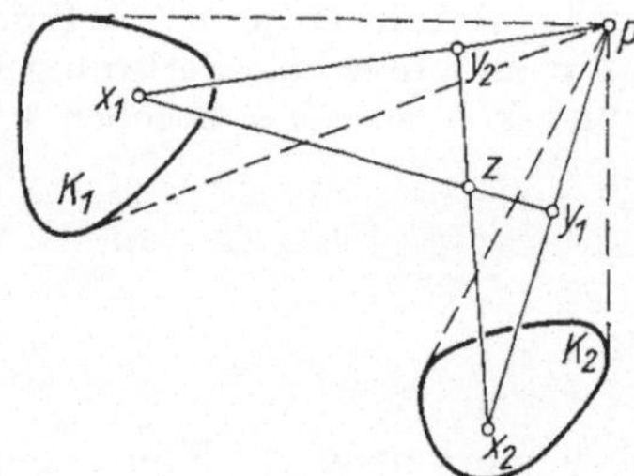

Abb. 5

Jetzt können wir unseren ersten Trennungssatz beweisen:

Satz 3.1. *Zwei nichtleere konvexe Untermengen K_1 und K_2 des A_n, deren offene Kerne $K_1^{(0)}$ und $K_2^{(0)}$ relativ zu ihren affinen Hüllen (vgl. Satz 1.8) punktfremd sind, können durch eine geeignete Hyperebene A des A_n (im Sinne der Definition 3.1) getrennt werden.*

Beweis. Aufgrund von Satz 1.6b) und Satz 1.8 sind $K_1^{(0)}$ und $K_2^{(0)}$ zwei nichtleere konvexe Mengen des A_n mit der nach Voraussetzung gültigen Beziehung $K_1^{(0)} \cap K_2^{(0)} = \emptyset$. Wir betrachten nun die Familie aller das Paar $\{K_1^{(0)}, K_2^{(0)}\}$ enthaltenden Paare punktfremder konvexer Untermengen des A_n, ordnen sie durch $\{K_1, K_2\} \subseteq \{K_1', K_2'\} \Leftrightarrow K_1 \subseteq K_1', K_2 \subseteq K_2'$ und finden darin unter Benutzung des Lemmas von ZORN ein maximales Element $\{L_1, L_2\}$. Dann sind L_1 und L_2 (nichtleere) komplementäre konvexe Mengen, da andernfalls ein Punkt $p \in A_n \setminus (L_1 \cup L_2)$ existierte, für den nach Lemma 3.1 conv $(L_1 \cup \{p\}) \cap L_2 = \emptyset$ oder conv $(L_2 \cup \{p\})$ $\cap L_1 = \emptyset$ im Widerspruch zur Maximalität von $\{L_1, L_2\}$ gelten müßte. Die Anwendung von Lemma 1.3 auf L_1 und L_2 ergibt jetzt $\overline{L}_1 = \overline{H}_1$, $\overline{L}_2 = \overline{H}_2$ für die von der Hyperebene $A := \overline{L}_1 \cap \overline{L}_2$ begrenzten offenen Halbräume H_1 und H_2 des A_n, was zusammen mit $K_1^{(0)} \subseteq L_1$, $K_2^{(0)} \subseteq L_2$

$$K_1^{(0)} \subseteq \overline{H}_1, \qquad K_2^{(0)} \subseteq \overline{H}_2 \tag{28}$$

zur Folge hat. Beachten wir noch, daß jeder Punkt von K_1 bzw. K_2 aufgrund von Lemma 1.1 auch ein Punkt von $\overline{K_1^{(0)}}$ bzw. $\overline{K_2^{(0)}}$ ist (verbinde z. B. den Punkt von K_1 bzw. K_2 durch eine Strecke mit einem beliebigen Punkt von $K_1^{(0)} \neq \emptyset$ bzw. $K_2^{(0)} \neq \emptyset$!) und damit

$$K_1 \subseteq \overline{K_1^{(0)}}, \qquad K_2 \subseteq \overline{K_2^{(0)}} \tag{29}$$

gilt, so finden wir durch Kombination von (28) und (29)

$$K_1 \subseteq \overline{H}_1 \,, \qquad K_2 \subseteq \overline{H}_2 \,,$$

d. h., A trennt in der Tat K_1 und K_2 im Sinne von Definition 3.1. $\square$

Bemerkung 3.1. *Unter der Zusatzvoraussetzung* $\mathrm{aff}(K_1 \cup K_2) = A_n$ *ist die Bedingung* $K_1^{(0)} \cap K_2^{(0)} = \emptyset$ *von Satz 3.1 sogar für die Trennbarkeit von K_1 und K_2 durch eine Hyperebene notwendig.* Sind nämlich K_1 und K_2 durch die Hyperebene A trennbare konvexe Mengen mit $\mathrm{aff}\,(K_1 \cup K_2) = A_n$ und wäre $p \in K_1^{(0)} \cap K_2^{(0)}$, so muß natürlich $p \in A$ und $K_1 \subseteq A$, $K_2 \subseteq A$, d. h. $\dim\,(\mathrm{aff}(K_1 \cup K_2)) \leqq n - 1$ im Widerspruch zu $\mathrm{aff}\,(K_1 \cup K_2) = A_n$ gelten.

Bemerkung 3.2. *Der hier aufgeführte Beweis von Satz 3.1 ist wegen der Benutzung des Zornschen Lemmas nicht konstruktiv. Durch Einführung einer euklidischen Hilfsmetrik auf dem A_n lassen sich auch konstruktive Beweise dieses Satzes gewinnen* (vgl. [7], S. 11—12).

Wir wollen nun den Spezialfall $K_2 = K_2^{(0)} = \{p\} \subseteq \overline{K}_1 \setminus K_1^{(0)}$ in Satz 3.1 näher untersuchen. In diesem Fall gilt für die K_1 und p trennende Hyperebene A sicher $p \in A$, da aus $p \in H_2$ wegen $p \in \overline{K}_1$ und der Offenheit von H_2 die Beziehung $K_1 \cap H_2 \neq \emptyset$ im Widerspruch zu $K_1 \subseteq \overline{H}_1$ und $\overline{H}_1 \cap H_2 = \emptyset$ folgen würde. Der durch A begrenzte abgeschlossene Halbraum $\overline{H}_1$ hat wegen $p \in \overline{K}_1$ die Eigenschaft, daß kein in $\overline{H}_1$ echt enthaltener (und damit zu $\overline{H}_1$ paralleler) [1] abgeschlossener Halbraum $\overline{H}_1'$ seinerseits K_1 enthält. Wir drücken diesen Sachverhalt auch dadurch aus, daß wir sagen, die durch p gehende Hyperebene A ist eine Stützhyperebene von K_1 im Sinne der folgenden

Definition 3.2. Eine *Hyperebene* A des A_n heißt *Stützhyperebene* einer Untermenge X des A_n, wenn X in einem von A begrenzten abgeschlossenen Halbraum $\overline{H}_1$, aber in keinem in $\overline{H}_1$ echt enthaltenen abgeschlossenen Halbraum enthalten ist.

Bezüglich der Existenz von Stützhyperebenen einer konvexen Menge K gilt jetzt der wichtige

Satz 3.2. *Durch jeden Punkt p des Randes* $\partial K := \overline{K} \setminus K^0$ *einer beliebigen konvexen Menge K des A_n geht (mindestens) eine Stützhyperebene A von K.*

Beweis. Fall α): $\dim K < n$. Hier ist die Behauptung des Satzes trivial, wenn wir A so wählen, daß A die affine Hülle von K enthält, da dann A als abgeschlossene Menge mit K auch $\overline{K}$, d. h. insbesondere p enthält.

Fall β): $\dim K = n$. Hier ist $\mathrm{aff}\,K = A_n$ und damit $K^{(0)} = K^0$, womit nach dem vor Definition 3.2 Gesagten die K und p trennende Hyperebene A als durch p gehende Stützhyperebene von K erkannt ist. $\square$

Satz 3.2 besitzt unter etwas verschärften Voraussetzungen die folgende bemerkenswerte Umkehrung:

---

[1] Zwei Halbräume des A_n sollen hierbei *parallel* genannt werden, wenn sie durch eine Translation des A_n ineinander übergehen.

Satz 3.3. *Ist X eine beliebige abgeschlossene Untermenge des A_n $(n \geqq 2)$[1] mit nichtleerem offenen Kern und geht durch jeden Randpunkt von X (mindestens) eine Stützhyperebene von X, so ist X konvex.*

Beweis. Es seien x_1 und x_2 zwei beliebige verschiedene Punkte von X und x_3 ein beliebiger Punkt der Strecke x_1x_2. Wir haben zu zeigen, daß x_3 zu X gehört. Dies geschehe indirekt: Wir nehmen also $x_3 \notin X$ und damit $x_3 \neq x_1$, $x_3 \neq x_2$ an. Da $X^0 \neq \emptyset$ ist nach Voraussetzung, existiert ein Punkt $x_4 \in X^0$, für den wegen $n \geqq 2$ o. B. d. A. $x_4 \notin x_1 \vee x_2$ angenommen werden kann (eventuell ersetze man nämlich x_4 durch einen geeigneten Punkt seiner in X^0 liegenden Umgebung). Die Punkte x_1, x_2, x_4 bestimmen dann ein nichtausgeartetes Dreieck conv $\{x_1, x_2, x_4\}$ mit der Transversalstrecke x_4x_3 (vgl. Beispiel 2.1). Die Endpunkte dieser Strecke liegen in X^0 bzw. in $A_n \setminus X = A_n \setminus \overline{X}$. Daher existiert ein innerer Punkt p dieser Strecke mit $p \in \overline{X} \setminus X^0 = \partial X$. Der Punkt p liegt im Inneren $(\mathrm{conv}\{x_1, x_2, x_4\})^{(0)}$ unseres Dreiecks, und durch diesen Punkt geht nach Voraussetzung eine Stützhyperebene A von X (vgl. Abb. 6). Ohne Beschränkung der Allgemeinheit können

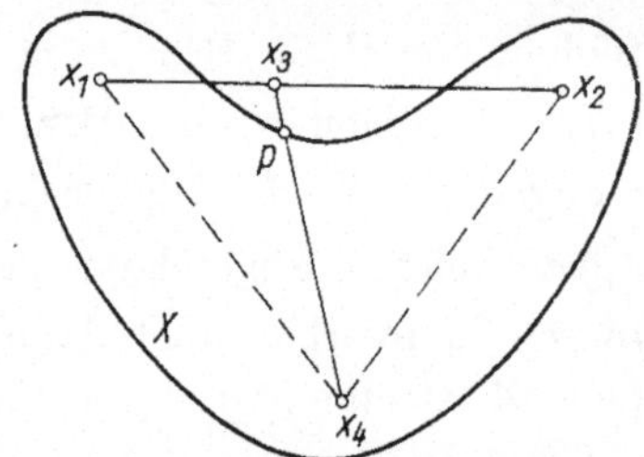

Abb. 6

wir in A_n ein affines Koordinatensystem $(\xi_1, \dots, \xi_n)$ so wählen, daß A bzw. der von A begrenzte abgeschlossene Halbraum $\overline{H}_1$ darin durch $\xi_n = 0$ bzw. $\xi_n \leqq 0$ dargestellt werden (vgl. Beispiel 1.1). Dann haben wir für die Koordinaten $\xi_i^{(\alpha)}$ bzw. π_i $(i = 1, \dots, n)$ von x_α bzw. p $(\alpha = 1, 2, 4)$

$$\xi_n^{(\alpha)} \leqq 0 \qquad (\alpha = 1, 2, 4) \quad \text{und} \quad \pi_n = 0 \,.$$

Daraus resultiert aber mit $p = \alpha_1 x_1 + \alpha_2 x_2 + \alpha_4 x_4$ und $\alpha_1 > 0, \alpha_2 > 0, \alpha_4 > 0$, $\alpha_1 + \alpha_2 + \alpha_4 = 1$ (vgl. Beispiel 1.4), d. h. insbesondere $\pi_n = \alpha_1 \xi_n^{(1)} + \alpha_2 \xi_n^{(2)} + \alpha_4 \xi_n^{(4)}$ und $\alpha_1 > 0, \alpha_2 > 0, \alpha_4 > 0$,

$$\xi_n^{(1)} = \xi_n^{(2)} = \xi_n^{(4)} = 0 \quad \text{oder} \quad x_1 \in A, x_2 \in A, x_4 \in A \,.$$

$x_4 \in A$ ist aber unmöglich, da $x_4 \in X^0$ und A Stützhyperebene von $\overset{.}{X}$ ist. Unsere Annahme $x_3 \notin X$ hat also zu einem Widerspruch geführt, womit Satz 3.3 bewiesen ist. $\square$

Bemerkung 3.3. *Die Voraussetzungen $X = \overline{X}$ und $X^0 \neq \emptyset$ in Satz 3.3 sind beide nicht entbehrlich*, wie als Gegenbeispiele ein n-Simplex mit einem von seinen Eckpunkten verschiedenen fehlenden Randpunkt und eine in einer Hyperebene A liegende abgeschlossene nichtkonvexe Menge X zeigen.

---

[1] Satz 3.3 ist im Fall $n = 1$ trivial!

Unser Trennungssatz 3.1 läßt sich verschärfen, wenn an die zu trennenden konvexen Mengen K_1 und K_2 weitergehende Forderungen gestellt werden. Wir formulieren

Satz 3.4. *Zwei nichtleere konvexe Untermengen K_1 und K_2 des A_n, deren abgeschlossene Hüllen punktfremd sind und von denen etwa K_1 beschränkt ist, können durch eine geeignete Hyperebene A des A_n (im Sinne von Definition 3.1) echt getrennt werden.*

Beweis. Die Beweisidee besteht — grob gesprochen — darin, die konvexe Menge K_1 so konvex zu vergrößern, daß die vergrößerte Menge und K_2 immer noch punktfremd sind und damit nach Satz 3.1 durch eine Hyperebene A' getrennt werden können, wobei nach einer geeigneten Parallelverschiebung aus A' eine K_1 und K_2 echt trennende Hyperebene A entsteht. Um die angedeutete Vergrößerung von K_1 bestimmen zu können, wählen wir im A_n ein affines Koordinatensystem $(\xi_1, \ldots, \xi_n)$ aus und definieren darin die von der Zahl ε $(\varepsilon > 0)$ abhängenden Punktmengen

$$(\overline{K}_1)_\varepsilon := \{x = (\xi_1, \ldots, \xi_n) \in A_n; |\xi_1 - \eta_1| < \varepsilon, \ldots, |\xi_n - \eta_n| < \varepsilon$$

$$\text{mit geeignetem } y = (\eta_1, \ldots, \eta_n) \in \overline{K}_1\} \, . \tag{30}$$

Alle diese Punktmengen sind konvex: Ist nämlich $x_1 = (\xi_1^{(1)} \ldots, \xi_n^{(1)}) \in (\overline{K}_1)_\varepsilon$ und $x_2 = (\xi_1^{(2)}, \ldots, \xi_n^{(2)}) \in (\overline{K}_1)_\varepsilon$, d. h., gilt $|\xi_i^{(1)} - \eta_i^{(1)}| < \varepsilon$ und $|\xi_i^{(2)} - \eta_i^{(2)}| < \varepsilon$ $(i = 1, \ldots, n)$ für geeignete Punkte $y_1 = (\eta_1^{(1)}, \ldots, \eta_n^{(1)}) \in \overline{K}_1$, $y_2 = (\eta_1^{(2)}, \ldots, \eta_n^{(2)}) \in \overline{K}_1$, so finden wir für die Zwischenpunkte $\lambda_1 x_1 + \lambda_2 x_2$ und $\lambda_1 y_1 + \lambda_2 y_2 \in \overline{K}_1$ (vgl. Satz 1.6a))

$$|(\lambda_1 \xi_i^{(1)} + \lambda_2 \xi_i^{(2)}) - (\lambda_1 \eta_i^{(1)} + \lambda_2 \eta_i^{(2)})| \leqq \lambda_1 |\xi_i^{(1)} - \eta_i^{(1)}| + \lambda_2 |\xi_i^{(2)} - \eta_i^{(2)}| < \varepsilon$$

$(i = 1, \ldots, n)$ und damit nach Definition (30)

$$\lambda_1 x_1 + \lambda_2 x_2 \in (\overline{K}_1)_\varepsilon \qquad (\lambda_1 \geqq 0, \lambda_2 \geqq 0, \lambda_1 + \lambda_2 = 1) \, .$$

Wir behaupten jetzt, daß ein $\varepsilon_0 > 0$ so existiert, daß für die zugehörige Menge $(\overline{K}_1)_{\varepsilon_0}$ die Beziehung

$$(\overline{K}_1)_{\varepsilon_0} \cap \overline{K}_2 = \emptyset \tag{31}$$

besteht, und zeigen dies indirekt: Gäbe es kein solches ε_0, so existierte eine Folge $\{\varepsilon_\nu\}_{\nu \in N}$ mit $\varepsilon_\nu > 0$, $\lim\limits_{\nu \to \infty} \varepsilon_\nu = 0$ und $(\overline{K}_1)_{\varepsilon_\nu} \cap \overline{K}_2 \neq \emptyset$. Es sei nun $x_\nu \in (\overline{K}_1)_{\varepsilon_\nu} \cap \overline{K}_2$ mit den nach Definition (30) zugehörigen $y_\nu \in \overline{K}_1$. Aufgrund der Kompaktheit von $\overline{K}_1$ wegen unserer Voraussetzung der Beschränktheit von K_1 können wir hierbei o. B. d. A. $\lim\limits_{\nu \to \infty} y_\nu = y_0 \in \overline{K}_1$ annehmen. Daraus folgt aber $\lim\limits_{\nu \to \infty} x_\nu = x_0 \in \overline{K}_2$ und $x_0 = y_0$ im Widerspruch zur Voraussetzung $\overline{K}_1 \cap \overline{K}_2 = \emptyset$.

Jetzt zeigt die Anwendung von Satz 3.1 auf die konvexen Mengen $(\overline{K}_1)_{\varepsilon_0}$ und $\overline{K}_2$ wegen (31) die Existenz einer $(\overline{K}_1)_{\varepsilon_0}$ und $\overline{K}_2$ trennenden Hyperebene A' des A_n. Da $(\overline{K}_1)_{\varepsilon_0}$ als Vereinigung offener Parallelepipede offen ist, folgt hieraus speziell

$A' \cap (\overline{K}_1)_{\varepsilon_0} = \emptyset$ oder — damit nach Definition (30) völlig äquivalent —

$$\overline{K}_1 \cap (A')_{\varepsilon_0} = \emptyset \,, \tag{32}$$

wobei $(A')_{\varepsilon_0}$ analog (30) definiert wird. Diese Menge $(A')_{\varepsilon_0}$ ist wie $(\overline{K}_1)_{\varepsilon_0}$ konvex und offen; sie geht durch jede A' als Ganzes festlassende Translation des A_n in sich über. $(A')_{\varepsilon_0}$ stellt daher einen *Streifen* dar, der durch zwei Parallelhyperebenen zu A' begrenzt wird. Verschiebt man nun A' innerhalb dieses Streifens parallel in Richtung auf $\overline{K}_1$ zu, so erhält man eine Hyperebene A, die wegen (32) K_1 und K_2 echt trennt, was gezeigt werden sollte (vgl. Abb. 7). $\square$

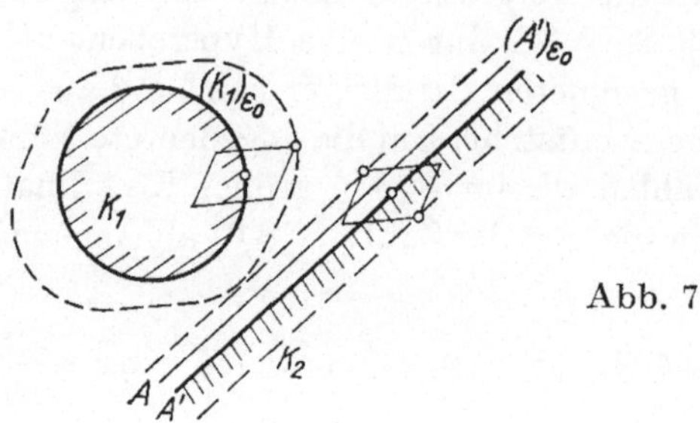

Abb. 7

Bemerkung 3.4. *Für die echte Trennbarkeit von K_1 und K_2 durch eine Hyperebene ist natürlich nicht* $\overline{K}_1 \cap \overline{K}_2 = \emptyset$, *sondern nur* $K_1 \cap K_2 = \emptyset$ *notwendig*, wie etwa das Beispiel der zwei durch eine Hyperebene des A_n begrenzten offenen Halbräume zeigt.

Bemerkung 3.5. *Die Voraussetzung der Beschränktheit von K_1 oder K_2 in Satz 3.4 ist nicht entbehrlich*: Dies wird für $n = 2$ aus dem Gegenbeispiel einer abgeschlossenen Halbebene K_1 ersichtlich, deren Begrenzungsgerade gleichzeitig Asymptote eines Hyperbelastes ist, welcher die Begrenzung der konvexen Menge $K_2 = \overline{K}_2$ bilden soll (vgl. Abb. 8).

Wir wollen jetzt wieder den Spezialfall $K_2 = \overline{K}_2 = \{p\} \in A_n \setminus \overline{K}_1$ in Satz 3.4 besonders betrachten. Hier ergibt sich, daß zu einem derartigen Punkt p stets eine Hyperebene A und ein davon begrenzter abgeschlossener Halbraum $\overline{H}_1$ des A_n so existiert, daß $K_1 \subseteq H_1$ und $p \in H_2 := A_n \setminus \overline{H}_1$ gilt. Damit werden wir als gewisses Analogon zu Satz 2.1 beweisen:

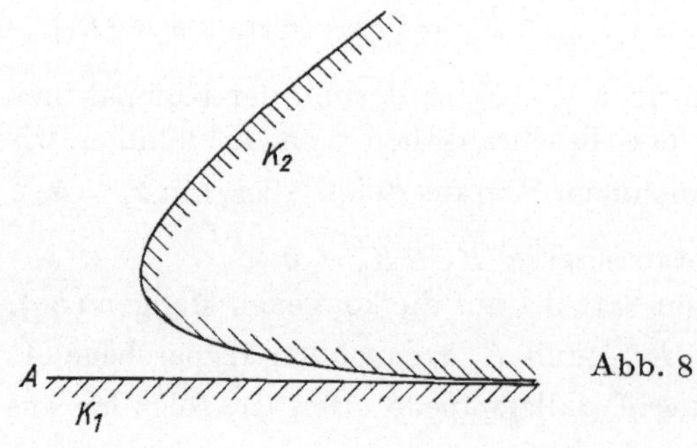

Abb. 8

Satz 3.5. *Die abgeschlossene konvexe Hülle[1] einer beliebigen Untermenge X des A_n ist der Durchschnitt aller X enthaltenden abgeschlossenen Halbräume des A_n bzw. ganz A_n[2]:*

$$\overline{\mathrm{conv}\, X} = \bigcap_{\substack{\overline{H}=abgeschlossener\ Halbraum \\ \overline{H} \supseteq X}} \overline{H}\,. \tag{33}$$

Beweis. Es sei X eine beliebige Untermenge des A_n, und es sei $L := A_n$, falls $\mathrm{conv}\, X = A_n$, bzw. $L := \bigcap_{\substack{\overline{H}=abgeschlossener\ Halbraum \\ \overline{H} \supseteq X}} \overline{H}$, falls $\mathrm{conv}\, X \subset A_n$ und damit insbesondere $X \subseteq \mathrm{conv}\, X \subseteq S_p \subseteq \overline{S}_p := \overline{H}^{(n)}$ für ein beliebiges $p \in A_n \setminus \mathrm{conv}\, X$ nach Satz 1.9 und Satz 1.10. Dann ist $X \subseteq L$; weiter haben wir $\mathrm{conv}\, X \subseteq L$ wegen der Konvexität von L, und aus der Abgeschlossenheit von L folgt $\overline{\mathrm{conv}\, X} \subseteq L$. Umgekehrt gibt es für jeden Punkt $p \in A_n \setminus \overline{\mathrm{conv}\, X}$ nach der vor Satz 3.5 angeführten Überlegung einen abgeschlossenen Halbraum $\overline{H}_1$ des A_n mit $X \subseteq \overline{\mathrm{conv}\, X} \subseteq \overline{H}_1$ und $p \in A_n \setminus \overline{H}_1$, d. h. $p \notin L$, woraus $A_n \setminus \overline{\mathrm{conv}\, X} \subseteq A_n \setminus L$ resultiert. Damit ist aber $\overline{\mathrm{conv}\, X} = L$. $\square$

Fassen wir in Satz 3.5 alle (im Sinne der Fußnote [1]) von S. 29) parallelen abgeschlossenen und X enthaltenden Halbräume zusammen und beachten wir, daß deren Durchschnitt einen von einer Stützhyperebene von X begrenzten abgeschlossenen Halbraum des A_n darstellt (vgl. Definition 3.2), so erhalten wir zu diesem Satz das

Korollar. *Die abgeschlossene konvexe Hülle einer beliebigen Untermenge X des A_n ist der Durchschnitt aller derjenigen X enthaltenden abgeschlossenen Halbräume des A_n, die von Stützhyperebenen von X begrenzt werden, bzw. ganz A_n.*

Die abgeschlossene konvexe Hülle und damit nach Satz 2.6 auch die konvexe Hülle einer kompakten Menge X besitzt neben der in Satz 3.5 formulierten geometrischen Darstellung eine weitere bemerkenswerte Darstellung. Dazu benötigen wir zunächst die

Definition 3.3. Auf einer kompakten Untermenge X des A_n sei ein nichttriviales[3] (endliches) Radon-Maß μ gegeben. Wird μ als Massenverteilung auf X interpretiert, so heißt $y = \dfrac{\int\limits_X x\,\mathrm{d}\mu}{\int\limits_X \mathrm{d}\mu}$ *Schwerpunkt von X* bezüglich dieser Massenverteilung.[4]

---

[1]) Darunter verstehen wir — kurz gesprochen — die abgeschlossene Hülle der konvexen Hülle von X (vgl. Übung 1 von § 2).

[2]) Dieser Fall tritt genau dann ein, wenn es keinen X enthaltenden abgeschlossenen Halbraum des A_n gibt (vgl. die Fußnote [1] auf S. 21).

[3]) μ heißt *nichttrivial*, falls $\int\limits_X \mathrm{d}\mu > 0$ ist.

[4]) $\int\limits_X x\,\mathrm{d}\mu$ stellt hierbei einen Vektor mit den Komponenten $\int\limits_X \xi_i\,\mathrm{d}\mu$ dar, wobei ξ_i die Komponenten des Vektors x sind $(i = 1, \ldots, n)$.

Es gilt nun

Satz 3.6. *Es sei X eine beliebige kompakte Untermenge des A_n. Dann gilt*

$$\operatorname{conv} X = \left\{ y \in A_n;\ y = \frac{\int\limits_X x\, \mathrm{d}\mu}{\int\limits_X \mathrm{d}\mu}\ \begin{array}{l} \textit{mit } \mu = \textit{beliebiges nichttriviales} \\ \textit{(endliches) Radon-Maß auf } X \end{array} \right\}. \qquad (34)$$

Beweis. Wir kürzen die rechte Seite von (34) mit K ab und zeigen α) conv $X \subseteq K$ und β) conv $X \supseteq K$.

Um α) einzusehen, betrachten wir einen beliebigen Punkt $y \in$ conv X. Dann gilt nach (13)

$$y = \sum_{l=1}^{k} \lambda_l x_l \quad \text{mit} \quad \sum_{l=1}^{k} \lambda_l = 1, \quad \lambda_1 \geqq 0, \dots, \lambda_k \geqq 0, \quad x_1 \in X, \dots, x_k \in X.$$
$$(35)$$

Sind jetzt $\mu^{(l)}$ die sogenannten Einheitsmassen in den Punkten x_l mit den Koordinaten $\xi_i^{(l)}$ $(i = 1, \dots, n; l = 1, \dots, k)$[1]), so wird durch $\sum\limits_{l=1}^{k} \lambda_l \mu^{(l)}$ auf X ein (nichttriviales) Radon-Maß μ_0 definiert, für welches nach bekannten Sätzen der Maßtheorie

$$\int\limits_X \xi_i\, \mathrm{d}\mu_0 = \sum_{l=1}^{k} \lambda_l \int\limits_X \xi_i\, \mathrm{d}\mu^{(l)} = \sum_{l=1}^{k} \lambda_l \xi_i^{(l)} \qquad (i = 1, \dots, n)$$

und

$$\int\limits_X \mathrm{d}\mu_0 = \sum_{l=1}^{k} \lambda_l \int\limits_X \mathrm{d}\mu^{(l)} = \sum_{l=1}^{k} \lambda_l$$

oder, zusammengefaßt

$$\int\limits_X x\, \mathrm{d}\mu_0 = \sum_{l=1}^{k} \lambda_l x_l \quad \text{und} \quad \int\limits_X \mathrm{d}\mu_0 = \sum_{l=1}^{k} \lambda_l = 1 \qquad (36)$$

gilt.[2]) Aus (35) und (36) folgt unmittelbar $y \in K$, womit α) gezeigt ist.

Um β) zubeweisen, gehen wir von einem beliebigen Punkt

$$y = \frac{\int\limits_X x\, \mathrm{d}\mu}{\int\limits_X \mathrm{d}\mu} \qquad \begin{array}{l} (\mu = \textit{beliebiges nichttriviales (endliches)} \\ \textit{Radon-Maß auf } X) \end{array} \qquad (37)$$

von K und einem beliebigen X enthaltenden abgeschlossenen Halbraum $\overline{H}$ des A_n mit der Darstellung

$$L(x) + \gamma \equiv \sum_{i=1}^{n} \gamma_i \xi_i + \gamma \leqq 0 \qquad ((\gamma_1, \dots, \gamma_n) \neq (0, \dots, 0))$$

aus (vgl. Beispiel 1.1). Dann wird nach (37)

$$L(y) + \gamma = \frac{\int\limits_X (L(x) + \gamma)\, \mathrm{d}\mu}{\int\limits_X \mathrm{d}\mu} \leqq 0,$$

---

[1]) Diese Maße $\mu^{(l)}$ sind durch $\mu^{(l)}(X') = 1$ bzw. $= 0$, je nachdem, ob $x_l \in X'$ bzw. $x_l \notin X'$ ist (X' beliebige Untermenge von X), definiert (vgl. [8], S. 19).

[2]) Vgl. die Fußnote [3]) auf S. 33.

d. h. $y \in \overline{H}$. Da aber $\overline{H}$ beliebig mit $\overline{H} \supseteq X$ gewählt war, haben wir weiter zusammen mit (33) und Satz 2.6 $y \in \bigcap\limits_{\substack{\overline{H}=\text{abgeschlossener Halbraum}\\ \overline{H} \supseteq X}} \overline{H} = \overline{\text{conv } X} = \text{conv } X$, womit

auch β) gezeigt ist. $\square$

Übungen

1. Es sei K eine konvexe Menge des A_n, $p \in K^{(0)}$ und A eine Hyperebene durch p, welche aff K nicht enthält. Man zeige: A zerlegt K in zwei konvexe Teilmengen derselben Dimension.
2. Es sei K eine beliebige konvexe Untermenge und B ein beliebiger affiner Unterraum des A_n, wobei $B \cap K^{(0)} = \emptyset$ und $B \cap \overline{K} \ne \emptyset$ ist. Man zeige, daß durch B (mindestens) eine Stützhyperebene A von K geht. Ist dies noch richtig, wenn $B \cap \overline{K} = \emptyset$ vorausgesetzt wird?
3. Es sei K ein beschränkter konvexer Körper des A_n sowie A eine beliebige Hyperebene des A_n. Es soll gezeigt werden, daß genau zwei verschiedene zu A parallele Stützhyperebenen von K existieren.
4. Man beweise: Eine beliebige abgeschlossene Untermenge X des A_n ist genau dann konvex, wenn X von jedem Punkt p des A_n mit $p \notin X$ durch eine Hyperebene des A_n echt getrennt werden kann.
5. Es sei K eine beliebige abgeschlossene und konvexe Untermenge und B ein beliebiger affiner Unterraum des A_n, für welchen $B \cap K = \emptyset$ gilt. Man zeige, daß durch B (mindestens) eine Hyperebene A des A_n mit $A \cap K = \emptyset$ geht.
6.′ Es soll gezeigt werden: A_n und die Menge aller abgeschlossenen Halbräume $\overline{H}$ des A_n bilden eine Durchschnittsbasis für die Menge aller abgeschlossenen konvexen Untermengen des A_n, welche allerdings (im Gegensatz zu A_n und den Semiräumen des A_n in bezug auf die konvexen Untermengen des A_n) nicht „minimal" ist (vgl. Satz 2.2).

§ 4.   Extremelemente, Sätze von Krein-Milman und Straszewicz

In § 2 hatten wir gesehen, wie man zu einer gegebenen Untermenge X des A_n die konvexe Hülle conv X bestimmen kann. Es fragt sich nun umgekehrt, welche Untermengen X einer gegebenen konvexen Menge K des A_n die Eigenschaft $K = \text{conv } X$ besitzen. Offenbar muß ein derartiges X jeden Punkt $x \in K$ mit der Eigenschaft $K \setminus \{x\} = $ konvex enthalten, da anderenfalls conv $X \subseteq K \setminus \{x\}$ im Widerspruch zu conv $X = K$ gelten müßte. Dies führt uns zur folgenden

Definition 4.1. Ein Punkt x einer konvexen Menge K des A_n heißt genau dann *Extrempunkt von K*, wenn $K \setminus \{x\}$ konvex ist, oder — damit äquivalent — wenn es keine Punkte y und z aus K mit $x \in yz \setminus \{y\} \setminus \{z\}$ gibt.[1]

Die Menge aller Extrempunkte von K wird im folgenden mit ext K bezeichnet. Aus ihrer Definition folgt unmittelbar:

---

[1] Durch den zweiten Teil von Definition 4.1 kann man den Begriff Extrempunkt auch für nichtkonvexe Mengen erklären.

Satz 4.1. *Ist K eine konvexe Menge des A_n mit $K = \operatorname{conv} X$, so gilt $X \supseteq \operatorname{ext} K$.*

Bemerkung 4.1. *Jeder Extrempunkt von K ist ein Randpunkt von K relativ zur affinen Hülle von K:*

$$\operatorname{ext} K \subseteq \bar{K} \setminus K^{(0)} \qquad \text{(trivial nach Definition von ext } K\text{!)} . \tag{38}$$

Beispiel 4.1. *Simplex.* Es sei $S = \operatorname{conv}\{e_0, \ldots, e_n\} = \left\{ x \in A_n;\ x = \sum_{l=0}^{n} \alpha_l e_l, \right.$ $\left. \sum_{l=0}^{n} \alpha_l = 1, \alpha_0 \geq 0, \ldots, \alpha_n \geq 0 \right\}$ ein n-Simplex des A_n mit den Ecken $e_0, \ldots, e_n$. Dann gilt nach Satz 4.1 ext $S \subseteq \{e_0, \ldots, e_n\}$. Umgekehrt ist auch jede Ecke e_k von S Extrempunkt von S ($0 \leq k \leq n$): Anderenfalls wäre nämlich e_k Innenpunkt einer in S gelegenen Strecke und hätte die baryzentrischen Koordinaten $\delta_{lk} = \lambda_1 \beta_l^{(k)} + \lambda_2 \gamma_l^{(k)}$ ($l = 0, \ldots, n$), wobei δ_{lk} die Kroneckerschen Symbole und $\beta_l^{(k)}$ sowie $\gamma_l^{(k)}$ ($l = 0, \ldots, n$) die baryzentrischen Koordinaten der Endpunkte dieser Strecke seien ($\lambda_1 + \lambda_2 = 1, \lambda_1 > 0, \lambda_2 > 0$). Daraus folgten aber für alle $l \neq k$ wegen $\delta_{lk} = 0$ und $\beta_l^{(k)} \geq 0$, $\gamma_l^{(k)} \geq 0$ die Beziehungen $\beta_l^{(k)} = \gamma_l^{(k)} = 0$ und damit wegen $\sum_{l=0}^{n} \beta_l^{(k)} = \sum_{l=0}^{n} \gamma_l^{(k)} = 1$ auch $\beta_k^{(k)} = \gamma_k^{(k)} = 1$, so daß die Endpunkte der Strecke entgegen der Annahme zusammenfielen. Also haben wir ext $S = \{e_0, \ldots, e_n\}$.

Beispiel 4.2. *Vollellipsoid.* Es sei $E: F(x - x_0, x - x_0) - \gamma^2 \leq 0$ ein beliebiges Vollellipsoid des A_n mit dem Mittelpunkt x_0 (vgl. Beispiel 1.3) und y ein beliebiger Punkt von ext E. Dann ist nach Bemerkung 4.1 $y \in \partial E$ oder $F(y - x_0, y - x_0) - \gamma^2 = 0$. Umgekehrt ist aber auch jeder Randpunkt y von E Extrempunkt von E: Die durch y gehende Tangentialhyperebene $A: F(y - x_0, x - x_0) - \gamma^2 = 0$ des Ellipsoids ∂E ist nämlich wegen der positiven Definitheit von F und der für alle Punkte von E gültigen Relation

$$2\big(F(y - x_0, x - x_0) - \gamma^2\big)$$
$$= \big(F(y - x_0, y - x_0) - \gamma^2\big) + \big(F(x - x_0, x - x_0) - \gamma^2\big)$$
$$- F\big((y - x_0) - (x - x_0), (y - x_0) - (x - x_0)\big) \leq 0$$

Stützhyperebene von E, welche mit E nur den Punkt y gemeinsam hat, so daß y nicht Innenpunkt einer in E und damit in $E \cap A$ gelegenen Strecke sein kann. Also gilt ext $E = \partial E$.

Wie wir in Satz 4.1 sahen, haben wir für ein gegebenes konvexes K mit $K = \operatorname{conv} X$ notwendig $X \supseteq \operatorname{ext} K$. Es fragt sich nun, ob schon die Beziehung $K = \operatorname{conv}(\operatorname{ext} K)$ richtig ist. Dies ist, wie wir sehen werden, im allgemeinen nicht der Fall, jedoch bewiesen KREIN und MILMAN [9] den folgenden

Satz 4.2. *Für jede kompakte, konvexe Untermenge K des A_n gilt:*

$$K = \operatorname{conv}(\operatorname{ext} K) .^1) \tag{39}$$

Dem Beweis von Satz 4.2 schicken wir das folgende Lemma voraus.

---

^{1}) Für kompakte Untermengen K des A_n gilt sogar die schärfere Form $\operatorname{conv} K = \operatorname{conv}(\operatorname{ext} K)$ (vgl. die Fußnote auf S. 35). Der Beweis hierzu verläuft analog.

Lemma 4.1. *Ist K eine beliebige konvexe Menge des A_n und A eine beliebige Stützhyperebene von K, so ist*

$$\text{ext}(K \cap A) = \text{ext } K \cap A . \tag{40}$$

Beweis. Aus Definition 4.1 und $K \cap A \subseteq K$ folgt zunächst unmittelbar $\text{ext}(K \cap A) \supseteq \text{ext } K \cap A$. Ist nun x ein beliebiger Punkt von $\text{ext}(K \cap A)$, so kann nicht $x \in yz \setminus \{y\} \setminus \{z\}$ mit $y \in K$, $z \in K$ gelten, da sonst $y \in K \cap A$ und $z \in K \cap A$ aufgrund von $x \in A$ und der Stützeigenschaft von A bezüglich K im Widerspruch zu $x \in \text{ext}(K \cap A)$ sein müßte. Daher ist $x \in \text{ext } K \cap A$, womit $\text{ext}(K \cap A) \subseteq \text{ext } K \cap A$ und damit (40) gezeigt ist. $\square$

Beweis von Satz 4.2. Wir beweisen diesen Satz durch vollständige Induktion nach der Dimension von K. Er ist im Fall dim $K = 0$ trivial. Wir nehmen also an, er sei für alle Dimensionen von K kleiner als m bewiesen, und zeigen seine Richtigkeit im Fall dim $K = m$ ($0 < m \leq n$). Die eine Seite $K \supseteq \text{conv}(\text{ext } K)$ der zu beweisenden Beziehung (39) ist trivial. Um die andere Seite einzusehen, gehen wir von einem beliebigen Punkt x von K aus. Ist G eine beliebige, durch x gehende und in aff K liegende Gerade des A_n, so stellt $G \cap K$ wegen der Kompaktheit und der Konvexität von K eine Strecke yz mit den (nicht notwendig verschiedenen) in $K \setminus K^{(0)}$ liegenden Endpunkten y und z dar. Aufgrund von Satz 3.2 (angewandt auf $A_n = $ aff K) existieren nun durch y bzw. z gehende Stützhyperebenen $B^{(0)}$ bzw. $C^{(0)}$ von K relativ zu aff K, welche K in den kompakten, konvexen und höchstens $(m-1)$-dimensionalen Mengen $B^{(0)} \cap K$ bzw. $C^{(0)} \cap K$ schneiden. Dann ist aber nach Induktionsvoraussetzung und Lemma 4.1 (angewandt auf aff K)

$$B^{(0)} \cap K = \text{conv}\big(\text{ext}(B^{(0)} \cap K)\big) = \text{conv}(\text{ext } K \cap B^{(0)})$$

sowie

$$C^{(0)} \cap K = \text{conv}\big(\text{ext}(C^{(0)} \cap K)\big) = \text{conv}(\text{ext } K \cap C^{(0)}) ,$$

und wir finden wegen $y \in B^{(0)} \cap K \subseteq \text{conv}(\text{ext } K)$ und $z \in C^{(0)} \cap K \subseteq \text{conv}(\text{ext } K)$ schließlich $x \in G \cap K = yz \subseteq \text{conv}(\text{ext } K)$. Hiermit ist auch $K \subseteq \text{conv}(\text{ext } K)$ und der Induktionsbeweis vollendet. $\square$

Korollar zu Satz 4.2. *Jede (nichtleere) kompakte, konvexe Untermenge K des A_n enthält (mindestens) einen Extrempunkt.*

Bemerkung 4.2. Die Voraussetzungen der Abgeschlossenheit und der Beschränktheit von K in obigem Korollar und damit in Satz 4.2 sind nicht entbehrlich, wie die Gegenbeispiele des offenen Kerns eines n-Simplex und des abgeschlossenen Halbraums des A_n zeigen, bei denen keine Extrempunkte existieren.

Von V. L. KLEE jr. [10] wurde nun das naheliegende Problem untersucht, welche Beziehung für lediglich abgeschlossene, konvexe Untermengen des A_n an die Stelle von (39) tritt. Das zweite Gegenbeispiel in voriger Bemerkung läßt vermuten, daß die Existenz von in K enthaltenen Geraden für das Fehlen von Extrempunkten von K und damit für die Unrichtigkeit von (39) verantwortlich ist. Dies ist in der Tat der Fall, es gilt nämlich

Bemerkung 4.3. *Jede abgeschlossene konvexe Menge K des A_n, welche (mindestens) eine Gerade enthält, ist ein Zylinder mit (parallelen) m-dimensionalen affinen Unterräumen von A_n als Erzeugenden ($1 \leq m \leq n$) und einer höchstens $(n-m)$-dimensionalen konvexen abgeschlossenen Basismenge L, welche keine Gerade des A_n enthält.* Diese Bemerkung ist leicht einzusehen, wenn man bedenkt, daß eine abgeschlossene konvexe Menge K des A_n mit einer Geraden G und einem Punkt x auch die durch x gehende Parallelgerade G_x zu G enthält (vgl. Abb. 9) und daß alle durch x gehenden und in K liegenden Geraden des A_n eine m-dimensionale Erzeugende A_x von K ausmachen ($1 \leq m \leq n$), so daß K ein Zylinder mit zu A_x parallelen Erzeugenden und (etwa) einer Basismenge $L = K \cap B_x$ sein muß ($B_x =$ zu A_x komplementärer und durch x gehender affiner Unterraum des A_n).

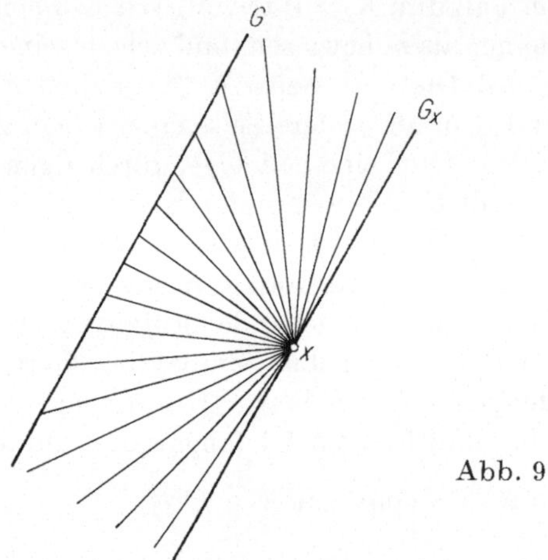

Abb. 9

Korollar. *Eine abgeschlossene, konvexe Menge K des A_n, welche (mindestens) eine Gerade enthält, besitzt keine Extrempunkte.*

Aufgrund von Bemerkung 4.3 bedeutet es keine große Einschränkung der Allgemeinheit, bei einer Darstellung einer abgeschlossenen konvexen Menge K als konvexe Hülle nach dem Muster von (39) das Fehlen von in K liegenden Geraden zusätzlich vorauszusetzen. Aber auch damit bleibt (39) selbst nicht mehr allgemein richtig, wie als Gegenbeispiel die (abgeschlossene) „räumliche Ecke"

$$R := \left\{ x \in A_n; \; x = \sum_{l=0}^{n} \alpha_l e_l, \; \sum_{l=0}^{n} \alpha_l = 1, \alpha_1 \geqq 0, \ldots, \alpha_n \geqq 0 \right\}$$

$$= \left\{ x \in A_n; \; x - e_0 = \sum_{l'=1}^{n} \alpha_{l'}(e_{l'} - e_0), \alpha_1 \geqq 0, \ldots, \alpha_n \geqq 0 \right\}$$

($e_0, \ldots, e_n$ affin unabhängig) des A_n zeigt, welche ein konvexer Kegel mit der Spitze e_0 ist und somit e_0 als einzigen Extrempunkt besitzt. Nun ist aber offensichtlich R

die konvexe Hülle ihrer abgeschlossenen Halbgeraden

$$\overline{H_{l'}^{(1)}} := \{x \in A_n;\ x = \alpha_0 e_0 + \alpha_{l'} e_{l'},\ \alpha_0 + \alpha_{l'} = 1,\ \alpha_{l'} \geqq 0\}$$
$$= \{x \in A_n;\ x - e_0 = \alpha_{l'}(e_{l'} - e_0),\ \alpha_{l'} \geqq 0\}$$

($l' = 1, \dots, n$), welche bezüglich R als *extrem* bezeichnet werden können im Sinne der folgenden

Definition 4.2. Eine abgeschlossene Halbgerade $\overline{H^{(1)}}$ in einer konvexen Menge K des A_n heißt genau dann *extreme Halbgerade* von K, wenn $K \setminus \overline{H^{(1)}}$ konvex[1] und der Endpunkt x_0 von $\overline{H^{(1)}}$ Extrempunkt von K ist.

Die Menge der Punkte aller extremen Halbgeraden von K wird im folgenden mit rext K bezeichnet. Damit können wir nun folgenden Darstellungssatz von Klee formulieren:

Satz 4.3. *Für jede abgeschlossene, konvexe und keine Gerade enthaltende Unter-menge K des A_n gilt*

$$K = \mathrm{conv}(\mathrm{ext}\,K \cup \mathrm{rext}\,K)\,. \tag{41}$$

Zum Beweis von Satz 4.3 benötigen wir

Lemma 4.2. *Ist K ein abgeschlossener konvexer Körper des A_n mit nichtleerem konvexem Rand ∂K, so ist K ein abgeschlossener Halbraum $\overline{H}$ und ∂K dessen Begrenzungshyperebene A.*

Beweis. Dieser erfolgt durch vollständige Induktion nach der Dimension n des K enthaltenden affinen Raumes. Lemma 4.2 ist für $n = 1$ trivial, und wir nehmen an, es sei für alle Dimensionen kleiner als $n \geqq 2$ bewiesen. Um seine Richtigkeit für die Dimension n nachzuweisen, betrachten wir einen Punkt $x \in \partial K$ und eine durch x gehende Stützhyperebene A von K. Ist dann weiter y ein beliebiger Punkt von $K^0 \neq \emptyset$ und B eine beliebige, durch x und y gehende Hyperebene des A_n, so stellt $K \cap B$ einen abgeschlossenen konvexen Körper von B mit der Stützhyperebene $A \cap B$ relativ zu B und mit dem Rand $(K \cap B) \setminus (K \cap B)^{(0)}$ relativ zu B dar. Nun ist aber $(K \cap B)^{(0)} \supseteq K^0 \cap B$ (trivial), und umgekehrt kann für jedes $z \in (K \cap B)^{(0)}$ die in $K \cap B$ liegende Strecke yz innerhalb K über z hinaus verlängert werden, so daß nach Lemma 1.1 $z \in K^0 \cap B$ gilt. Daher haben wir $(K \cap B)^{(0)} = K^0 \cap B$, und

$$(K \cap B) \setminus (K \cap B)^{(0)} = (K \cap B) \setminus (K^0 \cap B) = \partial K \cap B$$

ist wegen der Konvexität von ∂K und B selbst konvex. Nach Induktionsvoraussetzung muß daher $K \cap B$ ein abgeschlossener Halbraum von B mit der Stützhyperebene $A \cap B$ sein, d. h., es gilt $K \cap B = \overline{H} \cap B$ sowie $\partial K \cap B = A \cap B$, wenn $\overline{H}$ der von A begrenzte und K enthaltende abgeschlossene Halbraum des A_n ist. Durchläuft jetzt B alle Hyperebenen durch x und y, so folgt $K = \overline{H}$ sowie $\partial K = A$. $\square$

---

[1] Dies ist damit äquivalent, daß kein Punkt von $\overline{H^{(1)}}$ Innenpunkt einer in K gelegenen Strecke mit einem Endpunkt außerhalb $\overline{H^{(1)}}$ ist.

Beweis von Satz 4.3. Der Beweis von Satz 4.3 läßt sich analog zu demjenigen von Satz 4.2 durch vollständige Induktion nach der Dimension von K führen. Satz 4.3 ist im Fall dim $K = 0$ und dim $K = 1$ trivial. Unter der Annahme, er sei für alle Dimensionen von K kleiner als m bewiesen $(1 < m \leq n)$, zeigen wir seine Richtigkeit im Fall dim $K = m$.

Nun ist K sicher nicht gleich aff K oder gleich einem abgeschlossenen Halbraum von aff K, da K nach Voraussetzung keine Gerade enthalten darf. Lemma 4.2 (angewandt auf $A_n = $ aff K) ergibt dann die Tatsache, daß der (nichtleere) Rand $K \setminus K^{(0)}$ von K relativ zu aff K nicht konvex ist. Infolgedessen existieren zwei verschiedene Punkte y' und z' von $K \setminus K^{(0)}$ und ein Punkt $x' \in y'z' \setminus \{y'\} \setminus \{z'\}$ mit $x' \in K^{(0)}$. Hierbei gilt nach Lemma 1.1 (angewandt auf $A_n = $ aff K) $K \cap (y' \vee z') = y'z'$. Ist jetzt x ein beliebiger Punkt von K und G die durch x gehende Parallele zu $G' := y' \vee z'$, so muß G die Menge K in einer Strecke yz mit $y, z \in K \setminus K^{(0)}$ schneiden[1]; denn sonst enthielte K eine auf G liegende abgeschlossene Halbgerade $\overline{H^{(1)}}$, also enthielte K wegen seiner Abgeschlossenheit auch eine auf G' liegende, zu $\overline{H^{(1)}}$ parallele abgeschlossene Halbgerade $\overline{H^{(1)'}}$ im Widerspruch zu $G' \cap K = y'z'$ (vgl. Abb. 10).

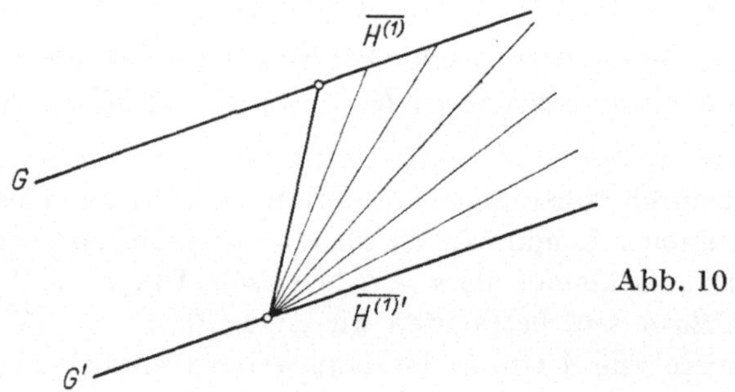

Abb. 10

Der Rest des Beweises verläuft nun völlig analog zu demjenigen von Satz 4.2: Sind $B^{(0)}$ bzw. $C^{(0)}$ durch y bzw. z gehende Stützhyperebenen von K relativ zu aff K, so gilt aufgrund der Induktionsvoraussetzung, Lemma 4.1 und der analog Lemma 4.1 zu beweisenden Beziehung $\mathrm{rext}(K \cap A) = \mathrm{rext}\, K \cap A$ ($A = $ Stützhyperebene von K):

$$x \in yz$$

mit

$$y \in \mathrm{conv}(\mathrm{ext}(B^{(0)} \cap K) \cup \mathrm{rext}(B^{(0)} \cap K)) = \mathrm{conv}((\mathrm{ext}\, K \cup \mathrm{rext}\, K) \cap B^{(0)})$$

und

$$z \in \mathrm{conv}(\mathrm{ext}(C^{(0)} \cap K) \cup \mathrm{rext}(C^{(0)} \cap K)) = \mathrm{conv}((\mathrm{ext}\, K \cup \mathrm{rext}\, K) \cap C^{(0)}),$$

d. h. $x \in \mathrm{conv}(\mathrm{ext}\, K \cup \mathrm{rext}\, K)$. Damit ist aber $K \subseteq \mathrm{conv}(\mathrm{ext}\, K \cup \mathrm{rext}\, K)$ gezeigt, woraus zusammen mit der trivialen Beziehung $K \supseteq \mathrm{conv}(\mathrm{ext}\, K \cup \mathrm{rext}\, K)$ die zu beweisende Gleichung (41) folgt. $\square$

---

[1] Wie beim Beweis von Satz 4.2 ist hierbei der Fall $y = z$ nicht ausgeschlossen.

Korollar zu Satz 4.3. *Jede (nichtleere) abgeschlossene, konvexe und keine Gerade enthaltende Untermenge K des A_n enthält (mindestens) einen Extrempunkt* (vgl. Korollar zu Bemerkung 4.3).

Im zweiten Teil dieses Paragraphen wollen wir uns noch mit der Frage beschäftigen, ob es analog zu (39) bzw. (41) Darstellungen einer gegebenen abgeschlossenen konvexen Menge K als abgeschlossene konvexe Hülle einer geeigneten Teilmenge X von K gibt. Es zeigt sich, daß man sich hierzu auf eine geometrisch interessante Teilmenge von ext K bzw. rext K beschränken kann, nämlich die Menge der sogenannten exponierten Punkte bzw. exponierten Halbgeraden von K im Sinne von

Definition 4.3. Ein Punkt x bzw. eine abgeschlossene Halbgerade $\overline{H^{(1)}}$ in einer konvexen Menge K des A_n heißen genau dann *exponierter Punkt* bzw. *exponierte Halbgerade* von K, wenn es eine Stützhyperebene A von K mit $A \cap K = \{x\}$ bzw. $A \cap K = \overline{H^{(1)}}$ gibt.

Die Menge der exponierten Punkte bzw. der Punkte der exponierten Halbgeraden von K heiße im folgenden exp K bzw. rexp K. So gilt z. B. im Fall eines n-Simplex S, eines Vollellipsoids E sowie einer räumlichen Ecke R: exp S = Eckpunktmenge von S, exp $E = \partial E$ sowie rexp $R = \bigcup\limits_{l'=1}^{n} \overline{H_{l'}^{(1)}}$ (vgl. Beispiele 4.1, 4.2 sowie Vorbemerkung von Definition 4.2). In allen diesen Fällen stimmt exp K bzw. rexp K mit ext K bzw. rext K überein. Allgemeiner gilt der aus den Definitionen 4.1, 4.2 und 4.3 unmittelbar folgende

Satz 4.4. *Für jede konvexe Menge K des A_n ist*

$$\exp K \subseteq \text{ext } K \tag{42}$$

und

$$\text{rexp } K \subseteq \text{rext } K . \tag{43}$$

Bemerkung 4.4. *In (42) und (43) gilt im allgemeinen nicht die Gleichheit*, wie als Gegenbeispiele etwa die in Abb. 11 dargestellte konvexe Figur mit den vier markierten extremen, aber nicht exponierten Randpunkten und ein entsprechend von Ebenensektoren und Kreiskegelsektoren begrenzter konvexer Kegel (Abb. 12) zeigen.

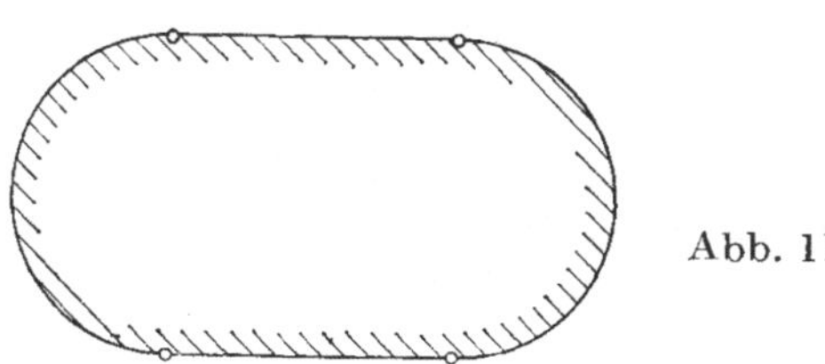

Abb. 11

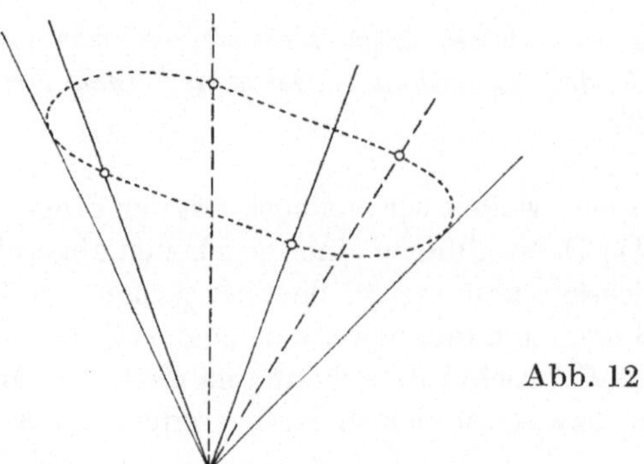

Abb. 12

Wir beweisen nun als Analogon zum Satz 4.2 von KREIN-MILMAN den folgenden Darstellungssatz von STRASZEWICZ [11].

Satz 4.5. *Für jede kompakte, konvexe Untermenge K des A_n gilt*

$$K = \overline{\mathrm{conv}\,(\exp K)}. \tag{44}$$

Beweis. Die eine Seite $K \supseteq \overline{\mathrm{conv}(\exp K)}$ von (44) ist wegen der Konvexität und der Abgeschlossenheit von K trivial. Die andere Seite $K \subseteq \overline{\mathrm{conv}(\exp K)}$ beweisen wir indirekt: x_0 sei ein Punkt von K mit $x_0 \notin \overline{\mathrm{conv}(\exp K)}$. Dann können x_0 und $\overline{\mathrm{conv}(\exp K)}$ nach Satz 3.4 durch eine Hyperebene A des A_n echt getrennt werden, d. h. $x_0 \in H_1$ und $\overline{\mathrm{conv}(\exp K)} \subseteq H_2$, wenn H_1 und H_2 die durch A begrenzten offenen Halbräume des A_n sind. Nun sei $y_0 \in A$ beliebig. Dann gibt es wegen der Kompaktheit von K sicher ein Vollellipsoid $E_{(0)}: F(x - y_0, x - y_0) - \gamma^2 \leqq 0$ des A_n derart, daß

$$E_{(0)} \supseteq K \tag{45}$$

gilt (vgl. Beispiel 1.3). Ohne Beschränkung der Allgemeinheit kann die Konstante $\gamma > 0$ hierbei noch so groß gewählt werden, daß

$$\partial E_{(0)} \cap (K \cap A) = \emptyset \tag{46}$$

ist. Jetzt sei G die zu A bezüglich $\partial E_{(0)}$ konjugierte, durch y_0 gehende Gerade des A_n und y_1 ein beliebiger Punkt aus der offenen Halbgeraden $G \cap H_2$ (d. h. $F(x - y_0, y_1 - y_0) = 0 \Leftrightarrow x \in A$ und $F(x - y_0, y_1 - y_0) < 0 \Leftrightarrow x \in H_1$). Wir betrachten alle Vollellipsoide $E_{(\varrho)}$, die mit A denselben Durchschnitt wie $E_{(0)}$ haben und deren Mittelpunkte auf $G \cap H_2$ liegen; ihre analytische Darstellung lautet

$$\begin{aligned}
E_{(\varrho)}: F(x &- (y_0 + \varrho(y_1 - y_0)), x - (y_0 + \varrho(y_1 - y_0))) \\
&- (\gamma^2 + \varrho^2 F(y_1 - y_0, y_1 - y_0)) \\
&= (F(x - y_0, x - y_0) - \gamma^2) - 2\varrho F(x - y_0, y_1 - y_0) \leqq 0 \quad (\varrho \geqq 0).
\end{aligned}$$

Für diese $E_{(\varrho)}$ gilt $E_{(\varrho)} \cap \overline{H}_1 \supseteq E_{(\varrho')} \cap \overline{H}_1 \Leftrightarrow \varrho \leqq \varrho'$, $E_{(\varrho)} \cap \overline{H}_2 \subseteq E_{(\varrho')} \cap \overline{H}_2 \Leftrightarrow \varrho \leqq \varrho'$. Im folgenden interessieren uns nur noch die Vollellipsoide $E_{(\varrho)}$ mit der Eigenschaft $E_{(\varrho)} \supseteq K$ (vgl. (45)). Aufgrund von $x_0 \in K \cap H_1$ finden wir nun durch Durchschnittsbildung ein $E_{(\varrho_0)}$ mit

$$E_{(\varrho_0)} \supseteq K \tag{47}$$

und maximalem ϱ_0. Dann ist aber $\partial E_{(\varrho_0)} \cap (K \cap \overline{H}_1) \neq \emptyset$ sowie wegen (46) $\partial E_{(\varrho_0)} \cap (K \cap A) = \emptyset$, so daß $\partial E_{(\varrho_0)} \cap (K \cap H_1) \neq \emptyset$ gelten muß (vgl. Abb. 13). Wir wählen einen Punkt $z \in \partial E_{(\varrho_0)} \cap (K \cap H_1)$ aus und betrachten die Tangentialhyperebene B von $\partial E_{(\varrho_0)}$ in z. Wie wir in Beispiel 4.2 gesehen haben, ist B Stützhyperebene von $E_{(\varrho_0)}$ mit der Eigenschaft $B \cap E_{(\varrho_0)} = \{z\}$ und damit nach (47) auch

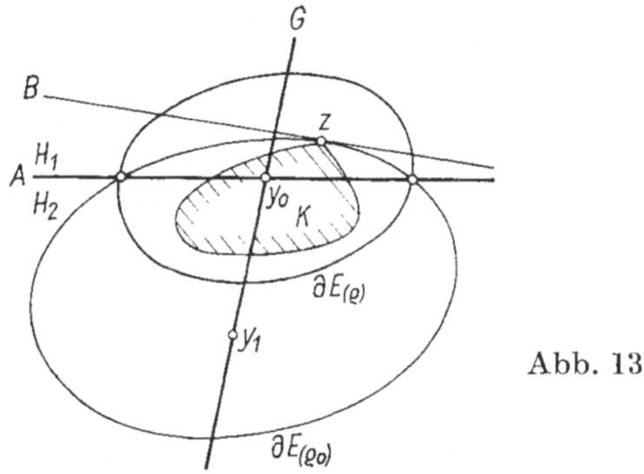

Abb. 13

Stützhyperebene von K mit $B \cap K = \{z\}$. Hiermit ist nach Definition 4.3 z als exponierter Punkt von K erkannt, d. h., es gilt $z \in \mathrm{conv}(\exp K) \subseteq H_2$ im Widerspruch zu $z \in H_1$. Damit ist unsere Annahme der Existenz von $x_0 \in K$ mit $x_0 \notin \overline{\mathrm{conv}(\exp K)}$ falsch und Satz 4.5 bewiesen. $\square$

Aus Satz 4.5 können wir als Gegenstück zu (42) folgenden Schluß ziehen:

Satz 4.6. *Für jede abgeschlossene, konvexe Menge K des A_n ist*

$$\mathrm{ext}\, K \subseteq \overline{\exp K}\,. \tag{48}$$

Beweis. *Fall α)*: K ist kompakt. Hier können wir Satz 4.5 anwenden und finden

$$K = \overline{\mathrm{conv}(\exp K)}\,. \tag{49}$$

Da $\overline{\exp K}$ eine kompakte Teilmenge von K ist, gilt nach Satz 2.6 und (49) $K \supseteq \overline{\mathrm{conv}(\exp K)} \supseteq \mathrm{conv}(\exp K) = K$, d. h.

$$K = \mathrm{conv}(\overline{\exp K})\,. \tag{50}$$

Andererseits war nach Satz 4.2

$$K = \mathrm{conv}(\mathrm{ext}\, K)\,, \tag{51}$$

so daß (48) nach Satz 4.1 im Fall α) gezeigt ist.

Fall β): K ist nicht kompakt. Es sei x ein beliebiger Extrempunkt von K. Dann besitzt x (wegen der lokalen Kompaktheit des A_n) sicher eine konvexe offene Umgebung U mit kompakter abgeschlossener Hülle $\overline{U}$, und es ist $x \in \mathrm{ext}(K \cap \overline{U})$. Da $K \cap \overline{U}$ kompakt ist, finden wir nach dem schon bewiesenen Fall α) $x \in \overline{\exp(K \cap \overline{U})}$. Jede in U enthaltene Umgebung V von x enthält daher einen Punkt $y \in \exp(K \cap \overline{U})$, wobei nach Definition 4.3 $\{y\} = B \cap (K \cap \overline{U})$ für eine geeignete Stützhyperebene B von $K \cap \overline{U}$ gilt. Hieraus folgt, daß B sogar Stützhyperebene von K mit $B \cap K = \{y\}$ ist: Anderenfalls gäbe es einen Punkt w von K derart, daß $(K \cap \overline{U}) \setminus B$ und w auf verschiedenen Seiten von B liegen bzw. daß $w \in B$ und $w \neq y$ ist. Dann läge aber auf der in K enthaltenen Strecke yw in der Umgebung U von y ein Punkt $y' \in K \setminus (K \cap \overline{U})$ im Widerspruch zu $y' \in U$. Hiermit ist y nach Definition 4.3 als exponierter Punkt von K erkannt, d. h., es gilt $x \in \overline{\exp K}$, so daß (48) auch im Fall β) bewiesen ist. $\square$

Korollar. *Jede (nichtleere) abgeschlossene, konvexe und keine Gerade enthaltende Untermenge K des A_n enthält (mindestens) einen exponierten Punkt* (vgl. Korollar zu Satz 4.3).

Bemerkung 4.5. *Die Voraussetzungen der Beschränktheit von K in Satz 4.5 und der Nichtexistenz einer in K liegenden Geraden im Korollar zu Satz 4.6 sind nicht entbehrlich*, wie aus dem Gegenbeispiel eines abgeschlossenen Halbraums des A_n ersichtlich wird, welcher keinen exponierten Punkt enthält.

Zum Schluß dieses Paragraphen soll noch das folgende Analogon von KLEE [12] zum Darstellungssatz 4.3 gezeigt werden.

Satz 4.7. *Für jede abgeschlossene, konvexe und keine Gerade enthaltende Untermenge K des A_n gilt*

$$K = \overline{\mathrm{conv}(\exp K \cup \mathrm{rexp}\, K)} . \tag{52}$$

Beweis. Die eine Seite $K \supseteq \overline{\mathrm{conv}(\exp K \cup \mathrm{rexp}\, K)}$ ist aufgrund der Abgeschlossenheit und der Konvexität von K trivial, und die andere Seite

$$K \subseteq \overline{\mathrm{conv}(\exp K \cup \mathrm{rexp}\, K)}$$

beweisen wir indirekt: x_0 sei ein Punkt von K mit $x_0 \notin \overline{\mathrm{conv}(\exp K \cup \mathrm{rexp}\, K)}$. Dann lassen sich nach Satz 3.4 x_0 und $\mathrm{conv}(\exp K \cup \mathrm{rexp}\, K)$ durch eine Hyperebene A des A_n echt trennen, d. h., wir haben $x_0 \in H_1$ und $\mathrm{conv}(\exp K \cup \mathrm{rexp}\, K) \subseteq H_2$ für die durch A begrenzten offenen Halbräume H_1 und H_2 des A_n. Nun sei B die durch x_0 gehende (und damit in H_1 liegende) Parallelhyperebene zu A. Dann ist $K \cap B$ nach den über K gemachten Voraussetzungen eine nichtleere, abgeschlossene, konvexe und keine Gerade enthaltende Untermenge von B, welche aufgrund des Korollars zu Satz 4.6 einen exponierten Punkt y_0 enthalten muß. Nach Definition 4.3 existiert daher eine Stützhyperebene $B^{(0)}$ von $K \cap B$ relativ zu B mit

$$(K \cap B) \cap B^{(0)} = K \cap B^{(0)} = \{y_0\} \tag{53}$$

und

$$K \cap B \subseteq \overline{B}_1 , \tag{54}$$

wobei B_1 einer der durch $B^{(0)}$ begrenzten offenen Halbräume von B ist. Weiter ist y_0 nach (42) Extrempunkt von $K \cap B$, jedoch nicht Extrempunkt von K, da anderenfalls nach (48) $y_0 \in \overline{\exp K} \subseteq \overline{\operatorname{conv}(\exp K \cup \operatorname{rexp} K)} \subseteq \overline{H_2}$ im Widerspruch zu $y_0 \in B \subseteq H_1$ gelten müßte. Dies bedeutet aufgrund von Definition 4.1, daß es Punkte $z \in K \setminus (K \cap B)$ und $w \in K \setminus (K \cap B)$ mit $y_0 \in zw \setminus \{z\} \setminus \{w\}$ gibt. Jetzt sei $G := z \vee w$ und $H^{(1)'}$ die von y_0 begrenzte und in H_1 gelegene offene Halbgerade von G. Dann gilt $H^{(1)'} \subseteq K$, weil sonst $K \cap \overline{H^{(1)'}} = y_0 z_0$ mit einem Punkt $z_0 \in H^{(1)'} \subseteq H_1$ sein müßte, welcher wegen $y_0 \in \operatorname{ext}(K \cap B)$ Extrempunkt von K wäre[1]), was genauso wie $y_0 \in \operatorname{ext} K$ wegen (48) unmöglich ist. Weil K nach Voraussetzung keine Gerade des A_n enthalten darf, haben wir also $K \cap G = \overline{H^{(1)}}$ mit einer von $w_0 \neq y_0$ begrenzten und $H^{(1)'}$ enthaltenden abgeschlossenen Halbgeraden $\overline{H^{(1)}}$ von G. Wir betrachten nun den in A_n liegenden Zylinder mit zu G parallelen Erzeugenden und der Basis $\overline{B_1}$. Dieser stellt einen abgeschlossenen, von der Hyperebene C des A_n begrenzten Halbraum $\overline{H_1'}$ von A_n dar, welcher wegen (54) K enthält.[2]) Außerdem gilt $K \cap C = K \cap G = \overline{H^{(1)}}$, wie man durch die gleiche Überlegung wegen (53) einsieht. Damit ist aber C als Stützhyperebene von K und $\overline{H^{(1)}}$ als exponierte Halbgerade von K (vgl. Definition 4.3) erkannt, d. h. $H^{(1)'} \subseteq \overline{H^{(1)}} \subseteq \operatorname{rexp} K \subseteq \operatorname{conv}(\exp K \cup \operatorname{rexp} K) \subseteq H_2$ im Widerspruch zu $H^{(1)'} \subseteq H_1$. Dieser Widerspruch zeigt, daß die Annahme der Existenz eines Punktes $x_0 \in K$ mit $x_0 \notin \overline{\operatorname{conv}(\exp K \cup \operatorname{rexp} K)}$ falsch war, womit (52) bewiesen ist. $\square$

Übungen

1. Es sei K eine abgeschlossene konvexe Menge des A_n. Man zeige: a) ext K ist abgeschlossen, wenn dim $K = 2$ ist, b) ext K braucht nicht abgeschlossen zu sein, wenn dim $K = 3$ ist.

2. Es soll gezeigt werden: Ein abgeschlossener konvexer Körper K des A_n, welcher nicht die konvexe Hülle seiner Randpunkte ist, muß entweder ganz A_n oder ein abgeschlossener Halbraum des A_n sein.

3. Es sei C ein abgeschlossener konvexer Kegel des A_n mit der Spitze x_0, welche Extrempunkt von C sei. Man beweise, daß dann C eine Stützhyperebene A mit $C \cap A = \{x_0\}$ besitzt.

4. Es sei K eine abgeschlossene, aber nichtkompakte, konvexe und keine Gerade enthaltende Untermenge des A_n. Man zeige: a) K enthält (mindestens) eine abgeschlossene Halbgerade, b) K braucht keine exponierte Halbgerade von K zu enthalten.

---

[1]) Wäre nämlich z_0 nicht Extrempunkt von K, so gehörte ein zweidimensionaler, $y_0 z_0$ enthaltender Streifen zu K, welcher B in einer y_0 im Innern enthaltenden Strecke schneidet — eine Unmöglichkeit aufgrund von $y_0 \in \operatorname{ext}(K \cap B)$.

[2]) Um dies einzusehen, verbinde man etwaige außerhalb $\overline{H_1'}$ liegende Punkte von K durch Strecken mit den Punkten z oder w von K und findet so auf $B \setminus \overline{B_1}$ liegende Punkte von K im Widerspruch zu (54).

§ 5.   Konvexe Polytope und polyedrische Mengen

In diesem Paragraphen wollen wir auf die in § 2 als die konvexen Hüllen endlicher Punktmengen des A_n definierten konvexen Polytope zurückkommen (vgl. Definition 2.2) und einige ihrer wichtigsten geometrischen Eigenschaften kennenlernen. Wir erwähnen dabei zunächst

Satz 5.1. *Ist $f: A_n \to B_m$ eine affine Abbildung des affinen Raumes A_n in den affinen Raum B_m und ist $P := \mathrm{conv}\{x_1, \ldots, x_k\}$ das von den Punkten $x_1 \in A_n, \ldots, x_k \in A_n$ aufgespannte konvexe Polytop des A_n, so ist $f(P)$ wiederum ein konvexes Polytop von B_m, welches von den Punkten $f(x_1), \ldots, f(x_k)$ aufgespannt wird.*

Der Beweis dieses Satzes folgt unmittelbar aus folgendem allgemeinerem

Lemma 5.1. *Jede affine Abbildung $f: A_n \to B_m$ „erhält die konvexe Hülle", d. h., für eine beliebige Punktmenge $X \subseteq A_n$ gilt*

$$f(\mathrm{conv}\, X) = \mathrm{conv}\, f(X) \, . \tag{55}$$

Beweis. Nach Satz 1.3 a) ist $f(\mathrm{conv}\, X)$ konvex, so daß wir wegen $f(X) \subseteq f(\mathrm{conv}\, X)$ die Beziehung $\mathrm{conv}\, f(X) \subseteq f(\mathrm{conv}\, X)$ haben. Desgleichen ist nach Satz 1.3 b) die X enthaltende Menge $f^{-1}(\mathrm{conv}\, f(X))$ konvex, was $\mathrm{conv}\, X \subseteq f^{-1}(\mathrm{conv}\, f(X))$ und damit $f(\mathrm{conv}\, X) \subseteq f(f^{-1}(\mathrm{conv}\, f(X)))$ zur Folge hat. Nun ist $f(f^{-1}(\mathrm{conv}\, f(X))) \subseteq \mathrm{conv}\, f(X)$. Hieraus resultiert aber $f(\mathrm{conv}\, X) \subseteq \mathrm{conv}\, f(X)$, was zusammen mit der schon bewiesenen Relation $\mathrm{conv}\, f(X) \subseteq f(\mathrm{conv}\, X)$ die Gleichung (55) ergibt. $\square$

Aus Definition 2.2 folgt weiter unmittelbar

Satz 5.2. *Die konvexe Hülle der Vereinigungsmenge von zwei konvexen Polytopen $P := \mathrm{conv}\{x_1, \ldots, x_k\}$ und $Q := \mathrm{conv}\{y_1, \ldots, y_l\}$ des A_n ist wiederum ein konvexes Polytop des A_n:*

$$\mathrm{conv}(P \cup Q) = \mathrm{conv}(\mathrm{conv}\{x_1, \ldots, x_k\} \cup \mathrm{conv}\{y_1, \ldots, y_l\})$$

$$= \mathrm{conv}\{x_1, \ldots, x_k, y_1, \ldots, y_l\} \, . \tag{56}$$

Bemerkung 5.1. Die ein konvexes Polytop $P := \mathrm{conv}\{x_1, \ldots, x_k\}$ des A_n aufspannende Punktmenge $\{x_1, \ldots, x_k\}$ braucht nicht minimal mit dieser Eigenschaft zu sein. *Aufgrund von Satz 4.1 und Satz 4.2 ist jedoch die in $\{x_1, \ldots, x_k\}$ enthaltene Extrempunktmenge von P die minimale P aufspannende Punktmenge. Dieselbe fällt wegen ihrer Endlichkeit nach Satz 4.4 und Satz 4.6 mit der Menge der exponierten Punkte von P zusammen,* welche wir aufgrund von Definition 4.3 als die Menge der nulldimensionalen Seiten von P ansehen können im Sinne der folgenden

Definition 5.1. Der Durchschnitt eines konvexen Polytops P des A_n mit einer beliebigen Stützhyperebene A von P heißt *Seite* von P. Speziell heißen die nulldimensionalen Seiten von P (d. h. die Punkte von $\exp P = \mathrm{ext}\, P$) *Ecken* von P (vgl. Beispiel 2.1) und P (im Fall $\dim P < n$) *uneigentliche Seite* von P.

Die Bedeutung von Definition 5.1 wird erhellt durch

Satz 5.3. *Jede Seite $P \cap A$ eines konvexen Polytops P des A_n ist selbst ein konvexes Polytop des A_n, dessen Eckpunkte genau die auf A liegenden Eckpunkte von P sind.*

Beweis. Es sei $P = \mathrm{conv}(\mathrm{ext}\ P)$ ein konvexes Polytop des A_n mit der Stützhyperebene A. Dann gilt nach Satz 4.2 und Lemma 4.1 für die (kompakte und konvexe) Seite $P \cap A$ von P

$$P \cap A = \mathrm{conv}(\mathrm{ext}(P \cap A)) = \mathrm{conv}(\mathrm{ext}\ P \cap A)\,, \tag{57}$$

d. h., wegen der Endlichkeit von $\mathrm{ext}\ P$ ist $P \cap A$ ein konvexes Polytop mit der Eckpunktmenge $\mathrm{ext}\ P \cap A$. $\square$

Korollar. *Ein konvexes Polytop P des A_n besitzt nur endlich viele verschiedene eigentliche Seiten, deren Vereinigungsmenge mit dem Rand von P relativ zur affinen Hülle von P übereinstimmt* (vgl. Satz 3.2).

Beispiel 5.1. *Simplex.* Das Simplex (vgl. Abb. 14) ist das einzige konvexe Polytop mit affin unabhängiger Eckpunktmenge. Alle seine Seiten sind daher wieder Simplizes, und sein Rand relativ zu seiner affinen Hülle ist schon Vereinigungsmenge von maximalen eigentlichen Seitensimplizes (vgl. die Beispiele 2.1 und 1.4).

Abb. 14

Beispiel 5.2. *Parallelepiped.* Es sei $\Pi_n := \{x = (\xi_1, \ldots, \xi_n) \in A_n;\ |\xi_i| \leq 1\ (i = 1, \ldots, n)\}$. Dann stellt Π_n ein sogenanntes *Parallelepiped* (siehe Abb. 15) dar, weil es der Durchschnitt der paarweise entgegengesetzt parallelen Halbräume $\xi_i \geq -1$ und $\xi_i \leq +1\ (i = 1, \ldots, n)$ ist. Man findet sofort $\mathrm{ext}\ \Pi_n = \{x = (\varepsilon_1, \ldots, \varepsilon_n) \in A_n;\ \varepsilon_i = \pm 1\ (i = 1, \ldots, n)\}$, so daß $\Pi_n = \mathrm{conv}(\mathrm{ext}\ \Pi_n)$ ein konvexes Polytop mit 2^n Ecken sein muß. Ist $H: \sum_{i=1}^{n} \gamma_i(\xi_i - \varepsilon_i) \leq 0\ ((\gamma_1, \ldots, \gamma_n) \neq (0, \ldots, 0))$ ein Π_n enthaltender abgeschlossener Halbraum des A_n mit einer durch die Ecke $(\varepsilon_1, \ldots, \varepsilon_n)$ von Π_n gehenden Stützhyperebene A von Π_n als Begrenzung, so folgt $\gamma_i \geq 0$ bzw. $\gamma_i \leq 0$, je nachdem, ob $\varepsilon_i = +1$ oder $\varepsilon_i = -1$ ist $(i = 1, \ldots, n)$. Damit gilt aber $\Pi_n \cap A = \{x = (\xi_1, \ldots, \xi_n) \in A_n;\ |\xi_i| \leq 1$ bzw. $\xi_i = \varepsilon_i$, je nachdem, ob $\gamma_i = 0$

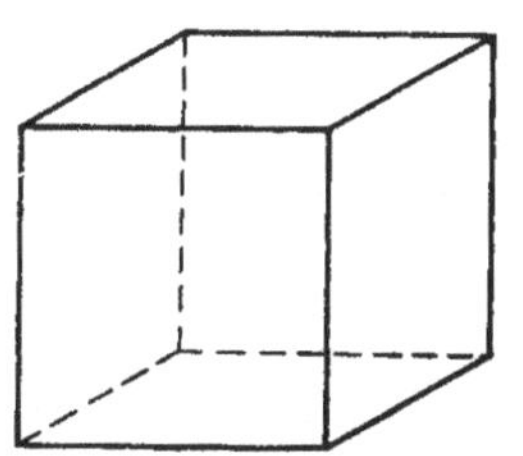

Abb. 15

bzw. $\gamma_i \neq 0$ ist $(i = 1, \ldots, n)\}$, d. h., alle Seiten von Π_n sind wiederum (in affinen Unterräumen gelegene) Parallelepipede.

Beispiel 5.3. *Kreuzpolytop.* Es sei $\Pi_n^* := \left\{ x = (\xi_1, \ldots, \xi_n) \in A_n; \sum_{i=1}^{n} |\xi_i| \leq 1 \right\}$. Dann ist offensichtlich wegen Satz 2.3

$$\Pi_n^* = \left\{ x = \sum_{i=1}^{n} |\xi_i| \, (\operatorname{sign} \xi_i e_i) + \tfrac{1}{2}\left(1 - \sum_{i=1}^{n} |\xi_i|\right) e_n + \tfrac{1}{2}\left(1 - \sum_{i=1}^{n} |\xi_i|\right)(-e_n) \right.$$

$$\left. \in A_n; \sum_{i=1}^{n} |\xi_i| \leq 1 \right\} \subseteq \left\{ x = \sum_{i=1}^{n} \mu_i e_i + \sum_{i=1}^{n} v_i(-e_i) \in A_n; \right.$$

$$\left. \sum_{i=1}^{n} \mu_i + \sum_{i=1}^{n} v_i = 1, \mu_1 \geq 0, \ldots, \mu_n \geq 0, v_1 \geq 0, \ldots, v_n \geq 0 \right\}$$

$$= \operatorname{conv}\{e_1, \ldots, e_n, -e_1, \ldots, -e_n\}$$

$$\subseteq \left\{ x = \sum_{i=1}^{n} \xi_i e_i \in A_n; \sum_{i=1}^{n} |\xi_i| \leq 1 \right\} = \Pi_n^*$$

$$\left(e_i = (0, \ldots, 0, \underset{i}{1}, 0, \ldots, 0)\right),$$

d. h., Π_n^* ist ein von $e_1, \ldots, e_n, -e_1, \ldots, -e_n$ aufgespanntes konvexes Polytop, das sogenannte *Kreuzpolytop*. Die durch diese Punkte gehenden Hyperebenen $\xi_1 = 1, \ldots, \xi_n = 1, \xi_1 = -1, \ldots, \xi_n = -1$ haben mit Π_n^* nur diese Punkte selbst gemeinsam, so daß $e_1, \ldots, e_n, -e_1, \ldots, -e_n$ als exponierte Punkte von Π_n^* genau die $2n$ Ecken von Π_n^* sind (vgl. Definition 5.1). Das n-dimensionale Kreuzpolytop Π_n^* kann im Fall $n > 1$ aufgrund von

$$\Pi_n^* = \operatorname{conv}(\operatorname{conv}\{e_1, \ldots, e_{n-1}, -e_1, \ldots, -e_{n-1}\} \cup \{e_n, -e_n\})$$

$$= \operatorname{conv}(\Pi_{n-1}^* \cup \{e_n\}) \cup \operatorname{conv}(\Pi_{n-1}^* \cup \{-e_n\})$$

als „Doppelpyramide" über dem $(n-1)$-dimensionalen Kreuzpolytop Π_{n-1}^* $:= \operatorname{conv}\{e_1, \ldots, e_{n-1}, -e_1, \ldots, -e_{n-1}\}$ mit den „Spitzen" e_n und $-e_n$ aufgefaßt werden (vgl. Abb. 16). Da $(0, \ldots, 0)$ Innenpunkt von Π_n^* ist, enthält jede Stützhyperebene A von Π_n^* nur Ecken von Π_n^*, von denen keine zwei sich durch das Vorzeichen unterscheiden, d. h. affin unabhängige Ecken von Π_n^*. Daher ist aber jede Seite $A \cap \Pi_n^*$ von Π_n^* als konvexe Hülle der in A liegenden (affin unabhängigen) Ecken von Π_n^* (vgl. (57)) ein Simplex (vgl. Beispiel 5.1).

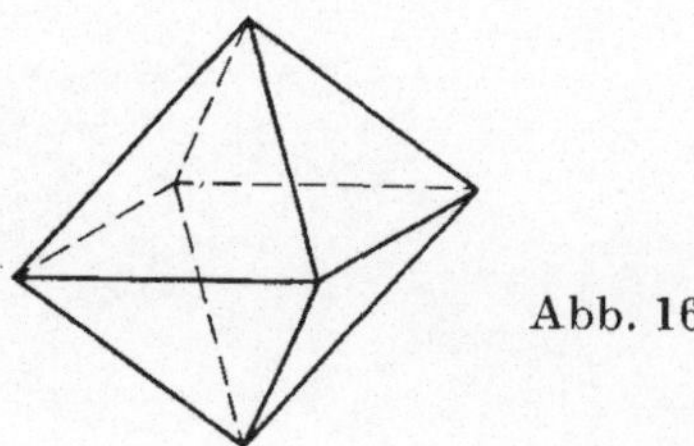

Abb. 16

Es folgen einige geometrische Eigenschaften der Seiten konvexer Polytope:

Satz 5.4. *Der Durchschnitt zweier verschiedener Seiten $P \cap A'$ und $P \cap A''$ eines konvexen Polytops P des A_n ist entweder leer oder wiederum eine Seite $P \cap A$ von P, welche als gemeinsame Seite der konvexen Polytope $P \cap A'$ und $P \cap A''$ (vgl. Satz 5.3) aufgefaßt werden kann.*

Beweis. Im Fall $(P \cap A') \cap (P \cap A'') = \emptyset$ ist nichts zu beweisen. Es sei jetzt also $(P \cap A') \cap (P \cap A'') \neq \emptyset$ und x_0 ein beliebiger Punkt dieses Durchschnitts. Dann besitzt der durch A' bzw. A'' begrenzte und P enthaltende abgeschlossene Halbraum $\overline{H'}$ bzw. $\overline{H''}$ des A_n die analytische Darstellung $L'(x - x_0) \leqq 0$ bzw. $L''(x - x_0) \leqq 0$ (vgl. Beispiel 1.1). Alle Punkte von P liegen daher auch in dem abgeschlossenen Halbraum $(L' + L'')(x - x_0) \leqq 0^1)$, der durch die $x_0 \in P$ enthaltende Stützhyperebene A von P mit der Darstellung $(L' + L'')(x - x_0) = 0$ begrenzt wird, und offensichtlich gilt $(P \cap A') \cap (P \cap A'') \subseteq P \cap A$. Umgekehrt haben wir für alle Punkte x von $P \cap A$ neben $(L' + L'')(x - x_0) = 0$ wegen $P \cap A \subseteq \overline{H'}$ und $P \cap A \subseteq \overline{H''}$ auch $L'(x - x_0) \leqq 0$ und $L''(x - x_0) \leqq 0$, woraus $L'(x - x_0) = 0$ und $L''(x - x_0) = 0$, d. h. $P \cap A \subseteq (P \cap A') \cap (P \cap A'')$ resultiert. Also ist $(P \cap A') \cap (P \cap A'') = P \cap A$ nach Definition 5.1 eine Seite von P. Diese kann wegen $P \cap A = (P \cap A') \cap (A' \cap A'')$ und $P \cap A = (P \cap A'') \cap (A' \cap A'')$ als gemeinsame Seite von $P \cap A'$ und $P \cap A''$ aufgefaßt werden, weil $A' \cap A''$ ($\neq \emptyset$!) aufgrund von $A' \neq A''$ sowie von $P \cap A' \subseteq A' \cap \overline{H''}$ und $P \cap A'' \subseteq \overline{H'} \cap A''$ sowohl Stützhyperebene von $P \cap A'$ relativ zu A' als auch Stützhyperebene von $P \cap A''$ relativ zu A'' ist. $\square$

Bemerkung 5.2. Aufgrund von Satz 5.4 und des Korollars zu Satz 5.3 *bilden P und alle eigentlichen Seiten von P bezüglich der Inklusion als Ordnung einen endlichen Verband $V(P)$.*

Dies führt zur folgenden

Definition 5.2. Zwei konvexe Polytope P und Q des A_n heißen genau dann *kombinatorisch äquivalent*[2]), wenn die Verbände $V(P)$ und $V(Q)$ isomorph sind.

So sind z. B. $\varPi_1$ und $\varPi_1^*$ bzw. $\varPi_2$ und $\varPi_2^*$ als affin-verwandte konvexe Polytope kombinatorisch äquivalent, jedoch nicht $\varPi_n$ und $\varPi_n^*$ im Fall $n \geqq 3$, da letztere die verschiedenen Eckenanzahlen 2^n und $2n$ besitzen (vgl. die Beispiele 5.2 und 5.3).

Einen wichtigen Aufschluß zur Struktur von $V(P)$ gibt

Satz 5.5. *Ist P ein konvexes Polytop des A_n der Dimension l, so liegt jede eigentliche Seite von P in einer $(l - 1)$-dimensionalen Seite von P. Speziell liegt jede $(l - 2)$-dimensionale Seite von P auf genau zwei verschiedenen $(l - 1)$-dimensionalen Seiten von P ($n \geqq l \geqq 2$).*

---

[1]) Die Linearform $L' + L''$ verschwindet nämlich nicht identisch, da sonst $A' = A''$ im Widerspruch zu $P \cap A' \neq P \cap A''$ wäre.

[2]) Vgl. [7], S. 38.

Beweis. Es sei $P \cap A$ eine beliebige eigentliche Seite von P, wobei A eine Stützhyperebene von P ist. Dann darf A die affine Hülle aff P von P nicht enthalten, da sonst $P \cap A = P$ keine eigentliche Seite von P wäre. Die Seite $P \cap A$ ist daher gleich dem Durchschnitt von P mit der Stützhyperebene $A \cap$ aff P von P bezüglich aff P und kann aus diesem Grund auch als Seite von P relativ zu aff P aufgefaßt werden. Umgekehrt stimmt jede Seite $P \cap \widetilde{A}$ von P relativ zu aff P ($\widetilde{A} =$ Stützhyperebene von P bezüglich aff P) wegen der Darstellungsmöglichkeit $\widetilde{A} = A \cap$ aff P ($A =$ Stützhyperebene von P) auch mit der Seite $P \cap A$ von P überein.

Nach dieser Vorbemerkung genügt es, Satz 5.5 o. B. d. A. im Fall $l = n$ zu beweisen. Jetzt gilt entweder $\dim(P \cap A) = n - 1$, und es ist nichts zu beweisen, oder es ist $\dim(P \cap A) = \dim(\text{aff}(P \cap A)) < n - 1$. In diesem Fall existiert sicher eine Hyperebene $A^{(0)}$ relativ zu A, welche den in A gelegenen affinen Unterraum aff $(P \cap A)$ enthält. Nun sei ext $P = \{x_1, \dots, x_k\}$ und (o. B. d. A.) ext $(P \cap A)$ $=$ ext $P \cap A = \{x_1, \dots, x_{k'}\}$ $(1 \leqq k' \leqq k - 2^{1)})$. Dann bilden die durch $A^{(0)}$ und $x_m \notin A$ aufgespannten Hyperebenen $A_{(m)}$ des A_n $(m = k' + 1, \dots, k)$ ein Büschel mit Träger $A^{(0)}$. Wie man durch Betrachtung einer Parallelprojektion des A_n auf eine zu $A^{(0)}$ komplementäre Ebene des A_n einsieht, gibt es unter den $A_{(m)}$ zwei (wegen $\dim P = n$) verschiedene Hyperebenen, o. B. d. A. etwa $A_{(k'+1)}$ und $A_{(k)}$, welche Stützhyperebenen von ext P und damit (wegen der Konvexität von abgeschlossenen Halbräumen) auch von $\mathrm{conv}(\text{ext } P) = P$ sind (vgl. Abb. 17). Jetzt

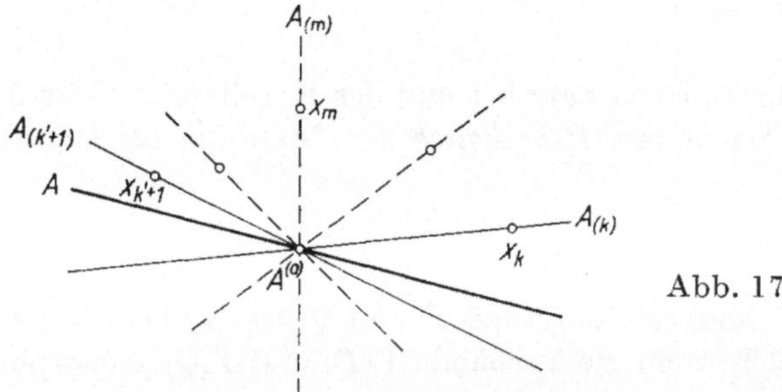

Abb. 17

stellen $P \cap A_{(k'+1)}$ und $P \cap A_{(k)}$ die vorgegebene Seite $P \cap A$ enthaltende Seiten von P dar, deren Dimensionen wegen $x_{k'+1} \in P \cap A_{(k'+1)}$, $x_{k'+1} \notin \text{aff}(P \cap A)$ und $x_k \in P \cap A_{(k)}$, $x_k \notin \text{aff}(P \cap A)$ größer als die Dimension von $P \cap A$ sind und deren Dimensionen wegen $P \cap A_{(k'+1)} \subseteq A_{(k'+1)}$ und $P \cap A_{(k)} \subseteq A_{(k)}$ kleiner als n sind. Diese Seiten sind aufgrund der aus $A_{(k'+1)} \neq A_{(k)}$ folgenden Beziehung $x_k \in (P \cap A_{(k)}) \setminus (P \cap A_{(k'+1)})$ verschieden. Wäre nun im Fall $\dim(P \cap A) = n - 2$

---

[1]) Es gilt $k' \leqq k - 2$, weil

$$\dim (P \cap A) = \dim (\mathrm{conv} \{x_1, \dots, x_{k'}\}) = \dim (\mathrm{aff} \{x_1, \dots, x_{k'}\})$$
$$\leqq n - 2 = \dim P - 2 = \dim (\mathrm{conv} \{x_1, \dots, x_k\}) - 2$$
$$= \dim (\mathrm{aff} \{x_1, \dots, x_k\}) - 2$$

ist.

die Seite $P \cap A$ von P außer in $P \cap A_{(k'+1)}$ und $P \cap A_{(k)}$ noch in einer weiteren $(n-1)$-dimensionalen Seite $P \cap B$ von P enthalten, so gehörte die Hyperebene B dieser Seite wegen $B \supseteq \mathrm{aff}(P \cap A) = A^{(0)}$ dem Büschel mit dem Träger $A^{(0)}$ an und könnte aufgrund von $B \cap (x_{k'+1}\, x_k \setminus \{x_{k'+1}\} \setminus \{x_k\}) = \emptyset$ (Stützeigenschaft von B bezüglich P) und der Stützeigenschaft von $A_{(k'+1)}$ bzw. $A_{(k)}$ bezüglich P mit P nur einen höchstens $(n-2)$-dimensionalen Durchschnitt im Widerspruch zu $\dim(P \cap B) = n-1$ besitzen (vgl. Abb. 18). Damit ist Satz 5.5 im Fall $\dim(P \cap A)$

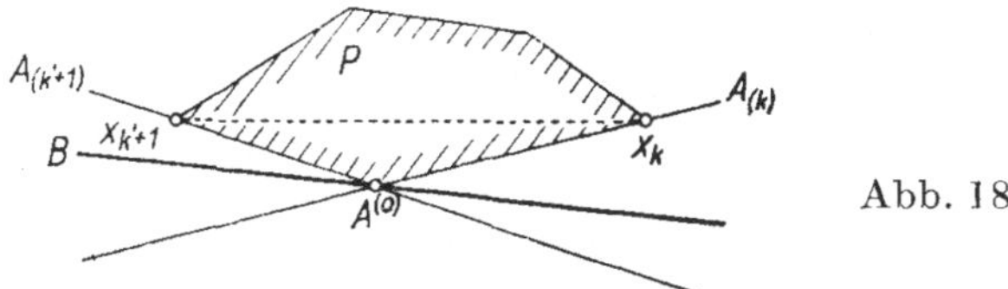

Abb. 18

$= n-2$ bewiesen. Im Fall $\dim(P \cap A) < n-2$ zeigt schließlich die endlich oft wiederholte Durchführung der in diesem Beweis beschriebenen Konstruktion ebenfalls die Existenz (mindestens) einer $P \cap A$ enthaltenden $(n-1)$-dimensionalen Seite von P. $\square$

Nach dem Korollar von Satz 3.5 ist jedes konvexe Polytop als abgeschlossene konvexe Menge gleich dem Durchschnitt aller P enthaltenden abgeschlossenen Halbräume des A_n, welche von Stützhyperebenen von P begrenzt werden. Es ist bemerkenswert, daß wir wegen Satz 5.5 sogar folgenden Satz beweisen können:

Satz 5.6. *Jedes konvexe Polytop P des A_n ist gleich dem Durchschnitt von endlich vielen abgeschlossenen Halbräumen des A_n, deren Begrenzungshyperebenen die eigentlichen Seiten von P maximaler Dimension bzw. die uneigentliche Seite von P enthalten.*

Beweis. *Fall α):* $\dim P = n$. In diesem Fall betrachten wir die die endlich vielen verschiedenen $(n-1)$-dimensionalen Seiten von P (vgl. Korollar zu Satz 5.3) enthaltenden Stützhyperebenen $A_{(1)}, \ldots, A_{(m)}$ von P und die von ihnen begrenzten und P enthaltenden abgeschlossenen Halbräume $\overline{H}_{(1)}, \ldots, \overline{H}_{(m)}$ des A_n. Dann ist trivialerweise $P \subseteq \bigcap\limits_{i=1}^{m} \overline{H}_{(i)}$. Nun sei x_0 ein beliebiger Punkt von P^0 und x ein beliebiger Punkt von $A_n \setminus P$. Dann enthält die Strecke $x_0 x$ genau einen Randpunkt y von P als Innenpunkt. Nach dem Korollar zu Satz 5.3 und nach Satz 5.5 liegt y auf einer $(n-1)$-dimensionalen Seite und damit auf einer Stützhyperebene $A_{(i_0)}$ von P ($1 \leq i_0 \leq m$). Weiter kann x_0 als Punkt des offenen Kerns von P nicht auf $A_{(i_0)}$ liegen, so daß $x_0 \in H_{(i_0)}$ und $x \in A_n \setminus \overline{H}_{(i_0)}$ sein muß. Daraus folgt a fortiori $x \in A_n \setminus \bigcap\limits_{i=1}^{m} \overline{H}_{(i)}$, d. h., wegen der Wahl von x haben wir $A_n \setminus P \subseteq A_n \setminus \bigcap\limits_{i=1}^{m} \overline{H}_{(i)}$. Dies ergibt aber mit der schon bewiesenen Relation $P \subseteq \bigcap\limits_{i=1}^{m} \overline{H}_{(i)}$ die Beziehung $P = \bigcap\limits_{i=1}^{m} \overline{H}_{(i)}$, womit Satz 5.6 im Fall α) gezeigt ist.

4 *

Fall β): dim $P < n$. Hier zeigt man wie im Fall α), daß P der Durchschnitt von endlich vielen abgeschlossenen Halbräumen von aff P sein muß. Da letztere aber jeweils selbst als Durchschnitt von aff P und einem abgeschlossenen Halbraum des A_n darstellbar sind und da aff P Durchschnitt endlich vieler Hyperebenen des A_n und damit gleichfalls Durchschnitt endlich vieler abgeschlossener Halbräume des A_n ist[1]), ist Satz 5.6 auch im Fall dim $P < n$ richtig. $\square$

Zu Satz 5.6 existiert als teilweise Umkehrung

Satz 5.7. *Ist der Durchschnitt endlich vieler abgeschlossener Halbräume $\overline{H_{(i)}}$ des A_n ($i = 1, \ldots, m$) eine beschränkte Punktmenge, so stellt dieser Durchschnitt ein konvexes Polytop des A_n dar.*

Beweis. Die kompakte, konvexe Punktmenge $L := \bigcap\limits_{i=1}^{m} \overline{H_{(i)}}$ ist nach Satz 4.2 die konvexe Hülle ihrer Extrempunktmenge, so daß Satz 5.7 bewiesen sein wird, wenn gezeigt ist, daß ext L endlich ist. Dies sieht man folgendermaßen durch vollständige Induktion nach der Dimension des Einbettungsraumes A_n ein: Im Fall $n = 1$ ist L eine Strecke bzw. ein Punkt, so daß ext L aus höchstens zwei Punkten besteht. Wir nehmen nun an, die Endlichkeit von ext L sei für alle Dimensionen des L enthaltenden affinen Raumes kleiner als n bewiesen, und zeigen die Richtigkeit dieser Behauptung im Falle $L \subseteq A_n$: Jeder Extrempunkt x von L muß auf der Begrenzungshyperebene $A_{(i_0)}$ von (mindestens) einem Halbraum $\overline{H_{(i_0)}}$ liegen ($1 \leq i_0 \leq m$), da anderenfalls $x \in \bigcap\limits_{i=1}^{m} H_{(i)} \subseteq L^0 = L^{(0)}$ im Widerspruch zu Bemerkung 4.1 gelten würde. Daher haben wir die Beziehung

$$\text{ext } L = \bigcup\limits_{i=1}^{m} (\text{ext } L \cap A_{(i)}) . \tag{58}$$

Hierbei ist entweder ext $L \cap A_{(i)} \neq \emptyset$, so daß $A_{(i)}$ wegen $L \subseteq \overline{H_{(i)}}$ Stützhyperebene von L sein muß und nach Lemma 4.1 ext $L \cap A_{(i)} = \text{ext}(L \cap A_{(i)})$ gilt, oder es ist ext $L \cap A_{(i)} = \emptyset$ und damit sogar $L \cap A_{(i)} = \emptyset$[2]), was trivialerweise ext $L \cap A_{(i)} = \text{ext } (L \cap A_{(i)})$ zur Folge hat ($1 \leq i \leq m$). Somit gilt anstelle von (58) auch

$$\text{ext } L = \bigcup\limits_{i=1}^{m} \text{ext}(L \cap A_{(i)}) . \tag{59}$$

Jetzt ist aber $L \cap A_{(i)} = \left(\bigcap\limits_{h=1}^{m} \overline{H_{(h)}} \right) \cap A_{(i)} = \bigcap\limits_{h=1}^{m} (\overline{H_{(h)}} \cap A_{(i)})$, wobei $\overline{H_{(h)}} \cap A_{(i)}$ entweder einen abgeschlossenen Halbraum von $A_{(i)}$ oder ganz $A_{(i)}$ oder die leere Menge darstellt ($h, i = 1, \ldots, m$), d. h., $L \cap A_{(i)}$ ist beschränkter Durchschnitt von endlich vielen abgeschlossenen Halbräumen von $A_{(i)}$ ($i = 1, \ldots, m$) oder leer. Damit ist aber ext$(L \cap A_{(i)})$ nach Induktionsvoraussetzung für alle i mit $1 \leq i \leq m$

---

[1]) Jede Hyperebene des A_n ist nämlich gleich dem Durchschnitt der beiden von ihr begrenzten abgeschlossenen Halbräume des A_n.

[2]) Aus $L \cap A_{(i)} \neq \emptyset$ würde nämlich zusammen mit $L \subseteq \overline{H_{(i)}}$ die Stützhyperebeneneigenschaft von $A_{(i)}$ und damit nach dem Korollar zu Satz 4.2 ext $L \cap A_{(i)} = \text{ext } (L \cap A_{(i)}) \neq \emptyset$ folgen.

eine endliche Menge, woraus nach (59) die Endlichkeit von ext L folgt. Damit ist aber Satz 5.7 bewiesen. $\square$

Korollar zu Satz 5.6 und Satz 5.7. *Der Durchschnitt zweier konvexer Polytope P und Q des A_n ist wiederum ein konvexes Polytop des A_n.*

Satz 5.7 gibt Anlaß zur folgenden

Definition 5.3. Der Durchschnitt endlich vieler abgeschlossener Halbräume $\overline{H_{(l)}}$ des A_n $(l = 1, \ldots, m)$ heißt *polyedrische Menge* des A_n, wobei wir im folgenden stets voraussetzen werden, daß in der Durchschnittsdarstellung einer polyedrischen Menge keine überflüssigen Halbräume vorkommen.

Die Bedeutung der polyedrischen Mengen liegt darin, daß sie durch endliche Systeme linearer Ungleichungen analytisch dargestellt werden können. Zum Beispiel sind nach Satz 5.6 alle konvexen Polytope polyedrische Mengen. Wir erwähnen als weiteres

Beispiel 5.4. *Räumliche Ecke.* Es sei $R = \left\{ x \in A_n; x = \sum\limits_{l=0}^{n} \alpha_l e_l, \sum\limits_{l=0}^{n} \alpha_l = 1, \alpha_1 \geq 0, \ldots, \alpha_n \geq 0 \right\}$ ($e_0, \ldots, e_n$ affin unabhängig) eine räumliche Ecke des A_n (vgl. Bemerkung vor Definition 4.2). Dann ist offensichtlich R der Durchschnitt der n abgeschlossenen Halbräume $\overline{H_{(i)}}$ mit der baryzentrischen Koordinatendarstellung

$$\overline{H_{(i)}} = \left\{ x \in A_n; x = \sum\limits_{l=0}^{n} \alpha_l e_l, \sum\limits_{l=0}^{n} \alpha_l = 1, \alpha_i \geq 0 \right\} \quad (i = 1, \ldots, n), \quad \text{d. h. eine poly-}$$

edrische Menge, welche nicht beschränkt und damit kein konvexes Polytop ist.

Bemerkung 5.3. *Der Durchschnitt zweier polyedrischer Mengen ist wieder eine polyedrische Menge (trivial!). Die konvexe Hülle der Vereinigungsmenge zweier polyedrischer Mengen braucht dagegen nicht wieder eine polyedrische Menge zu sein.* Dies zeigt im Fall $n > 1$ das Gegenbeispiel einer Hyperebene A und eines Punktes p mit $p \notin A$ als polyedrische Mengen des A_n, wo $\mathrm{conv}(A \cup p)$ keine abgeschlossene Menge und damit auch keine polyedrische Menge ist (vgl. Bemerkung 2.2).

Genau wie bei konvexen Polytopen geben wir wieder die

Definition 5.4. Der Durchschnitt einer polyedrischen Menge P des A_n mit einer beliebigen Stützhyperebene A von P heißt *Seite* von P. Hierbei nennen wir die nulldimensionalen Seiten (d. h. die Punkte von exp P) *Ecken* und P selbst (im Falle dim $P < n$) *uneigentliche Seite* von P.

Dann läßt sich analog zu den konvexen Polytopen beweisen:

Satz 5.8. *Die Seiten einer polyedrischen Menge P der Dimension l sind selbst wieder polyedrische Mengen, wobei der Durchschnitt zweier solcher Seiten entweder eler oder wiederum eine Seite von P ist, welche als gemeinsame Seite dieser beiden Seiten aufgefaßt werden kann. Jede eigentliche Seite von P liegt in einer $(l-1)$-dimensionalen Seite von P (speziell ist im Fall $l \geq 2$ jede $(l-2)$-dimensionale Seite von P in genau zwei verschiedenen $(l-1)$-dimensionalen Seiten von P enthalten),* *und jede $(l-1)$-dimensionale Seite von P ist ihrerseits Schnitt von P mit der Begrenzungshyperebene (mindestens) eines definierenden Halbraums von P.*

Beweis. Es sei $P := \bigcap\limits_{i=1}^{m} \overline{H_{(i)}}$ eine beliebige polyedrische Menge des A_n der Dimension l. Dann sieht man wie beim Schluß des Beweises von Satz 5.7, daß jede Seite von P wiederum eine polyedrische Menge darstellt, und ebenso resultiert aus dem (viel allgemeiner gültigen) Beweis von Satz 5.4 die Tatsache, daß der Durchschnitt zweier Seiten von P entweder leer oder eine Seite von P ist, die als gemeinsame Seite dieser beiden Seiten aufgefaßt werden kann.

Wie wir nun zu Anfang des Beweises von Satz 5.5 gesehen haben, ist jede eigentliche Seite von $\ ^{\bullet}P$ auch Seite von P relativ zu aff P und umgekehrt. Weiter ist jede polyedrische Menge P des A_n auch polyedrische Menge bezüglich aff P und umgekehrt: Es gilt nämlich

$$P = P \cap \text{aff } P = \left(\bigcap_{\overline{H_{(i)}} \not\supseteq \text{aff } P} (\overline{H_{(i)}} \cap \text{aff } P) \right) \cap \left(\bigcap_{\overline{H_{(i)}} \supseteq \text{aff } P} (\overline{H_{(i)}} \cap \text{aff } P) \right)$$

$$= \bigcap_{\overline{H_{(i)}} \not\supseteq \text{aff } P} (\overline{H_{(i)}} \cap \text{aff } P),$$

wobei $\overline{H_{(i)}} \cap$ aff P mit $\overline{H_{(i)}} \not\supseteq$ aff P definierende Halbräume von P bezüglich aff P sind. Sind dann $A_{(i)}$ die Begrenzungshyperebenen von $\overline{H_{(i)}}$, so sind $A_{(i)} \cap$ aff P die Begrenzungshyperebenen von $\overline{H_{(i)}} \cap$ aff P. Daher genügt es, die weiteren Aussagen von Satz 5.8 im Fall dim $P = l = n$ zu beweisen. Es sei also $P \cap A$ eine beliebige eigentliche Seite von P ($A =$ Stützhyperebene von P), und x_0 sei ein beliebiger Punkt aus dem offenen Kern $(P \cap A)^{(0)}$ dieser Seite. Dann liegt x_0 auf der Begrenzungshyperebene $A_{(i_0)}$ von (mindestens) einem Halbraum $\overline{H_{(i_0)}}$ ($1 \leq i_0$ $\leq m$); anderenfalls wäre $x_0 \in \bigcap\limits_{i=1}^{m} H_{(i)} \subseteq P^0$, was wegen $x_0 \in A$ und der Stützeigenschaft von A unmöglich ist. Nun ist aber $A_{(i_0)}$ wegen $x_0 \in A_{(i_0)}$ und der Definition von P Stützhyperebene von P, so daß wegen $x_0 \in (P \cap A)^{(0)}$ die Inklusion $P \cap A$ $\subseteq A_{(i_0)}$ und damit auch $P \cap A \subseteq P \cap A_{(i_0)}$ gelten muß. Daher stellt $P \cap A_{(i_0)}$ eine $P \cap A$ enthaltende eigentliche Seite von P dar. Die Dimension von $P \cap A_{(i_0)}$ kann nicht kleiner als $n-1$ sein, da diese Seite von P einen Punkt z_0 zusammen mit einer Umgebung von z_0 bezüglich der Hyperebene $A_{(i_0)}$ enthält, wie die folgende Konstruktion ergibt: Wir wählen einen beliebigen Punkt $y_0 \in P^0$ sowie einen beliebigen Punkt $y_1 \in P_{(i_0)} := \bigcap\limits_{i \neq i_0} \overline{H_{(i)}}$ mit $y_1 \notin \overline{H_{(i_0)}}$ (ein solches y_1 existiert, da sonst $P_{(i_0)} \subseteq \overline{H_{(i_0)}}$, d. h. $P = P_{(i_0)} \cap \overline{H_{(i_0)}} = P_{(i_0)}$ entgegen der Voraussetzung wäre, daß in der Durchschnittsdarstellung von P die Zahl der Halbräume des A_n minimal ist (vgl. Definition 5.3)). z_0 sei der Schnittpunkt von $y_0 y_1$ mit $A_{(i_0)}$. Dann ist $z_0 \in P$, und Lemma 1.1 (angewandt auf $P_{(i_0)}$) zeigt, daß eine Umgebung U von z_0 zu $P_{(i_0)}$ gehört. Jetzt stellt aber $U \cap A_{(i_0)}$ eine Umgebung von z_0 relativ zu $A_{(i_0)}$ dar, welche wie behauptet in $P_{(i_0)} \cap A_{(i_0)} = P_{(i_0)} \cap \overline{H_{(i_0)}} \cap A_{(i_0)} = P \cap A_{(i_0)}$ gelegen ist (vgl. Abb. 19).

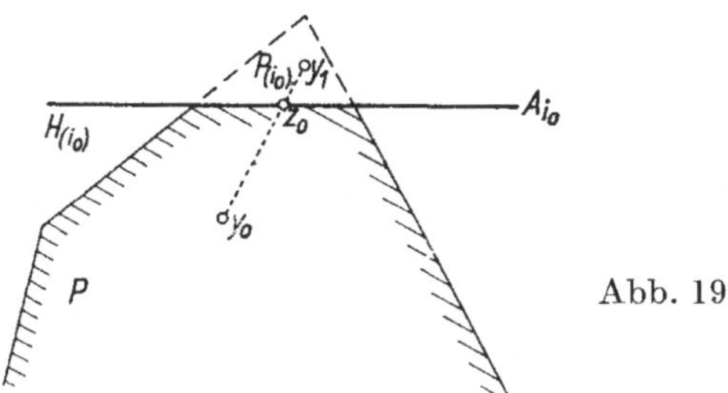

Abb. 19

Damit ist endlich gezeigt, daß die (beliebig) vorgegebene eigentliche Seite $P \cap A$ von P in der $(n-1)$-dimensionalen Seite $P \cap A_{(i_0)}$ von P gelegen ist. Speziell gilt für eine beliebige $(n-1)$-dimensionale Seite $P \cap A$ von P die Beziehung $P \cap A \subseteq P \cap A_{(i_0)}$ mit einem geeigneten i_0 und damit $A = \text{aff}(P \cap A) \subseteq \text{aff}(P \cap A_{(i_0)}) = A_{(i_0)}$, d. h., aus Dimensionsgründen ist $A = A_{(i_0)}$ und daher

$$P \cap A = P \cap A_{(i_0)} . \tag{60}$$

Es bleibt also nur noch der $(n-2)$-dimensionale Seiten von P betreffende Teil von Satz 5.8 zu beweisen: Jetzt sei speziell $P \cap A$ eine beliebige $(n-2)$-dimensionale Seite von P ($n \geq 2$) und daher wiederum $P \cap A \subseteq P \cap A_{(i_0)}$ für ein geeignetes $A_{(i_0)}$ ($1 \leq i_0 \leq m$). Dann stellt $P \cap A = (P \cap A) \cap A_{(i_0)} = (P \cap A_{(i_0)}) \cap (A \cap A_{(i_0)})$ nach Definition 5.4 auch eine $(n-2)$-dimensionale Seite der in $A_{(i_0)}$ liegenden $(n-1)$-dimensionalen polyedrischen Menge

$$P \cap A_{(i_0)} = \bigcap_{i=1}^{m} \overline{(H_{(i)} \cap A_{(i_0)})} \tag{61}$$

dar, weil $A \cap A_{(i_0)}$ ($\neq \emptyset$) wegen $A \neq A_{(i_0)}$ als Stützhyperebene von $P \cap A_{(i_0)}$ relativ zu $A_{(i_0)}$ aufgefaßt werden kann. Die Beziehung (60), angewandt auf $P \cap A_{(i_0)}$ anstelle von P, ergibt nun unter Berücksichtigung der Tatsache, daß aufgrund von (61) die Begrenzungshyperebenen der definierenden Halbräume von $P \cap A_{(i_0)}$ die Gestalt $A_{(i_1)} \cap A_{(i_0)}$ ($1 \leq i_1 \leq m$, $i_1 \neq i_0$) besitzen:

$$P \cap A = (P \cap A_{(i_0)}) \cap (A \cap A_{(i_0)}) = (P \cap A_{(i_0)}) \cap (A_{(i_1)} \cap A_{(i_0)})$$

$$= (P \cap A_{(i_0)}) \cap (P \cap A_{(i_1)}) \qquad (1 \leq i_0, i_1 \leq m, \; i_1 \neq i_0) . \tag{62}$$

Die Gleichung (62) zeigt unmittelbar, daß $P \cap A$ nicht nur in der $(n-1)$-dimensionalen Seite $P \cap A_{(i_0)}$ von P, sondern auch in der davon (aufgrund von (62)!) verschiedenen $(n-1)$-dimensionalen Seite $P \cap A_{(i_1)}$ von P liegt. Da $P \cap A$ in keiner weiteren $(n-1)$-dimensionalen Seite von P gelegen sein kann, wie man analog zum entsprechenden Teil des Beweises von Satz 5.5 einsieht, ist der Beweis von Satz 5.8 vollendet. □

Bemerkung 5.4. *Eine polyedrische Menge P des A_n besitzt nur endlich viele verschiedene Seiten.* Dies zeigt ein Induktionsbeweis nach der Dimension von P, wobei benutzt wird, daß jede eigentliche Seite von P Seite einer $(l-1)$-dimensionalen

Seite von P ist[1]) und daß es aufgrund von (60) nur endlich viele verschiedene $(l-1)$-dimensionale Seiten von P geben kann.

Für die Seitenbeziehung gilt bei polyedrischen Mengen und damit umsomehr bei konvexen Polytopen die folgende bemerkenswerte Transitivitätseigenschaft:

Satz 5.9. *Ist die polyedrische Menge P_2 des A_n Seite der polyedrischen Menge P_1 des A_n und ist die polyedrische Menge P_3 des A_n Seite der polyedrischen Menge P_2, so stellt P_3 auch eine Seite von P_1 dar.*

Beweis. Satz 5.9 ist im Fall $P_2 = P_1$ trivial. Wir setzen daher im folgenden $P_2 \subset P_1$ voraus und beweisen die verschärfte Behauptung, daß die Seite P_3 der eigentlichen Seite P_2 von P_1 Durchschnitt von eigentlichen Seiten von P_1 maximaler Dimension ist, durch vollständige Induktion nach der Dimension von P_1. Diese Behauptung ist im Fall $\dim P_1 = 1$ trivial; wir nehmen an, sie sei für alle Dimensionen kleiner als l bewiesen, und zeigen ihre Richtigkeit im Fall $\dim P_1 = l$ $(2 \leq l \leq n)$. Hier ist nun P_2 als eigentliche Seite von P_1 auch Seite einer $(l-1)$-dimensionalen Seite P_1' von P_1[1]), wobei entweder $P_2 = P_1'$ oder $P_2 \subset P_1'$ gilt. Im erstgenannten Fall haben wir entweder $P_3 = P_2 = P_1'$, wo die Induktionsbehauptung trivial ist, oder $P_3' := P_3 \subset P_2 = P_1'$, während im zweitgenannten Fall $P_3 \subseteq P_2 \subset P_1'$ gilt. Nach Induktionsvoraussetzung ist daher P_3 in den Fällen $P_3 \subset P_1'$ Durchschnitt von $(l-2)$-dimensionalen Seiten von P_1', welche selber aufgrund von (62) (mit P_1 anstelle von P und mit P_1' anstelle von $P \cap A_{(i_0)}$) Durchschnitte von je zwei $(l-1)$-dimensionalen Seiten von P_1 sind, so daß die Induktionsbehauptung auch hier gilt. Damit ist aber die Gültigkeit unserer Induktionsbehauptung in allen vorkommenden Fällen gezeigt und Satz 5.9 bewiesen. $\square$

Zum Schluß des Paragraphen soll gezeigt werden, daß neben den konvexen Polytopen auch polyedrische Mengen in einfacher Weise als konvexe Hüllen dargestellt werden können. Es gilt der von KLEE[2]) stammende

Satz 5.10. *Jede polyedrische Menge P des A_n ist konvexe Hülle von endlich vielen Punkten und endlich vielen abgeschlossenen Halbgeraden des A_n (vgl. Beispiel 5.4).*

Beweis. Nach Bemerkung 4.3 ist $P := \bigcap\limits_{l=1}^{m} \overline{H_{(l)}}$ ein Zylinder mit Erzeugenden A_x, die zu einem (evtl. nulldimensionalen) den Punkt $x_0 \in P$ enthaltenden affinen Unterraum A_{x_0} des A_n parallel sind, und mit einer Basismenge L, welche als Durchschnitt von P mit einem zu A_{x_0} komplementären und x_0 enthaltenden affinen Unterraum B_{x_0} von A_n dargestellt werden kann und keine Gerade des A_n enthält. Dabei ist $L = \bigcap\limits_{l=1}^{m} (\overline{H_{(l)}} \cap B_{x_0})$ wiederum eine polyedrische Menge von B_{x_0}, für die aufgrund von Satz 4.3

$$L = \mathrm{conv}(\mathrm{ext}\, L \cup \mathrm{rext}\, L) \tag{63}$$

---

[1]) Dies folgt genauso, wie es für $(l-2)$-dimensionale Seiten innerhalb des Beweises von Satz 5.8 gezeigt wurde.

[2]) Vgl. [13], Theorem 2.12.

gilt. Nun ist aber ext L eine endliche Menge $\{x_1, \ldots, x_k\}$, und rext L besteht aus endlich vielen abgeschlossenen Halbgeraden $\overline{H_1^{(1)}}, \ldots, \overline{H_l^{(1)}}$ in L (wobei nach Definition 4.2 o. B. d. A. $x_j = $ Endpunkt von $\overline{H_j^{(1)}}$[1]) $(j = 1, \ldots, l)$ und $l \leq k$ angenommen werden kann): Dies kann man durch einen Induktionsbeweis nach der Dimension des Einbettungsraumes einsehen. Dazu ist nur zu berücksichtigen, daß jeder Extrempunkt bzw. jede extreme Halbgerade von L auf der Begrenzungshyperebene C eines der endlich vielen definierenden Halbräume von L liegt und gleichfalls Extrempunkt bzw. extreme Halbgerade in bezug auf $L \cap C$ ist (vgl. Lemma 4.1). Aufgrund seiner Zylindereigenschaft enthält P neben den Punkten x_i auch die durch x_i gehenden und zu A_{x_0} parallelen affinen Unterräume A_{x_i} $(i = 1, \ldots, k)$, so daß die Beziehung

$$P \supseteq \mathrm{conv}(A_{x_1} \cup \cdots \cup A_{x_k} \cup \overline{H_1^{(1)}} \cup \cdots \cup \overline{H_l^{(1)}}) =: K \tag{64}$$

besteht. Andererseits enthält die konvexe Menge K mit jedem beliebigen Punkt $y_j \in \overline{H_j^{(1)}}$ auch den durch y_j gehenden und zu A_{x_0} parallelen affinen Unterraum A_{y_j} mit $j = 1, \ldots, l$ (Zentralprojektion von A_{x_j} auf A_{y_j} von einem auf $\overline{H_j^{(1)}}$ liegenden Zentrum z_j aus, vgl. Abb. 20), d. h., K enthält einen Zylinder Z mit zu A_{x_0} parallelen

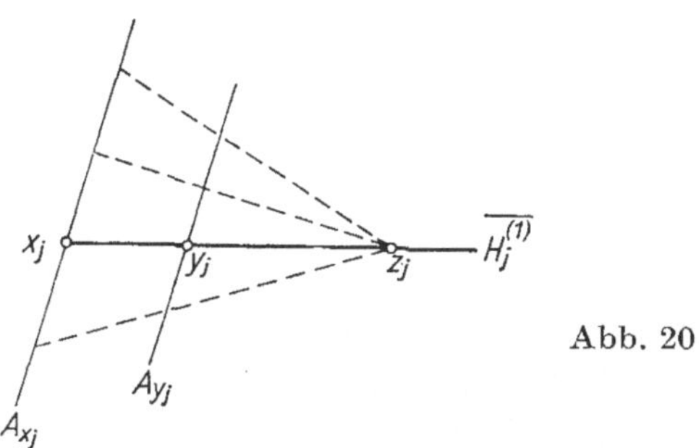

Abb. 20

Erzeugenden und der Basismenge ext $L \cup$ rext L. Beachtet man jetzt neben (63) noch, daß K aus Konvexitätsgründen auch die zu $L = \mathrm{conv}(Z \cap B_{x_0})$ parallelen Mengen $\mathrm{conv}(Z \cap B_x)$ $(B_x = $ durch einen beliebigen Punkt $x \in A_{x_0}$ gehender und zu B_{x_0} paralleler affiner Unterraum von $A_n)$ enthalten muß, so findet man $K \supseteq P$, was zusammen mit (64)

$$P = \mathrm{conv}(A_{x_1} \cup \cdots \cup A_{x_k} \cup \overline{H_1^{(1)}} \cup \cdots \cup \overline{H_l^{(1)}}) \tag{65}$$

ergibt. Da schließlich jeder affine Unterraum A_{x_i} im Fall $\dim A_{x_i} = 0$ die konvexe Hülle des Punktes x_i und im Fall $\dim A_{x_i} > 0$ die konvexe Hülle endlich vieler abgeschlossener Halbgeraden darstellt[2]), ist P auch als konvexe Hülle endlich vieler Punkte und endlich vieler abgeschlossener Halbgeraden darstellbar.[3]) $\square$

---

[1]) Hierbei fallen eventuell mehrere der Punkte x_j $(j = 1, \ldots, l)$ zusammen.

[2]) Jeder affine Unterraum A des A_n ist z. B. die konvexe Hülle der positiven und negativen Koordinatenhalbachsen eines auf A erklärten affinen Koordinatensystems.

[3]) Enthält P eine Gerade des A_n und ist hiermit $\dim A_{x_i} > 0$, so ist P schon konvexe Hülle von endlich vielen abgeschlossenen Halbgeraden des A_n.

Übungen

1. a) Man beweise die Transitivität der Seitenbeziehung bei einem konvexen Polytop P des A_n (vgl. Satz 5.9) mit den direkten Methoden des Beweises von Satz 5.5. b) Ist diese Transitivität auch für eine beliebige abgeschlossene konvexe Menge K im A_n richtig, wenn die Durchschnitte von K mit den Stützhyperebenen von K als Seiten von K definiert werden?
2. Es soll gezeigt werden, daß in der Durchschnittsdarstellung eines n-dimensionalen konvexen Polytops P des A_n nach Satz 5.6 keine überflüssigen Halbräume vorkommen.
3. Es sei durch $L_l(x) + \gamma_l \leqq 0$ $(l = 1, \dots, m)$ (vgl. Beispiel 1.1) eine polyedrische Menge P des A_n gegeben. Man zeige, daß dann der charakteristische Kegel $CC(P)$ von P (vgl. Aufgabe 5 von § 1) durch $L_l(x) \leqq 0$ $(l = 1, \dots, m)$ dargestellt werden kann.
4. Man beweise die folgende Umkehrung von Satz 5.10: Die konvexe Hülle von endlich vielen Punkten und endlich vielen abgeschlossenen Halbgeraden des A_n stellt, falls sie abgeschlossen ist, eine polyedrische Menge des A_n dar. [Anleitung: Man benutze die für Stützhyperebenen A einer Menge X des A_n gültige Beziehung $(\operatorname{conv} X) \cap A = \operatorname{conv}(X \cap A)$.]
5.* Man zeige unter Benutzung von Aufgabe 4, daß jede affine Abbildung $f: A_n \to B_m$ eine polyedrische Menge P von A_n in eine wiederum polyedrische Menge $f(P)$ von B_m überführt.

§ 6.   Konvexe Kegel, Dualität

Im letzten Paragraphen hatten wir einerseits die Eigenschaften von konvexen Polytopen studiert, ausgehend von deren Definition als konvexe Hülle endlich vieler Punkte, und andererseits die Eigenschaften polyedrischer Mengen, welche als Durchschnitte endlich vieler abgeschlossener Halbräume definiert waren. Gewisse Entsprechungen bei diesen Eigenschaften lassen vermuten, daß zwischen diesen Arten konvexer Mengen eine Art Dualität besteht, wie sie in der projektiven Geometrie wohlbekannt ist. Dort ordnet man jedem m-dimensionalen projektiven Unterraum A eines n-dimensionalen projektiven Raumes P_n einen $(n - m - 1)$-dimensionalen projektiven Unterraum

$$A^* := \{x \in P_n; F(x, y) = 0 \quad \text{für alle} \quad y \in A\} \tag{66}$$

($F =$ auf $V_{n+1} \times V_{n+1}$ definierte nichtausgeartete Bilinearform, wobei V_{n+1} der P_n definierende Vektorraum ist) des P_n als dualen Unterraum zu, wobei $A \subseteq B$ mit $A^* \supseteq B^*$ gleichbedeutend ist, so daß insbesondere $(A \vee B)^* = A^* \wedge B^*$ und $(A \wedge B)^* = A^* \vee B^*$ gilt.[1]) Ein besonders wichtiges Beispiel einer derartigen Dualität wird von der sogenannten Polarität π_F an einer Quadrik $F(x, x) = 0$ des P_n ($F =$ nichtausgeartete symmetrische Bilinearform auf $V_{n+1} \times V_{n+1}$) dargestellt, welche ebenfalls durch (66) definiert ist und aufgrund der Symmetrie von F sogar „involutorisch" ist:

$$A^{**} = A . \tag{67}$$

---

[1]) Hier bedeutet $A \vee B$ bzw. $A \wedge B$ die projektive Hülle bzw. den Durchschnitt der beiden projektiven Unterräume A und B des P_n.

Es ist zweckmäßig, hierbei den P_n bzw. den projektiven Unterraum A des P_n als Geradenbündel in einem $(n+1)$-dimensionalen affinen Raum A_{n+1} bzw. in einem affinen Unterraum davon mit dem Koordinatenursprung o als Zentrum aufzufassen.[1]) Dann ist A^* nach (66) gleich dem Geradenbündel mit dem Zentrum o in dem Durchschnitt aller Polarhyperebenen $F(x, y) = 0$ der Geraden λy $(y \neq o)$ des Ausgangsbündels.

Nun ist es nicht schwer, in analoger Weise den Begriff der Polarität statt für Geradenbündel mit dem Zentrum o in einem affinen Unterraum von A_{n+1} für konvexe Kegel mit der Spitze o im A_{n+1} einzuführen. Zu diesem Zweck zeichnen wir der Einfachheit halber eine positiv definite, symmetrische Bilinearform, d. h. ein inneres Produkt $\langle\,,\,\rangle$ auf $V_{n+1} \times V_{n+1}$ aus und geben die

Definition 6.1. Im A_{n+1} mit einem ausgezeichneten inneren Produkt, d. h. im euklidischen Raum R_{n+1}, sei C ein beliebiger konvexer Kegel mit dem Koordinatenursprung o des R_{n+1} als Spitze (vgl. Definition 1.8). Dann heißt der Durchschnitt C^* der zu den Halbgeraden λy von C $(\lambda \geqq 0)$ (bezüglich $\langle\,,\,\rangle$) orthogonalen abgeschlossenen Halbräume $\langle x, y\rangle \leqq 0$ *Polarkegel* von C:

$$C^* := \{x \in R_{n+1}; \langle x, y\rangle \leqq 0 \text{ für alle } y \in C\}\,. \tag{68}$$

Bemerkung 6.1. *Der Polarkegel C^* von C läßt sich geometrisch auch als „Normalenkegel" von C in o, d. h. genauer gesagt als die Menge aller in o anfangenden, von C wegweisenden Normalenhalbgeraden der durch o gehenden Stützhyperebenen von C veranschaulichen (vgl. Abb. 21). C^* ist ein (abgeschlossener) konvexer Kegel mit der Spitze o aufgrund von*

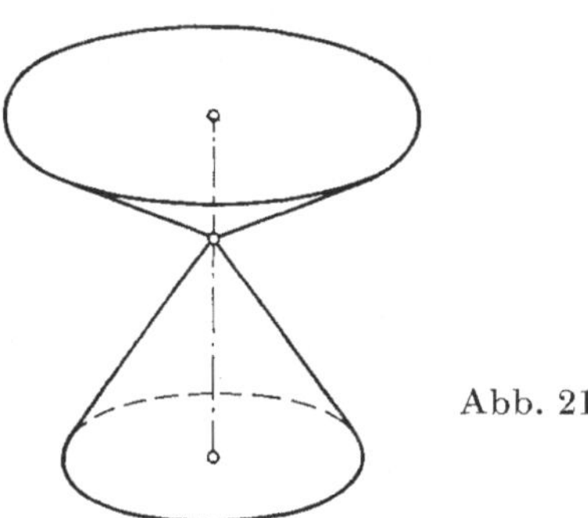

Abb. 21

Satz 6.1. *Es sei $\{C_\alpha\}_{\alpha \in A}$ eine beliebige Familie konvexer Kegel des A_{n+1} mit der Spitze o. Dann sind auch* a) *der Durchschnitt $\bigcap\limits_{\alpha \in A} C_\alpha$ und* b) *die konvexe Hülle der Vereinigungsmenge* conv $\left(\bigcup\limits_{\alpha \in A} C_\alpha\right)$ *konvexe Kegel des A_{n+1} mit der Spitze o.*

Beweis. Aufgrund von Definition 1.8 ist nur nachzuweisen, daß die konvexen Mengen $\bigcap\limits_{\alpha \in A} C_\alpha$ und conv $\left(\bigcup\limits_{\alpha \in A} C_\alpha\right)$ mit jedem Punkt $x \neq o$ auch die von o ausgehende

---

[1]) Vgl. etwa [14], S. 187.

abgeschlossene Halbgerade λx enthalten $(\lambda \geqq 0)$. Es sei also zunächst $x \neq o$ ein beliebiger Punkt von $\bigcap\limits_{\alpha \in A} C_\alpha$, d. h. $x \in C_\alpha$ für alle $\alpha \in A$. Dann ist aufgrund der Kegeleigenschaft der C_α auch $\lambda x \in C_\alpha$ für alle $\alpha \in A$ und jedes $\lambda \geqq 0$, d. h., wir haben $\lambda x \in \bigcap\limits_{\alpha \in A} C_\alpha \; (\lambda \geqq 0)$. Im Fall eines beliebigen Punktes x von $\mathrm{conv}\left(\bigcup\limits_{\alpha \in A} C_\alpha\right)$ gilt dagegen nach (14)

$$x = \sum_{l=1}^{k} \lambda_l x_{\alpha_l} \;\; \text{mit} \;\; \sum_{l=1}^{k} \lambda_l = 1 \;, \;\; \lambda_1 \geqq 0, \ldots, \lambda_k \geqq 0 \;, \;\; x_{\alpha_1} \in C_{\alpha_1}, \ldots, x_{\alpha_k} \in C_{\alpha_k} \;,$$

woraus aufgrund der Kegeleigenschaft der C_α für jedes $\lambda \geqq 0$

$$\lambda x = \sum_{l=1}^{k} \lambda_l (\lambda x_{\alpha_l}) \;\; \text{mit} \;\; \sum_{l=1}^{k} \lambda_l = 1 \;, \;\; \lambda_1 \geqq 0, \ldots, \lambda_k \geqq 0 \;,$$

$$\lambda x_{\alpha_1} \in C_{\alpha_1}, \ldots, \lambda x_{\alpha_k} \in C_{\alpha_k} \;,$$

d. h. wiederum $\lambda x \in \mathrm{conv}\left(\bigcup\limits_{\alpha \in A} C_\alpha\right)$ folgt. $\square$

Für spätere Zwecke beweisen wir noch folgende Version des Satzes von CARATHÉODORY (Satz 2.4) für konvexe Kegel:

Satz 6.2. *Die konvexe Hülle der Vereinigungsmenge einer beliebigen Familie $\{C_\alpha\}_{\alpha \in A}$ konvexer Kegel des A_{n+1} mit der Spitze o ist die Vereinigungsmenge aller räumlichen Ecken (vgl. Bemerkung vor Definition 4.2), welche von $m + 1$ beliebigen von o ausgehenden und in je einem C_{α_l} liegenden abgeschlossenen Halbgeraden $\overline{H_l^{(1)}}$ $(l = 0, \ldots, m)$ des A_{n+1} aufgespannt werden $(0 \leqq m \leqq n)$.*

Beweis. Es ist klar, daß $\mathrm{conv}\left(\bigcup\limits_{\alpha \in A} C_\alpha\right)$ alle in Satz 6.2 angegebenen räumlichen Ecken enthält. Daher braucht nur noch gezeigt zu werden, daß umgekehrt jeder Punkt $x \in \mathrm{conv}\left(\bigcup\limits_{\alpha \in A} C_\alpha\right)$ einer derartigen räumlichen Ecke angehört. Um dies einzusehen, gehen wir davon aus, daß x nach dem Korollar zu Satz 2.3 in einem konvexen Polytop des A_{n+1} mit in je einem C_α liegenden Ecken und daher aufgrund von Satz 2.4 in einem $(m + 1)$-dimensionalen Simplex S des A_{n+1} mit den in $C_{\alpha_0}, \ldots, C_{\alpha_{m+1}}$ liegenden Ecken $e_0, \ldots, e_{m+1}$ enthalten ist $(0 \leqq m + 1 \leqq n + 1)$. Ohne Beschränkung der Allgemeinheit liegt hierbei x schon im relativen Inneren $S^{(0)}$ von S, da man sich sonst auf eine geeignete Seite von S beschränken kann (vgl. Beispiel 1.4). Ist hierbei $x = o$, so ist die Behauptung von Satz 6.2 trivial, wenn man als räumliche Ecke eine beliebige von o ausgehende Halbgerade in $\bigcup\limits_{\alpha \in A} C_\alpha$ nimmt, so daß wir im folgenden $x \neq o$ voraussetzen können. Nun kann die auf $G := o \vee x$ gelegene, von x ausgehende und o nicht enthaltende abgeschlossene Halbgerade $\overline{H^{(1)}}$ des A_{n+1} als unbeschränkte Menge sicher nicht in dem beschränkten Simplex S enthalten sein. Daher gilt entweder $\alpha)$ $\overline{H^{(1)}} \cap S = \{x\}$, falls $G \nsubseteq \mathrm{aff}\, S$ und damit $m + 1 \leqq n$ ist, oder $\beta)$ $\overline{H^{(1)}} \cap S = xy$ mit einem geeigneten Punkt $y \neq o$ auf dem relativen Rand $S \setminus S^{(0)}$, d. h. (o. B. d. A.) auf dem Seitensimplex $S_{(m+1)}$ $:= \mathrm{conv}\{e_0, \ldots, e_m\}$ von S, falls $G \subseteq \mathrm{aff}\, S$ und damit $1 \leqq m + 1$ ist. Im Fall $\alpha)$ sind die Punkte $o, e_0, \ldots, e_{m+1}$ wegen der aus $o \neq x$ folgenden Beziehung $o \notin \mathrm{aff}\, S$

$= \mathrm{aff}\{e_0, \ldots, e_{m+1}\}$ affin unabhängig, so daß x wegen $x \in S$ der räumlichen Ecke angehört, die von den von o ausgehenden und $e_0, \ldots, e_{m+1}$ passierenden abgeschlossenen Halbgeraden $\overline{H_0^{(1)}}, \ldots, \overline{H_{m+1}^{(1)}}$ in $C_{\alpha_0}, \ldots, C_{\alpha_{m+1}}$ aufgespannt wird ($0 \leqq m + 1 \leqq n$). Im Fall β) haben wir wegen $G \nsubseteq \mathrm{aff}\, S_{(m+1)}$ und $o \neq y$ die Relation $o \notin \mathrm{aff}\, S_{(m+1)} = \mathrm{aff}\{e_0, \ldots, e_m\}$, und wir finden analog zum Fall α), daß y und damit auch $x \in oy$ derjenigen räumlichen Ecke angehört, die von den von o ausgehenden und $e_0, \ldots, e_m$ passierenden, abgeschlossenen und in $C_{\alpha_0}, \ldots, C_{\alpha_m}$ liegenden Halbgeraden $\overline{H_0^{(1)}}, \ldots, \overline{H_m^{(1)}}$ aufgespannt wird ($1 \leqq m + 1 \leqq n + 1$; vgl. Abb. 22). Damit ist aber Satz 6.2 in den beiden Fällen α) und β) bewiesen. $\square$

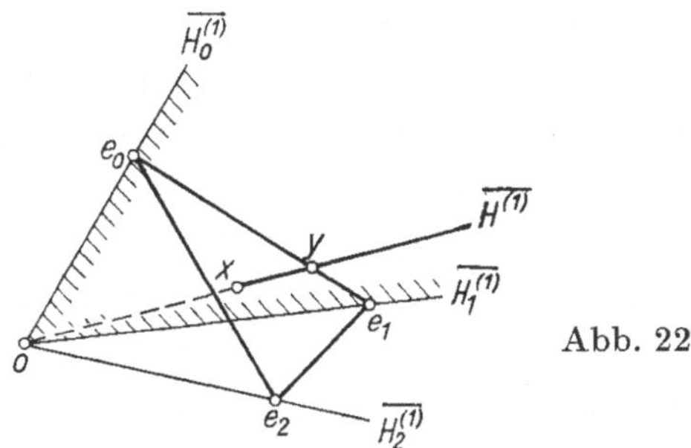

Abb. 22

Wir wollen nun auch für beliebige konvexe Untermengen K des n-dimensionalen euklidischen Raumes R_n den Begriff einer Polarmenge K^* definieren. Zu diesem Zweck erinnern wir uns an folgende bekannte Tatsache: Bei der Einbettung des n-dimensionalen affinen Raumes A_n in den n-dimensionalen projektiven Raum P_n oder — damit gleichbedeutend — in das Geradenbündel des den A_n enthaltenden $(n + 1)$-dimensionalen affinen Raumes A_{n+1} mit dem Zentrum $o \notin A_n$ entspricht jedem Punkt x des A_n die Gerade $o \vee x$ des Geradenbündels und allgemeiner jedem affinen Unterraum A von A_n das in $o \vee A$ gelegene Geradenbündel mit dem Zentrum o. Dies legt nun nahe, vor der Definition von K^* erst einmal den im folgenden definierten Projektionskegel $C(K)$ von K mit der Spitze o zu betrachten und dessen Polarkegel $C(K)^*$ zu bilden:

Definition 6.2. Es sei A_n eine Hyperebene des $(n + 1)$-dimensionalen affinen Raumes A_{n+1}, welche den Koordinatenursprung o von A_{n+1} nicht enthält, und K sei eine beliebige konvexe Untermenge von A_n. Dann heißt der von allen von o ausgehenden und einen Punkt von K enthaltenden, abgeschlossenen Halbgeraden des A_{n+1} gebildete (offensichtlich) konvexe Kegel $C(K)$ *Projektionskegel von K mit der Spitze o.*

Lemma 6.1. *Der Projektionskegel $C(K)$ einer kompakten konvexen Menge K des A_n ist abgeschlossen.*

Beweis. Es sei $\{x_\nu\}_{\nu \in N}$ eine beliebige Folge von Punkten aus $C(K)$ mit $\lim\limits_{\nu \to \infty} x_\nu = x$, wobei jedes x_ν auf der von o ausgehenden und durch $y_\nu \in K$ gehenden abgeschlossenen Halbgeraden des A_{n+1} liege. Dann können wir wegen der Kompaktheit von K

o. B. d. A. $\lim\limits_{\nu \to \infty} y_\nu = y \in K$ annehmen. Wegen $o \notin K$ ist hierbei $y \neq o$, so daß x auf der von o ausgehenden und $y \in K$ passierenden abgeschlossenen Halbgeraden liegen muß und damit $x \in C(K)$ gilt. $\square$

Jetzt wird man versucht sein, in Analogie zur Polarität projektiver Unterräume des P_n den Durchschnitt des Polarkegels des Projektionskegels von K[1]) mit dem K enthaltenden euklidischen Raum R_n als Polarmenge von K zu definieren. Dieser Durchschnitt erweist sich aber in den wichtigsten Fällen aufgrund der Wahl der Richtung der Ungleichung in der Definitionsgleichung (68) als leer. Aus diesem Grund nimmt man noch eine Spiegelung σ des R_{n+1} an der durch o gehenden Parallelhyperebene R_n' von R_n zu Hilfe und gibt die

Definition 6.3. Es sei K eine beliebige konvexe Untermenge des n-dimensionalen euklidischen Raumes R_n, $C(K)$ sei der Projektionskegel von K mit dem Koordinatenursprung o eines den R_n enthaltenden $(n + 1)$-dimensionalen euklidischen Raumes R_{n+1} ($o \notin R_n$) als Spitze, und σ sei die Spiegelung des R_{n+1} an der durch o gehenden Parallelhyperebene R_n' von R_n. Dann heißt die in R_n gelegene konvexe Menge

$$K^* := \sigma\big(C(K)^* \cap \sigma(R_n)\big) \tag{69}$$

Polarmenge von K bezüglich $o' \in R_n$, falls o noch so gewählt wird, daß o den euklidischen Abstand 1 von R_n und den Lotfußpunkt o' auf R_n besitzt.

Dieser geometrischen Definition von K^* läßt sich die folgende algebraische Definition zur Seite stellen:

Definition 6.4. Es sei K eine beliebige konvexe Untermenge des n-dimensionalen euklidischen Raumes R_n mit dem Koordinatenursprung o'. Dann heißt

$$K^* := \{x \in R_n;\ \langle x, y \rangle \leqq 1 \text{ für alle } y \in K\} \tag{70}$$

Polarmenge von K bezüglich o'.[2])

Satz 6.3. *Die Definitionen* 6.3 *und* 6.4 *sind äquivalent.*

Beweis. Es sei e' der Ortsvektor von $o' \in R_n$ bezüglich des Ursprungs $o \in R_{n+1}$. Dann gilt aufgrund der Wahl von o

$$\langle e', e' \rangle = 1 \tag{71}$$

sowie für die Ortsvektoren x der Punkte $x \in R_n$ bezüglich des Ursprungs $o' \in R_n$

$$\langle x, e' \rangle = 0 . \tag{72}$$

Nun ist nach Definition 6.2

$$C(K) = \{\lambda(e' + y) \in R_{n+1}; \lambda \geqq 0,\ y \in K\} .[3]) \tag{73}$$

---

[1]) Der (an einer geeigneten Hyperebene gespiegelte) Polarkegel des Projektionskegels von K wird in der Literatur gelegentlich als *Dualkegel* von K bezeichnet. Vgl. dazu [2], S. 71.

[2]) Diese Definition stammt schon von MINKOWSKI; vgl. dazu [3], S. 28.

[3]) Der Ortsvektor y bezieht sich hierbei auf den Ursprung o' des R_n.

Außerdem haben wir die für einen beliebigen konvexen Kegel D des R_{n+1} mit der Spitze o gültige Beziehung

$$\sigma(D \cap \sigma(R_n)) = \{x \in R_n; \; -e' + x \in D\} \; . \tag{74}$$

Dies ergibt zusammen mit (73), (68), (71) und (72)

$$
\begin{aligned}
\sigma(C(K)^* \cap \sigma(R_n)) &= \{x \in R_n; \; \langle -e' + x, \lambda(e' + y)\rangle \leqq 0 \\
&\qquad \text{für alle } \lambda \geqq 0 \text{ und } y \in K\} \\
&= \{x \in R_n; \; \langle -e' + x, e' + y\rangle = -1 + \langle x, y\rangle \leqq 0 \\
&\qquad \text{für alle } y \in K\} \\
&= \{x \in R_n; \; \langle x, y\rangle \leqq 1 \text{ für alle } y \in K\} \; . \; \square
\end{aligned}
$$

Beispiel 6.1. *Vollkugel.* Es sei B_ϱ: $\langle x, x\rangle \leqq \varrho^2$ eine Vollkugel des R_n mit dem Ursprung o' von R_n als Mittelpunkt und dem Radius $\varrho > 0$. Dann ergeben sowohl die Konstruktion von Definition 6.3 (vgl. Abb. 23) als auch die Rechnung von Definition 6.4 B_ϱ^*: $\langle x, x\rangle \leqq \dfrac{1}{\varrho^2}$, d. h., B_ϱ^* ist die Vollkugel um o' mit dem reziproken Radius $\dfrac{1}{\varrho}$.

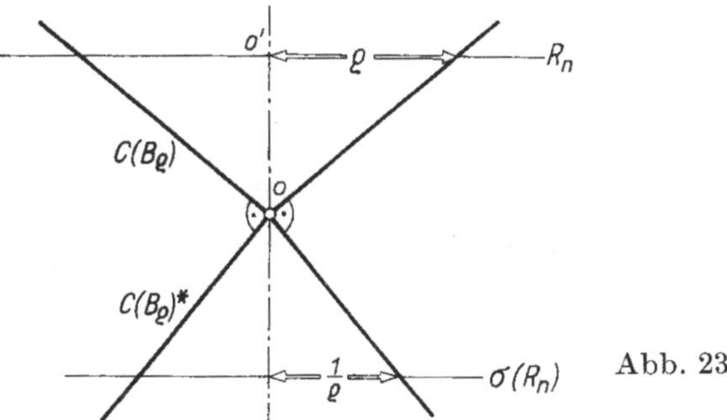

Abb. 23

Bemerkung 6.2. *Der zu einem konvexen Kegel C des R_{n+1} mit der Spitze o nach Definition 6.1 polare Kegel C^* ist auch Polarmenge der konvexen Menge C bezüglich o im Sinne von Definition 6.4,* denn aufgrund von (68) und (70) ist $C^* = \{x \in R_{n+1}; \langle x, y\rangle \leqq 0 \text{ für alle } y \in C\}$ in der Polarmenge $L := \{x \in R_{n+1}; \langle x, y\rangle \leqq 1 \text{ für alle } y \in C\}$ von C bezüglich o enthalten. Dabei enthält L keinen nicht zu C^* gehörenden Punkt x_0, da anderenfalls sowohl $\langle x_0, y_0\rangle > 0$ für ein geeignetes $y_0 \in C$ als auch $\langle x_0, \lambda y_0\rangle = \lambda\langle x_0, y_0\rangle \leqq 1$ für die Punkte λy_0 von C mit beliebig großem $\lambda \geqq 0$ gelten müßte, eine Unmöglichkeit.

Aufgrund dieser Bemerkung folgen aus den uns nun interessierenden Eigenschaften der Polarmengen konvexer Mengen auch dieselben Eigenschaften für die Polarkegel konvexer Kegel, so daß wir uns nur mit den ersteren zu beschäftigen brauchen. Wir beweisen zunächst

Lemma 6.2. *Ist X^* die genau so wie bei einer konvexen Menge durch (70) definierte Polarmenge einer beliebigen Untermenge X des n-dimensionalen euklidischen Raumes R_n bezüglich des Ursprungs o' von R_n, so gilt:*

a) X^* *ist konvex, abgeschlossen und enthält* o',

b) $(\operatorname{conv} X)^* = X^*$,

c) $(\overline{X})^* = X^*$.

Beweis. a) Nach (70) ist X^* der Durchschnitt der Halbräume $\overline{H_{(y)}} := \{x \in R_n;\ \langle x, y \rangle \leqq 1\}$ des R_n mit beliebigem festem y aus X[1])

$$X^* = \bigcap_{y \in X} \overline{H_{(y)}} \ . \tag{75}$$

Nun ist aber jedes $\overline{H_{(y)}}$ konvex, abgeschlossen, und es enthält o', so daß aufgrund von (75) für X^* das gleiche zutrifft. b) Nach (75) haben wir trivialerweise $(\operatorname{conv} X)^* \subseteq X^*$, und umgekehrt ergibt sich aus der für $\sum\limits_{l=1}^{k} \lambda_l = 1, \lambda_1 \geqq 0, \dots, \lambda_k \geqq 0, y_1 \in R_n$, $\dots, y_k \in R_n$ gültigen Relation

$$\overline{H_{\left(\sum\limits_{l=1}^{k} \lambda_l y_l\right)}} = \left\{ x \in R_n;\ \left\langle x, \sum_{l=1}^{k} \lambda_l y_l \right\rangle = \sum_{l=1}^{k} \lambda_l \langle x, y_l \rangle \leqq 1 \right\}$$

$$\supseteq \{x \in R_n;\ \langle x, y_1 \rangle \leqq 1, \dots, \langle x, y_k \rangle \leqq 1\} = \bigcap_{l=1}^{k} \overline{H_{(y_l)}} \tag{76}$$

in Verbindung mit Satz 2.3 sofort $(\operatorname{conv} X)^* = \bigcap\limits_{y \in \operatorname{conv} X} \overline{H_{(y)}} \supseteq \bigcap\limits_{y \in X} \overline{H_{(y)}} = X^*$, woraus Teil b) der Behauptung von Lemma 6.2 folgt. c) Schließlich ist wegen (75) wiederum $(\overline{X})^* \subseteq X^*$, und umgekehrt folgt aus der für konvergente Folgen $\{y_\nu\}_{\nu \in N}$ im R_n gültigen Beziehung

$$\overline{H_{\left(\lim\limits_{\nu \to \infty} y_\nu\right)}} = \left\{ x \in R_n;\ \left\langle x, \lim_{\nu \to \infty} y_\nu \right\rangle = \lim_{\nu \to \infty} \langle x, y_\nu \rangle \leqq 1 \right\} \tag{77}$$

$$\supseteq \{x \in R_n;\ \langle x, y_1 \rangle \leqq 1, \langle x, y_2 \rangle \leqq 1, \dots\} = \bigcap_{\nu=1}^{\infty} \overline{H_{(y_\nu)}}$$

sofort $(\overline{X})^* = \bigcap\limits_{y \in \overline{X}} \overline{H_{(y)}} \supseteq \bigcap\limits_{y \in X} \overline{H_{(y)}} = X^*$, womit auch Teil c) der Behauptung von Lemma 6.2 bewiesen ist. $\square$

Wir wenden uns jetzt der Frage zu, für welche konvexe Untermengen K des R_n die Bildung der Polarmenge K^* „involutorisch" ist, d. h. für welche K die Relation $K^{**} = K$ besteht. Nach Lemma 6.2a) ist dafür $\overline{K} = K$ und $K \ni o'$ eine notwendige Bedingung. Diese Bedingung ist aber auch schon hinreichend, wie man aus dem folgenden allgemeineren Satz entnehmen kann.

---

[1]) Im Fall $y = o'$ wird durch $\langle x, y \rangle \leqq 1$ der ganze R_n dargestellt, was bei der Durchschnittsbildung nichts ausmacht.

S a t z 6.4. *Für die Polarmenge einer beliebigen konvexen Menge K des R_n bezüglich des Ursprungs o' von R_n gilt*

$$K^{**} = \overline{\operatorname{conv}(K \cup \{o'\})} \,. \tag{78}$$

B e w e i s. Nach Lemma 6.2 b), c) und (75) haben wir

$$\overline{\operatorname{conv}(K \cup \{o'\})}^* = (K \cup \{o'\})^* = \left(\bigcap_{y \in K} \overline{H_{(y)}} \right) \cap \overline{H_{(o')}} = \bigcap_{y \in K} \overline{H_{(y)}} = K^* \tag{79}$$

und damit $\overline{\operatorname{conv}(K \cup \{o'\})}^{**} = K^{**}$, so daß es genügt, anstelle von (78) die Beziehung $\overline{\operatorname{conv}(K \cup \{o'\})}^{**} = \overline{\operatorname{conv}(K \cup \{o'\})}$ oder allgemeiner

$$L^{**} = L \tag{80}$$

für eine beliebige konvexe, abgeschlossene und o' enthaltende Untermenge L des R_n zu beweisen: Zu diesem Zweck betrachten wir einen beliebigen Punkt $y \in L$ und finden aufgrund von (70) $\langle x, y \rangle = \langle y, x \rangle \leq 1$ für alle $x \in L^*$, so daß wiederum aus (70) $y \in L^{**}$ folgt. Also gilt $L \subseteq L^{**}$.[1] Umgekehrt sei y ein beliebiger Punkt aus $R_n \setminus L$. Dann existiert nach Satz 3.4 eine Hyperebene A des R_n, welche L und y echt trennt und damit insbesondere $o' \in L$ nicht enthalten kann. Es sei $\langle y_0, x \rangle = 1$ die Gleichung von A mit einem geeigneten $y_0 \in R_n$. Jetzt ist $\langle y_0, x \rangle < 1$ für alle $x \in L$, d. h. nach (70) $y_0 \in L^*$ und $\langle y_0, y \rangle = \langle y, y_0 \rangle > 1$. Dies bedeutet wiederum nach (70) $y \in R_n \setminus L^{**}$. Damit ist aber $R_n \setminus L \subseteq R_n \setminus L^{**}$ gezeigt, woraus zusammen mit der schon bewiesenen Beziehung $L \subseteq L^{**}$ (80) folgt. $\square$

Wir beweisen weiter einige wichtige Eigenschaften für Polarmengen:

S a t z 6.5. *Es seien K_1, K_2 konvexe Untermengen des R_n und K_1^*, K_2^* ihre Polarmengen bezüglich des Ursprungs o' des R_n. Dann läßt sich zeigen:*

a) *Aus $K_1 \subseteq K_2$ folgt $K_1^* \supseteq K_2^*$*

und

b) *aus $K_1^* \supseteq K_2^*$ folgt $K_1 \subseteq \overline{\operatorname{conv}(K_2 \cup \{o'\})}$.*

B e w e i s. a) Wegen (75) ist $K_1^* = \bigcap_{y \in K_1} \overline{H_{(y)}} \supseteq \bigcap_{y \in K_2} \overline{H_{(y)}} = K_2^*$.

b) Aus $K_1^* \supseteq K_2^*$ und damit nach a) $K_1^{**} \subseteq K_2^{**}$ folgt aufgrund von Satz 6.4 $K_1 \subseteq \overline{\operatorname{conv}(K_1 \cup \{o'\})} \subseteq \overline{\operatorname{conv}(K_2 \cup \{o'\})}$. $\square$

S a t z 6.6. *Es sei K^* die Polarmenge einer beliebigen konvexen Untermenge K des R_n bezüglich des Ursprungs o' von R_n. Dann gilt:*

a) *Es ist genau dann K beschränkt, wenn $o' \in (K^*)^0$ ist, und*

b) *K^* ist genau dann beschränkt, wenn $o' \in K^0$ gilt.*

B e w e i s. a) Offensichtlich ist o' genau dann innerer Punkt von K^*, wenn K^* eine Vollkugel B_ϱ um o' mit einem geeigneten Radius $\varrho > 0$ enthält. Letzteres ist aber nach Beispiel 6.1 mit $K^* \supseteq B_{1/\varrho}^*$, d. h. nach Satz 6.5 mit $K \subseteq \overline{\operatorname{conv}(B_{1/\varrho} \cup \{o'\})}$ $= B_{1/\varrho}$ für ein geeignetes $\varrho > 0$ oder der Beschränktheit von K äquivalent. b) K^*

---

[1]) Diese Ungleichung gilt schon für eine beliebige Untermenge L des R_n.

ist genau dann beschränkt, wenn $K^* \subseteq B_\varrho = B^*_{1/\varrho}$ für ein geeignetes $\varrho > 0$ oder nach Satz 6.5 $B_{1/\varrho} \subseteq \overline{\text{conv}} \, (K \cup \{o'\})$ gilt. Dies ist aber gleichbedeutend mit $o' \in \left(\text{conv}(K \cup \{o'\})\right)^0 = \left(\bigcup_{x \in K} o'x \right)^0$ oder $o' \in K^0$ (vgl. Beispiel 2.2). $\square$

Korollar. *Die Polarmenge eines kompakten, den Ursprung o' des R_n als inneren Punkt enthaltenden konvexen Körpers im R_n bezüglich o' ist wiederum ein kompakter, o' als inneren Punkt enthaltender konvexer Körper im R_n* (trivial aufgrund von Satz 6.6 und Lemma 6.2).

Satz 6.7. *Es sei $\{K_\alpha\}_{\alpha \in A}$ eine Familie konvexer Mengen des R_n und $\{K^*_\alpha\}_{\alpha \in A}$ die Familie der zugehörigen Polarmengen bezüglich des Ursprungs o' des R_n. Dann haben wir*

a) $$\left(\text{conv} \left(\bigcup_{\alpha \in A} K_\alpha \right) \right)^* = \bigcap_{\alpha \in A} K^*_\alpha$$

sowie unter den zusätzlichen Voraussetzungen $K_\alpha = \overline{K_\alpha}$ und $o' \in K_\alpha$ (α beliebig $\in A$)

b) $$\left(\bigcap_{\alpha \in A} K_\alpha \right)^* = \overline{\text{conv}} \left(\bigcup_{\alpha \in A} K^*_\alpha \right).$$

Beweis. a) Nach Lemma 6.2 b) und (75) ist

$$\left(\text{conv} \left(\bigcup_{\alpha \in A} K_\alpha \right) \right)^* = \left(\bigcup_{\alpha \in A} K_\alpha \right)^* = \bigcap_{\substack{y \in \bigcup K_\alpha \\ \alpha \in A}} \overline{H_{(y)}} = \bigcap_{\alpha \in A} \left(\bigcap_{y \in K_\alpha} \overline{H_{(y)}} \right) = \bigcap_{\alpha \in A} K^*_\alpha.$$

b) Wir finden unter Benutzung der Relationen $K_\alpha = (K^*_\alpha)^*$ (vgl. (80)), durch Bildung der Polarmenge in a) und wegen Satz 6.4 und $o' \in K^*_\alpha$ (α beliebig $\in A$)

$$\left(\bigcap_{\alpha \in A} K_\alpha \right)^* = \left(\bigcap_{\alpha \in A} (K^*_\alpha)^* \right)^* = \left(\text{conv} \left(\bigcup_{\alpha \in A} K^*_\alpha \right) \right)^{**}$$

$$= \overline{\text{conv} \left(\text{conv} \left(\bigcup_{\alpha \in A} K^*_\alpha \right) \cup \{o'\} \right)} = \overline{\text{conv} \left(\bigcup_{\alpha \in A} K^*_\alpha \right)}. \; \square$$

Korollar. *Die Polarmenge P einer polyedrischen Menge P des R_n bezüglich des Ursprungs o' von R_n ist wiederum eine polyedrische Menge.*

Beweis. Nach Satz 5.10 ist P in der Form

$$P = \text{conv} \left(\{y_1\} \cup \cdots \cup \{y_k\} \cup \overline{H_1^{(1)}} \cup \cdots \cup \overline{H_l^{(1)}} \right)$$

mit endlich vielen Punkten $y_1, \ldots, y_k$ und endlich vielen abgeschlossenen Halbgeraden

$$\overline{H_1^{(1)}}: x = z_1 + \lambda(w_1 - z_1), \ldots, \overline{H_l^{(1)}}: x = z_l + \lambda(w_l - z_l) \quad (\lambda \geqq 0)$$

des R_n darstellbar. Damit folgt die Behauptung des Korollars unmittelbar aus Satz 6.7 a) und den aus (70) folgenden Beziehungen

$$\{y_i\}^* = \{x \in R_n; \langle x, y_i \rangle \leqq 1\} \quad (i = 1, \ldots, k)$$

sowie

$$\overline{H_j^{(1)}}^* = \{x \in R_n; \langle x, z_j + \lambda(w_j - z_j) \rangle = \langle x, z_j \rangle + \lambda \langle x, w_j - z_j \rangle \leqq 1$$

$$\text{für alle } \lambda \geqq 0\}$$

$$= \{x \in R_n; \langle x, z_j \rangle \leqq 1 \text{ und } \langle x, w_j - z_j \rangle \leqq 0\} \quad (j = 1, \ldots, l). \; \square$$

Beispiel 6.2. *Parallelepiped.* Es sei Π_n ein Parallelepiped des R_n, welches als Durchschnitt der entgegengesetzt parallelen Halbräume $\overline{H_{(e_i)}} := \{x \in R_n;\ \langle e_i, x \rangle \leq 1\}$ und $\overline{H_{(-e_i)}} := \{x \in R_n;\ \langle -e_i, x \rangle \leq 1\}$ $(i = 1, \ldots, n;\ o',\ e_1, \ldots, e_n = $ affin unabhängig aus $R_n)$ dargestellt sei (vgl. Beispiel 5.2), d. h., wegen (75) ist

$$\Pi_n = \bigcap_{i=1}^{n} \overline{H_{(e_i)}} \cap \bigcap_{i=1}^{n} \overline{H_{(-e_i)}} = \bigcap_{i=1}^{n} \{e_i\}^* \cap \bigcap_{i=1}^{n} \{-e_i\}^* .$$

Dann gilt für die Polarmenge Π_n^* von Π_n bezüglich o' nach Satz 6.7 b) und Satz 6.4

$$\Pi_n^* = \operatorname{conv}\left(\bigcup_{i=1}^{n} \{e_i\}^{**} \cup \bigcup_{i=1}^{n} \{-e_i\}^{**} \right) = \operatorname{conv}\left(\bigcup_{i=1}^{n} o'e_i \cup \bigcup_{i=1}^{n} o'(-e_i) \right)$$

$$= \operatorname{conv}\left(\bigcup_{i=1}^{n} e_i \cup \bigcup_{i=1}^{n} (-e_i) \right) \square .$$

Π_n^* ist daher das von $e_1, \ldots, e_n, -e_1, \ldots, -e_n$ aufgespannte Kreuzpolytop (vgl. Beispiel 5.3).

Die Polarmenge eines kompakten konvexen Körpers K des R_n mit $o' \in K^0$ läßt sich geometrisch gut veranschaulichen aufgrund von

Satz 6.8. *Es sei K ein kompakter konvexer Körper des R_n, welcher den Ursprung o' des R_n als inneren Punkt enthält, und K^* sei die Polarmenge von K bezüglich o'; es ist K^* ein kompakter, konvexer Körper mit o' als innerem Punkt (Korollar zu Satz 6.6). Dann ist der Pol bzw. die Polarhyperebene jeder Stützhyperebene bzw. jedes Randpunktes von K bezüglich der Polarität π an der Einheitskugel $\langle x, x \rangle = 1$ des R_n Randpunkt bzw. Stützhyperebene von K^*, und dies bleibt richtig, wenn die Rollen von K und K^* hierbei vertauscht werden.*[1]

Beweis. Es sei $A: \langle y_0, x \rangle = 1$ eine beliebige, wegen $o' \in K^0$ nicht durch o' gehende Stützhyperebene von K. Dann ist nach (80), (70) und (79)

$$(K^*)^* = K \subseteq \overline{H_{(y_0)}} := \{x \in R_n;\ \langle y_0, x \rangle \leq 1\} = \{y_0\}^* = (o'y_0)^*$$

und damit nach Satz 6.5 b) $o'y_0 \subseteq K^*$. Daraus folgt $y_0 \in \partial K^*$ für den Pol y_0 von A bezüglich π, da anderenfalls $o'(\alpha y_0) \subseteq K^*$ mit einem geeigneten $\alpha > 1$ wäre und damit nach Satz 6.5 a) $(K^*)^* = K \subseteq (o'(\alpha y_0))^* = \overline{H_{(\alpha y_0)}}$ im Widerspruch zur Stützeigenschaft von A gelten würde. In ähnlicher Weise finden wir für einen beliebigen, wegen $o' \in K^0$ von o' verschiedenen Randpunkt z_0 von K wegen $o'z_0 \subseteq K$ und $o'(\alpha z_0) \nsubseteq K$ für jedes $\alpha > 1$ (Lemma 1.1) unter Verwendung von Satz 6.5 $K^* \subseteq \overline{H_{(z_0)}}$ und $K^* \nsubseteq \overline{H_{(\alpha z_0)}}$, d. h., die Polarhyperebene $\langle z_0, x \rangle = 1$ von z_0 bezüglich π ist Stützhyperebene von K^*. Da K^* denselben Voraussetzungen wie K genügt, sind schließlich nach dem eben Bewiesenen Pol bzw. Polarhyperebene jeder Stützhyperebene bzw. jedes Randpunktes von K^* auch Randpunkt bzw. Stützhyperebene von $K^{**} = K$. $\square$

---

[1] π stellt die Einschränkung auf den Raum R_n der im Geradenbündel des R_{n+1} mit dem Zentrum o definierten Polarität π_F an der projektiven Erweiterungsquadrik $F(\lambda e' + x, \lambda e' + x) \equiv -\lambda^2 + \langle x, x \rangle = 0$ ($e' = $ Ortsvektor von o' bezüglich o) der Einheitskugel $\langle x, x \rangle = 1$ des R_n um o' dar (vgl. die einleitenden Bemerkungen zu § 6).

Bemerkung 6.3. *Unter den Voraussetzungen von Satz 6.8 entspricht jedem Extrempunkt x von K vermöge π eine Hyperebene A, welche als „Extremhyperebene" von K[1]) angesehen werden kann im Sinne von*

Definition 6.5. Eine nicht durch den Ursprung o' des n-dimensionalen affinen Raumes A_n gehende Hyperebene $A: L(x) = 1$ heißt genau dann *Extremhyperebene* einer konvexen Menge K des A_n, wenn $K \subseteq \overline{H} := \{x \in A_n; L(x) \leqq 1\}$ ist, aber keine verschiedenen Hyperebenen $A_1: L_1(x) = 1$ und $A_2: L_2(x) = 1$ des A_n mit $K \subseteq \overline{H}_1 := \{x \in A_n; L_1(x) \leqq 1\}$ und $K \subseteq \overline{H}_2 := \{x \in A_n; L_2(x) \leqq 1\}$ sowie $L(x) = \lambda_1 L_1(x) + \lambda_2 L_2(x)$, $\lambda_1 = \text{const} > 0$, $\lambda_2 = \text{const} > 0$, $\lambda_1 + \lambda_2 = 1$[2]) existieren.

Jetzt kann man dem Satz 4.2 von KREIN-MILMAN im Falle eines kompakten konvexen Körpers K folgende duale Version an die Seite stellen:

Satz 6.9. *Jeder kompakte, konvexe Körper K des n-dimensionalen affinen Raumes A_n, dessen Koordinatenursprung o' innerer Punkt von K ist, ist der Durchschnitt aller derjenigen K enthaltenden abgeschlossenen Halbräume des A_n, die von Extremhyperebenen von K begrenzt werden* (vgl. Korollar zu Satz 3.5).

Beweis. Nach dem Korollar zu Satz 6.6 ist die Polarmenge von K bezüglich o' (in bezug auf ein beliebiges im A_n ausgezeichnetes inneres Produkt) wiederum ein o' als inneren Punkt enthaltender kompakter konvexer Körper K^*, so daß nach Satz 4.2

$$K^* = \text{conv}(\text{ext } K^*) \tag{81}$$

ist. Aus (81) folgt aber durch erneute Bildung der Polarmenge unter Berücksichtigung von (80), Lemma 6.2b) und (75)

$$K = K^{**} = (\text{ext } K^*)^* = \bigcap_{y \in \text{ext} K^*} \overline{H_{(y)}}, \tag{82}$$

wobei die $\overline{H_{(y)}} := \{x \in A_n; \langle x, y \rangle \leqq 1\}$ K enthaltende abgeschlossene Halbräume des A_n darstellen, die von den Polarhyperebenen $\langle x, y \rangle = 1$ der Extrempunkte y von K^*, d. h. nach Bemerkung 6.3 und Definition 6.5 von den Extremhyperebenen von $K^{**} = K$ begrenzt werden. $\square$

Als Anwendung von Satz 6.9 erhalten wir einen neuen Beweis der in Satz 5.6 enthaltenen Behauptung, daß jedes n-dimensionale konvexe Polytop P des A_n der Durchschnitt aller der P enthaltenden abgeschlossenen Halbräume des A_n ist, welche von den durch die $(n-1)$-dimensionalen Seiten von P aufgespannten Hyperebenen begrenzt werden, was die Tragweite unserer Betrachtungen zur Dualität demonstriert. Nach Satz 6.9 ist nämlich ein derartiges Polytop P der Durchschnitt aller derjenigen P enthaltenden abgeschlossenen Halbräume des A_n, die von Extremhyperebenen von P begrenzt werden, wobei o. B. d. A. angenommen wird,

---

[1]) Vgl. [15], S. 27.

[2]) Dies bedeutet geometrisch, daß A mit $A \neq A_1$ und $A \neq A_2$ dem von A_1 und A_2 bestimmten Büschel angehört und $\overline{H}_1 \cap \overline{H}_2 \subseteq \overline{H} \subseteq \overline{H}_1 \cup \overline{H}_2$ gilt. Jede Extremhyperebene von K ist daher notwendig eine Stützhyperebene von K.

daß der Ursprung o' von A_n innerer Punkt von P ist. Wir brauchen also nur noch einzusehen, daß die Extremhyperebenen von P gerade die von den $(n-1)$-dimensionalen Seiten von P aufgespannten Hyperebenen des A_n sind. Dies geschieht folgendermaßen: Jede Extremhyperebene A von P ist Stützhyperebene von P (vgl. die Fußnote [2]) auf S. 68) und enthält daher die Seite $P \cap A$ von P. Wäre hierbei $\dim(P \cap A) < n-1$, so läge $\mathrm{aff}(P \cap A)$ in einer Hyperebene $A^{(0)}$ relativ zu A, durch welche im Widerspruch zur Extremeigenschaft von A zwei verschiedene Stützhyperebenen $A_{(k'+1)} \neq A$ und $A_{(k)} \neq A$ von P gingen (vgl. Beweis von Satz 5.5). Also wird A von der $(n-1)$-dimensionalen Seite $P \cap A$ von P aufgespannt. Umgekehrt ist die von einer beliebigen $(n-1)$-dimensionalen Seite $P \cap A$ von P aufgespannte Hyperebene A des A_n auch Extremhyperebene von P, weil sie Stützhyperebene von P ist und weil P nicht in zwei verschiedenen, von den Hyperebenen $A_1 \neq A$ und $A_2 \neq A$ mit $\emptyset \neq A_1 \cap A_2 =: A^{(0)} \subseteq A$ begrenzten abgeschlossenen Halbräumen $\overline{H}_1$ und $\overline{H}_2$ des A_n gelegen sein kann, da sonst die Seite $P \cap A$ von P wegen $P \cap A \subseteq (\overline{H}_1 \cap \overline{H}_2) \cap A = A^{(0)}$ höchstens die Dimension $n-2$ besäße.

Übungen

1. Es sei C ein beliebiger abgeschlossener konvexer Kegel des R_{n+1} mit dem Koordinatenursprung o des R_{n+1} als Spitze, $-C$ der durch Spiegelung an o aus C entstehende Kegel und C^* der Polarkegel von C. Man beweise: C^* besitzt die Dimension $(n+1) - \dim(C \cap (-C))$. [Anleitung: Es ist zweckmäßig, von der Tatsache auszugehen, daß C ein Zylinder mit zu dem euklidischen Unterraum $C \cap (-C)$ des R_{n+1} parallelen Erzeugenden ist, und dann den Spezialfall $C \cap (-C) = \{o\}$ oder $o \in \mathrm{ext}\, C$ (vgl. Aufgabe 3 von § 4) näher zu untersuchen!]
2. Man zeige durch Angabe eines Gegenbeispiels, daß der Projektionskegel $C(K)$ einer abgeschlossenen konvexen Menge K des A_n nicht abgeschlossen zu sein braucht.
3. Es sei ein kompakter konvexer Körper K des R_n mit dem Ursprung o' des R_n als innerem Punkt gegeben. K^* sei die Polarmenge von K bezüglich o'. Weiter sei C der sogenannte „Stützkegel" von K mit der Spitze $x_0 \notin K$, welcher als Durchschnitt aller abgeschlossenen und K enthaltenden Halbräume des R_n mit durch x_0 gehenden Stützhyperebenen von K als Begrenzungshyperebenen definiert ist. Es soll gezeigt werden, daß dann $\mathrm{conv}(\{o'\} \cup (K^* \cap A))$ ($A =$ Polarhyperebene von x_0 bezüglich der Polarität π an der Einheitskugel um o' des R_n) die Polarmenge C^* von C bezüglich o' darstellt.
4. Die polyedrische Menge P des R_n sei durch $P = \{x \in R_n;\ \langle x, y_i \rangle \leq 1\ (i = 1, \ldots, k),\ \langle x, z_j \rangle \leq 0\ (j = 1, \ldots, l)\}$ für geeignete Punkte y_i und z_j des R_n gegeben. Es soll bewiesen werden, daß für die (polyedrische) Polarmenge P^* von P bezüglich des Ursprungs o' des R_n

$$P^* = \mathrm{conv}\left(\{o', y_1, \ldots, y_k\} \cup \bigcup_{j=1}^{l} \overline{H}_j^{(1)}\right)$$

gilt, wobei $\overline{H}_j^{(1)}$ die von o' ausgehende und z_j passierende abgeschlossene Halbgerade des R_n darstellt.
5. Es sei K ein konvexer Körper des R_n mit dem Ursprung o' des R_n als innerem Punkt, und x_0 sei ein beliebiger Randpunkt von K. Man zeige, daß x_0 auf mindestens einer Extremhyperebene von K liegt.

§ 7.   Der Satz von Helly und Anwendungen

Mit Hilfe der im vorigen Paragraphen behandelten Dualität läßt sich aus der Version des Satzes von CARATHÉODORY für konvexe Kegel (Satz 6.2) ein für die „kombinatorische" Geometrie der konvexen Mengen fundamentales Resultat gewinnen, welches von HELLY[1]) entdeckt worden ist. Es handelt sich um den folgenden

Satz 7.1. *Es sei $\{K_\alpha\}_{\alpha \in A}$ eine Familie von mindestens $n + 1$ kompakten konvexen Untermengen des n-dimensionalen affinen Raumes A_n mit der Eigenschaft, daß je $n + 1$ verschiedene Mengen dieser Familie einen nichtleeren Durchschnitt besitzen. Dann ist auch der Gesamtdurchschnitt $\bigcap\limits_{\alpha \in A} K_\alpha$ nicht leer. Falls hierbei die Indexmenge A endlich ist, gilt diese Behauptung auch ohne die Voraussetzung der Kompaktheit der K_α.*

Dem Beweis von Satz 7.1 schicken wir das folgende Lemma voraus.

Lemma 7.1. *Es sei $\{K_l\}_{l=1,\dots,k}$ eine endliche Familie konvexer Mengen des A_n ($k \geqq n + 1$) derart, daß je $n + 1$ verschiedene Mengen dieser Familie einen nichtleeren Durchschnitt haben. Dann existiert auch eine Familie $\{L_l\}_{l=1,\dots,k}$ kompakter konvexer Mengen des A_n mit $L_l \subseteq K_l$ ($l = 1, \dots, k$), bei der ebenfalls je $n + 1$ verschiedene Mengen einen nichtleeren Durchschnitt besitzen.*

Beweis. Es sei l_0 ein fester Index mit $1 \leqq l_0 \leqq k$, $l_1, \dots, l_n$ seien von l_0 verschiedene Indizes zwischen 1 und k mit $l_1 < \cdots < l_n$, und schließlich sei $x^{(l_0)}_{l_1 \dots l_n}$ ein beliebig ausgewähltes Element aus dem nach Voraussetzung nichtleeren Durchschnitt $K_{l_0} \cap K_{l_1} \cap \cdots \cap K_{l_n}$. Dann stellt

$$L_{l_0} := \operatorname{conv}\left(\bigcup_{\substack{\{l_1, \dots, l_n\} \subseteq \{1, \dots, k\} \setminus \{l_0\} \\ l_1 < \cdots < l_n}} x^{(l_0)}_{l_1 \dots l_n} \right) \tag{83}$$

ein kompaktes, wegen $x^{(l_0)}_{l_1 \dots l_n} \in K_{l_0}$ in K_{l_0} enthaltenes, konvexes Polytop des A_n dar. Ändern wir nun die Familie $\{K_l\}_{l=1,\dots,k}$ dadurch ab, daß wir darin K_{l_0} durch L_{l_0} ersetzen, so hat die entstehende Familie wieder die Eigenschaft, daß je $n + 1$ verschiedene ihrer Mengen einen nichtleeren Durchschnitt besitzen: Dies ist nämlich für $n + 1$ von L_{l_0} verschiedene Mengen aufgrund derselben Eigenschaft der Ausgangsfamilie $\{K_l\}_{l=1,\dots,k}$ trivial; die übrigen Durchschnitte $L_{l_0} \cap K_{l_1} \cap \cdots \cap K_{l_n}$ mit $\{l_1, \dots, l_n\} \subseteq \{1, \dots, k\} \setminus \{l_0\}$ und $l_1 < \cdots < l_n$ von je $n + 1$ verschiedenen Mengen der abgeänderten Familie enthalten wegen (83) den Punkt $x^{(l_0)}_{l_1 \dots l_n}$ und sind deshalb gleichfalls nicht leer. Wir wiederholen nun dieses Abänderungsverfahren einzeln für jeden von l_0 verschiedenen, zwischen 1 und k liegenden Index und erhalten so schließlich eine Familie $\{L_l\}_{l=1,\dots,k}$ mit allen in Lemma 7.1 geforderten Eigenschaften. $\square$

1. Beweis von Satz 7.1 (von SANDGREN[2])). Wir gehen zuerst von einer Familie $\{K_\alpha\}_{\alpha \in A}$ von mindestens $n + 1$ kompakten konvexen Untermengen des

---

[1]) Vgl. [16].
[2]) Vgl. [17].

A_n aus, von denen je $n + 1$ verschiedene einen nichtleeren Durchschnitt besitzen sollen. Darauf denken wir uns den A_n mit dem Koordinatenursprung o' in einen $(n+1)$-dimensionalen affinen Raum A_{n+1} mit dem Koordinatenursprung $o \notin A_n$ eingebettet und im A_{n+1} ein inneres Produkt so ausgezeichnet, daß die von o ausgehende und o' passierende abgeschlossene Halbgerade $\overline{H^{(1)}}$ des A_{n+1} zu A_n ,,orthogonal'' ist. Nun haben nach Voraussetzung die Projektionskegel $C(K_{\alpha_i})$ von je $n + 1$ verschiedenen Mengen K_{α_i} $(i = 0, \dots, n)$ der Familie $\{K_\alpha\}_{\alpha \in A}$ aufgrund von Definition 6.2 eine von o ausgehende abgeschlossene Halbgerade des A_{n+1} gemeinsam, die mit $\overline{H^{(1)}}$ einen Winkel kleiner als $\pi/2$ bildet, so daß $\overline{H^{(1)}}$ nicht dem Normalenkegel von $\bigcap\limits_{i=0}^{n} C(K_{\alpha_i})$ (vgl. Bemerkung 6.1) angehört, d. h. nach Satz 6.7 b) und Lemma 6.1

$$\overline{H^{(1)}} \nsubseteq \left(\bigcap_{i=0}^{n} C(K_{\alpha_i}) \right)^* = \overline{\operatorname{conv}\left(\bigcup_{i=0}^{n} C(K_{\alpha_i})^* \right)} \tag{84}$$

gilt. Daraus folgt aber sogar

$$\overline{H^{(1)}} \nsubseteq \operatorname{conv}\left(\bigcup_{\alpha \in A} C(K_\alpha)^* \right), \tag{85}$$

da anderenfalls $\overline{H^{(1)}}$ wegen Satz 6.2 einer räumlichen Ecke

$$\operatorname{conv}(\overline{H_0^{(1)}} \cup \cdots \cup \overline{H_m^{(1)}}) \quad \text{mit (o. B. d. A).} \quad \overline{H_l^{(1)}} \subseteq C(K_{\alpha_l})^*$$

$$(l = 0, \dots, m; \quad 0 \leqq m \leqq n)$$

angehörte, was aufgrund von (84) unmöglich ist. Jetzt läßt sich aus (85) entnehmen, daß o kein innerer Punkt des konvexen Kegels $\operatorname{conv}\left(\bigcup\limits_{\alpha \in A} C(K_\alpha)^* \right)$ mit der Spitze o (Satz 6.1) sein kann. Infolgedessen geht nach Satz 3.2 durch den Randpunkt o von $\operatorname{conv}\left(\bigcup\limits_{\alpha \in A} C(K_\alpha)^* \right)$ eine Stützhyperebene A derart, daß diese konvexe Menge in dem von A begrenzten abgeschlossenen Halbraum $\overline{H}$ des A_{n+1} enthalten ist. Dies hat

$$\overline{\operatorname{conv}\left(\bigcup_{\alpha \in A} C(K_\alpha)^* \right)} \subseteq \overline{H} \subset A_{n+1} \tag{86}$$

zur Folge. Daraus ergibt sich

$$\bigcap_{\alpha \in A} C(K_\alpha) \neq \{o\}, \tag{87}$$

da sonst wegen Satz 6.7 b), Lemma 6.1 und (70)

$$\operatorname{conv}\left(\bigcup_{\alpha \in A} C(K_\alpha)^* \right) = A_{n+1}$$

im Widerspruch zu (86) wäre. Nach (87) existiert also eine von o ausgehende, in dem Kegel $\bigcap\limits_{\alpha \in A} C(K_\alpha)$ enthaltene Halbgerade, welche A_n in einem Punkt x mit

$$x \in \left(\bigcap_{\alpha \in A} C(K_\alpha) \right) \cap A_n = \bigcap_{\alpha \in A} (C(K_\alpha) \cap A_n) = \bigcap_{\alpha \in A} K_\alpha$$

schneidet. Daher gilt $\bigcap\limits_{\alpha \in A} K_\alpha \neq \emptyset$, und damit ist der erste Teil von Satz 7.1 bewiesen. Der zweite Teil davon folgt unmittelbar aus Lemma 7.1 unter Berücksichtigung der Tatsache, daß nach dem eben bewiesenen Teil der Durchschnitt der kompakten Mengen L_l und damit a fortiori auch der Durchschnitt der die L_l enthaltenden Mengen K_l nicht leer ist $(l = 1, \ldots, k)$. $\square$

Zu einem weiteren Beweis von Satz 7.1 benötigen wir

Lemma 7.2. *Es sei $\{K_\alpha\}_{\alpha \in A}$ eine Familie kompakter Mengen des A_n derart, daß je endlich viele verschiedene Mengen dieser Familie einen nichtleeren Durchschnitt besitzen. Dann ist auch der Durchschnitt $\bigcap\limits_{\alpha \in A} K_\alpha$ aller Mengen dieser Familie nicht leer.*

Beweis. Es sei α_0 ein ausgezeichneter Index aus A. Wir betrachten die offenen Mengen $A_n \setminus K_{\alpha'}$ $(\alpha' \in A \setminus \{\alpha_0\})$ und machen indirekt die Annahme $\bigcap\limits_{\alpha \in A} K_\alpha$
$= \left(\bigcap\limits_{\alpha' \in A \setminus \{\alpha_0\}} K_{\alpha'} \right) \cap K_{\alpha_0} = \emptyset$. Dann ist $\bigcup\limits_{\alpha' \in A \setminus \{\alpha_0\}} (A_n \setminus K_{\alpha'}) \supseteq K_{\alpha_0}$, d. h., $\{A_n \setminus K_{\alpha'}\}_{\alpha' \in A \setminus \{\alpha_0\}}$ bildet eine offene Überdeckung von K_{α_0}. Da K_{α_0} nach Voraussetzung kompakt ist, enthält diese Überdeckung bereits eine endliche offene Überdeckung $\{A_n \setminus K_{\alpha l}\}_{l=1,\ldots,k}$ von K_{α_0} $(\alpha_l \in A \setminus \{\alpha_0\})$. Daraus folgt aber die Inklusion $\bigcup\limits_{l=1}^{k} (A_n \setminus K_{\alpha l}) \supseteq K_{\alpha_0}$ und damit $K_{\alpha_0} \cap \left(\bigcap\limits_{l=1}^{k} K_{\alpha l} \right) = \emptyset$ im Widerspruch zu unserer Voraussetzung über die Familie $\{K_\alpha\}_{\alpha \in A}$. Also ist unsere Annahme falsch, und wir haben in der Tat $\bigcap\limits_{\alpha \in A} K_\alpha \neq \emptyset$. $\square$

2. Beweis von Satz 7.1 (von RADON[1]). Aufgrund des eben bewiesenen Lemmas 7.2 genügt es zu zeigen, daß je endlich viele verschiedene Mengen einer Familie $\{K_\alpha\}_{\alpha \in A}$ aus mindestens $n + 1$ (nicht notwendig kompakten) konvexen Mengen des A_n einen nichtleeren Durchschnitt besitzen, falls der Durchschnitt von je $n + 1$ verschiedenen Mengen dieser Familie nicht leer ist. Wir führen den Nachweis hierzu durch vollständige Induktion nach der Anzahl k der an der Durchschnittsbildung beteiligten Mengen: Nach Voraussetzung ist unsere Behauptung, daß je k verschiedene Mengen der Familie $\{K_\alpha\}_{\alpha \in A}$ einen nichtleeren Durchschnitt besitzen, für $k = n + 1$ richtig. Wir nehmen nun an, diese Behauptung sei für die natürlichen Zahlen kleiner als $k > n + 1$ bewiesen, und zeigen ihre Richtigkeit für k. Zu diesem Zweck betrachten wir k beliebige verschiedene Mengen $K_{\alpha_1}, \ldots, K_{\alpha_k}$ unserer Familie und wählen aus den nach Induktionsvoraussetzung nichtleeren Durchschnitten $D_l := K_{\alpha_1} \cap \cdots \cap K_{\alpha_{l-1}} \cap K_{\alpha_{l+1}} \cap \cdots \cap K_{\alpha_k}$ die Punkte x_l $(l = 1, \ldots, k)$ aus. Dann läßt sich nach Satz 2.7 wegen $k \geq n + 2$ die Punktmenge $\{x_1, \ldots, x_k\}$ (o. B. d. A.) in zwei Teilmengen $\{x_1, \ldots, x_{k'}\}$ und $\{x_{k'+1}, \ldots, x_k\}$ zerlegen, wobei $\operatorname{conv}\{x_1, \ldots, x_{k'}\} \cap \operatorname{conv}\{x_{k'+1}, \ldots, x_k\} \neq \emptyset$ $(1 \leq k' \leq k - 1)$ ist. Für $l' = 1, \ldots, k'$ gilt nun $x_{l'} \in D_{l'} \subseteq K_{\alpha_{k'+1}} \cap \cdots \cap K_{\alpha_k}$, und für $l'' = k' + 1, \ldots, k$ gilt $x_{l''} \in D_{l''} \subseteq K_{\alpha_1} \cap \cdots \cap K_{\alpha_{k'}}$. Für ein beliebiges $x \in \operatorname{conv}\{x_1, \ldots, x_{k'}\} \cap \operatorname{conv}\{x_{\alpha_{k'+1}}, \ldots, x_k\}$ gilt also sowohl

$$x \in \operatorname{conv}\{x_1, \ldots, x_{k'}\} \subseteq \operatorname{conv}(K_{\alpha_{k'+1}} \cap \cdots \cap K_{\alpha_k}) = K_{\alpha_{k'+1}} \cap \cdots \cap K_{\alpha_k}$$

als auch

$$x \in \operatorname{conv}\{x_{k'+1}, \ldots, x_k\} \subseteq \operatorname{conv}(K_{\alpha_1} \cap \cdots \cap K_{\alpha_{k'}}) = K_{\alpha_1} \cap \cdots \cap K_{\alpha_{k'}}$$

---

[1] Vgl. [6].

und daher

$$x \in K_{\alpha_1} \cap \cdots \cap K_{\alpha_k} \neq \emptyset \,.$$

Damit ist aber unsere Induktionsbehauptung für die Zahl k bewiesen und der zweite Beweis von Satz 7.1 vollendet. $\square$

Bemerkung 7.1. *Die „Durchschnittszahl" $n + 1$ im Satz 7.1 von Helly kann nicht verkleinert werden.* Dies zeigt das Gegenbeispiel eines n-Simplex S im A_n mit den $(n - 1)$-dimensionalen Seiten $S_{(l)}$ ($l = 0, \ldots, n$), wo je n Mengen, aber nicht alle $n + 1$ Mengen der Familie $\{S_{(l)}\}_{l=0,\ldots,n}$ einen nichtleeren Durchschnitt haben.

Bemerkung 7.2. *Ebenso ist die Voraussetzung der Konvexität der Mengen K_α ($\alpha \in A$) in Satz 7.1 nicht entbehrlich,* wozu wir ein anschauliches Gegenbeispiel im Fall $n = 2$ anführen (Abb. 24). Wenn dabei allerdings über die Durchschnitte der K_α spezielle Voraussetzungen gemacht werden, läßt sich die Konvexitätsvoraussetzung der K_α durch schwächere topologische Voraussetzungen ersetzen, wie gleichfalls HELLY gezeigt hat.[1])

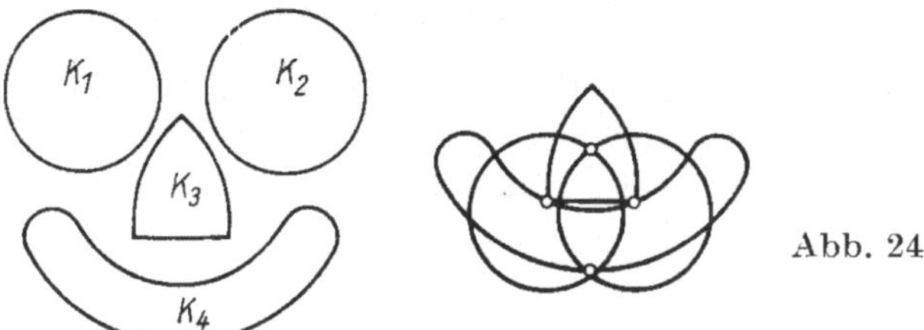

Abb. 24

Bemerkung 7.3. *Schließlich ist auch die Voraussetzung der Kompaktheit der Mengen K_α ($\alpha \in A$) in Satz 7.1 bei unendlicher Indexmenge A nicht entbehrlich.* Dies zeigen folgende Beispiele mit abgeschlossenen, aber nicht beschränkten Mengen

$$\overline{H}_\nu := \{x = (\xi_1, \ldots, \xi_n) \in A_n;\ \xi_1 \leqq -\nu\} \qquad (\nu = 1, 2, 3, \ldots)$$

bzw. beschränkten, aber nicht abgeschlossenen Mengen

$$\dot{S}_\nu := \left\{ x = \sum_{l=0}^{n} \alpha_l e_l \in A_n;\ \sum_{l=0}^{n} \alpha_l = 1, 1 - \frac{1}{\nu} \leqq \alpha_0 < 1, \alpha_1 \geqq 0, \ldots, \alpha_n \geqq 0 \right\}$$

($\nu = 1, 2, 3, \ldots;\ e_0, \ldots, e_n =$ affin unabhängige Punkte des A_n), wo der Durchschnitt je endlich vieler Mengen nichtleer, jedoch der Durchschnitt aller Mengen leer ist (vgl. Abb. 25).

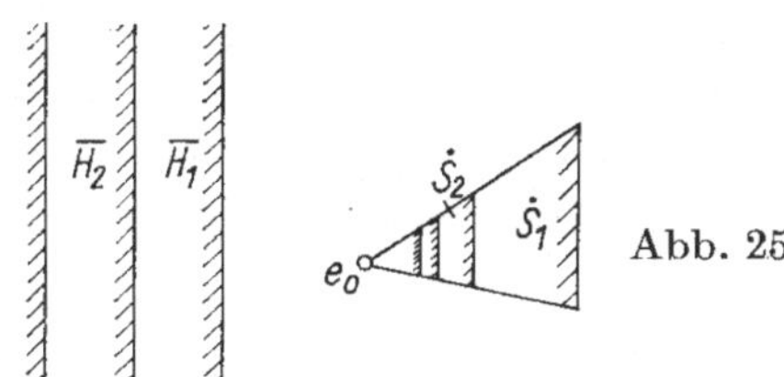

Abb. 25

---

[1]) Vgl. dazu [18].

In der zweiten Hälfte dieses Paragraphen sollen einige der interessantesten Anwendungen des Satzes von HELLY aufgeführt werden. Wir beginnen mit einem Satz über „gemeinsame Transversalen" vorgegebener Mengen des A_2:

Satz 7.2. *Es sei* $\{T_\alpha\}_{\alpha \in A}$ *eine Familie von mindestens drei parallelen Strecken*

$$T_\alpha := \{x = (\xi_1, \xi_2) \in A_2; \xi_1 = \beta_\alpha, \gamma_\alpha \leq \xi_2 \leq \delta_\alpha\} \qquad (\alpha \in A)$$

in der Ebene A_2, *bei welcher je drei verschiedene Strecken eine gemeinsame Transversale (d. h. Treffgerade in* A_2) *besitzen. Dann haben alle* T_α *eine gemeinsame Transversale.*[1])

Beweis. Offensichtlich ist die Menge K_α aller Treffgeraden einer Strecke T_α ($\alpha \in A$) (in bezug auf die natürliche Topologie der Geradenmenge des A_2) kompakt (d. h., jede unendliche Folge von Geraden aus K_α enthält eine konvergente Teilfolge), so daß aufgrund von Lemma 7.2 nur noch nachgewiesen werden muß, daje endlich viele Mengen $K_{\alpha_1}, \ldots, K_{\alpha_k}$ der Familie $\{K_\alpha\}_{\alpha \in A}$ einen nichtleeren Durchßschnitt besitzen ($k \geq 3$). Zu diesem Zweck betrachten wir die Mengen

$$L_{\alpha_l} := \{(\vartheta_1, \vartheta); \gamma_{\alpha_l} \leq \vartheta_1\beta_{\alpha_l} + \vartheta \leq \delta_{\alpha_l}\} \qquad (l = 1, \ldots, k) \tag{88}$$

der die Geraden von $K_{\alpha_l} \setminus \{\text{aff } T_{\alpha_l}\}$ bestimmenden Zahlenpaare und fassen diese als Punkte einer affinen Ebene A_2' auf. Sie stellen Durchschnitte von je zwei entgegengesetzt parallelen abgeschlossenen Halbebenen von A_2' und damit konvexe Mengen in A_2' dar, von denen je drei verschiedene nach Voraussetzung einen gemeinsamen Punkt enthalten. Nach Satz 7.1 enthalten daher auch alle (endlich vielen) Mengen L_{α_l} ($l = 1, \ldots, k$) einen gemeinsamen Punkt $(\vartheta_1^{(0)}, \vartheta^{(0)}) \in A_2'$. Nach der Definition (88) ist dies aber damit gleichbedeutend, daß die Gerade von A_2 mit der Gleichung $\xi_2 = \vartheta_1^{(0)}\xi_1 + \vartheta^{(0)}$ dem Durchschnitt $\bigcap\limits_{l=1}^{k} K_{\alpha_l}$ angehört, der hiermit — wie behauptet — als nichtleer erkannt ist. Da $K_{\alpha_1}, \ldots, K_{\alpha_k}$ beliebig aus der Familie $\{K_\alpha\}_{\alpha \in A}$ ausgewählt waren, ist Satz 7.2 nach der am Beweisanfang gemachten Bemerkung bewiesen. $\square$

Von P. KIRCHBERGER[2]) stammt das folgende Problem der kombinatorischen Geometrie: Auf einer rechteckigen Wiese befindet sich eine Anzahl weißer und schwarzer Schafe. Unter welchen Bedingungen können die schwarzen von den weißen Schafen durch einen geradlinigen Zaun getrennt werden? Es zeigt sich, daß dies immer dann möglich ist, wenn je vier Schafe auf diese Weise getrennt werden können. KIRCHBERGER bewies nämlich den für beliebige Dimension gültigen

Satz 7.3. *Es seien* Y *und* Z *zwei kompakte Punktmengen mit zusammen mindestens* $n + 2$ *Punkten im* n-*dimensionalen affinen Raum* A_n, *die die Eigenschaft besitzen, daß je zwei Teilmengen* Y' *von* Y *und* Z' *von* Z *mit zusammen* $n + 2$ *Punkten durch eine geeignete Hyperebene des* A_n *echt getrennt werden können (vgl. Definition*

---

[1]) Dieser Satz ist von V. L. KLEE und B. GRÜNBAUM auf kompakte, konvexe, paarweise durch parallele Geraden echt trennbare Mengen T_α in A_2 verallgemeinert worden. Vgl. dazu [19], S. 482—484.

[2]) Vgl. [20].

3.1). *Dann lassen sich auch Y und Z selbst durch eine geeignete Hyperebene des A_n echt trennen.*

Zum Beweis von Satz 7.3 benötigen wir

Lemma 7.3. *Es sei $\{\overline{H}_\alpha\}_{\alpha \in A}$ eine Familie abgeschlossener Halbräume des A_{n+1} derart, daß der Koordinatenursprung o von A_{n+1} auf den Begrenzungshyperebenen der Halbräume $\overline{H}_\alpha$ liegt und daß je endlich viele verschiedene dieser Halbräume eine gemeinsame von o ausgehende abgeschlossene Halbgerade des A_{n+1} enthalten. Dann enthalten auch alle Halbräume der Familie eine gemeinsame von o ausgehende abgeschlossene Halbgerade des A_{n+1}.*

Beweis. Wir zeichnen im A_{n+1} ein inneres Produkt aus und bezeichnen die entsprechende Einheitsvollkugel um o mit $B_1(o)$ sowie ihren Rand mit $\partial B_1(o)$. Dann sind die Mengen $\partial B_1(o) \cap \overline{H}_\alpha$ kompakt, und wegen der Voraussetzung über die $\overline{H}_\alpha$ erfüllen sie die Voraussetzungen von Lemma 7.2 ($\alpha \in A$). Also enthält $\bigcap\limits_{\alpha \in A} (\partial B_1(o) \cap \overline{H}_\alpha)$ einen Punkt x. Wegen der aus Satz 6.1 a) folgenden Eigenschaft von $\bigcap\limits_{\alpha \in A} \overline{H}_\alpha$, konvexer Kegel mit der Spitze o zu sein, liegt nun die von o ausgehende und x passierende abgeschlossene Halbgerade in $\bigcap\limits_{\alpha \in A} \overline{H}_\alpha$. $\square$

Beweis von Satz 7.3. Im ersten Teil des Beweises zeigen wir die Existenz einer Hyperebene A des A_n, welche die gegebenen Mengen Y und Z trennt. Zu diesem Zweck definieren wir für jedes feste $y = (\eta_1, \ldots, \eta_n) \in Y$ und $z = (\zeta_1, \ldots, \zeta_n) \in Z$ die offenen Halbräume

$$H_y := \left\{ (\vartheta_1, \ldots, \vartheta_n, \vartheta) \in A_{n+1}; \sum_{i=1}^{n} \vartheta_i \eta_i + \vartheta < 0 \right\} \tag{89a}$$

und

$$H_z := \left\{ (\vartheta_1, \ldots, \vartheta_n, \vartheta) \in A_{n+1}; \sum_{i=1}^{n} \vartheta_i \zeta_i + \vartheta > 0 \right\} \tag{89b}$$

eines $(n+1)$-dimensionalen affinen Raumes A_{n+1}, deren Begrenzungshyperebenen den Punkt $o := (0, \ldots, 0)$ des A_{n+1} enthalten. Nach Voraussetzung haben dann je $n+2$ dieser konvexen Mengen im A_{n+1}, nämlich die Mengen $\{H_y\}_{y \in Y'}$, $\{H_z\}_{z \in Z'}$ einen Punkt gemeinsam, welcher durch ein Zahlen-$(n+1)$-Tupel definiert ist, das die (nach Voraussetzung) Y' und Z' echt trennende Hyperebene des A_n bestimmt. Die Anwendung des Satzes 7.1 zeigt nun, daß sogar je endlich viele der H_y und H_z einen Punkt gemeinsam haben, welcher wegen Definition (89) vom Punkt o des A_{n+1} verschieden ist. Da die abgeschlossenen Halbräume $\overline{H}_y$ und $\overline{H}_z$ konvexe Kegel mit der Spitze o darstellen, bedeutet dies, daß je endlich viele der Halbräume $\overline{H}_y$ und $\overline{H}_z$ eine gemeinsame von o ausgehende abgeschlossene Halbgerade enthalten müssen. Nach Lemma 7.3 enthalten daher auch alle abgeschlossenen Halbräume $\overline{H}_y$ ($y \in Y$) und $\overline{H}_z$ ($z \in Z$) eine gemeinsame von o ausgehende abgeschlossene Halbgerade $\lambda(\vartheta_1^{(0)}, \ldots, \vartheta_n^{(0)}, \vartheta^{(0)})$ ($\lambda \geq 0$) des A_{n+1}, d. h., die durch

$(\vartheta_1^{(0)}, \ldots, \vartheta_n^{(0)}, \vartheta^{(0)})$ bestimmte Hyperebene $A: \sum_{i=1}^{n} \vartheta_i^{(0)} \xi_i + \vartheta^{(0)} = 0$ des A_n trennt die Punktmengen Y und Z.

Im zweiten Teil des Beweises haben wir nur noch den Nachweis der Existenz einer Y und Z *echt* trennenden Hyperebene des A_n zu führen. Dies geschieht durch vollständige Induktion nach der Dimension n des Y und Z enthaltenden affinen Raumes A_n unter Benutzung des Ergebnisses des ersten Teils unseres Beweises. Im Fall $n = 1$ ist dies klar: Werden nämlich die kompakten Mengen Y und Z der Geraden A_1 durch einen Punkt $x_0 \in A_1$ getrennt, so gilt etwa $y_0 := \operatorname*{Max}_{y \in Y} y \leqq x_0 \leqq z_0$ $:= \operatorname*{Min}_{z \in Z} z$, wobei wegen der echten Trennbarkeit von $y_0 \in Y$ und $z_0 \in Z$ die Beziehung $y_0 < z_0$ gelten muß, so daß $x_0' := \frac{1}{2}(y_0 + z_0)$ die Mengen Y und Z echt trennt. Wir nehmen daher an, unsere Behauptung sei für alle Dimensionen kleiner als $n > 1$ bewiesen, und zeigen ihre Richtigkeit für die Dimension n: Aufgrund des ersten Teils unseres Beweises gibt es zunächst eine Hyperebene A des A_n, die Y und Z trennt. Dann trennt entweder A schon Y und Z echt, und es ist nichts mehr zu beweisen, oder $A \cap Y$ und $A \cap Z$ sind nicht beides leere Mengen. Im letzteren Fall lassen sich nach Voraussetzung je zwei Teilmengen Y'' von $A \cap Y$ und Z'' von $A \cap Z$ mit zusammen $n + 2$ Punkten und daher a fortiori zwei solche Teilmengen mit zusammen $n + 1$ Punkten durch eine (notwendig von A verschiedene, aber nicht zu A parallele) Hyperebene B des A_n und damit auch durch die Hyperebene $A \cap B$ relativ zu A echt trennen, so daß nach Induktionsvoraussetzung auch eine die kompakten Mengen $A \cap Y$ und $A \cap Z$ echt trennende Hyperebene $A^{(0)}$ relativ zu A existiert.[1]) Wegen der Kompaktheit von Y und X läßt sich dann aber die Hyperebene A noch so um $A^{(0)}$ drehen, daß die gedrehte Hyperebene Y und Z echt trennt, so daß unsere Induktionsbehauptung für die Dimension n bewiesen und damit der Beweis von Satz 7.3 vollendet ist. $\square$

Zu einer weiteren Anwendung des Satzes von HELLY benötigen wir die folgende

Definition 7.1. Eine Untermenge X des n-dimensionalen affinen Raumes A_n heißt *sternförmig bezüglich eines Punktes* $x_0 \in A_n$, wenn für jeden Punkt $x \in X$ die Verbindungsstrecke $x_0 x$ in X liegt (d. h. — anschaulich gesprochen — wenn der Punkt x_0 in X liegt und von allen Punkten aus X „sichtbar" ist).[2])

Bemerkung 7.4. *Eine Menge X des A_n ist genau dann konvex, wenn sie in bezug auf alle ihre Punkte sternförmig ist.*

Von M. A. KRASNOSELSKIJ[3]) stammt nun das folgende Kriterium für die Sternförmigkeit einer Menge X des A_n:

Satz 7.4. *Es sei X eine beliebige unendliche und kompakte Untermenge des n-dimensionalen affinen Raumes A_n. Sind dann die Verbindungsstrecken von je*

---

[1]) Besitzen $A \cap Y$ und $A \cap Z$ zusammen weniger als $n + 1$ Punkte, so ist die Existenz einer diese Mengen echt trennenden Hyperebene B des A_n nach Voraussetzung von Satz 7.3 trivial.

[2]) Aus dieser Definition folgt unmittelbar, daß jede sternförmige Menge X des A_n (sogar) zusammenhängend ist.

[3]) Vgl. [21].

$n + 1$ Punkten $x_1, \ldots, x_{n+1}$ von X mit einem geeigneten Punkt $y_{x_1 \ldots x_{n+1}} \in X$ in X enthalten (d. h., sind die Punkte $x_1, \ldots, x_{n+1}$ von einem Punkt aus X „sichtbar"), so ist X sogar sternförmig in bezug auf einen geeigneten Punkt x_0 von X.

Beweis. Wir definieren zunächst für jeden Punkt $x \in X$ den sogenannten x-Stern von X St_x durch

$$St_x := \{y \in X;\ xy \subseteq X\}^{1)} \tag{90}$$

und betrachten die Familie $\{\mathrm{conv}\, St_x\}_{x \in X}$ der konvexen Hüllen dieser x-Sterne von X. Alle Mengen dieser Familie sind nach Satz 2.6 kompakt, weil die St_x aufgrund von (90) offensichtlich abgeschlossene Untermengen der kompakten Menge X und damit kompakt sind. Nach Voraussetzung haben außerdem je $n + 1$ verschiedene Mengen $\mathrm{conv}\, St_{x_1}, \ldots, \mathrm{conv}\, St_{x_{n+1}}$ den Punkt $y_{x_1 \ldots x_{n+1}} \in X$ gemeinsam. Nach Satz 7.1 gilt daher $\bigcap\limits_{x \in X} \mathrm{conv}\, St_x \neq \emptyset$. Nun sei

$$x_0 \in \bigcap\limits_{x \in X} \mathrm{conv}\, St_x \tag{91}$$

ein beliebiger Punkt dieses Durchschnitts. Wir wollen zeigen, daß X in bezug auf x_0 sternförmig ist. Dies geschehe indirekt: Wir nehmen an, y sei ein Punkt von X derart, daß die Strecke $x_0 y$ nicht in X enthalten ist. Dann gibt es ein $y_0 \in x_0 y$ mit $y_0 \notin X$. Wegen der Abgeschlossenheit von X existiert sogar ein Vollellipsoid $E_{(0)}$: $F(x - y_0, x - y_0) - \gamma^2 \leq 0$ des A_n mit dem Mittelpunkt y_0, für das $E_{(0)} \cap X = \emptyset$ ist (vgl. Beispiel 1.3). Von den Vollellipsoiden der Schar

$$E_{(\varrho)}: F\big(x - (y_0 + \varrho(y - y_0)),\ x - (y_0 + \varrho(y - y_0))\big) - \gamma^2 \leq 0 \quad (0 \leq \varrho \leq 1)$$

betrachten wir jetzt alle die $E_{(\varrho)}$ mit der für alle ϱ' mit $0 \leq \varrho' \leq \varrho$ geltenden Eigenschaft $E_{(\varrho')} \cap X = \emptyset$. Wegen der Kompaktheit von $E_{(0)}$ und X ist $\varrho_0 := \sup\limits_{\substack{E_{(\varrho')} \cap X = \emptyset \\ 0 \leq \varrho' \leq \varrho}} \varrho > 0$.

Dann stellt $E_{(\varrho_0)}$ ein Vollellipsoid dar, welches die Menge X in einem Punkt $z \in X$ berührt. Hierbei begrenzt die Tangentialhyperebene A von $\partial E_{(\varrho_0)}$ in z einen x_0 nicht enthaltenden abgeschlossenen Halbraum $\overline{H}$ des A_n, welcher St_z enthält, da eine nicht in $\overline{H}$ enthaltene Strecke zw von St_z den offenen Kern $E^0_{(\varrho_0)}$ von $E_{(\varrho_0)}$ im Widerspruch zu $E^0_{(\varrho_0)} \cap X = \emptyset$ und $St_z \subseteq X$ schneiden müßte (vgl. Abb. 26). Damit gilt wegen der Konvexität von $\overline{H}$ sogar $\overline{H} \supseteq \mathrm{conv}\, St_z$, d. h., wegen $x_0 \notin \overline{H}$ ist

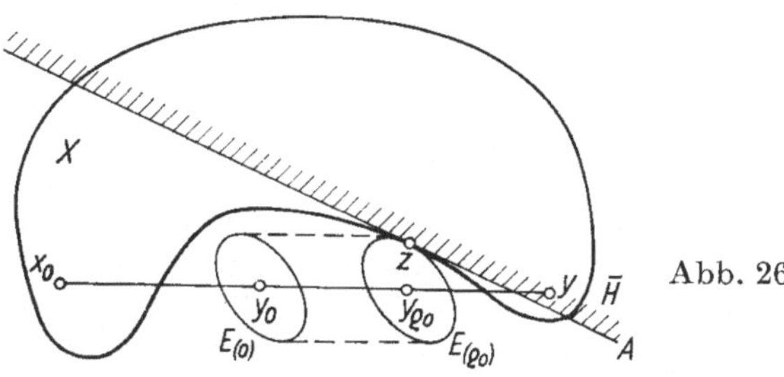

Abb. 26

$^{1)}$ Offenbar ist St_x die maximale in X enthaltene und in bezug auf x sternförmige Menge des A_n.

a fortiori $x_0 \notin \mathrm{conv}\, St_z$, aufgrund der Wahl (91) von x_0 eine Unmöglichkeit. Dieser Widerspruch beweist die Richtigkeit der Behauptung von Satz 7.4. $\square$

Wichtige Größen für beschränkte konvexe Mengen im *n-dimensionalen euklidischen Raum* R_n sind der Durchmesser und der Umkugelradius im Sinne der folgenden

Definition 7.2. Es sei X eine beliebige beschränkte Menge des n-dimensionalen euklidischen Raumes R_n (mit dem durch $||y - x|| := \langle y - x, y - x \rangle^{1/2}$ gegebenen Abstand zweier Punkte x, y des R_n). Dann heißen

$$D(X) := \sup_{x_1,\, x_2 \in X} ||x_2 - x_1|| \tag{92}$$

bzw.

$$R(X) := \mathop{\mathrm{Min}}_{z_0 \in R_n} \left(\sup_{x \in X} ||x - z_0|| \right) \tag{93}$$

Durchmesser bzw. *Umkugelradius*[1]) von X.

Es gilt nun ganz allgemein für beschränkte Mengen X des R_n die folgende bemerkenswerte Abhängigkeit zwischen $D(X)$ und $R(X)$:

Satz 7.5. (von H. E. W. Jung[2])). *Für jede beschränkte Menge X des n-dimensionalen euklidischen Raumes R_n mit dem Durchmesser $D(X)$ und dem Umkugelradius $R(X)$ ist*

$$R(X) \leqq \left(\frac{n}{2(n + 1)} \right)^{1/2} D(X) . \tag{94}$$

Hierbei liegt genau dann Gleichheit vor, wenn $\overline{X}$ die Ecken eines regulären n-Simplex des R_n mit dem (konstanten) Eckpunktabstand $D(X)$ enthält.

Beweis. Wir beweisen Satz 7.5 in dem Spezialfall $X = \{x_0, \ldots, x_n\}$. Zu diesem Zweck bezeichnen wir den Mittelpunkt der Umkugel von X mit z_0 und die Menge der auf dem Rand $\partial B_{R(X)}(z_0)$ dieser Umkugel[1]) befindlichen Punkte von X mit (o. B. d. A.) $X' = \{x_0, \ldots, x_m\}$ ($m \leqq n$). Jetzt ist klar, daß die Punkte von X' nicht auf einer offenen Halbsphäre von $\partial B_{R(X)}(z_0)$ gelegen sein können, da anderenfalls $B_{R(X)}(z_0)$ nicht die kleinste X enthaltende Vollkugel des R_n wäre. Daraus folgt, daß sich X' und z_0 nicht durch eine Hyperebene des R_n echt trennen lassen, d. h., daß z_0 aufgrund von Satz 3.4 in der kompakten konvexen Menge $\mathrm{conv}\, X'$ enthalten

---

[1]) $\sup\limits_{x \in X} ||x - z_0||$ ist — geometrisch gesprochen — der Radius der kleinsten Vollkugel des R_n um z_0, die X enthält. Wegen der Beschränktheit von X und der Stetigkeit des euklidischen Abstands wird das Infimum aller dieser (von z_0 abhängenden) Radien angenommen. Es ist nach (93) gleich $R(X)$ und stellt den Radius einer kleinsten X enthaltenden Vollkugel des R_n dar. Es gibt nur eine einzige solche Umkugel von X; wäre nämlich X in zwei verschiedenen Umkugeln von X enthalten, dann läge es auch in deren Durchschnitt, welcher selbst in einer kleineren Vollkugel des R_n liegt.

[2]) Vgl. [22].

sein muß. Daher haben wir nach Satz 2.3 o. B. d. A. die Beziehung $z_0 = \sum\limits_{l=0}^{h} \lambda_l x_l$ oder

$$0 = \sum_{l=0}^{h} \lambda_l(x_l - z_0) \quad \text{mit} \quad \sum_{l=0}^{h} \lambda_l = 1, \lambda_0 > 0, \dots, \lambda_h > 0 \quad (h \leq m)^1) \,. \tag{95}$$

Multiplizieren wir (95) mit $x_k - z_0$ und summieren über k von 0 bis h, so finden wir unter Berücksichtigung von

$$\langle x_k - z_0, x_l - z_0 \rangle = \tfrac{1}{2}\left(||x_k - z_0||^2 + ||x_l - z_0||^2 - ||x_k - x_l||^2\right)$$
$$= \left(R(X)\right)^2 - \tfrac{1}{2}||x_k - x_l||^2 \quad (0 \leq k, l \leq h)$$

sowie von

$$||x_k - x_l|| \leq D(X) \quad (0 \leq k < l \leq h) \tag{96}$$

die Beziehung

$$0 = \sum_{k=0}^{h}\left(\sum_{l=0}^{h} \lambda_l\left(R(X)\right)^2\right) - \tfrac{1}{2}\sum_{k=0}^{h}\left(\sum_{\substack{l'=0 \\ l' \neq k}}^{h} \lambda_{l'}||x_k - x_{l'}||^2\right)$$

$$\geq (h+1)\left(R(X)\right)^2 - \tfrac{1}{2}\sum_{k=0}^{h}\left(\sum_{\substack{l'=0 \\ l' \neq k}}^{h} \lambda_{l'}\left(D(X)\right)^2\right)$$

$$= (h+1)\left(R(X)\right)^2 - \tfrac{1}{2}\left(D(X)\right)^2\sum_{k=0}^{h}(1 - \lambda_k)$$

$$= (h+1)\left(R(X)\right)^2 - \tfrac{1}{2}h\left(D(X)\right)^2 \tag{97}$$

oder aufgrund von $h \leq m \leq n$

$$\left(R(X)\right)^2 \leq \frac{h}{2(h+1)}\left(D(X)\right)^2 \leq \frac{n}{2(n+1)}\left(D(X)\right)^2 \,. \tag{98}$$

Damit ist in der Tat die Ungleichung (94) im Falle $X = \{x_0, \dots, x_n\}$ gezeigt. Die Diskussion der Gleichheit in (98) ergibt schließlich wegen (95), (96) und (97), daß diese genau dann auftritt, wenn $h = n$ und $||x_k - x_l|| = D(X)$ $(0 \leq k < l \leq h)$ gilt, d. h., wenn $\overline{X} = X$ aus den Ecken eines regulären n-Simplex des R_n mit dem Eckpunktabstand $D(X)$ besteht.

Enthält X nun $k + 1 < n + 1$ Punkte, so gilt $X \subseteq R_k$ für einen geeigneten k-dimensionalen euklidischen Unterraum R_k des R_n. Nach dem eben Bewiesenen gilt

$$R(X) \leq \left(\frac{k}{2(k+1)}\right)^{1/2} D(X) < \left(\frac{n}{2(n+1)}\right)^{1/2} D(X) \,,$$

d. h. gleichfalls die Behauptung von Satz 7.5.

Enthält X mehr als $n + 1$ Punkte, so betrachten wir die Familie $\{B_\varkappa(x)\}_{x \in X}$ der Vollkugeln $B_\varkappa(x)$ des R_n mit dem Mittelpunkt $x \in X$ und dem Radius $\varkappa := \left(\dfrac{n}{2(n+1)}\right)^{1/2} D(X)$. Die Vollkugeln dieser Familie sind alle kompakt, kon-

---

1) In der Darstellung von z_0 als Linearkombination werden nämlich von vornherein alle Summanden mit verschwindenden Koeffizienten λ_l weggelassen.

vex; und je $n + 1$ von ihnen enthalten nach dem zuerst Bewiesenen den Umkugelmittelpunkt der aus den Mittelpunkten dieser Vollkugeln bestehenden $(n + 1)$-punktigen Menge. Nach Satz 7.1 enthält daher auch $\bigcap\limits_{x \in X} B_\varkappa(x)$ einen Punkt y_0, so daß umgekehrt $X \subseteq B_\varkappa(y_0)$ und deshalb $R(X) \leqq \varkappa$ ist. Hierbei besteht genau dann Gleichheit, wenn kein $\varkappa'$ mit $0 \leqq \varkappa' < \varkappa$ so existiert, daß je $n + 1$ der Vollkugeln $\{B_{\varkappa'}(x)\}_{x \in X}$ einen nichtleeren Durchschnitt besitzen, d. h., wenn es eine Folge $\{x_0^{(\nu)}, \ldots, x_n^{(\nu)}\}_{\nu \in N}$ von $(n + 1)$-Tupeln von Punkten aus X mit $\lim\limits_{\nu \to \infty} R(\{x_0^{(\nu)}, \ldots, x_n^{(\nu)}\})$ $= \varkappa$ (vgl. (93)) gibt. Wegen der Beschränktheit von X existiert o. B. d. A. $\bar{x}_i := \lim\limits_{\nu \to \infty} x_i^{(\nu)} \in \bar{X}$ $(i = 0, \ldots, n)$, und es ist

$$\lim_{\nu \to \infty} R(\{x_0^{(\nu)}, \ldots, x_n^{(\nu)}\}) = R(\bar{x}_0, \ldots, \bar{x}_n) = \varkappa . \tag{99}$$

Die Beziehung (99) bedeutet aber wegen der bewiesenen Relation

$$R(\{\bar{x}_0, \ldots, \bar{x}_n\}) \leqq \left(\frac{n}{2(n + 1)}\right)^{1/2} D(\{\bar{x}_0, \ldots, \bar{x}_n\}) \tag{100}$$

und der trivialen Relation

$$D(\{\bar{x}_0, \ldots, \bar{x}_n\}) = \lim_{\nu \to \infty} D(\{x_0^{(\nu)}, \ldots, x_n^{(\nu)}\}) \leqq D(X) \tag{101}$$

(vgl. (92)), daß in (94) genau dann Gleichheit vorliegt, wenn dies in (100) und (101) der Fall ist, wenn also $\bar{X}$ die Ecken eines regulären n-Simplex $\mathrm{conv}\{\bar{x}_0, \ldots, \bar{x}_n\}$ mit dem Eckpunktabstand $D(X)$ enthält. $\square$

Bemerkung 7.5. Der erste Teil von Satz 7.5 gestattet die folgende bemerkenswerte Version: *Es sei $\{B_\sigma(x)\}_{x \in X}$ eine beliebige Familie von sich paarweise schneidenden Vollkugeln des R_n mit den Mittelpunkten x und dem konstanten Radius $\sigma > 0$. Dann haben alle um den Faktor $\alpha := \left(\dfrac{2n}{n + 1}\right)^{1/2}$ vergrößerten Vollkugeln dieser Familie einen nichtleeren Durchschnitt:*

$$\bigcap_{x \in X} B_{\alpha\sigma}(x) \neq \emptyset \tag{102}$$

(vgl. den ersten Abschnitt des Beweises von Satz 7.5). Es ist ein reizvolles Problem, das Minimum $J(K)$ der Zahlen α mit der Eigenschaft (102) in dem allgemeinen Fall zu bestimmen, daß die Familie aus solchen Mengen besteht, die durch Translationen aus einem festen kompakten konvexen Körper K des R_n hervorgehen.[1] Hierüber und über weitere Anwendungen des Satzes von HELLY gibt u. a. ein Artikel von L. DANZER, B. GRÜNBAUM und V. L. KLEE[2] nähere Auskünfte.

---

[1] $J(K)$ ist die sogenannte *Jungsche Konstante* von K.
[2] Vgl. [19], S. 101—180.

Übungen

1. Man beweise die folgende Verallgemeinerung von Satz 7.1: Es sei $\{K_\alpha\}_{\alpha \in A}$ eine endliche Familie von mindestens $m + 1$ konvexen Untermengen des A_n mit der Eigenschaft, daß je $m + 1$ verschiedene Mengen dieser Familie einen gemeinsamen $(n - m)$-dimensionalen affinen Unterraum des A_n enthalten, wobei alle diese affinen Unterräume parallel sein sollen. Dann enthält auch $\bigcap\limits_{\alpha \in A} K_\alpha$ einen dazu parallelen $(n - m)$-dimensionalen affinen Unterraum des A_n $(1 \leqq m \leqq n)$.

2. Es soll die folgende Anwendung von Satz 7.1 auf die Approximationstheorie gezeigt werden: Es seien α_j $(j = 1, \ldots, m)$ beliebige paarweise verschiedene Abszissen, β_j $(j = 1, \ldots, m)$ beliebige Ordinaten und ε_j $(j = 1, \ldots, m)$ beliebige nichtnegative Approximationsschranken. Die Familie aller Linearkombinationen von n gegebenen reellwertigen Funktionen einer reellen Veränderlichen mit konstanten reellen Koeffizienten werde mit F bezeichnet. Wenn dann für je $n + 1$ der Indizes j ein $f \in F$ mit den für diese Indizes geltenden Beziehungen $|f(\alpha_j) - \beta_j| \leqq \varepsilon_j$ existiert, so gibt es sogar eine Funktion aus F derart, daß diese Beziehungen für diese Funktion und alle Indizes j zwischen 1 und m erfüllt sind $(1 \leqq n \leqq m - 1)$.

3. Man zeige durch Angabe eines einfachen Gegenbeispiels, daß die Zahl $n + 2$ in Satz 7.3 ohne Verletzung der Gültigkeit dieses Satzes nicht verkleinert werden kann.

4. Es sei X eine beliebige, aus mindestens $n + 1$ Punkten bestehende Untermenge des A_n, und es sei K eine kompakte konvexe Menge des A_n mit der Eigenschaft, daß je $n + 1$ Punkte von X von einer Menge überdeckt werden, die durch eine Translation aus K hervorgeht, d. h. die zu K „translationsgleich" ist. Es soll bewiesen werden, daß dann auch ganz X durch eine zu K translationsgleiche Menge überdeckt werden kann.

§ 8.   Linearkombination, Differenz und kartesisches Produkt

In diesem Paragraphen wollen wir einige Mengenoperationen näher untersuchen, die aus dem Bereich der konvexen Untermengen von affinen Räumen nicht hinausführen und für spätere Betrachtungen von Wichtigkeit sind. Dazu knüpfen wir zunächst an die am Schluß des letzten Paragraphen vorkommenden Familien von konvexen Untermengen L_α des A_n an, bei welchen die L_α durch Translationen t_α $(\alpha \in A)$ aus einer festen konvexen Untermenge L des A_n hervorgehen. Als besonders interessant erweist sich hierbei der Spezialfall, bei dem die die Translationsmenge $\{t_\alpha\}_{\alpha \in A}$ charakterisierende Punktmenge $\{t_\alpha(o)\}_{\alpha \in A}$ selbst wieder eine konvexe Untermenge K des A_n darstellt ($o =$ Koordinatenursprung des A_n). In diesem Fall gilt nämlich für die Vereinigungsmenge der Mengen unserer betrachteten Familie die Relation

$$\bigcup_{\substack{t_x = \text{Transl. des } A_n \\ \text{mit } t_x(o) = x \in K}} t_x(L) = \{z \in A_n; z = x + y, x \in K, y \in L\}, \tag{103}$$

d. h., diese Vereinigungsmenge ist die gleiche wie diejenige der durch entsprechende Translationen t_y mit $t_y(o) = y \in L$ aus K hervorgehenden Mengen $t_y(K)$. Dadurch wird der folgende, von H. MINKOWSKI stammende Begriff einer Summe der konvexen Mengen K und L motiviert:

Definition 8.1. Es seien K und L zwei beliebige konvexe Untermengen des n-dimensionalen affinen Raumes A_n mit dem Koordinatenursprung o, auf welchen sich die Ortsvektoren der Punkte x bzw. y von K bzw. L beziehen sollen. Dann heißt die (von der Wahl von o abhängige) Menge

$$K + L := \{z \in A_n; z = x + y, x \in K, y \in L\} \tag{104}$$

Summe von K und L (bezüglich o).

Satz 8.1. *Die Summe $K + L$ zweier konvexer Mengen K und L des A_n ist wiederum konvex.*

Beweis. Sind z_1 und z_2 zwei beliebige Punkte von $K + L$, so errechnet sich für einen beliebigen Punkt $z = \lambda_1 z_1 + \lambda_2 z_2$ der Verbindungsstrecke $z_1 z_2$ wegen der Konvexität von K und L:

$$z = \lambda_1(x_1 + y_1) + \lambda_2(x_2 + y_2) = (\lambda_1 x_1 + \lambda_2 x_2) + (\lambda_1 y_1 + \lambda_2 y_2) \in K + L$$
$$(\lambda_1 + \lambda_2 = 1, \lambda_1 \geqq 0, \lambda_2 \geqq 0) \ . \ \square$$

Aufgrund von Definition 8.1 ist die folgende Definition eines skalaren Produkts einer konvexen Menge K im A_n mit einer reellen Zahl λ naheliegend:

Definition 8.2. Wenn K eine beliebige konvexe Untermenge des A_n und λ eine beliebige reelle Zahl ist, so heißt die (von der Wahl des Koordinatenursprungs o des A_n abhängende) Menge

$$\lambda K := \{z \in A_n; z = \lambda x, x \in K\} \tag{105}$$

skalares Produkt von K und λ (bezüglich o).

Bemerkung 8.1. *λK entsteht aus K durch Anwendung der Homothetie des A_n mit dem Faktor λ und dem Zentrum o; ist daher K konvex, so gilt das gleiche für λK (vgl. Satz 1.3).*

Bemerkung 8.2. *Aus den Definitionen 8.1 und 8.2 folgen unmittelbar die Rechenregeln*

$$(K + L) + M = K + (L + M) , \qquad K + L = L + K , \quad K + \{o\} = K \tag{106a}$$

und

$$\lambda(K + L) = \lambda K + \lambda L , \qquad \lambda(\mu K) = (\lambda \mu) K , \qquad 1 \cdot K = K \tag{106b}$$

$(K, L, M =$ *beliebige konvexe Mengen des A_n; λ, $\mu =$ beliebige reelle Zahlen).*

Die Menge der konvexen Untermengen des A_n bildet jedoch keinen Vektorraum über den reellen Zahlen, weil das zweite Distributivgesetz $(\lambda + \mu) K = \lambda K + \mu K$ nicht allgemein erfüllt ist. Es gilt nämlich

Satz 8.2. *Für das skalare Produkt einer konvexen Menge K des A_n mit der Summe zweier reeller Zahlen λ und μ besteht die Beziehung*

$$(\lambda + \mu) K \subseteq \lambda K + \mu K . \tag{107}$$

Hierbei gilt sicher Gleichheit, wenn $\lambda \mu \geqq 0$ ist; allgemein ist dies jedoch nicht richtig.

Beweis. Es sei $(\lambda + \mu) x$ ein beliebiger Punkt aus $(\lambda + \mu)K$ $(x \in K)$. Dann ergibt sich aus $(\lambda + \mu) x = \lambda x + \mu x \in \lambda K + \mu K$ unmittelbar $(\lambda + \mu)K \subseteq \lambda K + \mu K$.

Hierbei tritt aufgrund von (106a) sicher Gleichheit auf, wenn $\lambda = 0$ oder $\mu = 0$ ist. Haben wir weiter $\lambda > 0$ und $\mu > 0$, so gilt umgekehrt für einen beliebigen Punkt $\lambda x_1 + \mu x_2$ von $\lambda K + \mu K$ (x_1, x_2 = beliebig $\in K$):

$$\lambda x_1 + \mu x_2 = (\lambda + \mu) \left(\frac{\lambda}{\lambda + \mu} x_1 + \frac{\mu}{\lambda + \mu} x_2 \right) \in (\lambda + \mu) K$$

wegen der aus der Konvexität von K folgenden Beziehung $\dfrac{\lambda}{\lambda + \mu} x_1 + \dfrac{\mu}{\lambda + \mu} x_2 \in K$, d. h., auch in diesem Fall gilt Gleichheit in (107). Ersetzen wir bei dieser Überlegung die konvexe Menge K durch die konvexe Menge $(-1) K$ (vgl. Bemerkung 8.1), so finden wir wegen (106b) ebenfalls Gleichheit in (107). Damit ist diese Gleichheit in allen Fällen mit $\lambda \mu \geq 0$ erwiesen. Daß sie aber nicht in allen Fällen überhaupt gültig ist, zeigt am besten das Beispiel $\{o\} = (1 + (-1)) K \subset K \subseteq K + (-1) K$ einer beliebigen, den Ursprung o echt enthaltenden konvexen Menge K des A_n. $\square$

Für spätere Zwecke benötigen wir noch die aus Definition 8.1 und Definition 8.2 abgeleitete

Definition 8.3. Sind $K_1, \dots, K_m$ beliebige konvexe Untermengen des n-dimensionalen affinen Raumes A_n mit dem Koordinatenursprung o und sind $\lambda_1, \dots, \lambda_m$ beliebige nichtnegative reelle Zahlen, so heißt die (von der Wahl von o, aber wegen (106a) nicht von der Reihenfolge der Summierung bzw. der Summanden abhängende) nach Satz 8.1 und Bemerkung 8.1 konvexe Menge $\sum\limits_{l=1}^{m} \lambda_l K_l$ *Linearkombination* der K_l mit den *Koeffizienten* $\lambda_l \geq 0$[1]) (bezüglich o).

Beispiel 8.1. *Vergrößerung* einer abgeschlossenen konvexen Menge im Beweis von Satz 3.4: Ist $\overline{K_1}$ eine beliebige abgeschlossene, konvexe Menge des A_n, so gilt für die beim Beweis von Satz 3.4 verwandten, durch (30) definierten konvexen Punktmengen $(\overline{K_1})_\varepsilon$ nach (103), (104) und (105): $(\overline{K_1})_\varepsilon = \overline{K_1} + \varepsilon (\Pi_n)^0$, wobei $(\Pi_n)^0$ der offene Kern des in Beispiel 5.2 definierten Parallelepipeds Π_n des A_n ist ($\varepsilon > 0$).

Bemerkung 8.3. Es sei $\sum\limits_{l=1}^{m} \lambda_l K_l$ bzw. $\left(\sum\limits_{l=1}^{m} \lambda_l K_l \right)'$ die bezüglich des Koordinatenursprungs o bzw. o' des A_n gebildete Linearkombination der konvexen Mengen K_l des A_n mit den Koeffizienten $\lambda_l \geq 0$ ($l = 1, \dots, m$). Außerdem sei t_x diejenige Translation des A_n, welche o in einen Punkt $x \in A_n$ überführt. Dann gilt

$$\left(\sum_{l=1}^{m} \lambda_l K_l \right)' = t_{\left(1 - \sum\limits_{l=1}^{m} \lambda_l \right) e'} \left(\sum_{l=1}^{m} \lambda_l K_l \right)^{2)}, \tag{108}$$

---

[1]) Hierin liegt keine Beschränkung der Allgemeinheit, weil bei einem negativen λ_l das Produkt $\lambda_l K_l$ durch die gleiche Menge $(-\lambda_l) ((-1) K_l)$ ersetzt werden kann.

[2]) Hierbei ist mit $\left(1 - \sum\limits_{l=1}^{m} \lambda_l \right) e'$ derjenige Punkt des A_n bezeichnet, dessen Ortsvektor bezüglich o das $\left(1 - \sum\limits_{l=1}^{m} \lambda_l \right)$-fache des Ortsvektors e' von o' bezüglich o ist.

6*

d. h., *die Bildung einer Linearkombination konvexer Mengen im A_n hängt — von Translationen abgesehen — nicht* $\left(\text{und im Spezialfall } \sum\limits_{l=1}^{m} \lambda_l = 1 \text{ schlechthin nicht}\right)$ *von der Wahl des Ursprungs o des A_n ab*; dies folgt nämlich unmittelbar aus den Transformationsgleichungen $x_l = e' + x_l'$ $(l = 1, \dots, m)$ und $x = e' + x'$ für die Ortsvektoren x_l bzw. x_l' der Punkte von K_l und für die Ortsvektoren x bzw. $x' = \sum\limits_{l=1}^{m} \lambda_l x_l'$ der Punkte von $\left(\sum\limits_{l=1}^{m} \lambda_l K_l\right)'$.

Es folgen nun einige wichtige geometrische Eigenschaften der Linearkombinationen konvexer Mengen:

Satz 8.3. *Ist $f: A_n \to B_m$ eine affine Abbildung des affinen Raumes A_n mit dem Ursprung o in den affinen Raum B_m mit dem Ursprung $\hat{o}$, so ist das Bild einer Linearkombination $\sum\limits_{l=1}^{m} \lambda_l K_l$ der konvexen Untermengen K_l des A_n (bezüglich o) unter f — von einer Translation des B_m abgesehen — wiederum Linearkombination der Bildmengen $f(K_l)$ mit den Koeffizienten $\lambda_l \geqq 0$ (bezüglich $\hat{o}$) $(l = 1, \dots, m)$:*

$$f\left(\sum_{l=1}^{m} \lambda_l K_l\right) = \hat{t}_{\left(1 - \sum\limits_{l=1}^{m} \lambda_l\right) f(o)} \left(\sum_{l=1}^{m} \lambda_l f(K_l)\right). \text{[1]} \tag{109}$$

Beweis. Es sei $x = \sum\limits_{l=1}^{m} \lambda_l x_l$ ein beliebiger Punkt von $\sum\limits_{l=1}^{m} \lambda_l K_l$ $(x_l \in K_l;\ l = 1, \dots, m)$. Dann haben wir für den Bildpunkt $f(x)$ von x aufgrund der Linearität der durch die affine Abbildung f induzierten Abbildung des zu A_n gehörenden Vektorraums in den zu B_m gehörenden Vektorraum:

$$f(x) - f(o) = \sum_{l=1}^{m} \lambda_l\big(f(x_l) - f(o)\big)$$

oder

$$f(x) = \sum_{l=1}^{m} \lambda_l\big(f(x_l)\big) + \left(1 - \sum_{l=1}^{m} \lambda_l\right) f(o),$$

woraus (109) unmittelbar ersichtlich wird. $\square$

Satz 8.4. *Im n-dimensionalen affinen Raum A_n sei eine Linearkombination $K := \sum\limits_{l=1}^{m} \lambda_l K_l$ der konvexen Mengen K_l des A_n mit den Koeffizienten $\lambda_l \geqq 0$ (bezüglich des Ursprungs o von A_n) gegeben, wobei $\sum\limits_{l=1}^{m} \lambda_l > 0$ vorausgesetzt werde. Sind dann A_l parallele Stützhyperebenen der K_l mit davon begrenzten und K_l enthalten-*

---

[1]) Hierbei wird mit t_y diejenige Translation des Raumes B_m bezeichnet, welche den Ursprung $\hat{o}$ von B_m in einen Punkt $y \in B_m$ überführt.

den, parallelen[1]), *abgeschlossenen Halbräumen* $\overline{H}_l$ *des* A_n ($l = 1, \ldots, m$), *so ist*

$$A := \sum_{l=1}^{m} \lambda_l A_l \text{ eine zu den } A_l \text{ parallele Stützhyperebene von } K \text{ (mit dem von } A$$

begrenzten und K *enthaltenden, zu den* $\overline{H}_l$ *parallelen, abgeschlossenen Halbraum*

$$\overline{H} := \sum_{l=1}^{m} \lambda_l \overline{H}_l), \text{ und es gilt}$$

$$K \cap A = \sum_{l=1}^{m} \lambda_l (K_l \cap A_l).\text{[2]} \tag{110}$$

Beweis. Die (parallelen) Stützhyperebenen A_l bzw. die zugehörigen Halbräume $\overline{H}_l$ seien durch $L(x) + \gamma_l = 0$ bzw. $L(x) + \gamma_l \leqq 0$ gegeben ($l = 1, \ldots, m$; vgl. Beispiel 1.1). Dann wird durch

$$L(x) + \sum_{l=1}^{m} \lambda_l \gamma_l = 0 \quad \text{bzw.} \quad L(x) + \sum_{l=1}^{m} \lambda_l \gamma_l \leqq 0$$

eine Hyperebene A bzw. ein von A begrenzter abgeschlossener Halbraum $\overline{H}$ des A_n dargestellt, wofür wegen der Linearität des Funktionals L und wegen $\lambda_l \geqq 0$ offensichtlich $\sum_{l=1}^{m} \lambda_l A_l \subseteq A$ bzw. $\sum_{l=1}^{m} \lambda_l \overline{H}_l \subseteq \overline{H}$ gilt. Hierbei liegt beidesmal sogar Gleichheit vor, da $\sum_{l=1}^{m} \lambda_l A_l$ für einen (nach Voraussetzung existierenden) Index l_0 mit $\lambda_{l_0} > 0$ sicher eine zu A_{l_0} homothetische Hyperebene enthält bzw. da $\sum_{l=1}^{m} \lambda_l \overline{H}_l$ für einen derartigen Index l_0 einen zu $\overline{H}_{l_0}$ homothetischen Halbraum sowie den Rand $\sum_{l=1}^{m} \lambda_l A_l = A$ von $\overline{H}$ enthält und konvex ist. Nun gilt wegen $K_l \subseteq \overline{H}_l$ ($l = 1, \ldots, m$)

$$K = \sum_{l=1}^{m} \lambda_l K_l \subseteq \sum_{l=1}^{m} \lambda_l \overline{H}_l = \overline{H};$$

und K kann in keinem in $\overline{H}$ echt enthaltenen abgeschlossenen Halbraum des A_n liegen, weil wir aufgrund der Stützeigenschaft der Hyperebenen A_l

$$\sup_{x_l \in K_l} L(x_l) = -\gamma_l \qquad (l = 1, \ldots, m)$$

und damit

$$\sup_{\substack{x = \sum_{l=1}^{m} \lambda_l x_l \in K}} L(x) = \sum_{l=1}^{m} \lambda_l \sup_{x_l \in K_l} L(x_l) = -\sum_{l=1}^{m} \lambda_l \gamma_l$$

---

[1]) Unter „parallel" verstehen wir hier „durch Translation ineinander überführbar".
[2]) Es ist möglich, daß in (110) einzelne Mengen $K_l \cap A_l$ leer sind. In diesen Fällen ist (110) folgendermaßen zu lesen:

$$\lambda_l (K_l \cap A_l) = \begin{cases} \emptyset, & \text{falls } \lambda_l > 0, \\ \{o\}, & \text{falls } \lambda_l = 0. \end{cases}$$

haben. Also muß A eine (aufgrund ihrer analytischen Darstellung zu den A_l parallele) Stützhyperebene von K sein. Wir finden für den Durchschnitt von K und A zunächst

$$K \cap A = \left(\sum_{l=1}^{m} \lambda_l K_l \right) \cap \left(\sum_{l=1}^{m} \lambda_l A_l \right) \supseteq \sum_{l=1}^{m} \lambda_l (K_l \cap A_l) \, . \tag{111}$$

Jetzt sei $x^{(0)} = \sum_{l=1}^{m} \lambda_l x_l^{(0)}$ ein beliebiges Element von $K \cap A$, wobei $x_l^{(0)} \in K_l$, d. h. wegen $K_l \subseteq \overline{H}_l$ a fortiori $x_l^{(0)} \in \overline{H}_l$ oder

$$L(x_l^{(0)}) \leqq - \gamma_l \qquad (l = 1, \dots, m) \tag{112}$$

ist. Wegen $x^{(0)} \in A$ gilt dann auch

$$L(x^{(0)}) = \sum_{l=1}^{m} \lambda_l L(x_l^{(0)}) = - \sum_{l=1}^{m} \lambda_l \gamma_l \, , \tag{113}$$

und aus (112) und (113) resultiert wegen $\lambda_l \geqq 0$ die Beziehung $L(x_l^{(0)}) = -\gamma_l$ oder $x_l^{(0)} \in K_l \cap A_l$ für alle l mit $1 \leqq l \leqq m$ und $\lambda_l > 0$. Damit ist aber

$$K \cap A \subseteq \sum_{l=1}^{m} \lambda_l (K_l \cap A_l) \qquad \text{(vgl. die Fußnote }{}^2\text{) auf S. 85)} \, ,$$

d. h. zusammen mit (111) die Gleichheit (110) gezeigt und der Beweis von Satz 8.4 vollendet. $\square$

Satz 8.5. *Jede Linearkombination* $K := \sum_{l=1}^{m} \lambda_l K_l$ $(\lambda_l \geqq 0)$ *kompakter konvexer Mengen* K_l *des* A_n *ist selbst wieder kompakt.*

Beweis. Es sei $\{x^{(\nu)}\}_{\nu \in N}$ eine beliebige Folge von Punkten aus K mit

$$x^{(\nu)} = \sum_{l=1}^{m} \lambda_l x_l^{(\nu)} \, , \qquad x_l^{(\nu)} \in K_l \qquad (l = 1, \dots, m; \nu = 1, 2, \dots) \, . \tag{114}$$

Aufgrund der Kompaktheit aller Mengen K_l existiert daher sicher eine Teilfolge $\{x^{(\nu_\mu)}\}_{\mu \in N}$ der Folge $\{x^{(\nu)}\}_{\nu \in N}$ derart, daß alle zugehörigen Folgen $\{x_l^{(\nu_\mu)}\}_{\mu \in N}$ konvergieren:

$$\lim_{\mu \to \infty} x_l^{(\nu_\mu)} =: x_l \in K_l \qquad (l = 1, \dots, m) \, . \tag{115}$$

Aus (114) und (115) folgt aber

$$\lim_{\mu \to \infty} x^{(\nu_\mu)} = \sum_{l=1}^{m} \lambda_l x_l \in K$$

und damit die Behauptung von Satz 8.5. $\square$

Satz 8.6. *Jede Linearkombination* $P := \sum_{l=1}^{m} \lambda_l P_l$ $(\lambda_l \geqq 0)$ *konvexer Polytope* P_l *des* A_n *ist selbst wieder ein konvexes Polytop des* A_n.

Beweis. Die konvexen Polytope P_l und damit nach Satz 8.5 auch P sind kompakt, so daß es zum Beweis von Satz 8.6 wegen Satz 4.2 zu zeigen genügt, daß die Extrempunktmenge von P endlich ist. Nun gilt aber für einen beliebigen Extrempunkt $x^{(0)} = \sum_{l=1}^{m} \lambda_l x_l^{(0)}$ $(x_l^{(0)} \in P_l)$ von P: Für $\lambda_l > 0$ ist $x_l^{(0)} \in \text{ext } P_l$ $(l = 1, \ldots, m)$, weil anderenfalls für ein l_0 mit $1 \leq l_0 \leq m$ und $\lambda_{l_0} > 0$

$$x_{l_0}^{(0)} = \mu y_{l_0}^{(0)} + \nu z_{l_0}^{(0)} ,$$

$$\mu + \nu = 1 , \quad \mu > 0, \nu > 0, y_{l_0}^{(0)} \in P_{l_0}, z_{l_0}^{(0)} \in P_{l_0}, y_{l_0}^{(0)} \neq z_{l_0}^{(0)}$$

wäre und daher

$$x^{(0)} = \sum_{l=1}^{m} \lambda_l x_l^{(0)} = \mu \left(\sum_{\substack{l'=1 \\ l' \neq l_0}}^{m} \lambda_{l'} x_{l'}^{(0)} + \lambda_{l_0} y_{l_0}^{(0)} \right) + \nu \left(\sum_{\substack{l'=1 \\ l' \neq l_0}}^{m} \lambda_{l'} x_{l'}^{(0)} + \lambda_{l_0} z_{l_0}^{(0)} \right)$$

mit verschiedenen Punkten

$$\sum_{\substack{l'=1 \\ l' \neq l_0}}^{m} \lambda_{l'} x_{l'}^{(0)} + \lambda_{l_0} y_{l_0}^{(0)} \in P , \qquad \sum_{\substack{l'=1 \\ l' \neq l_0}}^{m} \lambda_{l'} x_{l'}^{(0)} + \lambda_{l_0} z_{l_0}^{(0)} \in P$$

gelten würde, was der Extrempunkteigenschaft von $x^{(0)}$ bezüglich P widerspricht. Also ist jeder Punkt von $\text{ext } P$ als Linearkombination von Punkten der endlichen Mengen $\text{ext } P_l$ mit $1 \leq l \leq m$ und $\lambda_l > 0$ darstellbar[1]), d. h., $\text{ext } P$ muß in der Tat endlich sein. $\square$

Satz 8.7. *Jede Linearkombination* $K := \sum_{l=1}^{m} \lambda_l K_l \left(\lambda_l \geqq 0, \sum_{l=1}^{m} \lambda_l > 0 \right)$ *konvexer Körper* K_l *des* A_n *ist selbst wieder ein konvexer Körper von* A_n.

Beweis. Es sei l_0 ein Index mit $1 \leq l_0 \leq m$ und $\lambda_{l_0} > 0$, und es seien $x_{l'}^{(0)}$ beliebig ausgewählte Punkte aus $K_{l'}$ $(l' = 1, \ldots, m; l' \neq l_0)$. Dann gilt

$$\sum_{\substack{l'=1 \\ l' \neq l_0}}^{m} \lambda_{l'} x_{l'}^{(0)} + \lambda_{l_0} (K_{l_0})^0 \subseteq K^0 \neq \emptyset , \tag{116}$$

d. h., K ist ein konvexer Körper, weil die auf der linken Seite von (116) stehende Menge (aufgrund der Homöomorphie der durch Addition eines Vektors bzw. durch skalare Multiplikation mit einer von Null verschiedenen Zahl in dem zu A_n gehörenden Vektorraum erzeugten Abbildung) eine in K liegende offene Menge darstellt. $\square$

Bemerkung 8.4. Eine Linearkombination zweier konvexer Mengen K_1, K_2 des A_n läßt sich im Fall $\lambda_1 + \lambda_2 = 1$ folgendermaßen geometrisch veranschaulichen: *Ist* L *die konvexe Hülle der konvexen Untermengen* $K_1 \times \{0\}$ *und* $K_2 \times \{1\}$ *des kartesischen Produkts* $A_{n+1} := A_n \times A_1$, *so gilt für die Linearkombination* $K := \lambda_1 K_1 + \lambda_2 K_2$ *die kennzeichnende Eigenschaft*

$$K \times \{\lambda_2\} = L \cap (A_n \times \{\lambda_2\}) \qquad (0 \leqq \lambda_2 \leqq 1) , \tag{117}$$

---

[1]) Im Fall $\lambda_1 = \cdots = \lambda_m = 0$ ist $P = \text{ext } P = \{o\}$ und damit trivialerweise ein konvexes Polytop des A_n.

wie man folgendermaßen einsieht: Nach Beispiel 2.2 ist

$$L = \bigcup_{x_1 \in K_1, x_2 \in K_2} (x_1, 0)\,(x_2, 1)$$

und damit

$$L \cap (A_n \times \{\lambda_2\}) = \{(x, \lambda_2) \in A_{n+1};$$
$$= (x, \lambda_2)\,\lambda_1(x_1, 0) + \lambda_2(x_2, 1),\; x_1 \in K_1,\; x_2 \in K_2\}$$
$$= \{(x, \lambda_2) \in A_{n+1};\; x = \lambda_1 x_1 + \lambda_2 x_2,\; x_1 \in K_1,\; x_2 \in K_2\}$$
$$= K \times \{\lambda_2\} \qquad (0 \leqq \lambda_2 \leqq 1, \lambda_1 + \lambda_2 = 1)\,.$$

Besonders bemerkenswert ist in diesem Zusammenhang die Linearkombination einer konvexen Menge K und der am Ursprung o des A_n gespiegelten konvexen Menge $(-1)\,K$ mit den Koeffizienten $\lambda_1 = \lambda_2 = \frac{1}{2}$ (vgl. Abb. 27 im Fall eines Dreiecks mit dem Schwerpunkt o). Diese liefert uns nämlich nach Multiplikation mit dem Faktor 2 das

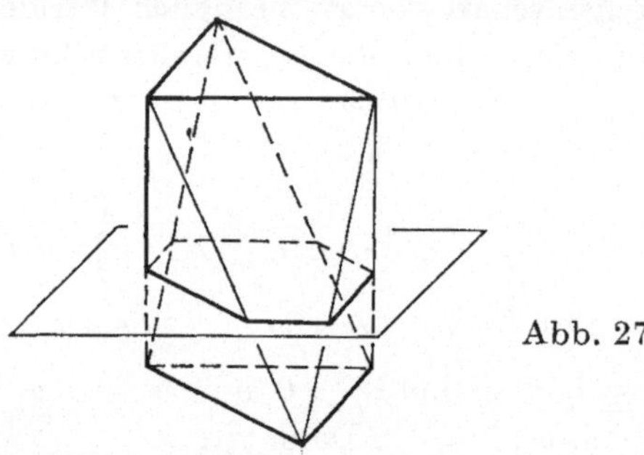

Abb. 27

Beispiel 8.2. *Vektorkörper einer konvexen Menge.* Es sei K eine beliebige konvexe Menge des A_n mit dem Ursprung o. Dann besteht die davon abgeleitete konvexe Menge

$$L := K + (-1)\,K = \{z \in A_n;\; z = x - y,\; x \in K,\; y \in K\}$$

aus den Endpunkten aller an o angetragenen Vektoren, die durch Punktepaare von K bestimmt werden. Sie heißt *Vektorkörper* oder auch *Breitenkörper* von K und ist zentralsymmetrisch bezüglich o im Sinne der

Definition 8.4. Eine konvexe Untermenge K des A_n mit dem Ursprung o heißt *zentralsymmetrisch* bezüglich o, wenn $K = (-1)\,K$ ist.

Neben der durch Definition 8.1 gegebenen Summe $K + L$ zweier konvexer Mengen K und L des A_n spielt gelegentlich auch der ebenfalls von MINKOWSKI stammende Begriff der Differenz $K - L$ von K und L eine Rolle:

Definition 8.5. Es seien K und L beliebige konvexe Untermengen des A_n mit dem Koordinatenursprung o. Dann heißt die (von der Wahl von o durch Translation abhängende) Menge

$$K - L := \{z \in A_n; \, t_z(L) \subseteq K, \, t_z = \text{Translation des } A_n \text{ mit } t_z(o) = z\} \tag{118}$$

Differenz von K und L (bezüglich o).[1])

Satz 8.8. *Die Differenz $K - L$ zweier konvexer Mengen K und L des A_n ist wiederum konvex.*

Beweis. Sind z_1, z_2 beliebige Punkte von $K - L$, so haben wir nach (15) und (118) $t_{\lambda_1 z_1 + \lambda_2 z_2}(L) \subseteq \text{conv}\big(t_{z_1}(L) \cup t_{z_2}(L)\big) \subseteq K$, d. h.

$$\lambda_1 z_1 + \lambda_2 z_2 \in K - L \qquad (\lambda_1 + \lambda_2 = 1, \lambda_1 \geqq 0, \lambda_2 \geqq 0) \, . \; \square$$

Beispiel 8.3. *Äußere und innere Parallelmenge einer konvexen Menge des euklidischen Raumes.* Es sei K eine beliebige konvexe Menge des n-dimensionalen euklidischen Raumes R_n und $B_\varrho(o)$ die Vollkugel des R_n um den Ursprung o von R_n mit dem Radius $\varrho > 0$. Dann stellt

$$K_\varrho := K + B_\varrho(o) = \bigcup_{x \in K} B_\varrho(x) \tag{119}$$

(vgl. (104) und (103); $B_\varrho(x) = $ Vollkugel um x mit dem Radius ϱ) genau die Menge aller Punkte des R_n dar, die von einem geeigneten Punkt $x \in K$ einen Abstand kleiner oder gleich ϱ besitzen. K_ϱ wird daher *äußere Parallelmenge von K im Abstand ϱ* genannt. Entsprechend stellt

$$K_{-\varrho} := K - B_\varrho(o) = \{z \in R_n; \, B_\varrho(z) \subseteq K\} \qquad (\text{vgl. (118)}) \tag{120}$$

die Menge aller Punkte des R_n mit der Eigenschaft dar, daß alle von diesen höchstens mit dem Abstand ϱ entfernten Punkte zu K gehören. $K_{-\varrho}$ heißt daher *innere Parallelmenge von K im Abstand ϱ.*

Zum Schluß dieses Paragraphen beweisen wir noch für das kartesische Produkt zweier konvexer Mengen K und L zwei Sätze, welche den Sätzen 8.1 und 8.6 für die Summe zweier konvexer Mengen entsprechen:

Satz 8.9. *Es seien K bzw. L beliebige konvexe Untermengen des n-dimensionalen bzw. m-dimensionalen affinen Raumes A_n bzw. A_m. Außerdem sei A_{n+m} das kartesische Produkt von A_n und A_m. Dann ist das kartesische Produkt $K \times L$ von K und L wiederum eine konvexe Untermenge des $(n + m)$-dimensionalen affinen Raumes A_{n+m}.*

Beweis. Es seien (x_1, y_1) und (x_2, y_2) mit $x_1, x_2 \in K$, $y_1, y_2 \in L$ zwei beliebige Punkte von $K \times L$. Dann haben wir für einen beliebigen Punkt $z = \lambda_1(x_1, y_1) + \lambda_2(x_2, y_2)$ der Verbindungsstrecke dieser beiden Punkte von $K \times L$ wegen der Konvexität von K und von L:

$$z = (\lambda_1 x_1 + \lambda_2 x_2, \lambda_1 y_1 + \lambda_2 y_2) \in K \times L \quad (\lambda_1 + \lambda_2 = 1, \lambda_1 \geqq 0, \lambda_2 \geqq 0) \, .[2]) \; \square$$

---

[1]) Hierbei ist $K - L$ von der Linearkombination $K + (-1) L = \bigcup_{t_x(o) = x \in K} t_x((-1) L)$ (vgl. (104) und (103)) wohl zu unterscheiden!

[2]) Hierbei identifizieren wir wie üblich die Punkte von $K \times L$ mit ihren auf den Ursprung $(0, 0)$ des A_{n+m} bezogenen Ortsvektoren.

Satz 8.10. *Es seien P bzw. Q beliebige konvexe Polytope von A_n bzw. von A_m. Dann stellt $P \times Q$ wiederum ein konvexes Polytop von $A_{n+m} = A_n \times A_m$ dar.*

Beweis. Aufgrund von Satz 4.2 genügt es wegen der Kompaktheit von P und Q und damit von $P \times Q$ zu zeigen, daß die Extrempunktmenge der (nach Satz 8.9 konvexen) Menge $P \times Q$ endlich ist. Nun haben wir aber für einen beliebigen Punkt $z^{(0)} \in \mathrm{ext}(P \times Q)$: $z^{(0)} = (x^{(0)}, y^{(0)})$ mit $x^{(0)} \in \mathrm{ext}\, P$ und $y^{(0)} \in \mathrm{ext}\, Q$, da anderenfalls etwa $x^{(0)} = \lambda_1 x_1^{(0)} + \lambda_2 x_2^{(0)}$ und daher

$$z^{(0)} = (\lambda_1 x_1^{(0)} + \lambda_2 x_2^{(0)}, \lambda_1 y^{(0)} + \lambda_2 y^{(0)}) = \lambda_1 (x_1^{(0)}, y^{(0)}) + \lambda_2 (x_2^{(0)}, y^{(0)})$$

$$(\lambda_1 + \lambda_2 = 1, \lambda_1 > 0, \lambda_2 > 0, x_1^{(0)} \in P, x_2^{(0)} \in P, x_1^{(0)} \neq x_2^{(0)})$$

im Widerspruch zur Extrempunkteigenschaft von $z^{(0)}$ wäre. Also gilt $\mathrm{ext}(P \times Q) \subseteq \mathrm{ext}\, P \times \mathrm{ext}\, Q$[1]), und aus der Endlichkeit von $\mathrm{ext}\, P$ und $\mathrm{ext}\, Q$ folgt in der Tat die zu zeigende Endlichkeit von $\mathrm{ext}(P \times Q)$. $\square$

Linearkombination, Differenz- und kartesische Produktbildung stellen die wichtigsten Operationen dar, die aus dem Bereich der konvexen Mengen nicht herausführen. Andersartige und speziellere Operationen mit dieser Eigenschaft werden wir später kennenlernen.

Übungen

1. Man zeige durch Angabe eines Gegenbeispiels, daß die Beziehung $(\lambda + \mu)\, K = \lambda K + \mu K$ mit $\lambda > 0$, $\mu > 0$ für nicht konvexe Mengen K des A_n nicht erfüllt zu sein braucht (vgl. Satz 8.2).
2. Es sei $K := \sum\limits_{l=1}^{m} \lambda_l K_l$ die Linearkombination der konvexen Mengen K_l des A_n mit den Koeffizienten $\lambda_l \geqq 0$, wobei noch $\sum\limits_{l=1}^{m} \lambda_l > 0$ vorausgesetzt werde, und es sei weiter $x^{(0)} = \sum\limits_{l=1}^{m} \lambda_l x_l^{(0)}$ $(x_l^{(0)} \in K_l)$ ein exponierter Punkt von K. Es soll bewiesen werden, daß dann $x_l^{(0)} \in \exp K_l$ für jeden Index l mit $\lambda_l > 0$ gilt $(1 \leqq l \leqq m)$.
3. Man zeige durch Angabe eines Gegenbeispiels, daß die Summe zweier abgeschlossener konvexer Mengen K und L des A_n nicht abgeschlossen zu sein braucht.
4. Es seien K und L beliebige konvexe Untermengen des n-dimensionalen affinen Raumes A_n, und es sei $K \times L$ das in $A_n \times A_n = A_{2n}$ liegende (konvexe) kartesische Produkt von K und L. Man gebe eine affine Abbildung $f: A_{2n} \to A_n$ an, welche $K \times L$ auf die (damit nach Satz 1.3a) konvexe) Summe $K + L$ abbildet.

§ 9.   Geometrische Kennzeichnungen der Konvexität

Im letzten Paragraphen des ersten Kapitels wollen wir sehen, wie man aus geeigneten geometrischen Eigenschaften einer Untermenge bzw. einer ganzen Familie von Untermengen des affinen Raumes A_n auf die Konvexität dieser Mengen schließen kann. In diesem Zusammenhang beweisen wir zunächst einen Satz von

---

[1]) Man sieht leicht, daß sogar die Beziehung $\mathrm{ext}\,(P \times Q) = \mathrm{ext}\, P \times \mathrm{ext}\, Q$ richtig ist.

A. DVORETZKY[1]), welcher in einer gewissen Weise eine Umkehrung des Satzes 7.1 von HELLY über konvexe Mengen darstellt:

Satz 9.1. *Es sei* $\{X_\alpha\}_{\alpha \in A}$ *eine Familie von mindestens* $n + 2$ *kompakten Untermengen des* n-*dimenionalen affinen Raums* A_n, *die jeweils nicht in einer Hyperebene des* A_n *liegen sollen:*

$$\dim (\mathrm{aff}\, X_\alpha) = n \qquad (\alpha \in A)\,. \tag{121}$$

Außerdem setzen wir voraus, daß jede affin abgeänderte Familie $\{\widehat{X}_\alpha\}_{\alpha \in A}$ *mit* $\widehat{X}_\alpha := f_\alpha(X_\alpha)$ $(f_\alpha = $ *beliebige nichtausgeartete Affinität des* A_n; $\alpha \in A)$ *die Helly-Eigenschaft besitzt, d. h., daß alle ihre Mengen genau dann einen nichtleeren Durchschnitt besitzen, falls je* $n + 1$ *verschiedene ihrer Mengen einen nichtleeren Durchschnitt haben. Dann sind alle Mengen* X_α *konvex.*

Beweis. Wir beweisen Satz 9.1 indirekt und nehmen daher an, eine Menge X_{α_0} der Ausgangsfamilie $\{X_\alpha\}_{\alpha \in A}$ sei nicht konvex. Unter dieser Annahme werden wir dann eine affin abgeänderte Familie $\{Y_\alpha\}_{\alpha \in A}$ so konstruieren, daß diese die Helly-Eigenschaft nicht besitzt, was zum Widerspruch führen wird. Zu diesem Zweck bemerken wir zunächst, daß X_{α_0} mit $n + 1$ beliebigen affin unabhängigen Punkten $x_0, \dots, x_n$ nicht immer auch den offenen Kern des n-Simplex mit diesen Punkten als Eckpunkten enthalten kann. Anderenfalls würde nämlich X_{α_0} wegen seiner Abgeschlossenheit auch sämtliche derartige Simplizes ganz enthalten, und das gleiche wäre für die von $m + 1$ beliebigen affin unabhängigen Punkten $x_0, \dots, x_m$ von X_{α_0} $(0 \leq m < n)$ aufgespannten m-Simplizes richtig, da sich aufgrund von (121) die Punkte $x_0, \dots, x_m$ stets durch geeignete Punkte $x_{m+1}, \dots, x_n$ von X_{α_0} zu $n + 1$ affin unabhängigen Punkten ergänzen lassen. Damit wäre aber nach Satz 2.4

$$\mathrm{conv}\, X_{\alpha_0} = \bigcup_{\substack{x_0, \dots, x_m \in X_{\alpha_0} \\ \{x_0, \dots, x_m\}\, =\, \text{affin unabhängig}}} \mathrm{conv}\, \{x_0, \dots, x_m\} \subseteq X_{\alpha_0} \subseteq \mathrm{conv}\, X_{\alpha_0}$$

oder $\mathrm{conv}\, X_{\alpha_0} = X_{\alpha_0}$ im Gegensatz zur Annahme, daß X_{α_0} nicht konvex ist.

Also existieren $n + 1$ affin unabhängige Punkte

$$x_0^{(0)}, \dots, x_n^{(0)} \in X_{\alpha_0} \tag{122}$$

derart, daß ein Punkt

$$x^{(0)} \in (\mathrm{conv}\{x_0^{(0)}, \dots, x_n^{(0)}\})^0 \tag{123}$$

nicht zu X_{α_0} gehört:

$$x^{(0)} \notin X_{\alpha_0}\,. \tag{124}$$

Wir betrachten nun $n + 1$ weitere (nach Voraussetzung von Satz 9.1 existierende) Mengen $X_{\alpha_1}, \dots, X_{\alpha_{n+1}}$ unserer Familie $\{X_\alpha\}_{\alpha \in A}$, welche sowohl von X_{α_0} als auch unter sich verschieden sind. Jede dieser Mengen X_{α_i} besitzt wegen Satz 2.6 aufgrund ihrer Kompaktheit eine kompakte konvexe Hülle $\mathrm{conv}\, X_{\alpha_i}$, die nach Satz 4.5 (mindestens) einen exponierten Punkt $x^{(i)}$ $(i = 1, \dots, n + 1)$ enthält. Dabei ist nach Definition 4.3 für eine geeignete Stützhyperebene $A_{(i)}$ von $\mathrm{conv}\, X_{\alpha_i}$ bzw. den

---

[1]) Vgl. [23].

dadurch begrenzten und conv X_{α_i} enthaltenden abgeschlossenen Halbraum $\overline{H}_{(i)}$ $= H_{(i)} \cup A_{(i)}$

$$\operatorname{conv} X_{\alpha_i} \cap A_{(i)} = \{x^{(i)}\} \tag{125a}$$

bzw.

$$X_{\alpha_i} \subseteq \operatorname{conv} X_{\alpha_i} \subseteq H_{(i)} \cup \{x^{(i)}\} \qquad (i = 1, \ldots, n + 1) \,. \tag{125b}$$

Aus (125 b) ergibt sich weiter

$$x^{(i)} \in X_{\alpha_i} \qquad (i = 1, \ldots, n + 1) \,, \tag{126a}$$

da anderenfalls X_{α_i} und damit conv X_{α_i} in dem konvexen offenen Halbraum $H_{(i)}$ im Gegensatz zu (125a) enthalten wäre. Jetzt läßt sich wegen (121) in jedem X_{α_i} der Punkt $x^{(i)}$ durch n Punkte

$$x_0^{(i)}, \ldots, x_{i-2}^{(i)}, x_i^{(i)}, \ldots, x_n^{(i)} \in X_{\alpha_i} \qquad (i = 1, \ldots, n + 1) \tag{126b}$$

zu $n + 1$ affin unabhängigen Punkten ergänzen; und wir bezeichnen mit f_{α_0} die Identität bzw. mit f_{α_i} diejenige nichtausgeartete Affinität des A_n, welche diese affin unabhängigen Punkte in die $n + 1$ (nach (123) affin unabhängigen) Punkte $x^{(0)}, x_0^{(0)}, \ldots, x_{i-2}^{(0)}, x_i^{(0)}, \ldots, x_n^{(0)}$ überführt:

$$f_{\alpha_k}(x^{(k)}) = x^{(0)} \,, \quad f_{\alpha_k}(x_j^{(k)}) = x_j^{(0)} \quad (k = 0, \ldots, n + 1; j = 0, \ldots, n; j \neq k - 1) \,. \tag{127}$$

Außerdem existieren wegen (121) in den restlichen Mengen unserer Familie $\{X_\alpha\}_{\alpha \in A}$ je $n + 1$ affin unabhängige Punkte

$$x_0^{(l)}, \ldots, x_n^{(l)} \in X_{\alpha_l} \qquad (l = n + 2, n + 3, \ldots) \,, \tag{128}$$

welche durch geeignete Affinitäten f_{α_l} des A_n in die $n + 1$ affin unabhängigen Punkte $x_0^{(0)}, \ldots, x_n^{(0)}$ übergeführt werden können:

$$f_{\alpha_l}(x_j^{(l)}) = x_j^{(0)} \qquad (l = n + 2, n + 3, \ldots; \ j = 0, \ldots, n) \,. \tag{129}$$

Nach diesen Vorbereitungen ist es nicht schwer einzusehen, daß die affin abgeänderte Familie $\{Y_\alpha\}_{\alpha \in A}$ mit

$$Y_{\alpha_k} := f_{\alpha_k}(X_{\alpha_k}) \ (k = 0, \ldots, n + 1) \,, \quad Y_{\alpha_l} := f_{\alpha_l}(X_{\alpha_l}) \ (l = n + 2, n+3, \ldots) \tag{130}$$

die Helly-Eigenschaft nicht besitzen kann: In der Tat haben die $n + 1$ Mengen $Y_{\alpha_1}, \ldots, Y_{\alpha_{n+1}}$ wegen (130), (126a) und (127) den Punkt $x^{(0)}$ gemeinsam, während irgendwelche andere $n + 1$ Mengen aus $\{Y_\alpha\}_{\alpha \in A}$ mit vom Index α_i verschiedenen Indizes aufgrund von (130), (126b), (127), (128) und (129) den Punkt $x_{i-1}^{(0)}$ enthalten $(i = 1, \ldots, n + 1)$. Andererseits ist nach (130), (125b) und (127)

$$Y_{\alpha_i} \subseteq f_{\alpha_i}(H_{(i)}) \cup \{x^{(0)}\} \qquad (i = 1, \ldots, n + 1) \,, \tag{131}$$

wobei die offenen Halbräume $f_{\alpha_i}(H_{(i)})$ des A_n wie Y_{α_i} die Punkte $x_0^{(0)}, \ldots, x_{i-2}^{(0)}, x_i^{(0)}, \ldots, x_n^{(0)}$ enthalten und durch die (wegen (125a) und (127) durch $x^{(0)}$ gehenden) Hyperebenen $f_{\alpha_i}(A_{(i)})$ begrenzt werden. Aus diesem Grund liegen die räumlichen Ecken $R_{(i)}$ (vgl. S. 38), welche von den von $x^{(0)}$ ausgehenden und $x_0^{(0)}$ bzw. ... bzw. $x_{i-2}^{(0)}$ bzw. $x_i^{(0)}$ bzw. ... bzw. $x_n^{(0)}$ passierenden abgeschlossenen Halbgeraden aufgespannt werden, mit Ausnahme von $x^{(0)}$ in $f_{\alpha_i}(H_{(i)})$ $(i = 1, \ldots, n + 1)$; ihre Ver-

einigung $\bigcup\limits_{h=1}^{n+1} R_{(h)}$ ist aufgrund von (123) der ganze Raum A_n. Nun haben wir für
die Spiegelbilder $R'_{(i)}$ der räumlichen Ecken $R_{(i)}$ an ihrer gemeinsamen Spitze $x^{(0)}$

$$R'_{(i)} \cap f_{\alpha_i}(H_{(i)}) = \emptyset \qquad (i = 1, \ldots, n+1) \tag{132}$$

und

$$\bigcup\limits_{h=1}^{n+1} R'_{(h)} = A_n \,. \tag{133}$$

Aus (133), (131) und (132) folgt aber

$$\bigcap\limits_{i=1}^{n+1} Y_{\alpha_i} = \bigcup\limits_{h=1}^{n+1} \left(R'_{(h)} \cap \left(\bigcap\limits_{i=1}^{n+1} Y_{\alpha_i} \right) \right) \subseteq \bigcup\limits_{h=1}^{n+1} (R'_{(h)} \cap Y_{\alpha_h}) \subseteq \{x^{(0)}\}$$

und damit wegen der aus (124), (127) und (130) resultierenden Beziehung $x^{(0)} \notin X_{\alpha_0}$
$= f_{\alpha_0}(X_{\alpha_0}) = Y_{\alpha_0}$

$$\bigcap\limits_{\alpha \in A} Y_\alpha \subseteq \bigcap\limits_{k=0}^{n+1} Y_{\alpha_k} = \emptyset \,.$$

Also hat $\{Y_\alpha\}_{\alpha \in A}$ im Widerspruch zur Voraussetzung nicht die Helly-Eigenschaft,
womit unsere Annahme, X_{α_0} sei nicht konvex, zum Widerspruch geführt und
Satz 9.1 bewiesen ist. □

Der Charakterisierung der Konvexität bei *kompakten* Untermengen des A_n in
Satz 9.1 mittels Umkehrung des Satzes von HELLY läßt sich eine andere Art von
Charakterisierung der Konvexität *zusammenhängender* Untermengen des A_n an die
Seite stellen, bei der die Durchschnittsabgeschlossenheit (siehe Satz 1.4) und die
Invarianz gegenüber nichtausgearteten Affinitäten (siehe Satz 1.3) eine ausschlag-
gebende Rolle spielen:

S a t z 9.2. *Es sei Σ ein System zusammenhängender Untermengen des n-dimen-
sionalen affinen Raumes A_n, welches durchschnittsabgeschlossen in dem Sinne ist,
daß der Durchschnitt $\bigcap\limits_{\alpha \in A} X_\alpha$ der Mengen jeder Familie $\{X_\alpha\}_{\alpha \in A}$ von Mengen aus Σ
wieder zu Σ gehört. Außerdem setzen wir voraus, daß Σ affininvariant ist, d. h., daß
Σ mit jeder Menge auch deren Bild bei einer beliebigen nichtausgearteten Affinität
des A_n enthält. Dann ist jede Menge X aus Σ konvex.*[1])

B e w e i s. Unsere Behauptung ist im Fall $n = 1$ trivial, da bekanntlich die einzigen echten zusammenhängenden Untermengen der Gerade A_1 offene bzw. halboffene bzw. abgeschlossene Intervalle und damit konvex sind. Außerdem ist unsere
Behauptung schon in den Fällen erwiesen, in denen X die leere Menge oder ein
Punkt des A_n oder der ganze Raum A_n ist. Wir setzen daher o. B. d. A. im folgenden
voraus, daß $n \geq 2$ ist und X zwei spezielle verschiedene Punkte $x_1^{(0)}$, $x_2^{(0)} \in A_n$
enthält sowie einen speziellen Punkt $y^{(0)} \in A_n$ nicht enthält. $G^{(0)} := x_1^{(0)} \vee x_2^{(0)}$
sei die Verbindungsgerade von $x_1^{(0)}$ und $x_2^{(0)}$. Dann ist entweder $y^{(0)} \in G^{(0)}$ oder
$y^{(0)} \notin G^{(0)}$. Wir führen den Beweis zunächst nur für den zweiten Fall weiter und

---

[1]) Nach einer mündlichen Mitteilung von R. HAMMER. Vgl. dazu auch [24].

betrachten dazu $n - 1$ beliebige, durch $G^{(0)}$ gehende Hyperebenen A_k des A_n mit $G^{(0)} = \bigcap\limits_{k=1}^{n-1} A_k$ und $y^{(0)} \notin A_k$ $(k = 1, \ldots, n - 1)$. Ist jetzt f_{y_k} diejenige Scherung des A_n, welche A_k punktweise festläßt und $y^{(0)}$ in den (beliebigen) Punkt y_k der durch $y^{(0)}$ gehenden Parallelhyperebene A_k' von A_k überführt, so gilt offensichtlich $y_k \notin f_{y_k}(X)$, woraus

$$A_k' \cap \left(\bigcap\limits_{y_k \in A_k'} f_{y_k}(X) \right) = \emptyset \qquad (k = 1, \ldots, n - 1) \tag{134}$$

resultiert. Dabei stellt $X_k' := \bigcap\limits_{y_k \in A_k'} f_{y_k}(X)$ nach Voraussetzung eine Menge aus Σ, d. h. eine zusammenhängende Untermenge des A_n dar, welche aus diesem Grunde aufgrund von (134) und von $x_1^{(0)} \in X_k'$, $x_2^{(0)} \in X_k'$ in dem von A_k' begrenzten und A_k enthaltenden offenen Halbraum H_k' des A_n enthalten sein muß: $X_k' \subseteq H_k'$. Spiegelt man hierbei noch X_k' und H_k' affin an der Hyperebene A_k, so folgt für die Spiegelbilder X_k'' und H_k'' ebenfalls $X_k'' \subseteq H_k''$. Daher liegt die nach Voraussetzung zu Σ gehörende Menge $Y_k := X_k' \cap X_k''$ in dem „Parallelstreifen" $H_k' \cap H_k''$ des A_n mit der „Seele" A_k:

$$Y_k \subseteq H_k' \cap H_k'' \qquad (k = 1, \ldots, n - 1) \,. \tag{135}$$

Wir bemerken, daß Y_k wie X_k' und X_k'' die auf A_k liegenden Punkte $x_1^{(0)}$ und $x_2^{(0)}$ enthält.

Nun gibt es eine Folge nichtausgearteter affiner „Kontraktionen" $f_\nu^{(k)}$ des A_n $(\nu = 1, 2, \ldots)$, welche A_k punktweise festlassen und den Parallelstreifen $H_k' \cap H_k''$ in Parallelstreifen mit der Eigenschaft

$$\bigcap\limits_{\nu=1}^{\infty} f_\nu^{(k)}(H_k' \cap H_k'') = A_k \qquad (k = 1, \ldots, n - 1) \tag{136}$$

überführen. Wegen (135) und (136) gilt dann für die nach Voraussetzung zu Σ gehörende Menge $Z_k := \bigcap\limits_{\nu=1}^{\infty} f_\nu^{(k)}(Y_k)$

$$Z_k \subseteq A_k \qquad (k = 1, \ldots, n - 1) \,, \tag{137}$$

wobei Z_k wiederum wie Y_k die Punkte $x_1^{(0)}$ und $x_2^{(0)}$ enthält. Schließlich haben wir aufgrund von (137) und $\bigcap\limits_{k=1}^{n-1} A_k = G^{(0)}$ für $Z^{(0)} := \bigcap\limits_{k=1}^{n-1} Z_k$

$$Z^{(0)} \subseteq G^{(0)} \quad \text{mit} \quad Z^{(0)} \in \Sigma; \tag{138}$$

dabei gilt $x_1^{(0)} \in Z^{(0)}$, $x_2^{(0)} \in Z^{(0)}$ und daher wegen des Zusammenhangs von $Z^{(0)}$ sogar

$$x_1^{(0)} x_2^{(0)} \subseteq Z^{(0)} \,. \tag{139}$$

Im bisher ausgeschlossenen Fall $y^{(0)} \in G^{(0)}$ führen die bisherigen Überlegungen ebenfalls zur Existenz einer Menge $Z^{(0)}$ aus Σ mit (138) und (139), wenn darin $y^{(0)}$ durch einen nicht zu X gehörenden Punkt $y^{(0)\prime}$ mit $y^{(0)\prime} \notin G^{(0)}$ ersetzt wird, falls es einen derartigen Punkt gibt. Ist jedoch $A_n \setminus G^{(0)} \subseteq X$, so ersetze man $x_1^{(0)}$, $x_2^{(0)}$

durch zwei verschiedene Punkte $x_1^{(0)'}$, $x_2^{(0)'}$ auf einer von $G^{(0)}$ verschiedenen, aber zu $G^{(0)}$ parallelen Geraden $G^{(0)'}$. Dann haben wir $x_1^{(0)'} \in X$, $x_2^{(0)'} \in X$, $y^{(0)} \notin G^{(0)'}$ und finden wie im vorigen Abschnitt die Existenz einer Menge $Z^{(0)'} \in \Sigma$ mit $Z^{(0)'} \subseteq G^{(0)'}$ und $x_1^{(0)'}x_2^{(0)'} \subseteq Z^{(0)'}$, welche durch eine geeignete nichtausgeartete Affinität f' des A_n mit der Eigenschaft $f'(x_1^{(0)'}) = x_1^{(0)}, f'(x_2^{(0)'}) = x_2^{(0)}$ in eine den Beziehungen (138) und (139) genügende Menge $Z^{(0)}$ abgebildet werden kann.

Nachdem wir auf diese Weise in beiden Fällen eine Menge $Z^{(0)}$ mit (138) und (139) gefunden haben, ist der Nachweis der Konvexität von X sehr einfach: Es seien x_1, x_2 zwei beliebige verschiedene Punkte von X. Eine geeignete nichtausgeartete Affinität f des A_n mit $f(x_1^{(0)}) = x_1$, $f(x_2^{(0)}) = x_2$ führt $Z^{(0)} \in \Sigma$ in eine Menge $Z \in \Sigma$ über, für die

$$x_1 x_2 \subseteq Z \subseteq G := x_1 \vee x_2$$

gilt. Dann ist nach Voraussetzung $X \cap Z$ eine Menge von Σ mit

$$x_1 \in X \cap Z, \qquad x_2 \in X \cap Z, \qquad X \cap Z \subseteq G.$$

Daraus resultiert aber aufgrund des (nach Voraussetzung existierenden) Zusammenhangs von $X \cap Z$

$$x_1 x_2 \subseteq X \cap Z \subseteq X$$

(vgl. (139)), womit X als konvex erkannt ist. $\square$

Zum Schluß dieses Paragraphen wollen wir noch eine bemerkenswerte, von T. S. Motzkin[1]) stammende Charakterisierung der Konvexität bei *abgeschlossenen* Untermengen des *euklidischen* Raumes R_n aufzeigen:

Satz 9.3. *Es sei X eine nichtleere, abgeschlossene Untermenge des n-dimensionalen euklidischen Raumes R_n mit der Eigenschaft, daß zu einem beliebigen Punkt z_0 des R_n genau ein einziger nächster Punkt x_0 von X existiert:*

$$\partial B_{\varrho_0}(z_0) \cap X = \{x_0\}\,{}^2) \quad mit \quad \varrho_0 := \underset{x \in X}{\text{Min}} \|x - z_0\| = \|x_0 - z_0\|\,{}^3). \qquad (140)$$

Dann ist X konvex.[4])

Beweis. Wir führen den Beweis indirekt und nehmen daher an, X sei nicht konvex. Dann seien x_1 und x_2 zwei Punkte von X, auf deren Verbindungsstrecke $x_1 x_2$ ein Punkt y_0 mit $y_0 \notin X$ liegt. Wegen der vorausgesetzten Abgeschlossenheit von X existiert nun ein $\varepsilon_0 > 0$ so, daß für die Vollkugel $B_{\varepsilon_0}(y_0)$ um y_0 mit dem Radius ε_0

$$B_{\varepsilon_0}(y_0) \cap X = \emptyset \qquad\qquad\qquad (141)$$

---

[1]) Vgl. [25].

[2]) $B_{\varrho_0}(z_0)$ ist wie üblich eine Vollkugel des R_n um z_0 mit dem Radius $\varrho_0 \geq 0$.

[3]) Hierbei wird das Minimum wegen der Abgeschlossenheit von X und der Stetigkeit des euklidischen Abstands angenommen.

[4]) (140) ist eine notwendige Bedingung für die Konvexität von X; existierten nämlich zwei verschiedene zu z_0 nächste Punkte x_1 und x_2 von einem konvexen X, so wäre $\frac{1}{2}(x_1 + x_2)$ ein zu z_0 noch näherer Punkt von X.

gilt. Wir betrachten jetzt die Menge Ω aller Vollkugeln $B_\varrho(z)$ des R_n mit den Mittelpunkten z und den Radien $\varrho > 0$, welche den Bedingungen

$$B_{\varepsilon_0}(y_0) \subseteq B_\varrho(z) \tag{142}$$

und

$$\left(B_\varrho(z)\right)^0 \cap X = \emptyset \tag{143}$$

genügen. Aus (142) und den aus (143) resultierenden Beziehungen $x_1 \notin \left(B_\varrho(z)\right)^0$, $x_2 \notin \left(B_\varrho(z)\right)^0$ entnimmt man, daß die Menge der Radien ϱ der Vollkugeln $B_\varrho(z)$ von Ω nach oben beschränkt sein muß. Da diese Kugeln wegen (142) alle den festen Punkt y_0 enthalten, ist weiter auch die Menge ihrer Mittelpunkte z beschränkt. Ist daher $\varrho_0 := \sup\limits_{B_\varrho(z)\in\Omega} \varrho$ und $\{B_{\varrho_\nu}(z_\nu)\}_{\nu\in N}$ eine Folge von Vollkugeln $B_{\varrho_\nu}(z_\nu) \in \Omega$ mit $\lim\limits_{\nu\to\infty} \varrho_\nu = \varrho_0$, so kann o. B. d. A. $\lim\limits_{\nu\to\infty} z_\nu =: z_0$ angenommen werden, und $B_{\varrho_0}(z_0)$ stellt wegen

$$B_{\varepsilon_0}(y_0) \subseteq B_{\varrho_0}(z_0) \tag{144}$$

und

$$\left(B_{\varrho_0}(z_0)\right)^0 \cap X = \emptyset \tag{145}$$

eine Kugel aus Ω mit maximalem Radius dar. Jetzt muß

$$B_{\varrho_0}(z_0) \cap X \neq \emptyset \tag{146}$$

sein, da anderenfalls $\varrho_1 := \min\limits_{x\in X} \|x - z_0\| > \varrho_0$ (vgl. die Fußnote [3]) von S. 95) und damit $\left(B_{\varrho_1}(z_0)\right)^0 \cap X = \emptyset$ sowie $B_{\varepsilon_0}(y_0) \subseteq B_{\varrho_1}(z_0)$, d. h. $B_{\varrho_1}(z_0) \in \Omega$ im Widerspruch zur Definition von ϱ_0 wäre. Aus (145) und (146) folgt aber $\varrho_0 = \min\limits_{x\in X} \|x - z_0\|$, so daß aufgrund der Voraussetzung von Satz 9.3 für einen geeigneten Punkt $x_0 \in X$ die Beziehung (140) gilt. Nun gehört $B_{\varepsilon_0}(y_0)$ nach (141) zu Ω, und aus (141) folgt gleichfalls, daß der Radius ε_0 dieser Vollkugel kleiner als der Maximalradius ϱ_0 der Vollkugeln aus Ω sein muß, da für *jede* Vollkugel aus Ω mit dem Radius ϱ_0 die entgegengesetzte Beziehung (146) zutrifft. Aus diesem Grund hat die Randsphäre $\partial B_{\varrho_0}(z_0)$ der (nach (144) $B_{\varepsilon_0}(y_0)$ enthaltenden) Vollkugel $B_{\varrho_0}(z_0)$ mit $B_{\varepsilon_0}(y_0)$ entweder keinen Punkt oder nur einen Punkt w_0 gemeinsam, welcher nach (141) von dem zu X gehörenden Punkt x_0 von $\partial B_{\varrho_0}(z_0)$ (vgl. (140)) verschieden ist. Verschieben wir jetzt $B_{\varrho_0}(z_0)$ ein hinreichend kleines Stück in Richtung des Vektors $z_0 - x_0$, falls $\partial B_{\varrho_0}(z_0) \cap B_{\varepsilon_0}(y_0) = \emptyset$ ist, bzw. in Richtung von $w_0 - x_0$, falls $\partial B_{\varrho_0}(z_0) \cap B_{\varepsilon_0}(y_0)$

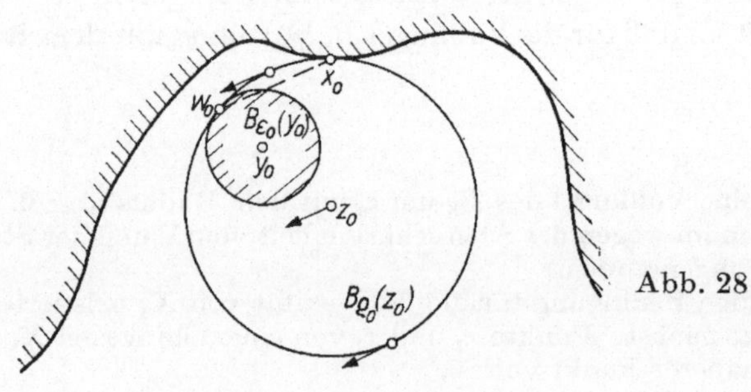

Abb. 28

$= \{w_0\}$ gilt, so wird die Berührung (140) aufgehoben, und $B_{\varrho_0}(z_0)$ gelangt in eine Lage $B_{\varrho_0}(z_0')$ mit

$$B_{\varepsilon_0}(y_0) \subseteq B_{\varrho_0}(z_0')$$

und

$$B_{\varrho_0}(z_0') \cap X = \emptyset \qquad \text{(vgl. Abb. 28)}\,.$$

Daraus folgt, daß $B_{\varrho_0}(z_0')$ wieder eine Vollkugel aus Ω ist, wobei im Gegensatz zur Definition von ϱ_0 sogar auch die Vollkugel $B_{\varrho_2}(z_0')$ mit $\varrho_2 := \underset{x \in X}{\text{Min}}\, ||x - z_0'|| > \varrho_0$ zu Ω gehören muß. Dieser Widerspruch zeigt endlich, daß die Annahme, X sei nicht konvex, falsch ist. $\square$

Weitere, insbesondere topologische Charakterisierungen der Konvexität einer Untermenge X des A_n stammen u. a. von G. AUMANN[1]).

---

[1]) Vgl. dazu [26].

II. Analytische Darstellung konvexer Mengen

§ 10. Konvexe Funktionen

Um im folgenden konvexe Mengen in geeigneter Weise analytisch darstellen zu können, benötigen wir zunächst den Begriff einer *konvexen Funktion*. Dazu gehen wir von dem Begriff einer *affinen Funktion*, d. h. einer affinen Abbildung des n-dimensionalen affinen Raumes A_n in die Zahlengerade A_1, aus und bemerken, daß bekanntlich eine Abbildung $f : A_n \rightarrow A_1$ genau dann affin ist, wenn der Graph $G(f) := \{(x, f(x)) \in A_n \times A_1 = A_{n+1};\ x = \text{beliebig} \in A_n\}$ eine Hyperebene des A_{n+1} darstellt. Um jetzt in ähnlicher Weise eine konvexe Funktion definieren zu können, führen wir anstelle von $G(f)$ den sogenannten Epigraph $E(f)$ von f ein:

Definition 10.1. Es sei f eine reellwertige, auf einem Bereich D_f des n-dimensionalen affinen Raumes A_n definierte Funktion. Dann heißt die durch

$$E(f) := \{(x, \alpha) \in A_n \times A_1 = A_{n+1};\ x \in D_f, f(x) \leqq \alpha\} \tag{147}$$

definierte Untermenge des $(n + 1)$-dimensionalen affinen Raumes A_{n+1} *Epigraph* von f.

Außerdem benötigen wir noch die

Definition 10.2. Eine konvexe Untermenge K des A_n heißt *streng konvex*, wenn jeder von x_1 und x_2 verschiedene Punkt einer beliebigen in K liegenden Strecke $x_1 x_2$ schon zum offenen Kern K^0 von K gehört (vgl. Definition 1.3).

Jetzt gilt

Definition 10.3. Eine auf einer *konvexen* bzw. *offenen konvexen*[1]) Untermenge D_f des A_n definierte reellwertige Funktion f heißt genau dann *konvex* bzw. *streng konvex*, wenn der Epigraph $E(f)$ von f eine konvexe bzw. streng konvexe Untermenge des A_{n+1} darstellt.

Wir stellen Definition 10.3 die folgende algebraische Definition zur Seite:

Definition 10.4. Eine auf einer konvexen bzw. offenen konvexen[1]) Untermenge D_f des A_n definierte reellwertige Funktion f heißt genau dann *konvex* bzw.

---

[1]) Jede offene konvexe Untermenge des A_n ist im Sinne von Definition 10.2 streng konvex.

streng konvex, wenn für beliebige, paarweise verschiedene[1]) Punkte $x_1, \ldots, x_k$ $(k \geq 2)$ von D_f und beliebige positive Zahlen $\lambda_1, \ldots, \lambda_k$ mit $\sum\limits_{l=1}^{k} \lambda_l = 1$ die sogenannte Jensensche Ungleichung

$$f\left(\sum_{l=1}^{k} \lambda_l x_l\right) \leqq \sum_{l=1}^{k} \lambda_l f(x_l) \tag{148}$$

bzw.

$$f\left(\sum_{l=1}^{k} \lambda_l x_l\right) < \sum_{l=1}^{k} \lambda_l f(x_l) \tag{149}$$

besteht.

Satz 10.1. *Die Definitionen 10.3 und 10.4 sind äquivalent.*

Beweis. Zunächst sei f eine konvexe Funktion im Sinne von Definition 10.4. Dann enthält $E(f)$ nach Definition 10.1 mit zwei beliebigen verschiedenen Punkten (x_1, α_1) und (x_2, α_2) auch jeden inneren Punkt $(\lambda_1 x_1 + \lambda_2 x_2, \lambda_1 \alpha_1 + \lambda_2 \alpha_2)$ der Verbindungsstrecke dieser Punkte wegen der aus der Konvexität von D_f und (148) folgenden Beziehungen $\lambda_1 x_1 + \lambda_2 x_2 \in D_f$ und

$$f(\lambda_1 x_1 + \lambda_2 x_2) \leqq \lambda_1 f(x_1) + \lambda_2 f(x_2) \leqq \lambda_1 \alpha_1 + \lambda_2 \alpha_2 \tag{150}$$

$$(\lambda_1 + \lambda_2 = 1, \lambda_1 > 0, \lambda_2 > 0) \, ,$$

d. h., $E(f)$ ist konvex. Ist außerdem f noch streng konvex im Sinne von Definition 10.4, so ist der Punkt $(\lambda_1 x_1 + \lambda_2 x_2, \lambda_1 \alpha_1 + \lambda_2 \alpha_2)$ sogar ein Punkt des offenen Kerns $(E(f))^0$ von $E(f)$, wie man folgendermaßen indirekt einsieht: Wäre besagter Punkt ein Randpunkt der schon als konvex erkannten Menge $E(f)$, so existierte nach Satz 3.2 eine durch ihn gehende Stützhyperebene von $E(f)$. Wegen der im Fall $x_1 \neq x_2$ aus (149) resultierenden Ungleichung

$$f(\lambda_1 x_1 + \lambda_2 x_2) < \lambda_1 f(x_1) + \lambda_2 f(x_2) \leqq \lambda_1 \alpha_1 + \lambda_2 \alpha_2$$

und wegen der im Fall $x_1 = x_2$ aus $(x_1, \alpha_1) \neq (x_2, \alpha_2)$ und damit $\alpha_1 \neq \alpha_2$ folgenden Beziehung

$$f(\lambda_1 x_1 + \lambda_2 x_2) = \lambda_1 f(x_1) + \lambda_2 f(x_2) < \lambda_1 \alpha_1 + \lambda_2 \alpha_2$$

enthielte diese Stützhyperebene wegen ihrer Stützeigenschaft die zum Epigraphen $E(f)$ gehörende abgeschlossene Halbgerade $\{(\lambda_1 x_1 + \lambda_2 x_2, \alpha) \in A_{n+1}; f(\lambda_1 x_1 + \lambda_2 x_2) \leqq \alpha\}$. Diese Stützhyperebene müßte daher von der Form $A \times A_1$ sein, wobei A eine Stützhyperebene von D_f relativ zu A_n darstellt. Dies ist aber aufgrund von $\lambda_1 x_1 + \lambda_2 x_2 \in A$ und von $\lambda_1 x_1 + \lambda_2 x_2 \in D_f = (D_f)^0$ unmöglich. Damit ist die strenge Konvexität von $E(f)$ (vgl. Definition 10.2) und daher auch die strenge Konvexität von f im Sinne von Definition 10.3 gezeigt.

---

[1]) Dies stellt keine Einschränkung der Allgemeinheit dar, da in den folgenden Ungleichungen (148) und (149) Glieder mit gleichen Argumentpunkten zusammengefaßt werden können.

7*

Ist jetzt umgekehrt f konvex bzw. streng konvex im Sinne von Definition 10.3, so finden wir für zwei beliebige, aber verschiedene Punkte x_1, $x_2 \in D_f$ wegen der Zugehörigkeit des inneren Punktes $(\lambda_1 x_1 + \lambda_2 x_2, \lambda_1 f(x_1) + \lambda_2 f(x_2))$ der Strecke $(x_1, f(x_1))(x_2, f(x_2))$ zu $E(f)$ bzw. zu $(E(f))^0$ nach Definition 10.1 die Relation

$$f(\lambda_1 x_1 + \lambda_2 x_2) \leqq \lambda_1 f(x_1) + \lambda_2 f(x_2) \tag{151}$$

bzw.

$$f(\lambda_1 x_1 + \lambda_2 x_2) < \lambda_1 f(x_1) + \lambda_2 f(x_2) \tag{152}$$

$$(\lambda_1 + \lambda_2 = 1, \lambda_1 > 0, \lambda_2 > 0) \ .$$

Damit sind die zu beweisenden Beziehungen (148) bzw. (149) im Fall $k = 2$ als richtig erkannt. Nehmen wir an, sie seien bereits für Linearkombinationen mit $k - 1$ Summanden ($k \geqq 3$) bewiesen, so folgt wegen

$$f\left(\sum_{l=1}^{k} \lambda_l x_l\right) = f\left(\left(\sum_{m'=1}^{k-1} \lambda_{m'}\right)\left(\sum_{l'=1}^{k-1} \mu_{l'} x_{l'}\right) + \lambda_k x_k\right) \leqq \left(\sum_{m'=1}^{k-1} \lambda_{m'}\right) f\left(\sum_{l'=1}^{k-1} \mu_{l'} x_{l'}\right) + \lambda_k f(x_k)$$

$$\underset{(<)}{\leqq} \sum_{l'=1}^{k-1} \left(\sum_{m'=1}^{k-1} \lambda_{m'}\right) \mu_{l'} f(x_{l'}) + \lambda_k f(x_k) = \sum_{l=1}^{k} \lambda_l f(x_l)$$

$$\left(\sum_{l=1}^{k} \lambda_l = 1, \lambda_1 > 0, \ \ldots, \lambda_k > 0, \ \mu_1 = \frac{\lambda_1}{\sum\limits_{m'=1}^{k-1} \lambda_{m'}}, \ \ldots, \mu_{k-1} = \frac{\lambda_{k-1}}{\sum\limits_{m'=1}^{k-1} \lambda_{m'}}\right)$$

ihre Richtigkeit für Linearkombinationen mit k Summanden. Vollständige Induktion nach k zeigt also die Allgemeingültigkeit von (148) bzw. (149) und damit die Konvexität bzw. die strenge Konvexität im Sinne von Definition 10.4, womit Satz 10.1 vollständig bewiesen ist. $\square$

Bemerkung 10.1. Der vorangegangene Beweis zeigt, daß *bereits die Gültigkeit der Ungleichungen (151) bzw. (152) für beliebige, aber verschiedene Punkte x_1, x_2 der konvexen bzw. offenen konvexen Untermenge D_f des A_n eine konvexe bzw. streng konvexe Funktion f charakterisiert.*

Beispiel 10.1. *Euklidischer Abstand von einem festen Punkt.* In dem n-dimensionalen euklidischen Raum R_n mit einer offenen konvexen Untermenge K sei durch

$$d_{x_0}(x) = ||x - x_0|| = \langle x - x_0, x - x_0 \rangle^{1/2}$$

die euklidische Abstandsfunktion d_{x_0} erklärt, wobei x_0 ein beliebiger, aber fester Punkt des R_n ist. Dann ist für einen beliebigen inneren Punkt $\lambda_1 x_1 + \lambda_2 x_2$ einer Strecke $x_1 x_2$ von K aufgrund der Schwarzschen Ungleichung

$$(d_{x_0}(\lambda_1 x_1 + \lambda_2 x_2))^2 = \langle \lambda_1(x_1 - x_0) + \lambda_2(x_2 - x_0), \lambda_1(x_1 - x_0) + \lambda_2(x_2 - x_0) \rangle$$

$$\leqq (\lambda_1)^2 \langle x_1 - x_0, x_1 - x_0 \rangle + 2\lambda_1\lambda_2 \langle x_1 - x_0, x_1 - x_0 \rangle^{1/2}$$

$$\times \langle x_2 - x_0, x_2 - x_0 \rangle^{1/2} + (\lambda_2)^2 \langle x_2 - x_0, x_2 - x_0 \rangle$$

$$= (\lambda_1 d_{x_0}(x_1) + \lambda_2 d_{x_0}(x_2))^2 \quad (\lambda_1 + \lambda_2 = 1, \lambda_1 > 0, \lambda_2 > 0) \ ,$$

$$\tag{153}$$

wobei genau dann Gleichheit eintritt, wenn

$$\langle x_1 - x_0, x_2 - x_0 \rangle = \langle x_1 - x_0, x_1 - x_0 \rangle^{1/2} \langle x_2 - x_0, x_2 - x_0 \rangle^{1/2}$$

gilt oder — damit gleichbedeutend — wenn x_0 auf der Verlängerung der Strecke $x_1 x_2$ liegt bzw. mit x_1 oder x_2 zusammenfällt. (153) zeigt, daß die Einschränkung von d_{x_0} auf K eine konvexe Funktion darstellt, welche allerdings nicht streng konvex sein kann, da wegen der Voraussetzung der Offenheit von K der eben erwähnte geometrische Tatbestand nicht auszuschließen ist.

Beispiel 10.2. *Funktion auf der Zahlengeraden mit monoton wachsender Ableitung.* Es sei durch $\eta = f(\xi)$ eine überall als differenzierbar vorausgesetzte reellwertige Funktion f auf der reellen Zahlengeraden A_1 gegeben, deren Ableitung f' eine monoton bzw. eigentlich monoton wachsende Funktion ist. Wir betrachten zwei beliebige Punkte ξ_1, ξ_2 von A_1 mit $\xi_1 < \xi_2$ und deren Zwischenpunkt $\lambda_1 \xi_1 + \lambda_2 \xi_2$ mit $\lambda_1 + \lambda_2 = 1, \lambda_1 > 0, \lambda_2 > 0$. Es sei g die durch

$$g(\xi) := f(\lambda_1 \xi_1 + \lambda_2 \xi_2) + f'(\lambda_1 \xi_1 + \lambda_2 \xi_2) \, (\xi - (\lambda_1 \xi_1 + \lambda_2 \xi_2))$$

definierte affine Funktion. Dann liegen nach dem Mittelwertsatz der Differentialrechnung wegen der Monotonie von f' die Punkte $(\xi_1, f(\xi_1))$ und $(\xi_2, f(\xi_2))$ im Epigraphen $E(g)$ bzw. in dessen offenem Kern $(E(g))^0$, also liegt auch der Punkt $(\lambda_1 \xi_1 + \lambda_2 \xi_2, \lambda_1 f(\xi_1) + \lambda_2 f(\xi_2))$ in $E(g)$ bzw. in $(E(g))^0$, woraus

$$f(\lambda_1 \xi_1 + \lambda_2 \xi_2) = g(\lambda_1 \xi_1 + \lambda_2 \xi_2) \leqq \lambda_1 f(\xi_1) + \lambda_2 f(\xi_2)$$

bzw.

$$f(\lambda_1 \xi_1 + \lambda_2 \xi_2) = g(\lambda_1 \xi_1 + \lambda_2 \xi_2) < \lambda_1 f(\xi_1) + \lambda_2 f(\xi_2)$$

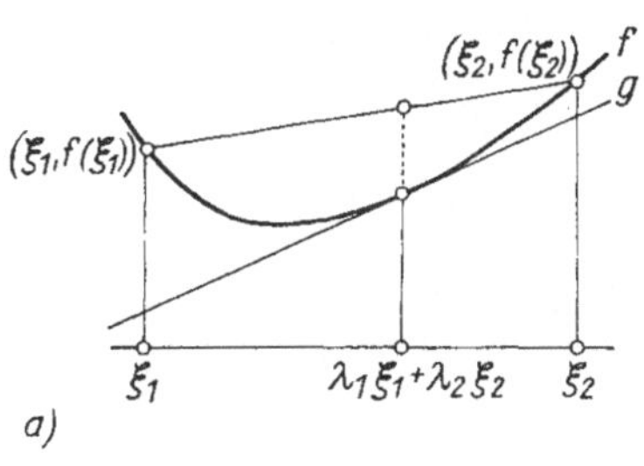

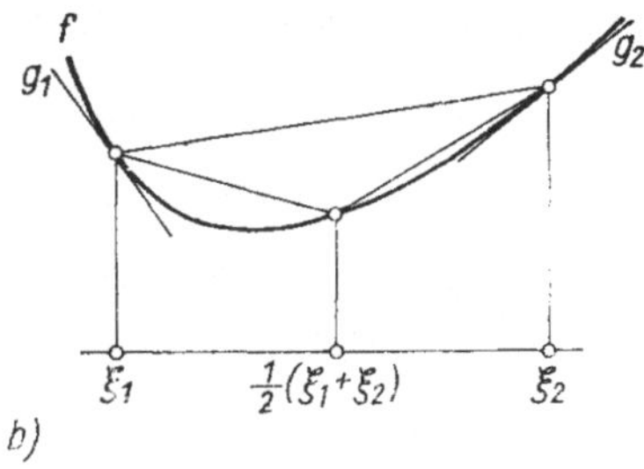

Abb. 29

resultiert (vgl. Abb. 29 a). Aufgrund von Bemerkung 10.1 ist daher f eine konvexe bzw. streng konvexe Funktion, je nachdem, ob f' monoton bzw. eigentlich monoton wachsend ist.

Hiervon ist auch die Umkehrung richtig, da aufgrund der Konvexität bzw. der strengen Konvexität von f aus $\xi_1 < \xi_2$ die Beziehung

$$f'(\xi_1) \leqq \frac{f(\xi_2) - f(\xi_1)}{\xi_2 - \xi_1} \leqq f'(\xi_2)$$

bzw.

$$f'(\xi_1) \leqq \frac{f\left(\frac{1}{2}(\xi_1 + \xi_2)\right) - f(\xi_1)}{\frac{1}{2}(\xi_1 + \xi_2) - \xi_1} < \frac{f(\xi_2) - f\left(\frac{1}{2}(\xi_1 + \xi_2)\right)}{\xi_2 - \frac{1}{2}(\xi_1 + \xi_2)} \leqq f'(\xi_2)$$

folgt (vgl. Abb. 29b).

Folgerung (Satz vom arithmetischen und geometrischen Mittel). *Sind* $\eta_1, \dots, \eta_m$ *beliebige positive Zahlen, so besteht zwischen dem arithmetischen Mittel* $\dfrac{1}{m}\sum\limits_{h=1}^{m} \eta_h$ *und dem geometrischen Mittel* $\left(\prod\limits_{h=1}^{m} \eta_h\right)^{1/m}$ *dieser Zahlen die Beziehung*

$$\left(\prod_{h=1}^{m} \eta_h\right)^{1/m} \leqq \frac{1}{m} \sum_{h=1}^{m} \eta_h . \tag{154}$$

Hierbei gilt genau dann Gleichheit, wenn $\eta_1 = \cdots = \eta_m$ *ist.*

Beweis. Wir fassen o. B. d. A. alle gleichen unter den gegebenen Zahlen $\eta_1, \dots, \eta_m$ in der folgenden Weise zusammen:

$$\eta_1 = \cdots = \eta_{m_1}, \; \eta_{m_1+1} = \cdots = \eta_{m_1+m_2}, \dots, \eta_{m_1+\cdots+m_{k-1}+1} = \cdots = \eta_m$$

$$(m = m_1 + \cdots + m_k; \; k \geqq 1) .$$

Setzen wir dann noch $\eta_h = e^{\xi_h}$ $(h = 1, \dots, m)$, so folgt aus der Tatsache, daß die eigentlich monoton wachsende Exponentialfunktion mit ihrer Ableitung übereinstimmt und damit nach Beispiel 10.2 eine streng konvexe Funktion darstellt, im Fall $k > 1$ aufgrund von Definition 10.4 die Ungleichung

$$\left(\prod_{h=1}^{m} \eta_h\right)^{1/m} = e^{\frac{1}{m}\sum\limits_{h=1}^{m}\xi_h} = e^{\sum\limits_{l=1}^{k}\frac{m_l}{m}\xi_{m_1+\cdots+m_l}} < \sum_{l=1}^{k} \frac{m_l}{m} e^{\xi_{m_1+\cdots+m_l}}$$

$$= \frac{1}{m} \sum_{h=1}^{m} e^{\xi_h} = \frac{1}{m} \sum_{h=1}^{m} \eta_h .$$

Hiermit ist (154) (wie im trivialen Fall $k = 1$) als richtig erkannt, und man sieht, daß darin nur dann Gleichheit eintreten kann, wenn $k = 1$, d. h. $\eta_1 = \cdots = \eta_{m_1}$ mit $m_1 = m$ ist. $\square$

Im folgenden sollen nun Stetigkeits- und Differenzierbarkeitseigenschaften von konvexen Funktionen systematisch untersucht werden. Dazu benötigen wir zunächst

Lemma 10.1. *Ist f eine beliebige, auf der konvexen Menge D_f des A_n definierte konvexe Funktion, so ist ihre Einschränkung auf den in D_f liegenden Teil einer Geraden $G: x = x_0 + \xi(y - x_0)$ des A_n mit $x_0 \in D_f$ und $y \neq x_0$ wiederum eine kon-*

vexe Funktion g von ξ, und für ihre Differenzenquotienten gilt die Monotonierelation

$$-\frac{f(x_0 - \xi_3(y - x_0)) - f(x_0)}{\xi_3} \leqq \frac{f(x_0 + \xi_2(y - x_0)) - f(x_0)}{\xi_2}$$

$$\leqq \frac{f(x_0 + \xi_1(y - x_0)) - f(x_0)}{\xi_1} \tag{155}$$

$$(\xi_1 \geqq \xi_2 > 0, \xi_3 > 0;$$

$$x_0 + \xi_\mu(y - x_0) \in D_f \quad \text{für} \quad \mu = 1, 2; \, x_0 - \xi_3(y - x_0) \in D_f).$$

Beweis. Die eingeschränkte Funktion g ist aufgrund von $E(g) = E(f) \cap (G \times A_1)$ und der Konvexität von $E(f)$ konvex. Es gilt daher nach Definition 10.4

$$g\left(\frac{\xi_1 - \xi_2}{\xi_1} \cdot 0 + \frac{\xi_2}{\xi_1} \cdot \xi_1\right) \leqq \frac{\xi_1 - \xi_2}{\xi_1} g(0) + \frac{\xi_2}{\xi_1} g(\xi_1)^1)$$

bzw.

$$g(0) = g\left(\frac{\xi_2}{\xi_2 + \xi_3}(-\xi_3) + \frac{\xi_3}{\xi_2 + \xi_3}\xi_2\right) \leqq \frac{\xi_2}{\xi_2 + \xi_3}g(-\xi_3) + \frac{\xi_3}{\xi_2 + \xi_3}g(\xi_2),$$

oder nach leichter Umrechnung

$$\frac{g(\xi_2) - g(0)}{\xi_2} \leqq \frac{g(\xi_1) - g(0)}{\xi_1}$$

bzw.

$$-\frac{g(-\xi_3) - g(0)}{\xi_3} \leqq \frac{g(\xi_2) - g(0)}{\xi_2},$$

woraus unmittelbar (155) folgt. □

Damit läßt sich sofort folgender Stetigkeitssatz für konvexe Funktionen beweisen:

Satz 10.2. *Eine konvexe Funktion f ist in jedem Punkt x_0 des relativ offenen Kerns $(D_f)^{(0)2)}$ ihres Definitionsbereiches D_f stetig.*

Beweis. Da die Stetigkeit der nur innerhalb des affinen Unterraums aff(D_f) von A_n erklärten konvexen Funktion f relativ zu aff(D_f) offensichtlich mit der Stetigkeit von f relativ zu A_n äquivalent ist, genügt es, o. B. d. A. aff$(D_f) = A_n$ oder $(D_f)^{(0)} = (D_f)^0$ vorauszusetzen. Es sei also nun x_0 ein beliebiger Punkt aus $(D_f)^0$. Dann existiert sicher ein Parallelepiped Π_n des A_n mit dem Mittelpunkt x_0 und mit $\Pi_n \subseteq D_f$ (vgl. Beispiel 5.2). Wir bezeichnen die 2^n Ecken von Π_n mit $x_1, \ldots, x_{2n}$. Damit wird nach (13) und (148) für einen beliebigen Punkt $y \in \Pi_n = \text{conv}\{x_1, \ldots, x_{2n}\}$

$$f(y) = f\left(\sum_{l=1}^{2^n} \lambda_l x_l\right) \leqq \sum_{l=1}^{2^n} \lambda_l f(x_l)$$

$$\leqq \left(\sum_{l=1}^{2^n} \lambda_l\right) \underset{1 \leqq l \leqq 2^n}{\text{Max}} f(x_l) = \underset{1 \leqq l \leqq 2^n}{\text{Max}} f(x_l) \quad \left(\lambda_l \geqq 0, \sum_{l=1}^{2^n} \lambda_l = 1\right). \tag{156}$$

---

1) Diese Ungleichung ist im Fall $\xi_1 = \xi_2$ trivial.
2) Vgl. Satz 1.8.

Wir setzen nun $M := \max\limits_{1 \le l \le 2^n} f(x_l)$, beachten die Zentralsymmetrie von Π_n (vgl. Definition 8.4) und finden durch die Spezialisierung $0 < \xi_2 = \delta \le 1$ sowie $\xi_1 = 1$ bzw. $\xi_3 = 1$ in (155) unter Benutzung von (156) die für alle Punkte $y \in \Pi_n$ bestehenden Beziehungen

$$f(x_0 + \delta(y - x_0)) - f(x_0) \le \delta(f(y) - f(x_0)) \le \delta(M - f(x_0))$$

bzw.

$$-(f(x_0 + \delta(y - x_0)) - f(x_0)) \le \delta(f(x_0 - (y - x_0)) - f(x_0))$$
$$\le \delta(M - f(x_0)),$$

d. h.

$$|f(x_0 + \delta(y - x_0)) - f(x_0)| \le \delta(M - f(x_0)) \qquad (0 < \delta \le 1). \tag{157}$$

Aus (157) folgt aber $f|_{\Pi_n}(y) = \text{const}$ für $f(x_0) = M$ und $|f(x_0 + \delta(y - x_0)) - f(x_0)|$

$< \varepsilon$, wenn $f(x_0) < M$ ist und $\delta < \dfrac{\varepsilon}{M - f(x_0)}$ gewählt wird (ε beliebig > 0). Dies bedeutet, daß f in der Tat an der Stelle x_0 stetig sein muß. $\square$

Bemerkung 10.2. *Es gibt konvexe Funktionen f, welche an Randpunkten ihres Definitionsbereichs D_f nicht stetig sind* (vgl. Übungsaufgabe 3 von § 10).

Über Satz 10.2 hinausgehend läßt sich sogar folgende Differenzierbarkeitseigenschaft für konvexe Funktionen beweisen:

Satz 10.3. *Für eine konvexe Funktion f existieren an jedem Punkt x_0 des offenen Kerns $(D_f)^0$ ihres Definitionsbereichs D_f in beliebiger Richtung (einseitige) Richtungsableitungen*

$$df_{(x_0)}(y - x_0) := \lim_{\tau \to +0} \frac{f(x_0 + \tau(y - x_0)) - f(x_0)}{\tau} \qquad (y \in A_n). \tag{158}$$

Beweis. Aus (155) folgt, daß die Differenzenquotienten $\dfrac{f(x_0 + \tau(y - x_0)) - f(x_0)}{\tau}$ eine monoton wachsende und nach unten gleichmäßig beschränkte Funktion von $\tau > 0$ darstellen, woraus sich die Existenz des Grenzwertes in (158) unmittelbar ergibt. $\square$

Bemerkung 10.3. *f braucht an einem $x_0 \in (D_f)^0$ zweiseitige Richtungsableitungen nicht zu besitzen (d. h., es existiert in (158) nicht notwendig der zweiseitige Grenzwert für $\tau \to 0$), sondern es gilt stattdessen die Ungleichung*

$$-df_{(x_0)}(-(y - x_0)) \le df_{(x_0)}(y - x_0), \tag{159}$$

welche ebenfalls aus (155) unmittelbar ersichtlich ist.

Satz 10.4. *Die Richtungsableitungen einer konvexen Funktion f an einem festen Punkt $x_0 \in (D_f)^0$ sind positiv homogen und subadditiv im folgenden Sinne:*

$$df_{(x_0)}(\lambda(y - x_0)) = \lambda df_{(x_0)}(y - x_0) \qquad (\lambda \ge 0), \tag{160}$$

$$df_{(x_0)}((y - x_0) + (z - x_0)) \le df_{(x_0)}(y - x_0) + df_{(x_0)}(z - x_0) \quad (y, z \in A_n). \tag{161}$$

Beweis. Während (160) unmittelbar aus (158) folgt, sieht man (161) durch Grenzübergang $\tau \to +0$ in der aus (148) folgenden Ungleichung

$$\frac{f\big(x_0 + \tau((y - x_0) + (z - x_0))\big) - f(x_0)}{\tau}$$

$$= \frac{f\big(\tfrac{1}{2}\,(x_0 + 2\tau(y - x_0)) + \tfrac{1}{2}\,(x_0 + 2\tau(z - x_0))\big) - f(x_0)}{\tau}$$

$$\leqq \frac{f\big(x_0 + 2\tau(y - x_0)\big) - f(x_0)}{2\tau} + \frac{f\big(x_0 + 2\tau(z - x_0)\big) - f(x_0)}{2\tau}$$

ein. □

Bemerkung 10.4. Aufgrund von (160) und (161) finden wir für beliebige verschiedene $y_1, y_2 \in A_n$ und λ_1, λ_2 mit $\lambda_1 + \lambda_2 = 1$, $\lambda_1 > 0$, $\lambda_2 > 0$

$$df_{(x_0)}\big((\lambda_1 y_1 + \lambda_2 y_2) - x_0\big) = df_{(x_0)}\big(\lambda_1(y_1 - x_0) + \lambda_2(y_2 - x_0)\big)$$

$$\leqq \lambda_1 df_{(x_0)}(y_1 - x_0) + \lambda_2 df_{(x_0)}(y_2 - x_0) \,.$$

$df_{(x_0)}(y - x_0)$ *ist daher nach Bemerkung 10.1 eine auf dem ganzen Raum A_n erklärte konvexe Funktion von y, deren Epigraph $E\big(df_{(x_0)}(y - x_0)\big)$ wegen (160) und Satz 10.1 einen konvexen Kegel des A_{n+1} mit der Spitze $(x_0, 0)$ darstellt* (vgl. Definition 1.8).

Um $E\big(df_{(x_0)}(y - x_0)\big)$ auf andere Weise geometrisch deuten zu können, führen wir noch den Begriff eines Stützkegels einer konvexen Menge ein:

Definition 10.5. Es sei K eine beliebige konvexe Untermenge des A_n mit dem Randpunkt p. Dann heißt der Durchschnitt aller abgeschlossenen Halbräume des A_n, die K enthalten und auf deren Begrenzungshyperebene p liegt, *Stützkegel* $C_p(K)$ *von K in p*[1]).

Dann gilt folgender bemerkenswerter Zusammenhang zwischen $E\big(df_{(x_0)}(y - x_0)\big)$ und dem Epigraphen $E(f)$ von f:

Satz 10.5. *Ist x_0 ein beliebiger, aber fester Punkt aus dem offenen Kern $(D_f)^0$ des Definitionsbereiches einer konvexen Funktion f, so sind $E\big(df_{(x_0)}(y - x_0)\big)$ und der Stützkegel $C_{(x_0, f(x_0))}\big(E(f)\big)$ von $E(f)$ bis auf eine (die Kegelspitzen ineinander überführende) Translation des A_{n+1} gleich.*

Beweis. Aufgrund von Definition (158) ist offensichtlich, daß der konvexe Kegel $E\big(df_{(x_0)}(y - x_0)\big)$ durch die seine Spitze $(x_0, 0)$ in den Punkt $\big(x_0, f(x_0)\big)$ überführende Translation des A_{n+1} in einen konvexen Kegel C übergeführt wird, welcher auch folgendermaßen erhalten werden kann: Man betrachte die von $\big(x_0, f(x_0)\big)$ ausgehenden und einen davon verschiedenen Punkt von $E(f)$ passierenden abgeschlossenen Halbgeraden des A_{n+1}; ihre Vereinigungsmenge stellt einen konvexen Kegel des A_{n+1} dar, dessen abgeschlossene Hülle mit C übereinstimmen muß, wie man am einfachsten einsieht, wenn man sich auf den Epigraphen der Einschränkung

---

[1]) $C_p(K)$ ist als Durchschnitt konvexer Kegel mit der Spitze p selbst konvexer Kegel mit der Spitze p (vgl. Satz 6.1a).

von f auf $G \cap D_f$ mit einer Geraden G: $x = x_0 + \xi(y - x_0)$ $(y = \text{fest} \neq x_0)$ beschränkt (vgl. Lemma 10.1). Damit ist aber jede durch $(x_0, f(x_0))$ gehende Stützhyperebene von $E(f)$ gleichzeitig Stützhyperebene von C und umgekehrt. Aufgrund von Definition 10.5 stimmt daher der Stützkegel $C_{(x_0, f(x_0))}\big(E(f)\big)$ von $E(f)$ mit dem Stützkegel $C_{(x_0, f(x_0))}(C)$ von C überein. Da letzterer aber gleich dem Durchschnitt aller von Stützhyperebenen von C begrenzten, C enthaltenden abgeschlossenen Halbräume des A_{n+1} ist[1]) und damit nach dem Korollar von Satz 3.5 mit der abgeschlossenen konvexen Menge C selbst übereinstimmt, ist die Gleichheit von $C_{(x_0, f(x_0))}\big(E(f)\big)$ mit dem zu $E\big(df_{(x_0)}(y - x_0)\big)$ translationsgleichen Kegel C und damit die Behauptung von Satz 10.5 erwiesen. $\Box$

Im folgenden wird uns besonders die Frage interessieren, für welche Vektoren $y - x_0$ *zweiseitige* Richtungsableitungen $df_{(x_0)}(y - x_0)$ mit $-df_{(x_0)}\big(-(y - x_0)\big) = df_{(x_0)}(y - x_0)$ (vgl. Bemerkung 10.3) oder (damit wegen (160) gleichbedeutend) $df_{(x_0)}\big(\lambda(y - x_0)\big) = \lambda df_{(x_0)}(y - x_0)$ für alle reellen λ existieren. Dies führt uns auf die

Definition 10.6. Ein Vektor $y - x_0$ heißt *Linearitätsvektor* einer konvexen Funktion f im Punkt $x_0 \in (D_f)^0$, wenn für ihn die zweiseitige Richtungsableitung

$$\lim_{\tau \to 0} \frac{f\big(x_0 + \tau(y - x_0)\big) - f(x_0)}{\tau} = df_{(x_0)}(y - x_0) = -df_{(x_0)}\big(-(y - x_0)\big) \quad (162)$$

$(y \in A_n)$ existiert. Sind alle Vektoren $y - x_0$ Linearitätsvektoren von f in x_0, so heißt f in dem Punkt x_0 *differenzierbar*.

Bemerkung 10.5. *Alle zu Linearitätsvektoren $y - x_0$ von f in x_0 gehörenden Punkte y des A_n bilden einen affinen Unterraum $A_f(x_0)$ von A_n*, wie aus der aus (160), (161), (162) und (159) für $y_1, \ldots, y_k \in A_f(x_0)$ und beliebige reelle Zahlen $\lambda_1, \ldots, \lambda_k$ folgenden Linearitätsrelation

$$df_{(x_0)}\left(\sum_{l=1}^{k} \lambda_l(y_l - x_0)\right) \leqq \sum_{l=1}^{k} \lambda_l df_{(x_0)}(y_l - x_0)$$

$$= -\sum_{l=1}^{k} \lambda_l df_{(x_0)}\big(-(y_l - x_0)\big) \leqq -df_{(x_0)}\left(-\sum_{l=1}^{k} \lambda_l(y_l - x_0)\right)$$

$$\leqq df_{(x_0)}\left(\sum_{l=1}^{k} \lambda_l(y_l - x_0)\right)$$

oder

$$df_{(x_0)}\left(\sum_{l=1}^{k} \lambda_l(y_l - x_0)\right) = \sum_{l=1}^{k} \lambda_l df_{(x_0)}(y_l - x_0) \quad (163)$$

hervorgeht. *Insbesondere gilt für die zweiseitige Richtungsableitung einer in x_0 differenzierbaren konvexen Funktion f*

$$df_{(x_0)}\left(\sum_{i=1}^{n} \xi_i(y_i - x_0)\right) = \sum_{i=1}^{n} \xi_i \frac{\partial f}{\partial \xi_i}(x_0), \quad (164)$$

---

[1]) Jede Stützhyperebene eines konvexen Kegels enthält nämlich die Kegelspitze.

wenn $\{y_1 - x_0, \ldots, y_n - x_0\}$ eine Basis des zum A_n gehörenden Vektorraums ist und

$$\frac{\partial f}{\partial \xi_i}(x_0) := df_{(x_0)}(y_i - x_0) \qquad (i = 1, \ldots, n) \tag{165}$$

die zu den Basisvektoren gehörenden Richtungsableitungen oder die partiellen Ableitungen von f in x_0 darstellen.

Zwecks Bestimmung der Dimension von $A_f(x_0)$ führen wir noch den Begriff eines regulären bzw. eines s-fach singulären Randpunktes einer konvexen Menge ein durch

Definition 10.7. Es sei K eine beliebige konvexe Untermenge des A_n mit dem Randpunkt p. Dann heißt p *regulärer* bzw. *s-fach singulärer Randpunkt* von K, je nachdem, ob der Durchschnitt aller durch p gehenden Stützhyperebenen von K $(n-1)$-dimensional bzw. $(n-s)$-dimensional ist $(s = 2, \ldots, n)$. Ein n-fach singulärer Randpunkt von K wird auch *Ecke* von K genannt.[1]

Damit gilt

Satz 10.6. *Der (in Bemerkung 10.5 eingeführte) affine Unterraum $A_f(x_0)$ aller Linearitätsvektoren einer konvexen Funktion f im Punkt $x_0 \in (D_f)^0 \subseteq A_n$ ist die Projektion des Durchschnitts aller durch $\big(x_0, f(x_0)\big)$ gehenden Stützhyperebenen von $E(f)$ auf den A_n. Insbesondere hat hierbei die Dimension von $A_f(x_0)$ den Wert n bzw. den Wert $(n + 1) - s$, je nachdem, ob $\big(x_0, f(x_0)\big)$ ein regulärer bzw. ein s-fach $(s = 2, \ldots, n + 1)$ singulärer Randpunkt von $E(f)$ im Sinne von Definition 10.7 ist.*

Beweis. Die Gesamtheit aller durch x_0 gehenden Geraden G innerhalb $A_f(x_0)$ geht bei der (durch $(x, \alpha) \in A_{n+1} \mapsto x \in A_n$ definierten) Projektion des A_{n+1} auf A_n aus der Gesamtheit der den Punkt $(x_0, 0)$ passierenden und auf $E\big(df_{(x_0)}(y - x_0)\big)$ liegenden Geraden des A_{n+1} hervor, wie man am besten durch die Betrachtung der Epigraphen $E\big(df_{(x_0)}(y - x_0)|\big)_G$ unter Benutzung von (159) und (162) einsieht. Diese Tatsache bleibt aufgrund von Satz 10.5 richtig, wenn $E\big(df_{(x_0)}(y - x_0)\big)$ durch $C_{(x_0, f(x_0))}\big(E(f)\big)$ und $(x_0, 0)$ durch $\big(x_0, f(x_0)\big)$ ersetzt wird. Nun liegt aber nach Definition 10.5 von $C_{(x_0, f(x_0))}\big(E(f)\big)$ jede $\big(x_0, f(x_0)\big)$ passierende Gerade von $C_{(x_0, f(x_0))}\big(E(f)\big)$ im Durchschnitt $D_{(x_0, f(x_0))}\big(E(f)\big)$ aller durch $\big(x_0, f(x_0)\big)$ gehenden Stützhyperebenen von $E(f)$, und umgekehrt ist jede $\big(x_0, f(x_0)\big)$ passierende Gerade dieses Durchschnitts in $C_{(x_0, f(x_0))}\big(E(f)\big)$ enthalten. Dies bedeutet aber, daß $A_f(x_0)$ bei der Projektion von A_{n+1} auf A_n aus $D_{(x_0, f(x_0))}\big(E(f)\big)$ hervorgehen muß, d. h. die Richtigkeit des ersten Teils von Satz 10.6. Da bei dieser Projektion aber keine der durch $\big(x_0, f(x_0)\big)$ gehenden Geraden von $D_{(x_0, f(x_0))}\big(E(f)\big)$ in einen Punkt übergeht, haben wir insbesondere

$$\dim\big(A_f(x_0)\big) = \dim D_{(x_0, f(x_0))}\big(E(f)\big)\,,$$

woraus nach Definition 10.7 auch der zweite Teil der Behauptung von Satz 10.6 ersichtlich ist. $\square$

---

[1] Diese Eckendefinition stimmt im Fall eines konvexen Polytops mit der Eckendefinition in Definition 5.1 überein.

Korollar. *Eine konvexe Funktion f besitzt im Punkt $x_0 \in (D_f)^0 \subseteq A_n$ keine vom Nullvektor verschiedenen Linearitätsvektoren bzw. f ist in x_0 differenzierbar, je nachdem, ob $\big(x_0, f(x_0)\big)$ Ecke bzw. regulärer Randpunkt von $E(f)$ ist.*

Satz 10.7. *Jede konvexe Untermenge K des A_n besitzt höchstens abzählbar unendlich viele verschiedene Ecken.*

Beweis. Es sei e_α ($\alpha \in A$) eine beliebige Ecke von K und $C_{e_\alpha}(K)$ der Stützkegel von K in e_α. Ohne Beschränkung der Allgemeinheit können wir annehmen, daß der A_n durch ein ausgezeichnetes inneres Produkt ein euklidischer Raum R_n wird und daß e_α zunächst mit dem Koordinatenursprung o von R_n zusammenfällt. Dann besteht der Polarkegel $\big(C_{e_\alpha}(K)\big)^*$ von $C_{e_\alpha}(K)$ aus allen in e_α anfangenden und von K wegweisenden Normalenhalbgeraden der durch e_α gehenden Stützhyperebenen von K (vgl. Bemerkung 6.1 und Definition 10.5). Wir betrachten nun den Durchschnitt T_{e_α} von $\big(C_{e_\alpha}(K)\big)^*$ mit der Einheitssphäre $\partial B_1(e_\alpha)$ des R_n mit dem Mittelpunkt e_α. Weil der Durchschnitt aller durch e_α gehenden Stützhyperebenen von K nach Definition 10.7 nulldimensional und damit die Dimension von $\big(C_{e_\alpha}(K)\big)^*$ gleich n ist, besitzt T_{e_α} innere Punkte relativ zu $\partial B_1(e_\alpha)$. Es sei $(T_{e_\alpha})^{(0)}$ der relativ offene Kern von T_{e_α} und S_{e_α} ein beliebiges, in $(T_{e_\alpha})^{(0)}$ enthaltenes sphärisches Segment von $\partial B_1(e_\alpha)$.

Die Beweisidee von Satz 10.7 beruht jetzt darauf, alle Einheitssphären $\partial B_1(e_\alpha)$ mit den darauf liegenden, entsprechend konstruierten Mengen $(T_{e_\alpha})^{(0)}$ und S_{e_α} durch Translationen t_α des A_n in eine einzige Standardeinheitssphäre $\partial B_1(o)$ zusammenzuschieben und nachzuweisen, daß die dadurch auf $\partial B_1(o)$ entstehenden Mengen $(T_\alpha)^{(0)} := t_\alpha\big((T_{e_\alpha})^{(0)}\big)$ sowie (a fortiori) die sphärischen Segmente $S_\alpha := t_\alpha(S_{e_\alpha})$ von $\partial B_1(o)$ paarweise punktfremd sind ($\alpha \in A$). Ist dies nämlich getan, so sehen wir, daß die Anzahl der verschiedenen Segmente mit einem $(n-1)$-dimensionalen sphärischen Inhalt größer als $1/k$ höchstens $k \cdot \omega_{n-1}$ ($k = 1, 2, 3, \dots; \omega_{n-1} = (n-1)$-dimensionaler sphärischer Inhalt von $\partial B_1(o)$) ist und damit die Gesamtzahl aller S_α und gleichzeitig aller e_α höchstens abzählbar unendlich sein kann. Wir brauchen also nur noch zu zeigen, daß für zwei verschiedene Indizes α und β aus der Indexmenge A die Gleichung $(T_\alpha)^{(0)} \cap (T_\beta)^{(0)} = \emptyset$ gilt. Dies geschieht indirekt; wir nehmen an, n_0 sei ein gemeinsamer Punkt von $(T_\alpha)^{(0)}$ und $(T_\beta)^{(0)}$. Dann sind A_α: $\langle n_0, x - e_\alpha \rangle = 0$ und A_β: $\langle n_0, x - e_\beta \rangle = 0$ parallele Stützhyperebenen von K, welche die parallelen, K enthaltenden abgeschlossenen Halbräume $\overline{H}_\alpha$: $\langle n_0, x - e_\alpha \rangle \leq 0$ und $\overline{H}_\beta$: $\langle n_0, x - e_\beta \rangle \leq 0$ des A_n begrenzen und daher zusammenfallen müssen: $A_\alpha = A_\beta$. Andererseits gilt aber $A_\alpha \cap \overline{K} = \{e_\alpha\}$ und $A_\beta \cap \overline{K} = \{e_\beta\}$, da n_0 nach Annahme relativ innerer Punkt von T_α und von T_β ist[1]), woraus $e_\alpha = e_\beta$ im Widerspruch zu $\alpha \neq \beta$ resultiert. Damit ist der Beweis von Satz 10.7 vollendet. $\square$

Korollar. *Eine konvexe Funktion f besitzt höchstens abzählbar unendlich viele Stellen im offenen Kern $(D_f)^0$ ihres Definitionsbereiches, an denen keine vom Nullvektor verschiedenen Linearitätsvektoren existieren (vgl. Korollar zu Satz 10.6).*

---

[1]) Jede Ecke einer abgeschlossenen konvexen Menge K ist also insbesondere exponierter und damit auch extremer Punkt von K (vgl. Definition 4.3 und Satz 4.4).

Bemerkung 10.6. Nach [27] gilt sogar: *Eine konvexe Funktion f ist im offenen Kern $(D_f)^0$ ihres Definitionsbereiches fast überall (d. h. überall mit Ausnahme einer Menge vom Lebesgue-Maß Null) differenzierbar.*

Satz 10.8. *Besitzt eine konvexe Untermenge K des A_n nur reguläre Randpunkte, so hängt die (einzige) durch einen Randpunkt p von K gehende Stützhyperebene $A(p)$ von K (in bezug auf die natürliche Topologie) von p stetig ab.*

Beweis. Es sei $\{x_\nu\}_{\nu \in N}$ eine beliebige Folge von Randpunkten x_ν von K mit $\lim_{\nu \to \infty} x_\nu = x_0 \in \partial K$. Versehen wir dann den A_n mit einer euklidischen Hilfsmetrik, so lassen sich die zugehörigen Stützhyperebenen $A(x_\nu)$ von K durch $\langle n_\nu, x - x_\nu \rangle = 0$ mit $||n_\nu|| = 1$ und

$$\langle n_\nu, z - x_\nu \rangle \leqq 0 \quad \text{für alle } z \in K \tag{166}$$

darstellen. Wegen der Kompaktheit der Einheitssphäre enthält nun $\{n_\nu\}_{\nu \in N}$ sicher eine konvergente Teilfolge, und für jede konvergente Teilfolge $\{n_{\nu_\mu}\}_{\mu \in N}$ von $\{n_\nu\}_{\nu \in N}$ folgt aus (166) durch Grenzübergang

$$\left\langle \lim_{\mu \to \infty} n_{\nu_\mu}, z - x_0 \right\rangle \leqq 0 \quad \text{für alle } z \in K \,.$$

Dies bedeutet aber, daß durch $\left\langle \lim_{\mu \to \infty} n_{\nu_\mu}, z - x_0 \right\rangle = 0$ gerade die durch x_0 gehende Stützhyperebene $A(x_0)$ von K dargestellt wird, d. h., daß (in bezug auf die natürliche Topologie) unabhängig von der Auswahl der konvergenten Teilfolge $\lim_{\mu \to \infty} A(x_{\nu_\mu}) = A(x_0)$ gilt. Damit ist aber auch schon $\lim_{\nu \to \infty} A(x_\nu) = A(x_0)$ gezeigt. □

Beachten wir, daß nach Satz 10.5, dem Korollar zu Satz 10.6 und (164) die Stützhyperebene durch einen regulären Randpunkt $(x_0, f(x_0))$ des Epigraphen $E(f)$ der konvexen Funktion f die Gleichung

$$\alpha = f(x_0) + df_{(x_0)}(x - x_0) = f(x_0) + df_{(x_0)} \left(\sum_{i=1}^{n} (\xi_i - \xi_i^{(0)})\,(y_i - x_0) \right)$$

$$= f(x_0) + \sum_{i=1}^{n} (\xi_i - \xi_i^{(0)})\, \frac{\partial f}{\partial \xi_i}\,(x_0)$$

$$\left(x_0 \in (D_f)^0;\ (\xi_1, \dots, \xi_n) \quad \text{bzw.} \quad (\xi_1^{(0)}, \dots, \xi_n^{(0)}) = \text{Koordinaten von } x \text{ bzw. } x_0 \right)$$

besitzt, so finden wir als

Korollar. *Ist eine konvexe Funktion f im offenen Kern $(D_f)^0$ ihres Definitionsbereiches überall differenzierbar, so sind ihre partiellen Ableitungen $\dfrac{\partial f}{\partial \xi_i}$ $(i = 1, \dots, n)$ in $(D_f)^0$ alle stetig*[1] *(d. h., f ist dort sogar überall stetig differenzierbar).*

Zum Schluß dieses Paragraphen wollen wir noch ein für die Anwendungen wichtiges notwendiges und hinreichendes Kriterium dafür angeben, wann eine auf einer

---

[1] Hierzu benötigen wir nur die stetige Abhängigkeit der Stützhyperebenen von den Randpunkten von $E(f)$ auf dem über $(D_f)^0$ liegenden Teil von $\partial(E(f))$.

offenen konvexen Untermenge $D_f = (D_f)^0$ des A_n (mit den Koordinaten $\xi_1, \ldots, \xi_n$) gegebene zweimal stetig differenzierbare Funktion f konvex bzw. streng konvex ist. Wir zeigen nämlich:

Satz 10.9. *Es sei durch* $(\xi_1, \ldots, \xi_n) \in A_n \mapsto f(\xi_1, \ldots, \xi_n) \in R$ *eine zweimal stetig differenzierbare Funktion* f *auf der offenen und konvexen Untermenge* D_f *des* A_n *gegeben. Dann ist* f *genau dann konvex, wenn die sogenannte Hessesche Matrix* $\left(\dfrac{\partial^2 f}{\partial \xi_l \, \partial \xi_m}(x_0) \right)$ $(l, m = 1, \ldots, n)$ *für alle* $x_0 \in D_f$ *positiv semidefinit ist. Ist diese Matrix sogar überall positiv definit, so ist* f *streng konvex.*

Beweis. Aufgrund von Bemerkung 10.1 ist f genau dann konvex bzw. streng konvex, wenn die (zweimal stetig differenzierbare) Einschränkung g von f auf den Durchschnitt von D_f mit einer beliebigen Geraden G des A_n: $\xi_l = \xi_l^{(1)} + \tau(\xi_l^{(2)} - \xi_l^{(1)})$ $(l = 1, \ldots, n;\ (\xi_1^{(1)}, \ldots, \xi_n^{(1)}) \neq (\xi_1^{(2)}, \ldots, \xi_n^{(2)}))$ jeweils konvex bzw. streng konvex ist. Wie wir in Beispiel 10.2 gesehen haben, ist letzteres genau dann der Fall, wenn die Ableitung g' von g monoton bzw. eigentlich monoton wachsend ist. Eine notwendige und hinreichende Bedingung für das monotone Anwachsen von g' stellt aber bekanntlich die für alle τ gültige Beziehung

$$g''(\tau) = \sum_{l,\, m=1}^{n} \frac{\partial^2 f}{\partial \xi_l \, \partial \xi_m} \left(\xi_1^{(1)} + \tau(\xi_1^{(2)} - \xi_1^{(1)}), \ldots, \xi_n^{(1)} + \tau(\xi_n^{(2)} - \xi_n^{(1)}) \right)$$

$$\times\ (\xi_l^{(2)} - \xi_l^{(1)})\, (\xi_m^{(2)} - \xi_m^{(1)}) \geqq 0$$

dar, d. h., f ist genau dann konvex, wenn die Hessesche Matrix $\left(\dfrac{\partial^2 f}{\partial \xi_l \, \partial \xi_m}(x_0) \right)$ $(l, m = 1, \ldots, n)$ für alle $x_0 \in D_f$ positiv semidefinit ist. Ist diese Matrix überdies für alle $x_0 \in D_f$ positiv definit, so gilt $g''(\tau) > 0$ für alle τ, d. h., g' ist eigentlich monoton wachsend, und f ist (wie alle Einschränkungen g von f) sogar streng konvex. $\square$

Übungen

1. Man beweise auf möglichst einfache Art, daß die durch

$$f(x) := \operatorname*{Max}_{1 \leqq \mu \leqq m} f_\mu(x)$$

für alle x aus dem gemeinsamen (konvexen) Definitionsgebiet $D \subseteq A_n$ der konvexen Funktionen f_μ $(\mu = 1, \ldots, m)$ auf D definierte Funktion f selbst wiederum konvex ist. Gilt eine entsprechende Aussage auch für die durch

$$g(x) := \operatorname*{Min}_{1 \leqq \mu \leqq m} f_\mu(x)$$

auf D definierte Funktion g?

2. Man beweise, daß unter allen der Einheitskreisscheibe $B_1(o)$ der euklidischen Ebene R_2 umschriebenen Polygonen mit e Ecken das reguläre e-Eck und nur dieses den kleinstmöglichen Flächeninhalt $e \tan \dfrac{\pi}{e}$ besitzt. [Anleitung: Man stelle den Flächen-

inhalt F eines derartigen Polygons P in der Form $F = \sum\limits_{i=1}^{e} \tan \frac{\alpha_i}{2}$ dar ($\alpha_i = $ Zentri-winkel zwischen zwei Berührungspunkten von ∂P mit $B_1(o)$) und benutze, daß der Tangens zwischen 0 und $\pi/2$ eine streng konvexe Funktion darstellt.]

3. Es sei f eine auf einer konvexen Untermenge D_f des n-dimensionalen euklidischen Raumes R_n definierte konvexe Funktion und D' eine kompakte Untermenge von $(D_f)^0$. Dann soll gezeigt werden: Es existiert eine Konstante $M > 0$ derart, daß für zwei beliebige Punkte $x_1, x_2 \in D'$ die Beziehung $|f(x_2) - f(x_1)| < M||x_2 - x_1||$ gilt (d. h., $f \mid_{D'}$ ist Lipschitz-stetig).

4. Es sei durch

$$f(\xi_1, \xi_2) = \begin{cases} 0, & \text{falls} \quad \xi_1 = \xi_2 = 0\,, \\ \dfrac{(\xi_2)^2}{\xi_1}\,, & \text{falls} \quad \xi_1 > 0\,, \end{cases}$$

eine reellwertige Funktion f auf $D_f := H_1 \cup (0, 0) \subseteq A_2$ mit $H_1\colon \xi_1 > 0$ erklärt. Man zeige, daß f zwar konvex, aber an dem Randpunkt $(0, 0)$ von D_f nicht stetig ist (vgl. Satz 10.2).

5. Eine Funktion h sei durch

$$h(\xi) = \begin{cases} 0, & \text{falls} \quad \xi \leq 0\,, \\ 1, & \text{falls} \quad \xi > 0\,, \end{cases}$$

gegeben. Weiter sei $\{\xi_\varrho^{(\nu)}\}_{\nu \in N}$ die Folge aller rationalen Zahlen der Zahlengeraden $A_1^{(\varrho)}$ ($\varrho = 1, 2$). Dann soll bewiesen werden: Die durch

$$f(\xi_1, \xi_2) = \int\limits_{\alpha_1}^{\xi_1} \sum_{\nu=1}^{\infty} \frac{1}{2^\nu}\, h(\xi_1 - \xi_1^{(\nu)})\, d\xi_1 + \int\limits_{\alpha_2}^{\xi_2} \sum_{\nu=1}^{\infty} \frac{1}{2^\nu}\, h(\xi_2 - \xi_2^{(\nu)})\, d\xi_2$$

$$(\alpha_1, \alpha_2 = \text{const})$$

auf $A_2 := A_1^{(1)} \times A_1^{(2)}$ definierte Funktion f ist konvex und besitzt an allen (in A_2 dicht liegenden) Stellen $(\xi_1^{(\mu)}, \xi_2^{(\nu)})$ ($\mu, \nu \in N$) keine vom Nullvektor verschiedenen Linearitätsvektoren (vgl. Korollar zu Satz 10.7).

§ 11. Distanzfunktion abgeschlossener konvexer Körper. Minkowskische Geometrie

Ziel dieses Paragraphen ist es, konvexe Mengen des n-dimensionalen affinen Raumes A_n in geeigneter Weise durch konvexe Funktionen analytisch darzustellen, ähnlich wie wir im vorigen Paragraphen spezielle konvexe Mengen des A_{n+1} als Epigraphen $E(f)$ konvexer Funktionen f auf A_n mittels f analytisch dargestellt hatten. Wir beschränken uns hierzu von vornherein auf abgeschlossene konvexe Körper K und setzen außerdem voraus, daß der Koordinatenursprung o von A_n im offenen Kern K^0 von K liegt. Ist dann wie in § 10 A_{n+1} das kartesische Produkt von A_n und A_1 und ist t die durch $(x, \alpha) \mapsto (x, \alpha + 1)$ definierte Translation des A_{n+1}, so ist $t(K)$ ein konvexer Körper in der Hyperebene $t(A_n)$, und die abgeschlossene Hülle des konvexen Projektionskegels $C(t(K))$ mit der Spitze $(o, 0)$ (vgl. Definition 6.2) stellt den Epigraphen einer Funktion dar, die sich gut zur analytischen Beschreibung von K selbst eignet. Wir beginnen daher mit der von H. MINKOWSKI herrührenden

Definition 11.1. Es sei K ein beliebiger abgeschlossener konvexer Körper des n-dimensionalen affinen Unterraumes $A_n \times \{0\}$ in dem kartesischen Produkt $A_n \times A_1 =: A_{n+1}$, in dessen (bezüglich $A_n \times \{0\}$) relativ offenem Kern der Nullpunkt $(o, 0) \in A_{n+1}$ liege[1]), und es sei t die durch $(x, \alpha) \mapsto (x, \alpha + 1)$ für alle $x \in A_n$ und $\alpha \in R$ definierte Translation des A_{n+1}. Ist jetzt $C(t(K))$ der (konvexe) Projektionskegel von $t(K)$ mit der Spitze $(o, 0)$, so heißt diejenige auf A_n definierte reellwertige Funktion g, deren Epigraph mit $\overline{C(t(K))}$ übereinstimmt:

$$E(g) = \overline{C(t(K))} \,, \tag{167}$$

Distanzfunktion von K.

Satz 11.1. *Die Distanzfunktion g eines abgeschlossenen konvexen Körpers K des A_n mit $o \in K^0$ ist nichtnegativ, positiv homogen und subadditiv, d. h., sie besitzt die Eigenschaften*

$$g(x) \geqq 0 \qquad (x \neq o) \,, \tag{168a}$$

$$g(\lambda x) = \lambda g(x) \qquad (\lambda \geqq 0) \tag{168b}$$

und

$$g(x + y) \leqq g(x) + g(y) \,. \tag{168c}$$

Beweis. (168a) und (168b) folgen unmittelbar aus Definition 11.1, (168c) ergibt sich aus der wegen (167) evidenten Konvexität von g und damit der Relation $g(\frac{1}{2} x + \frac{1}{2} y) \leqq \frac{1}{2} (g(x) + g(y))$ in Verbindung mit (168b). $\square$

Zu Satz 11.1 läßt sich die wichtige Umkehrung zeigen:

Satz 11.2. *Ist g eine beliebige auf A_n definierte nichtnegative, positiv homogene und subadditive Funktion, so existiert genau ein abgeschlossener konvexer Körper K des A_n, der den Ursprung o des A_n in seinem offenen Kern enthält und dessen Distanzfunktion g ist. Dieser Körper kann durch die Beziehung*

$$K = \{x \in A_n; g(x) \leqq 1\} \tag{169}$$

mittels g analytisch dargestellt werden.

Beweis. Es sei g eine beliebige auf A_n definierte Funktion mit den Eigenschaften (168a, b und c). Wie in Definition 11.1 denken wir uns den A_n als Hyperebene im A_{n+1} eingebettet und durch die dort eingeführte Translation t in die Hyperebene $t(A_n)$ übergeführt. Aufgrund von (168b) und (168c) ist nun g eine konvexe Funktion, deren Epigraph $E(g)$ einen konvexen Kegel mit der Spitze $(o, 0)$ darstellt. Dieser Kegel schneidet $t(A_n)$ in einer Menge, die durch t aus einer in A_n gelegenen konvexen Menge K hervorgeht:

$$t(K) := E(g) \cap t(A_n) \,. \tag{170}$$

---

[1]) Im folgenden sagen wir kurz, K sei abgeschlossener konvexer Körper des n-dimensionalen affinen Raumes A_n mit $o \in K^0$.

Nach (170) und (147) besitzt dann K die Darstellung (169), so daß wegen $g(o) = 0$ und wegen der nach Satz 10.2 aus der Konvexität folgenden Stetigkeit von g der Ursprung o des A_n in K^0 liegen muß. Außerdem ergibt sich aus (169) und der Stetigkeit von g unmittelbar die Abgeschlossenheit von K. Schließlich zeigt die Konstruktion (170) von K in Verbindung mit (168 a) die Gültigkeit der Beziehung (167), weil einerseits jede in A_n liegende Halbgerade des Kegels $E(g)$ Häufungselement von (über dieser Halbgeraden liegenden) $t(A_n)$ schneidenden Halbgeraden von $E(g)$ ist und andererseits $E(g)$ als Epigraph einer stetigen Funktion abgeschlossen ist.

Hiermit ist gezeigt, daß K ein abgeschlossener konvexer Körper des A_n mit $o \in K^0$ und der vorgegebenen Distanzfunktion g ist. Wäre nun L ein ebensolcher Körper mit derselben Distanzfunktion g, so hätten wir $E(g) = \overline{C(t(L))}$ und daher aufgrund der Abgeschlossenheit von $t(L)$

$$E(g) \cap t(A_n) = \overline{C(t(L))} \cap t(A_n) = C(t(L)) \cap t(A_n) = t(L) \, ,$$

d. h. zusammen mit (170) $L = K$. Hiermit ist Satz 11.2 vollständig bewiesen. $\square$

Bemerkung 11.1. *Die Distanzfunktion g eines abgeschlossenen konvexen Körpers K des A_n mit $o \in K^0$ läßt sich wegen (168 b) und (169) folgendermaßen (ihren Namen rechtfertigend) geometrisch deuten: Es gilt für einen beliebigen Punkt $x \neq o$ des A_n:*

$$g(x) = \frac{ox}{ox_0} > 0 \,^{1)} \qquad (x_0 \in \partial K) \tag{171}$$

bzw.

$$g(x) = 0 \, , \tag{172}$$

je nachdem, ob die von o ausgehende und x passierende abgeschlossene Halbgerade $\overline{H^{(1)}}$ des A_n mit K den Durchschnitt ox_0 bzw. $\overline{H^{(1)}}$ besitzt. (Insbesondere ist also g genau dann (für $x \neq o$) positiv, wenn K beschränkt ist.)

Beispiel 11.1. $g(\xi_1, \dots , \xi_n) = \left(\sum\limits_{i'=1}^{m} \sum\limits_{j'=1}^{m} \gamma_{i'j'} \xi_{i'} \xi_{j'} \right)^{1/2}$ $((\gamma_{i'j'}) = $ positiv definit, $1 \leq m \leq n)$. g besitzt die Eigenschaft (168 a, b, c) und ist Distanzfunktion eines elliptischen Vollzylinders $E_m \times A_{n-m}$ mit dem Mittelpunkt $(0, \dots , 0)$, den $(n-m)$-dimensionalen Erzeugenden $\xi_1 = $ const, $\dots , \xi_m = $ const und dem m-dimensionalen Vollellipsoid

$$E_m : \sum\limits_{i'=1}^{m} \sum\limits_{j'=1}^{m} \gamma_{i'j'} \xi_{i'} \xi_{j'} \leq 1 \, , \quad \xi_{m+1} = \cdots = \xi_n = 0$$

als Basis. Spezialfall: Vollellipsoid ($m = n$, vgl. Beispiel 1.3).

Beispiel 11.2. $g(\xi_1, \dots , \xi_n) = \operatorname*{Max}\limits_{1 \leq i \leq n} |\xi_i|$. Auch hier ist g eine Distanzfunktion, nämlich diejenige eines n-dimensionalen Parallelepipeds Π_n mit dem Mittelpunkt $(0, \dots , 0)$ (vgl. Beispiel 5.2).

$^{1)}$ Mit dem Bruch in (171) wird das affine Teilverhältnis der Punkte o, x und x_0 bezeichnet.

Beispiel 11.3. $g(\xi_1, \ldots, \xi_n) = \sum\limits_{i=1}^{n} |\xi_i|$. Die hierdurch definierte Funktion g ist Distanzfunktion eines n-dimensionalen Kreuzpolytops Π_n^* mit dem Mittelpunkt $(0, \ldots, 0)$ (vgl. Beispiel 5.3).

Mittels einer Distanzfunktion kann nicht nur ein einziger abgeschlossener konvexer Körper, sondern auch der Durchschnitt endlich vieler abgeschlossener konvexer Körper einfach analytisch dargestellt werden. Wir haben nämlich

Satz 11.3. *Es seien K_l abgeschlossene konvexe Körper des A_n mit $o \in (K_l)^0$ und den Distanzfunktionen g_l $(l = 1, \ldots, m)$. Dann ist auch $o \in \left(\bigcap\limits_{l=1}^{m} K_l \right)^0$, und der abgeschlossene konvexe Körper $K := \bigcap\limits_{l=1}^{m} K_l$ besitzt die durch $g(x) := \operatorname*{Max}\limits_{1 \leq l \leq m} g_l(x)$ $(x = beliebig \in A_n)$ definierte Distanzfunktion g.*

Beweis. Wegen $o \in (K_l)^0$ $(l = 1, \ldots, m)$ liegt o auch in der offenen Untermenge $\bigcap\limits_{l=1}^{m} (K_l)^0$ von K, d. h., es gilt $o \in K^0$. Außerdem folgt aus (169)

$$K = \bigcap\limits_{l=1}^{m} K_l = \bigcap\limits_{l=1}^{m} \{x \in A_n; g_l(x) \leqq 1\} = \{x \in A_n; g_1(x) \leqq 1, \ldots, g_m(x) \leqq 1\}$$

$$= \left\{ x \in A_n; \operatorname*{Max}\limits_{1 \leq l \leq m} g_l(x) \leqq 1 \right\}$$

und damit nach Satz 11.2 der zweite Teil der Behauptung von Satz 11.3, weil die durch $g(x) := \operatorname*{Max}\limits_{1 \leq l \leq m} g_l(x)$ definierte Funktion g wie die Funktionen g_l $(l = 1, \ldots, m)$ nichtnegativ, positiv homogen und subadditiv ist. $\square$

Leider gilt keine ähnlich einfache Darstellung für die aus den K_l abgeleiteten abgeschlossenen konvexen Körper $\operatorname{conv}\left(\bigcup\limits_{l=1}^{m} K_l \right)$ und $\sum\limits_{l=1}^{m} \lambda_l K_l$ mit $\lambda_l \geqq 0$, $\sum\limits_{l=1}^{m} \lambda_l > 0$ (vgl. Satz 8.7). Dagegen leistet die Distanzfunktion bei der Beschreibung des Randes eines abgeschlossenen konvexen Körpers gute Dienste, eine Aufgabe, der wir uns jetzt zuwenden wollen. Wir beginnen hierbei mit

Satz 11.4. *Der Rand ∂K eines abgeschlossenen konvexen Körpers K des A_n mit $o \in K^0$ und der Distanzfunktion g besitzt die analytische Darstellung:*

$$\partial K = \left\{ \frac{1}{g(x)} \cdot x; x = beliebig \in A_n \; mit \; g(x) > 0 \right\}. \tag{173}$$

Beweis. Der Beweis dieses Satzes folgt unmittelbar aus Bemerkung 11.1. $\square$

Bemerkung 11.2. *Jeder abgeschlossene konvexe Körper K des A_n läßt sich entweder auf ein n-dimensionales Vollellipsoid E_n oder auf einen elliptischen Vollzylinder $E_m \times A_{n-m}$ mit $(n-m)$-dimensionalen Erzeugenden und m-dimensionaler Basismenge $(0 \leq m < n$, vgl. Beispiel 11.1) oder auf einen abgeschlossenen Halbraum $\overline{H}_n$ des A_n topologisch abbilden, wobei ∂K in ∂E_n bzw. $\partial E_m \times A_{n-m}$ bzw. $\partial \overline{H}_n$ übergeht.*

Beweis. Wir machen zunächst die einschränkende Voraussetzung, daß K keine Gerade des A_n enthält, und setzen weiter o'. B. d. A. $o \in K^0$ voraus. Dann sind zwei Fälle zu unterscheiden, je nachdem, ob die zu K gehörende Distanzfunktion g (für $x \neq o$) positiv oder nicht positiv ist.

1. *Fall: g positiv.* In diesem Fall betrachten wir eine beliebige positiv definite quadratische Form $F(x, x) \equiv \sum\limits_{i=1}^{n} \sum\limits_{j=1}^{n} \gamma_{ij} \xi_i \xi_j$ auf A_n und bilden das Vollellipsoid E_n: $F(x, x) \leq 1$ des A_n mittels

$$x \in E_n \mapsto \begin{cases} o \in K, & \text{falls} \quad x = o\,, \\ (F(x, x))^{1/2} \cdot \dfrac{1}{g(x)} \cdot x \in K, & \text{falls} \quad x \neq o\,, \end{cases} \tag{174}$$

nach Satz 11.4 bijektiv auf K ab. Die durch (174) gegebene Abbildung Φ ist dann wegen der Stetigkeit von F und von der konvexen Distanzfunktion g an allen von o verschiedenen Punkten stetig, und dasselbe gilt auch für $x = o$ aufgrund der Abschätzung

$$(F(\Phi(x), \Phi(x)))^{1/2} \leqq (F(x, x))^{1/2} \cdot \sup_{\substack{x \in E_n \\ x \neq o}} \left(F\left(\frac{x}{g(x)}, \frac{x}{g(x)}\right) \right)^{1/2}$$

mit

$$\sup_{\substack{x \in E_n \\ x \neq o}} \left(F\left(\frac{x}{g(x)}, \frac{x}{g(x)}\right) \right)^{1/2} = \sup_{x \in \partial E_n} \left(F\left(\frac{x}{g(x)}, \frac{x}{g(x)}\right) \right)^{1/2} < \infty\,.$$

Wegen der Kompaktheit des Definitionsbereichs E_n von Φ ist jetzt auch Φ^{-1} stetig, womit gezeigt ist, daß das Vollellipsoid E_n bzw. ∂E_n mittels Φ auf den gegebenen konvexen Körper K bzw. ∂K topologisch abgebildet werden kann.

2. *Fall: g nicht positiv.* Hier verläuft der Beweis völlig anders. Wir gehen zunächst von der Tatsache aus, daß $g(x) = 0$ für ein geeignetes $x \neq o$ gilt und daher nach Bemerkung 11.1 die von o ausgehende und x passierende abgeschlossene Halbgerade $\overline{H}^{(1)}$ des A_n ganz in K enthalten ist. Desgleichen ist aber auch wegen der Abgeschlossenheit und Konvexität von K jede zu $\overline{H}^{(1)}$ parallele Halbgerade des A_n, deren Endpunkt in K liegt, ganz in K enthalten (vgl. Abb. 10). Da K nach der am Anfang des Beweises gemachten Voraussetzung keine volle Gerade des A_n enthält, können alle diese Halbgeraden nicht zu in K liegenden Geraden, sondern nur zu maximalen in K liegenden abgeschlossenen Halbgeraden verlängert werden. Dies bedeutet, daß K als Epigraph einer Funktion f mit $\xi_n = f(\xi_1, \dots, \xi_{n-1})$ aufgefaßt werden kann, wenn die ξ_n-Achse des Koordinatensystems des A_n parallel zu den betrachteten Halbgeraden gewählt wird. f ist hierbei auf einer konvexen Untermenge D_f der Hyperebene $\xi_n = 0$ definiert und nach Satz 10.1 konvex, kann aber an Randpunkten von D_f unstetig werden, was für die gewünschte Konstruktion einer topologischen Abbildung eines abgeschlossenen Halbraums $\overline{H}_n$ des A_n auf das vorgegebene K nicht dienlich ist. Aus diesem Grunde definieren wir zunächst eine topologische Hilfsabbildung von K auf den Epigraphen einer auf der ganzen Hyperebene $\xi_n = 0$ definierten stetigen Funktion $\tilde{f}$ in der folgenden Weise:

Wir nehmen o. B. d. A. an, die Hyperebene $\xi_n = 0$ des gewählten affinen Koordinatensystems des A_n sei zu einer durch den Schnittpunkt von ∂K mit der ξ_n-Achse gehenden Stützhyperebene A von K parallel, d. h., A habe die Darstellung $\xi_n = \alpha_0 < 0$. Dann sind die Durchschnitte von K mit den Hyperebenen $\xi_n = \alpha$ ($\alpha > \alpha_0$) konvex und enthalten den Punkt $(0, \ldots, 0, \alpha)$ in ihrem relativ offenen Kern. Unterwirft man jetzt K der durch

$$\hat{\xi}_{i'} = e^{\xi_n - \alpha_0} \cdot \xi_{i'} \qquad (i' = 1, \ldots, n-1), \qquad \hat{\xi}_n = \xi_n$$

definierten topologischen Abbildung Φ_1 des A_n auf sich, so entsteht dadurch eine abgeschlossene Untermenge $\Phi_1(K)$ des A_n, bei welcher die Durchschnitte mit den Hyperebenen $\xi_n = \alpha$ ($\alpha > \alpha_0$) so „aufgeweitet" worden sind, daß $\Phi_1(K)$ als Epigraph einer auf der ganzen Hyperebene $\xi_n = 0$ definierten und stetigen Funktion $\tilde{f}$ aufgefaßt werden kann (vgl. Abb. 30):

$$\Phi_1(K) = \{x \in A_n; \tilde{f}(\xi_1, \ldots, \xi_{n-1}) \leqq \xi_n\} \,. \tag{175}$$

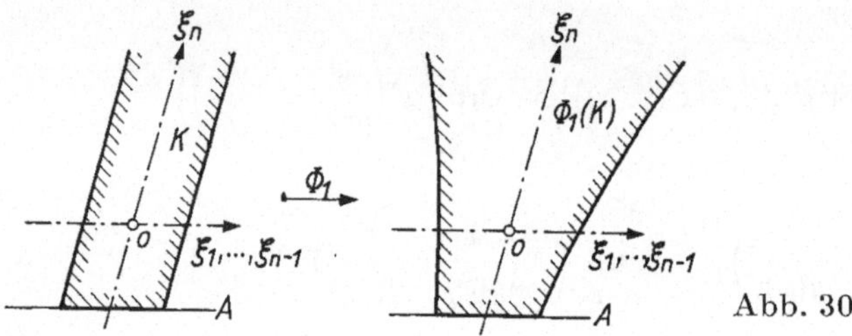

Abb. 30

Da nun die durch

$$\hat{\hat{\xi}}_{i'} = \xi_{i'} \qquad (i' = 1, \ldots, n-1), \qquad \hat{\hat{\xi}}_n = \xi_n + \tilde{f}(\xi_1, \ldots, \xi_{n-1})$$

gegebene topologische Abbildung Φ_2 des A_n auf sich wegen (175) den abgeschlossenen Halbraum $\overline{H}_n$: $\xi_n \geqq 0$ des A_n auf $\Phi_1(K)$ topologisch abbildet, leistet schließlich $\Phi_1^{-1} \circ \Phi_2$ die gewünschte topologische Abbildung von $\overline{H}_n$ auf K bzw. von $\partial \overline{H}_n$ auf ∂K.

Damit ist Bemerkung 11.2 für den Fall bewiesen, daß K keine Gerade des A_n enthält. Im anderen Fall hat K aufgrund von Bemerkung 4.3 die Produktdarstellung $K = L \times A_{n-m}$ mit einer m-dimensionalen konvexen abgeschlossenen Basismenge L, welche keine Gerade enthält. Da nun L nach dem schon Bewiesenen auf ein Vollellipsoid E_m oder auf einen abgeschlossenen Halbraum $\overline{H}_m$ ($1 \leqq n - m \leqq n$) topologisch abbildbar ist, ergibt sich die Richtigkeit von Bemerkung 11.2 auch in diesem Fall. $\square$

Wir fahren nun fort mit der Darstellung des Stützkegels mittels der Distanzfunktion, indem wir zeigen:

Satz 11.5. *Der Stützkegel $C_{x_0}(K)$ im Randpunkt x_0 eines beliebigen abgeschlossenen konvexen Körpers K des A_n mit $o \in K^0$ und der Distanzfunktion g kann durch*

$$C_{x_0}(K) = \{x \in A_n; \, dg_{(x_0)}(x - x_0) \leqq 0\} \tag{176}$$

(vgl. (158)) analytisch dargestellt werden.

Beweis. Wir gehen von der Definition 11.1 von g aus und beachten, daß hieraus bzw. aus (170) und aus Definition 10.5 für den Stützkegel $C_{(x_0,\,g(x_0))}\big(E(g)\big)$ von $E(g)$ im Randpunkt $\big(x_0,\,g(x_0)\big)$ von $E(g)$ die Beziehung

$$C_{(x_0,\,g(x_0))}\big(E(g)\big) \cap t(A_n) = t\big(C_{(x_0)}(K)\big) \tag{177}$$

folgt. Nach Satz 10.5 gilt nun

$$C_{(x_0,\,g(x_0))}\big(E(g)\big) = E\big(g(x_0) + dg_{(x_0)}(y - x_0)\big)\,, \tag{178}$$

so daß wir aufgrund von (177) und (178)

$$E\big(g(x_0) + dg_{(x_0)}(y - x_0)\big) \cap t(A_n) = t\big(C_{(x_0)}(K)\big)$$

haben. Dies ist aber mit

$$C_{(x_0)}(K) = \{x \in A_n;\, g(x_0) + dg_{(x_0)}(x - x_0) \leqq 1\}\,,$$

d. h. wegen $g(x_0) = 1$ (vgl. (171)) mit (176) äquivalent. $\square$

Auch die Klassifikation von Randpunkten nach Definition 10.7 läßt sich aus der Distanzfunktion gewinnen. Es gilt nämlich

Satz 11.6. *Ein Randpunkt x_0 eines beliebigen abgeschlossenen konvexen Körpers K des A_n mit $o \in K^0$ und der Distanzfunktion g ist regulär bzw. s-fach singulär, je nachdem, ob der (in Bemerkung 10.5 eingeführte) affine Unterraum $A_g(x_0)$ aller Linearitätsvektoren der konvexen Funktion g in x_0 die Dimension n bzw. die Dimension $(n + 1) - s$ besitzt $(s = 2, \dots, n)$.*

Beweis. Nach Satz 10.6 ist $\dim A_g(x_0) = n$ bzw. $\dim A_g(x_0) = (n + 1) - s$, je nachdem, ob $\big(x_0,\,g(x_0)\big)$ ein regulärer bzw. ein s-fach singulärer Randpunkt von $E(g)$ ist, d. h. nach Definition 10.7 je nachdem, ob der Durchschnitt $D_{(x_0,\,g(x_0))}\big(E(g)\big)$ aller durch $(x_0,\,g(x_0))$ gehenden Stützhyperebenen von $E(g)$ n- bzw. $((n + 1) - s)$-dimensional $(s = 2, \dots, n + 1)$ ist. Nun schneidet aber wegen (170) jede durch $(x_0,\,g(x_0))$ gehende (und damit wegen der Kegeleigenschaft von $E(g)$ auch $(o, 0)$ passierende) Stützhyperebene von $E(g)$ die Hyperebene $t(A_n)$ in einer durch $(x_0,\,g(x_0))$ gehenden Stützhyperebene von $t(K)$ relativ zu $t(A_n)$, und umgekehrt läßt sich jede durch $(x_0,\,g(x_0))$ gehende Stützhyperebene von $t(K)$ relativ zu $t(A_n)$ in dieser Weise darstellen. Daraus resultiert die Relation

$$D_{(x_0,\,g(x_0))}\big(E(g)\big) \cap t(A_n) = t\big(D_{x_0}(K)\big)$$

und damit speziell

$$\dim D_{(x_0,\,g(x_0))}\big(E(g)\big) = \dim D_{x_0}(K) + 1\,,$$

worin $D_{x_0}(K)$ den Durchschnitt aller durch x_0 gehenden Stützhyperebenen von K bezeichnet. Nach Definition 10.7 bedeutet dies, daß $(x_0,\,g(x_0))$ genau dann regulärer bzw. s-fach singulärer Randpunkt von $E(g)$ ist, wenn x_0 regulärer bzw. s-fach singulärer Randpunkt von K ist $(s = 2, \dots, n)$. Danach ist aber mit dem anfangs Gesagten Satz 11.6 bewiesen. $\square$

Korollar. *Ein Randpunkt x_0 eines abgeschlossenen konvexen Körpers K des A_n mit $o \in K^0$ und der Distanzfunktion g ist genau dann regulär, wenn g an x_0 differen-*

zierbar ist. In diesem Fall besitzt die Stützhyperebene von K durch x_0 die analytische Darstellung

$$dg_{(x_0)}(x - x_0) \equiv \sum_{i=1}^{n} (\xi_i - \xi_i^{(0)}) \frac{\partial g}{\partial \xi_i}(x_0) = 0 \tag{179}$$

(vgl. (176) und Bemerkung 10.5).

Im zweiten Teil dieses Paragraphen kommen wir auf die in Bemerkung 11.1 angegebene geometrische Deutung der Distanzfunktion zurück, die den Ausgangspunkt einer Metrisierung des A_n bildet, welche von H. MINKOWSKI zum Zweck zahlentheoretischer Untersuchungen eingeführt worden ist. Dazu zunächst eine Bemerkung.

Bemerkung 11.3. *Die Distanzfunktion g eines abgeschlossenen konvexen Körpers K des A_n mit $o \in K^0$ ist genau dann homogen, d. h., es gilt (anstelle von (168b)) genau dann*

$$g(\lambda x) = |\lambda|\, g(x) \quad \text{für alle } \lambda \in R\,, \tag{180}$$

wenn K (im Sinne von Definition 8.4) bezüglich o zentralsymmetrisch ist (trivial nach Bemerkung 11.1).

Die Idee von MINKOWSKI besteht nun darin, die Distanzfunktion eines *zentralsymmetrischen kompakten* konvexen Körpers zur Definition einer Metrik auf dem A_n heranzuziehen. Dies ist möglich wegen

Satz 11.7. *Es sei K ein kompakter konvexer Körper des A_n, welcher bezüglich des Ursprungs o des A_n zentralsymmetrisch ist*[1]*), und es sei g die Distanzfunktion von K. Dann kann durch*

$$d(x, y) := g(y - x) \tag{181}$$

auf dem n-dimensionalen affinen Raum eine Abstandsfunktion d definiert werden, für die

$$d(x, x) = 0\,, \qquad d(x, y) > 0 \qquad (x \neq y)\,, \tag{182a}$$

$$d(x, y) = d(y, x)\,, \tag{182b}$$

$$d(x, z) \leqq d(x, y) + d(y, z) \quad (x, y, z = beliebig \in A_n) \tag{182c}$$

gilt, durch welche also A_n zu einem metrischen Raum wird.

Beweis. Aufgrund von Satz 11.1, Bemerkung 11.1 und Bemerkung 11.3 gilt für die Distanzfunktion g von K

$$g(o) = 0\,, \qquad g(x) > 0 \qquad (x \neq o)\,,$$

$$g(-x) = g(x)\,,$$

$$g(x + y) \leqq g(x) + g(y)\,.$$

Daraus resultieren unmittelbar die behaupteten Beziehungen (182a, b, c). $\square$

---

[1]) Daraus folgt aufgrund von Lemma 1.1 automatisch $o \in K^0$.

Satz 11.7 führt jetzt zur

Definition 11.2. Ein n-dimensionaler affiner Raum mit einer mittels eines konvexen Körpers durch (181) definierten Metrik heißt n-dimensionaler *Minkowski-Raum* M_n und der betreffende konvexe Körper *Eichkörper* B von M_n.

Beispiele von Minkowski-Räumen sind der euklidische Raum R_n $\Big(B = \text{Vollellipsoid}, d(x, y) = \Big(\sum\limits_{i=1}^{n} \sum\limits_{j=1}^{n} \gamma_{ij}(\eta_i - \xi_i)(\eta_j - \xi_j)\Big)^{1/2}\Big)$ sowie der affine Raum mit einem Parallelepiped Π_n bzw. mit einem Kreuzpolytop Π_n^* als Eichkörper $\Big(d(x, y) = \underset{1 \leq i \leq n}{\text{Max}} |\eta_i - \xi_i|$ bzw. $d(x, y) = \sum\limits_{i=1}^{n} |\eta_i - \xi_i|\Big)$, wie aus den früher angegebenen Beispielen 11.1 sowie 11.2 bzw. 11.3 unmittelbar ersichtlich wird $\big((\xi_1, \dots, \xi_n)$ bzw. $(\eta_1, \dots, \eta_n) = $ affine Koordinaten von x bzw. $y\big)$.

Bemerkung 11.4. *Der zu einem Minkowski-Raum M_n gehörende Vektorraum ist „linear normiert" in dem Sinne, daß die durch*

$$\|x\| := g(x) \tag{183}$$

auf diesem Vektorraum definierte sogenannte Norm die Beziehungen

$$\|0\| = 0, \qquad \|x\| > 0 \qquad (x \neq 0), \tag{184a}$$

$$\|\lambda x\| = |\lambda|\, \|x\|, \tag{184b}$$

$$\|x + y\| \leq \|x\| + \|y\| \tag{184c}$$

erfüllt (vgl. den Beweis von Satz 11.7 und (180)). Linear normierte (nicht notwendig endlichdimensionale) Vektorräume spielen in der Funktionalanalysis eine hervorragende Rolle.

Bemerkung 11.5. *Ist der Eichkörper B eines Minkowski-Raumes M_n streng konvex, so gilt in der sogenannten Dreiecksungleichung (182c) der Minkowski-Metrik d des M_n genau dann Gleichheit, wenn der Punkt y auf der Strecke xz liegt. Ist B nicht streng konvex, so tritt in (182c) auch in anderen Fällen Gleichheit ein.*

Beweis. Wir nehmen zunächst an, der Eichkörper B von M_n sei streng konvex. Dann ist der erste Teil von Bemerkung 11.5 damit äquivalent, daß in (184c) genau dann Gleichheit eintritt, wenn $x = 0$ oder $y = 0$ oder $y = \alpha x$ mit $x \neq 0$, $y \neq 0$, $\alpha > 0$ gilt. Dies ist in den Fällen $x = 0$ oder $y = 0$ trivial, während im Fall $x \neq 0$, $y \neq 0$ die Beziehung $\|x + y\| = \|x\| + \|y\| > 0$ nach (173) mit

$$\frac{x + y}{\|x\| + \|y\|} = \frac{\|x\|}{\|x\| + \|y\|} \cdot \frac{x}{\|x\|} + \frac{\|y\|}{\|x\| + \|y\|} \cdot \frac{y}{\|y\|} \in \partial B,$$

d. h. wegen der strengen Konvexität von B mit $\dfrac{x}{\|x\|} = \dfrac{y}{\|y\|}$ oder $y = \dfrac{\|y\|}{\|x\|} \cdot x$ gleichwertig ist (vgl. Definition 10.2). Ist jedoch B nicht streng konvex, so existieren nach Definition 10.2 und Lemma 1.1 zwei verschiedene Punkte $x_0, y_0 \in \partial B$ mit

$\frac{1}{2} x_0 + \frac{1}{2} y_0 \in \partial B$, so daß wir aufgrund von (173)

$$\|x_0 + y_0\| = 2 \cdot \| \tfrac{1}{2}(x_0 + y_0)\| = 2 = \|x_0\| + \|y_0\|$$

haben. $\square$

Korollar. *Bei jedem Minkowski-Raum M_n ist die Strecke $x_1 x_2$ die kürzeste Verbindung ihrer Endpunkte, d. h., es gilt für beliebige Punkte $z_1, \ldots, z_k \in M_n$*

$$d(x_1, x_2) \leqq d(x_1, z_1) + \sum_{l=1}^{k-1} d(z_l, z_{l+1}) + d(z_k, x_2) \,.$$

Ist der Eichkörper B von M_n außerdem noch streng konvex, so tritt hierbei nur dann Gleichheit ein, wenn $z_1 \in x_1 x_2, \ldots, z_k \in x_1 x_2$ gilt.

Am Schluß dieses Paragraphen sollen zwei Sätze zur Geometrie des Minkowskischen Raumes bewiesen werden, durch welche klar wird, wie stark diese Minkowskische Geometrie von der euklidischen Geometrie abweicht. Als erstes formulieren wir das folgende Analogon des Satzes 7.5 von JUNG:

Satz 11.8. *Es sei X eine beschränkte Menge des n-dimensionalen Minkowski-Raumes M_n mit dem $\bigl($durch (92) definierten$\bigr)$ Minkowski-Durchmesser $D(X)$ und dem $\bigl($durch (93) definierten$\bigr)$ Minkowski-Umkugelradius $R(X)$[1]. Dann gilt*

$$R(X) \leqq \frac{n}{n+1} D(X) \,, \tag{185}$$

wobei unter anderem dann Gleichheit vorliegt, wenn X aus den Ecken eines n-Simplex S besteht und der Eichkörper B des M_n der Vektorkörper $S + (-1)\,S$ dieses Simplex ist (vgl. Beispiel 8.2).

Beweis (nach K. LEICHTWEISS[2]). Analog zum Beweis von Satz 7.5 beweisen wir zunächst die Ungleichung (185) im Spezialfall $X = \{x_0, \ldots, x_n\}$. Hierbei genügt es, o. B. d. A. die Punkte $x_0, \ldots, x_n$ als affin unabhängig vorauszusetzen, da sie anderenfalls durch konvergente Folgen $\{x_0^{(\nu)}\}_{\nu \in N}, \ldots, \{x_n^{(\nu)}\}_{\nu \in N}$ mit für alle ν affin unabhängigen Punkten $x_0^{(\nu)}, \ldots, x_n^{(\nu)}$ approximiert werden können (vollständige Induktion!) und aus

$$R\left(\{x_0^{(\nu)}, \ldots, x_n^{(\nu)}\}\right) \leqq \frac{n}{n+1} D(\{x_0^{(\nu)}, \ldots, x_n^{(\nu)}\})$$

durch Grenzübergang $\nu \to \infty$ analog zu (100)

$$R(\{x_0, \ldots, x_n\}) \leqq \frac{n}{n+1} D(\{x_0, \ldots, x_n\})$$

folgt. Es seien also nun $x_0, \ldots, x_n$ schon affin unabhängig, und S sei das n-Simplex des M_n mit den Ecken $x_0, \ldots, x_n$ und dem sogenannten Schwerpunkt

$$s := \frac{1}{n+1} \sum_{i=0}^{n} x_i \tag{186}$$

---

[1] $R(X)$ stellt — geometrisch gesprochen — den Minkowski-Radius eines kleinsten X enthaltenden homothetischen Bildes des Eichkörpers B des M_n dar (vgl. die Fußnote [1] auf S. 78).

[2] Vgl. [28].

(vgl. den Beweis von Satz 1.8). Dann schneidet die x_i und s verbindende Gerade die x_i gegenüberliegende $(n-1)$-dimensionale Seite $S_{(i)}$ von S im Punkt

$$s_i := \frac{1}{n} \sum_{\substack{i'=0 \\ i' \neq i}}^{n} x_{i'} \qquad (0 \leqq i \leqq n) , \tag{187}$$

und wir finden wegen (186), (187) und (92)

$$\|x_i - s\| = \left\| \frac{n}{n+1}(x_i - s_i) \right\| = \frac{n}{n+1} \|x_i - s_i\|$$

$$= \frac{n}{n+1} \left\| \frac{1}{n} \sum_{\substack{i'=0 \\ i' \neq i}}^{n} (x_i - x_{i'}) \right\| \leqq \frac{n}{n+1} \frac{1}{n} \sum_{\substack{i'=0 \\ i' \neq i}}^{n} \|x_i - x_{i'}\|$$

$$\leqq \frac{n}{n+1} D(\{x_0, \ldots, x_n\}) \qquad (0 \leqq i \leqq n) . \tag{188}$$

Dies bedeutet aber nach (93) schon die Gültigkeit von (185) im Fall $X = \{x_0, \ldots, x_n\}$.

Enthält nun X nur $k+1 < n+1$ Punkte, so gilt $X \subseteq M_k$ für einen geeigneten k-dimensionalen Minkowskischen Unterraum M_k des M_n, und nach dem schon Bewiesenen haben wir $R(X) \leqq \frac{k}{k+1} D(X) < \frac{n}{n+1} (X)$, d. h. gleichfalls (185). Enthält jedoch X mehr als $n+1$ Punkte, so haben je $n+1$ der kompakten, konvexen ,,Minkowski-Vollkugeln'' $B_\varkappa(x) := x + \varkappa B$ mit den Mittelpunkten $x \in X$ und dem gemeinsamen ,,Minkowski-Radius'' $\varkappa := \frac{n}{n+1} D(X)$ nach dem oben Bewiesenen den Minkowski-Umkugelmittelpunkt der aus den Mittelpunkten dieser $n+1$ Minkowski-Vollkugeln bestehenden Menge gemein; der Durchschnitt aller dieser Minkowski-Vollkugeln ist also nach dem Satz 7.1 von HELLY nicht leer. Daraus folgt also die Existenz eines Punktes y_0 mit $y_0 \in \bigcap_{x \in X} B_\varkappa(x)$, so daß umgekehrt $X \subseteq B_\varkappa(y_0)$ und damit $R(X) \leqq \varkappa$, d. h. (185) gilt. Hiermit ist der erste Teil der Behauptung von Satz 11.8 vollständig bewiesen, und es bleibt nur noch durch Angabe eines Beispiels zu zeigen, daß die in (185) vorkommende Schranke $\frac{n}{n+1}$ für das Verhältnis von $R(X)$ zu $D(X)$ nicht verbessert werden kann.

Aufgrund der Abschätzung (188) ist plausibel, daß in (185) dann Gleichheit herrscht, wenn X aus den Ecken eines n-Simplex S besteht und der Eichkörper B des M_n so gewählt werden kann, daß in (188) überall Gleichheit eintritt. Dies kann man folgendermaßen einsehen: Es sei $S = \mathrm{conv}\{x_0, \ldots, x_n\} \subseteq A_n$ mit $X = \{x_0, \ldots, x_n\} = $ affin unabhängig, und es sei B der Vektorkörper von S:

$$B = S + (-1) S . \tag{189}$$

Das durch (189) definierte B ist nach Beispiel 8.2 und den Sätzen 8.5 und 8.7 ein bezüglich o zentralsymmetrischer kompakter konvexer Körper und definiert daher auf dem A_n eine Minkowski-Metrik derart, daß B zum Eichkörper des dadurch entstehenden Minkowski-Raumes M_n wird. Dann ist leicht einzusehen, daß die Punktmengen $S_{(i)} - x_i$ ($i = 0, \ldots, n$; $S_{(i)} =$ Gegenseite von x_i in S) einen Teil von ∂B ausmachen, was insbesondere

$$\left\| x_i - \frac{1}{n} \sum_{\substack{i'=0 \\ i' \neq i}}^{n} x_{i'} \right\| = \|x_i - x_0\| = \cdots = \|x_i - x_{i-1}\|$$

$$= \|x_i - x_{i+1}\| = \cdots = \|x_i - x_n\| = 1 \qquad (0 \leq i \leq n)$$

und damit

$$D(\{x_0, \ldots, x_n\}) = 1 \, ,$$

d. h. überall Gleichheit in (188) zur Folge hat. Dies bedeutet — geometrisch gesprochen — daß s im Durchschnitt der Ränder der Minkowski-Vollkugeln $B_{n/(n+1)}(x_0), \ldots, B_{n/(n+1)}(x_n)$ enthalten ist und umgekehrt $\{x_0, \ldots, x_n\}$ auf dem Rand von $B_{n/(n+1)}(s)$ liegt. Nun existiert aber außer s kein weiterer Punkt von $\bigcap\limits_{i=0}^{n} B_{n/(n+1)}(x_i)$, da ein derartiger Punkt um so mehr im Durchschnitt der die $B_{n/(n+1)}(x_i)$ enthaltenden abgeschlossenen Halbräume $x_i + \dfrac{n}{n+1}\,(\overline{H_{(i)}} - x_i)$ enthalten wäre ($i = 0, \ldots, n$; $\overline{H_{(i)}} =$ von der durch $S_{(i)}$ gehenden Hyperebene begrenzter und x_i enthaltender abgeschlossener Halbraum von M_n). In baryzentrischen Koordinaten bezüglich $\{x_0, \ldots, x_n\}$ haben diese Halbräume die Darstellung $\alpha_i \geq \dfrac{1}{n+1}$, so daß jeder Punkt aus ihrem Durchschnitt wegen $\sum\limits_{i=0}^{n} \alpha_i = 1$ die Darstellung $\alpha_0 = \cdots = \alpha_n = \dfrac{1}{n+1}$ hat und somit nach (186) mit s übereinstimmt (vgl. Abb. 31). Also gilt insbesondere $\bigcap\limits_{i=0}^{n} B_\varrho(x_i) = \emptyset$ für jedes $\varrho < \dfrac{n}{n+1}$, d. h., umgekehrt ist die Menge $\{x_0, \ldots, x_n\}$ in keiner Minkowski-Vollkugel vom Radius $\varrho < \dfrac{n}{n+1}$ gelegen. Damit ist schließlich $R(\{x_0, \ldots, x_n\}) = \dfrac{n}{n+1} = \dfrac{n}{n+1} D(\{x_0, \ldots, x_n\})$ gezeigt und der zweite Teil der Behauptung von Satz 11.8 bewiesen. $\square$

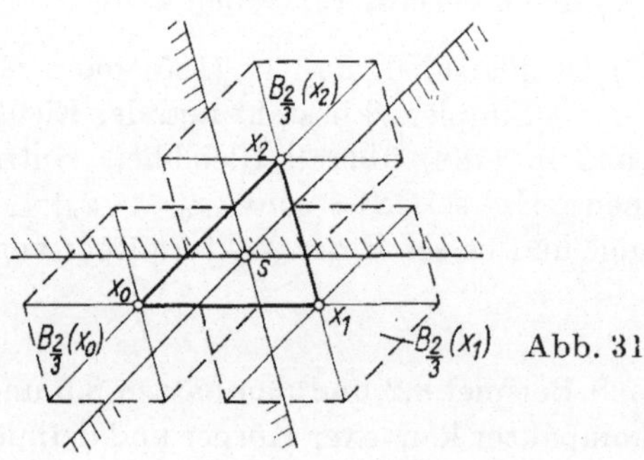

Abb. 31

Bemerkung 11.6. *In (185) tritt genau dann Gleichheit auf, wenn* $\overline{\mathrm{conv}\,X} = S$ *und* $S + (-1)\,S \subseteq D(X) \cdot B \subseteq - (n + 1)\,(S - s)$ *gilt* ($S = n$-*Simplex des* M_n *mit dem Schwerpunkt* s).[1])

Als zweite bemerkenswerte Eigenschaft der Minkowskischen Geometrie zeigen wir im Fall einer Minkowski-Ebene eine Abschätzung für das Analogon des Umfangs 2π der Einheitskreisscheibe der euklidischen Geometrie. Dazu zunächst die

Definition 11.3. Es sei K eine kompakte konvexe Menge in der Minkowski-Ebene M_2, und $\mathfrak{P}$ sei die Menge aller in K enthaltenen konvexen Polygone P. Ist dann $l(P)$ die Summe der Minkowski-Längen der Seitenstrecken von P[2]), so heißt

$$U(K) := \sup_{P \in \mathfrak{P}} l(P) \tag{190}$$

Minkowski-Umfang von K.[3])

Damit beweisen wir:

Satz 11.9. *Für den Minkowski-Umfang* $U(B)$ *des Eichbereichs (oder der Minkowski-Einheitskreisscheibe)* B *einer Minkowski-Ebene* M_2 *gilt die Abschätzung*

$$6 \leq U(B) \leq 8 \,. \tag{191}$$

Die hierbei auftretenden Schranken 6 bzw. 8 werden dann angenommen, wenn B ein affinreguläres Sechseck[4]) bzw. ein Parallelogramm ist.

Dem Beweis von Satz 11.9 schicken wir das folgende Lemma voraus:

Lemma 11.1. *Ist eine kompakte konvexe Menge L in einer ebensolchen Menge K der Minkowski-Ebene M_2 enthalten, so besteht für die zugehörigen Minkowski-Umfänge $U(L)$ und $U(K)$ die Beziehung*

$$U(L) \leq U(K) \,. \tag{192}$$

Außerdem stimmt im Fall eines konvexen Polygons P der Minkowski-Umfang $U(P)$ mit der Summe der Minkowski-Längen der Seitenstrecken von P überein:

$$U(P) = l(P) \qquad \text{(vgl. Definition 11.3)} \,. \tag{193}$$

Beweis. Der erste Teil der Behauptung von Lemma 11.1 ist nach der Definition 11.3 von $U(L)$ und $U(K)$ trivial. Um den zweiten Teil dieser Behauptung einzusehen, genügt es aufgrund von (190) zu zeigen, daß für konvexe Polygone P und Q von M_2 mit $Q \subseteq P$

$$l(Q) \leq l(P) \tag{194}$$

---

[1]) Vgl. [28], Satz 2.

[2]) Unter der Minkowski-Länge einer Strecke $x_1 x_2$ verstehen wir hierbei den Minkowski-Abstand $\|x_2 - x_1\|$ ihrer Endpunkte.

[3]) Aus nachfolgendem Lemma 11.1 wird ersichtlich, daß $U(K)$ stets einen endlichen Wert besitzt.

[4]) Ein Sechseck heißt hierbei *affinregulär*, wenn es durch eine geeignete nichtausgeartete Affinität in ein reguläres Sechseck der euklidischen Ebene übergeführt werden kann.

gilt. Hierzu beachten wir, daß P und Q nach Satz 5.6 Durchschnitt endlich vieler abgeschlossener Halbebenen von M_2 sind:

$$P = \overline{H_{(1)}} \cap \cdots \cap \overline{H_{(l)}} \, ,$$

$$Q = \overline{H_{(l+1)}} \cap \cdots \cap \overline{H_{(l+m)}} \, ,$$

und betrachten die Punktmengen

$$P_\mu := P \cap \overline{H_{(l+1)}} \cap \cdots \cap \overline{H_{(l+\mu)}} \qquad (\mu = 0, \dots, m) \, .$$

Die auf diese Weise definierten P_μ sind als in der beschränkten Menge P enthaltene polyedrische Mengen nach Satz 5.7 konvexe Polygone mit den Eigenschaften

$$P_{\mu'+1} = P_{\mu'} \cap \overline{H_{(l+\mu'+1)}} \quad (\mu' = 0, \dots, m-1) \, , \quad P_0 = P, \quad P_m = Q \, . \tag{195}$$

Die Seitenstrecken von $P_{\mu'+1}$ unterscheiden sich also von den Seitenstrecken von $P_{\mu'}$ dadurch, daß eventuell eine einzige auf der Begrenzungsgeraden von $\overline{H_{(l+\mu'+1)}}$ liegende Seite von $P_{\mu'+1}$ einen Seitenstreckenzug von $P_{\mu'}$ mit (nach dem Korollar zu Bemerkung 11.5) nicht kleinerer Länge ersetzt. Daher haben wir

$$l(P_{\mu'+1}) \leqq l(P_{\mu'}) \quad (\mu' = 0, \dots, m-1) \, , \quad l(P_0) = l(P), \quad l(P_m) = l(Q) \, ,$$

woraus die zu zeigende Beziehung (194) unmittelbar ersichtlich ist. $\square$

Beweis von Satz 11.9 (nach D. Laugwitz[1]). Um die Abschätzung von $U(B)$ nach unten zu beweisen, zeigen wir zunächst, daß dem Rand des bezüglich o zentralsymmetrischen, kompakten und konvexen Eichbereichs B von M_2 stets ein affinreguläres Sechseck P mit dem Mittelpunkt o einbeschrieben werden kann: In der Tat, ist p ein beliebig fest gewählter und x ein beliebiger Punkt von ∂B, so nimmt die durch $\varphi(x) := ||x - p||$ auf dem (nach Bemerkung 11.2 auf eine Ellipse topologisch abbildbaren) Rand von B definierte stetige reellwertige Funktion φ nach dem Zwischenwertsatz an mindestens einer Stelle $q \in \partial B$ den zwischen $\varphi(p) = 0$ und $\varphi(-p) = 2\,||p|| = 2$ gelegenen Wert 1 an: $\varphi(q) = ||q - p|| = 1$. Dies bedeutet aber, daß ∂B die sechs Punkte $p, q, q - p, -p, -q, p - q$ enthält, die die Ecken eines in ∂B einbeschriebenen affinregulären Sechsecks P mit dem Mittelpunkt o

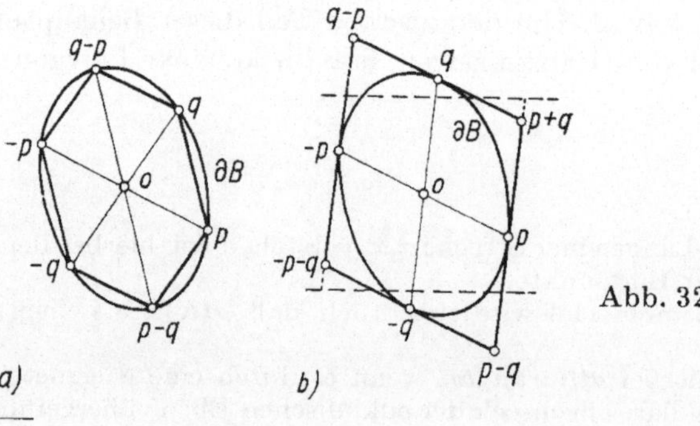

Abb. 32

eines in ∂B einbeschriebenen affinregulären Sechsecks P mit dem Mittelpunkt o

---

[1]) Vgl. [29].

bilden (vgl. Abb. 32a). Damit wird aber aufgrund von (192) und (193)

$$U(B) \geqq U(P) = l(P) = 2(\|p\| + \|q\| + \|q - p\|) = 2 \cdot 3 = 6 \,,$$

wobei dann Gleichheit eintritt, wenn B von vornherein mit P übereinstimmt.

Um nun noch bei Satz 11.9 die Abschätzung von $U(B)$ nach oben zu zeigen, beweisen wir, daß sich dem Eichbereich B von M_2 stets ein Parallelogramm Q mit dem Mittelpunkt o so umbeschreiben läßt, daß die Seitenstreckenmittelpunkte von Q auf ∂B liegen. Dies geschieht folgendermaßen: Wir betrachten ein wegen $o \in B^0$ sicher existierendes flächenkleinstes[1] B enthaltendes Parallelogramm Q mit dem Mittelpunkt o. Dann gehören die Seitenstreckenmittelpunkte je zweier gegenüberliegender Seiten dieses Parallelogramms zu ∂B, da sich anderenfalls leicht ein flächenkleineres, B enthaltendes Parallelogramm mit dem Mittelpunkt o konstruieren ließe (vgl. Abb. 32b). Bezeichnen wir also die Mittelpunkte der Seitenstrecken von Q mit $p, q, -p, -q$, so hat dieses Parallelogramm die Ecken $p + q, q - p$, $-p - q, p - q$, und wir finden aufgrund von (192) und (193) die gewünschte Ungleichung

$$U(B) \leqq U(Q) = l(Q) = 2 \, (\|2p\| + \|2q\|) = 2 \cdot 4 = 8 \,,$$

wobei dann Gleichheit eintritt, wenn B von vornherein mit Q übereinstimmt. Hiermit ist Satz 11.9 vollständig bewiesen. $\square$

Übungen

1. Es sei P eine polyedrische Menge des A_n, deren offener Kern P^0 den Ursprung o des A_n enthalte. Es soll gezeigt werden, daß die Distanzfunktion g von P stückweise affin ist (vgl. den Beginn von § 10).
2. Man beweise: Ist g die Distanzfunktion eines abgeschlossenen konvexen Körpers K des A_n mit $o \in K^0$, so stellt a) $\{x \in A_n; g(x) = 0\}$ einen abgeschlossenen konvexen Kegel mit der Spitze o dar, welcher b) mit dem charakteristischen Kegel $CC(K)$ von K übereinstimmt (vgl. Übungsaufgabe 5 von § 1).
3. Es soll gezeigt werden: Der Minkowski-Durchmesser $D(X)$ einer beliebigen beschränkten Untermenge X des n-dimensionalen Minkowski-Raumes M_n ist gleich dem Minkowski-Durchmesser $D(\mathrm{conv}\, X)$ der gleichfalls beschränkten konvexen Hülle $\mathrm{conv}\, X$ von X.
4. Man konstruiere eine Minkowski-Ebene M_2, deren Eichbereich B einen Umfang $U(B)$ mit einem beliebig zwischen 6 und 8 vorgegebenen Wert besitzt (vgl. Satz 11.9).

§ 12. Stützfunktion kompakter konvexer Mengen

Wir wollen nun beliebige kompakte konvexe Mengen K (anstelle von abgeschlossenen konvexen Körpern) durch konvexe Funktionen analytisch darstellen, welche zu den im vorigen Paragraphen betrachteten Distanzfunktionen in einer gewissen

---

[1] Hierbei beziehen wir uns auf eine beliebige, aber feste Flächenmessung von M_2 (die mit der durch (181) definierten Längenmessung von M_2 nichts zu tun hat). Bei dieser Flächenmessung hängt der Flächeninhalt eines Parallelogramms stetig von seinen Eckpunkten ab.

Weise dual sind. Wir spezialisieren aus diesem Grunde den K enthaltenden affinen Raum A_n zu einem euklidischen Raum R_n mit dem ausgezeichneten inneren Produkt $\langle\,,\rangle$ und denken uns wie in § 11 den R_n als Unterraum $R_n \times \{0\}$ in den $(n+1)$-dimensionalen euklidischen Raum $R_n \times R_1 =: R_{n+1}$ eingebettet. Ist dann t wie im vorigen Paragraphen die durch $(x, \alpha) \mapsto (x, \alpha + 1)$ definierte Translation des R_{n+1}, so stellt $C(t(K))$ nach Lemma 6.1 einen abgeschlossenen konvexen Projektionskegel von $t(K)$ mit der Spitze $(o, 0)$ dar. Der abgeschlossene und konvexe Polarkegel $C(t(K))^*$ von $C(t(K))$ mit der Spitze $(o, 0)$ enthält aufgrund von Bemerkung 6.1 und der Kompaktheit von K die abgeschlossene Halbgerade $\{(o, -\lambda) \in R_{n+1};\ \lambda \geqq 0\}$ samt einer kegelförmigen Umgebung aus an $(o, 0)$ beginnenden abgeschlossenen Halbgeraden des R_{n+1}, während er die abgeschlossene Halbgerade $\{(o, \lambda) \in R_{n+1}; \lambda \geqq 0\}$ samt einer entsprechenden kegelförmigen Umgebung nicht enthält. Aus diesem Grunde ist der durch Spiegelung σ des R_{n+1} an der Hyperebene $R_n \times \{0\}$ entstehende Kegel $\sigma(C(t(K))^*)$ Epigraph einer auf dem R_n definierten Funktion, die wir im folgenden zur analytischen Beschreibung von K verwenden wollen. Wir definieren mit H. MINKOWSKI:

Definition 12.1. Es sei K eine beliebige kompakte konvexe Untermenge des n-dimensionalen euklidischen Unterraumes $R_n \times \{0\}$ in dem kartesischen Produkt $R_n \times R_1 =: R_{n+1}{}^1)$, es sei t die durch $(x, \alpha) \mapsto (x, \alpha + 1)$ für alle $x \in R_n$ und $\alpha \in R_1$ definierte Translation des R_{n+1}, und es sei σ die Spiegelung des R_{n+1} an der Hyperebene $R_n \times \{0\}$. Dann heißt diejenige auf R_n definierte reellwertige Funktion h, deren Epigraph mit $\sigma(C(t(K))^*)$ übereinstimmt:

$$E(h) = \sigma(C(t(K))^*) , \tag{196}$$

Stützfunktion von K.

Satz 12.1 *Die Stützfunktion h einer kompakten konvexen Untermenge K des R_n ist positiv homogen und subadditiv, d. h., es gilt*

$$h(\lambda u) = \lambda h(u) \qquad (\lambda \geqq 0) \tag{197a}$$

und

$$h(u + v) \leqq h(u) + h(v) . \tag{197b}$$

Beweis. (197a) folgt unmittelbar aus Definition 12.1; (197b) erhält man aus der aus (196) resultierenden Konvexität von h und damit der Beziehung $h(\tfrac{1}{2} u + \tfrac{1}{2} v) \leqq \tfrac{1}{2}(h(u) + h(v))$ in Verbindung mit (197a) $(u, v = $ beliebig $\in R_n)$. $\square$

Zwischen der Stützfunktion h von K und der Polarmenge K^* von K (bezüglich des Ursprungs o des R_n) besteht aufgrund von Definition 6.3 der folgende einfache Zusammenhang:

Satz 12.2. *Ist h die Stützfunktion und K^* die Polarmenge einer beliebigen kompakten konvexen Untermenge K des R_n, so läßt sich K^* durch*

$$K^* = \{u \in R_n;\ h(u) \leqq 1\} \tag{198}$$

mittels h analytisch darstellen.

$^1)$ Im folgenden sagen wir kurz, K sei kompakte konvexe Untermenge des n-dimensionalen euklidischen Raumes R_n.

Beweis. Nach der Konstruktion (69) von K^* haben wir die mit (198) äquivalente Beziehung

$$t(K^*) = \sigma\big(C(t(K))^* \cap \sigma(t(R_n))\big) = \sigma\big(C(t(K))^*\big) \cap t(R_n) = E(h) \cap t(R_n)\,,$$

worin t bzw. σ die schon in Definition 12.1 erklärte Translation bzw. Spiegelung des R_{n+1} bedeutet. $\square$

Folgerung. *Enthält die kompakte konvexe Untermenge K des R_n den Ursprung o des R_n, so stimmt die Stützfunktion von K mit der Distanzfunktion von K^* überein.*

Beweis. Aufgrund von Definition (196) der Stützfunktion h von K folgt aus $o \in K$ unmittelbar $h \geq 0$. Die Funktion h ist daher nach (198) wegen Satz 12.1 und Satz 11.2 die Distanzfunktion der abgeschlossenen, konvexen und o in ihrem offenen Kern enthaltenden Polarmenge K^* von K. $\square$

Korollar. *Im Fall eines kompakten konvexen Körpers K des R_n mit $o \in K^0$ ist die Stützfunktion h von K mit der Distanzfunktion g^* von K^* und ebenso die Stützfunktion h^* von K^* mit der Distanzfunktion g von $K^{**} = K$ (vgl. Korollar zu Satz 6.6) identisch. In diesem, aber auch nur in diesem Fall sind also Stützfunktion und Distanzfunktion vollkommen zueinander „dual".*

Bemerkung 12.1. *Die Stützfunktion h einer kompakten konvexen Untermenge K des R_n läßt sich (ihren Namen rechtfertigend) folgendermaßen geometrisch deuten: Für einen beliebigen Punkt $u \neq o$ des R_n wird durch*

$$\langle x, u \rangle \leq h(u) \tag{199}$$

derjenige K enthaltende abgeschlossene Halbraum $\overline{H}(u)$ des R_n dargestellt, der durch die Stützhyperebene $A(u)$:

$$\langle x, u \rangle = h(u) \tag{200}$$

von K mit dem $\big($von $\overline{H}(u)$ weg weisenden$\big)$ Normalenvektor u begrenzt wird. Insbesondere ist also $h\left(\dfrac{u}{||u||}\right)$ der mit einem Vorzeichen versehene euklidische Abstand des Ursprungs o des R_n von $A(u)$. Um dies einzusehen, denken wir uns den R_n wie bei Definition 12.1 in den R_{n+1} eingebettet und beachten, daß die in $(o, 0)$ beginnende und von $C(t(K))$ weg weisende Normalenhalbgerade der durch $(o, 0)$ und $t(A(u))$ gehenden Stützhyperebene aff $C(t(A(u)))$ von $C(t(K))$ nach Bemerkung 6.1 und Definition 12.1 in $\sigma(E(h))$ und zwar, genauer gesagt, wegen der Stützeigenschaft von $A(u)$ in $\sigma(G(h)) = G(-h)$ gelegen ist ($G(h)$ bzw. $G(-h) =$ Graph von h bzw. $-h$). Daher besitzt aff $C(t(A(u)))$ die Darstellung

$$\langle (x, \alpha),\, (u, -h(u)) \rangle = \langle x, u \rangle - \alpha \cdot h(u) = 0\,,$$

woraus aufgrund von $t(A(u)) =$ aff $C(t(A(u))) \cap t(R_n)$ unmittelbar die Darstellung (200) von $A(u)$ und damit die Darstellung (199) von $\overline{H}(u)$ resultiert.

Bemerkung 12.2. *Aufgrund von Bemerkung 12.1 kann die Stützfunktion h einer kompakten konvexen Untermenge K des R_n auch durch*

$$h(u) = \sup_{x \in K} \langle x, u \rangle \tag{201}$$

definiert werden. Diese Definition läßt sich auf beliebige konvexe Untermengen K des R_n ausdehnen, wenn man in Kauf nimmt, daß dann $h(u)$ nur für Argumente aus einem geeigneten konvexen Kegel des R_n endliche Werte annimmt.

Analog zu Satz 11.2 gilt nun die folgende Umkehrung von Satz 12.1:

Satz 12.3. *Ist h eine beliebige auf R_n definierte, positiv homogene und subadditive Funktion, so existiert genau eine kompakte konvexe Untermenge K des R_n, deren Stützfunktion h ist. Diese Menge K ist der Durchschnitt aller durch $\langle x, u \rangle \leqq h(u)$ gegebenen abgeschlossenen Halbräume $\overline{H}(u)$ des R_n:*

$$K = \bigcap_{u \neq o} \overline{H}(u) . \tag{202}$$

Beweis. Wie in Definition 12.1 denken wir uns den R_n als Hyperebene im R_{n+1} eingebettet und durch die dort eingeführte Translation t in die Hyperebene $t(R_n)$ übergeführt. Aufgrund der Voraussetzungen in Satz 12.3 ist nun h eine konvexe (und damit stetige) Funktion, deren abgeschlossener Epigraph $E(h)$ einen konvexen Kegel mit der Spitze $(o, 0)$ als Randpunkt darstellt. Ist σ die in Definition 12.1 erklärte Spiegelung, so schneidet $\big(\sigma(E(h))\big)^*$ die Hyperebene $t(R_n)$ in einer Menge, die durch t aus einer im R_n gelegenen abgeschlossenen, konvexen Menge K hervorgeht:

$$t(K) := \big(\sigma(E(h))\big)^* \cap t(R_n) . \tag{203}$$

Durch $(o, 0)$ geht eine Stützhyperebene von $E(h)$, und keine Stützhyperebene von $E(h)$ enthält die Gerade $\{0\} \times R_1$. Daher ist nach der Interpretation von $\big(\sigma(E(h))\big)^*$ nach Bemerkung 6.1 $t(K) \neq \emptyset$. Außerdem liegt die offene Halbgerade $\{(o, \alpha) \in R_{n+1};$ $\alpha > 0\}$ wegen der Stetigkeit von h im offenen Kern $\big(E(h)\big)^0$ von $E(h)$, so daß $t(K)$ beschränkt und somit kompakt sein muß. Nun folgt aus (203) unmittelbar

$$\big(\sigma(E(h))\big)^* = C\big(t(K)\big) ,$$

was nach Satz 6.4 in Verbindung mit Bemerkung 6.2

$$\sigma\big(E(h)\big) = \big(\sigma(E(h))\big)^{**} = C\big(t(K)\big)^* ,$$

d. h. (196) zur Folge hat. Hiernach ist h Stützfunktion von K.

Aufgrund vom Korollar zu Satz 3.5 und Bemerkung 12.1 ist jetzt

$$K = \bigcap_{u \neq o} \overline{H}(u)$$

und damit eindeutig durch h bestimmt.

Beispiel 12.1. $h(v_1, \ldots, v_n) = \sum_{i=1}^{n} \alpha_i v_i$ $(\{v_1, \ldots, v_n\} = $ kartesisches Koordinatensystem des $R_n, \gamma_i = $ const). h besitzt die Eigenschaften (197 a, b) und ist nach (201) Stützfunktion des Punktes c des R_n mit den Koordinaten $(\gamma_1, \ldots, \gamma_n)$.

Beispiel 12.2. $h(v_1, \ldots, v_n) = \left(\sum_{i=1}^{n} \alpha_i(v_i)^2 \right)^{1/2}$ $(\alpha_1 > 0, \ldots, \alpha_n > 0)$. h ist Distanzfunktion des Vollellipsoids E_n: $\sum_{i=1}^{n} \alpha_i(\xi_i)^2 \leqq 1$ mit dem Mittelpunkt $(0, \ldots, 0)$ und den Halbachsenlängen $(\alpha_i)^{-1/2}$ $(i = 1, \ldots, n)$ und daher nach der Folgerung von Satz 12.2 Stützfunktion des Vollellipsoids E_n^*: $\sum\limits_{i=1}^{n} \dfrac{1}{\alpha_i}(\xi_i)^2 \leq 1$ mit dem Mittelpunkt $(0, \ldots, 0)$ und den Halbachsenlängen $(\alpha_i)^{1/2}$ $(i = 1, \ldots, n)$ (vgl. Satz 6.8 und Beispiel 11.1).

Beispiel 12.3. $h(v_1, \ldots, v_n) = \operatorname*{Max}\limits_{1 \leq i \leq n} |v_i|$. In gleicher Weise wie im vorigen Beispiel ist h Distanzfunktion des Würfels W_n: $|\xi_i| \leq 1$ $(i = 1, \ldots, n)$ mit dem Mittelpunkt $(0, \ldots, 0)$ und der Kantenlänge 2 und Stützfunktion des zu W_n polaren Kreuzpolytops W_n^*: $\sum\limits_{i=1}^{n} |\xi_i| \leq 1$ mit dem Mittelpunkt $(0, \ldots, 0)$ und der „Diagonallänge" 2 (vgl. die Beispiele 11.2 und 11.3).

Beispiel 12.4. $h(v_1, \ldots, v_n) = \sum\limits_{i=1}^{n} |v_i|$. Umgekehrt wie in Beispiel 12.3 ist h Distanzfunktion des Kreuzpolytops W_n^*: $\sum\limits_{i=1}^{n} |\xi_i| \leq 1$ (Mittelpunkt $(0, \ldots, 0)$, Diagonallänge 2) und Stützfunktion des Würfels W_n: $\operatorname*{Max}\limits_{1 \leq i \leq n} |\xi_i| \leq 1$ (Mittelpunkt $(0, \ldots, 0)$, Kantenlänge 2).

Mittels der Stützfunktion kann nicht nur eine einzige kompakte konvexe Menge, sondern auch die konvexe Hülle und die Linearkombination endlich vieler kompakter konvexer Mengen in einfacher Weise analytisch dargestellt werden. Wir zeigen als gewisses Pendant zu Satz 11.3:

Satz 12.4. *Es seien K_l kompakte konvexe Untermengen des R_n mit den Stützfunktionen h_l $(l = 1, \ldots, m)$. Dann besitzt* a) *die kompakte konvexe Menge*

$$K := \operatorname{conv}\left(\bigcup_{l=1}^{m} K_l\right) \quad \text{(vgl. Satz 2.6)}$$

bzw. b) *die kompakte konvexe Menge*

$$K := \sum_{l=1}^{m} \lambda_l K_l \; mit \, \lambda_l = \text{const} \geq 0, \; \sum_{l=1}^{m} \lambda_l > 0 \quad \text{(vgl. Satz 8.5)}$$

die durch

a) $\qquad h(u) := \operatorname*{Max}\limits_{1 \leq l \leq m} h_l(u)$

bzw.

b) $\qquad h(u) := \sum\limits_{l=1}^{m} \lambda_l h_l(u) \qquad (u = beliebig \in R_n)$

definierte Stützfunktion h.

Be weis. a) Wir bezeichnen mit $\overline{H}_l(u)$ die nach Bemerkung 12.1 zu den K_l gehörigen abgeschlossenen Halbräume des R_n mit dem Normalenvektor $u \neq 0$ $(l = 1, \ldots, m)$. Dann folgt aus $\overline{H}_l(u) \supseteq K_l$ $(l = 1, \ldots, m)$ und der Konvexität des abgeschlossenen Halbraums $\overline{H}_{l_0}(u) := \bigcup\limits_{l=1}^{m} \overline{H}_l(u)$ $(1 \leq l_0 \leq m)$: $\overline{H}_{l_0}(u) \supseteq \operatorname{conv}\left(\bigcup\limits_{l=1}^{m} K_l\right) = K,$

und kein in $\overline{H}_{l_0}(u)$ echt enthaltener abgeschlossener Halbraum des R_n kann wegen der Stützeigenschaft von $A_{l_0}(u) = \eth\big(\overline{H}_{l_0}(u)\big)$ bezüglich K_{l_0} ganz K enthalten. Damit ist $A_{l_0}(u)$ Stützhyperebene von K zur Normalenrichtung u. Aus der Darstellung $\langle x, u \rangle \leqq h_l(u)$ von $\overline{H}_l(u)$ folgt die Darstellung $\langle x, u \rangle = h_{l_0}(u) = \underset{1 \leqq l \leqq m}{\mathrm{Max}}\, h_l(u)$ für $A_{l_0}(u)$, so daß die Beziehung $h(u) = \underset{1 \leqq l \leqq m}{\mathrm{Max}}\, h_l(u)$ für alle $u \in R_n$ gezeigt ist[1]).

b) Sind wiederum $A_l(u)\colon \langle x, u \rangle = h_l(u)$ bzw. $A(u)\colon \langle x, u \rangle = h(u)$ die Stützhyperebenen von K_l bzw. von K $(l = 1, \ldots, m)$ mit dem Normalenvektor $u \neq 0$ (vgl. Bemerkung 12.1), so haben wir nach Satz 8.4 schon $A(u) = \sum_{l=1}^{m} \lambda_l A_l(u)$ oder

$$h(u) = \langle A(u), u \rangle = \sum_{l=1}^{m} \lambda_l \langle A_l(u), u \rangle = \sum_{l=1}^{m} \lambda_l h_l(u)^2). \quad \square$$

Leider existiert keine ähnlich einfache Darstellung mittels der Stützfunktion für die aus den K_l gebildete kompakte konvexe Menge $\bigcap_{l=1}^{m} K_l$.

Wir wollen nun den Durchschnitt von K und einer seiner Stützhyperebenen mittels der Stützfunktion von K beschreiben, indem wir zeigen:

Satz 12.5. *Der (nichtleere) Durchschnitt von einer beliebigen kompakten konvexen Menge K des R_n mit der Stützfunktion h und der Stützhyperebene $A(u_0)\colon \langle x, u_0 \rangle = h(u_0)$ $(u_0 \neq o)$ von K kann durch*

$$K \cap A(u_0) = \{x \in R_n;\ \langle x, v - u_0 \rangle \leqq dh_{(u_0)}(v - u_0) \quad \textit{für alle } v \neq u_0 \textit{ des } R_n\} \tag{204}$$

(vgl. (158)) analytisch dargestellt werden, und $dh_{(u_0)}(v - u_0)$ ist die Stützfunktion von $K \cap A(u_0)$.

Beweis. Die Menge auf der rechten Seite von (204) werde mit L bezeichnet, und es sei y_0 ein beliebiger Punkt von L. Nun gilt wegen (155), (158) und (197a, b) für alle $v \in R_n$ mit $v \neq u_0$

$$dh_{(u_0)}(v - u_0) \leqq \frac{h\big(u_0 + \tau(v - u_0)\big) - h(u_0)}{\tau} \leqq h(v - u_0) \quad (\tau > 0). \tag{205}$$

Daher gilt $\langle y_0, v - u_0 \rangle \leqq h(v - u_0)$ für alle $v \neq u_0$, und wegen Satz 12.3 ist $y_0 \in K$. Wegen $y_0 \in L$ ist weiter

$$\langle y_0, v - u_0 \rangle \leqq dh_{(u_0)}(v - u_0); \tag{206}$$

durch Spezialisierung $v = o \neq u_0$ entsteht daraus mit (158) und (197a)

$$\langle y_0, u_0 \rangle \geqq -dh_{(u_0)}(-u_0) = \lim_{\tau \to +0} \frac{h\big((1 - \tau)\, u_0\big) - h(u_0)}{-\tau} = h(u_0) .$$

---

[1]) $h(u) = \underset{1 \leqq l \leqq m}{\mathrm{Max}}\, h_l(u)$ ist nämlich für $u = o$ trivial.

[2]) Hierbei ist $h(u) = \sum_{l=1}^{m} \lambda_l h_l(u)$ wiederum für $u = o$ trivial; außerdem wurde für die inneren Produkte die Komplexschreibweise angewandt.

Andererseits folgt aus $y_0 \in K$ zusammen mit Satz 12.3 $\langle y_0, u_0 \rangle \leqq h(u_0)$, so daß

$$\langle y_0, u_0 \rangle = h(u_0) \,, \tag{207}$$

also $y_0 \in K \cap A(u_0)$ gilt. Hiermit ist $L \subseteq K \cap A(u_0)$ gezeigt.

Wir nehmen nun umgekehrt an, y_0 sei ein beliebiger Punkt von $K \cap A(u_0)$. Dann ist wegen $y_0 \in K$ nach Satz 12.3 für ein beliebiges $v \neq u_0$ und beliebiges $\tau > 0$

$$\langle y_0, u_0 + \tau(v - u_0) \rangle \leqq h\big(u_0 + \tau(v - u_0)\big) \,, \tag{208}$$

während wir wegen $y_0 \in A(u_0)$ zugleich (207) haben. Aus (208) und (207) resultiert aber für alle $\tau > 0$

$$\langle y_0, v - u_0 \rangle \leqq \frac{h\big(u_0 + \tau(v - u_0)\big) - h(u_0)}{\tau} \qquad (v = \text{beliebig} \neq u_0) \,,$$

woraus nach (158) durch Grenzübergang $\tau \to +0$

$$\langle y_0, v - u_0 \rangle \leqq dh_{(u_0)}(v - u_0) \qquad (v = \text{beliebig} \neq u_0) \,,$$

d. h. $y_0 \in L$ resultiert. Damit ist auch $K \cap A(u_0) \subseteq L$ gezeigt und Formel (204) bewiesen. Daraus folgt schließlich nach Satz 10.4 und Satz 12.3, daß $dh_{(u_0)}(v - u_0)$ die Stützfunktion von $K \cap A(u_0)$ ist. $\square$

Es erweist sich jetzt als zweckmäßig, gewissermaßen „dual" zum Begriff eines regulären bzw. s-fach singulären Randpunktes einer konvexen Menge K des A_n (vgl. Definition 10.7) den Begriff einer regulären bzw. s-fach singulären Stützhyperebene von K einzuführen mittels

Definition 12.2. Es sei K eine beliebige konvexe Untermenge des n-dimensionalen affinen Raumes A_n, und es sei A eine Stützhyperebene von K mit $K \cap A \neq \emptyset$[1]). Dann heißt A *regulär* bzw. *s-fach singulär*, je nachdem, ob der Durchschnitt von K und A nulldimensional bzw. $(s - 1)$-dimensional $(s = 2, \ldots, n)$ ist.

Nun läßt sich die Klassifikation einer Stützhyperebene nach Definition 12.2 in der folgenden Weise aus der Stützfunktion gewinnen:

Satz 12.6. *Eine Stützhyperebene $A(u_0)$: $\langle x, u_0 \rangle = h(u_0)$ einer beliebigen kompakten konvexen Untermenge K des R_n mit der Stützfunktion h ist regulär bzw. s-fach singulär, je nachdem, ob der (in Bemerkung 10.5 eingeführte) affine Unterraum $A_h(u_0)$ aller Linearitätsvektoren der konvexen Funktion h in u_0 die Dimension n bzw. die Dimension $(n + 1) - s$ $(s = 2, \ldots, n)$ besitzt* (vgl. hierzu den analogen Satz 11.6 bezüglich der Klassifikation eines Randpunktes).

Beweis. Es sei $r := \dim A_h(u_0)$ und $\{v_1 - u_0, \ldots, v_r - u_0\}$ ein System linear unabhängiger Linearitätsvektoren der Stützfunktion h von K im Punkt $u_0 \neq o$ $(r = 1, \ldots, n)$[2]). Dann gilt für die durch $\langle x, v - u_0 \rangle \leqq dh_{(u_0)}(v - u_0)$ gegebenen abgeschlossenen Halbräume $\bar{H}'_{(u_0)}(v - u_0)$ $(v \neq u_0)$ des R_n wegen der für $\varrho = 1, \ldots, r$

---

[1]) Der andere Fall $K \cap A = \emptyset$ soll in diesem Zusammenhang nicht weiter behandelt werden.

[2]) Es ist $r \geqq 1$, da nach Definition 10.6 wegen (197a) stets $u_0 \neq 0$ Linearitätsvektor von h in u_0 ist.

geltenden Beziehungen $dh_{(u_0)}\big(-(v_\varrho - u_0)\big) = -dh_{(u_0)}(v_\varrho - u_0)$ (vgl. (162))

$$\overline{H}'_{(u_0)}(v_\varrho - u_0) \cap \overline{H}'_{(u_0)}\big(-(v_\varrho - u_0)\big) = A'_{(u_0)}(v_\varrho - u_0) \quad (\varrho = 1, \ldots, r) , \quad (209)$$

worin $A'_{(u_0)}(v_\varrho - u_0)$ die durch $\langle x, v_\varrho - u_0\rangle = dh_{(u_0)}(v_\varrho - u_0)$ dargestellte Hyperebene des R_n mit dem Normalenvektor $v_\varrho - u_0$ bedeutet. Damit finden wir nach Satz 12.5 für den nichtleeren Durchschnitt $K \cap A(u_0)$

$$K \cap A(u_0) = \bigcap_{v \neq u_0} \overline{H}'_{(u_0)}(v - u_0) \subseteq \bigcap_{\varrho=1}^{r} A'_{(u_0)}(v_\varrho - u_0) =: B , \qquad (210)$$

d. h. wegen der linearen Unabhängigkeit der Normalenvektoren $v_1 - u_0, \ldots, v_r - u_0$

$$\dim\big(K \cap A(u_0)\big) \leqq \dim B = n - r . \qquad (211)$$

Wäre nun hierbei $\dim\big(K \cap A(u_0)\big) < n - r$, so gäbe es eine $K \cap A(u_0)$, aber nicht B enthaltende Hyperebene des R_n, so daß deren Normalenvektor $v_0 - u_0 \neq 0$ und $v_1 - u_0, \ldots, v_r - u_0$ zusammen linear unabhängig sind, d. h., daß $v_0 \notin A_h(u_0)$ gilt. Diese Hyperebene wäre dann „nach beiden Seiten" Stützhyperebene von $K \cap A(u_0)$ und besäße daher nach Satz 12.5 die Darstellungen $\langle x, v_0 - u_0\rangle = dh_{(u_0)}(v_0 - u_0)$ und $\langle x, -(v_0 - u_0)\rangle = dh_{(u_0)}\big(-(v_0 - u_0)\big)$, aus denen

$$dh_{(u_0)}\big(-(v_0 - u_0)\big) = -dh_{(u_0)}(v_0 - u_0)$$

oder $v_0 \in A_h(u_0)$ (vgl. (162)) im Widerspruch zu $v_0 \notin A_h(u_0)$ hervorginge. Hiermit ist gezeigt, daß in (211) Gleichheit eintritt:

$$\dim\big(K \cap A(u_0)\big) = n - r = n - \dim A_h(u_0) ,$$

woraus aufgrund von Definition 12.2 die Behauptung von Satz 12.6 unmittelbar folgt. $\square$

Korollar. *Eine Stützhyperebene* $A(u_0): \langle x, u_0\rangle = h(u_0)$ $(u_0 \neq o)$ *einer kompakten konvexen Untermenge* K *des* R_n *mit der Stützfunktion* h *ist genau dann regulär, wenn* h *an* u_0 *differenzierbar ist. In diesem Fall besitzt der* „Berührungspunkt" $K \cap A(u_0)$ *von* $A(u_0)$ *mit* K *die Stützfunktion*

$$dh_{(u_0)}(u - u_0) \equiv \sum_{i=1}^{n} (v_i - v_i^{(0)}) \frac{\partial h}{\partial v_i}(u_0) \qquad (212)$$

und damit die Koordinaten $\dfrac{\partial h}{\partial v_1}(u_0), \ldots, \dfrac{\partial h}{\partial v_n}(u_0)$ $(v_1, \ldots, v_n$ *bzw.* $v_1^{(0)}, \ldots, v_n^{(0)}$ *= kartesische Koordinaten von* u *bzw.* u_0), *wie aus Satz 12.5 in Verbindung mit Bemerkung 10.5 und Beispiel 12.1 ersichtlich wird.*

Übungen

1. Es soll gezeigt werden, daß die Stützfunktion h eines konvexen Polytops P des R_n stückweise linear ist (vgl. Übungsaufgabe 1 von § 11).
2. Man beweise: Ist h die Stützfunktion einer kompakten konvexen Untermenge K des R_n mit dem Randpunkt o, so stellt a) $\{u \in R_n; h(u) = 0\}$ einen abgeschlossenen konvexen Kegel mit der Spitze o dar, welcher b) mit dem Normalenkegel von K in o (vgl. Bemerkung 6.1) übereinstimmt.

3. Es seien K_1, K_2 zwei kompakte konvexe Untermengen des R_n mit den Stützfunktionen h_1, h_2. Man zeige, daß K_1 und K_2 genau dann (im Sinne von Definition 3.1) durch eine Hyperebene des R_n echt getrennt werden können, wenn der Punkt $(o, 0)$ von $R_{n+1} := R_n \times R_1$ innerer Punkt der Verbindungsstrecke zweier geeigneter Punkte (u_1, α_1) und (u_2, α_2) des R_{n+1} mit $(u_1, \alpha_1) \in (E(h_1))^0$, $(u_2, \alpha_2) \in (E(h_2))^0$ ist.

4. Man beweise, daß die durch wiederholte Bildung von Richtungsableitungen der Stützfunktion h einer kompakten konvexen Menge K des R_n an den Stellen u_0, u_1, ... , u_{n-1} mit den linear unabhängigen Vektoren u_0, ... , u_{n-1} entstehende Funktion

$$d \left(\cdots (d(dh_{(u_0)})_{(u_1)}) \cdots \right)_{(u_{n-1})} (v - u_{n-1})$$

Stützfunktion eines Punktes von K und damit linear ist (vgl. Beispiel 12.1).

§ 13. Stützelemente kompakter konvexer Körper

Die analytische Darstellung (169) eines kompakten konvexen Körpers K des n-dimensionalen euklidischen Raumes R_n mit dem in K^0 liegenden Ursprung o hat den Nachteil, daß man beim Übergang zur entsprechenden Darstellung des polaren Körpers K^* die Distanzfunktion g von K durch die Stützfunktion h von K zu ersetzen hat (vgl. (198)). Es ist u. a. das Ziel dieses Paragraphen, eine solche analytische Darstellung von K anzugeben, die einheitlich sowohl für K als auch für K^* anwendbar ist und in welcher sich der Übergang zum polaren Körper auf einfache Weise ausdrücken läßt. Dies wird dadurch gelingen, daß wir uns auf die Darstellung der Randpunkte von K und K^* oder — damit gleichbedeutend — der Randpunkte von K und der Stützhyperebenen von K (vgl. Satz 6.8) beschränken und diese jeweils zusammen betrachten im Sinne der

Definition 13.1. Ein *Hyperebenenelement*, d. h. ein Paar (x, A), bestehend aus inzidierendem Punkt x und (durch Auszeichnung eines Normalenvektors $u \neq 0$) orientierter Hyperebene A des n-dimensionalen euklidischen Raumes R_n heißt genau dann *Stützelement* einer konvexen Untermenge K des R_n, wenn x Randpunkt und A Stützhyperebene von K mit von K weg weisendem Normalenvektor u ist.

Ist $B_1(o)$ Einheitsvollkugel des R_n um o und $\dfrac{u}{||u||}$ Einheitsnormalenvektor von A, so läßt sich jedes Hyperebenenelement (x, A) als Punkt von $R_n \times \partial B_1(o)$ auffassen. Die Produkttopologie von $R_n \times \partial B_1(o)$ induziert auf der Gesamtheit aller Stützelemente einer konvexen Menge eine „natürliche" Topologie. Für die Gesamtheit aller Stützelemente eines kompakten konvexen Körpers läßt sich damit zeigen:

Satz 13.1. *Die Gesamtheit* $\Sigma(K)$ *aller Stützelemente* $(x, A(u))$ *eines kompakten konvexen Körpers* K *des* R_n *mit* $o \in K^0$, *versehen mit der natürlichen Topologie, läßt sich auf* $\partial B_1(o)$ *topologisch abbilden durch*

$$\Phi(x, A(u)) := e := \frac{\dfrac{x}{||x||} + \dfrac{u}{||u||}}{\left\| \dfrac{x}{||x||} + \dfrac{u}{||u||} \right\|} \cdot {}^1) \tag{213}$$

---

[1]) Wegen $o \in K^0$ ist $\langle x, u \rangle > 0$ und damit $\dfrac{x}{||x||} + \dfrac{u}{||u||} \neq 0$.

Beweis. Das durch (213) gegebene Φ ist eine (bezüglich der in Satz 13.1 angegebenen Topologie) stetige Abbildung von $\Sigma(K)$ in $\partial B_1(o)$. Um jetzt einzusehen, daß jeder Punkt e_0 der Einheitssphäre $\partial B_1(o)$ bei dieser Abbildung Φ als Bildpunkt eines geeigneten Stützelementes (x_0, A_0) aus $\Sigma(K)$ auftritt, betrachten wir die Menge aller Hyperebenenelemente (x_0, A_0) des R_n mit $\langle x_0, u_0 \rangle > 0$, denen durch (213) der Parametervektor e_0 zugeordnet wird (vgl. die Fußnote auf S. 133). Wählen wir hierbei ein solches kartesisches Koordinatensystem des R_n, daß e_0 die Komponenten $1, 0, \dots, 0$ besitzt, so folgt aus (213) für die Vektoren $x_0 = (\xi_1^{(0)}, \dots, \xi_n^{(0)})$ und $u_0 = (v_1^{(0)}, \dots, v_n^{(0)})$ eines Elementes (x_0, A_0) mit dem Parametervektor e_0 die Beziehung

$$\frac{\xi_1^{(0)}}{\left(\sum\limits_{i=1}^{n} (\xi_i^{(0)})^2\right)^{1/2}} = \frac{v_1^{(0)}}{\left(\sum\limits_{i=1}^{n} (v_i^{(0)})^2\right)^{1/2}} > 0, \quad \frac{-\xi_2^{(0)}}{\left(\sum\limits_{i=1}^{n} (\xi_i^{(0)})^2\right)^{1/2}} = \frac{v_2^{(0)}}{\left(\sum\limits_{i=1}^{n} (v_i^{(0)})^2\right)^{1/2}}, \dots,$$

$$\frac{-\xi_n^{(0)}}{\left(\sum\limits_{i=1}^{n} (\xi_i^{(0)})^2\right)^{1/2}} = \frac{v_n^{(0)}}{\left(\sum\limits_{i=1}^{n} (v_i^{(0)})^2\right)^{1/2}}. \tag{213a}$$

Hieraus entnimmt man, daß u_0 Normalenvektor im Punkt x_0 des (x_0 enthaltenden) zweischaligen gleichseitigen Rotationshyperboloids

$$Q_{e_0}(\alpha_0): (\xi_1)^2 - (\xi_2)^2 - \cdots - (\xi_n)^2 = (\xi_1^{(0)})^2 - (\xi_2^{(0)})^2 - \cdots - (\xi_n^{(0)})^2$$

$$= \left\langle x_0, \frac{||x_0||}{||u_0||} u_0 \right\rangle =: (\alpha_0)^2 > 0$$

mit der Achsenrichtung e_0 sein muß, d. h., daß (x_0, A_0) *Tangentialelement* der *positiven Schale* $Q_{e_0}^{+}(\alpha_0)$ (mit $\xi_1 > 0$) dieses Rotationshyperboloids ist. Unter allen positiven Rotationshyperboloidschalen

$$Q_{e_0}^{+}(\alpha): (\xi_1)^2 - (\xi_2)^2 - \cdots - (\xi_n)^2 = \alpha^2, \quad \xi_1 > 0 \quad (\alpha = \text{const} > 0) \tag{214}$$

des R_n (welche den offenen Rotationskegel

$$(\xi_1)^2 - (\xi_2)^2 - \cdots - (\xi_n)^2 > 0, \quad \xi_1 > 0 \tag{215}$$

mit der Spitze o und der Achsenrichtung e_0 schlicht und lückenlos ausfüllen) gibt es nun aufgrund der über K gemachten Voraussetzungen eine, welche K in genau einem gemeinsamen Stütz- und Tangentialelement $(x_0, A_0) \in \Sigma(K)$ mit $\Phi((x_0, A_0)) = e_0$ berührt, womit

$$\Phi\big(\Sigma(K)\big) = \partial B_1(o) \tag{216}$$

gezeigt ist. Da auch höchstens eine der Hyperboloidschalen (214) K berührt, ist die Abbildung Φ umkehrbar. Hiermit ist Φ als bijektive und stetige Abbildung von $\Sigma(K)$ auf $\partial B_1(o)$ erkannt. Da nun $\Sigma(K)$ wegen der Kompaktheit von K als topologischer Raum ebenfalls offensichtlich kompakt ist, muß nach einem bekannten Satz der Topologie auch die Umkehrabbildung Φ^{-1} von Φ stetig sein, d. h., Φ stellt eine topologische Abbildung der gewünschten Eigenschaft (216) dar. $\square$

Zusatz zu Satz 13.1. *Es sei K ein kompakter konvexer Körper des R_n mit $o \in \partial K$. Dann wird die Gesamtheit $\Sigma'(K)$ aller Stützelemente von K, deren Stützhyperebenen o nicht enthalten, durch die durch (213) definierte Abbildung eineindeutig und stetig auf eine Teilmenge von $\partial B_1(o)$ abgebildet.*

Beweis. Analog zum Beweis von Satz 13.1.

Bemerkung 13.1. *Die Behauptung von Satz 13.1 ist im Fall eines K mit lauter regulären Randpunkten trivial* (Bemerkung 11.2 und Satz 10.8), *und dasselbe trifft auch für ein K mit lauter regulären Stützhyperebenen zu (Definition einer topologischen Abbildung von $\partial B_1(o)$ auf $\Sigma(K)$ durch $\dfrac{u}{||u||} \to \left(K \cap A(u),\, A(u)\right)$* [1]*), wobei $A(u)$ Stützhyperebene von K mit von K weg weisendem Normalenvektor u ist).*

Bei dieser Gelegenheit geben wir die

Definition 13.2. Es sei K ein kompakter konvexer Körper des R_n mit $o \in K^0$ und lauter regulären Randpunkten. Dann heißt diejenige Abbildung von ∂K in $\partial B_1(o)$, bei welcher jedem Punkt $x \in \partial K$ der Endpunkt des an o angetragenen, von K weg weisenden Normaleneinheitsvektors der durch x gehenden Stützhyperebene von K zugeordnet wird, *sphärische Abbildung* von ∂K.

Bemerkung 13.2. *Die (nach Satz 10.8 stetige) sphärische Abbildung von ∂K ist genau dann topologisch, wenn alle Stützhyperebenen von K regulär sind.*

Wir kommen noch einmal auf die beim Beweis von Satz 13.1 verwandte Schar von positiven Rotationshyperboloidschalen $Q_{e_0}^+(\alpha)$ mit beliebigem positiven α (vgl. (214)) zurück. Wir hatten dort gesehen, daß genau eine Hyperboloidschale $Q_{e_0}^+(\alpha_0)$ dieser Schar den konvexen Körper K berührt und somit als *Stützhyperboloidschale von K in Richtung e_0* aufgefaßt werden kann. Diese Stützhyperboloidschale begrenzt eine abgeschlossene konvexe Teilmenge $\overline{R_{e_0}^+}(\alpha_0)$ und eine abgeschlossene *konkave* [2] Teilmenge $\overline{R_{e_0}^-}(\alpha_0)$ des R_n, welche wir *Konvexraum* bzw. *Konkavraum* von $Q_{e_0}^+(\alpha_0)$ nennen wollen. Nun läßt sich in einer gewissen Analogie zum Korollar zu Satz 3.5 zeigen [3]:

Satz 13.2. *Jeder kompakte konvexe Körper K des R_n mit $o \in K^0$ ist Durchschnitt der zu den Stützhyperboloidschalen $Q_e^+\left(\alpha(e)\right)$ von K gehörenden Konkavräume $\overline{R_e^-}\left(\alpha(e)\right)$:*

$$K = \bigcap_{e \in \partial B_1(o)} \overline{R_e^-}\left(\alpha(e)\right) . \tag{217}$$

Beweis. Wir kürzen die rechte Seite von (217) mit L ab und finden aus der nach der Definition der Konkavräume $\overline{R_e^-}\left(\alpha(e)\right)$ $\left(e = \text{beliebig} \in \partial B_1(o)\right)$ trivialen Beziehung $K \subseteq \overline{R_e^-}\left(\alpha(e)\right)$ unmittelbar $K \subseteq L$. Um nun die umgekehrte Beziehung $L \subseteq K$ einzusehen, betrachten wir einen beliebigen Punkt $y \in R_n \setminus K$. Ist dann x

---

[1]) Die Umkehrabbildung davon ist nämlich stetig, und $\Sigma(K)$ ist kompakt.

[2]) Dabei soll eine Untermenge X des R_n *konkav* genannt werden, wenn ihr Komplement $R_n \setminus X$ konvex ist.

[3]) Zu den beiden folgenden Sätzen siehe [30].

der y nächstgelegene Punkt von K[1]) und damit die $x \in \partial K$ passierende und zu $u := y - x \neq 0$ senkrechte Hyperebene A des R_n Stützhyperebene von K, so stellt (x, A) ein Stützelement von K dar, welches gleichzeitig Tangentialelement der Stützhyperboloidschale $Q_e^+(\alpha(e))$ von K mit der durch (213) gegebenen Achsen-

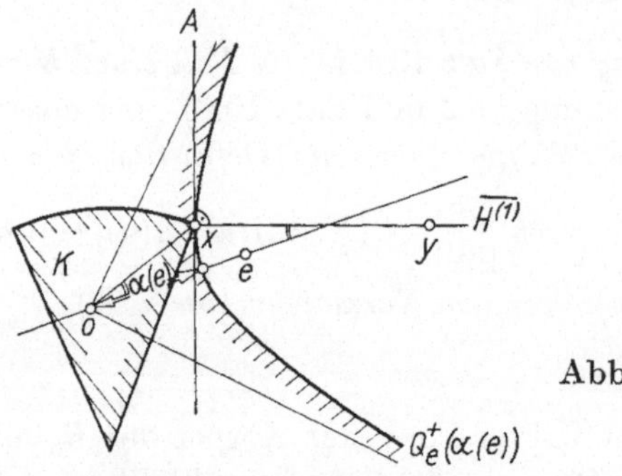

Abb. 33

richtung e ist (vgl. Abb. 33). Jetzt liegt aber die von x ausgehende und y enthaltende Normalenhalbgerade $\overline{H^{(1)}}$: $z = x + \tau u$ ($\tau =$ beliebig $\geqq 0$) von A wegen

$$(\xi_1 + \tau v_1)^2 - (\xi_2 + \tau v_2)^2 - \cdots - (\xi_n + \tau v_n)^2$$

$$= (\xi_1 + \tau(\gamma \xi_1))^2 - (\xi_2 + \tau(-\gamma \xi_2))^2 - \cdots - (\xi_n + \tau(-\gamma \xi_n))^2$$

$$= (1 + \gamma^2 \tau^2)(\alpha(e))^2 + 2\gamma\tau(||x||^2) \geqq (\alpha(e))^2 \qquad \left(\gamma := \frac{||u||}{||x||} > 0\right)$$

(vgl. (213a)) ganz in dem zu $Q_e^+(\alpha(e))$ gehörigen Konvexraum $\overline{R_e^+}(\alpha(e))$, und wir haben speziell $y \in R_n \setminus \overline{R_e^-}(\alpha(e))$, d. h. a fortiori $y \in R_n \setminus L$. Hiermit ist schließlich $R_n \setminus K \subseteq R_n \setminus L$ oder $L \subseteq K$ gezeigt und Satz 13.2 vollständig bewiesen. $\square$

Korollar. *Jeder kompakte konvexe Körper K des R_n mit $o \in K^0$ und den Stützhyperboloidschalen $Q_e^+(\alpha(e))$ ist durch die auf $\partial B_1(o)$ durch $e \mapsto k(e) := \alpha(e)$ definierte, positive Halbachsenfunktion k eindeutig bestimmt.*

Die Darstellung von K durch seine Halbachsenfunktion k hat nun den in den einleitenden Bemerkungen zu diesem Paragraphen angeführten Vorteil, daß sich bei ihr der Übergang zum Polarkörper K^* von K auf einfache Weise ausdrücken läßt. Wir können nämlich zeigen:

Satz 13.3. *Gehört (im Sinne des Korollars zu Satz 13.2) zu dem kompakten konvexen Körper K des R_n mit $o \in K^0$ die Halbachsenfunktion k, so besitzt der Polarkörper K^* von K (bezüglich o) in gleicher Weise die Halbachsenfunktion*

$$k^* = \frac{1}{k}. \tag{218}$$

---

[1]) Vgl. die Fußnote [3]) auf S. 95.

Beweis. Nach der Definition von k wird K bezüglich einer beliebigen Halbachsenrichtung $e \in \partial B_1(o)$ von der Stützhyperboloidschale

$$Q_e^+(k(e)): (\xi_1)^2 - (\xi_2)^2 - \cdots - (\xi_n)^2 = (k(e))^2 > 0 , \quad \xi_1 > 0 \tag{219}$$

in einem gemeinsamen Stütz- und Tangentialelement $(x, A) \in \Sigma(K)$ mit einem von K weg weisenden Normalenvektor u berührt. Nach Satz 6.8 wird dann (x, A) durch die Polarität π an $\partial B_1(o)$ in das Stützelement $(x^*, A^*) = (\pi(A), \pi(x)) \in \Sigma(K^*)$ mit dem von K weg weisenden Normalenvektor $u^* = \sigma \cdot x$ $(\sigma > 0)$ und dem Vektor $x^* = \varrho \cdot u$ $(\varrho > 0)$ übergeführt. Hierbei errechnet sich aufgrund von (213) der Parametereinheitsvektor e^* von (x^*, A^*) zu

$$e^* = e ,$$

d. h., nach Definition von k^* ist (x^*, A^*) Tangentialelement der Stützhyperboloidschale

$$Q_e^+(k^*(e)): (\xi_1)^2 - (\xi_2)^2 - \cdots - (\xi_n)^2 = (k^*(e))^2 > 0 , \quad \xi_1 > 0 \tag{220}$$

von K^* bezüglich der Halbachsenrichtung e. Andererseits ist aber (x^*, A^*) $= \pi((x, A))$ auch Tangentialelement des Bildes $\pi(Q_e^+(k(e)))$ der Hyperboloidschale $Q_e^+(k(e))$ bei der Polarität π. Letzteres besteht aufgrund von (219) aus den Polen

$$(\xi_1, \ldots, \xi_n) = \left(\frac{\eta_1}{(k(e))^2} , \frac{-\eta_2}{(k(e))^2} , \ldots , \frac{-\eta_n}{(k(e))^2} \right) \quad (\eta_1 > 0)$$

der $Q_e^+(k(e))$ in den Punkten $(\eta_1, \ldots, \eta_n)$ berührenden Tangentialhyperebenen bezüglich π und stellt infolgedessen selbst wieder die positive Schale eines gleichseitigen Rotationshyperboloids mit der Achsenrichtung e und der Halbachsenlänge $\dfrac{1}{k(e)}$ dar:

$$\pi(Q_e^+(k(e))): (\xi_1)^2 - (\xi_2)^2 - \cdots - (\xi_n)^2 = \frac{1}{(k(e))^2} > 0 , \quad \xi_1 > 0 . \tag{221}$$

Da jetzt (x^*, A^*) gleichzeitig Tangentialelement von $Q_e^+(k^*(e))$ und $\pi(Q_e^+(k(e)))$ ist, müssen diese beiden Hyperboloidschalen übereinstimmen, und aus (220) und (221) folgt unmittelbar

$$k^*(e) = \frac{1}{k(e)}$$

für alle $e \in \partial B_1(o)$. $\square$

Bemerkung 13.3. *Die zu einem kompakten konvexen Körper K des R_n mit $o \in K^0$ gehörende Halbachsenfunktion k ist differenzierbar, und die Stützelementmenge $\Sigma(K)$ von K besitzt die Parameterdarstellung*

$$x = k(e) \frac{(1 + 2\langle e, n(e) \rangle) \, e - n(e)}{(2\langle e, n(e) \rangle \, (1 + \langle e, n(e) \rangle))^{1/2}} , \qquad u = e + n(e)$$

$(e = beliebig \in \partial B_1(o))$, wobei $n(e)$ der geeignet orientierte Normaleneinheitsvektor der durch $z = k(e) \cdot e$ $(e = beliebig \in \partial B_1(o))$ gegebenen Scheitelhyperfläche von K ist.[1]

---

[1] Vgl. [31], S. 48.

Im zweiten Teil dieses Paragraphen wollen wir zeigen, wie sich der Begriff des Stützelementes eines kompakten konvexen Körpers in der Minkowski-Geometrie mit Erfolg anwenden läßt. Hierzu betrachten wir einmal die folgende Übertragung des Begriffs „Orthogonalität" der euklidischen Geometrie auf die Minkowski-Geometrie:

Definition 13.3. Es sei M_n ein n-dimensionaler Minkowski-Raum mit dem Eichkörper B und dessen Eichfunktion g. Dann heißt eine Gerade G_2 des M_n mit dem Richtungsvektor $v_2 \neq 0$ genau dann *transversal* zu einer Geraden G_1 des M_n mit dem Richtungsvektor $v_1 \neq 0$ (geschrieben $G_1 \lrcorner G_2$), wenn die Beziehung

$$g(v_1 + \tau v_2) \geqq g(v_1) \qquad (\tau = \text{beliebig} \in R) \tag{222}$$

gültig ist.

Bemerkung 13.4. *Die Bedingung* (222) *ist aufgrund der Homogenität von g* (vgl. (183) *und* (184 b)) *unabhängig von der Wahl des Richtungsvektors v_1 bzw. v_2 von G_1 bzw. G_2. Sie ist mit der geometrischen Bedingung gleichbedeutend, daß die durch den Randpunkt $x_1 = \dfrac{v_1}{g(v_1)}$* (vgl. Satz 11.4) *von B gehende Parallelgerade $G_2': y = x_1 + \xi v_2$ von G_2 den offenen Kern B^0 von B nicht trifft, d. h.* (nach Satz 3.1 und Definition 13.1), *daß ein Stützelement (x_1, A_1) von B mit $A_1 \supseteq G_2'$ existiert oder daß x_1 ein Punkt der „Eigenschattengrenze" von B bei Parallelbeleuchtung in Richtung von G_2 darstellt.*

Offensichtlich ist die Definition 13.3 der Transversalität nicht symmetrisch, d. h., aus $G_1 \lrcorner G_2$ folgt im allgemeinen nicht $G_2 \lrcorner G_1$. Von C. CARATHÉODORY wurde zuerst die Frage aufgeworfen, für welche Minkowski-Räume M_n die Transversalität eine symmetrische Relation darstellt. J. RADON[1]) konnte hierzu im Fall der Dimension 2 zeigen:

Satz 13.4. *Die durch Definition 13.3 gegebene Transversalitätsrelation bei einer Minkowski-Ebene M_2 ist genau dann symmetrisch, wenn* (nach Einführung einer beliebigen euklidischen Hilfsmetrik in M_2) *der Polarbereich B^* des Eichbereiches B von M_2 durch eine Drehung mit dem Winkel $\pi/2$ um den Ursprung o von M_2 und eine nachfolgende geeignete Streckung mit dem Zentrum o in B übergeführt werden kann[2]).*

Dem Beweis dieses Satzes schicken wir den ebenfalls von RADON stammenden Hilfssatz voraus:

Hilfssatz 13.1. *Es sei K ein kompakter konvexer Körper des R_2 mit $o \in K^0$ und $\Sigma(K)$ die Menge der Stützelemente $(x, A(u))$ von K. Es sei weiter ω derjenige Winkel, der den nach* (213) *zu $(x, A(u))$ gehörenden Parametereinheitsvektor $e = (\cos \omega, \sin \omega)$ bestimmt, und es bedeute $\vartheta - \dfrac{\pi}{2}$ den* (im positiven Sinne gemessenen) *Winkel*

---

[1]) Vgl. [32].
[2]) Allgemeiner werden in [33] alle diejenigen Minkowski-Räume untersucht, bei denen B^* durch eine Affinität in B übergeführt werden kann.

zwischen dem „Radiusvektor" x und dem „Stütznormalenvektor" u von $(x, A(u))$. Dann ist ϑ nach Satz 13.1 eine eindeutige Funktion von ω, und die Menge $\Sigma(K)$ besitzt die Parameterdarstellung

$$x = (\varrho \cos \varphi, \varrho \sin \varphi), \qquad u = (\sigma \cos \psi, \sigma \sin \psi) \quad (\sigma = \text{beliebig} > 0) \tag{223}$$

mit

$$\varrho = \frac{\gamma}{(\sin \vartheta(\omega))^{1/2}} \exp \int\limits_0^\omega \cot \vartheta(\omega')\, d\omega' \qquad (\gamma = \text{const} > 0) \tag{224}$$

und

$$\varphi = \frac{1}{2}\left(2\omega + \frac{\pi}{2} - \vartheta(\omega)\right) \tag{225}$$

sowie

$$\psi = \frac{1}{2}\left(2\omega - \frac{\pi}{2} + \vartheta(\omega)\right) \qquad (0 \leqq \omega \leqq 2\pi). \tag{226}$$

Beweis von Hilfssatz 13.1. Aufgrund von (213) und (223) gilt unmittelbar

$$\omega = \frac{1}{2}(\varphi + \psi) = \frac{1}{2}\left(\varphi + \left(\varphi + \left(\vartheta - \frac{\pi}{2}\right)\right)\right), \tag{227}$$

woraus (225) und (226) ersichtlich werden. Um (224) einzusehen, betrachten wir zwei verschiedene Stützelemente $(x_0, A(u_0))$ und $(x, A(u))$ von K und definieren

$$\frac{\Delta\vartheta}{\Delta\omega} := \frac{\vartheta - \vartheta_0}{\omega - \omega_0} \qquad (\omega \neq \omega_0). \tag{228}$$

Daraus folgt mit (227)

$$1 = \frac{\omega - \omega_0}{\omega - \omega_0} = \frac{\varphi - \varphi_0}{\omega - \omega_0} + \frac{1}{2}\frac{\Delta\vartheta}{\Delta\omega} \geqq \frac{1}{2}\frac{\Delta\vartheta}{\Delta\omega}$$

und

$$1 = \frac{\omega - \omega_0}{\omega - \omega_0} = \frac{(\varphi + \vartheta) - (\varphi_0 + \vartheta_0)}{\omega - \omega_0} - \frac{1}{2}\frac{\Delta\vartheta}{\Delta\omega} \geqq - \frac{1}{2}\frac{\Delta\vartheta}{\Delta\omega},$$

d. h.

$$\left|\frac{\Delta\vartheta}{\Delta\omega}\right| \leqq 2, \tag{229}$$

da φ und $\varphi + \vartheta$ monoton wachsende Funktionen von ω darstellen (vgl. Abb. 34). (229) bedeutet, daß ϑ als absolut stetige Funktion von ω fast überall (d. h. überall mit Ausnahme einer Menge vom Lebesgueschen Maß Null) differenzierbar sein muß.[1] Nun beachten wir, daß nach Definition 13.1 für zwei verschiedene Stützelemente $(x_0, A(u_0))$ und $(x, A(u))$ von K weder die Punkte x und o durch die Stützgerade $A(u_0)$ noch die Punkte x_0 und o durch die Stützgerade $A(u)$ (im Sinne von Definition 3.1) echt getrennt werden können. Dies liefert die Ungleichungen

$$\varrho \sin(\vartheta_0 - (\varphi - \varphi_0)) \leqq \varrho_0 \sin \vartheta_0 \qquad \text{(vgl. Abb. 34)}$$

---

[1] Vgl. hierzu [34], S. 44—47.

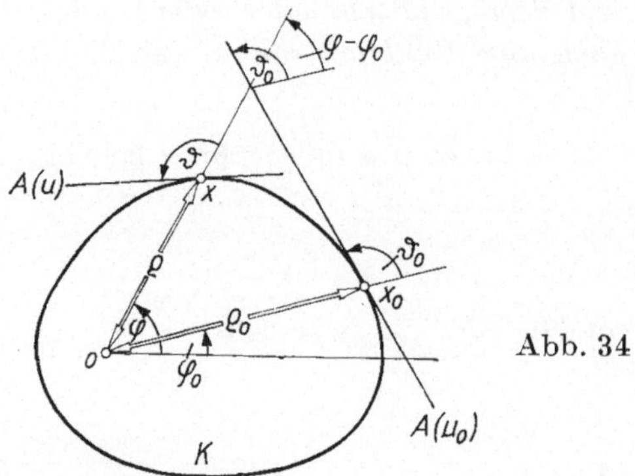

Abb. 34

und analog

$$\varrho_0 \sin \left(\vartheta - (\varphi_0 - \varphi)\right) \leqq \varrho \sin \vartheta \,,$$

d. h. zusammen mit (225) nach erfolgter Logarithmierung

$$\log \sin \left(\vartheta + \left(1 - \frac{1}{2}\frac{\varDelta\vartheta}{\varDelta\omega}\right)(\omega - \omega_0)\right) - \log \sin \vartheta$$

$$\leqq \log \varrho - \log \varrho_0 \leqq \log \sin \vartheta_0 - \log \sin\left(\vartheta_0 - \left(1 - \frac{1}{2}\frac{\varDelta\vartheta}{\varDelta\omega}\right)(\omega - \omega_0)\right).[1] \tag{230}$$

Definieren wir nun $\dfrac{\varDelta \log \varrho}{\varDelta\omega} := \dfrac{\log \varrho - \log \varrho_0}{\omega - \omega_0}$, so erhalten wir nach Anwendung des Mittelwertsatzes der Differentialrechnung und aufgrund von $0 < \vartheta < \pi$ sowie der Stetigkeit der Funktion ϑ die Abschätzung

$$\left|\frac{\varDelta \log \varrho}{\varDelta\omega}\right| \leqq \left(\underset{0 \leqq \omega \leqq 2\pi}{\mathrm{Max}} |\cot \vartheta(\omega)| + \varepsilon\right) \cdot \left|1 - \frac{1}{2}\frac{\varDelta\vartheta}{\varDelta\omega}\right| \quad (\varepsilon > 0, \text{ vgl. die Fußnote}). \tag{231}$$

Außerdem ergibt sich hierbei durch Grenzübergang $\omega \to \omega_0$ die Beziehung

$$\frac{d(\log \varrho)}{d\omega}(\omega_0) = \cot \vartheta(\omega_0)\left(1 - \frac{1}{2}\frac{d\vartheta}{d\omega}(\omega_0)\right) \tag{232}$$

für alle diejenigen ω_0, für die $\dfrac{d\vartheta}{d\omega}(\omega_0)$ existiert. Nun wenden wir den Mittelwertsatz der Differentialrechnung auf die Funktion $\frac{1}{2}\log \sin \vartheta$ von ω an und erhalten analog die Abschätzung

$$\left|\frac{\varDelta\left(\frac{1}{2}\log \sin \vartheta\right)}{\varDelta\omega}\right| \leqq \frac{1}{2}\left(\underset{0 \leqq \omega \leqq 2\pi}{\mathrm{Max}} |\cot \vartheta(\omega)|\right)\left|\frac{\varDelta\vartheta}{\varDelta\omega}\right|, \tag{233}$$

---

[1] Hierbei nehmen wir zusätzlich an, die Stützelemente $(x_0, A(u_0))$ und $(x, A(u))$ von K seien so nahe benachbart, daß alle in (228) vorkommenden Logarithmen reell sind.

sowie an den Stellen ω_0, wo $\dfrac{d\vartheta}{d\omega}(\omega_0)$ existiert,

$$\frac{d\left(\frac{1}{2}\log\sin\vartheta\right)}{d\omega}(\omega_0) = \frac{1}{2}\cot\vartheta(\omega_0)\frac{d\vartheta}{d\omega}(\omega_0)\,. \tag{234}$$

Da nun die wegen (231) und (233) zusammen mit (229) absolut stetigen Funktionen $\log\varrho$ und $\frac{1}{2}\log\sin\vartheta = \log\left((\sin\vartheta)^{1/2}\right)$ von ω unbestimmte Lebesguesche Integrale ihrer Ableitungen sind[1]), folgt durch Addition von (232) und (234) für alle ω

$$\log\left(\varrho(\omega)\,(\sin\vartheta(\omega))^{1/2}\right) = \int_0^\omega \cot\vartheta(\omega')\,d\omega' + \delta \qquad (\delta = \text{const})$$

und damit in der Tat (224) mit $\gamma := e^\delta > 0$. $\square$

Z u s a t z   z u   H i l f s s a t z   13.1. *Es sei K ein kompakter konvexer Körper des R_2 mit $o \in \partial K$ und $\Sigma'(K)$ die Menge der Stützelemente von K wie im Zusatz zu Satz 13.1. Es sei weiter ω derjenige Winkel, der den nach (213) zum Stützelement $(x, A(u)) \in \Sigma'(K)$ gehörenden Parametereinheitsvektor $e = (\cos\omega, \sin\omega)$ bestimmt, und es bedeute $\vartheta - \dfrac{\pi}{2}$ den (im positiven Sinne gemessenen) Winkel zwischen x und u. Dann ist ϑ nach dem Zusatz zu Satz 13.1 eine eindeutige Funktion von ω, und $\Sigma'(K)$ besitzt die Parameterdarstellung (223) mit (224) und (225) sowie (226), wobei aber jetzt*

$$\varphi_0 - \frac{\pi}{4} < \omega < \varphi_1 + \frac{\pi}{4}$$

gilt (φ_0 und φ_1 = Polarwinkel der extremen Stützgeraden von K durch o).

B e w e i s. Analog zum Beweis von Hilfssatz 13.1 bis auf die Abschätzungen (231) und (233), wo der Variationsbereich von ω auf beliebige abgeschlossene Teilintervalle des Definitionsbereichs von ω einzuschränken ist. Damit sind $\log\varrho$ und $\frac{1}{2}\log\sin\vartheta$ absolut stetige Funktionen von ω in diesen abgeschlossenen Teilintervallen, wodurch der weitere Beweis nicht beeinträchtigt wird. $\square$

K o r o l l a r   z u   H i l f s s a t z   13.1. *Hat die kompakte, konvexe Untermenge K der euklidischen Ebene R_2 mit $o \in K^0$ die Eigenschaft, daß mit jedem Stützelement $(x, A(u))$ von K auch ein dazu (bezüglich o) homothetisches Linienelement $(-\alpha(x)\,x, A(-u))$ $(\alpha(x) > 0)$ Stützelement von K ist, so ist K zentralsymmetrisch bezüglich o.* Ist nämlich $\widehat{K} := d_\pi(K)$ die durch die Drehung d_π von R_2 mit dem Winkel π um o aus K entstehende konvexe Menge, so gilt für den nach Hilfssatz 13.1 zu $\widehat{K}$ gehörenden Winkel $\widehat{\vartheta}$ in Abhängigkeit vom Stützelementparameter ω

$$\widehat{\vartheta}(\omega) = \vartheta(\omega) \qquad (0 \leqq \omega \leqq 2\pi)\,.$$

Daher haben wir aufgrund von (223), (224) und (225)

$$\widehat{K} = \frac{\widehat{\gamma}}{\gamma}\,K\,{}^{2)} \qquad \left(\frac{\widehat{\gamma}}{\gamma} = \text{const} > 0\right)$$

---

[1]) Vgl. die Fußnote auf S. 140.
[2]) Zu dieser Schreibweise siehe Definition 8.2.

und damit wegen

$$K = d_\pi(\widehat{K}) = \frac{\widehat{\gamma}}{\gamma}\, d_\pi(K) = \left(\frac{\widehat{\gamma}}{\gamma}\right)^2 K\, , \quad \text{d. h.} \quad \frac{\widehat{\gamma}}{\gamma} = 1\, ,$$

die behauptete Beziehung $\widehat{K} = d_\pi(K) = K$.

Beweis von Satz 13.4. Es sei B^* der Polarbereich des Eichbereichs B von M_2, und es sei $\widehat{B} := d_{\pi/2}(B^*)$ der durch die Drehung $d_{\pi/2}$ von M_2 (bezüglich der euklidischen Hilfsmetrik in M_2) mit dem Winkel $\pi/2$ um o aus B^* entstehende konvexe Bereich. Dann ist wegen Bemerkung 13.4 und Satz 6.8 die durch Definition 13.3 gegebene Transversalitätsrelation genau dann symmetrisch, wenn die zu $\widehat{B}$ bzw. B gehörenden Winkel $\widehat{\vartheta}$ bzw. ϑ in Abhängigkeit vom Stützelementparameter ω die Beziehung

$$\widehat{\vartheta}(\omega) = \vartheta(\omega) \qquad (0 \leqq \omega \leqq 2\pi)$$

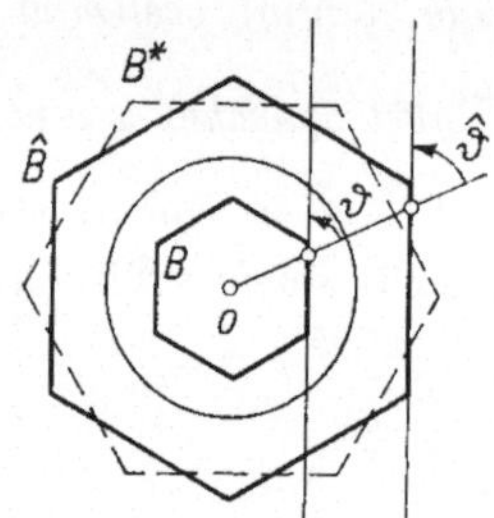

Abb. 35

erfüllen (vgl. Abb. 35). Hieraus schließen wir aber wie beim Beweis des vorigen Korollars auf die Äquivalenz mit der in Satz 13.4 angegebenen Relation

$$\widehat{B} = d_{\pi/2}(B^*) = \frac{\widehat{\gamma}}{\gamma} \cdot B \qquad \left(\frac{\widehat{\gamma}}{\gamma} = \text{const} > 0\right).\ \square$$

Aus dem in Abb. 35 dargestellten Beispiel einer Minkowski-Ebene mit einem affinregulären Sechseck[1] als Eichbereich entnimmt man, daß es Minkowski-Ebenen mit symmetrischer Transversalität gibt, welche von einer euklidischen Ebene (bei welcher die Transversalität offensichtlich mit der (symmetrischen) Orthogonalität übereinstimmt) verschieden ist. Es ist daher sehr bemerkenswert, daß im Fall einer Dimension größer als zwei die euklidischen Räume die einzigen Minkowski-Räume mit symmetrischer Transversalität darstellen. W. BLASCHKE konnte nämlich (allerdings unter etwas einschränkenden Voraussetzungen für den Eichkörper) zeigen[2]:

Satz 13.5. *Ist die durch Definition 13.3 gegebene Transversalitätsrelation bei einem Minkowski-Raum M_n mit $n \geqq 3$ symmetrisch, so ist der Raum M_n ein euklidischer Raum.*

---

[1]) Vgl. die Fußnote [4] auf S. 123.
[2]) Vgl. [35] und [36], Theorem 1; Verallgemeinerungen stammen von P. GRUBER [37].

Zum Beweis benötigen wir den

Hilfssatz 13.2.[1]) *Es sei K ein kompakter konvexer Körper des n-dimensionalen affinen Raumes A_n. Dann gibt es unter den K enthaltenden Vollellipsoiden E des A_n genau ein Vollellipsoid E_0 von minimalem Volumen.[2]) Ist hierbei K zentralsymmetrisch bezüglich des Ursprungs o des A_n, so ist o auch Mittelpunkt von E_0.*

Beweis von Hilfssatz 13.2. Da K einen Punkt y_0 in seinem offenen Kern enthält, sind die Halbachsenlängen aller Vollellipsoide E des A_n mit $E \supseteq K$ und beschränktem Volumen (bezüglich einer euklidischen Hilfsmetrik im A_n) gleichmäßig nach unten und nach oben beschränkt, woraus insbesondere auch die Beschränktheit des Abstandes der Mittelpunkte dieser Vollellipsoide vom Punkt y_0 folgt. Damit ergibt sich aber die Existenz eines volumkleinsten K enthaltenden Vollellipsoids E_0 aus dem Weierstraßschen Häufungsstellensatz. E_0 habe das Volumen V_0.

Wir nehmen nun an, E_1 sei ein weiteres K enthaltendes Vollellipsoid des A_n mit dem Volumen $V_1 = V_0$, und stellen E_0 und E_1 in einem geeigneten affinen Koordinatensystem des A_n durch

$$E_0 : \sum_{i=1}^{n} (\xi_i)^2 \leqq 1 \tag{235}$$

und

$$E_1 : \sum_{i=1}^{n} \frac{(\xi_i - \xi_i^{(0)})^2}{(\alpha_i)^2} \leqq 1 \qquad (\alpha_i > 0; \, i = 1, \dots, n) \tag{236}$$

dar. Dann werde $E_{1/2}$ definiert durch die Ungleichung

$$E_{1/2} : \frac{1}{2} \sum_{i=1}^{n} \left((\xi_i)^2 + \frac{(\xi_i - \xi_i^{(0)})^2}{(\alpha_i)^2} \right) \leqq 1 \tag{237}$$

oder

$$E_{1/2} : \sum_{i=1}^{n} \frac{1}{2} \left(1 + \frac{1}{(\alpha_i)^2} \right) \left(\xi_i - \frac{\xi_i^{(0)}}{1 + (\alpha_i)^2} \right)^2 \leqq 1 - \sum_{i=1}^{n} \frac{1}{2} \frac{(\xi_i^{(0)})^2}{1 + (\alpha_i)^2} \, .$$

Wegen der aus (235), (236) und (237) folgenden Beziehung $E_{1/2} \supseteq E_0 \cap E_1 \supseteq K^0 \neq \emptyset$ ist $E_{1/2}$ ein Vollellipsoid des A_n; für sein Volumen $V_{1/2}$ erhält man unter Berücksichtigung der Ungleichungen

$$\frac{1}{2} \left(1 + \frac{1}{(\alpha_i)^2} \right) \geqq \frac{1}{\alpha_i} \qquad (i = 1, \dots, n) \tag{238}$$

(Satz vom arithmetischen und geometrischen Mittel) und

$$1 - \sum_{i=1}^{n} \frac{1}{2} \frac{(\xi_i^{(0)})^2}{1 + (\alpha_i)^2} \leqq 1 \tag{239}$$

---

[1]) Vgl. [38], Satz 1.
[2]) Vgl. die Fußnote [1]) auf S. 78. Die Wahl der Inhaltsbestimmung im A_n spielt bei dieser Aussage keine Rolle.

sowie von $V_1 = \left(\prod_{i=1}^{n} \alpha_i \right) V_0 = V_0$ die Relation

$$V_{1/2} = \prod_{i=1}^{n} \left(\left(\frac{1}{2} \left(1 + \frac{1}{(\alpha_i)^2} \right) \right)^{-1/2} \left(1 - \sum_{i=1}^{n} \frac{1}{2} \frac{(\xi_i^{(0)})^2}{1 + (\alpha_i)^2} \right)^{1/2} \right) \cdot V_0$$

$$\leq \left(\prod_{i=1}^{n} \alpha_i \right)^{1/2} V_0 = V_0 \, . \tag{240}$$

Wegen der Minimaleigenschaft des Vollellipsoids E_0 mit dem Volumen V_0 muß nun in (240) Gleichheit eintreten, was Gleichheit in (238) und (239), d. h. $\alpha_i = 1$ und $\xi_i^{(0)} = 0$ $(i = 1, \ldots, n)$ oder $E_1 = E_0$ zur Folge hat. Damit ist die Eindeutigkeit des volumkleinsten K enthaltenden Vollellipsoids E_0 gezeigt).[1] Offensichtlich ist das volumkleinste K enthaltende Vollellipsoid E_0 affininvariant mit K verknüpft.

Ist nun K zentralsymmetrisch bezüglich des Ursprungs o des A_n, so geht mit K auch das volumkleinste K enthaltende Vollellipsoid E_0 bei der Spiegelung des A_n am Punkt o in sich über, d. h., o ist Mittelpunkt von E_0. Damit ist Hilfssatz 13.2 bewiesen. $\square$

Beweis von Satz 13.5. Um die Behauptung von Satz 13.5 einzusehen, genügt es zu zeigen, daß der Eichkörper B eines Minkowski-Raumes M_n mit $n \geq 3$ und symmetrischer Transversalität ein Vollellipsoid ist. Zu diesem Zweck beweisen wir zunächst die Tatsache, *daß der Schnitt von B mit einer beliebigen (zweidimensionalen) Ebene $A^{(2)}$ durch das Zentrum o von B eine Vollellipse mit dem Mittelpunkt o ist.*

Dazu betrachten wir einen beliebigen (wegen $n \geq 3$ existierenden) dreidimensionalen Minkowski-Unterraum M_3 von M_n mit $M_3 \supseteq A^{(2)}$. Offensichtlich gilt für den Eichkörper $B^{(3)}$ von M_3

$$B^{(3)} \cap A^{(2)} = B \cap A^{(2)} \, , \tag{241}$$

so daß wir nur noch zu zeigen brauchen, daß $B^{(3)} \cap A^{(2)}$ eine Vollellipse mit dem Mittelpunkt o darstellt. Um dies einzusehen, beachten wir, daß der bezüglich einer euklidischen Hilfsmetrik in M_3 gebildete Polarkörper $(B^{(3)})^*$ von $B^{(3)}$ nach Satz 10.7 höchstens abzählbar unendlich viele verschiedene Ecken besitzt. Ecken von $(B^{(3)})^*$ werden nach Satz 11.6 durch die Distanzfunktion von $(B^{(3)})^*$ gekennzeichnet, nach der Folgerung zu Satz 12.2 stimmt die Distanzfunktion von $(B^{(3)})^*$ mit der Stützfunktion von $B^{(3)}$ überein, und nach Satz 12.6 werden die singulären Stützebenen von $B^{(3)}$ durch die Stützfunktion von $B^{(3)}$ gekennzeichnet, so daß $B^{(3)}$ höchstens abzählbar unendlich viele verschiedene dreifach singuläre Stützebenen (relativ zu M_3) im Sinne von Definition 12.2 besitzt. Nun sei G eine beliebige, in $A^{(2)}$ gelegene Stützgerade von $B^{(3)} \cap A^{(2)}$, welche von den (höchstens abzählbar unendlich vielen) Schnittgeraden der dreifach singulären Stützebenen von $B^{(3)}$ mit der Ebene $A^{(2)}$ verschieden ist. *Wir wollen zeigen, daß die Sehnenmitten der in $A^{(2)}$ liegenden und $B^{(3)} \cap A^{(2)}$ schneidenden Parallelgeraden von G auf einer Geraden D liegen.*

---

[1]) Der Rand ∂E_0 von E_0 wird nach dem Entdecker K. Löwner von E_0 auch *Löwnersches Ellipsoid* genannt.

Hierzu fixieren wir eine (nach Satz 3.1 existierende) G enthaltende Stützebene A von $B^{(3)}$ und einen Punkt x_0 des Durchschnitts $G \cap B^{(3)}$. Nach unserer Wahl von $G = A \cap A^{(2)}$ ist der Durchschnitt von A und $B^{(3)}$ höchstens eindimensional. Wir denken uns jetzt den in M_3 gelegenen Eichkörper $B^{(3)}$ „parallel beleuchtet" in Richtung einer beliebigen x_0 passierenden und in A liegenden Geraden L mit dem Richtungsvektor $l \neq 0$, die von $\mathrm{aff}(A \cap B^{(3)})$ verschieden ist. Nach Bemerkung 13.4 liegen die zu L transversalen Geraden bis auf Parallelität in Stützebenen von $B^{(3)}$ durch den Randpunkt $\dfrac{l}{g(l)}$ ($g =$ Distanzfunktion von M_n). Es sei $B(L)$ eine Ebene durch o parallel zu einer dieser Stützebenen; die vorausgesetzte Symmetrie der Transversalität in M_n und damit um so mehr in M_3 bedeutet dann, daß die Eigenschattengrenze auf $\partial B^{(3)}$ bei der angegebenen Parallelbeleuchtung den Schnitt von $\partial B^{(3)}$ mit $B(L)$ enthält. Bei der Parallelprojektion des M_3 in Richtung von L auf die Ebene $B(L)$ projiziert sich diese Eigenschattengrenze und damit speziell der ihr angehörende Randpunkt x_0 von $B^{(3)}$ auf den Rand $\partial B^{(3)} \cap B(L)$ der in $B(L)$ gelegenen konvexen Menge $B^{(3)} \cap B(L)$. Wäre daher x_0 kein Punkt von $\partial B^{(3)} \cap B(L)$, so wäre $L \cap B^{(3)}$ im Widerspruch zur Wahl von L eindimensional. Also gilt für alle $L \neq \mathrm{aff}(A \cap B^{(3)})$

$$x_0 \in \partial B^{(3)} \cap B(L) , \tag{242}$$

und diese Beziehung bleibt auch für $L = \mathrm{aff}(A \cap B^{(3)})$ richtig, wenn $B\big(\mathrm{aff}(A \cap B^{(3)})\big)$ hierbei als eine Grenzebene der Ebenen $B(L_\nu)$ beim Grenzübergang $L_\nu \to \mathrm{aff}(A \cap B^{(3)})$ ($\nu = 1, 2, \ldots$) gewählt wird, wobei $\partial B^{(3)} \cap B\big(\mathrm{aff}(A \cap B^{(3)})\big)$ wiederum in der Eigenschattengrenze bei Parallelbeleuchtung in Richtung von $\mathrm{aff}(A \cap B^{(3)})$ enthalten ist.

Es sei jetzt o' ein beliebiger, von $-x_0$ und x_0 verschiedener Punkt der Strecke mit den Endpunkten $-x_0$ und x_0 und dem Mittelpunkt o, und es sei A' die durch o' gehende Parallelebene von A. Dann schneidet A' den Eichkörper $B^{(3)}$ von M_3 nach Lemma 1.1 in einer kompakten, konvexen Untermenge von A' mit $o' \in (A' \cap B^{(3)})^0$. Es sei L' eine (im Sinne von Definition 12.2) reguläre Stützgerade von $A' \cap B^{(3)}$ relativ zu A' mit dem einzigen Berührungspunkt x' von L', und im folgenden sei speziell L die durch x_0 gehende Parallelgerade von L'. Beleuchten wir nun $B^{(3)}$ in Richtung von L', so schneidet die Ebene $B(L)$ den Rand $A' \cap \partial B^{(3)}$ von $A' \cap B^{(3)}$ in x' und außerdem wegen der aus (242) und $o \in B(L)$ folgenden Beziehung $o' \in B(L)$ auch in einem Punkt $o' - \alpha(x') \, (x' - o') \, \big(\alpha(x') > 0\big)$ mit einer zu L' parallelen Stützgeraden von $A' \cap B^{(3)}$. Damit sind für alle Stützelemente (x', L') von $A' \cap B^{(3)}$ mit regulärer Stützgeraden L' die Voraussetzungen des Korollars zu Hilfssatz 13.1 erfüllt.[1] Das gleiche gilt auch für die Stützelemente (x', L') von $A' \cap B^{(3)}$ mit singulärer Stützgerade L', wie man durch Grenzübergang einsieht, wenn man die Stützelemente (x_1', L') und (x_2', L') mit den Endpunkten x_1' und x_2' der Strecke $L' \cap (A' \cap B^{(3)})$ „von außen" durch Stützelemente mit regulärer Stützgerade approximiert. Aufgrund des Korollars zu Hilfssatz 13.1 muß also $A' \cap B^{(3)}$ bezüglich o' zentralsymmetrisch sein; und dasselbe trifft für die Durch-

---

[1] Die euklidische Metrik spielt bei dem Korollar zu Hilfssatz 13.1 lediglich die Rolle einer Hilfsmetrik zu Beweiszwecken.

schnitte $A \cap B^{(3)}$ bzw. $(-A) \cap B^{(3)}$ bezüglich x_0 bzw. $-x_0$ zu (Grenzübergang $A' \to A$ bzw. $A' \to -A$). Daraus folgt aber unmittelbar, daß in der Tat die Sehnenmitten der in $A^{(2)}$ liegenden und $B^{(3)} \cap A^{(2)}$ schneidenden Parallelgeraden von $G = A^{(2)} \cap A$ auf einer Geraden D von $A^{(2)}$, nämlich $D := o \vee x_0$ liegen.

Nun sind wir so weit, um den Hilfssatz 13.2 anwenden zu können. Die zuletzt bewiesene Tatsache besagt nämlich nichts anderes, als daß $B^{(3)} \cap A^{(2)}$ bei der Affinspiegelung von $A^{(2)}$ in Richtung von G an der Geraden D in sich übergeführt wird. Das gleiche gilt aufgrund von Hilfssatz 13.2 für die affininvariant mit $B^{(3)} \cap A^{(2)}$ verknüpfte flächenkleinste $B^{(3)} \cap A^{(2)}$ enthaltende Vollellipse E_0.[1]) Ist z_0 ein Berührungspunkt von ∂E_0 mit $B^{(3)} \cap A^{(2)}$[2]) und G_{z_0} die durch z_0 gehende Parallelgerade von G, so hat dies

$$G_{z_0} \cap (B^{(3)} \cap A^{(2)}) = G_{z_0} \cap E_0 \tag{243}$$

zur Folge. Aufgrund der Wahl von G zu Anfang des Beweises gilt (243) für *jede durch z_0 gehende Gerade mit Ausnahme von höchstens abzählbar unendlich vielen*, woraus wegen der Abgeschlossenheit von $B^{(3)} \cap A^{(2)}$ auf

$$B^{(3)} \cap A^{(2)} = E_0$$

geschlossen werden kann. Damit ist wegen (241) endlich gezeigt, daß die (bezüglich o zentralsymmetrische) Menge $B \cap A^{(2)}$ eine Vollellipse mit dem Mittelpunkt o darstellt.

Als letztes muß jetzt noch bewiesen werden, daß B selbst ein Vollellipsoid mit dem Mittelpunkt o ist. Wir tun dies, indem wir den folgenden allgemeineren Satz herleiten: *Ist der Schnitt eines bezüglich o zentralsymmetrischen konvexen Körpers K des A_n $(n \geqq 2)$ mit einer beliebigen Ebene $A^{(2)}$ durch o eine Vollellipse, so ist K ein Vollellipsoid mit dem Mittelpunkt o.* Dies geschieht durch vollständige Induktion nach der Dimension n. Unsere Behauptung ist im Fall $n = 2$ trivial. Wir nehmen an, sie sei schon für alle Dimensionen kleiner als n bewiesen, und zeigen ihre Richtigkeit für die Dimension n. Zu diesem Zweck wählen wir einen beliebigen Randpunkt x_0 von K[3]) und eine durch x_0 gehende Stützhyperebene A von K. Dann gilt $o \notin A$, und die Parallelhyperebene A_0 von A durch o schneidet den Körper K nach Induktionsvoraussetzung in einem $(n-1)$-dimensionalen Vollellipsoid. In einem geeigneten affinen Koordinatensystem des A_n hat x_0 die Koordinaten $(0, \dots, 0, 1)$ und $K \cap A_0$ die Darstellung $(\xi_1)^2 + \cdots + (\xi_{n-1})^2 \leqq 1$, $\xi_n = 0$. Es sei E das durch $(\xi_1)^2 + \cdots + (\xi_n)^2 \leqq 1$ gegebene Vollellipsoid des A_n mit dem Mittelpunkt $(0, \dots, 0) = o$. Wir betrachten nun die Schnitte von E mit allen die Gerade $o \vee x_0$ enthaltenden Ebenen $A^{(2)}$ und finden

$$K \cap A^{(2)} = E \cap A^{(2)}, \tag{244}$$

---

[1]) Vgl. den Beweis des letzten Teils der Behauptung von Hilfssatz 13.2.

[2]) Ein solcher Punkt existiert sicher wegen der Kleinsteigenschaft von E_0.

[3]) Ein solcher Punkt existiert nach Voraussetzung in jeder durch o gehenden Ebene $A^{(2)}$.

da die Vollellipse $K \cap A^{(2)}$ wegen der Stützeigenschaft von A dieselben konjugier-
ten Durchmesser wie die Vollellipse $E \cap A^{(2)}$ besitzt. Aus (244) folgt aber wegen

$$A_n = \bigcup_{A^{(2)} \supseteq 0 \vee x_0} A^{(2)} \quad \text{unmittelbar}$$

$$K = E \,,$$

womit die Behauptung dieses Abschnitts gezeigt und der Beweis von Satz 13.5
vollendet ist. $\square$

Bezüglich anderer Charakterisierungen des Vollellipsoids unter den konvexen
Körpern siehe [3], S. 142—143.

III. Funktionale kompakter konvexer Mengen

§ 14. Hausdorff-Topologie und Approximationseigenschaften kompakter konvexer Mengen

Aufgabe dieses Kapitels ist es, kompakten konvexen Mengen gewisse Maßzahlen zuzuordnen und deren Eigenschaften zu untersuchen. Da dabei die stetige Abhängigkeit dieser Maße von den konvexen Mengen eine wichtige Rolle spielt, soll zunächst in diesem Paragraphen ein Konvergenzbegriff für Folgen konvexer Mengen eingeführt werden. Dazu wird die Menge $\underline{K}_n$ dieser kompakten konvexen Mengen mit einer passenden Topologie versehen, die durch eine Metrik entstehen soll: Zu zwei kompakten konvexen Mengen muß also ein Abstand definiert werden mittels

Definition 14.1. Es sei $\underline{K}_n$ die Menge aller kompakten, konvexen Untermengen des n-dimensionalen euklidischen Raumes R_n, und es seien K_1, K_2 beliebige Elemente von $\underline{K}_n$. Dann wird durch

$$d(K_1, K_2) := \mathrm{Max} \left(\sup_{x_1 \in K_1} \left(\inf_{x_2 \in K_2} d(x_1, x_2) \right), \ \sup_{x_2 \in K_2} \left(\inf_{x_1 \in K_1} d(x_1, x_2) \right) \right) \tag{245}$$

$$(d(x_1, x_2) = ||x_2 - x_1|| = \text{euklidischer Abstand von } x_1 \text{ und } x_2)$$

der *Hausdorffsche Abstand*[1]) von K_1 und K_2 definiert.

Bemerkung 14.1. *Aufgrund der Definition* (119) *einer äußeren Parallelmenge* K_ϱ $(\varrho > 0)$ *einer konvexen Menge* K *des* R_n *ist die Definition* (245) *des Hausdorffschen Abstands von* K_1 *und* K_2 *gleichbedeutend mit der Definition*

$$d(K_1, K_2) = \inf_{K_1 \subseteq (K_2)_\varrho, \, K_2 \subseteq (K_1)_\varrho} \varrho \ . \tag{246}$$

Aufgrund von Bemerkung 14.1 findet man eine für die praktische Bestimmung von $d(K_1, K_2)$ wichtige Formel, die im folgenden Satz angegeben wird.

Satz 14.1. *Sind* K_1 *bzw.* K_2 *beliebige Elemente des Raumes* $\underline{K}_n$ *aller kompakten, konvexen Mengen des* R_n *mit den Stützfunktionen* h_1 *bzw.* h_2 (vgl. § 12), *so gilt*

$$d(K_1, K_2) = \mathrm{Max}_{u \in \partial B_1(o)} |h_2(u) - h_1(u)| \ . \tag{247}$$

$(\partial B_1(o) = \text{\textit{Rand der Einheitsvollkugel des}} \ R_n \ \text{\textit{um den Ursprung}} \ o.)$

---

[1]) Im Spezialfall einpunktiger Mengen K_1 und K_2 stimmt der Hausdorffsche Abstand mit dem gewöhnlichen euklidischen Abstand überein.

Beweis. Nach (202) sowie (119) und Satz 12.4b) ist das gleichzeitige Bestehen der Beziehungen $K_1 \subseteq (K_2)_\varrho$ und $K_2 \subseteq (K_1)_\varrho$ äquivalent mit dem gleichzeitigen Bestehen von

$$h_1(u) \leqq h_2(u) + \varrho||u|| \qquad (u \neq 0)$$

und

$$h_2(u) \leqq h_1(u) + \varrho||u|| \qquad (u \neq 0) ,$$

d. h. mit

$$-\varrho \leqq h_2(u) - h_1(u) \leqq \varrho \qquad \big(u = \text{beliebig} \in \partial B_1(o)\big) .$$

Daraus folgt aber unmittelbar

$$\inf_{K_1 \subseteq (K_2)_\varrho,\ K_2 \subseteq (K_1)_\varrho} \varrho \;=\; \inf_{\substack{|h_2(u)-h_1(u)| \leqq \varrho \\ u \in \partial B_1(o)}} \varrho \;=\; \sup_{u \in \partial B_1(o)} |h_2(u) - h_1(u)| ,$$

woraus (247) wegen (246) und wegen der Stetigkeit der konvexen Stützfunktionen h_1 und h_2 zusammen mit der Kompaktheit von $\partial B_1(o)$ ersichtlich wird. $\square$

Aus dem eben bewiesenen Satz ergibt sich zusammen mit Satz 12.4b) die

Folgerung. *Es seien $K_1^{(1)}, \dots, K_m^{(1)}$ sowie $K_1^{(2)}, \dots, K_m^{(2)}$ beliebige Elemente von $\underline{K}_n$, und es seien $\lambda_1, \dots, \lambda_m$ nichtnegative Zahlen mit $\sum\limits_{l=1}^{m} \lambda_l > 0$. Dann besteht für den Hausdorff-Abstand der Elemente $\sum\limits_{l=1}^{m} \lambda_l K_l^{(1)}$ und $\sum\limits_{l=1}^{m} \lambda_l K_l^{(2)}$ von $\underline{K}_n$ (vgl. Satz 8.5) die Beziehung*

$$d\left(\sum_{l=1}^{m} \lambda_l K_l^{(1)}, \sum_{l=1}^{m} \lambda_l K_l^{(2)} \right) \leqq \sum_{l=1}^{m} \lambda_l d(K_l^{(1)}, K_l^{(2)}) . \tag{248}$$

Bemerkung 14.2. *Aufgrund von Satz 14.1 genügt der Hausdorff-Abstand d den Eigenschaften*

$$d(K_1, K_1) = 0 , \qquad d(K_1, K_2) > 0 \qquad (K_1 \neq K_2) , \tag{249a}$$

$$d(K_1, K_2) = d(K_2, K_1) , \tag{249b}$$

$$d(K_1, K_3) \leqq d(K_1, K_2) + d(K_2, K_3) \qquad (K_1, K_2, K_3 = \text{beliebig} \in \underline{K}_n) , \tag{249c}$$

d. h., $\underline{K}_n$ wird durch d zu einem metrischen Raum. Die durch die Metrik d induzierte Topologie auf $\underline{K}_n$ bezeichnen wir als die Hausdorff-Topologie von $\underline{K}_n$.

Daraus ergibt sich folgender Konvergenzbegriff für eine Elementfolge $\{K^{(\nu)}\}_{\nu \in N}$ aus $\underline{K}_n$:

Definition 14.2. Eine Folge $\{K^{(\nu)}\}_{\nu \in N}$ mit Elementen $K^{(\nu)} \in \underline{K}_n$ heißt genau dann *konvergent gegen ein Element* $K_0 \in \underline{K}_n$ (geschrieben $K_0 = \lim\limits_{\nu \to \infty} K^{(\nu)}$), wenn

$$\lim_{\nu \to \infty} d(K_0, K^{(\nu)}) = 0 \tag{250}$$

gilt.

Wir zeigen nun, wie in einem Spezialfall auf die Konvergenz einer Mengenfolge $\{K^{(\nu)}\}_{\nu \in N}$ geschlossen werden kann:

Satz 14.2. *Eine monoton abnehmende Folge* $\{K^{(\nu)}\}_{\nu \in N}$ *(d. h. eine Folge mit der Eigenschaft* $K^{(\nu')} \subseteq K^{(\nu)}$, *falls* $\nu' > \nu$) *nichtleerer kompakter konvexer Mengen* $K^{(\nu)}$ *des* R_n *konvergiert stets gegen den nichtleeren, kompakten und konvexen Durchschnitt* K *ihrer Elemente* (vgl. Lemma 7.2):

$$K := \bigcap_{\nu=1}^{\infty} K^{(\nu)} = \lim_{\nu \to \infty} K^{(\nu)} \, . \tag{251}$$

Beweis. Es sei $\varepsilon > 0$ eine beliebige positive Zahl und K_ε die äußere Parallelmenge von K im Abstand ε. Wir zeigen zunächst, daß ein (von ε abhängendes) $\nu_0(\varepsilon) \in N$ mit der Eigenschaft

$$K^{(\nu)} \subseteq K_\varepsilon \qquad \text{für alle } \nu \text{ mit } \nu > \nu_0(\varepsilon) \tag{252}$$

existiert. Sonst wäre nämlich $K^{(\nu)} \nsubseteq K_\varepsilon$ wegen der Inklusionseigenschaft der $K^{(\nu)}$ für alle $\nu \in N$. Dann hätten wir in der Folge $\{K^{(\nu)} \cap (R_n \setminus (K_\varepsilon)^0)\}_{\nu \in N}$ eine wiederum monoton abnehmende Folge nichtleerer kompakter Untermengen des R_n vor uns, welche nach Lemma 7.2 einen nichtleeren Durchschnitt D besitzen müßte, wegen $D = K \cap (R_n \setminus (K_\varepsilon)^0) \subseteq K \cap (R_n \setminus K) = \emptyset$ eine Unmöglichkeit. Damit ist (252) als richtig erwiesen. Außerdem haben wir wegen $K \subseteq K^{(\nu)}$ ($\nu = $ beliebig $\in N$) trivialerweise

$$K \subseteq K_\varepsilon \subseteq (K^{(\nu)})_\varepsilon \qquad (\nu = 1, 2, 3, \ldots) \, , \tag{253}$$

so daß aus (252) und (253) zusammen mit Bemerkung 14.1

$$d(K, K^{(\nu)}) \leqq \varepsilon \qquad \text{für alle } \nu > \nu_0(\varepsilon)$$

folgt, d. h. $\lim_{\nu \to \infty} K^{(\nu)} = K$, wie in Satz 14.2 behauptet. $\square$

Wir beweisen nun einen Satz über die Erhaltung der Konvergenz einer Mengenfolge bei Durchschnittbildung mit einem festen (euklidischen) Unterraum des R_n. Genauer gesagt gilt

Satz 14.3. *Es sei* $\{K^{(\nu)}\}_{\nu \in N}$ *eine gegen den konvexen Körper* $K_0 \in \underline{K}_n$ *konvergente Folge mit Elementen aus* $\underline{K}_n$. *Weiter sei* R_m ($0 \leq m < n$) *ein* m-*dimensionaler Unterraum des* R_n *mit der für alle* $\nu \in N$ *gültigen Eigenschaft* $K^{(\nu)} \cap R_m \neq \emptyset$ *und mit der Eigenschaft* $(K_0)^0 \cap R_m \neq \emptyset$. *Dann gilt (im Sinne der Konvergenz im Raum* $\underline{K}_m$)

$$K_0 \cap R_m = \lim_{\nu \to \infty} (K^{(\nu)} \cap R_m) \, . \tag{254}$$

Beweis. Wir bemerken vorab, daß es genügt, Satz 14.3 in dem Spezialfall $m = n - 1 > 0$ zu beweisen, da der allgemeine Fall durch sukzessive Durchschnittbildung mit einer Hyperebene auf diesen Fall zurückgeführt werden kann und die Behauptung (254) im Fall $m = 0$ trivial ist.

Nun sei x_0 ein beliebig fest gewählter Punkt aus $(K_0)^0 \cap R_{n-1}$ und δ eine positive Zahl derart, daß die Vollkugel $B_\delta(x_0)$ um x_0 mit dem Radius δ in K_0 enthalten ist. Wegen der Konvergenzeigenschaft $K_0 = \lim_{\nu \to \infty} K^{(\nu)}$ und Bemerkung 14.1 läßt sich δ sogar so wählen, daß $B_{\delta+\varepsilon}(x_0) \subseteq K_0 \subseteq (K^{(\nu)})_\varepsilon$ für ein geeignetes $\varepsilon > 0$ und alle $\nu > \nu_0(\varepsilon)$ gilt, so daß $B_\delta(x_0)$ nach (202) in allen $K^{(\nu)}$ mit $\nu > \nu_0(\varepsilon)$ enthalten ist. Da es bei der Konvergenz einer Mengenfolge auf endlich viele Elemente dieser Folge nicht ankommt, können wir sogar o. B. d. A. für alle $v \in N$

$$B_\delta(x_0) \subseteq K_0 \,, \qquad B_\delta(x_0) \subseteq K^{(v)} \tag{255}$$

voraussetzen. In ähnlicher Weise finden wir wegen der Beschränktheit von K_0 und wegen der für alle $v > v_0(\varepsilon)$ geltenden Beziehung $K^{(v)} \subseteq (K_0)_\varepsilon$ o. B. d. A. für ein geeignetes $\gamma > 0$ und alle $v \in N$

$$K_0 \subseteq B_\gamma(x_0) \,, \qquad K^{(v)} \subseteq B_\gamma(x_0) \,. \tag{256}$$

Wir wählen jetzt ein völlig beliebiges $\varepsilon > 0$ und betrachten den Durchschnitt $(K_0)_\varepsilon \cap R_{n-1}$. Offensichtlich gilt für den Rand dieses Durchschnitts bezüglich R_{n-1}

$$\big((K_0)_\varepsilon \cap R_{n-1}\big) \setminus \big((K_0)_\varepsilon \cap R_{n-1}\big)^{(0)} = \partial\big((K_0)_\varepsilon\big) \cap R_{n-1} \,. \tag{257}$$

Es sei nun z ein beliebiger Punkt von $\partial\big((K_0)_\varepsilon\big) \cap R_{n-1}$. Dann existiert gewiß ein Punkt $z_0 \in \partial K_0$ mit

$$\|z - z_0\| = \varepsilon \,, \tag{258}$$

und die durch z_0 gehende und zur Strecke $z_0 z$ senkrechte Hyperebene A des R_n ist Stützhyperebene von K_0. Wir betrachten die beiden Punkte x_1 und x_2 von K_0 im Abstand δ von x_0, deren Orthogonalprojektionen auf R_{n-1} mit x_0 zusammenfallen (vgl. (255)). Mindestens eine der Strecken $x_1 z_0$ und $x_2 z_0$ schneidet R_{n-1}. Ohne Beschränkung der Allgemeinheit sei dies die Strecke $x_1 z_0$, und wir bezeichnen den Schnittpunkt von $x_1 z_0$ und R_{n-1} mit y_1. Aufgrund von $x_1 \in K_0$ und $z_0 \in K_0$ ist

$$y_1 \in K_0 \cap R_{n-1} \,, \tag{259}$$

und wir haben außerdem nach Konstruktion von y_1 im Fall $y_1 \neq z_0$ wegen (256) die Winkelbeziehung

$$\sphericalangle (z_0 y_1 z) \geq \sphericalangle (x_1 y_1 x_0) \geq \alpha_0 := \arctan \frac{\delta}{\gamma} \,. \quad^{1)} \tag{260}$$

Schließlich gilt wegen der Stützeigenschaft der Hyperebene A

$$\sphericalangle (y_1 z_0 z) \geq \frac{\pi}{2} \tag{261}$$

und damit

$$\sphericalangle (z_0 y_1 z) \leq \frac{\pi}{2} \,. \tag{262}$$

Durch Anwendung des Sinussatzes auf das Dreieck mit den Ecken y_1, z_0, z resultiert mit (258), (260) und (262)

$$\|z - y_1\| = \frac{\sin \sphericalangle (y_1 z_0 z)}{\sin \sphericalangle (z_0 y_1 z)} \|z - z_0\| \leq \frac{\varepsilon}{\sin \alpha_0} \,, \tag{263}$$

$^{1)}$ Hierbei bezeichnen wir wie üblich den Innenwinkel eines Dreiecks des R_n mit den Ecken x_1, x_2, x_3 an der Ecke x_2 mit $\sphericalangle (x_1 x_2 x_3)$.

und diese Ungleichung bleibt trivialerweise im bisher ausgeschlossenen Fall $y_1 = z_0$, d. h. $||z - y_1|| = ||z - z_0|| = \varepsilon$ richtig. (263) bedeutet aber mit (259), der Wahl von z und (257), daß

$$((K_0)_\varepsilon \cap R_{n-1}) \setminus ((K_0)_\varepsilon \cap R_{n-1})^{(0)} \subseteq (K_0 \cap R_{n-1})_{\left(\frac{\varepsilon}{\sin \alpha_0}\right)}$$

ist.[1]) Daraus ergibt sich dann zusammen mit (39) und (38)

$$
\begin{aligned}
(K_0)_\varepsilon \cap R_{n-1} &= \mathrm{conv}\left(\mathrm{ext}((K_0)_\varepsilon \cap R_{n-1})\right) \\
&\subseteq \mathrm{conv}\left(((K_0)_\varepsilon \cap R_{n-1}) \setminus ((K_0)_\varepsilon \cap R_{n-1})^{(0)}\right) \\
&\subseteq (K_0 \cap R_{n-1})_{\left(\frac{\varepsilon}{\sin \alpha_0}\right)} .
\end{aligned}
\tag{264}
$$

In völlig analoger Weise finden wir für $K^{(\nu)}$ anstelle von K_0 die Beziehung

$$(K^{(\nu)})_\varepsilon \cap R_{n-1} \subseteq (K^{(\nu)} \cap R_{n-1})_{\left(\frac{\varepsilon}{\sin \alpha_0}\right)} \qquad (\nu = 1, 2, \ldots) \tag{265}$$

mit derselben (von ν unabhängigen) Konstanten α_0 wie in (264) $\left(\text{vgl. (260)}\right)$.

Jetzt kann der Nachweis von (254) im Fall $m = n - 1 > 0$ folgendermaßen geführt werden: Aufgrund der Voraussetzung $K_0 = \lim\limits_{\nu \to \infty} K^{(\nu)}$ und von Bemerkung 14.1 haben wir $K^{(\nu)} \subseteq (K_0)_\varepsilon$, $K_0 \subseteq (K^{(\nu)})_\varepsilon$ für alle $\nu > \nu_0(\varepsilon)$. Die Anwendung von (264) und (265) ergibt hieraus

$$K^{(\nu)} \cap R_{n-1} \subseteq (K_0 \cap R_{n-1})_{\left(\frac{\varepsilon}{\sin \alpha_0}\right)} , \qquad K_0 \cap R_{n-1} \subseteq (K^{(\nu)} \cap R_{n-1})_{\left(\frac{\varepsilon}{\sin \alpha_0}\right)}$$

für alle $\nu > \nu_0(\varepsilon)$, d. h. (im Sinne der Konvergenz in $\underline{K}_{n-}$) $\lim\limits_{\nu \to \infty} (K^{(\nu)} \cap R_{n-1})$ $= K_0 \cap R_{n-1}$, wonach aufgrund der Vorabbemerkung zu diesem Beweis Satz 14.3 bewiesen ist. $\square$

Bemerkung 14.3. *Auf die Voraussetzung* $(K_0)^0 \cap R_m \neq \emptyset$ *kann in Satz 14.3 nicht verzichtet werden, wie das Beispiel einer Folge von Dreiecken im R_2 zeigt, die mit einer Geraden R_1 nur einen Eckpunkt gemeinsam haben, aber gegen ein Dreieck mit einer auf R_1 liegenden Seite konvergieren.*

Zwecks einer nachfolgenden wichtigen Anwendung kommen wir noch einmal auf die Metrik und die Topologie im Raum $\underline{K}_n$ aller kompakten, konvexen Untermengen des R_n zurück. Es läßt sich hierzu bemerkenswerterweise zunächst zeigen:

Satz 14.4. *Der Raum $\underline{K}_n$ ist bezüglich der Hausdorff-Metrik d vollständig, d. h., jede Cauchyfolge $\{K^{(\nu)}\}_{\nu \in N}$ mit Elementen aus $\underline{K}_n$ konvergiert gegen ein geeignetes Element $K_0 \in \underline{K}_n$. Dabei ist eine Cauchyfolge wie üblich gekennzeichnet durch die Eigenschaft*

$$d(K^{(\nu')}, K^{(\nu)}) < \varepsilon \quad \text{für alle } \nu', \nu \in N \text{ mit } \nu' \geqq \nu > \nu_1(\varepsilon) . \tag{266}$$

---

[1]) Mit $(K_0 \cap R_{n-1})_{(\varrho)}$ sei hierbei die äußere Parallelmenge von $K_0 \cap R_{n-1}$ im Abstand ϱ bezüglich R_{n-1} bezeichnet.

Beweis. Wir führen durch

$$L^{(\nu)} := \operatorname{conv}\left(\overline{\bigcup_{\mu=\nu}^{\infty} K^{(\mu)}}\right) \qquad (\nu = 1, 2, \ldots) \tag{267}$$

eine monoton abnehmende Folge $\{L^{(\nu)}\}_{\nu \in N}$ ein. Aus (266) folgt $K^{(\nu')} \subseteq (K^{(\nu_1(\varepsilon)+1)})_\varepsilon$ für beliebiges $\varepsilon > 0$ und alle $\nu' > \nu_1(\varepsilon)$, so daß nach Satz 2.6 die $L^{(\nu)}$ (nichtleere) kompakte, konvexe Mengen im R_n sind. Nach Satz 14.2 konvergiert daher diese Folge gegen den Durchschnitt ihrer Elemente $K_0 := \bigcap_{\nu=1}^{\infty} L^{(\nu)} \in \underline{K}_n$. Wir haben insbesondere für ein beliebiges $\varepsilon > 0$

$$K^{(\nu)} \subseteq L^{(\nu)} \subseteq (K_0)_\varepsilon, \qquad \text{falls } \nu > \nu_0(\varepsilon). \tag{268}$$

Weiter ist aber wegen (266)

$$K^{(\nu')} \subseteq (K^{(\nu)})_\varepsilon \qquad (\nu' \geqq \nu > \nu_1(\varepsilon))$$

und damit nach (267) infolge der Abgeschlossenheit und der Konvexität von $(K^{(\nu)})_\varepsilon$

$$K_0 \subseteq L^{(\nu)} \subseteq (K^{(\nu)})_\varepsilon, \qquad \text{falls } \nu > \nu_1(\varepsilon). \tag{269}$$

(268) und (269) ergeben zusammen $d(K^{(\nu)}, K_0) \leqq \varepsilon$ für alle $\nu > \operatorname{Max}(\nu_0(\varepsilon), \nu_1(\varepsilon))$, d. h., wir haben in der Tat $\lim_{\nu \to \infty} K^{(\nu)} = K_0 \in \underline{K}_n$. $\square$

Der folgende, für die Existenz von Extremwerten stetiger Funktionale auf $\underline{K}_n$ wichtige Satz beinhaltet die lokale Folgenkompaktheit des Raumes $\underline{K}_n$ und läßt sich so formulieren:

Satz 14.5 (Auswahlsatz von BLASCHKE[1]). *Aus jeder Folge $\{K^{(\nu)}\}_{\nu \in N}$ gleichmäßig beschränkter kompakter konvexer Mengen $K^{(\nu)} \in \underline{K}_n$ läßt sich eine gegen eine kompakte konvexe Menge $K_0 \in \underline{K}_n$ konvergierende Teilfolge $\{K^{(\nu_\mu)}\}_{\mu \in N}$ auswählen.*

Beweis. Aufgrund der Voraussetzung der gleichmäßigen Beschränktheit der Mengen $K^{(\nu)}$ existiert im R_n ein Würfel W_n der Kantenlänge α, welcher alle $K^{(\nu)}$ enthält. Wir unterteilen diesen Würfel W_n fortgesetzt unter Halbierung aller Kantenlängen in kongruente (abgeschlossene) Teilwürfel, so daß bei der μ-ten Unterteilung aus W_n gerade $2^{\mu \cdot n}$ Teilwürfel der Kantenlänge $\dfrac{\alpha}{2^\mu}$ ($\mu = 1, 2, \ldots$) entstehen. Daraufhin ordnen wir jedem Element $K^{(\nu)}$ unserer Ausgangsfolge die eindeutig bestimmte Familie derjenigen Teilwürfel bei der ersten Unterteilung von W_n zu, die mit $K^{(\nu)}$ einen nichtleeren Durchschnitt aufweisen. Da es nur endlich viele verschiedene, nämlich genau 2^{2n} Teilwürfelfamilien bei der ersten Unterteilung von W_n überhaupt gibt, folgt aus dem Schubfachprinzip, daß bei der eben beschriebenen Zuordnung unendlich vielen verschiedenen der Elemente $K^{(\nu)}$ dieselbe Teilwürfelfamilie zugeordnet wird. Diese Elemente bilden eine erste Teilfolge $\{K^{(1\nu)}\}_{\nu \in N}$ von $\{K^{(\nu)}\}_{\nu \in N}$. Jetzt ordnen wir allen Mengen $K^{(1\nu)}$ in derselben Weise Teilwürfelfamilien bei der zweiten Unterteilung von W_n zu und finden wiederum eine Teilfolge $\{K^{(2\nu)}\}_{\nu \in N}$ der Folge $\{K^{(1\nu)}\}_{\nu \in N}$ mit gleicher zugeordneter Teilwürfelfamilie. Analog fortfahrend gewinnt man eine Serie von ineinander enthaltenen Teilfolgen

---

[1]) Vgl. [39], S. 62—66.

$\{K^{(1\nu)}\}_{\nu\in N}$, $\{K^{(2\nu)}\}_{\nu\in N}$, $\{K^{(3\nu)}\}_{\nu\in N}$, ... von $\{K^{(\nu)}\}_{\nu\in N}$ derart, daß jedem Element der Teilfolge $\{K^{(\mu\nu)}\}_{\nu\in N}$ bei der μ-ten Unterteilung ($\mu = 1, 2, ...$) von W_n dieselbe Teilwürfelfamilie zugeordnet wird. Dies hat zur Folge, daß jeder Punkt einer Menge $K^{(\mu\nu)}$ einem solchen Teilwürfel der μ-ten Unterteilung von W_n angehört, welcher mit einer beliebigen anderen Menge $K^{(\mu\nu')}$ einen nichtleeren Durchschnitt besitzt, und Gleiches gilt umgekehrt für $K^{(\mu\nu')}$ und $K^{(\mu\nu)}$. In Verbindung mit Bemerkung 14.1 kann hieraus auf

$$d(K^{(\mu\nu)}, K^{(\mu\nu')}) \leqq \frac{\alpha}{2^\mu} \sqrt{n} \qquad (\mu, \nu, \nu' = \text{beliebig} \in N) \tag{270}$$

$\left(\dfrac{\alpha}{2^\mu} \sqrt{n} = \text{Diagonallänge jedes Teilwürfels der } \mu\text{-ten Unterteilung von } W_n\right)$ geschlossen werden, und aus (270) folgt unmittelbar die allgemeinere Beziehung

$$d(K^{(\mu\nu)}, K^{(\mu'\nu')}) \leqq \frac{\alpha}{2^\mu} \sqrt{n} \qquad (\mu, \mu', \nu, \nu' = \text{beliebig} \in N \text{ mit } \mu' \geqq \mu), \tag{271}$$

weil $\{K^{(\mu'\nu)}\}_{\nu\in N}$ nach Konstruktion für $\mu' \geqq \mu$ eine Teilfolge von $\{K^{(\mu\nu)}\}_{\nu\in N}$ darstellt.

Wir betrachten nun die aus der Folge der Teilfolgen $\{K^{(\mu\nu)}\}_{\nu\in N}$ unserer Ausgangsfolge $\{K^{(\nu)}\}_{\nu\in N}$ nach einer Idee von G. Cantor gebildete „Diagonalfolge" $\{K^{(\mu\mu)}\}_{\mu\in N}$. Diese ist wiederum eine Teilfolge von $\{K^{(\nu)}\}_{\nu\in N}$, so daß wir ihre Elemente auch mit

$$K^{(\nu\mu)} := K^{(\mu\mu)} \qquad (\mu = 1, 2, ...) \tag{272}$$

bezeichnen können, und die Spezialisierung von (271) liefert dann

$$d(K^{(\nu\mu')}, K^{(\nu\mu)}) \leqq \frac{\alpha}{2^\mu} \sqrt{n} \qquad (\mu, \mu' = \text{beliebig} \in N \text{ mit } \mu' \geqq \mu).$$

Dies bedeutet aber gerade, daß die Diagonalfolge $\{K^{(\nu\mu)}\}_{\mu\in N}$ eine Cauchyfolge darstellt (vgl. (266)) und somit nach Satz 14.4 gegen ein geeignetes Element $K_0 \in \underline{K}_n$ konvergieren muß, womit Satz 14.5 bewiesen ist. $\square$

Der folgende Satz stellt ein wichtiges Hilfsmittel für dieses Kapitel dar. Er besagt, daß die Menge $\underline{P}_n$ der konvexen Polytope im R_n im Raum $\underline{K}_n$ aller kompakten konvexen Mengen des R_n *dicht* liegt. Er lautet:

Satz 14.6. *Ist K eine beliebige kompakte, konvexe Untermenge des R_n und ε eine beliebige positive Zahl, so gibt es stets ein konvexes Polytop P des R_n mit der Eigenschaft*

$$d(K, P) \leqq \varepsilon. \tag{273}$$

Insbesondere existiert also eine Folge $\{P^{(\nu)}\}_{\nu\in N}$ konvexer Polytope $P^{(\nu)}$ des R_n mit

$$\lim_{\nu\to\infty} P^{(\nu)} = K. \tag{274}$$

Beweis. Es seien $(B_\varepsilon(x))^0$ die offenen Kerne der Vollkugeln um die Punkte $x \in R_n$ mit dem Radius ε. Dann bildet die Familie $\{(B_\varepsilon(x))^0 \cap K\}_{x\in K}$ eine relativ zu K offene Überdeckung von K, und aus der vorausgesetzten Kompaktheit von K

folgt die Existenz einer endlichen Teilüberdeckung $\{(B_\varepsilon(x_l))^0 \cap K\}_{l=1,\ldots,k}$ von K $(x_1, \ldots, x_k \in K)$. Daraus ergibt sich insbesondere

$$K = \bigcup_{l=1}^{k} \left((B_\varepsilon(x_l))^0 \cap K\right) \subseteq \bigcup_{l=1}^{k} B_\varepsilon(x_l) \,. \tag{275}$$

Es liegt nun nahe, das gewünschte Polytop P durch

$$P := \operatorname{conv}\{x_1, \ldots, x_k\}$$

zu definieren. Hieraus folgt nämlich zusammen mit (275)

$$K \subseteq \bigcup_{x \in P} B_\varepsilon(x) = P_\varepsilon \,,$$

während aufgrund der Konvexität von K umgekehrt

$$P \subseteq K \subseteq K_\varepsilon$$

gilt. Dies bedeutet aber in der Tat $d(K, P) \leqq \varepsilon$, und die Existenz einer gegen K konvergierenden Folge konvexer Polytope $P^{(\nu)}$ des R_n ist eine unmittelbare Folge von Definition 14.2. $\square$

Am Schluß dieses Paragraphen wollen wir noch eine für eine spätere Anwendung wichtige Tatsache zeigen. Es gilt

Satz 14.7. *Es sei K_0 eine beliebig fest gewählte kompakte konvexe Untermenge des R_n, und es sei o der Koordinatensprung des R_n. Wir bezeichnen mit $\underline{D}_n(K_0)$ die Menge aller Elemente K von $\underline{K}_n$, die sich (bezüglich o) in der Form*

$$K = \sum_{l=1}^{k} \lambda_l b_l^{(0)}(K_0) \tag{276}$$

$(\lambda_1 \geqq 0, \ldots, \lambda_k \geqq 0, \sum_{l=1}^{k} \lambda_l = 1, b_1^{(0)}, \ldots, b_k^{(0)} = beliebige\ Bewegungen\ des\ R_n$ mit dem Fixpunkt o, $k = 1, 2, \ldots$)

darstellen lassen. Dann existiert stets eine Folge $\{K^{(\nu)}\}_{\nu \in N}$ mit $K^{(\nu)} \in \underline{D}_n(K_0)$ und

$$\lim_{\nu \to \infty} K^{(\nu)} = B_{\varrho_0}(o) \,, \tag{277}$$

wobei mit $B_{\varrho_0}(o)$ wie üblich die Vollkugel des R_n um o mit dem (geeignet gewählten) Radius $\varrho_0 \geqq 0$[1]) bezeichnet ist.

Beweis. Wir bemerken vorab, daß mit jedem Element $K \in \underline{D}_n(K_0)$ auch die Bildmenge $b^{(0)}(K)$ von K bei einer beliebigen Bewegung $b^{(0)}$ des R_n mit dem Fixpunkt o in $\underline{D}_n(K_0)$ enthalten ist; desgleichen folgt aus $K_1, \ldots, K_m \in \underline{D}_n(K_0)$ durch eine einfache Nachrechnung unter Benutzung von (106 a, b) auch $\sum_{i=1}^{m} \mu_i K_i \in \underline{D}_n(K_0)$ $(\mu_1 \geqq 0, \ldots, \mu_m \geqq 0, \sum_{i=1}^{m} \mu_i = 1)$.

---

[1]) Der Fall $\varrho_0 = 0$ tritt auf, wenn K_0 als ein Punkt des R_n gewählt wird.

Es sei nun $\varrho(K)$ der Radius der kleinsten, eine Menge $K \in \underline{K}_n$ enthaltenden Vollkugel des R_n um o. Ist h die (stetige) Stützfunktion von K, so gilt

$$\varrho(K) = \underset{u \in \partial B_1(o)}{\text{Max}}\, h(u) = \underset{u \in \partial B_1(o)}{\text{Max}}\, |h(u)|^1) = d(\{o\}, K) \geqq 0 \tag{278}$$

(vgl. (202) und (247). Wir definieren

$$\varrho_0 := \inf_{K \in \underline{D}_n(K_0)} \varrho(K) . \tag{279}$$

Dann gibt es eine Folge $\{K^{(\nu)}\}_{\nu \in N}$ mit $K^{(\nu)} \in \underline{D}_n(K_0)$ und

$$\varrho_0 = \lim_{\nu \to \infty} \varrho(K^{(\nu)}) . \tag{280}$$

Jetzt ist die Folge der $K^{(\nu)}$ sicher gleichmäßig beschränkt, weil sogar für beliebige $K \in \underline{D}_n(K_0)$ nach (278), (276) und (248)

$$\varrho(K) = d(\{o\}, K) = d\left(\sum_{l=1}^{k} \lambda_l \{o\}, \sum_{l=1}^{k} \lambda_l b_l^{(0)}(K_0)\right)$$

$$\leqq \sum_{l=1}^{k} \lambda_l d\big(\{o\}, b_l^{(0)}(K_0)\big) = \sum_{l=1}^{k} \lambda_l d(\{o\}, K_0) = d(\{o\}, K_0) = \varrho(K_0)$$

und daher $K \subseteq B_{\varrho(K)}(o) \subseteq B_{\varrho(K_0)}(o)$ gilt. Nach Satz 14.5 existiert daher eine gegen eine kompakte konvexe Menge $\widetilde{K}_0 \in \underline{K}_n$ konvergierende Teilfolge $\{K^{(\nu\mu)}\}_{\mu \in N}$ der Folge $\{K^{(\nu)}\}_{\nu \in N}$:

$$\widetilde{K}_0 = \lim_{\mu \to \infty} K^{(\nu\mu)} . \tag{281}$$

Wir finden aufgrund von (278), (281), der Stetigkeit der Hausdorff-Metrik in $\underline{K}_n$ und (280)

$$\varrho(\widetilde{K}_0) = d(\{o\}, \widetilde{K}_0) = d\left(\{o\}, \lim_{\mu \to \infty} K^{(\nu\mu)}\right) = \lim_{\mu \to \infty} d(\{o\}, K^{(\nu\mu)})$$

$$= \lim_{\mu \to \infty} \varrho(K^{(\nu\mu)}) = \varrho_0 . \tag{282}$$

Im Fall $\varrho_0 = 0$ sind wir nun mit dem Beweis von Satz 14.7 schon fertig, da hierbei $\widetilde{K}_0$ wegen (282) mit der entarteten Vollkugel $B_0(o)$ zusammenfallen muß. Im Falle $\varrho_0 > 0$ zeigen wir durch indirekten Beweis gleichfalls die Gültigkeit der Beziehung

$$\widetilde{K}_0 = B_{\varrho_0}(o) . \tag{283}$$

Zu diesem Zweck nehmen wir einmal an, das nach (282) sicher in $B_{\varrho_0}(o)$ enthaltene $\widetilde{K}_0$ sei eine echte Untermenge von $B_{\varrho_0}(o)$. Dann nimmt die Stützfunktion $\tilde{h}_0$ von $\widetilde{K}_0$ aufgrund von (202) an einer Stelle $u_0 \in \partial B_1(o)$ sicher einen Wert kleiner als ϱ_0 an, und wegen der Stetigkeit der konvexen Funktion $\tilde{h}_0$ gilt dies sogar für eine durch $||v|| = 1$, $||v - u_0|| < \delta$ $(\delta > 0)$ gegebene, relativ zu $\partial B_1(o)$ offene Umgebung $U_\delta(u_0)$ von u_0. Da $\partial B_1(o)$ kompakt ist, enthält aber die Überdeckung $\{U_\delta(u)\}_{u \in \partial B_1(o)}$ von $\partial B_1(o)$ eine endliche Überdeckung $\{U_\delta(u_i)\}_{i=1,\dots,m}$ von $\partial B_1(o)$ $(u_1, \dots, u_m$

---

[1]) Diese Gleichheit folgt z. B. aus der nach (197 a, b) für alle $u \in R_n$ gültigen Beziehung $h(u) \geqq 2h(o) - h(-u) = -h(-u)$.

$\in \partial B_1(o)$). Wir bezeichnen eine geeignete Bewegung des R_n mit dem Fixpunkt o, welche $U_\delta(u_0)$ in $U_\delta(u_i)$ überführt, mit $\tilde{b}_i^{(0)}$ $(i = 1, \ldots, m)$ und definieren eine Menge $\tilde{K}_1 \in \underline{K}_n$ durch

$$\tilde{K}_1 := \sum_{i=1}^{m} \frac{1}{m} \tilde{b}_i^{(0)}(\tilde{K}_0) \, . \tag{284}$$

Für die Stützfunktion $\tilde{h}_1$ von $\tilde{K}_1$ gilt nach Satz 12.4 b) zunächst die Beziehung

$$\tilde{h}_1(u) = \sum_{i=1}^{m} \frac{1}{m} \tilde{h}_0((\tilde{b}_i^{(0)})^{-1}(u)) \qquad (u \in \partial B_1(o)) \, . \tag{285}$$

Nun berücksichtigt man in (285) noch, daß wegen $\partial B_1(o) = \bigcup_{i=1}^{m} U_\delta(u_i)$ zu einem beliebigen $u \in \partial B_1(o)$ ein i_0 mit $1 \leqq i_0 \leqq m$ und $u \in U_\delta(u_{i_0})$ existiert, so daß

$$\tilde{h}_0((\tilde{b}_{i_0}^{(0)})^{-1}(u)) < \varrho_0$$

ist, während für die übrigen Indizes i' nach (278) und (282) wenigstens

$$\tilde{h}_0((\tilde{b}_{i'}^{(0)})^{-1}(u)) \leqq \varrho_0 \qquad (1 \leqq i' \leqq m, \, i' \neq i_0)$$

gilt; daher folgt aus (285)

$$\tilde{h}_1(u) < \varrho_0 \qquad (u = \text{beliebig} \in \partial B_1(o)) \, .$$

Dies ergibt zusammen mit (278)

$$\varrho(\tilde{K}_1) = \underset{u \in \partial B_1(o)}{\text{Max}} \tilde{h}_1(u) < \varrho_0 \, .$$

Wir setzen nun

$$\varepsilon_0 := \varrho_0 - \varrho(\tilde{K}_1) > 0 \, . \tag{286}$$

Dann gibt es nach (281) sicher einen Index $\mu_0 \in N$ derart, daß

$$d(\tilde{K}_0, K^{(\nu \mu_0)}) < \varepsilon_0$$

ist. Jetzt wird nach (284) und (248)

$$d\left(\tilde{K}_1, \sum_{i=1}^{m} \frac{1}{m} \tilde{b}_i^{(0)}(K^{(\nu \mu_0)})\right) \leqq \sum_{i=1}^{m} \frac{1}{m} d(\tilde{b}_i^{(0)}(\tilde{K}_0), \tilde{b}_i^{(0)}(K^{(\nu \mu_0)}))$$

$$= \sum_{i=1}^{m} \frac{1}{m} d(\tilde{K}_0, K^{(\nu \mu_0)}) < \varepsilon_0 \, ,$$

so daß wir zusammen mit (278) und (286)

$$\varrho\left(\sum_{i=1}^{m} \frac{1}{m} \tilde{b}_i^{(0)}(K^{(\nu \mu_0)})\right) = d\left(\{o\}, \sum_{i=1}^{m} \frac{1}{m} \tilde{b}_i^{(0)}(K^{(\nu \mu_0)})\right)$$

$$\leqq d(\{o\}, \tilde{K}_1) + d\left(\tilde{K}_1, \sum_{i=1}^{m} \frac{1}{m} \tilde{b}_i^{(0)}(K^{(\nu \mu_0)})\right)$$

$$< \varrho(\tilde{K}_1) + \varepsilon_0 = \varrho_0$$

erhalten. Hierbei ist jedoch $\sum\limits_{i=1}^{m} \dfrac{1}{m}\, \tilde{b}_i^{(0)}(K^{(\nu\mu_0)})$ nach der Vorabbemerkung zu diesem Beweis wie $K^{(\nu\mu_0)}$ ein Element aus $\underline{D}_n(K_0)$, was mit der Definition (279) von ϱ_0 einen Widerspruch ergibt. Dieser Widerspruch zeigt endlich die Gültigkeit von (283), woraus zusammen mit (281) die in Satz 14.7 behauptete Beziehung $\lim\limits_{\mu\to\infty} K^{(\nu\mu)} = B_{\varrho_0}(o)$ mit $K^{(\nu\mu)} \in \underline{D}_n(K_0)$ folgt. $\square$

Übungen

1. Es seien K und L beliebige kompakte, konvexe Mengen des R_n sowie K_ϱ und L_ϱ ihre äußeren Parallelmengen im Abstand $\varrho > 0$. Man zeige, daß a) $d(K_\varrho, L_\varrho) = d(K, L)$ und b) $d(K, K_\varrho) = \varrho$ ist.

2. Man beweise für die vier kompakten, konvexen Mengen K_1, K_2, L_1, L_2 des R_n die Gültigkeit der Ungleichung

$$d(\operatorname{conv}(K_1 \cup K_2), \operatorname{conv}(L_1 \cup L_2)) \leqq \operatorname{Max}\{d(K_1, L_1), d(K_2, L_2)\} .$$

3. Es seien $\{K^{(\nu)}\}_{\nu\in N}$ und $\{L^{(\nu)}\}_{\nu\in N}$ konvergente Folgen mit Elementen aus dem Raum $\underline{K}_n$ aller kompakten konvexen Untermengen des R_n, und es sei $K_0 := \lim\limits_{\nu\to\infty} K^{(\nu)}$, $L_0 := \lim\limits_{\nu\to\infty} L^{(\nu)}$. Man zeige, daß dann aus $K^{(\nu)} \subseteq L^{(\nu)}$ für alle $\nu \in N$ auch $K_0 \subseteq L_0$ folgt.

4. Es sei $\{K^{(\nu)}\}_{\nu\in N}$ eine Folge mit Elementen aus dem Raum $\underline{K}_n$ aller kompakten konvexen Untermengen des R_n, und es sei $\lim\limits_{\nu\to\infty} K^{(\nu)} =: K_0 \in \underline{K}_n$, außerdem sei R_m $(0 \leqq m < n)$ ein m-dimensionaler euklidischer Unterraum des R_n mit der für alle $\nu \in N$ gültigen Eigenschaft $K^{(\nu)} \cap R_m \neq \emptyset$. Es soll gezeigt werden, daß dann auch $K_0 \cap R_m \neq \emptyset$ ist (vgl. Satz 14.3).

5. Man zeige, daß schon eine abzählbare Menge $\underline{P}_n^{(a)}$ von konvexen Polytopen des R_n derart existiert, daß eine beliebige kompakte, konvexe Untermenge K des R_n durch Polytope aus der Menge $\underline{P}_n^{(a)}$ (im Sinne der Hausdorff-Metrik d von $\underline{K}_n$) beliebig genau approximiert werden kann (vgl. Satz 14.6). [Anleitung: Es ist zweckmäßig, Unterteilungen des R_n in kongruente Würfel mit beliebig klein werdender Kantenlänge zu Hilfe zu nehmen.]

§ 15. Volumen von Linearkombinationen kompakter konvexer Mengen, gemischtes Volumen

In diesem Paragraphen wollen wir das Volumen von Linearkombinationen kompakter konvexer Mengen des R_n in Abhängigkeit von den Koeffizienten dieser Linearkombinationen untersuchen und dabei speziell die Gedankengänge von fundamentaler Bedeutung darlegen, die H. Minkowski einen Einstieg in die Theorie der den konvexen Mengen zugeordneten Maße verschafft haben. Zwecks Präzisierung des Begriffs „Volumen" bringen wir zunächst die

Definition 15.1. Das (endliche) n-dimensionale Lebesguesche Maß einer im n-dimensionalen euklidischen Raum R_n gelegenen kompakten und konvexen Menge K heißt *Volumen* von K (geschrieben $V(K)$).[1]

---

[1] Die Voraussetzung der Konvexität von K bei dieser Definition ist für die Existenz des n-dimensionalen Lebesgueschen Maßes von K unnötig.

Wir bemerken noch hierzu, daß *sogar jede beschränkte und konvexe Menge K des R_n ein endliches n-dimensionales Lebesguesches Maß besitzt.* Aufgrund von Lemma 1.1 gilt nämlich für einen beliebigen Punkt $x_0 \in K^{(0)}$ die Relation

$$\bigcup_{\nu=1}^{\infty} \left(x_0 + \frac{\nu-1}{\nu} (\overline{K} - x_0) \right) = K^{(0)} \subseteq K \subseteq \overline{K} ,$$

aus der sich für das Lebesguesche Maß μ der (Lebesgue-meßbaren) Mengen $K^{(0)}$ und $\overline{K}$ die Beziehung

$$\mu(K^{(0)}) = \lim_{\nu \to \infty} \mu \left(x_0 + \frac{\nu-1}{\nu} (\overline{K} - x_0) \right) = \lim_{\nu \to \infty} \left(\frac{\nu-1}{\nu} \right)^n \cdot \mu(\overline{K}) = \mu(\overline{K})$$

ergibt. Damit ist aber $K \setminus K^{(0)}$ als Untermenge der Lebesgueschen Nullmenge $\overline{K} \setminus K^{(0)}$ Lebesgue-meßbar, und das gleiche gilt dann auch für $K = K^{(0)} \cup (K \setminus K^{(0)})$ mit $\mu(K) = \mu(K^{(0)}) = \mu(\overline{K})$.[1] Der Einfachheithalber betrachten wir im folgenden aber nur kompakte und konvexe Untermengen des R_n und konstatieren zunächst:

Bemerkung 15.1. *Das Volumen einer beliebigen Menge K des Raumes $\underline{K}_n$ aller kompakten und konvexen Mengen des R_n ist stets nichtnegativ; es hat genau dann den Wert 0, wenn die Dimension von K (vgl. Definition 1.5) kleiner als n ist* (trivial!).

Bemerkung 15.2. *Das Volumen $V(K)$ eines beliebigen Elementes $K \in \underline{K}_n$ ist invariant gegenüber Bewegungen des R_n und besitzt die Homogenitätseigenschaft*

$$V(\lambda K) = \lambda^n V(K) \qquad (\lambda \geqq 0) \tag{287}$$

(trivial!).

Für das Folgende besonders wichtig ist die Stetigkeitseigenschaft von $V(K)$ im Sinne von

Satz 15.1. *Durch die Zuordnung $K \in \underline{K}_n \mapsto V(K) \in R$ wird eine auf $\underline{K}_n$ definierte, reellwertige und bezüglich der Hausdorff-Topologie von $\underline{K}_n$ (vgl. Bemerkung 14.2) stetige Funktion definiert.*

Beweis. Da die Hausdorff-Topologie von $\underline{K}_n$ nach Bemerkung 14.2 durch eine Metrik induziert wird, ist die Stetigkeit des Volumens bekanntlich mit der für alle konvergenten Folgen $\{K^{(\nu)}\}_{\nu \in N}$ $(K^{(\nu)} \in \underline{K}_n)$ gültigen Beziehung

$$V \left(\lim_{\nu \to \infty} K^{(\nu)} \right) = \lim_{\nu \to \infty} V(K^{(\nu)}) \tag{288}$$

äquivalent. Um (288) einzusehen, setzen wir zur Abkürzung $K_0 := \lim_{\nu \to \infty} K^{(\nu)} \in \underline{K}_n$ und machen die Fallunterscheidung α) dim $K_0 = n$ und β) dim $K_0 < n$.

Fall α): Ohne Beschränkung der Allgemeinheit sei der Ursprung o des R_n ein Punkt aus dem (nichtleeren) Inneren $(K_0)^0$ von K_0. Dann gibt es ein $\delta > 0$ derart, daß die Vollkugel $B_\delta(o)$ um o mit dem Radius δ in K_0 enthalten ist. Wegen K_0

---

[1] Vgl. hierzu [8], S. 42.

$= \lim\limits_{\nu \to \infty} K^{(\nu)}$ läßt sich δ sogar so wählen, daß $B_{\delta+\varepsilon}(o) \subseteq (K^{(\nu)})_\varepsilon$ für ein geeignetes $\varepsilon > 0$ und alle $\nu > \nu_0(\varepsilon)$ gilt, so daß o. B. d. A. $B_\delta(o)$ in allen Mengen $K^{(\nu)}$ enthalten ist. Nun bedeutet die Konvergenz von $\{K^{(\nu)}\}_{\nu \in N}$ gegen K_0 nach Definition 14.2 und Satz 14.1, daß zu beliebigem $\varepsilon > 0$ ein $\nu_0(\varepsilon) \in N$ so existiert, daß

$$|h^{(\nu)}(u) - h_0(u)| \leq \varepsilon \qquad (u = \text{beliebig} \in \partial B_1(o),\ \nu > \nu_0(\varepsilon)) \tag{289}$$

gilt, wenn h_0 bzw. $h^{(\nu)}$ die zu K_0 bzw. $K^{(\nu)}$ gehörigen Stützfunktionen sind. Weiter folgt aus der Wahl von δ

$$h_0(u) \geq \delta\,, \qquad h^{(\nu)}(u) \geq \delta \qquad (u = \text{beliebig} \in \partial B_1(o),\ \nu \in N)\,. \tag{290}$$

Aus (289) und (290) errechnet sich

$$h^{(\nu)}(u) \leq h_0(u) + \varepsilon \leq \left(1 + \frac{\varepsilon}{\delta}\right) h_0(u)$$

sowie

$$h_0(u) \leq h^{(\nu)}(u) + \varepsilon \leq \left(1 + \frac{\varepsilon}{\delta}\right) h^{(\nu)}(u)\,,$$

d. h.

$$\left(1 + \frac{\varepsilon}{\delta}\right)^{-1} h_0(u) \leq h^{(\nu)}(u) \leq \left(1 + \frac{\varepsilon}{\delta}\right) h_0(u) \qquad (u \in \partial B_1(o),\ \nu > \nu_0(\varepsilon))$$

oder

$$\left(1 + \frac{\varepsilon}{\delta}\right)^{-1} K_0 \subseteq K^{(\nu)} \subseteq \left(1 + \frac{\varepsilon}{\delta}\right) K_0 \qquad (\nu > \nu_0(\varepsilon))$$

(vgl. (202) und Satz 12.4 b)). Mit (287) ergibt dies

$$\left(1 + \frac{\varepsilon}{\delta}\right)^{-n} V(K_0) \leq V(K^{(\nu)}) \leq \left(1 + \frac{\varepsilon}{\delta}\right)^{n} V(K_0) \qquad (\nu > \nu_0(\varepsilon))\,,$$

d. h. wegen $\lim\limits_{\varepsilon \to 0} \left(1 + \dfrac{\varepsilon}{\delta}\right)^{n} = 1$ in der Tat (288).

Fall β): Es sei $m := \dim K_0 < n$ und W_m ein K_0 enthaltender, in aff K_0 gelegener Würfel der Kantenlänge $\gamma > 0$. Dann existiert wegen der Konvergenz von $\{K^{(\nu)}\}_{\nu \in N}$ gegen K_0 zu jedem $\varepsilon > 0$ ein $\nu_0(\varepsilon) \in N$ derart, daß für alle $\nu > \nu_0(\varepsilon)$ die Beziehung

$$K^{(\nu)} \subseteq (K_0)_\varepsilon \subseteq (W_m)_\varepsilon \subseteq W_m' \times W_{n-m}$$

besteht, worin W_m' ein zu W_m homothetischer Würfel der Kantenlänge $\gamma + 2\varepsilon$ und W_{n-m} ein zu W_m' orthogonaler, $(n-m)$-dimensionaler Würfel der Kantenlänge 2ε bedeutet. Hieraus folgt aber unmittelbar

$$V(K^{(\nu)}) \leq (\gamma + 2\varepsilon)^m (2\varepsilon)^{n-m}$$

für alle $\nu > \nu_0(\varepsilon)$, d. h. in Verbindung mit Bemerkung 15.1

$$\lim\limits_{\nu \to \infty} V(K^{(\nu)}) = 0 = V(K_0)\,,$$

wie in (288) behauptet. $\square$

Weiter besitzt $V(K)$ die Monotonieeigenschaft, ausgedrückt in

Satz 15.2. *Sind* K', $K \in \underline{K}_n$ *mit* $K' \subseteq K$, *so gilt*

$$V(K') \leqq V(K) . \tag{291}$$

Hierbei tritt genau dann Gleichheit ein, wenn entweder K *die Dimension* n *hat und* $K' = K$ *ist oder wenn die Dimension von* K *kleiner als* n *ist.*

Beweis. Das Monotoniegesetz (291) ist eine grundlegende Eigenschaft des Lebesgueschen Maßes und als solche trivial. Um hierbei den Fall der Gleichheit zu diskutieren, treffen wir die Fallunterscheidung α) dim $K = n$ und β) dim $K < n$.

Fall α): Es sei $K' \subset K$ und x_0 ein beliebiger Punkt von $K \setminus K'$. Nach Satz 3.4 können x_0 und K' durch eine Hyperebene A des R_n echt getrennt werden, so daß x_0 in dem einen von A begrenzten offenen Halbraum H des R_n liegt. Ist nun x_1 ein beliebiger Punkt aus dem (nichtleeren) offenen Kern K^0 von K, dann enthält die Verbindungsstrecke $x_0 x_1$ aufgrund von Lemma 1.1 sicher einen in H gelegenen Punkt $x_2 \in K^0$, woraus

$$\emptyset \neq K^0 \cap H \subseteq (K \setminus K')^0$$

und damit

$$0 < V(K \setminus K') = V(K) - V(K')$$

resultiert. Hiernach kann in (291) nur im trivialen Fall $K' = K$ Gleichheit gelten.

Fall β): Nach Bemerkung 15.1 ist jetzt wegen dim $K' \leq$ dim $K < n$ stets $V(K') = V(K) = 0$, d. h., in (291) herrscht — wie behauptet — Gleichheit. $\square$

Satz 15.3. *Es sei* P *ein konvexes Polytop des* R_n *mit den* $(n-1)$-*dimensionalen, in den Stützhyperebenen* $A(u_i)$: $\langle x, u_i \rangle = h(u_i)$ *gelegenen Seiten* $P \cap A(u_i)$ $(h =$ *Stützfunktion von* P, $u_i = $ *ins Äußere von* P *weisender Normalenvektor von* $A(u_i)$ *mit* $||u_i|| = 1$ $(i = 1, \dots , k)$).[1] *Bezeichnen wir dann das* $(n-1)$-*dimensionale Volumen von* $P \cap A(u_i)$ *mit* $V_{(n-1)}\big(P \cap A(u_i)\big)$, *so gilt*

$$V(P) = \frac{1}{n} \left(\sum_{i=1}^{k} h(u_i) \, V_{(n-1)}\big(P \cap A(u_i)\big) \right).^{2)} \tag{292}$$

Beweis. Da (292) nach Bemerkung 15.1 im Fall dim $P < n - 1$ trivialerweise und im Fall dim $P = n - 1$ wegen $k = 2$, $u_2 = -u_1$ und $h(u_2) = -h(u_1)$ richtig ist, brauchen wir die Gültigkeit dieser Beziehung nur noch im Fall dim $P = n$ nachzuweisen. Zu diesem Zweck nehmen wir an, der Ursprung o des R_n liege im (nichtleeren) offenen Kern P^0 von P. Dies bedeutet keine Einschränkung der Allgemeinheit, denn bei einer Verschiebung des Ursprungs um den Vektor $v \neq 0$ erfahren die Werte von $h(u_i)$ aufgrund von (201) einen Zuwachs von $\langle v, u_i \rangle$ $(i = 1, \dots , k)$,

---

[1]) Im Fall dim $P < n - 1$ ist $k = 0$ und im Fall dim $P = n - 1$ ist $k = 2$ zu setzen, da hier die uneigentliche Seite P von P einmal mit dem Normalenvektor u_1 und einmal mit dem Normalenvektor $u_2 = -u_1$ auftritt.

[2]) Im Fall $k = 0$ ist die rechte Seite von (292) gleich 0 zu setzen; vgl. Fußnote [1]).

und der Ausdruck

$$\frac{1}{||v||}\left(\sum_{i=1}^{k} \langle v, u_i\rangle \, V_{(n-1)}\big(P \cap A(u_i)\big)\right)$$

bedeutet den Wert des einmal positiv und einmal negativ genommenen Volumens $V_{(n-1)}(p_v(P))$ der Orthogonalprojektion $p_v(P)$ von P auf eine zu v senkrechte Hyperebene des R_n und verschwindet somit. Benutzen wir jetzt die Sternförmigkeit von P bezüglich o (vgl. Definition 7.1) sowie die Tatsache, daß ∂P nach dem Korollar zu Satz 5.3, nach Satz 5.5 und nach Satz 5.4 die Vereinigungsmenge aller $(n-1)$-dimensionalen Seiten von P darstellt, welche ihrerseits paarweise einen höchstens $(n-2)$-dimensionalen Durchschnitt besitzen, so errechnet sich $V(P)$ aufgrund von Bemerkung 15.2 zu

$$V(P) = \sum_{i=1}^{k} V\big(\mathrm{conv}\{o \cup (P \cap A(u_i))\}\big)$$

$$= \sum_{i=1}^{k} \int_0^1 V_{(n-1)}\big(\lambda(P \cap A(u_i))\big) \, \mathrm{d}\big(\lambda h(u_i)\big)$$

$$= \left(\int_0^1 \lambda^{n-1}\,\mathrm{d}\lambda\right) \sum_{i=1}^{k} h(u_i)\, V_{(n-1)}\big(P \cap A(u_i)\big)\;.$$

Hiermit ist (292) auch im Fall dim $P = n$ gezeigt. $\square$

Wir kommen nun zu einem der prinzipiell wichtigsten Sätze der Theorie der konvexen Mengen, welcher die Abhängigkeit des Volumens einer Linearkombination $\sum_{l=1}^{m} \lambda_l K_l$ von deren Koeffizienten λ_l aufzeigt. Er lautet:

Satz 15.4 *Das Volumen einer Linearkombination* $\sum_{l=1}^{m} \lambda_l K_l$ $(\lambda_1 \geqq 0, \dots, \lambda_m \geqq 0)$ *der kompakten konvexen Mengen* $K_1, \dots, K_m$ *des* R_n *verschwindet identisch oder es hängt ganz rational und homogen vom Grade n von den Koeffizienten* $\lambda_1, \dots, \lambda_m$ *ab. Es gilt demnach*

$$V\left(\sum_{l=1}^{m} \lambda_l K_l\right) = \sum_{l_1=1}^{m} \cdots \sum_{l_n=1}^{m} \gamma_{l_1 \dots l_n} \lambda_{l_1} \cdots \lambda_{l_n}\,, \tag{293}$$

wobei die Summationen unabhängig voneinander von 1 bis m zu erstrecken sind und die (von den λ_l unabhängigen) Konstanten $\gamma_{l_1 \dots l_n}$ als in allen Indizes symmetrisch angenommen werden.

Vor dem Beweis von Satz 15.4 mittels „polyedrischer Approximation" führen wir als Hilfsmittel zwei Hilfssätze an:

Hilfssatz 15.1. *Durch*

$$\Theta(\alpha_1, \dots, \alpha_m) \equiv \sum_{l_1=1}^{m} \cdots \sum_{l_n=1}^{m} \gamma_{l_1 \dots l_n} \alpha_{l_1} \cdots \alpha_{l_n}$$

$(\gamma_{l_1 \dots l_n} = $ *in allen Indizes symmetrische Konstante*$)$

werde eine ganze rationale, entweder identisch verschwindende oder vom Grade $n \geqq 1$ homogene Funktion Θ der reellen Variablen $\alpha_1, \ldots, \alpha_m$ ($m \geqq 1$) gegeben. Dann existieren endlich viele verschiedene, von Θ unabhängige Argumentstellen $(\alpha_1^{(\varrho)}, \ldots, \alpha_m^{(\varrho)})$ mit $\alpha_1^{(\varrho)} \geqq 0, \ldots, \alpha_m^{(\varrho)} \geqq 0$ ($\varrho = 1, \ldots, r$) und nur hiervon abhängige Konstante $\delta_{l_1 \ldots l_n}^{(\varrho)}$ derart, daß sich die die Funktion Θ eindeutig bestimmenden Konstanten $\gamma_{l_1 \ldots l_n}$ aus den Funktionswerten $\Theta(\alpha_1^{(\varrho)}, \ldots, \alpha_m^{(\varrho)})$ durch die Ausdrücke

$$\gamma_{l_1 \ldots l_n} = \sum_{\varrho=1}^{r} \delta_{l_1 \ldots l_n}^{(\varrho)} \, \Theta(\alpha_1^{(\varrho)}, \ldots, \alpha_m^{(\varrho)}) \qquad (l_1, \ldots, l_n = 1, \ldots, m)$$

errechnen lassen ($\delta_{l_1 \ldots l_n}^{(\varrho)} = $ symmetrisch in allen Indizes $l_1, \ldots, l_n$).

Beweis. Wir führen vollständige Induktion nach der Variablenanzahl m von Θ (unabhängig vom Grad n von Θ) durch. Im Fall $m = 1$ haben wir $\Theta(\alpha_1) \equiv \gamma_{1 \ldots 1}(\alpha_1)^n$, d. h. $\gamma_{1 \ldots 1} = 1 \cdot \Theta(1)$, womit hier die Behauptung von Hilfssatz 15.1 erwiesen und der Induktionsanfang gegeben ist. Wir nehmen nun an, diese Behauptung treffe für $m - 1 \geqq 1$ Variable zu, und zeigen ihre Richtigkeit für die Variablenzahl m. Dann haben wir

$$\Theta(\alpha_1, \ldots, \alpha_{m-1}, \alpha_m) = \sum_{i=0}^{n} (\alpha_m)^i \left(\sum_{l_1'=1}^{m-1} \cdots \sum_{l_{n-i}'=1}^{m-1} \binom{n}{i} \gamma_{l_1' \ldots l_{n-i}' m \ldots m} \alpha_{l_1'} \cdots \alpha_{l_{n-i}'} \right).$$

Für $n + 1$ paarweise verschiedene Werte $\alpha_m^{(0)} \geqq 0, \ldots, \alpha_m^{(n)} \geqq 0$ der Variablen α_m ergibt sich hieraus das inhomogene lineare Gleichungssystem

$$\sum_{i=0}^{n} (\alpha_m^{(j)})^i \left(\sum_{l_1'=1}^{m-1} \cdots \sum_{l_{n-i}'=1}^{m-1} \binom{n}{i} \gamma_{l_1' \ldots l_{n-i}' m \ldots m} \alpha_{l_1'} \cdots \alpha_{l_{n-i}'} \right) \equiv \Theta(\alpha_1, \ldots, \alpha_{m-1}, \alpha_m^{(j)})$$

$$(j = 0, \ldots, n) \, .$$

Aufgrund der Cramerschen Regel und des Nichtverschwindens der Vandermondeschen Determinante $\|(\alpha_m^{(j)})^i\|$ besitzt dieses Gleichungssystem eine eindeutig bestimmte Lösung der Form

$$\sum_{l_1'=1}^{m-1} \cdots \sum_{l_{n-i}'=1}^{m-1} \binom{n}{i} \gamma_{l_1' \ldots l_{n-i}' m \ldots m} \alpha_{l_1'} \cdots \alpha_{l_{n-i}'}$$

$$\equiv \sum_{j=0}^{n} \beta_j^{(i)}(\alpha_m^{(0)}, \ldots, \alpha_m^{(n)}) \cdot \Theta(\alpha_1, \ldots, \alpha_{m-1}, \alpha_m^{(j)}) \qquad (i = 0, \ldots, n) \, .$$

Man wendet nun für jedes i die Induktionsvoraussetzung an und beachtet, daß der Index ϱ' für jedes i aus einem anderen Wertebereich entnommen werden muß. Dann erhält man für die Koeffizienten $\gamma_{l_1' \ldots l_{n-i}' m \ldots m}$ die Darstellung

$$\gamma_{l_1' \ldots l_{n-i}' m \ldots m} = \frac{1}{\binom{n}{i}} \cdot \sum_{\varrho' = r_0' + \cdots + r_{i-1}' + 1}^{r_0' + \cdots + r_i'} \delta_{l_1' \ldots l_{n-i}'}^{'(\varrho')}$$

$$\times \left(\sum_{j=0}^{n} \beta_j^{(i)}(\alpha_m^{(0)}, \ldots, \alpha_m^{(n)}) \cdot \Theta(\alpha_1^{(\varrho')}, \ldots, \alpha_{m-1}^{(\varrho')}, \alpha_m^{(j)}) \right)$$

$$(l_1', \ldots, l_{n-i}' = 1, \ldots, m-1; \, i = 0, \ldots, n)$$

Da dies zusammengenommen aber eine Darstellung aller Koeffizienten $\gamma_{l_1\ldots l_n}$ von Θ nach der Art von Hilfssatz 15.1 ergibt, ist dieser auch im Fall von m Variablen als richtig erwiesen und damit der Induktionsbeweis vollendet. $\square$

Hilfssatz 15.2. *Das konvexe Polytop P sei eine Linearkombination der konvexen Polytope $P_1, \ldots, P_m$ des R_n, d. h.*

$$P = \sum_{l=1}^{m} \lambda_l P_l \qquad (\lambda_1 \geqq 0, \ldots, \lambda_m \geqq 0) .$$

Dann ist die Menge der von P weg weisenden Normaleneinheitsvektoren der $(n-1)$-dimensionalen Seiten von P Untermenge einer endlichen Vektormenge, welche unabhängig von den Koeffizienten λ_l von P definiert werden kann.

Beweis. Es sei $\{u_1, \ldots, u_k\}$ die Menge der (von P weg weisenden) Normaleneinheitsvektoren der $(n-1)$-dimensionalen Seiten von P. Weiter bezeichnen wir die Seiten von P_l mit $P_l \cap A_l(u_{i_l}^{(l)})$ ($u_{i_l}^{(l)} = $ in das Äußere von P_l weisender Normaleneinheitsvektor der Stützhyperebene $A_l(u_{i_l}^{(l)})$ von P_l, $1 \leqq i_l \leqq \hat{k}_l$, $1 \leqq l \leqq m$), wählen aus dem relativ offenen Kern jeder solchen Seite einen festen Punkt $p_{i_l}^{(l)}$ und betrachten die mit ihrer Spitze in den Ursprung o des R_n parallelverschobenen Normalenkegel $N_{i_l}^{(l)}$ von P_l in diesen Punkten $p_{i_l}^{(l)}$. Es gibt dann endlich viele Indexkombinationen $i_1 \ldots i_m$, für welche $\bigcap_{l=1}^{m} N_{i_l}^{(l)}$ ein eindimensionaler Kegel $\{{}^{+}_{(-)}\alpha v_j\}$ mit $\alpha = $ beliebig $\geqq 0$ und $||v_j|| = 1$ ($j = 1, \ldots, s$) ist. Gezeigt werden soll, daß

$$\{u_1, \ldots, u_k\} \subseteq \{v_1, \ldots, v_s\} =: V$$

gilt.[1]) Ist nämlich u_i Normaleneinheitsvektor einer $(n-1)$-dimensionalen Seite $P \cap A(u_i)$ von $P = \sum_{l=1}^{m} \lambda_l P_l$, so ist u_i auch Normaleneinheitsvektor einer Seite $P_l \cap A_l(u_i) = P_l \cap A_l(u_{i_l(i)}^{(l)})$ von P_l ($l = 1, \ldots, m$), und es gilt

$$u_i \in \bigcap_{l=1}^{m} N_{i_l(i)}^{(l)} .$$

Wäre außerdem

$$v \in \bigcap_{l=1}^{m} N_{i_l(i)}^{(l)} , \qquad v \neq \alpha u_i \quad \text{mit} \quad \alpha = \text{beliebig}$$

so wäre für die Stützhyperebene $A_l(v)$ von P_l durch den Punkt $p_{i_l(i)}^{(l)}$ mit dem Normalenvektor v die Beziehung $A_l(v) \supseteq P_l \cap A_l(u_i)$ ($l = 1, \ldots, m$) erfüllt. Daher wäre nach Satz 8.4[2]) für die Stützhyperebene $A(v)$ von P

$$A(v) \supseteq P \cap A(v) = \sum_{l=1}^{m} \lambda_l\big(P_l \cap A_l(v)\big) \supseteq \sum_{l=1}^{m} \lambda_l\big(P_l \cap A_l(u_i)\big) = P \cap A(u_i)$$

---

[1]) Ist $\bigcap_{l=1}^{m} N_{i_l}^{(l)}$ eine Gerade, so soll V beide Richtungseinheitsvektoren dieser Geraden enthalten.

[2]) Ohne Beschränkung der Allgemeinheit sei $\lambda_1 + \cdots + \lambda_m > 0$, anderenfalls ist nämlich (293) und Hilfssatz 15.2 trivial.

im Widerspruch dazu, daß nach Voraussetzung $\dim(P \cap A(u_i)) = n - 1$ war. Also ist $u_i \in V$ und V in der Tat eine unabhängig von den λ_l definierte endliche Obermenge von $\bigcup\limits_{i=1}^{m} \{u_i\}$. $\square$

Beweis von Satz 15.4. Der Beweis werde zunächst in dem Spezialfall geführt, daß $K_1, \ldots, K_m$ (und damit nach Satz 8.6 auch $\sum\limits_{l=1}^{m} \lambda_l K_l$) konvexe Polytope des R_n sind, die wir mit $P_1, \ldots, P_m$ bezeichnen wollen. Er erfolgt durch vollständige Induktion nach der Dimension n des einbettenden euklidischen Raumes. Für $n = 1$ ist der Nachweis von (293) einfach; die Polytope $P_1, \ldots, P_m$ sind hier Intervalle $[\xi^{(1)}, \eta^{(1)}], \ldots, [\xi^{(m)}, \eta^{(m)}]$ des R_1, und $\sum\limits_{l=1}^{m} \lambda_l P_l$ ist aufgrund von Satz 8.4 das Intervall $\left[\sum\limits_{l=1}^{m} \lambda_l \xi^{(l)}, \sum\limits_{l=1}^{m} \lambda_l \eta^{(l)} \right]$ mit dem „Volumen", d. h. der Länge

$$\sum_{l=1}^{m} \lambda_l \eta^{(l)} - \sum_{l=1}^{m} \lambda_l \xi^{(l)} = \sum_{l=1}^{m} (\eta^{(l)} - \xi^{(l)}) \lambda_l .$$

Wir setzen jetzt die Behauptung von Satz 15.4 im Fall der Dimension $n - 1$ als richtig voraus und beweisen hieraus ihre Gültigkeit für die Dimension n. Zu diesem Zweck ziehen wir für $P := \sum\limits_{l=1}^{m} \lambda_l P_l$ die Formel (292) heran, was nach Hilfssatz 15.2 möglich ist. Damit erhalten wir

$$V(P) = \frac{1}{n} \left(\sum_{j=1}^{s} h(v_j) \, V_{(n-1)}(P \cap A(v_j)) \right), \tag{294}$$

weil die Seiten $P \cap A(v_j)$ von P mit den Normalenvektoren v_j für $v_j \notin \{u_1, \ldots, u_k\}$ höchstens $(n - 2)$-dimensional sind und somit das $(n - 1)$-dimensionale Volumen 0 besitzen. Nach Satz 12.4 b) und Satz 8.4 gelten die Relationen

$$h(v_j) = \sum_{l=1}^{m} \lambda_l h_l(v_j) \qquad (h_l = \text{Stützfunktion von } P_l) \tag{295a}$$

und

$$P \cap A(v_j) = \sum_{l=1}^{m} \lambda_l (P_l \cap A_l(v_j)) \tag{295b}$$

$(A_l(v_j) = $ Stützhyperebene von P_l mit von P_l weg weisendem Normaleneinheitsvektor $v_j)$.

Ist dann p die Orthogonalprojektion des R_n auf die zu $A(v_j)$ parallele, durch den Ursprung o des R_n gehende Hyperebene $A_0(v_j)$, so finden wir aufgrund von (295b) und Satz 8.3

$$p(P \cap A(v_j)) = \sum_{l=1}^{m} \lambda_l p(P_l \cap A_l(v_j)) .$$

Die Anwendung der Induktionsvoraussetzung auf die in $A_0(v_j)$ liegenden konvexen Polytope $p(P_l \cap A_l(v_j))$ (vgl. Satz 5.3 und Satz 5.1) ergibt zusammen mit Bemerkung 15.2

$$V_{(n-1)}\big(P \cap A(v_j)\big) = V_{(n-1)}\big(p(P \cap A(v_j))\big) = \sum_{l_1=1}^{m} \cdots \sum_{l_{n-1}=1}^{m} \gamma'^{(j)}_{l_1 \ldots l_{n-1}} \lambda_{l_1} \cdots \lambda_{l_{n-1}}$$

(296)

mit vollsymmetrischen, von den λ_l unabhängigen Konstanten $\gamma'^{(j)}_{l_1 \ldots l_{n-1}}$. Durch Einsetzen von (295a) und (296) in (294) folgt endlich die Richtigkeit der Behauptung von Satz 15.4 im Fall konvexer Polytope und der Dimension n.

Um nun (293) im Fall beliebiger kompakter konvexer Mengen $K_1, \ldots, K_m$ einzusehen, denken wir uns diese Mengen aufgrund von Satz 14.6 durch Folgen $\{P_1^{(\nu)}\}_{\nu \in N}$, $\ldots, \{P_m^{(\nu)}\}_{\nu \in N}$ konvexer Polytope des R_n approximiert:

$$K_l = \lim_{\nu \to \infty} P_l^{(\nu)} \qquad (l = 1, \ldots, m) .$$

(297)

Wir haben schon gezeigt, daß für diese $P_l^{(\nu)}$ die für alle $\lambda_1 \geqq 0, \ldots, \lambda_m \geqq 0$ gültige Beziehung

$$V\left(\sum_{l=1}^{m} \lambda_l P_l^{(\nu)}\right) = \sum_{l_1=1}^{m} \cdots \sum_{l_n=1}^{m} \gamma^{(\nu)}_{l_1 \ldots l_n} \lambda_{l_1} \cdots \lambda_{l_n} \qquad (\nu = 1, 2, \ldots)$$

(298)

besteht. Nach (297), (248) und (288) ist jetzt für beliebige $\lambda_1 \geqq 0, \ldots, \lambda_m \geqq 0$

$$V\left(\sum_{l=1}^{m} \lambda_l K_l\right) = V\left(\lim_{\nu \to \infty} \left(\sum_{l=1}^{m} \lambda_l P_l^{(\nu)}\right)\right) = \lim_{\nu \to \infty} V\left(\sum_{l=1}^{m} \lambda_l P_l^{(\nu)}\right) .$$

(299)

Aufgrund von Hilfssatz 15.1 folgt daraus die Konvergenz der (als in den $l_1, \ldots, l_n$ vollsymmetrisch vorausgesetzten) Konstanten $\gamma^{(\nu)}_{l_1 \ldots l_n}$ gegen die (gleichfalls in den $l_1, \ldots, l_n$ vollsymmetrische) Konstante

$$\gamma_{l_1 \ldots l_n} := \lim_{\nu \to \infty} \gamma^{(\nu)}_{l_1 \ldots l_n} ,$$

(300)

und der Grenzübergang $\nu \to \infty$ in (298) zeigt zusammen mit (299) und (300) die behauptete Richtigkeit von (293). $\square$

Die Darstellung (293) von $V\left(\sum\limits_{l=1}^{m} \lambda_l K_l\right)$ motiviert folgende, schon von H. MINKOWSKI stammende

Definition 15.2. Die (in ihren Indizes symmetrischen) Koeffizienten $\dot\gamma_{l_1 \ldots l_n}$ der Darstellung (293) des Volumens einer Linearkombination $\sum\limits_{l=1}^{m} \lambda_l K_l$ ($\lambda_1 \geqq 0, \ldots,$ $\lambda_m \geqq 0$) kompakter konvexer Mengen $K_1, \ldots, K_m$ des R_n heißen *gemischte Volumina* von $K_{l_1}, \ldots, K_{l_n}$ (geschrieben $V(K_{l_1}, \ldots, K_{l_n})^1)$, $l_1, \ldots, l_n = 1, \ldots, m$). Sie sind daher gegeben durch die aus (293) folgende Definitionsgleichung:

$$V\left(\sum_{l=1}^{m} \lambda_l K_l\right) = \sum_{l_1=1}^{m} \cdots \sum_{l_n=1}^{m} V(K_{l_1}, \ldots, K_{l_n})\, \lambda_{l_1} \cdots \lambda_{l_n} \qquad (\lambda_1, \ldots, \lambda_m \geqq 0) .$$

(301)

Bemerkung 15.3. *Das gemischte Volumen $V(K_{l_1}, \ldots, K_{l_n})$ hängt nicht von den in der Definitionsgleichung* (301) *vorkommenden konvexen Mengen K_l mit $l \neq l_1, \ldots,$*

---

[1]) Zu dieser Bezeichnung vgl. die nachfolgenden Bemerkungen 15.3 und 15.4.

$l \neq l_n$ ab. Sind nämlich $\widehat{K}_1, \ldots, \widehat{K}_m$ kompakte konvexe Mengen des R_n mit $\widehat{K}_{l_1} = K_{l_1}, \ldots, \widehat{K}_{l_n} = K_{l_n}$ und spezialisieren wir in der Definitionsgleichung für das gemischte Volumen die Variablen durch $\lambda_l = 0$ für alle $l \notin L := \bigcup\limits_{k=1}^{n} \{l_k\}$, so gilt

$$\sum_{l_1' \in L} \cdots \sum_{l_n' \in L} \widehat{V}(\widehat{K}_{l_1'}, \ldots, \widehat{K}_{l_n'}) \lambda_{l_1'} \cdots \lambda_{l_n'} = V\left(\sum_{l \in L} \lambda_l \widehat{K}_l\right) = V\left(\sum_{l \in L} \lambda_l K_l\right)$$

$$= \sum_{l_1' \in L} \cdots \sum_{l_n' \in L} V(K_{l_1'}, \ldots, K_{l_n'}) \lambda_{l_1'} \cdots \lambda_{l_n'} \, .$$

Koeffizientenvergleich liefert hierbei aber

$$\widehat{V}(\widehat{K}_{l_1}, \ldots, \widehat{K}_{l_n}) = V(K_{l_1}, \ldots, K_{l_n}) \, .$$

Im gemischten Volumen $V(K_1, \ldots, K_n)$ seien gewisse der als Argumente vorkommenden Mengen $K_1, \ldots, K_n$ gleich. Es sei z. B.

$$\left.\begin{aligned} K_1 &= \cdots = K_{n_1} =: \widehat{K}_1 \, , \quad K_{n_1+1} = \cdots = K_{n_1+n_2} =: \widehat{K}_2 \, , \ldots, \\ K_{n_1+\cdots+n_{m-1}+1} &= \cdots = K_{n_1+\cdots+n_m} =: \widehat{K}_m \text{ mit } n_1 + \cdots + n_m = n \, . \end{aligned}\right\} \quad (302)$$

Bei der Polynomentwicklung von $V\left(\sum\limits_{l=1}^{m} \widehat{\lambda}_l \widehat{K}_l\right)$ erhält man dann als Koeffizient von $(\widehat{\lambda}_1)^{n_1} (\widehat{\lambda}_2)^{n_2} \cdots (\widehat{\lambda}_m)^{n_m}$ den Ausdruck

$$\frac{n!}{(n_1!)(n_2!) \cdots (n_m!)} \, \widehat{V}(\underbrace{\widehat{K}_1, \ldots, \widehat{K}_1}_{n_1}, \underbrace{\widehat{K}_2, \ldots, \widehat{K}_2}_{n_2}, \ldots, \underbrace{\widehat{K}_m, \ldots, \widehat{K}_m}_{n_m});$$

bei der Polynomentwicklung von $V\left(\sum\limits_{i=1}^{n} \lambda_i K_i\right)$ erhält man als Koeffizient von $\lambda_1 \cdots \lambda_n$ dagegen

$$n! \, V(K_1, \ldots, K_n) \, .$$

Substituiert man nun

$$\left.\begin{aligned} \widehat{\lambda}_1 &= \lambda_1 + \cdots + \lambda_{n_1} \, , \quad \widehat{\lambda}_2 = \lambda_{n_1+1} + \cdots + \lambda_{n_1+n_2} \, , \ldots, \\ \widehat{\lambda}_m &= \lambda_{n_1+\cdots+n_{m-1}+1} + \cdots + \lambda_{n_1+\cdots+n_m} \, , \end{aligned}\right\} \quad (303)$$

so findet man nach Satz 8.2

$$V\left(\sum_{l=1}^{m} \widehat{\lambda}_l \widehat{K}_l\right) = V\left(\sum_{l=1}^{m} (\lambda_{n_1+\cdots+n_{l-1}+1} + \cdots + \lambda_{n_1+\cdots+n_l}) \widehat{K}_l\right) = V\left(\sum_{i=1}^{n} \lambda_i K_i\right),$$

und das Variablenprodukt $\lambda_1 \ldots \lambda_n$ tritt nur im Variablenprodukt $(\widehat{\lambda}_1)^{n_1} \cdots (\widehat{\lambda}_m)^{n_m}$ auf. Daher ist

$$n! \, V(K_1, \ldots, K_n) = (n_1!) \cdots \frac{n!}{(n_1!) \cdots} \, \widehat{V}(\widehat{K}_1, \ldots, \widehat{K}_m) \, ,$$

und es gilt

$$\widehat{V}(\underbrace{\widehat{K}_1, \ldots, \widehat{K}_1}_{n_1}, \ldots, \underbrace{\widehat{K}_m, \ldots, \widehat{K}_m}_{n_m}) = V(K_1, \ldots, K_n) \, . \qquad (304)$$

Dies führt zu der folgenden Bemerkung:

Bemerkung 15.4. *Die Bezeichnung* $V(K_{l_1}, \dots, K_{l_n})$ *für das gemischte Volumen in der Definitionsgleichung* (301) *führt nicht zu Zweideutigkeiten, wenn gewisse der kompakten konvexen Mengen* $K_{l_1}, \dots, K_{l_n}$ *gleich sind. Das gemischte Volumen ist daher eine eindeutige Funktion seiner Argumente.*

Folgerung. *Für jede kompakte konvexe Menge* K *des* R_n *gilt*

$$V(\underbrace{K, \dots, K}_{n}) = V(K) \tag{305}$$

(trivial wegen der Homogenitätseigenschaft $V(\lambda K) = V(K)\,\lambda^n$ des Volumens (vgl. (287))).

Wir beweisen im folgenden einige Eigenschaften des gemischten Volumens in Analogie zu entsprechenden Eigenschaften des Volumens und beginnen mit

Satz 15.5. *Werden die kompakten konvexen Mengen* $K_{l_1}, \dots, K_{l_n}$ $(1 \leqq l_1, \dots, l_n \leqq m)$ *des* R_n *einzeln beliebigen Translationen des* R_n *bzw. gemeinsam einer beliebigen Bewegung des* R_n *unterworfen, so bleibt ihr gemischtes Volumen* $V(K_{l_1}, \dots, K_{l_n})$ *ungeändert.*

Beweis. Die angegebenen Operationen auf den Mengen $K_{l_1}, \dots, K_{l_n}$ ziehen eine Translation von $\sum_{l=1}^{m} \lambda_l K_l$ (vgl. Definition 8.1) bzw. eine Bewegung von $\sum_{l=1}^{m} \lambda_l K_l$ (vgl. Satz 8.3) nach sich, wobei aufgrund von Bemerkung 15.2 $V\left(\sum_{l=1}^{m} \lambda_l K_l\right)$ und damit nach (301) auch die gemischten Volumina $V(K_{l_1}, \dots, K_{l_n})$ nicht geändert werden. $\square$

Bemerkenswert ist weiter

Satz 15.6. *Das gemischte Volumen hängt von jedem Argument linear ab, d. h., es gilt für beliebige kompakte, konvexe Mengen* $K_{l_1}^{(1)}, K_{l_1}^{(2)}, K_{l_2}, \dots, K_{l_n}$ $(1 \leqq l_1, \dots, l_n \leqq m)$ *des* R_n *und beliebige Konstante* $\alpha_1 \geqq 0, \alpha_2 \geqq 0$

$$V(\alpha_1 K_{l_1}^{(1)} + \alpha_2 K_{l_1}^{(2)}, K_{l_2}, \dots, K_{l_n})$$
$$= \alpha_1 V(K_{l_1}^{(1)}, K_{l_2}, \dots, K_{l_n}) + \alpha_2 V(K_{l_1}^{(2)}, K_{l_2}, \dots, K_{l_n}) . \tag{306}$$

Beweis. Nach der Definitionsgleichung (301) des gemischten Volumens ist

$$n! \, V(\alpha_1 K_{l_1}^{(1)} + \alpha_2 K_{l_1}^{(2)}, K_{l_2}, \dots, K_{l_n})$$

der Koeffizient des Variablenprodukts $\lambda_1 \cdots \lambda_n$ bei der Polynomentwicklung von

$$V\left(\lambda_1(\alpha_1 K_{l_1}^{(1)} + \alpha_2 K_{l_1}^{(2)}) + \lambda_2 K_{l_2} + \cdots + \lambda_n K_{l_n}\right)$$
$$= V\left((\alpha_1 \lambda_1)\, K_{l_1}^{(1)} + (\alpha_2 \lambda_1)\, K_{l_1}^{(2)} + \lambda_2 K_{l_2} + \cdots + \lambda_n K_{l_n}\right) \qquad \text{(vgl. (106b))} .$$

Er stimmt daher wiederum nach (301) mit

$$n! \left(\alpha_1 V(K_{l_1}^{(1)}, K_{l_2}, \dots, K_{l_n}) + \alpha_2 V(K_{l_1}^{(2)}, K_{l_2}, \dots, K_{l_n})\right)$$

überein. $\square$

Satz 15.7. *Das gemischte Volumen hängt von seinen Argumenten stetig ab, d. h., sind* $\{K_1^{(\nu)}\}_{\nu \in N}, \ldots, \{K_m^{(\nu)}\}_{\nu \in N}$ *konvergente Folgen kompakter konvexer Mengen des* R_n, *so gilt*

$$V\left(\lim_{\nu \to \infty} K_{l_1}^{(\nu)}, \ldots, \lim_{\nu \to \infty} K_{l_n}^{(\nu)}\right) = \lim_{\nu \to \infty} V(K_{l_1}^{(\nu)}, \ldots, K_{l_n}^{(\nu)}) \qquad (l_1, \ldots, l_n = 1, \ldots, m). \tag{307}$$

Beweis. Wir setzen $K_l^{(0)} := \lim\limits_{\nu \to \infty} K_l^{(\nu)}$ $(l = 1, \ldots, m)$ und wenden (301) und Hilfssatz 15.1 an. Hiernach gilt für geeignete Argumentstellen $(\lambda_1^{(\varrho)}, \ldots, \lambda_m^{(\varrho)})$ mit $\lambda_1^{(\varrho)} \geqq 0$, $\ldots, \lambda_m^{(\varrho)} \geqq 0$ $(\varrho = 1, \ldots, r)$ und geeignete (in den unteren Indizes symmetrische) Konstante $\delta_{l_1 \ldots l_n}^{(\varrho)}$

$$V(K_{l_1}^{(\nu)}, \ldots, K_{l_n}^{(\nu)}) = \sum_{\varrho=1}^{r} \delta_{l_1 \ldots l_n}^{(\varrho)} V\left(\sum_{l=1}^{m} \lambda_l^{(\varrho)} K_l^{(\nu)}\right) \tag{308}$$

$$(l_1, \ldots, l_n = 1, \ldots, m; \ \nu = 0 \text{ oder } \nu = \text{beliebig} \in N).$$

Gehen wir in (308) für $\nu \to \infty$ zur Grenze über, so erhalten wir unter Benutzung von (288) und (248) sowie von (308) mit $\nu = 0$ in der Tat

$$\lim_{\nu \to \infty} V(K_{l_1}^{(\nu)}, \ldots, K_{l_n}^{(\nu)}) = \sum_{\varrho=1}^{r} \delta_{l_1 \ldots l_n}^{(\varrho)} V\left(\lim_{\nu \to \infty} \left(\sum_{l=1}^{m} \lambda_l^{(\varrho)} K_l^{(\nu)}\right)\right)$$

$$= \sum_{\varrho=1}^{r} \delta_{l_1 \ldots l_n}^{(\varrho)} V\left(\sum_{l=1}^{m} \lambda_l^{(\varrho)} K_l^{(0)}\right)$$

$$= V(K_{l_1}^{(0)}, \ldots, K_{l_n}^{(0)}) \qquad (l_1, \ldots, l_n = 1, \ldots, m). \ \Box$$

Schwieriger zu beweisen ist der in Analogie zu Satz 15.2 geltende

Satz 15.8. *Es seien* $K_1, \ldots, K_m$ *und* $K_1', \ldots, K_m'$ *kompakte konvexe Mengen des* R_n *mit*

$$K_l' \subseteq K_l \qquad (l = 1, \ldots, m). \tag{309}$$

Dann gilt für das gemischte Volumen die Relation

$$V(K_{l_1}', \ldots, K_{l_n}') \leqq V(K_{l_1}, \ldots, K_{l_n}) \qquad (l_1, \ldots, l_n = 1, \ldots, m).$$

Zum Beweis dieses Satzes benötigen wir den folgenden, von H. MINKOWSKI stammenden und eine Verallgemeinerung von Satz 15.3 darstellenden

Hilfssatz 15.3. *Es sei* K_1 *eine beliebige kompakte konvexe Menge des* R_n *mit der Stützfunktion* h_1, *und es seien* $P_2, \ldots, P_n$ *beliebige konvexe Polytope des* R_n *mit den Seiten* $P_2 \cap A_2(u_{i_2}^{(2)}), \ldots, P_n \cap A_n(u_{i_n}^{(n)})$ $(u_{i_2}^{(2)}, \ldots, u_{i_n}^{(n)} = $ *in das Äußere von* $P_2, \ldots, P_n$ *weisende Normaleneinheitsvektoren von* $A_2(u_{i_2}^{(2)}), \ldots, A_n(u_{i_n}^{(n)}); 1 \leqq i_2 \leqq \hat{k}_2, \ldots, 1 \leqq i_n \leqq \hat{k}_n$). *Weiter seien* $p_{i_2}^{(2)}, \ldots, p_{i_n}^{(n)}$ *beliebig fest gewählte Punkte der relativ offenen Kerne der angegebenen Polytopseiten und* $N_{i_2}^{(2)}, \ldots, N_{i_n}^{(n)}$ *die mit ihrer Spitze in den Ursprung* o *des* R_n *parallelverschobenen Normalenkegel von* $P_2, \ldots, P_n$ *in diesen Punkten* $p_{i_2}^{(2)}, \ldots, p_{i_n}^{(n)}$. *Dann gibt es bekanntlich endlich viele Indexkombinationen* $i_2 \ldots i_n$, *für welche*

$$\bigcap_{l'=2}^{n} N_{i_{l'}}^{(l')} = \{\overset{+}{_{(-)}}\alpha w_j\} \quad \text{mit } \alpha = \text{beliebig} \geqq 0 \text{ und } ||w_j|| = 1 \quad (j = 1, \ldots, s) \tag{310}$$

*ist. Unter diesen Voraussetzungen besteht für das gemischte Volumen von K_1 und
$P_2, \ldots, P_n$ die Beziehung*

$$V(K_1, P_2, \ldots, P_n) = \frac{1}{n}\left(\sum_{j=1}^{s} h_1(w_j)\, V_{(n-1)}\big((P_2 \cap A_2(w_j))', \ldots, (P_n \cap A_n(w_j))'\big)\right).^{[1]}$$

$$\tag{311}$$

*Hierbei ist $V_{(n-1)}\big((P_2 \cap A_2(w_j))', \ldots, (P_n \cap A_n(w_j))'\big)$ das gemischte Volumen der in
den Ursprung o parallelverschobenen Seiten $(P_2 \cap A_2(w_j))', \ldots, (P_n \cap A_n(w_j))'$ von
$P_2, \ldots, P_n$.[2]*

Beweis. Wir beweisen zunächst (311) im Spezialfall $P_2 = \cdots = P_n =: P$. In
diesem Fall bedeutet (310), daß die Stützhyperebene $A_2(w_j) = \cdots = A_n(w_j)$
$=: A(w_j)$ von P mit dem (von P weg weisenden) Normaleneinheitsvektor $w_j \in W$
das Polytop P in einer Seite von P schneidet, die die Punkte $p_{i_2}^{(2)}, \ldots, p_{i_n}^{(n)}$ enthält
und die Dimension $n-1$ besitzt, da anderenfalls noch von $A(w_j)$ verschiedene,
$p_{i_2}^{(2)}, \ldots, p_{i_n}^{(n)}$ enthaltende Stützhyperebenen von P im Widerspruch zu (310) existierten. Umgekehrt ist auch der von P weg weisende Normaleneinheitsvektor u_i
$(i = 1, \ldots, k)$ jeder $(n-1)$-dimensionalen Seite von P nach (310) ein Vektor aus
W.[3] Unter Berücksichtigung von Satz 15.5 und von (305) nimmt daher (311) im
betrachteten Spezialfall die Gestalt

$$V(K_1, P, \ldots, P) = \frac{1}{n}\left(\sum_{i=1}^{k} h_1(u_i)\, V_{(n-1)}\big(P \cap A(u_i)\big)\right) \tag{312}$$

an, wo über die (von P weg weisenden) Einheitsnormalenvektoren u_i aller $(n-1)$-
dimensionalen Seiten $P \cap A(u_i)$ von P zu summieren ist.

Um nun die Gültigkeit von (312) einzusehen, betrachten wir die Polynomentwicklung von $V(\lambda_1 K_1 + P)$. Als Koeffizient von λ_1 tritt dabei

$$nV(K_1, P, \ldots, P)$$

auf. Dies bedeutet die Richtigkeit der Beziehung

$$V(K_1, P, \ldots, P) = \frac{1}{n}\lim_{\lambda_1 \to +0} \frac{V(\lambda_1 K_1 + P) - V(P)}{\lambda_1}. \tag{313}$$

Wir müssen nun $V(\lambda_1 K_1 + P) - V(P)$ mit $\lambda_1 > 0$ näher bestimmen. Dazu wird
$(\lambda_1 K_1 + P) \setminus P^0$ geeignet nach unten und oben abgeschätzt. Zu diesem Zweck
nehmen wir an, der Ursprung o des R_n sei in K_1 gelegen.[4] Jetzt ist bekanntlich
$\lambda_1 K_1 + P = \bigcup_{x \in P}(x + \lambda_1 K_1)$. Nach Satz 8.4 ist die „Seite" von $P + \lambda_1 K_1$ mit dem
(von $P + \lambda_1 K_1$ weg weisenden) Normalenvektor u_i darstellbar durch $(P \cap A(u_i))$
$+ \lambda_1(K_1 \cap A_1(u_i))$, wobei $A(u_i)$ Stützhyperebene an P und $A_1(u_i)$ Stützhyperebene

---

[1]) Vgl. (294).

[2]) Im Fall $s = 0$ ist die rechte Seite von (311) gleich 0 zu setzen.

[3]) Wenn dim $P = n - 1$ ist, muß hierbei die uneigentliche Seite von P doppelt,
nämlich einmal mit dem Normalenvektor u_1 und einmal mit dem Normalenvektor
$u_2 = -u_1$ gezählt werden (vgl. die Fußnote [1]) auf S. 161).

[4]) Dies bedeutet keine Einschränkung der Allgemeinheit in bezug auf den Nachweis
von (312); vgl. den Beweis von Satz 15.3.

an K_1 zum Normalenvektor u_i ist. Ist nun $p_i \in K_1 \cap A_1(u_i)$, so liegt $(P \cap A(u_i))$ $+ \lambda_1 p_i$ in der Stützhyperebene von $P + \lambda_1 K_1$ zum Normalenvektor u_i, und $\lambda_1(op_i)$ ist eine in $\lambda_1 K_1$ liegende Strecke. Deshalb ist $(P \cap A(u_i)) + \lambda_1(op_i)$ ein schiefes Prisma zwischen $A(u_i)$ und der dazu parallelen Stützhyperebene von $P + \lambda_1 K_1$. Gezeigt werden soll nun die Mengenrelation

$$\bigcup_{i=1}^{k} \left((P \cap A(u_i)) + \lambda_1(op_i) \right) \subseteq (\lambda_1 K_1 + P) \setminus P^0$$

$$\subseteq \bigcup_{i=1}^{k} \left((P \cap A(u_i)) + \lambda_1(op_i) \right) \cup \left(\bigcup_{\substack{x \in \bigcup_{i=k+1}^{\tilde{k}} (P \cap A(u_i))}} (x + \lambda_1 K_1) \right) \tag{314}$$

$\big(P \cap A(u_{k+1}), \ldots, P \cap A(u_{\tilde{k}}) =$ höchstens $(n-2)$-dimensionale Seiten von P, vgl. Abb. 36$\big)$. Dabei sieht man die Richtigkeit der zweiten Inklusion von (314) folgendermaßen ein: Es sei z aus $(\lambda_1 K_1 + P) \setminus P^0$, aber aus keinem der Prismen, d. h. $z \in x + \lambda_1 K_1$ mit $x \in P$, und z wird von P durch eine oder mehrere der Stützhyperebenen $A(u_i)$ mit $1 \leq i \leq k$ getrennt. Nach einer eventuellen Parallelverschiebung der Menge $x + \lambda_1 K_1$ um den Vektor von x zu dem z nächstgelegenen Punkt von $xz \cap \partial P$ und geeigneter Wahl einer P und z trennenden Hyperebene $A(u_i)$ kann

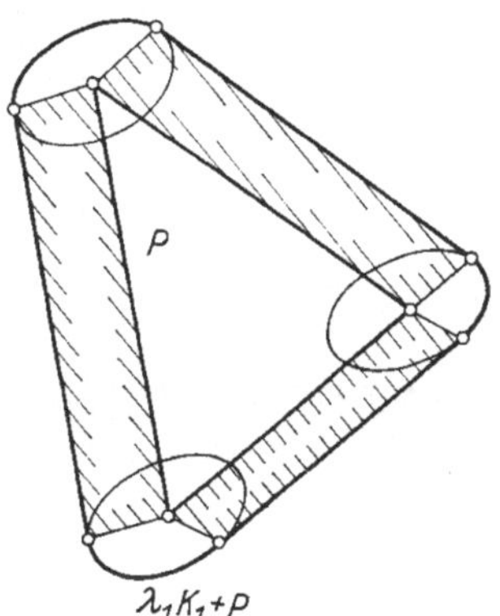

Abb. 36

also $z \in x + \lambda_1 K_1$ mit $x \in P \cap A(u_i)$ angenommen werden. z' sei nun die Projektion von z in Richtung der Geraden $x \vee (x + \lambda_1 p_i)$ auf die Hyperebene $A(u_i)$, und ein Punkt y sei durch $y \in xz' \cap ((P \cap A(u_i)) \setminus (P \cap A(u_i))^{(0)})$, d. h. $y \in P \cap A(u_i)$ für ein geeignetes i mit $k + 1 \leq i \leq \tilde{k}$ gegeben. Eine eventuelle Parallelverschiebung von $x + \lambda_1 K_1$ um den Vektor von x zum Punkt y zeigt dann, daß $z \in Y + \lambda_1 K_1$ ist, womit die Relation (314) bewiesen ist (vgl. Abb. 37a).

Die Prismen $(P \cap A(u_i)) + \lambda_1(op_i)$ haben nun das Volumen $V_{(n-1)}(P \cap A(u_i))$ $\times \lambda_1 h_1(u_i)$. Außerdem ist der Durchschnitt zweier verschiedener Prismen $(P \cap A(u_i))$ $+ \lambda_1(op_i)$ und $(P \cap A(u_j)) + \lambda_1(op_j)$ entweder leer oder in dem von den Durchschnitten $A(u_i) \cap A(u_j)$ und $(A(u_i) + \lambda_1 p_i) \cap (A(u_j) + \lambda_1 p_j)$ aufgespannten (höchstens $(n-1)$-dimensionalen) Unterraum gelegen (vgl. Abb. 37b; dabei sei $x =$ beliebig $\in A(u_i) \cap A(u_j)$, und $\overline{H(u_i)}$ bzw. $\overline{H(u_j)}$ seien P enthaltende, von $A(u_i)$ bzw.

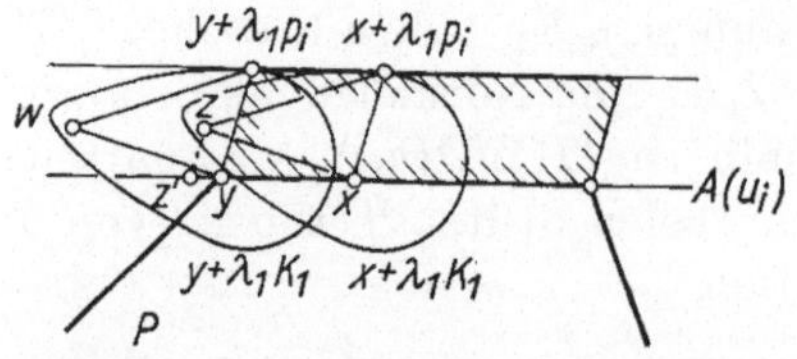

$$z \in \operatorname{conv}\{w, y, y + \lambda_1 p_i\} \subseteq y + \lambda_1 K_1$$

Abb. 37a

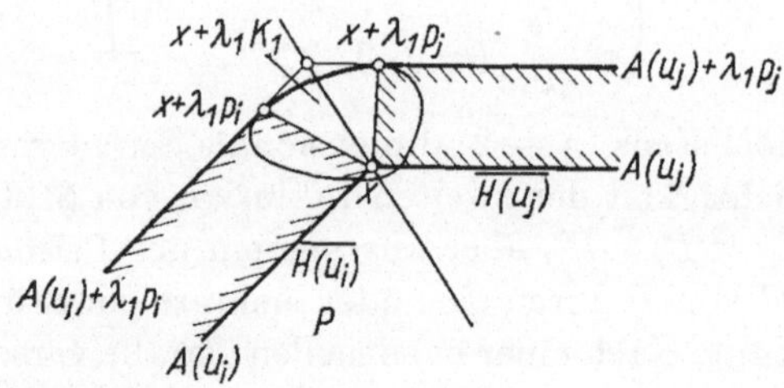

$$x + \lambda_1 p_i \in (x + \lambda_1 K_1) \cap (A(u_i) + \lambda_1 p_i) \subseteq (\overline{H(u_j)} + \lambda_1 p_j) \cap (A(u_i) + \lambda_1 p_i),$$

$$x + \lambda_1 p_j \in (x + \lambda_1 K_1) \cap (A(u_j) + \lambda_1 p_j) \subseteq (\overline{H(u_i)} + \lambda_1 p_i) \cap (A(u_j) + \lambda_1 p_j)$$

Abb. 37b

$A(u_j)$ begrenzte abgeschlossene Halbräume des R_n). Aus (314) folgt also zusammen mit der Bemerkung nach Definition 15.1

$$\left(\sum_{i=1}^{k} h_1(u_i)\, V_{(n-1)}(P \cap A(u_i))\right) \cdot \lambda_1 \leqq V(\lambda_1 K_1 + P) - V(P)$$

$$\leqq \left(\sum_{i=1}^{k} h_1(u_i)\, V_{(n-1)}(P \cap A(u_i))\right) \cdot \lambda_1$$

$$+ V\left(\bigcup_{\substack{x \in \bigcup\limits_{i=k+1}^{\tilde{k}} (P \cap A(u_i))}} (x + \lambda_1 K_1)\right).$$

Es ist daher

$$\left| \frac{V(\lambda_1 K_1 + P) - V(P)}{\lambda_1} - \left(\sum_{i=1}^{k} h_1(u_i)\, V_{(n-1)}(P \cap A(u_i))\right) \right|$$

$$\leqq \frac{1}{\lambda_1} V\left(\bigcup_{\substack{x \in \bigcup\limits_{i=k+1}^{\tilde{k}} (P \cap A(u_i))}} (x + \lambda_1 K_1)\right). \tag{315}$$

Nun gilt

$$\bigcup_{x \in P \cap A(u_i)} (x + \lambda_1 K_1) \subseteq \bigcup_{x \in P \cap A(u_i)} (x + \lambda_1 B_{M_1}(o)) = (P \cap A(u_i))_{\lambda_1 M_1}$$

$$\subseteq (P \cap A(u_i))_{(\lambda_1 M_1)} + B_{\lambda_1 M_1}^{(n-m_i)}(o).$$

$(M_1 := \max\limits_{u \in \partial B_1(o)} h_1(u)$, $(P \cap A(u_i))_{(\lambda_1 M_1)} =$ Parallelkörper von $P \cap A(u_i)$ im Abstand $\lambda_1 M_1$ relativ zu dem m_i-dimensionalen Unterraum aff$(P \cap A(u_i))$, $B_{\lambda_1 M_1}^{(n-m_i)}(o)$

$=$ Vollkugel vom Radius $\lambda_1 M_1$ um o in dem zu $\mathrm{aff}\big(P \cap A(u_i)\big)$ orthogonalen Unterraum des R_n mit der Dimension $n - m_i$, $k + 1 \leqq i \leqq \tilde{k}$).

Also ist

$$V\left(\bigcup_{\substack{x \in \bigcup\limits_{i=k+1}^{\tilde{k}} (P \cap A(u_i))}} (x + \lambda_1 K_1)\right)$$

$$\leqq \sum_{i=k+1}^{\tilde{k}} V_{(m_i)}\big((P \cap A(u_i))_{(\lambda_1 M_1)}\big) \cdot (\lambda_1)^{n-m_i} \, V_{(n-m_i)}\big(B_{M_1}^{(n-m_i)}(o)\big)$$

$$(0 \leqq m_i \leqq n - 2) \, . \tag{316}$$

Der Grenzübergang $\lambda_1 \to +0$ in (315) und (316) liefert (unter Benutzung von Satz 15.1)

$$\lim_{\lambda_1 \to +0} \frac{V(\lambda_1 K_1 + P) - V(P)}{\lambda_1} = \sum_{i=1}^{k} h_1(u_i) \, V_{(n-1)}\big(P \cap A(u_i)\big) \, , \tag{317}$$

wobei h_1 Stützfunktion von K_1 ist. Der Vergleich von (313) und (317) zeigt endlich die Richtigkeit von (312).

Um jetzt auf den allgemeinen Fall beliebiger konvexer Polytope $P_2, \dots, P_n$ zu kommen, wenden wir die bewiesene Formel (312) auf das konvexe Polytop

$$P := \lambda_2 P_2 + \cdots + \lambda_n P_n \qquad (\lambda_2 \geqq 0, \dots, \lambda_n \geqq 0, \lambda_2 + \cdots + \lambda_n > 0) \tag{318}$$

(vgl. Satz 8.6) an. Nun wurde in Hilfssatz 15.2 nachgewiesen, daß die Menge der von P weg weisenden Normaleneinheitsvektoren $\{u_1, \dots, u_k\}$ der $(n-1)$-dimensionalen Seiten von $P = \lambda_2 P_2 + \cdots + \lambda_n P_n$ Untermenge der endlichen Vektormenge $W = \{w_1, \dots, w_s\}$ ist, welche durch (310) unabhängig von den Koeffizienten $\lambda_2, \dots, \lambda_n$ definiert wurde.[1]) Da für Vektoren $w_j \notin \{u_1, \dots, u_k\}$ die Seiten $P \cap A(w_j)$ von P höchstens $(n-2)$-dimensional sind, gilt

$$V(K_1, P, \dots, P) = \frac{1}{n}\left(\sum_{i=1}^{k} h_1(u_i) \, V_{(n-1)}\big(P \cap A(u_i)\big)\right)$$

$$= \frac{1}{n}\left(\sum_{j=1}^{s} h_1(w_j) \, V_{(n-1)}\big(P \cap A(w_j)\big)\right) . \tag{319}$$

Ist dann p_{w_j} die Orthogonalprojektion des R_n auf die durch o gehende Hyperebene mit dem Normalenvektor w_j, so gilt nach Satz 8.4 und 8.3

$$V_{(n-1)}\big(P \cap A(w_j)\big) = V_{(n-1)}\big(p_{w_j}(P \cap A(w_j))\big)$$

$$= V_{(n-1)}\big(\lambda_2 p_{w_j}(P_2 \cap A_2(w_j)) + \cdots + \lambda_n p_{w_j}(P_n \cap A_n(w_j))\big)$$

$$= \sum_{l_2'=2}^{n} \cdots \sum_{l_n'=2}^{n} V_{(n-1)}\big(p_{w_j}(P_{l_2'} \cap A_{l_2'}(w_j)), \dots, p_{w_j}(P_{l_n'} \cap A_{l_n'}(w_j))\big) \lambda_{l_2'} \cdots \lambda_{l_n'} \, .$$

Bedeuten nun $\big(P_{l_2'} \cap A_{l_2'}(w_j)\big)', \dots, \big(P_{l_n'} \cap A_{l_n'}(w_j)\big)'$ die in den Ursprung o parallelverschobenen Seiten $P_{l_2'} \cap A_{l_2'}(w_j), \dots, P_{l_n'} \cap A_{l_n'}(w_j)$, so ist

$$V_{(n-1)}\big(P \cap A(w_j)\big) = \sum_{l_2'=2}^{n} \cdots \sum_{l_n'=2}^{n} V_{(n-1)}\big((P_{l_2'} \cap A_{l_2'}(w_j))', \dots\big) \cdot \lambda_{l_2'} \cdots \lambda_{l_n'} \, .$$

---

[1]) Vgl. dazu die Fußnote [1]) auf S. 164.

Durch Einsetzen in (319) ergibt sich schließlich

$$V(K_1, P, \ldots, P) = \sum_{l_2' = 2}^{n} \cdots \sum_{l_n' = 2}^{n}$$

$$\times \frac{1}{n} \left(\sum_{j=1}^{s} h_1(w_j) \, V_{(n-1)}((P_{l_2'} \cap A_{l_2'}(w_j))', \ldots, (P_{l_n'} \cap A_{l_n'}(w_j))') \right) \lambda_{l_2'} \cdots \lambda_{l_n'} .$$

$$(320)$$

Andererseits finden wir für $V(K_1, P, \ldots, P)$ aufgrund von (318) und wiederholter Anwendung von Satz 15.6

$$V(K_1, P, \ldots, P) = \sum_{l_2' = 2}^{n} \cdots \sum_{l_n' = 2}^{n} V(K_1, P_{l_2'}, \ldots, P_{l_n'}) \lambda_{l_2'} \cdots \lambda_{l_n'} . \tag{321}$$

Durch Vergleich der Koeffizienten von $\lambda_2 \cdots \lambda_n$ in (320) und (321) folgt unmittelbar die in Hilfssatz 15.3 behauptete Beziehung (311). $\square$

Beweis von Satz 15.8. Wir zeigen die Gültigkeit von Satz 15.8 durch vollständige Induktion nach der Dimension n des die konvexen Mengen enthaltenden euklidischen Raumes. Im Fall $n = 1$ folgt aus (309) trivialerweise $V(K_{l_1}') \leqq V(K_{l_1})$ $(1 \leqq l_1 \leqq m)$, da hier das gemischte Volumen mit dem gewöhnlichen Volumen übereinstimmt. Wir nehmen also an, Satz 15.8 gelte für alle Dimensionen n' mit $1 \leqq n' < n$, und zeigen seine Richtigkeit für die Dimenion n. Wir beschränken uns hierbei zunächst auf den Spezialfall

$$K_{l_2}' = K_{l_2} = P_{l_2}, \ldots, K_{l_n}' = K_{l_n} = P_{l_n} \qquad (l_2, \ldots, l_n = 1, \ldots, m) ,$$

wo $P_1, \ldots, P_m$ konvexe Polytope des R_n darstellen, und finden aufgrund von Hilfssatz 15.3

$$V(K_{l_1}, P_{l_2}, \ldots, P_{l_n}) - V(K_{l_1}', P_{l_2}, \ldots, P_{l_n})$$

$$= \frac{1}{n} \left(\sum_{j=1}^{s} \left(h_{l_1}(w_j) - h_{l_1}'(w_j) \right) V_{(n-1)}((P_{l_2} \cap A_{l_2}(w_j))', \ldots, \left(P_{l_n} \cap A_{l_n}(w_j))' \right) \right). $$

$$(322)$$

Hierbei ist für alle Vektoren w_j wegen der vorausgesetzten Beziehung $K_{l_1} \supseteq K_{l_1}'$ nach (202)

$$h_{l_1}(w_j) - h_{l_1}'(w_j) \geqq 0 \qquad (l_1 = 1, \ldots, m) . \tag{323}$$

Außerdem ist nach Induktionsvoraussetzung wegen

$$\{o\} \subseteq \left(P_{l_2} \cap A_{l_2}(w_j) \right)', \ldots, \{o\} \subseteq \left(P_{l_n} \cap A_{l_n}(w_j) \right)'$$

sowie wegen (305)

$$V_{(n-1)}\left((P_{l_2} \cap A_{l_2}(w_j))', \ldots, \left(P_{l_n} \cap A_{l_n}(w_j) \right)' \right)$$

$$\geqq V_{(n-1)}(\{o\}, \ldots, \{o\}) = V_{(n-1)}(\{o\}) = 0 \qquad (l_2, \ldots, l_n = 1, \ldots, m) . \tag{324}$$

Jetzt ergibt (323) und (324), in (322) eingesetzt,

$$V(K_{l_1}', P_{l_2}, \ldots, P_{l_n}) \leqq V(K_{l_1}, P_{l_2}, \ldots, P_{l_n}) \qquad (l_1, \ldots, l_n = 1, \ldots, m) .$$

Wegen der Stetigkeit des gemischten Volumens nach Satz 15.7 und der Approximierbarkeit beliebiger kompakter konvexer Mengen durch konvexe Polytope nach Satz 14.6 gilt sogar

$$V(K'_{l_1}, K_{l_2}, \ldots, K_{l_n}) \leqq V(K_{l_1}, K_{l_2}, \ldots, K_{l_n}) \qquad (l_1, \ldots, l_n = 1, \ldots, m) \; . \tag{325}$$

Wiederholte Anwendung von (325) in Verbindung mit der Symmetrie des gemischten Volumens in bezug auf seine Argumente zeigt schließlich die aus (309) folgenden Ungleichungen

$$V(K'_{l_1}, \ldots, K'_{l_n}) \leqq V(K_{l_1}, K'_{l_2}, \ldots, K'_{l_n}) \leqq V(K_{l_1}, K_{l_2}, K'_{l_3}, \ldots, K'_{l_n})$$

$$\leqq \cdots \leqq V(K_{l_1}, \ldots, K_{l_n}) \qquad (l_1, \ldots, l_n = 1, \ldots, m)$$

und damit die Gültigkeit von Satz 15.8 im Fall der Dimension n. $\square$

Bemerkung 15.5. *In* (325) *kann Gleichheit eintreten, ohne daß* $K'_{l_1} = K_{l_1}$ *zu sein braucht.* Das wird im Fall $K_{l_2} = P_{l_2}, \ldots, K_{l_n} = P_{l_n}$ $(P_1, \ldots, P_m =$ konvexe Polytope des $R_n)$ aus Hilfssatz 15.3 ersichtlich, nach welchem in $V(K_{l_1}, P_{l_2}, \ldots, P_{l_n})$ nur die Werte der K_{l_1} bestimmenden Stützfunktion h_{l_1} für die endlich vielen Argumente $w_j \in W$ eingehen.

Dieser Umstand macht verständlich, daß Gleichheitsdiskussionen bei Ungleichungen zwischen gemischten Volumina sehr schwierig sind bzw. noch nicht durchgeführt werden konnten. Immerhin können wir in Analogie zu Bemerkung 15.1 zeigen:

Satz 15.9. *Das gemischte Volumen* $V(K_{l_1}, \ldots, K_{l_n})$ $(l_1, \ldots, l_n = 1, \ldots, m)$ *beliebiger kompakter konvexer Mengen* $K_1, \ldots, K_m$ *des* R_n *ist stets nichtnegativ; es hat genau dann den Wert* 0, *wenn* h *der Mengen* $K_{l_1}, \ldots, K_{l_n}$ *für ein geeignetes* h *mit* $1 \leqq h \leqq n$ *in parallelen* $(h-1)$-*dimensionalen euklidischen Unterräumen des* R_n *enthalten sind.*

Beweis. Zunächst folgt für beliebige fest gewählte Punkte $x_{l_1} \in K_{l_1}, \ldots, x_{l_n} \in K_{l_n}$ aufgrund von Satz 15.8, Satz 15.5 und (305)

$$V(K_{l_1}, \ldots, K_{l_n}) \geqq V(\{x_{l_1}\}, \ldots, \{x_{l_n}\})$$

$$= V(\{o\}, \ldots, \{o\}) = V(\{o\}) = 0 \qquad (l_1, \ldots, l_n = 1, \ldots, m) \tag{326}$$

(vgl. (324)) und damit die Nichtnegativität des gemischten Volumens.

Wir nehmen nun o. B. d. A. an, die Mengen $K_{l_{n-h+1}}, \ldots, K_{l_n}$ seien für ein geeignetes h mit $1 \leqq h \leqq n$ in den paarweise zueinander parallelen $(h-1)$-dimensionalen euklidischen Unterräumen $R^{(h-1)}_{l_{n-h+1}}, \ldots, R^{(h-1)}_{l_n}$ des R_n enthalten:

$$K_{l_j} \subseteq R^{(h-1)}_{l_j} \qquad (j = n - h + 1, \ldots, n) \, , \tag{327}$$

und beweisen die Beziehung $V(K_{l_1}, \ldots, K_{l_n}) = 0$ durch vollständige Induktion nach der Dimension n. Diese Beziehung ist im Fall $n = 1$ und damit auch $h = 1$ trivial; wir nehmen sie im Fall der Dimension n' mit $1 \leqq n' < n$ als bewiesen an und zeigen nun ihre Richtigkeit im Fall der Dimension n. Zu diesem Zweck unterscheiden wir die beiden Fälle $\alpha)$ $h = n$ und $\beta)$ $h < n$.

Fall α): Hier gibt es wegen (327) und der Kompaktheit der Mengen K_{l_j} eine in $R_{l_j}^{(n-1)}$ gelegene Vollkugel $B_R^{(n-1)}(x_{l_j})$ um x_{l_j} von hinreichend großem Radius $R > 0$ mit der Eigenschaft

$$K_{l_j} \subseteq B_R^{(n-1)}(x_{l_j}) \qquad (j = 1, \dots, n) \ .$$

Daraus folgt aufgrund von Satz 15.8, Satz 15.5 und (305)

$$V(K_{l_1}, \dots, K_{l_n}) \leqq V\big(B_R^{(n-1)}(x_{l_1}), \dots, B_R^{(n-1)}(x_{l_n})\big)$$
$$= V\big(B_R^{(n-1)}(o), \dots, B_R^{(n-1)}(o)\big) = V\big(B_R^{(n-1)}(o)\big) = 0 \ .$$

Es gilt also wegen (326) in der Tat $V(K_{l_1}, \dots, K_{l_n}) = 0$.

Fall β): Wir beschränken uns hier zunächst auf den Sonderfall $K_{l_2} = P_{l_2}, \dots,$ $K_{l_n} = P_{l_n}$, wo $P_{l_2}, \dots, P_{l_n}$ konvexe Polytope des R_n seien, und wenden die Darstellung (311) von $V(K_{l_1}, P_{l_2}, \dots, P_{l_n})$ an:

$$V(K_{l_1}, P_{l_2}, \dots, P_{l_n}) = \frac{1}{n}\left(\sum_{j=1}^{s} h_{l_1}(w_j)\, V_{(n-1)}\big((P_{l_2} \cap A_{l_2}(w_j))', \dots, (P_{l_n} \cap A_{l_n}(w_j))'\big)\right).$$

Aufgrund von (327) liegen die in $V_{(n-1)}(\dots)$ auftretenden letzten h Mengen in paarweise parallelen, höchstens $(h-1)$-dimensionalen Unterräumen durch o, also in einem einzigen, höchstens $(h-1)$-dimensionalen Unterraum; dabei ist dann $h \leqq n - 1$. Nach Induktionsvoraussetzung gilt daher $V(K_{l_1}, P_{l_2}, \dots, P_{l_n}) = 0$, und diese Beziehung bleibt wegen der Stetigkeit des gemischten Volumens (Satz 15.7) und der Approximierbarkeit der gegebenen kompakten konvexen Mengen $K_{l_1}, \dots, K_{l_n}$ durch konvexe Polytope (die gleichfalls der Bedingung (327) genügen (Satz 14.6)) richtig: $V(K_{l_1}, \dots, K_{l_n}) = 0$.

Um schließlich einzusehen, daß die in Satz 15.9 angegebene Bedingung für das Verschwinden des gemischten Volumens nicht nur hinreichend, sondern auch notwendig ist, nehmen wir indirekt an, diese Bedingung sei nicht erfüllt. Dies bedeutet: Sind $R_{l_1}, \dots, R_{l_n}$ ($l_1, \dots, l_n = 1, \dots, m$) durch o gehende und zu aff $K_{l_1}, \dots,$ aff K_{l_n} parallele Unterräume des R_n, so besitzen für jedes h mit $1 \leqq h \leqq n$ je h der $R_{l_1}, \dots,$ R_{l_n} einen mindestens h-dimensionalen Verbindungsraum. Wir zeigen nun, daß stets eine in R_{l_1} gelegene und o enthaltende Gerade G_1 so existiert, daß diese Eigenschaft erhalten bleibt, wenn R_{l_1} durch G_1 ersetzt wird. Dazu bilde man alle Verbindungsräume irgendwelcher der Räume $R_{l_2}, \dots, R_{l_n}$. Diejenige dieser Verbindungsräume, die R_{l_1} nicht enthalten, schneide man mit R_{l_1}. Da die entstehenden Schnitträume kleinere Dimension als R_{l_1} haben, wird R_{l_1} von ihnen nicht überdeckt. Deshalb existiert eine o enthaltende Gerade G_1 in R_{l_1} die in keinem dieser Schnitträume liegt und damit um so mehr in keinem der R_{l_1} nicht enthaltenden Verbindungsräume irgendwelcher der Räume $R_{l_2}, \dots, R_{l_n}$ enthalten ist. Sind jetzt $G_1, R_{l_{i_2}}, \dots, R_{l_{i_h}}$ ($i_2, \dots, i_h \in \{2, \dots, n\}$) h der Unterräume $G_1, R_{l_2}, \dots, R_{l_n}$, so ist entweder $R_{l_1} \subseteq R_{l_{i_2}} \vee \dots \vee R_{l_{i_h}}$ und damit

$$\dim(G_1 \vee R_{l_{i_2}} \vee \dots \vee R_{l_{i_h}}) \geqq \dim(R_{l_{i_2}} \vee \dots \vee R_{l_{i_h}})$$
$$= \dim(R_{l_1} \vee R_{l_{i_2}} \vee \dots \vee R_{l_{i_h}}) \geqq h \ ,$$

oder aber $R_{l_1} \nsubseteq R_{l_{i_2}} \vee \cdots \vee R_{l_{i_h}}$, also $G_1 \nsubseteq R_{l_{i_2}} \vee \cdots \vee R_{l_{i_h}}$ und damit

$$\dim(G_1 \vee R_{l_{i_2}} \vee \cdots \vee R_{l_{i_h}}) = \dim(R_{l_{i_2}} \vee \cdots \vee R_{l_{i_h}}) + 1 \geqq (h-1) + 1 = h \ .$$

Durch wiederholtes Aussuchen von in R_{l_i} gelegenen und o passierenden Geraden G_i ($i = 1, 2, \ldots, n$) nach diesem Verfahren finden wir schließlich n Geraden $G_1, \ldots, G_n$ durch o mit

$$G_i \subseteq R_{l_i} \qquad (i = 1, \ldots, n) \ , \qquad \dim(G_1 \vee \cdots \vee G_n) = n \ .^{1)} \tag{328}$$

Aufgrund der Wahl der R_{l_i} beinhaltet jetzt (328) die Existenz von Strecken $y_i z_i \subseteq K_{l_i}$ ($i = 1, \ldots, n$) mit linear unabhängigen Vektoren $v_1 := z_1 - y_1, \ldots, v_n := z_n - y_n$. Daher ist nach Satz 15.8 und Satz 15.5

$$V(K_{l_1}, \ldots, K_{l_n}) \geqq V(y_1 z_1, \ldots, y_n z_n) = V(o v_1, \ldots, o v_n) \ . \tag{329}$$

Andererseits ergibt sich für das Volumen des von den (in o angetragenen) Vektoren $v_1, \ldots, v_n$ aufgespannten Parallelepipeds $\Pi_n = o v_1 + \cdots + o v_n$ (vgl. Beispiel 5.2 und Definition 8.1) die für beliebige $\lambda_1 \geqq 0, \ldots, \lambda_n \geqq 0$ gültige Beziehung

$$V(\lambda_1 o v_1 + \cdots + \lambda_n o v_n) = \det(\lambda_1 v_1, \ldots, \lambda_n v_n)^{2)}$$
$$= \lambda_1 \cdots \lambda_n \det(v_1, \ldots, v_n) = \lambda_1 \cdots \lambda_n V(o v_1 + \cdots + o v_n)$$
$$= \lambda_1 \cdots \lambda_n V(\Pi_n) \ ,$$

was durch Vergleich mit (301)

$$V(o v_1, \ldots, o v_n) = \frac{1}{n!} V(\Pi_n) > 0 \tag{330}$$

nach sich zieht. Nach (329) und (330) ist also $V(K_{l_1}, \ldots, K_{l_n}) > 0$, so daß in der Tat $V(K_{l_1}, \ldots, K_{l_n})$ nur dann verschwinden kann, wenn die Mengen $K_{l_1}, \ldots, K_{l_n}$ die in Satz 15.9 angegebene Bedingung erfüllen. Hiermit ist dieser Satz vollständig bewiesen. $\square$

Übungen

1. Es sei P ein konvexes Polytop des R_n mit den $(n-1)$-dimensionalen Seiten $P \cap A(u_i)$ ($u_i =$ in das Äußere von P weisender Normaleneinheitsvektor der Stützhyperebene $A(u_i)$ von P) vom $(n-1)$-dimensionalen Volumen $V_{(n-1)}(P \cap A(u_i))$ ($i = 1, \ldots, k$). Es soll die Gültigkeit der Vektorgleichung

$$\sum_{i=1}^{k} V_{(n-1)}(P \cap A(u_i)) \, u_i = 0$$

gezeigt werden.

2. Es seien P bzw. $\widetilde{P}$ konvexe Polygone der euklidischen Ebene mit den Stützfunktionen h bzw. $\tilde{h}$ und den (nach außen weisenden) Seitennormaleneinheitsvektoren u_i ($i = 1, \ldots, k$) bzw. $\tilde{u}_{\tilde{i}}$ ($\tilde{i} = 1, \ldots, \tilde{k}$). Wir bezeichnen weiter die um $\pi/2$ (im positiven

---

$^{1)}$ Die Idee zu dieser Konstruktion stammt von R. BLIND (geb. HAMMER).

$^{2)}$ Mit $\det(w_1, \ldots, w_n)$ st hierbei die Determinante der Matrix mit den Spaltenvektoren $w_1, \ldots, w_n$ bezeichnet.

Sinn) gedrehten dieser Vektoren mit u_i' bzw. mit $\tilde{u}_{\tilde{i}}'$. Dann soll (unter Benutzung von Satz 12.5) für den gemischten Flächeninhalt $V(P, \tilde{P})$ die folgende (in P und $\tilde{P}$ symmetrische) Formel bewiesen werden:

$$V(P, \tilde{P}) = \tfrac{1}{4} \left(\sum_{u \in \{u_1, \ldots, u_k\} \cup \{\tilde{u}_1, \ldots, \tilde{u}_{\tilde{k}}\}} h(u) \, (d\tilde{h}_{(u)}(u') + d\tilde{h}_{(u)}(-u')) \right.$$

$$\left. + \, \tilde{h}(u) \, (dh_{(u)}(u') + dh_{(u)}(-u')) \right).$$

Man verallgemeinere diese Darstellung für den Fall von n konvexen Polytopen des R_n.

3. Man zeige am Beispiel des gemischten Flächeninhalts eines (nichtausgearteten) Dreiecks und einer seiner drei Seiten, daß beim „Monotoniegesetz" Satz 15.8 Gleichheit eintreten kann, ohne daß die darin vorkommenden konvexen Mengen alle jeweils gleich sind.

4. Es sei Π_n ein Parallelepiped des R_n mit der Ecke o und den o enthaltenden m- bzw. $(n - m)$-dimensionalen (komplementären) Seiten Π_m bzw. Π_{n-m} mit der Eigenschaft $\Pi_m \cap \Pi_{n-m} = \{o\}$. Man beweise

$$V(\underbrace{\Pi_m, \ldots, \Pi_m}_{m}, \underbrace{\Pi_{n-m}, \ldots, \Pi_{n-m}}_{n-m}) = \frac{1}{\binom{n}{m}} \, V(\Pi_n) \, .$$

§ 16.   Quermaßintegrale kompakter konvexer Mengen

Die im vorigen Paragraphen behandelte Minkowskische Theorie des gemischten Volumens gestattet es, durch geeignete Spezialisierung jeder kompakten konvexen Menge K des n-dimensionalen euklidischen Raumes R_n $n + 1$ Maßzahlen $W_\nu(K)$ ($\nu = 0, \ldots, n$) zuzuordnen, welche in gewisser Hinsicht von fundamentaler Bedeutung sind und gleichfalls von H. MINKOWSKI eingeführt wurden. Diese Zahlen können erklärt werden mittels

Definition 16.1. Es sei K eine beliebige kompakte konvexe Menge des R_n und $B_1(o)$ die Einheitsvollkugel um den Ursprung o des R_n. Dann heißt die durch das gemischte Volumen

$$W_\nu(K) := V(\underbrace{K, \ldots, K}_{n-\nu}, \underbrace{B_1(o), \ldots, B_1(o)}_{\nu}) \qquad (0 \leqq \nu \leqq n) \tag{331}$$

gegebene Zahl $W_\nu(K)$ *ν-te fundamentale Maßzahl* von K. Speziell stimmt $W_0(K)$ mit dem Volumen $V(K)$ von K und $W_n(K)$ mit dem Volumen

$$\omega_n := V\big(B_1(o)\big) = \frac{\pi^{n/2}}{\Gamma\left(\dfrac{n}{2} + 1\right)} \, {}^{1)} \tag{332}$$

von $B_1(o)$ überein.

Damit gilt der von J. STEINER stammende

---

[1]) Hierbei ist mit Γ die Gammafunktion bezeichnet.

Satz 16.1. *Das Volumen der äußeren Parallelmenge K_ϱ einer kompakten konvexen Menge K des R_n im Abstand $\varrho > 0$ ist eine ganze rationale Funktion von ϱ mit den mit $\binom{n}{v}$ multiplizierten fundamentalen Maßzahlen $W_v(K)$ $(v = 0, \ldots, n)$ von K als Koeffizienten:*

$$V(K_\varrho) = \sum_{v=0}^{n} \binom{n}{v} W_v(K)\, \varrho^v \qquad (\varrho > 0) . \tag{333}$$

Beweis. Nach (119) ist $K_\varrho = K + \varrho B_1(o)$, so daß die Spezialisierung $m = 2$, $\lambda_1 = 1$, $\lambda_2 = \varrho$, $K_1 = K$, $K_2 = B_1(o)$ in (301) zusammen mit (331) die behauptete Beziehung (333) ergibt. $\square$

Bemerkung 16.1. *Die Steinersche Formel (333) kann genau so gut wie die Formel (331) zur Definition der fundamentalen Maßzahlen $W_v(K)$ herangezogen werden.*

Bemerkung 16.2. *Die fundamentalen Maßzahlen $W_v(K)$ hängen außer von K auch von der Dimension des K enthaltenden euklidischen Raumes ab. Ist nämlich etwa die kompakte konvexe Menge K schon in einer Hyperebene R_{n-1} des R_n enthalten, so besteht zwischen den sich auf R_{n-1} beziehenden Maßzahlen $W_{v'}^{(n-1)}(K)$ $(v' = 0, \ldots, n-1)$ und den sich auf R_n beziehenden Maßzahlen $W_v(K)$ $(v = 0, \ldots, n)$ die Relation*

$$W_v(K) = \frac{v}{n}\, \frac{\omega_v}{\omega_{v-1}}\, W_{v-1}^{(n-1)}(K) \qquad (v = 1, \ldots, n) \tag{334}$$

(vgl. (332)), die man folgendermaßen einsieht: Bezeichnen wir die zu R_{n-1} parallele Hyperebene des R_n im (positiven oder negativen) Abstand τ von R_{n-1} mit $A(\tau)$, so berechnet sich das Volumen der Parallelmenge K_ϱ von K (bezüglich R_n) aufgrund von (333) zu

$$V(K_\varrho) = \int_{-\varrho}^{\varrho} V_{(n-1)}\big(K_\varrho \cap A(\tau)\big)\, d\tau = \int_{-\varrho}^{\varrho} V_{(n-1)}(K_{((\varrho^2-\tau^2)^{1/2})})\, d\tau \ ^1)$$

$$= \int_{-\varrho}^{\varrho} \left(\sum_{v'=0}^{n-1} \binom{n-1}{v'} W_{v'}^{(n-1)}(K)\, ((\varrho^2 - \tau^2)^{1/2})^{v'} \right) d\tau$$

$$= \sum_{v'=0}^{n-1} \binom{n-1}{v'} W_{v'}^{(n-1)}(K)\, \frac{\omega_{v'+1}}{\omega_{v'}}\, \varrho^{v'+1} .$$

Der direkte Vergleich dieser Polynomentwicklung mit der Entwicklung (333) von $V(K_\varrho)$ ergibt dann unmittelbar (334).

Die Sätze 15.5 bis 15.9 des vorigen Paragraphen liefern nun durch Spezialisierung sofort Eigenschaften der fundamentalen Maßzahlen, die im folgenden Satz aufgezählt werden:

$^1)$ Mit $K_{(\varrho)}$ ist hier die Parallelmenge von K im Abstand ϱ bezüglich R_{n-1} bezeichnet.

12*

Satz 16.2. *Es sei $W_\nu(K)$ die ν-te fundamentale Maßzahl einer kompakten konvexen Menge K des R_n $(0 \leqq \nu \leqq n)$. Dann gilt:*

a) $W_\nu(K)$ *ist gegenüber beliebigen auf K angewandten Bewegungen des R_n invariant;*

b) $W_\nu(K)$ *hängt vom Grade $n - \nu$ „homogen" von K ab:*

$$W_\nu(\lambda K) = \lambda^{n-\nu} W_\nu(K) \qquad (\lambda \geqq 0);\tag{335}$$

c) $W_\nu(K)$ *hängt stetig von K ab;*

d) $W_\nu(K)$ *hängt „monoton" von K ab:*

$$W_\nu(K') \leqq W_\nu(K), \qquad falls\ K' \subseteq K;\tag{336}$$

e) $W_\nu(K)$ *ist stets nichtnegativ; es hat genau dann den Wert 0, wenn die Dimension von K kleiner als $n - \nu$ ist.*

Außerdem sind für später Eigenschaften der fundamentalen Maßzahlen von Bedeutung, die in den beiden nächsten Sätzen formuliert werden:

Satz 16.3. *Die Maßzahl $W_{n-1}(K)$ hängt „im Minkowskischen Sinne linear" von K ab, d. h., es gilt für beliebige Elemente $K_1, \ldots, K_k$ der Menge $\underline{K}_n$ aller kompakten konvexen Untermengen des R_n und für beliebige Zahlen $\lambda_1, \ldots, \lambda_k$ mit $\lambda_1 \geqq 0, \ldots, \lambda_k \geqq 0$ und $\sum\limits_{l=1}^{k} \lambda_l = 1$ $(k \geqq 2)$ die Beziehung*

$$W_{n-1}\left(\sum_{l=1}^{k} \lambda_l K_l\right) = \sum_{l=1}^{k} \lambda_l W_{n-1}(K_l).\tag{337}$$

Beweis. Dieser folgt unmittelbar aus (306) in Verbindung mit der Definitionsgleichung (331). □

Satz 16.4. *Jede Maßzahl $W_\nu(K)$ $(0 \leqq \nu \leqq n)$ hängt „additiv" von K ab, d. h., es gilt für beliebige $K_1, K_2 \in \underline{K}_n$ mit der Eigenschaft $K_1 \cup K_2 \in \underline{K}_n$ die Relation*

$$W_\nu(K_1 \cup K_2) + W_\nu(K_1 \cap K_2) = W_\nu(K_1) + W_\nu(K_2) \qquad (0 \leqq \nu \leqq n).\tag{338}$$

Beweis. Wir zeigen zunächst für ein beliebiges $L \in \underline{K}_n$ die Beziehungen

$$(K_1 \cup K_2) + L = (K_1 + L) \cup (K_2 + L)\tag{339a}$$

und

$$(K_1 \cap K_2) + L = (K_1 + L) \cap (K_2 + L)\tag{339b}$$

$$(K_1, K_2 \in \underline{K}_n \text{ mit } K_1 \cup K_2 \in \underline{K}_n).$$

(339a) ist aufgrund von (103) trivial; desgleichen ist die Inklusion $(K_1 \cap K_2) + L \subseteq (K_1 + L) \cap (K_2 + L)$ unmittelbar ersichtlich. Um die umgekehrte Inklusion einzusehen, wählen wir einen beliebigen Punkt $x \in (K_1 + L) \cap (K_2 + L)$, d. h. $x = x_1 + y_1 = x_2 + y_2$ mit $x_1 \in K_1$, $x_2 \in K_2$, $y_1 \in L$, $y_2 \in L$. Die Strecke $x_1 x_2$ liegt in der nach Voraussetzung konvexen Menge $K_1 \cup K_2$ und enthält also wegen der Abgeschlossenheit von K_1 und K_2 (mindestens) einen Punkt $z = \lambda_1 x_1 + \lambda_2 x_2$ $\in K_1 \cap K_2$ $(\lambda_1 \geqq 0, \lambda_2 \geqq 0, \lambda_1 + \lambda_2 = 1)$. Dann besitzt aber x auch die Darstellung

$$x = \lambda_1 x + \lambda_2 x = \lambda_1(x_1 + y_1) + \lambda_2(x_2 + y_2) = z + w$$

mit

$$w := \lambda_1 y_1 + \lambda_2 y_2 \in L \,,$$

d. h., es ist $x \in (K_1 \cap K_2) + L$, womit auch $(K_1 + L) \cap (K_2 + L) \subseteq (K_1 \cap K_2) + L$ gezeigt ist.

Spezialisieren wir jetzt in den damit bewiesenen Beziehungen (339) L zu $\varrho B_1(o)$ ($\varrho > 0$), so ergibt sich zusammen mit (119)

$$V\big((K_1 \cup K_2)_\varrho\big) + V\big((K_1 \cap K_2)_\varrho\big) = V\big((K_1)_\varrho \cup (K_2)_\varrho\big) + V\big((K_1)_\varrho \cap (K_2)_\varrho\big)$$
$$= V\big((K_1)_\varrho\big) + V\big((K_2)_\varrho\big) \,.$$

Die Anwendung der Steiner-Formel (333) und Koeffizientenvergleich liefert dann in der Tat die behaupteten Gleichungen (338). $\square$

Unser nächstes Ziel ist es, die fundamentalen Maßzahlen $W_\nu(K)$ von K in den nichttrivialen Fällen $1 \leq \nu \leq n - 1$ (vgl. Definition 16.1) geometrisch zu deuten. Wir beginnen mit dem Fall $\nu = 1$. Hier gilt aufgrund von (333)

$$W_1(K) = \frac{1}{n} \lim_{\varrho \to +0} \frac{V(K_\varrho) - V(K)}{\varrho} \,, \tag{340}$$

d. h., $nW_1(K)$ *stimmt mit der sogenannten Minkowskischen „Oberfläche" $O(K)$ von K überein im Sinne der*

Definition 16.2. Ist K eine beliebige kompakte konvexe Menge des R_n und K_ϱ die Parallelmenge von K im Abstand $\varrho > 0$, so heißt der (stets existierende) Grenzwert

$$O(K) := \lim_{\varrho \to +0} \frac{V(K_\varrho) - V(K)}{\varrho} \tag{341}$$

Oberfläche von K.

Bemerkung 16.3. *Die Bezeichnung „Oberfläche" für den Grenzwert (341) wird dadurch gerechtfertigt, daß im Spezialfall eines konvexen Polytops P aufgrund von* (317)

$$O(P) = \sum_{i=1}^{k} V_{(n-1)}\big(P \cap A(u_i)\big) \,, \tag{342}$$

d. h. $O(P)$ gleich der Summe der $(n - 1)$-dimensionalen Volumina aller $(n - 1)$-dimensionalen Seiten $P \cap A(u_i)$ $(i = 1, \ldots, k)$ von P ist.

Von CAUCHY wurde ein wichtiger Zusammenhang zwischen der Oberfläche von K und den sogenannten „äußeren Quermaßen" von K aufgefunden. Hierzu die

Definition 16.3. Es sei K eine beliebige kompakte konvexe Menge des R_n, $R_{n-\nu}$ ein $(n - \nu)$-dimensionaler euklidischer Unterraum von R_n ($0 \leq \nu \leq n$) und $p_{R_{n-\nu}}$ die Orthogonalprojektion des R_n auf den durch den Ursprung o des R_n gehenden und zu $R_{n-\nu}$ orthogonalen euklidischen Unterraum R_ν des R_n. Dann heißt das ν-dimensionale Volumen $V_{(\nu)}\big(p_{R_{n-\nu}}(K)\big)$ der Orthogonalprojektion von K auf R_ν ν-dimensionales äußeres Quermaß von K in Richtung von $R_{n-\nu}$.

Damit läßt sich der Cauchysche Satz wie folgt formulieren:

Satz 16.5. *Die Oberfläche einer kompakten konvexen Menge K des R_n ($n \geq 2$) ist bis auf einen nur von n abhängenden Faktor gleich dem Integralmittelwert aller $(n-1)$-dimensionalen äußeren Quermaße von K:*

$$O(K) = \frac{1}{\omega_{n-1}} \int\limits_{\partial B_1(o)} V_{(n-1)}\big(p_v(K)\big)\, d\sigma \tag{343}$$

($p_v = $ Orthogonalprojektion des R_n auf die durch o gehende Hyperebene $A(v)$ mit dem Normaleneinheitsvektor v, $d\sigma = $ Oberflächenelement der Randsphäre $\partial B_1(o)$ von $B_1(o)$, $\int \cdots = $ Riemann-Integral). Dabei hängt der Integrand $V_{(n-1)}\big(p_v(K)\big)$ stetig von v ab.

Beweis. Wir beweisen die Gültigkeit von (343) zuerst für ein konvexes Polytop P des R_n mit den $(n-1)$-dimensionalen Seiten $P \cap A(u_i)$ ($A(u_i) = $ Seitenhyperebene mit dem von P weg weisenden Normaleneinheitsvektor u_i, $i = 1, \dots, k$). Wegen (342) ist also zu zeigen:

$$O(P) = \sum_{i=1}^{k} V_{(n-1)}\big(P \cap A(u_i)\big) = \frac{1}{\omega_{n-1}} \int\limits_{\partial B_1(o)} V_{(n-1)}\big(p_v(P)\big)\, d\sigma \;. \tag{344}$$

Nun gilt

$$2V_{(n-1)}\big(p_v(P)\big) = \sum_{i=1}^{k} |\langle u_i,\, v\rangle|\, V_{(n-1)}\big(P \cap A(u_i)\big) \qquad (\|v\| = 1)\;. \tag{345}$$

Integration dieser Gleichung im Riemannschen Sinne über alle $v \in \partial B_1(o)$ liefert unter Benutzung der Formel

$$\int\limits_{\partial B_1(o)} |\langle u_i,\, v\rangle|\, d\sigma = 2V_{(n-1)}\big(p_{u_i}(B_1(o))\big) = 2\omega_{n-1} \qquad (i = 1, \dots, k) \tag{346}$$

(vgl. (332)) die gewünschte Beziehung (344).

Es sei nun K eine beliebige kompakte konvexe Menge des R_n. Wir treffen die Fallunterscheidung α) dim $K = n$, β) dim $K = n - 1$ und γ) dim $K < n - 1$.

Fall α): Ohne Beschränkung der Allgemeinheit sei der Ursprung o des R_n aus dem offenen Kern K^0 von K, d. h., für ein geeignetes $\delta_0 > 0$ ist $B_{\delta_0}(o) \subseteq K$. Wir denken uns K nach Satz 14.6 durch eine Folge konvexer Polytope $P^{(v)}$ beliebig genau approximiert: Zu jedem $\varepsilon > 0$ sei

$$d(K, P^{(v)}) \leq \varepsilon \quad \text{für alle } v > v_0(\varepsilon)\,, \tag{347}$$

wobei wir noch für ein geeignetes δ mit $0 < \delta < \delta_0$ o. B. d. A.

$$B_\delta(o) \subseteq P^{(v)}\,, \qquad B_\delta(o) \subseteq K \tag{348}$$

für alle $v \in N$ annehmen können. Nun ist aufgrund von Bemerkung 12.1 die Stützfunktion h_v bzw. $h_v^{(v)}$ von $p_v(K)$ bzw. $p_v(P^{(v)})$ nichts anderes als die Einschränkung der Stützfunktion h bzw. $h^{(v)}$ von K bzw. $P^{(v)}$ auf den $(n-1)$-dimensionalen Unterraum $A(v)$ des R_n, so daß wir aus (347) in Verbindung mit (247)

$$|h_v(u) - h_v^{(v)}(u)| \leq \varepsilon \qquad \big(v \in \partial B_1(o),\, u \in \partial B_1(o) \cap A(v),\, v > v_0(\varepsilon)\big)$$

entnehmen können. Außerdem ergibt sich aus (348)

$$h_v^{(\nu)}(u) \geqq \delta , \qquad h_v(u) \geqq \delta \qquad (v \in \partial B_1(o),\ u \in \partial B_1(o) \cap A(v),\ \nu \in N) .$$

Hieraus folgert man $h_v^{(\nu)}(u) \leqq \left(1 + \dfrac{\varepsilon}{\delta}\right) h_v(u)$ sowie $h_v(u) \leqq \left(1 + \dfrac{\varepsilon}{\delta}\right) h_v^{(\nu)}(u)$, d. h.

$$\left(1 + \frac{\varepsilon}{\delta}\right)^{-1} h_v(u) \leqq h_v^{(\nu)}(u) \leqq \left(1 + \frac{\varepsilon}{\delta}\right) h_v(u) ,$$

und damit

$$\left(1 + \frac{\varepsilon}{\delta}\right)^{-1} p_v(K) \subseteq p_v(P^{(\nu)}) \subseteq \left(1 + \frac{\varepsilon}{\delta}\right) p_v(K)$$

sowie

$$\left(1 + \frac{\varepsilon}{\delta}\right)^{-(n-1)} V_{(n-1)}\big(p_v(K)\big) \leqq V_{(n-1)}\big(p_v(P^{(\nu)})\big) \leqq \left(1 + \frac{\varepsilon}{\delta}\right)^{n-1} V_{(n-1)}\big(p_v(K)\big)$$

$$\big(\nu > \nu_0(\varepsilon),\ v \in \partial B_1(o)\big) . \tag{349}$$

Ist jetzt noch $B_R(o)$ eine hinreichend große Vollkugel um o, welche die kompakte Menge K enthält, so resultiert aus (349) die Abschätzung

$$|V_{(n-1)}\big(p_v(P^{(\nu)})\big) - V_{(n-1)}\big(p_v(K)\big)| \leqq \left(\left(1 + \frac{\varepsilon}{\delta}\right)^{n-1} - 1\right) V_{(n-1)}\big(p_v(K)\big)$$

$$\leqq \left(\left(1 + \frac{\varepsilon}{\delta}\right)^{n-1} - 1\right) R^{n-1} \omega_{n-1} \qquad \big(\nu > \nu_0(\varepsilon),\ v \in \partial B_1(o)\big) .$$

Diese besagt, daß die wegen (345) von v stetig abhängenden Größen $V_{(n-1)}\big(p_v(P^{(\nu)})\big)$ für $\nu \to \infty$ in bezug auf v gleichmäßig gegen die Größe $V_{(n-1)}\big(p_v(K)\big)$ konvergieren. Letztere muß daher, wie in Satz 16.5 behauptet, ebenfalls von v stetig abhängen, und die Gültigkeit von (343) folgt jetzt durch den Grenzübergang $\nu \to \infty$ in der für die $P^{(\nu)}$ schon als richtig erkannten entsprechenden Formel (344) unter Berücksichtigung der stetigen Abhängigkeit von $O(K) = n W_1(K)$ von K (vgl. Satz 16.2c)).

Fall β): Hier sei $A(u_1) = A(u_2)$ die K enthaltende Hyperebene des R_n mit dem Normaleneinheitsvektor $u_1 = -u_2$. Wir denken uns wiederum K nach Satz 14.6 durch eine Folge $\{P^{(\nu)}\}_{\nu \in N}$ von konvexen Polytopen $P^{(\nu)} \subseteq A(u_1)$ im Sinne der Hausdorff-Metrik auf $A(u_1)$ und damit um so mehr im Sinne der Hausdorff-Metrik auf R_n beliebig genau approximiert. Dann haben wir für alle $\nu \in N$ wegen (342)

$$O(P^{(\nu)}) = V_{(n-1)}\big(P^{(\nu)} \cap A(u_1)\big) + V_{(n-1)}\big(P^{(\nu)} \cap A(u_2)\big) = 2 V_{(n-1)}(P^{(\nu)})\ ^1) ,$$

und Grenzübergang $\nu \to \infty$ liefert wegen der Stetigkeit von O und $V_{(n-1)}$

$$O(K) = 2 V_{(n-1)}(K) . \tag{350}$$

Andererseits gilt aufgrund von (346)

$$2 V_{(n-1)}(K) = \frac{1}{\omega_{n-1}} \int\limits_{\partial B_1(o)} |\langle u_1, v\rangle|\, V_{(n-1)}(K)\, d\sigma$$

$$= \frac{1}{\omega_{n-1}} \int\limits_{\partial B_1(o)} V_{(n-1)}\big(p_v(K)\big)\, d\sigma . \tag{351}$$

$^1)$ Vgl. die Fußnote $^3)$ auf S. 170.

Nun zeigen (350) und (351) unmittelbar die Richtigkeit von (343), und außerdem hängt $V_{(n-1)}\bigl(p_v(K)\bigr) = |\langle u_1,\, v\rangle|\; V_{(n-1)}(K)$ trivialerweise stetig von v ab.

Fall γ): Hier hat $O(K) = nW_1(K)$ nach Satz 16.2 e) den Wert 0; desgleichen verschwindet $V_{(n-1)}\bigl(p_v(K)\bigr)$ wegen dim $p_v(K) < n - 1$ identisch. Damit ist (343) auch in diesem Falle trivialerweise richtig. $\square$

Nach (340) und (343) besitzt $W_1(K)$ die Darstellung

$$W_1(K) = \frac{1}{n\omega_{n-1}} \int\limits_{\partial B_1(o)} W_0^{(n-1)}\bigl(p_v(K)\bigr)\, d\sigma\;.$$

Mit Hilfe der Steiner-Formel (333) läßt sich aus der Gültigkeit der Cauchyschen Oberflächenformel (343) auf die Gültigkeit einer entsprechend gebauten Rekursionsformel auch für die übrigen fundamentalen Maßzahlen von K schließen:

Satz 16.6 (von KUBOTA). *Die v-te fundamentale Maßzahl einer kompakten konvexen Menge K des R_n ($n \geq 2$) ist bis auf einen nur von n abhängenden Faktor gleich dem Integralmittelwert der (sich auf eine Hyperebene beziehenden[1]) $(v-1)$-ten fundamentalen Maßzahlen der Orthogonalprojektionen von K auf alle durch den Ursprung o des R_n gehenden Hyperebenen des R_n:*

$$W_v(K) = \frac{1}{n\omega_{n-1}} \int\limits_{\partial B_1(o)} W_{v-1}^{(n-1)}\bigl(p_v(K)\bigr)\, d\sigma \qquad (v = 1,\, \ldots,\, n) \tag{352}$$

($p_v = $ Orthogonalprojektion des R_n auf die durch o gehende Hyperebene $A(v)$ mit dem Normaleneinheitsvektor v, $d\sigma = $ Oberflächenelement von $\partial B_1(o)$, $\int \cdots = $ Riemannsches Integral). Dabei hängt der Integrand $W_{v-1}^{(n-1)}\bigl(p_v(K)\bigr)$ stetig von v ab.

Beweis. Wir gehen von der geometrisch unmittelbar einsichtigen Tatsache aus, daß die Projektion $p_v(K_\varrho)$ der Parallelmenge K_ϱ von K im Abstand $\varrho > 0$ auf $A(\vartheta)$ mit der Parallelmenge von $p_v(K)$ im Abstand ϱ (bezüglich $A(v)$) übereinstimmt:

$$p_v(K_\varrho) = \bigl(p_v(K)\bigr)_{(\varrho)}\;.$$

Anwendung von (333) zeigt jetzt

$$V_{(n-1)}\bigl(p_v(K_\varrho)\bigr) = V_{(n-1)}\bigl((p_v(K))_{(\varrho)}\bigr) = \sum_{v'=0}^{n-1} \binom{n-1}{v'} W_{v'}^{(n-1)}\bigl(p_v(K)\bigr)\, \varrho^{v'}\;, \tag{353}$$

so daß man mit Hilfe der Cramerschen Regel aus der stetigen Abhängigkeit von $V_{(n-1)}\bigl(p_v(K_\varrho)\bigr)$ von v für jedes feste $\varrho \geq 0$ auf die stetige Abhängigkeit von $W_{v'}^{(n-1)}\bigl(p_v(K)\bigr)$ ($v' = 0,\, \ldots,\, n-1$) von v schließen kann. Setzt man nun (353) in die Cauchysche Integralformel (343) mit K_ϱ anstelle von K ein, so resultiert

$$O(K_\varrho) = \sum_{v'=0}^{n-1} \binom{n-1}{v'} \left(\frac{1}{\omega_{n-1}} \int\limits_{\partial B_1(o)} W_{v'}^{(n-1)}\bigl(p_v(K)\bigr)\, d\sigma \right) \varrho^{v'}\;. \tag{354}$$

---

[1] Vgl. hierzu Bemerkung 16.2.

Andererseits haben wir wegen $O(K_\varrho) = n W_1(K_\varrho)$, $K_\varrho = K + \varrho B_1(o)$, sowie Definition 16.1 und Satz 15.6

$$O(K_\varrho) = n V\big(K + \varrho B_1(o), \ldots, K + \varrho B_1(o), B_1(o)\big)$$

$$= n \sum_{v'=0}^{n-1} \binom{n-1}{v'} W_{v'+1}(K)\, \varrho^{v'} . \tag{355}$$

Koeffizientenvergleich in den Polynomentwicklungen (354) und (355) von $O(K_\varrho)$ ergibt jetzt unmittelbar die Kubota-Formeln (352). $\square$

Bemerkung 16.4. *Sukzessives Einsetzen der Formeln* (352) *für* $v, v - 1, \ldots, 1$ *ineinander liefert die folgende geometrische Deutung von* $W_v(K)$ *als v-faches Integral über die* $(n - v)$-*dimensionalen äußeren Quermaße von* K *im Sinne von Definition* 16.3

$$W_v(K) = \frac{1}{n(n-1)\cdots(n-v+1)\, \omega_{n-1}\omega_{n-2}\cdots\omega_{n-v}}$$

$$\times \int_{\partial B_1(o)} \left(\int_{\partial B_1(o) \cap A(v_1)} \cdots \left(\int_{\partial B_1(o) \cap A(v_1) \cap \cdots \cap A(v_{v-1})} V_{(n-v)}\big(p_{\{v_1 v_2 \ldots v_v\}}(K)\big)\, d\sigma_v \right) \cdots d\sigma_2 \right) d\sigma_1$$

$$\tag{356}$$

$(v = 1, 2, \ldots, n;\ p_{\{v_1 v_2 \ldots v_v\}}(K) := p_{v_v}\big(\cdots \big(p_{v_2}(p_{v_1}(K))\big) \cdots\big) = $ Orthogonalprojektion von K in Richtung des von dem Orthonormalsystem $\{v_1, \ldots, v_v\}$ aufgespannten Vektorraums auf den o enthaltenden affinen Raum $A(v_1) \cap \cdots \cap A(v_v)$; $d\sigma_1 = $ Oberflächenelement von $\partial B_1(o), \ldots, d\sigma_v = $ Oberflächenelement von $\partial B_1(o) \cap A(v_1) \cap \cdots \cap A(v_{v-1}))$. Dies motiviert die

Bezeichnung. Die v-te fundamentale Maßzahl $W_v(K)$ von K heißt auch *v-tes Quermaßintegral von* K; sie wird im folgenden immer in dieser Weise bezeichnet werden.

Formel (356) erlaubt es nun, das Eintreten der Gleichheit in der Monotonieungleichung (336) zu diskutieren; es läßt sich nämlich zeigen:

Satz 16.7. *Sind K und K' zwei kompakte konvexe Mengen des R_n mit $K' \subseteq K$, so gilt genau dann für ein v mit $0 \leq v \leq n - 1$ die Gleichheit $W_v(K') = W_v(K)$, wenn entweder K mindestens $(n - v)$-dimensional und $K' = K$ ist oder wenn K eine Dimension kleiner als $n - v$ besitzt.*

Beweis. Daß die angegebenen Bedingungen für $W_v(K') = W_v(K)$ hinreichend sind, ist wegen Satz 16.2 d), e) trivial.

Wir nehmen daher umgekehrt an, für ein v mit $0 \leq v \leq n - 1$ gelte $K' \subseteq K$ und $W_v(K') = W_v(K)$. Dann zeigt Satz 15.2 die Gültigkeit der angeführten Bedingungen im Falle $v = 0$, so daß wir im folgenden $1 \leq v \leq n - 1$ voraussetzen können. Die Anwendung von (356) für K' und für K ergibt jetzt aufgrund der Stetigkeit aller vorkommenden Integranden die Relation

$$V_{(n-v)}\big(p_{\{v_1 \ldots v_v\}}(K')\big) = V_{(n-v)}\big(p_{\{v_1 \ldots v_v\}}(K)\big) \qquad (n - v \geq 1) \tag{357}$$

für die Orthogonalprojektionen von K' und K auf alle $(n - \nu)$-dimensionalen und o passierenden euklidischen Unterräume $A(v_1) \cap \cdots \cap A(v_\nu)$ des R_n. Nun ist entweder $\dim K < n - \nu$ und nichts weiter zu zeigen, oder wir haben $\dim K \geqq n - \nu$. Im letzteren Fall nehmen wir $K' \subset K$ an und wählen einen beliebigen Punkt $x_0 \in K \setminus K'$. Nach Satz 3.4 lassen sich x_0 und K' durch eine Hyperebene A' relativ zu $\mathrm{aff}\, K$ echt trennen. Es sei $\dim K =: n - \nu' \geqq n - \nu$; wegen $\nu \leqq n - 1$ ist dann $0 \leqq \nu - \nu' \leqq \dim K - 1 = \dim A'$. Nun seien $v_1^{(0)}, \dots , v_{\nu'}^{(0)}$ Vektoren orthogonal zu $\mathrm{aff}\, K$, und $v_{\nu'+1}^{(0)}, \dots , v_\nu^{(0)}$ seien Vektoren parallel zu A' so, daß $v_1^{(0)}, \dots , v_\nu^{(0)}$ orthonormiert sind. Dann stellt $p_{\{v_1^{(0)}\dots v_\nu^{(0)}\}}$ eine Orthogonalprojektion der in (357) vorkommenden Art dar. Sie hat nach Konstruktion die Eigenschaft

$$\dim\big(p_{\{v_1^{(0)}\dots v_\nu^{(0)}\}}(K)\big) = n - \nu$$

und

$$p_{\{v_1^{(0)}\dots v_\nu^{(0)}\}}(x_0) \in p_{\{v_1^{(0)}\dots v_\nu^{(0)}\}}(K) \setminus p_{\{v_1^{(0)}\dots v_\nu^{(0)}\}}(K') \neq \emptyset \; .$$

Dies bedeutet aber nach Satz 15.2 das Bestehen der Relation

$$V_{(n-\nu)}\big(p_{\{v_1^{(0)}\dots v_\nu^{(0)}\}}(K')\big) < V_{(n-\nu)}\big(p_{\{v_1^{(0)}\dots v_\nu^{(0)}\}}(K)\big) \qquad (n - \nu \geqq 1)$$

im Widerspruch zu (357), womit $K' = K$ gezeigt und Satz 16.7 vollständig bewiesen ist. $\square$

Übungen

1. Es sei P ein beliebiges konvexes Polytop des R_n mit den $(n - \nu)$-dimensionalen Seiten $P_i^{(n-\nu)}$ $(i = 1, \dots , f_{n-\nu}; \; 1 \leqq \nu \leqq n)$. Die von P weg weisenden Normaleneinheitsvektoren der $P_i^{(n-\nu)}$ enthaltenden Stützhyperebenen von P denke man sich an den Ursprung o des R_n angetragen, wo dann ihre Endpunkte die Menge $S(P_i^{(n-\nu)})$ beschreiben. Das Verhältnis des $(\nu - 1)$-dimensionalen Volumens von $S(P_i^{(n-\nu)})$ zum $(\nu - 1)$-dimensionalen Volumen einer $(\nu - 1)$-dimensionalen Einheitssphäre heißt *äußerer Winkel* von P bei $P_i^{(n-\nu)}$ und werde mit $\gamma(P_i^{(n-\nu)})$ bezeichnet. Das $(n - \nu)$-dimensionale Volumen von $P_i^{(n-\nu)}$ sei $V_{(n-\nu)}(P_i^{(n-\nu)})$. Es soll gezeigt werden, daß sich das ν-te Quermaßintegral $W_\nu(P)$ von P zu

$$W_\nu(P) = \frac{\omega_\nu}{\dbinom{n}{\nu}} \sum_{i=1}^{f_{n-\nu}} V_{(n-\nu)}(P_i^{(n-\nu)}) \cdot \gamma(P_i^{(n-\nu)}) \qquad (1 \leqq \nu \leqq n)$$

   berechnet.

2. Es sei K eine beliebige kompakte konvexe Menge des R_n, $x = (\xi_1, \dots , \xi_n)$ ein beliebiger Punkt des R_n und $\delta(x, K) := \underset{y \in K}{\mathrm{Min}} \, ||x - y||$ der (euklidische) Abstand von x von K. Man zeige, daß sich der Wert eines von J. WILLS eingeführten Funktionals W auf K:

$$W(K) := \sum_{\nu=0}^{n} \binom{n}{\nu} \frac{1}{\omega_\nu} W_\nu(K) \,^{1)}$$

   durch das folgende uneigentliche (Riemannsche) Integral ausdrücken läßt:

$$W(K) = \underset{R_n}{\int \cdots \int} e^{-\pi(\delta(x,K))^2} \, d\xi_1 \cdots d\xi_n \; .$$

---

[1]) Vgl. [40], S. 60.

[Anleitung: Man benutze die Integraldarstellung $e^{-\pi(\delta(x,K))^2} = \int\limits_{\delta(x,\,K)}^{+\infty} 2\pi\varrho\, e^{-\pi\varrho^2}\, d\varrho$
des Integranden bei der Integraldarstellung von $W(K)$.]

3. Es seien K und L beliebige kompakte konvexe Mengen in den orthogonalen und komplementären Unterräumen R_m und R_{n-m} des n-dimensionalen euklidischen Raumes R_n ($1 \leqq m \leqq n - 1$). Man beweise für das in Übungsaufgabe 2 eingeführte Willssche Funktional W die Gültigkeit der Relation

$$W(K + L) = W^{(m)}(K) \cdot W^{(n-m)}(L)\,,$$

wobei sich das Willssche Funktional $W^{(m)}$ bzw. $W^{(n-m)}$ auf R_m bzw. R_{n-m} bezieht, und leite hieraus für die Quermaßintegrale von $K + L$ die Beziehungen

$$\binom{n}{\nu}\frac{1}{\omega_\nu} W_\nu(K + L) = \sum_{\mu=0}^{\nu} \binom{m}{\mu}\frac{1}{\omega_\mu}\binom{n-m}{\nu-\mu}\frac{1}{\omega_{\nu-\mu}} W_\mu^{(m)}(K)\, W_{\nu-\mu}^{(n-m)}(L)$$
$$(0 \leqq \nu \leqq n)$$

her.

4. Es sei K eine kompakte konvexe Untermenge des R_n. Dann soll bewiesen werden: Es existiert stets eine kompakte konvexe und bezüglich des Ursprungs o des R_n zentralsymmetrische Untermenge L des R_n mit der Eigenschaft, daß die Breite von L in Richtung des beliebigen Einheitsvektors u des R_n (vgl. Definition 17.2) gleich dem doppelten $(n-1)$-dimensionalen äußeren Quermaß von K in Richtung von u (vgl. Definition 16.3) ist.
[Anleitung: Es ist zweckmäßig, einzusehen, daß die durch $h_L(v) := nV(ov, \underbrace{K, \ldots, K}_{n-1})$

(v = beliebig $\in R_n$) gegebene Funktion h_L die Stützfunktion einer geeigneten Untermenge L des R_n darstellt.]

§ 17. Skalarwertige und vektorwertige Funktionale

In diesem Paragraphen wollen wir zeigen, daß die Quermaßintegrale von K die einzigen auf kompakten konvexen Mengen des R_n definierten reellwertigen Funktionen mit gewissen charakteristischen Eigenschaften darstellen. Dazu benötigen wir die

Definition 17.1. Es sei φ ein auf der Menge $\underline{K}_n$ aller kompakten konvexen Mengen des n-dimensionalen euklidischen Raumes R_n definiertes (*skalarwertiges*) *Funktional*, d. h. eine Funktion, welche jedem $K \in \underline{K}_n$ eine reelle Zahl $\varphi(K)$ zuordnet, wobei die Konvention

$$\varphi(\emptyset) = 0 \tag{358}$$

bestehen soll. Dann heißt

a) φ *translationsinvariant* bzw. *bewegungsinvariant*, wenn gilt

$$\varphi\big(t(K)\big) = \varphi(K) \tag{359}$$

bzw.

$$\varphi\big(b(K)\big) = \varphi(K) \tag{360}$$

($K \in \underline{K}_n$, t = Translation, b = Bewegung des R_n);

b) φ *vom Grade ν homogen*, wenn gilt

$$\varphi(\lambda K) = \lambda^\nu \varphi(K) \tag{361}$$

($K \in \underline{K}_n$, $\lambda \geqq 0$, ν = nichtnegative ganze Zahl);

c) φ *stetig*, wenn gilt

$$\varphi\left(\lim_{\nu\to\infty} K^{(\nu)}\right) = \lim_{\nu\to\infty} \varphi(K^{(\nu)}) \qquad (K^{(\nu)} \in \underline{K}_n);\tag{362}$$

d) φ *monoton*, wenn gilt

$$\varphi(K') \leqq \varphi(K), \quad \text{falls } K' \subseteq K \qquad (K, K' \in \underline{K}_n);\tag{363}$$

e) φ *im Minkowskischen Sinne linear*, wenn gilt

$$\varphi\left(\sum_{l=1}^{k} \lambda_l K_l\right) = \sum_{l=1}^{k} \lambda_l \varphi(K_l)\tag{364}$$

$$\left(k \geqq 2, K_1, \ldots, K_k \in \underline{K}_n, \lambda_1 \geqq 0, \ldots, \lambda_k \geqq 0, \sum_{l=1}^{k} \lambda_l = 1\right);$$

f) φ *additiv bzw. einfach additiv*, wenn gilt

$$\varphi(K_1 \cup K_2) + \varphi(K_1 \cap K_2) = \varphi(K_1) + \varphi(K_2)\tag{365}$$

bzw.

$$\varphi(K_1 \cup K_2) + \varphi(K_1 \cap K_2) = \varphi(K_1) + \varphi(K_2) \quad \text{und} \quad \varphi(K) = 0,$$

$$\text{falls} \quad \dim K < n \qquad (K_1, K_2, K_1 \cup K_2, K \in \underline{K}_n).\tag{366}$$

Standardbeispiele von bewegungsinvarianten, vom Grade ν ($0 \leqq \nu \leqq n$) homogenen, stetigen, monotonen und additiven Funktionalen auf $\underline{K}_n$ sind die $(n-\nu)$-ten Quermaßintegrale in Abhängigkeit von $K \in \underline{K}_n$ (vgl. Satz 16.2 und Satz 16.4). Wir erwähnen in diesem Zusammenhang noch ein weiteres Funktional B auf $\underline{K}_n$, gegeben durch die sogenannte „mittlere Breite" $B(K)$ in Abhängigkeit von K im Sinne von

Definition 17.2. Ist K eine kompakte konvexe Menge des R_n mit der Stützfunktion h, so heißt der Abstand

$$b(u) := h(u) + h(-u)\tag{367}$$

der Stützhyperebenen $A(u)$ und $A(-u)$ von K mit den (von K weg weisenden) Normaleneinheitsvektoren u und $-u$ *Breite von K in Richtung u*[1]) und der (Riemannsche) Integralmittelwert

$$B(K) := \frac{1}{n \cdot \omega_n} \int\limits_{\partial B_1(o)} b(u)\, d\sigma\tag{368}$$

$$(d\sigma = \text{Oberflächenelement von } \partial B_1(o))$$

hiervon *mittlere Breite von K*.

Aufgrund von Satz 14.1[2]) *und Satz 12.4b) ist B ein bewegungsinvariantes, vom Grade 1 homogenes, stetiges, monotones und im Minkowskischen Sinn lineares Funk-*

---

[1]) $b(u)$ stimmt mit dem eindimensionalen äußeren Quermaß von K in Richtung von $A(u)$ im Sinne von Definition 16.3 überein.

[2]) Hiernach bedeutet nämlich die Konvergenz einer Mengenfolge aus $\underline{K}_n$ die gleichmäßige Konvergenz der Folge der zugehörigen Stützfunktionen auf $\partial B_1(o)$.

tional. Daß es sogar im wesentlichen das einzige Funktional mit den angegebenen Eigenschaften darstellt, ist der Inhalt des folgenden von H. HADWIGER stammenden Satzes:

Satz 17.1. *Es sei φ ein beliebiges bewegungsinvariantes, stetiges und im Minkowskischen Sinn lineares Funktional auf $\underline{K}_n$. Dann gibt es zwei reelle Konstante γ und δ derart, daß für alle (nichtleeren) $K \in \underline{K}_n$ die Relation*

$$\varphi(K) = \gamma B(K) + \delta \tag{369}$$

besteht.

Beweis. Der Beweis von Satz 17.1 beruht ganz wesentlich auf dem Approximationssatz 14.7. Hiernach läßt sich für ein beliebig fest gewähltes $K \in K_n$ die Vollkugel $B_\varrho(o)$ des R_n um o mit geeignetem Radius $\varrho \geqq 0$ durch eine Folge $\{K^{(\nu)}\}_{\nu \in N}$ mit

$$K^{(\nu)} = \sum_{l_\nu=1}^{k_\nu} \lambda_{l_\nu}^{(\nu)} b_{l_\nu}^{(\nu)}(K) \qquad (\nu \in N)$$

$$\left(\lambda_{l_\nu}^{(\nu)} \geqq 0, \sum_{l_\nu=1}^{k_\nu} \lambda_{l_\nu}^{(\nu)} = 1, b_{l_\nu}^{(\nu)} = \text{Bewegung des } R_n \text{ mit } b_{l_\nu}^{(\nu)}(o) = 0 \right)$$

beliebig genau approximieren: $B_\varrho(o) = \lim_{\nu \to \infty} K^{(\nu)}$. Dies hat für den Wert des Funktionals φ für das Element $B_\varrho(o)$ von $\underline{K}_n$ aufgrund der Voraussetzungen über φ die Beziehung

$$\varphi\big(B_\varrho(o)\big) = \lim_{\nu \to \infty} \varphi(K^{(\nu)}) = \lim_{\nu \to \infty} \left(\sum_{l_\nu=1}^{k_\nu} \lambda_{l_\nu}^{(\nu)} \varphi\big(b_{l_\nu}^{(\nu)}(K)\big) \right) = \varphi(K) \tag{370}$$

zur Folge, und analog findet man für das Funktional B mit denselben Eigenschaften wie φ

$$B\big(B_\varrho(o)\big) = B(K) . \tag{371}$$

Nach (370) und (371) ist also die Relation (369) allgemein bewiesen, wenn ihre Gültigkeit im Spezialfall $K = B_\varrho(o) = \varrho B_1(o)$ mit beliebigem nichtnegativem ϱ gezeigt worden ist. Dies geschehe wie folgt: Einerseits haben wir im Fall $0 \leqq \varrho \leqq 1$ die Beziehung

$$\varphi(\varrho B_1(o)) = \varphi\big(\varrho B_1(o) + (1 - \varrho)\,\{o\}\big) = \varrho\varphi(B_1(o)) + (1 - \varrho)\,\varphi(\{o\})$$

und im Fall $\varrho > 1$ die Relation

$$\varphi(B_1(o)) = \varphi\left(\frac{1}{\varrho}\,(\varrho B_1(o)) + \frac{\varrho - 1}{\varrho}\,\{o\} \right) = \frac{1}{\varrho}\,\varphi(\varrho B_1(o)) + \frac{\varrho - 1}{\varrho}\,\varphi(\{o\}) ,$$

d. h. zusammengenommen

$$\varphi\big(\varrho B_1(o)\big) = \varrho\big(\varphi(B_1(o)) - \varphi(\{o\})\big) + \varphi(\{o\}) \qquad (\varrho \geqq 0) . \tag{372}$$

Andererseits gilt für die mittlere Breite trivialerweise

$$B\big(\varrho B_1(o)\big) = \varrho B(B_1(o)) = 2\varrho \qquad (\varrho \geqq 0) . \tag{373}$$

Elimination von ϱ aus (372) und (373) liefert jetzt in der Tat die Beziehung (369) für $K = \varrho B_1(o)$ $(\varrho \geqq 0)$ mit den Konstanten $\gamma := \frac{1}{2} \left(\varphi(B_1(o)) - \varphi(\{o\}) \right)$ und $\delta := \varphi(\{o\})$. $\square$

Folgerung. *Das $(n-1)$-te Quermaßintegral $W_{n-1}(K)$ von K ist bis auf einen nur von n abhängenden Faktor gleich der mittleren Breite $B(K)$ von K.* Für das bewegungsinvariant, stetig und (nach Satz 16.3) im Minkowskischen Sinn linear von K abhängende $W_{n-1}(K)$ gilt nämlich nach Satz 17.1 $W_{n-1}(K) = \gamma B(K) + \delta$, und die Spezialisierung dieser Beziehung auf die Fälle $K = \{o\}$ und $K = B_1(o)$ ergibt $\delta = 0$ und $\gamma = \frac{1}{2}\, \omega_n$ $\left(\text{vgl. (332)}\right)$, d. h.

$$W_{n-1}(K) = \frac{\omega_n}{2}\, B(K)\,.^{1)} \tag{374}$$

Als wichtigstes Ergebnis dieses Paragraphen wollen wir nun nachweisen, daß die Quermaßintegrale in Abhängigkeit von K im wesentlichen die einzigen bewegungsinvarianten, stetigen und additiven Funktionale auf $\underline{K}_n$ darstellen. Genauer gesagt gilt der von H. HADWIGER stammende

Satz 17.2. *Es sei φ ein beliebiges bewegungsinvariantes, stetiges und additives bzw. einfach additives Funktional auf $\underline{K}_n$. Dann gibt es reelle Konstante γ_ν $(0 \leqq \nu \leqq n)$ bzw. γ_0 derart, daß für alle (nichtleeren) $K \in \underline{K}_n$ die Relation*

$$\varphi(K) = \sum_{\nu = 0}^{n} \gamma_\nu W_\nu(K) \tag{375}$$

bzw.

$$\varphi(K) = \gamma_0 W_0(K) = \gamma_0 V(K) \tag{376}$$

besteht.

Dem Beweis von Satz 17.2 schicken wir drei Hilfssätze voraus:

Hilfssatz 17.1. *Eine Punktmenge des R_n heiße ,,eigentliches i-stufiges Zylinderpolyeder`` $R^{(i)}$ $(i = 1, \ldots, n)$, wenn sie sich im Sinne der Elementargeometrie zerlegen läßt in endlich viele Minkowski-Summen von i höchstdimensionalen konvexen Polytopen in i mindestens eindimensionalen komplementären Unterräumen des $R_n^{2)}$, d. h., $R^{(i)}$ ist die endliche Vereinigung derartiger Mengen mit paarweise höchstens $(n-1)$-dimensionalem Durchschnitt. $R^{(1)}$ heiße speziell ,,eigentliches Polyeder``. Weiter nennen wir zwei Zylinderpolyeder ,,translativ zerlegungsgleich``, wenn sie sich elementargeometrisch in bis auf Translationen gleiche konvexe Polytope zerlegen lassen. Mit diesen Begriffen gilt: Ein eigentliches i-stufiges Zylinderpolyeder $2R^{(i)}$ ist translativ zerlegungsgleich mit der disjunkten Vereinigung$^{3)}$ von 2^i geeignet parallelverschobenen*

$^{1})$ Diese Formel läßt sich mit einigem Rechenaufwand auch direkt aus (356) herleiten.

$^{2})$ Dabei heißen i mindestens eindimensionale Unterräume des R_n *komplementär*, wenn die Summe ihrer Dimensionen n ist und sie sich in allgemeiner Lage befinden.

$^{3})$ Unter einer *disjunkten* Vereinigung verstehen wir wie üblich die Vereinigung paarweise punktfremder Mengen.

Exemplaren von $R^{(i)}$ und einem geeigneten eigentlichen $(i+1)$-stufigen Zylinder-polyeder $R^{(i+1)}$:

$$2R^{(i)} \approx (y_1 + R^{(i)}) \cup \cdots \cup (y_{2^i} + R^{(i)}) \cup R^{(i+1)} \tag{377}$$

$$(1 \leq i \leq n,\ R^{(n+1)} := \emptyset)\,.$$

Zusatz. *Ist speziell $R^{(1)}$ ein „eigentliches Orthogonalpolyeder", d. h., läßt sich $R^{(1)}$ in endlich viele n-dimensionale „Orthogonalsimplizes" des R_n der Art $\mathrm{conv}\{x_0, \ldots, x_n\}$ mit paarweise orthogonalen Kanten x_0x_1, x_1x_2, $\ldots$, $x_{n-1}x_n$ elementargeometrisch zer-legen, so bleibt die Beziehung (377) richtig, wenn für $R^{(2)}$ ein geeignetes eigentliches zweistufiges „orthogonales" Zylinderpolyeder gewählt wird. Dabei heiße $R^{(2)}$ „ortho-gonal", wenn $R^{(2)}$ eine elementargeometrische Zerlegung in endlich viele Minkowski-Summen mit je zwei in orthogonalen komplementären Unterräumen des R_n gelegenen Summanden besitzt.*

Beweis des Hilfssatzes. *Fall α):* $i = 1$. Da sich jedes eigentliche Polyeder $R^{(1)}$ des R_n in endlich viele n-Simplizes elementargeometrisch zerlegen läßt (Beweis der Zerlegungsmöglichkeit eines n-dimensionalen konvexen Polytops P des R_n durch vollständige Induktion nach n mittels Zentralprojektion der simplizialen Zerlegungen der $(n-1)$-dimensionalen Seiten von P von einem Punkt des offenen Kerns P^0 von P aus!), genügt es offensichtlich, (377) im Spezialfall des Simplex, d. h.

$$R^{(1)} = \mathrm{conv}\{x_0, \ldots, x_n\}$$

$$= \left\{ x \in R_n;\ x = \sum_{\nu=0}^{n} \lambda_\nu x_\nu,\ \lambda_0 \geq 0,\ \ldots,\ \lambda_n \geq 0,\ \sum_{\nu=0}^{n} \lambda_\nu = 1 \right\} \tag{378}$$

$(\{x_1 - x_0,\ x_2 - x_1,\ \ldots,\ x_n - x_{n-1}\} =$ linear unabhängig) herzuleiten. Nun gilt die Identität

$$\sum_{\nu=0}^{n} \lambda_\nu x_\nu = \alpha_0 x_0 + \sum_{j=1}^{n} \alpha_j (x_j - x_{j-1}) \tag{379}$$

mit

$$\alpha_j = \sum_{h=j}^{n} \lambda_h \quad (0 \leq j \leq n)$$

bzw.

$$\lambda_\nu = \alpha_\nu - \alpha_{\nu+1} \quad (0 \leq \nu \leq n-1) \quad \text{und} \quad \lambda_n = \alpha_n\,,$$

so daß

$$\lambda_0 \geq 0,\ \ldots,\ \lambda_n \geq 0,\qquad \sum_{\nu=0}^{n} \lambda_\nu = 1$$

äquivalent ist zu

$$1 = \alpha_0 \geq \alpha_1 \geq \cdots \geq \alpha_n \geq 0\,.$$

Jetzt stellen wir das um den Faktor 2 gestreckte n-Simplex

$$2R^{(1)} = \left\{ x \in R_n;\ x = 2 \sum_{\nu=0}^{n} \lambda_\nu x_\nu,\ \lambda_0 \geq 0,\ \ldots,\ \lambda_n \geq 0,\ \sum_{\nu=0}^{n} \lambda_\nu = 1 \right\}$$

in der Form

$$2R^{(1)} = \left\{ x \in R_n; x = 2x_0 + \sum_{j=1}^{n} \alpha_j(x_j - x_{j-1}), 2 \geqq \alpha_1 \geqq \cdots \geqq \alpha_n \geqq 0 \right\} \quad (380)$$

dar. $2R^{(1)}$ enthält also für $\mu = 0, \dots, n$ die Punktmengen

$$P_\mu := \left\{ x \in R_n; x = 2x_0 + \sum_{j=1}^{n} \alpha_j(x_j - x_{j-1}), \right.$$

$$\left. 2 \geqq \alpha_1 \geqq \cdots \geqq \alpha_\mu \geqq 1 \geqq \alpha_{\mu+1} \geqq \cdots \geqq \alpha_n \geqq 0 \right\}, \quad (381)$$

welche sich nach Einführung der Parametertransformation

$$\alpha_1' = \alpha_1 - 1, \dots, \alpha_\mu' = \alpha_\mu - 1; \alpha_{\mu+1}'' = \alpha_{\mu+1}, \dots, \alpha_n'' = \alpha_n$$

auch in der Form

$$P_\mu = \left\{ x \in R_n; x = \left(x_0 + \sum_{j=1}^{\mu} \alpha_j'(x_j - x_{j-1}) \right) + \left(x_\mu + \sum_{j=\mu+1}^{n} \alpha_j''(x_j - x_{j-1}) \right), \right.$$

$$\left. 1 \geqq \alpha_1' \geqq \cdots \geqq \alpha_\mu' \geqq 0, \quad 1 \geqq \alpha_{\mu+1}'' \geqq \cdots \geqq \alpha_n'' \geqq 0 \right\} \quad (382)$$

darstellen lassen. Erneute Anwendung von (379) ergibt dann

$$P_\mu = \mathrm{conv}\{x_0, \dots, x_\mu\} + \mathrm{conv}\{x_\mu, \dots, x_n\} \quad (0 \leqq \mu \leqq n). \quad (383)$$

Die Untermengen P_μ von $2R^{(1)}$ stimmen daher im Fall $\mu = 0$ und $\mu = n$ aufgrund von (378) mit dem geeignet parallelverschobenen Simplex $R^{(1)}$ überein:

$$P_0 = x_0 + R^{(1)}, \qquad P_n = x_n + R^{(1)}, \quad (384)$$

während sie in den übrigen Fällen $0 < \mu < n$ aufgrund der Darstellung (383) eigentliche zweistufige Zylinderpolyeder des R_n im Sinne von Hilfssatz 17.1 sind. Nun zeigt der Vergleich von (380) und (381) unmittelbar die Gültigkeit der Beziehung

$$2R^{(1)} = \bigcup_{\mu=0}^{n} P_\mu. \quad (385)$$

Außerdem finden wir für den Durchschnitt der Zylinder $P_{\mu'}$ und P_μ mit $0 \leqq \mu' < \mu \leqq n$ nach (381) $\alpha_{\mu'+1} = \cdots = \alpha_\mu = 1$, d. h., es gilt nach den eben durchgeführten Rechnungen

$$\dim(P_{\mu'} \cap P_\mu) = \dim(\mathrm{conv}\{x_0, \dots, x_{\mu'}\} + \mathrm{conv}\{x_\mu, \dots, x_n\})$$

$$= \mu' + (n - \mu) < n. \quad (386)$$

(385) und (386) zeigen aber, daß die P_μ eine Zerlegung von $2R^{(1)}$ im Sinne der Elementargeometrie bilden, so daß die Gültigkeit von (377) im Fall $i = 1$ erwiesen ist (vgl. Abb. 38).

Fall β): $1 < i < n$. Offensichtlich genügt es, (377) in dem Spezialfall herzuleiten, in dem $R^{(i)}$ ein i-stufiger Zylinder ist, welcher sich in der Form

$$R^{(i)} = R_1^{(1)} + \cdots + R_i^{(1)} \quad (387)$$

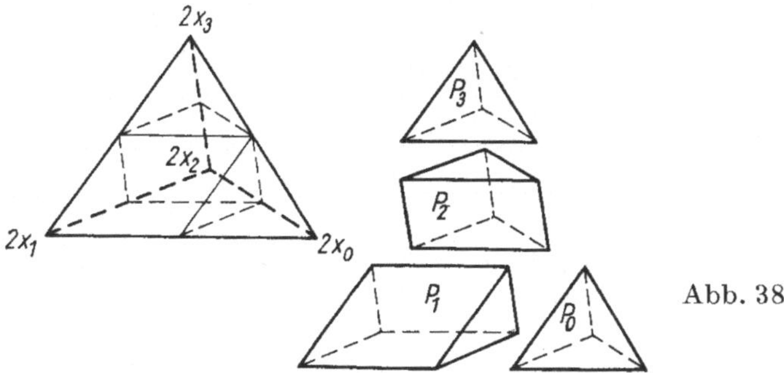

Abb. 38

mit konvexen Polytopen $R_l^{(1)}$ $(l = 1, \ldots, i)$ darstellen läßt, welche den Bedingungen

$$R_1^{(1)} \subseteq R_{n_1}, \ldots, R_i^{(1)} \subseteq R_{n_i}, \quad \dim R_1^{(1)} = n_1 \geqq 1, \ldots, \dim R_i^{(1)} = n_i \geqq 1,$$

$$\sum_{l=1}^{i} n_l = n, \qquad \sum_{l=1}^{i} R_{n_l} = R_n \tag{388}$$

genügen. Wir betrachten daher einmal

$$2R^{(i)} = \sum_{l=1}^{i} 2R_l^{(1)}$$

und setzen darin die schon in Fall α) gezeigten (bezüglich R_{n_l} geltenden) Beziehungen

$$2R_l^{(1)} \approx (y_1^{(l)} + R_l^{(1)}) \,\dot{\cup}\, (y_2^{(l)} + R_l^{(1)}) \,\dot{\cup}\, R_l^{(2)} \qquad (l = 1, \ldots, i) \tag{389}$$

ein. Nun läßt sich aufgrund von (388) der Ortsvektor jedes Punktes x des R_n in eindeutiger Weise als Summe der Ortsvektoren geeigneter „Projektionspunkte" $z_l \in R_{n_l}$ $(1 \leq l \leq i)$ darstellen, so daß die i-fachen Minkowski-Summen elementargeometrisch zerlegbarer Polyeder wiederum elementargeometrisch in die i-fachen Minkowski-Summen der Zerlegungsmengen dieser Polyeder zerlegt werden können. Daher gilt

$$2R^{(i)} \approx \dot{\bigcup_{(\varepsilon_1, \ldots, \varepsilon_i)}} \left(\left(\sum_{l=1}^{i} y_{\varepsilon_l}^{(l)} \right) + R^{(i)} \right) \dot{\cup}\, R^{(i+1)} \qquad (\varepsilon_l = 1, 2; l = 1, \ldots, i), \tag{390}$$

wobei die disjunkte Vereinigung auf der rechten Seite von (390) auf die 2^i verschiedenen Kombinationen $(\varepsilon_1, \ldots, \varepsilon_i)$ von i der Ziffern 1 und 2 zu erstrecken ist, und $R^{(i+1)}$ ist die disjunkte Vereinigung von allen i-fachen Minkowski-Summen der in (389) vorkommenden Zerlegungsmengen mit mindestens einem Summanden $R_l^{(2)}$, welcher selbst ein zweistufiges Zylinderpolyeder darstellt. Deshalb ist $R^{(i+1)}$ ein eigentliches $(i+1)$-stufiges Zylinderpolyeder, und wir haben (377) im Fall $1 < i < n$ bewiesen.

Fall γ): $i = n$. Hier gilt aufgrund von (388) $n_1 = \cdots = n_n = 1$, so daß nach den Überlegungen im Fall α) in den (bezüglich den Geraden R_{n_l} geltenden) Gleichungen (389) die eigentlichen zweistufigen und damit mindestens zweidimensionalen Zylinderpolyeder $R_l^{(2)}$ entfallen. Hiermit kann aber in (390) auch das (jeweils mindestens ein $R_i^{(2)}$ als Summanden besitzende) $(n+1)$-stufige Zylinderpolyeder $R^{(n+1)}$ nicht auftreten, d. h., in (390) und damit auch in (377) ist $R^{(n+1)} = \emptyset$ zu setzen.

Beweis des Zusatzes. Liegt speziell ein eigentliches Orthogonalpolyeder vor, so folgt aus der Zerlegung jedes mit dem Faktor 2 gestreckten n-dimensionalen Orthogonalsimplex (378) in die zwei parallelverschobenen Orthogonalsimplizes (384) und in die zweistufigen orthogonalen Zylinderpolyeder (383) $(0 < \mu < n)$ die Richtigkeit der Aussage des Zusatzes. $\square$

Hilfssatz 17.2. *Es sei φ ein beliebiges translationsinvariantes und einfach additives Funktional auf $\underline{K}_n$. Dann besitzt φ für ein beliebiges n-dimensionales konvexes Polytop P aus $\underline{K}_n$ die Homogenitätseigenschaft*

$$\varphi(2P) = 2\varphi(P) \tag{391}$$

genau dann, wenn φ für alle zu $\underline{K}_n$ gehörigen eigentlichen zweistufigen orthogonalen Zylinderpolyeder $R^{(2)}$ des R_n verschwindet:

$$\varphi(R^{(2)}) = 0 \ . \tag{392}$$

Beweis. Wir zeigen zuerst, daß sich ganz allgemein jedes einfach additive Funktional φ auf $\underline{K}_n$ in eindeutiger Weise zu einem Funktional φ auf der Menge $\underline{R}'_n$ aller eigentlichen Polyeder des R_n so fortsetzen läßt, daß der Wert von φ auf einem solchen Polyeder gleich der Summe der Werte von φ auf den zu einer elementargeometrischen Zerlegung des Polyeders gehörenden Zerlegungspolytopen ist. Dies ist zunächst sicher richtig, wenn das Polyeder selbst schon ein (n-dimensionales) konvexes Polytop P ist (Beweis durch vollständige Induktion nach der Anzahl der Zerlegungspolytope mittels Zerschneidung von P durch eine Hyperebene, welche eine $(n-1)$-dimensionale Seite eines Zerlegungspolytops von P mit Punkten aus dem offenen Kern von P enthält). Ist jedoch R ein beliebiges Polyeder aus $\underline{R}'_n$ mit den beiden Polytopzerlegungen

$$R = \bigcup_{i=1}^{k} P_i \ , \qquad R = \bigcup_{j=1}^{l} Q_j \ , \tag{393}$$

so stellt

$$R = \bigcup_{i=1}^{k} \bigcup_{j=1}^{l} (P_i \cap Q_j)$$

eine gemeinsame Unterzerlegung der Zerlegungen (393) von R (mit eventuell leeren bzw. weniger als n-dimensionalen Zerlegungspolytopen) dar. Wir haben dann aufgrund der eben gezeigten Tatsache

$$\sum_{i=1}^{k} \varphi(P_i) = \sum_{i=1}^{k} \left(\sum_{j=1}^{l} \varphi(P_i \cap Q_j) \right) = \sum_{j=1}^{l} \left(\sum_{i=1}^{k} \varphi(P_i \cap Q_j) \right) = \sum_{j=1}^{l} \varphi(Q_j) \ , [1]$$

---

[1] Hierbei ist im Fall $P_i \cap Q_j = \emptyset$ bzw. $\dim(P_i \cap Q_j) < n$ nach (358) bzw. (366) $\varphi(P_i \cap Q_j) = 0$ zu setzen.

so daß in der Tat durch

$$\varphi(R) = \sum_{i=1}^{k} \varphi(P_i) = \sum_{j=1}^{l} \varphi(Q_l) \tag{394}$$

eine eindeutige Fortsetzung des einfach additiven Funktionals φ auf $\underline{R}_n'$ definiert werden kann.

Wir zeigen jetzt, daß aus dem Verschwinden von φ nach (392) die Homogenitäts-eigenschaft (391) folgt. Aufgrund des Zusatzes zu Hilfssatz 17.1 gilt für jedes eigent-liche Orthogonalpolyeder $R^{(1)}$ unter Benutzung von (394) und (392) die Beziehung

$$\varphi(2R^{(1)}) = \varphi(y_1 + R^{(1)}) + \varphi(y_2 + R^{(1)}) + \varphi(R^{(2)}) = 2\varphi(R^{(1)}) \,,$$

d. h., (391) ist für jedes eigentliche Orthogonalpolyeder und damit a fortiori für jedes n-dimensionale Orthogonalsimplex erfüllt. Verstehen wir nun unter der *ele-mentargeometrischen Summe* zweier eigentlicher Polyeder ein eigentliches Poly-eder, dessen Zerlegungspolytope die zusammengenommenen Zerlegungspolytope seiner Summanden sind, so gilt (391) für jede elementargeometrische Summe von n-dimensionalen Orthogonalsimplizes. Ebenso gilt (391) auch für jede *elementar-geometrische Differenz* zweier derartiger eigentlicher Polyeder, wobei diese ein Polyeder ist, dessen elementargeometrische Summe mit dem kleineren vorgegebe-nen Polyeder das größere vorgegebene Polyeder darstellt. Um jetzt die Gültigkeit von (391) für ein beliebiges n-dimensionales konvexes Polytop P aus $\underline{K}_n$ einzusehen, genügt es, folgendes zu zeigen: Jedes n-dimensionale konvexe Polytop P des R_n kann durch endlich viele hintereinander auszuführende elementargeometrische Additionen und Subtraktionen geeigneter n-dimensionaler Orthogonalsimplizes erhalten werden.

Daß P in dieser Weise sogar aus n-dimensionalen Orthogonalsimplizes mit einem beliebig fest vorgegebenen Punkt x_0 des R_n als gemeinsamer Anfangsecke (vgl. den Zusatz zu Hilfssatz 17.1) erhalten werden kann, zeigen wir durch vollständige In-duktion nach der Dimension n des einbettenden euklidischen Raumes R_n: Im Fall $n = 1$ ist P eine Strecke in der Geraden R_1; je nachdem, ob $x_0 \in P$ bzw. $x_0 \in R_1 \setminus P$ gilt, ist P elementargeometrische Summe bzw. Differenz höchstens zweier in x_0 beginnender Strecken, die Orthogonalsimplizes mit der gemeinsamen Ecke x_0 darstellen. Nun sei die Darstellbarkeit für alle Dimensionen kleiner als n bewiesen und P ein beliebiges n-dimensionales konvexes Polytop des R_n mit den von x_0 aus „nicht sichtbaren" $(n - 1)$-dimensionalen Seiten $P \cap A(u_{i'})$ mit den Normalenein-heitsvektoren $u_{i'}$ $(i' = 1, \ldots , k')$ und den von x_0 aus „sichtbaren" $(n - 1)$-dimen-sionalen Seiten $P \cap A(u_{i''})$ mit den Normaleneinheitsvektoren $u_{i''}$ $(i'' = k' + 1,$ $\ldots , k'')$, wobei diejenigen $(n - 1)$-dimensionalen Seiten von P, deren affine Hüllen x_0 enthalten, außer Betracht bleiben sollen. Dann ist P offensichtlich die elementar-geometrische Differenz der elementargeometrischen Summe der Pyramiden $\mathrm{conv}((P \cap A(u_{i'})) \cup \{x_0\})$ $(i' = 1, \ldots , k')$ und der elementargeometrischen Summe der Pyramiden $\mathrm{conv}((P \cap A(u_{i''})) \cup \{x_0\})$ $(i'' = k' + 1, \ldots , k'')$. Jede der hier angeführ-ten Pyramiden besitzt aber eine Darstellbarkeit durch n-dimensionale Orthogonal-simplizes mit der Anfangsecke x_0 auf die angegebene Art, wenn man die nach Induktionsvoraussetzung existierende Darstellung der Basispolytope $P \cap A(u_{i'})$

13*

bzw. $P \cap A(u_{i'''})$ durch $(n-1)$-dimensionale Orthogonalsimplizes mit der Orthogonalprojektion von x_0 auf die Hyperebene $A(u_{i'})$ bzw. $A(u_{i''})$ als Anfangsecke vom Punkt x_0 aus zentral projiziert. Damit ist die Darstellbarkeit von P als Summe bzw. Differenz von geeigneten Orthogonalsimplizes gezeigt und (391) bewiesen.

Wir beweisen nun umgekehrt, daß aus der Homogenitätseigenschaft (391) das Verschwinden des Funktionals φ gemäß (392) folgt. Einerseits haben wir für jedes eigentliche i-stufige Zylinderpolyeder $R^{(i)}$ des R_n aufgrund von (377) und (394)

$$\varphi(2R^{(i)}) = 2^i\varphi(R^{(i)}) + \varphi(R^{(i+1)}) \qquad (1 \leqq i \leqq n,\; R^{(n+1)} = \emptyset) \tag{395}$$

und andererseits aufgrund von (391) und (394)

$$\varphi(2R^{(i)}) = 2\varphi(R^{(i)}) \qquad (1 \leqq i \leqq n) \,. \tag{396}$$

Durch Vergleich von (395) und (396) für $i = n$, $i = n-1$, $\ldots$, $i = 2$ resultiert daraus

$$\varphi(R^{(n)}) = \varphi(R^{(n-1)}) = \cdots = \varphi(R^{(2)}) = 0 \,. \tag{397}$$

Also gilt a fortiori für jedes eigentliche zweistufige orthogonale Zylinderpolyeder $R^{(2)} \in \underline{K}_n$ die zu beweisende Beziehung (392). $\square$

Hilfssatz 17.3. *Es sei φ ein beliebiges translationsinvariantes, stetiges und einfach additives Funktional auf $\underline{K}_n$ mit der für alle n-dimensionalen konvexen Polytope P aus $\underline{K}_n$ gültigen Beziehung*

$$\varphi(2P) = 2\varphi(P) \,. \tag{398}$$

Dann ist φ im Minkowskischen Sinn linear (vgl. Definition 17.1e)).

Beweis. Derselbe erfolgt durch vollständige Induktion nach der Dimension n des einbettenden euklidischen Raumes R_n. Im Fall $n = 1$ kann man folgendermaßen schließen: Sind K_1, K_2 und K beliebige Elemente aus $\underline{K}_1$, so gelten die Relationen

$$K_1 + K_2 \approx (y_1 + K_1) \cup (y_2 + K_2)$$

und

$$nK \approx (y_1 + K) \cup \cdots \cup (y_n + K) \qquad (n = \text{natürliche Zahl}) \,,$$

woraus zusammen mit (394)

$$\varphi(K_1 + K_2) = \varphi(K_1) + \varphi(K_2) \tag{399}$$

und

$$\varphi(nK) = n\varphi(K) \,,$$

also

$$\varphi\left(\frac{1}{m}\,K\right) = \frac{1}{m}\,\varphi(K)\,, \qquad \varphi\left(\frac{n}{m}\,K\right) = \frac{n}{m}\,\varphi(K) \qquad (m,\, n = \text{natürliche Zahlen})$$

und damit wegen der vorausgesetzten Stetigkeit von φ

$$\varphi(\lambda K) = \lambda\varphi(K) \qquad (\lambda \geqq 0) \tag{400}$$

resultiert. (399) und (400) bedeuten aber zusammen die Minkowskische Linearität von φ (vgl. (364)).

Wir nehmen nun an, unsere Behauptung sei für alle Dimensionen kleiner als $n > 1$ bewiesen, und zeigen ihre Richtigkeit für die Dimension n. Zu diesem Zweck zeichnen wir im R_n eine Hyperebene $A(u_0)$ mit einem festen Normaleneinheits-vektor u_0 sowie eine Hyperebene $A(u)$ mit einem bis auf $0 < |\langle u, u_0 \rangle| < 1$ beliebigen Normaleneinheitsvektor u aus. Auf der Menge $\underline{K}_{n-1}^{(u)}$ aller in $A(u)$ gelegenen kompakten konvexen Mengen definieren wir ein Funktional φ_u auf folgende Weise: Es sei $K^{(u)}$ ein beliebiges Element von $\underline{K}_{n-1}^{(u)}$, von dem wir zunächst voraussetzen, es sei ganz in dem von $A(u_0)$ begrenzten und in Richtung von u_0 gelegenen abge-schlossenen Halbraum $\overline{H(u_0)}$ des R_n enthalten. Weiter sei p_{u_0} die Orthogonalpro-jektion des R_n auf $A(u_0)$ und $P_{u_0}(K^{(u)})$ das (schiefe) Projektionsprisma von $K^{(u)}$ mit der in $A(u_0)$ gelegenen Basis $p_{u_0}(K^{(u)})$ und der Deckseite $K^{(u)}$. Dann definieren wir φ_u auf $K^{(u)}$ durch

$$\varphi_u(K^{(u)}) := \varphi\big(P_{u_0}(K^{(u)})\big) . \tag{401}$$

Um jetzt die Induktionsvoraussetzung anwenden zu können, müssen wir zunächst zeigen, daß φ_u translationsinvariant für alle $K^{(u)} \subseteq A(u)$ definiert werden kann. Wir betrachten daher zwei bis auf die Translation t des R_n gleiche Mengen $K_1^{(u)}$ und $K_2^{(u)} = t(K_1^{(u)})$ aus $A(u) \cap \overline{H(u_0)}$ mit den zugehörigen Projektionsprismen $P_{u_0}(K_1^{(u)})$ und $P_{u_0}(K_2^{(u)})$. Für letztere gilt o. B. d. A. die Relation

$$P_{u_0}(K_2^{(u)}) = t\big(P_{u_0}(K_1^{(u)})\big) \cup Z^{(2)} , \qquad \dim\big(t(P_{u_0}(K_1^{(u)})) \cap Z^{(2)}\big) < n , \tag{402}$$

wobei $Z^{(2)}$ ein orthogonaler Zylinder mit der Basis $p_{u_0}(K_2^{(u)})$ und der Erzeugenden-richtung u_0 ist. Da sich nun $Z^{(2)}$ durch eine Folge von eigentlichen zweistufigen orthogonalen Zylinderpolyedern des R_n beliebig genau approximieren läßt, ergibt sich mit der vorausgesetzten Stetigkeit von φ nach Hilfssatz 17.2

$$\varphi(Z^{(2)}) = 0 . \tag{403}$$

Wegen der Translationsinvarianz und einfachen Additivität von φ haben (402) und (403)

$$\varphi\big(P_{u_0}(K_2^{(u)})\big) = \varphi\big(P_{u_0}(K_1^{(u)})\big)$$

zur Folge, so daß φ_u durch (401) in der Tat auf $A(u) \cap \overline{H(u_0)}$ translationsinvariant definiert ist und trivialerweise mit derselben Eigenschaft auf ganz $A(u)$ fortgesetzt werden kann. Außerdem folgt wegen (401) aus der Stetigkeit und einfachen Additi-vität von φ unmittelbar die Stetigkeit und einfache Additivität von φ_u auf $A(u) \cap \overline{H(u_0)}$. Da man aber diese Eigenschaften durch geeignete, $A(u)$ als Ganzes fest-lassende Translationen des R_n immer auf den Teil $A(u) \cap \overline{H(u_0)}$ von $A(u)$ zurück-spielen kann, gelten sie für φ_u allgemein auf ganz $A(u)$. Schließlich sei $P^{(u)}$ ein beliebiges $(n-1)$-dimensionales, konvexes, zu $A(u) \cap \overline{H(u_0)}$ gehörendes Polytop. Man wähle y so, daß seine zweifache Vergrößerung $2P^{(u)} + y$ ebenfalls zu $A(u) \cap \overline{H(u_0)}$ gehört. Je nach Lage des Ursprungs o gilt dann

$$P_{u_0}(2P^{(u)} + y) \approx 2P_{u_0}(P^{(u)}) \stackrel{.}{\cup} R^{(2)}$$

oder

$$P_{u_0}(2P^{(u)} + y) \stackrel{.}{\cup} R^{(2)} \approx 2P_{u_0}(P^{(u)})$$

$(R^{(2)} =$ geeignetes eigentliches zweistufiges orthogonales Zylinderpolyeder des $R_n)$, d. h. zusammen mit (401), (394), (392) und (398)

$$\varphi_u(2P^{(u)} + y) = \varphi\big(P_{u_0}(2P^{(u)} + y)\big) = \varphi\big(2P_{u_0}(P^{(u)})\big)$$
$$= 2\varphi\big(P_{u_0}(P^{(u)})\big) = 2\varphi_u(P^{(u)}) \,,$$

und die letztere Beziehung kann in der vorhin geschilderten Weise auf ganz $A(u)$ ausgedehnt werden.

Damit ist aber gezeigt, daß φ_u alle an φ in Hilfssatz 17.3 gestellten Bedingungen erfüllt und somit nach Induktionsvoraussetzung im Minkowskischen Sinn linear ist:

$$\varphi_u\left(\sum_{l=1}^{k} \lambda_l K_l^{(u)}\right) = \sum_{l=1}^{k} \lambda_l \varphi_u(K_l^{(u)})$$

$$\left(k \geqq 2; K_1^{(u)}, \dots, K_k^{(u)} \in \underline{K}_{n-1}^{(u)}; \lambda_1 \geqq 0, \dots, \lambda_k \geqq 0, \sum_{l=1}^{k} \lambda_l = 1\right). \qquad (404)$$

Wir beweisen jetzt die Minkowski-Linearität von φ zunächst für konvexe Polytope $P_1, \dots, P_k$ des R_n. Es sei also das konvexe Polytop

$$P := \sum_{l=1}^{k} \lambda_l P_l \qquad \left(\lambda_1 \geqq 0, \dots, \lambda_k \geqq 0, \sum_{l=1}^{k} \lambda_l = 1\right) \qquad (405)$$

eine Linearkombination der Polytope $P_1, \dots, P_k$. Ohne Beschränkung der Allgemeinheit setzen wir hierbei noch $P_1 \subseteq \overline{H(u_0)}, \dots, P_k \subseteq \overline{H(u_0)}$, $P \subseteq \overline{H(u_0)}$ voraus. Wir unterscheiden nun zwischen den von $A(u_0)$ (in Richtung von u_0) aus „nicht sichtbaren" $(n-1)$-dimensionalen Seiten $P \cap A(u_{i'})$ $(i' = 1, \dots, m')$ von P und den von $A(u_0)$ (in Richtung von u_0) aus „sichtbaren" $(n-1)$-dimensionalen Seiten $P \cap A(u_{i''})$ $(i'' = m' + 1, \dots, m'')$ von P, wobei die zu $A(u_0)$ orthogonalen $(n-1)$-dimensionalen Seiten von P außer Betracht bleiben sollen. Dann ist offensichtlich P die elementargeometrische Differenz der elementargeometrischen Summe der Projektionsprismen $P_{u_0}(P \cap A(u_{i'}))$ $(i' = 1, \dots, m')$ und der elementargeometrischen Summe der Projektionsprismen $P_{u_0}(P \cap A(u_{i''}))$ $(i'' = m' + 1, \dots, m'')$, d. h., es gilt aufgrund der einfachen Additivität von φ sowie aufgrund von (394)

$$\varphi(P) = \sum_{i'=1}^{-m'} \varphi\big(P_{u_0}(P \cap A(u_{i'}))\big) - \sum_{i''=m'+1}^{m''} \varphi\big(P_{u_0}(P \cap A(u_{i''}))\big) \,.$$

Im Hilfssatz 15.2 wurde nachgewiesen, daß die Menge der von P weg weisenden Normaleneinheitsvektoren $u_1, \dots, u_m$ der $(n-1)$-dimensionalen Seiten $P \cap A(u_i)$ $(i = 1, \dots, m)$ von P Untermenge einer endlichen Vektormenge $V = \{v_1, \dots, v_s\}$ ist, welche unabhängig von den Koeffizienten $\lambda_1, \dots, \lambda_k$ in (405) definiert werden kann. Jetzt sei $\{v_1, \dots, v_{s'}\}$ o. B. d. A. die Untermenge von $\{v_1, \dots, v_s\}$ mit der Eigenschaft $0 < |\langle v_{j'}, u_0\rangle| < 1$ $(j' = 1, \dots, s')$. Nach Hilfssatz 17.2 und (401) gilt also

$$\varphi(P) = \sum_{j'=1}^{s'} \text{sign}\langle v_{j'}, u_0\rangle \, \varphi_{v_{j'}}\big(P \cap A(v_{j'})\big) \,.^{1)} \qquad (406)$$

$^{1)}$ Für alle $v_{j'} \notin \{u_1, \dots, u_m\}$ ist nämlich $\dim(P \cap A(v_{j'})) < n - 1$, und hiermit gilt wegen der einfachen Additivität von φ_{v_j} die Beziehung $\varphi_{v_j}(P \cap A(v_{j'})) = 0$ $(1 \leqq j' \leqq s')$.

Hierbei bezieht sich das Funktional $\varphi_{v_{j'}}$ auf die Stützhyperebene $A(v_{j'})$ von P mit dem von P weg weisenden Normaleneinheitsvektor $v_{j'}$ $(j' = 1, \ldots, s')$. Entsprechend zu (406) gelten die Beziehungen

$$\varphi(P_l) = \sum_{j'=1}^{s'} \operatorname{sign} \langle v_{j'}, u_0 \rangle \, \varphi_{v_{j'}}\big(p_{v_{j'}}(P_l \cap A_l(v_{j'}))\big) \qquad (l = 1, \ldots, k), \qquad (407)$$

wobei $A_l(v_{j'})$ die Stützhyperebene von P_l mit dem von P_l weg weisenden Normaleneinheitsvektor $v_{j'}$ und $p_{v_{j'}}$ die Orthogonalprojektion des R_n auf $A(v_{j'})$ $(j' = 1, \ldots, s')$ bedeutet, wie man aufgrund von Hilfssatz 17.2 einsehen kann. Linearkombination der Gleichungen (407) mit $\lambda_1, \ldots, \lambda_k$ liefert jetzt unter Benutzung von (404), Satz 8.3 und Satz 8.4

$$\sum_{l=1}^{k} \lambda_l \varphi(P_l) = \sum_{j'=1}^{s'} \operatorname{sign} \langle v_{j'}, u_0 \rangle \, \varphi_{v_{j'}}\big(P \cap A(v_{j'})\big), \qquad (408)$$

und der Vergleich von (406) und (408) zeigt endlich die Richtigkeit von (364) für konvexe Polytope. Da φ aber nach Voraussetzung stetig ist, gilt (364) auch für beliebige kompakte konvexe Mengen $K_1, \ldots, K_k$ des R_n, womit (im Fall der Dimension n) φ als im Minkowskischen Sinn linear erkannt und der Induktionsbeweis von Hilfssatz 17.3 vollendet ist. $\square$

Beweis von Satz 17.2. Wir beweisen Satz 17.2 durch vollständige Induktion nach der Dimension n des einbettenden euklidischen Raumes R_n. Im Fall $n = 1$ stellt

$$\psi := \varphi - \varphi(\{o\}) \qquad (o = \text{Ursprung von } R_1) \qquad (409)$$

ein additives Funktional auf $\underline{K}_1$ dar, das wegen der Translationsinvarianz von φ für jede nulldimensionale konvexe Untermenge $\{x\}$ von R_1 verschwindet und somit einfach additiv ist. Außerdem ist ψ wie φ translationsinvariant und stetig, so daß es (400) erfüllt.[1]) Daher gilt für jedes $K = [\xi, \eta] \in \underline{K}_1$ die Beziehung

$$\psi(K) = \psi([\xi, \eta]) = \psi([0, \eta - \xi]) = \psi((\eta - \xi)\,[0, 1])$$
$$= (\eta - \xi)\,\psi([0, 1]) = V(K) \cdot \psi([0, 1]). \qquad (410)$$

(410) bedeutet aber die Gültigkeit von (376) $\big($mit $\gamma_0 = \psi([0, 1])\big)$ für das einfach additive Funktional ψ sowie zusammen mit (409) die Gültigkeit von (375) $\Big($mit $\gamma_0 = \varphi([0, 1]) - \varphi(\{o\})$, $\gamma_1 = \dfrac{\varphi(\{o\})}{W_1(K)} = \dfrac{\varphi(\{o\})}{\omega_1}\Big)$ für das additive Funktional φ im Fall $n = 1$.

Wir nehmen nun an, Satz 17.2 sei für alle Dimensionen kleiner als $n > 1$ bewiesen, und zeigen seine Richtigkeit im Fall der Dimension n. Zu diesem Zweck fixieren wir zunächst eine Hyperebene R_{n-1} des R_n und schränken das auf $\underline{K}_n$ gegebene, als additiv vorausgesetzte Funktional φ auf die Menge $\underline{K}_{n-1}$ aller kompakten konvexen Untermengen von R_{n-1} ein. Dann ist $\varphi|_{\underline{K}_{n-1}}$ wie φ bewegungsinvariant, stetig und additiv. Nach Induktionsvoraussetzung gilt daher für alle

---

[1]) Zur Herleitung von (400) im R_1 wurde (398) nicht benutzt.

$K \in \underline{K}_{n-1}$ die Darstellung

$$\underset{\underline{K}_{n-1}}{\varphi|}(K) = \sum_{\nu'=0}^{n-1} \gamma_{\nu'}^{(n-1)} W_{\nu'}^{(n-1)}(K)$$

oder (unter Berücksichtigung von $\underset{\underline{K}_{n-1}}{\varphi|}(K) = \varphi(K)$ und von (334))

$$\varphi(K) = \sum_{\nu'=0}^{n-1} \gamma_{\nu'+1} W_{\nu'+1}(K) \qquad \left(\gamma_{\nu'+1} = \frac{n}{\nu'+1} \frac{\omega_{\nu'}}{\omega_{\nu'+1}} \gamma_{\nu'}^{(n-1)}\right),$$

und diese Beziehung bleibt wegen der vorausgesetzten Bewegungsinvarianz von φ und der in Satz 16.2a) angegebenen Bewegungsinvarianz von $W_{\nu'+1}(K)$ für jedes $K \in \underline{K}_n$ mit dim $K < n$ bestehen. Dies bedeutet aber, daß das durch

$$\psi(K) := \varphi(K) - \sum_{\nu'=0}^{n-1} \gamma_{\nu'+1} W_{\nu'+1}(K) \qquad (K \in \underline{K}_n) \tag{411}$$

auf $\underline{K}_n$ definierte Funktional ψ nicht nur wie φ und die Quermaßintegrale bewegungsinvariant, stetig und additiv (vgl. Satz 16.2c) und Satz 16.4), sondern sogar einfach additiv ist. Die im Fall der Dimension n nachzuweisende Gültigkeit von (375) wird also erwiesen sein, wenn wir für ψ die Beziehung (376) gezeigt haben.

Um dies einzusehen, fixieren wir im R_n einen m-dimensionalen Unterraum R_m und einen dazu orthogonalen Unterraum R_{n-m} $(1 \leq m \leq n-1)$. Wir bezeichnen die Menge aller kompakten konvexen Untermengen von R_m bzw. von R_{n-m} mit $\underline{K}_m$ bzw. $\underline{K}_{n-m}$ und definieren auf $\underline{K}_m$ bzw. $\underline{K}_{n-m}$ die Funktionale $\psi_L^{(m)}$ bzw. $\psi_K^{(n-m)}$ durch

$$\psi_L^{(m)}(K) := \psi(K+L) \quad \text{bzw.} \quad \psi_K^{(n-m)}(L) := \psi(K+L) \tag{412}$$

$$(K = \text{beliebig} \in \underline{K}_m,\ L = \text{beliebig} \in \underline{K}_{n-m})\,.$$

Wegen der Bewegungsinvarianz und der Stetigkeit von ψ gelten nun (nach (248)) dieselben Eigenschaften auch für $\psi_L^{(m)}$ und $\psi_K^{(n-m)}$. Außerdem haben wir aufgrund der einfachen Additivität von ψ nach (412) und (339 a, b)

$$\psi_L^{(m)}(K_1 \cup K_2) + \psi_L^{(m)}(K_1 \cap K_2) = \psi((K_1 \cup K_2)+L) + \psi((K_1 \cap K_2)+L)$$

$$= \psi((K_1+L) \cup (K_2+L)) + \psi((K_1+L) \cap (K_2+L))$$

$$= \psi(K_1+L) + \psi(K_2+L) = \psi_L^{(m)}(K_1) + \psi_L^{(m)}(K_2)$$

und

$$\psi_L^{(m)}(K) = \psi(K+L) = 0\,,$$

falls dim $K < m$, d. h. $\dim(K+L) = \dim K + \dim L < n$ ist

$$(K_1, K_2, K_1 \cup K_2, K \in \underline{K}_m,\ L \in \underline{K}_{n-m})\,.$$

Analoge Beziehungen gelten nach Vertauschung der Rollen von R_m und R_{n-m}. Damit sind die Funktionale $\psi_L^{(m)}$ und $\psi_K^{(n-m)}$ auch als einfach additiv erkannt, so daß wir auf sie wegen $m < n$ und $n - m < n$ die Induktionsvoraussetzung anwenden können. Dies liefert

$$\psi_L^{(m)}(K) = \gamma_0(L)\, V_{(m)}(K) \tag{413a}$$

und

$$\psi_K^{(n-m)}(L) = \delta_0(K)\, V_{(n-m)}(L)\,, \tag{413b}$$

$$(K = \text{beliebig} \in \underline{K}_m,\ L = \text{beliebig} \in \underline{K}_{n-m})\,,$$

wobei die Konstanten $\gamma_0(L)$ und $\delta_0(K)$ von L bzw. K abhängen. Um diese Abhängigkeit festzustellen, setzen wir (413a) und (413b) in (412) ein. Dann ergibt sich für spezielle $K_0 \in \underline{K}_m$, $L_0 \in \underline{K}_{n-m}$ mit dim $K_0 = m$, dim $L_0 = n - m$

$$\gamma_0(L) = \frac{\delta_0(K_0)}{V_{(m)}(K_0)}\, V_{(n-m)}(L)\,, \qquad \delta_0(K) = \frac{\gamma_0(L_0)}{V_{(n-m)}(L_0)}\, V_{(m)}(K)$$

$$(K = \text{beliebig} \in \underline{K}_m,\ L = \text{beliebig} \in \underline{K}_{n-m})\,,$$

woraus unter Benutzung von (412), (413 a, b) und der Abkürzung

$$\gamma_0^{(m)} := \frac{\delta_0(K_0)}{V_{(m)}(K_0)} = \frac{\gamma_0(L_0)}{V_{(n-m)}(L_0)}$$

die Beziehung

$$\psi(K + L) = \gamma_0^{(m)} V_{(m)}(K)\, V_{(n-m)}(L) = \gamma_0^{(m)} V(K + L) \tag{414}$$

gefolgert werden kann. Diese Beziehung bleibt wegen der Bewegungsinvarianz von ψ für jedes beliebige orthogonale Unterraumpaar (R_m, R_{n-m}) des R_n mit festen Dimensionen $m, n - m$ richtig. Spezialisieren wir in (414) noch K bzw. L zu Einheitswürfeln W_m bzw. W_{n-m} im R_m bzw. R_{n-m}, so finden wir wegen $W_m + W_{n-m}$ = Einheitswürfel im R_n und der Bewegungsinvarianz von ψ die Unabhängigkeit der Konstanten $\gamma_0^{(m)}$ von der Dimension m des gewählten Unterraumes R_m

$$\gamma_0^{(1)} = \gamma_0^{(2)} = \cdots = \gamma_0^{(n-1)} =: \gamma_0\,. \tag{415}$$

Die Relationen (414) und (415) besagen jetzt nichts anderes, als daß das durch

$$\chi(K) := \psi(K) - \gamma_0 V(K) = \psi(K) - \gamma_0 W_0(K) \qquad (K \in \underline{K}_n) \tag{416}$$

auf $\underline{K}_n$ definierte Funktional χ nicht nur wie ψ und W_0 bewegungsinvariant, stetig und einfach additiv ist, sondern für jeden orthogonalen Zylinder $K + L$ des R_n ($K \in \underline{K}_m$, $L \in \underline{K}_{n-m}$ für geeignetes R_m, R_{n-m} mit $R_m \perp R_{n-m}$, $1 \leq m \leq n - 1$, $1 \leq n - m \leq n - 1$) und damit nach (394) auch für jedes zu $\underline{K}_n$ gehörige eigentliche zweistufige orthogonale Zylinderpolyeder des R_n verschwindet. Aufgrund von Hilfssatz 17.2 besitzt daher χ für jedes n-dimensionale konvexe Polytop P des R_n die Homogenitätseigenschaft $\chi(2P) = 2\chi(P)$ und ist aus diesem Grund nach Hilfssatz 17.3 im Minkowskischen Sinn linear. Damit gilt aber nach Satz 17.1 und (374) für geeignete Konstante γ und δ

$$\chi(K) = \gamma \cdot B(K) + \delta = \frac{2\gamma}{\omega_n}\, W_{n-1}(K) + \delta \qquad (K = \text{beliebig} \in \underline{K}_n)\,. \tag{417}$$

Setzt man nun in (417) speziell $K_0 := \{x_0\}$ und $K_1 := x_0 x_1$ ($x_1 \neq x_0$) ein, so folgt wegen dim $K_0 = 0$, dim $K_1 = 1$, $n > 1$, der einfachen Additivität von χ und Satz 16.2e) $\delta = 0$ und $\gamma = 0$; d. h., wir haben

$$\chi(K) = 0 \quad \text{für alle } K \in \underline{K}_n\,. \tag{418}$$

(418) und (416) zeigen jetzt endlich die Gültigkeit von (376) für das einfach additive Funktional ψ und damit wegen (411) die Gültigkeit von (375) für das Ausgangsfunktional φ im Fall der Dimension n, womit der Beweis von Satz 17.2 vollendet ist. $\square$

Korollar zu Satz 17.2. *Das durch das v-te Quermaßintegral $W_v(K)$ in Abhängigkeit von $K \in \underline{K}_n$ definierte Funktional ist, von einer multiplikativen Konstanten abgesehen, das einzige bewegungsinvariante, vom Grad $n - v$ $(0 \leqq v \leqq n)$ homogene, stetige und additive auf $\underline{K}_n$ definierte Funktional.*

Bemerkung 17.1. *Satz 17.2 bleibt (mit nichtnegativen Konstanten $\gamma_0, \dots, \gamma_n$) richtig, wenn in ihm die Voraussetzung der Stetigkeit des vorgegebenen Funktionals φ durch die Voraussetzung der Monotonie von φ (vgl. Definition 17.1 d)) ersetzt wird.*[1])

Bisher haben wir uns nur mit skalarwertigen Funktionalen auf der Menge $\underline{K}_n$ aller kompakten konvexen Untermengen des R_n befaßt. Ausgangspunkt war hierbei die Untersuchung des Volumens einer Linearkombination von Elementen von $\underline{K}_n$. Um nun in möglichst analoger Weise zu Funktionalen auf $\underline{K}_n$ mit Werten im R_n selbst zu gelangen, definieren wir nach einer Idee von R. Schneider eine Abbildung $z \colon \underline{K}_n \to R_n$ durch

$$z(K) := \int_K x \, \mathrm{d}V \qquad (\textit{Zielvektor von } K) \tag{419}$$

$(x = $ variabler Ortsvektor, $\mathrm{d}V = $ Volumenelement).[2])

Dann gilt für den Zielvektor einer Linearkombination von Elementen aus $\underline{K}_n$ in Analogie zu (301) die Polynomdarstellung

$$z\left(\sum_{l=1}^{m} \lambda_l K_l\right) = \sum_{l_1=1}^{m} \cdots \sum_{l_{n+1}=1}^{m} z(K_{l_1}, \dots, K_{l_{n+1}}) \lambda_{l_1} \dots \lambda_{l_{n+1}} \qquad (\lambda_1 \geqq 0, \dots, \lambda_m \geqq 0) \tag{420}$$

mit den (in den Indizes $l_1, \dots, l_{n+1}$ vollsymmetrischen) *gemischten Zielvektoren* $z(K_{l_1}, \dots, K_{l_{n+1}}) \in R_n$ als Koeffizienten. Diese gemischten Zielvektoren besitzen die Eigenschaften

$$z\big(t_{a_{l_1}}(K_{l_1}), \dots, t_{a_{l_{n+1}}}(K_{l_{n+1}})\big) = z(K_{l_1}, \dots, K_{l_{n+1}})$$

$$+ \frac{1}{n+1}\big(V(K_{l_2}, \dots, K_{l_{n+1}})\, a_{l_1} + \cdots + V(K_{l_1}, \dots, K_{l_n})\, a_{l_{n+1}}\big) \tag{421}$$

$(t_a = o$ in a überführende Translation des R_n; $l_1, \dots, l_{n+1} = 1, \dots, m$; vgl. Satz 15.5),

$$z\big(b^{(0)}(K_{l_1}), \dots, b^{(0)}(K_{l_{n+1}})\big) = b^{(0)}\big(z(K_{l_1}, \dots, K_{l_{n+1}})\big) \tag{422}$$

$(b^{(0)} = o$ festlassende eigentliche Bewegung des R_n; $l_1, \dots, l_{n+1} = 1, \dots, m$; vgl. Satz 15.5),

$$z(\underbrace{K, \dots, K}_{n+1}) = z(K) \qquad (\text{vgl. Folgerung zu Bemerkung 15.4}) \tag{423}$$

---

[1]) Zum Beweis vgl. [41], S. 224—225, oder [42], Theoreme 5A7, 5A8, 7B3.

[2]) Vgl. [43], S. 114. Die im folgenden angeführten Tatsachen werden in dieser Arbeit im einzelnen hergeleitet.

und hängen wegen (420) von ihren Argumenten einzeln linear und stetig ab (vgl.
Satz 15.6 und Satz 15.7). Spezialisieren wir bei den gemischten Zielvektoren die
Argumente zu $K_{l_1} = K, \dots, K_{l_{n+1-\nu}} = K, \; K_{l_{n+2-\nu}} = B_1(o), \dots, K_{l_{n+1}} = B_1(o)$,
so erhalten wir nach einer Normierung die sogenannten *ν-ten Quermaßvektoren*
von K

$$q_\nu(K) := \frac{n+1}{n+1-\nu}\, z\big(\underbrace{K, \dots, K}_{n+1-\nu}, \underbrace{B_1(o), \dots, B_1(o)}_{\nu}\big) \qquad (0 \leqq \nu \leqq n) \quad (424)$$

(vgl. Definition 16.1). Die Normierung ist hier gerade so gewählt, daß sich die
Eigenschaft (421) der gemischten Zielvektoren zu

$$q_\nu\big(t_a(K)\big) = q_\nu(K) + W_\nu(K)\, a \qquad (0 \leqq \nu \leqq n) \tag{425}$$

spezialisiert. Die Eigenschaft (422) hat

$$q_\nu\big(b^{(0)}(K)\big) = b^{(0)}\big(q_\nu(K)\big) \qquad (0 \leqq \nu \leqq n) \tag{426}$$

zur Folge, und die Linearität bzw. Stetigkeit der gemischten Zielvektoren ergibt

$$q_\nu(\lambda K) = \lambda^{n+1-\nu} q_\nu(K) \qquad (\lambda \geqq 0;\, 0 \leqq \nu \leqq n) \tag{427}$$

bzw. die stetige Abhängigkeit von $q_\nu(K)$ von K. Außerdem ist das durch $K \in \underline{K}_n$
$\mapsto q_\nu(K) \in R_n$ auf $\underline{K}_n$ definierte Funktional im Sinne von Definition 17.1f) additiv.

Es erweist sich gelegentlich als zweckmäßig, anstelle von $q_\nu(K)$ den (nur für alle
$K \in \underline{K}_n$ mit dim $K \geqq n - \nu$ (vgl. Satz 16.2 e)) definierten) Quotienten

$$p_\nu(K) := \frac{q_\nu(K)}{W_\nu(K)} \qquad (0 \leqq \nu \leqq n) \tag{428}$$

zu betrachten, welcher aufgrund von (425), (426) und (427) die Transformations-
eigenschaften

$$p_\nu\big(t_a(K)\big) = t_a\big(p_\nu(K)\big) \qquad \text{\textit{(Äquivarianz gegen Translationen)}}, \tag{429}$$

$$p_\nu\big(b^{(0)}(K)\big) = b^{(0)}\big(p_\nu(K)\big) \qquad \text{\textit{(Äquivarianz gegen Drehungen um o)}} \tag{430}$$

und

$$p_\nu(\lambda K) = \lambda p_\nu(K) \qquad (\lambda \geqq 0) \qquad \text{\textit{(Äquivarianz gegen Streckungen}} \atop \text{\textit{mit dem Zentrum o)}} \tag{431}$$

besitzt. $p_\nu(K)$ heißt *ν-ter Krümmungsschwerpunkt von K*; er stimmt im Fall $\nu = 0$
wegen (428), (424), (423) und (419) mit dem gewöhnlichen Schwerpunkt von K und
im Fall $\nu = n$ mit dem sogenannten *Steiner-Punkt von K* überein. Letzterer ist für
alle $K \in \underline{K}_n$ definiert, und das durch $K \in \underline{K}_n \mapsto p_n(K) \in R_n$ definierte (stetige) Funktional ist nach (431) vom Grad 1 homogen und nach (428) und (424) im Minkow-
skischen Sinn linear, d. h., es gilt insbesondere für beliebiges $K_1, K_2 \in \underline{K}_n$ die Beziehung

$$p_n(K_1 + K_2) = p_n(K_1) + p_n(K_2) \qquad \text{\textit{(Additivität im Minkowskischen Sinne)}}. \tag{432}$$

R. Schneider konnte nun in einer gewissen Analogie zu Satz 17.1 zeigen:

Satz 17.3. *Es sei $n \geqq 2$, und es sei $\varphi\colon \underline{K}_n \to R_n$ ein translationsäquivariantes* (vgl. (429)), *drehäquivariantes* (vgl. (430)), *stetiges und im Minkowskischen Sinn additives* (vgl. (432)) *(vektorwertiges) Funktional. Dann gilt für alle $K \in \underline{K}_n$ die Relation*

$$\varphi(K) = p_n(K) \, .$$

Ebenfalls von R. Schneider stammt der ein Analogon zu Satz 17.2 darstellende

Satz 17.4. *Es sei $n \geq 2$, und es sei $\varphi\colon \underline{K}_n \to R_n$ ein drehäquivariantes* (vgl. (430)), *stetiges und im Sinne von Definition 17.1 f) additives (vektorwertiges) Funktional mit der Eigenschaft*

$$\varphi\big(t_a(K)\big) = \varphi(K) + \lambda(K)\, a \qquad \big(K \in \underline{K}_n,\, a \in R_n,\, \lambda(K) \in R\big) \, .$$

Dann gibt es reelle Konstante γ_ν $(0 \leqq \nu \leqq n)$ derart, daß für alle $K \in \underline{K}_n$ die Relation

$$\varphi(K) = \sum_{\nu=0}^{n} \gamma_\nu q_\nu(K) = \sum_{\nu=0}^{n} \gamma_\nu W_\nu(K)\, p_\nu(K)$$

besteht.

Die Beweise von Satz 17.3 und Satz 17.4 benützen Hilfsmittel, die über den Rahmen dieses Buches hinausgehen; sie finden sich in [44] und [45].

Übungen

1. Es soll gezeigt werden: Ist K eine kompakte konvexe Menge des R_n mit der Stützfunktion h, so besitzt der Steiner-Punkt $p_n(K)$ von K (vgl. (428)) die Integraldarstellung

$$p_n(K) = \frac{1}{\omega_n} \int\limits_{\partial B_1(o)} u h(u)\, d\sigma$$

($d\sigma = $ Oberflächenelement der Randsphäre $\partial B_1(o)$ von $B_1(o)$).

IV.   Symmetrisierung

§ 18.   Die Steinersche Symmetrisierung kompakter konvexer Mengen

Besonders wichtig für die Theorie der kompakten konvexen Mengen des n-dimensionalen euklidischen Raumes R_n sind Ungleichungen für die im letzten Kapitel eingeführten gemischten Volumina bzw. die Quermaßintegrale dieser Mengen. Ein Hilfsmittel, um diese Ungleichungen aufzufinden, besteht darin, die betreffenden Mengen gewissen Symmetrisierungsprozessen zu unterwerfen, nach welchen die Ungleichungen leichter ersichtlich werden. Wir erläutern in diesem Paragraphen zunächst die von J. STEINER eingeführte Symmetrisierung an einer Hyperebene des R_n:

Definition 18.1. Es sei A eine fest gewählte, durch den Ursprung o des n-dimensionalen euklidischen Raumes R_n gehende Hyperebene und s_A die *Spiegelung* des R_n an A. Dann wird eine beliebige kompakte und konvexe Untermenge K des R_n durch die *Steinersche Symmetrisierung S_A* an A in die Bildmenge

$$S_A(K) := \bigcup_G \left(\tfrac{1}{2} (G \cap K) + \tfrac{1}{2} (G \cap s_A(K)) \right) \tag{433}$$

$(G =$ beliebige zu A orthogonale Gerade des $R_n)$
übergeführt.

Anschaulich ausgedrückt bedeutet dies, daß $S_A(K)$ aus K folgendermaßen entsteht: Die zu A orthogonalen Geraden schneiden aus K Strecken aus, die längs dieser Geraden parallelverschoben werden, bis ihre Mittelpunkte auf A zu liegen kommen. Für die Bildmengen $S_A(K)$ gilt zunächst

Satz 18.1. *Durch die Steinersche Symmetrisierung S_A entsteht aus einer beliebigen kompakten und konvexen Menge K eine bezüglich A symmetrische, kompakte und konvexe Menge $S_A(K)$ des R_n.*

Beweis. Die Symmetrie von $S_A(K)$ bezüglich A ist trivial. Um die Kompaktheit von $S_A(K)$ einzusehen, beachten wir zunächst, daß K als kompakte Menge in einer hinreichend großen Vollkugel $B_R(o)$ um o enthalten ist, woraus $S_A(K) \subseteq S_A(B_R(o)) = B_R(o)$ und damit die Beschränktheit von $S_A(K)$ folgt. Nun sei $\{y_\mu\}_{\mu \in N}$ eine gegen y_0 konvergente Punktfolge mit $y_\mu \in S_A(K)$. Wenn y_μ auf der zu A orthogonalen Geraden G_μ liegt, so ist also

$$y_\mu \in \tfrac{1}{2} (G_\mu \cap K) + \tfrac{1}{2} (G_\mu \cap s_A(K)) \qquad (\mu = 1, 2, \ldots) \tag{434}$$

$\big($vgl. (433)$\big)$ mit $G_\mu \cap K =: x_\mu^{(1)}x_\mu^{(2)}$ und $G_\mu \cap s_A(K) = s_A(x_\mu^{(1)}x_\mu^{(2)})$. Aufgrund der Kompaktheit von K können wir o. B. d. A. $\lim\limits_{\mu\to\infty} x_\mu^{(1)} =: x_0^{(1)}$, $\lim\limits_{\mu\to\infty} x_\mu^{(2)} =: x_0^{(2)}$ annehmen, wobei

$$x_0^{(1)}x_0^{(2)} \subseteq G_0 \cap K \tag{435}$$

für eine passende zu A senkrechte Gerade G_0 des R_n gilt. Grenzübergang $\mu \to \infty$ in (434) liefert jetzt wegen (248) in Verbindung mit (435)

$$y_0 \in \tfrac{1}{2}\, x_0^{(1)}x_0^{(2)} + \tfrac{1}{2}\, s_A(x_0^{(1)}x_0^{(2)}) \subseteq \tfrac{1}{2}\,(G_0 \cap K) + \tfrac{1}{2}\,(G_0 \cap s_A(K)) \subseteq S_A(K)\,.$$

$S_A(K)$ ist daher auch als abgeschlossen erkannt, und es bleibt nur noch die Konvexität von $S_A(K)$ zu zeigen.

Zu diesem Zweck gehen wir von einer beliebigen, mit den Endpunkten in $S_A(K)$ gelegenen Strecke $y_1 y_2$ aus. Bezeichnen wir wieder die durch y_1 bzw. y_2 gehenden und zu A orthogonalen Geraden des R_n mit G_1 bzw. G_2 und ist

$$G_1 \cap K =: x_1^{(1)}x_1^{(2)}\,, \qquad G_2 \cap K =: x_2^{(1)}x_2^{(2)}$$

sowie

$$G_1 \cap S_A(K) =: y_1^{(1)}y_1^{(2)}\,, \qquad G_2 \cap S_A(K) =: y_2^{(1)}y_2^{(2)}\,,$$

so gilt wegen (433)

$$y_1 y_2 \subseteq \mathrm{conv}\,\{y_1^{(1)}, y_1^{(2)}, y_2^{(1)}, y_2^{(2)}\} = S_A(\mathrm{conv}\{x_1^{(1)}, x_1^{(2)}, x_2^{(1)}, x_2^{(2)}\}) \subseteq S_A(K)\,.$$

Daher ist in der Tat $S_A(K)$ auch konvex und Satz 18.1 bewiesen. $\square$

Satz 18.2. *Die Symmetrisierung S_A besitzt weiter die folgenden Eigenschaften:*

a) $S_A(K) = K$, *falls K symmetrisch bezüglich A ist;*
b) $S_A(K)$ *translationsgleich $S_A(K')$, falls K translationsgleich K'*[1]*;*
c) $S_A(\lambda K) = \lambda S_A(K)$ $\quad(\lambda \geqq 0)$;
d) $S_A(K') \subseteq S_A(K)$, *falls $K' \subseteq K$*.

Beweis. Trivial.

Für spätere Anwendungen von Wichtigkeit ist

Satz 18.3. *Für die Symmetrisierung S_A einer Linearkombination $\sum\limits_{l=1}^{m} \lambda_l K_l$ kompakter konvexer Mengen K_l des R_n gilt*

$$S_A\left(\sum_{l=1}^{m} \lambda_l K_l\right) \supseteq \sum_{l=1}^{m} \lambda_l S_A(K_l) \qquad (\lambda_1 \geqq 0, \dots, \lambda_m \geqq 0)\,. \tag{436}$$

Beweis. Es genügt offensichtlich, Satz 18.3 im Spezialfall $m = 2$ zu beweisen, da hieraus seine Gültigkeit für beliebiges m durch vollständige Induktion nach m folgt. Außerdem kann man sich noch aufgrund von Satz 18.2 c) beim Beweis von Satz 18.3 auf den weiteren Spezialfall $\lambda_1 + \lambda_2 = 1$ beschränken. Man hat also nur noch die Gültigkeit der Relation

$$S_A(\lambda_1 K_1 + \lambda_2 K_2) \supseteq \lambda_1 S_A(K_1) + \lambda_2 S_A(K_2) \qquad (\lambda_1 \geqq 0, \lambda_2 \geqq 0, \lambda_1 + \lambda_2 = 1) \tag{437}$$

---

[1]) Dabei heißen zwei Mengen des R_n kurz *translationsgleich*, wenn sie durch eine Translation des R_n ineinander übergeführt werden können.

einzusehen. Hierzu ziehen wir Bemerkung 8.4 heran, nach welcher im $(n+1)$-dimensionalen Produktraum $R_{n+1} := R_n \times R_1$

$$(\lambda_1 K_1 + \lambda_2 K_2) \times \{\lambda_2\} = \operatorname{conv}\{(K_1 \times \{0\}) \cup (K_2 \times \{1\})\} \cap (R_n \times \{\lambda_2\}) \tag{438}$$

und

$$\begin{aligned}
&\big(\lambda_1 S_A(K_1) + \lambda_2 S_A(K_2)\big) \times \{\lambda_2\} \\
&= \operatorname{conv}\big\{(S_A(K_1) \times \{0\}) \cup (S_A(K_2) \times \{1\})\big\} \cap (R_n \times \{\lambda_2\}) \\
&(0 \leqq \lambda_2 \leqq 1, \lambda_1 + \lambda_2 = 1)
\end{aligned} \tag{439}$$

gilt. Wir haben aufgrund von (433) und (438)

$$\begin{aligned}
&S_A(\lambda_1 K_1 + \lambda_2 K_2) \times \{\lambda_2\} \\
&= S_{A \times R_1}(\operatorname{conv}\{(K_1 \times \{0\}) \cup (K_2 \times \{1\})\}) \cap (R_n \times \{\lambda_2\}) \\
&(0 \leqq \lambda_2 \leqq 1, \lambda_1 + \lambda_2 = 1) \,.
\end{aligned} \tag{440}$$

$S_{A \times R_1}(\operatorname{conv}\{(K_1 \times \{0\}) \cup (K_2 \times \{1\})\})$ ist nach Satz 18.1 konvex und enthält nach (440) speziell $S_A(K_1) \times \{0\}$ und $S_A(K_2) \times \{1\}$ und damit auch die konvexe Hülle ihrer Vereinigung:

$$\begin{aligned}
&S_{A \times R_1}(\operatorname{conv}\{(K_1 \times \{0\}) \cup (K_2 \times \{1\})\}) \\
&\supseteq \operatorname{conv}\big\{(S_A(K_1) \times \{0\}) \cup (S_A(K_2) \times \{1\})\big\} \,.
\end{aligned} \tag{441}$$

Durchschnittbildung der in (441) auftretenden Mengen mit der Hyperebene $R_n \times \{\lambda_2\}$ des R_{n+1} liefert dann in Verbindung mit (440) und (439) in der Tat die noch zu beweisende Beziehung (437). $\square$

Die beim Beweis des vorigen Satzes eine wichtige Rolle spielende Beziehung (437) gibt uns Veranlassung, allgemeiner einparametrige Scharen kompakter konvexer Mengen zu betrachten, die im folgenden Sinne konvex bzw. konkav bzw. linear sind:

Definition 18.2. Es sei $\{K(\tau)\}_{\tau \in [\alpha, \beta]}$ eine von einem reellen Parameter τ abhängende Schar kompakter und konvexer Mengen des R_n. Dann heißt diese Schar *konvex* bzw. *konkav* bzw. *linear*, wenn für beliebige $\tau_1, \tau_2 \in [\alpha, \beta]$ und beliebige $\lambda_1 \geqq 0, \lambda_2 \geqq 0$ mit $\lambda_1 + \lambda_2 = 1$

$$K(\lambda_1 \tau_1 + \lambda_2 \tau_2) \subseteq \lambda_1 K(\tau_1) + \lambda_2 K(\tau_2) \tag{442a}$$

bzw.

$$K(\lambda_1 \tau_1 + \lambda_2 \tau_2) \supseteq \lambda_1 K(\tau_1) + \lambda_2 K(\tau_2) \tag{442b}$$

bzw.

$$K(\lambda_1 \tau_1 + \lambda_2 \tau_2) = \lambda_1 K(\tau_1) + \lambda_2 K(\tau_2) \tag{442c}$$

gilt.

Bemerkung 18.1. *Veranschaulicht man sich eine Schar* $\{K(\tau)\}_{\tau \in [\alpha, \beta]}$ *als parallele Schnitte einer Menge* $\widetilde{K}$ *im* R_{n+1}, *so ist genau bei einer konkaven Schar* $\widetilde{K}$ *konvex und genau bei einer linearen Schar* $\widetilde{K}$ *die konvexe Hülle der Endschnitte.* Für eine lineare Schar folgt dies unmittelbar aus Bemerkung 8.4. Ist nun $\{K(\tau)\}_{\tau \in [\alpha, \beta]}$ eine konkave Schar, so ist die durch $\widetilde{K} := \bigcup\limits_{\alpha \leqq \tau \leqq \beta} \big(K(\tau) \times \{\tau\}\big)$ im $R_{n+1} := R_n \times R_1$ gegebene Menge konvex: Sind nämlich $\tilde{x}^{(i)} := x^{(i)} \times \{\tau_i\}$ mit $x^{(i)} \in K(\tau_i)$ $(\tau_i \in [\alpha, \beta]$; $i = 1, 2)$ beliebige Punkte von $\tilde{K}$, so liegt der beliebige Punkt $\tilde{z} := \lambda_1 \tilde{x}^{(1)} + \lambda_2 \tilde{x}^{(2)}$ der Strecke $\tilde{x}^{(1)}\tilde{x}^{(2)}$ $(\lambda_1 \geq 0, \lambda_2 \geq 0, \lambda_1 + \lambda_2 = 1)$ wegen

$$\tilde{z} = (\lambda_1 x^{(1)} + \lambda_2 x^{(2)}) \times \{\lambda_1 \tau_1 + \lambda_2 \tau_2\} \in (\lambda_1 K(\tau_1) + \lambda_2 K(\tau_2)) \times \{\lambda_1 \tau_1 + \lambda_2 \tau_2\}$$
$$\subseteq K(\lambda_1 \tau_1 + \lambda_2 \tau_2) \times \{\lambda_1 \tau_1 + \lambda_2 \tau_2\}$$

(vgl. (442 b)) wieder in $\tilde{K}$. Ist dagegen umgekehrt $\tilde{K}$ konvex, so ist die konvexe Hülle zweier Schnitte von $\tilde{K}$ in $\tilde{K}$ enthalten, woraus aufgrund von Bemerkung 8.4 (442 b) folgt.

Beispiel. $\{(1 - \tau) K_1 + \tau K_2\}_{\tau \in [0, 1]}$ stellt wegen Satz 8.2 eine lineare Schar dar. Die symmetrisierte Schar $\{S_A((1 - \tau) K_1 + \tau K_2)\}_{\tau \in [0, 1]}$ ist aufgrund von (437) konkav, aber im allgemeinen nicht mehr linear. Diese Tatsache ist ein Spezialfall von

Satz 18.4. *Jede konkave Schar geht bei der Steinerschen Symmetrisierung S_A wieder in eine konkave Schar über.*

Beweis. Aus (442 b) folgt in Verbindung mit Satz 18.2 d) und (437) die zu zeigende Beziehung

$$S_A(K(\lambda_1 \tau_1 + \lambda_2 \tau_2)) \supseteq S_A(\lambda_1 K(\tau_1) + \lambda_2 K(\tau_2))$$
$$\supseteq \lambda_1 S_A(K(\tau_1)) + \lambda_2 S_A(K(\tau_2)) \qquad (\lambda_1 \geq 0, \lambda_2 \geq 0, \lambda_1 + \lambda_2 = 1) \,. \ \square$$

Der Hauptgegenstand dieses Paragraphen besteht nun im Beweis eines Satzes über das Verhalten der Quermaßintegrale bei der Steinerschen Symmetrisierung. Er lautet:

Satz 18.5. *Durch die Steinersche Symmetrisierung S_A einer kompakten konvexen Untermenge K des R_n werden die Quermaßintegrale von K nicht vergrößert:*

$$W_\nu(S_A(K)) \leqq W_\nu(K) \qquad (0 \leqq \nu \leqq n) \,. \tag{443}$$

Zusatz. *Es sei $G^{(0)}$ die durch den Ursprung o des R_n gehende, zur Symmetrisierungshyperebene A senkrechte Gerade und somit $K + G^{(0)}$ der Projektionszylinder von K bei der Orthogonalprojektion von K auf A. Dann gilt stets*

$$W_\nu(S_A(K)) = W_\nu(K) \qquad (0 \leqq \nu \leqq n - \dim(K + G^{(0)})\,^1), \nu = n) \,, \tag{444a}$$

während

$$W_\nu(S_A(K)) = W_\nu(K) \qquad (n - \dim(K + G^{(0)}) < \nu < n) \tag{444b}$$

genau dann richtig ist, wenn K eine zu A parallele Symmetriehyperebene besitzt.

Die hauptsächliche Beweisidee zu Satz 18.5 samt Zusatz besteht darin, den durch (433) gegebenen Übergang von K zur symmetrisierten Menge $S_A(K)$ durch einen von einem Parameter $\tau \in [0, 1]$ abhängenden kontinuierlichen Übergang zu ersetzen. Dies geschieht durch die folgende

---

[1]) Insbesondere bleibt also bei der Steinerschen Symmetrisierung stets das Volumen invariant.

Definition 18.3. Es sei A eine durch o gehende Hyperebene des R_n, s_A die Spiegelung an A und K eine kompakte, konvexe Menge des R_n. Dann heißt die durch

$$S_A^{(\tau)}(K) := \bigcup_G \left((1 - \tau)\,(G \cap K) + \tau(G \cap s_A(K))\right) \qquad (0 \leq \tau \leq 1) \qquad (445)$$

(G = beliebige zu A orthogonale Gerade des R_n)

(vgl. (433)) gegebene Schar $\{S_A^{(\tau)}(K)\}_{\tau \in [0, 1]}$ *Symmetrisierungsschar von K an A*; sie verbindet $S_A^{(0)}(K) = K$ mit $S_A^{(1/2)}(K) = S_A(K)$ durch *kontinuierliche Symmetrisierung* und endet bei $S_A^{(1)}(K) = s_A(K)$ (vgl. Abb. 39).

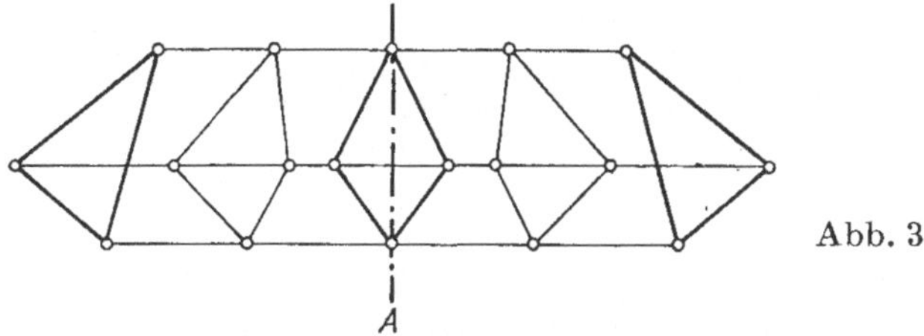

Abb. 39

Hilfssatz 18.1. *Die Symmetrisierungsschar $\{S_A^{(\tau)}(K)\}_{\tau \in [0, 1]}$ stellt eine im Sinne von Definition 18.2 konvexe Schar kompakter und konvexer Mengen des R_n dar.*

Beweis. Daß die einzelnen Mengen der angegebenen Symmetrisierungsschar kompakt und konvex sind, läßt sich völlig analog wie bei Satz 18.1 zeigen, wir verzichten auf einen ausführlicheren Beweis hierzu. Damit bleibt nur noch einzusehen, daß $\{S_A^{(\tau)}(K)\}$ eine konvexe Schar in Abhängigkeit von $\tau \in [0, 1]$ im Sinne von Definition 18.2 darstellt. Zu diesem Zweck betrachten wir eine beliebige zu A orthogonale Gerade G und finden aufgrund von (445) für den Durchschnitt von G mit den Scharmengen

$$\begin{aligned} G \cap S_A^{(\lambda_1 \tau_1 + \lambda_2 \tau_2)}(K) &= \lambda_1(G \cap S_A^{(\tau_1)}(K)) + \lambda_2(G \cap S_A^{(\tau_2)}(K)) \\ &\subseteq G \cap \left(\lambda_1 S_A^{(\tau_1)}(K) + \lambda_2 S_A^{(\tau_2)}(K)\right) \end{aligned} \qquad (446)$$

$$(\tau_1, \tau_2 \in [0, 1], \lambda_1 \geq 0, \lambda_2 \geq 0, \lambda_1 + \lambda_2 = 1)\,.$$

Vereinigung der auf der linken und rechten Seite von (446) stehenden Mengen für alle G ergibt dann unmittelbar die Gültigkeit von (442a), d. h. die Konvexität für die Schar $\{S_A^{(\tau)}(K)\}_{\tau \in [0, 1]}$. $\square$

Es erweist sich jetzt als zweckmäßig, allgemeinere Scharen konvexer Mengen zu untersuchen. Wir werden über sie einige Hilfssätze beweisen und danach zwei Sätze, aus denen schließlich Satz 18.5 samt Zusatz gefolgert werden kann. Wir beginnen mit

Definition 18.4. Eine Schar $\{K(\tau)\}_{\tau \in [\alpha, \beta]}$ kompakter konvexer Mengen des R_n heißt *Kanalschar*, wenn es eine den Ursprung o des R_n enthaltende Hyperebene A so gibt, daß die Orthogonalprojektionen $p_A(K(\tau))$ der Scharmengen auf die Hyperebene A nicht vom Scharparameter τ abhängen. Die zu A senkrechten Geraden heißen *Kanalgeraden*. Eine konvexe bzw. konkave bzw. lineare Kanalschar heißt *vollkonvex* bzw. *vollkonkav* bzw. *vollinear*, wenn für jede Kanalgerade G die Beziehungen

$$G \cap K(\lambda_1 \tau_1 + \lambda_2 \tau_2) \subseteq \lambda_1 \big(G \cap K(\tau_1)\big) + \lambda_2 \big(G \cap K(\tau_2)\big) \tag{447a}$$

bzw.

$$G \cap K(\lambda_1 \tau_1 + \lambda_2 \tau_2) \supseteq \lambda_1 \big(G \cap K(\tau_1)\big) + \lambda_2 \big(G \cap K(\tau_2)\big) \tag{447b}$$

bzw.

$$G \cap K(\lambda_1 \tau_1 + \lambda_2 \tau_2) = \lambda_1 \big(G \cap K(\tau_1)\big) + \lambda_2 \big(G \cap K(\tau_2)\big) \tag{447c}$$

$$(\tau_1, \tau_2 \in [\alpha, \beta]; \lambda_1 \geqq 0, \lambda_2 \geqq 0, \lambda_1 + \lambda_2 = 1)$$

bestehen (vgl. (442)).

Bemerkung 18.2. *Die Symmetrisierungsschar* $\{S_A^{(\tau)}(K)\}_{\tau \in [0, 1]}$ *von* K *an* A *ist aufgrund von Hilfssatz 18.1 sowie von (445) und (446) eine vollkonvexe Kanalschar mit zu* A *senkrechten Kanalgeraden.*

Hilfssatz 18.2. *Es sei* $\{K(\tau)\}_{\tau \in [\alpha, \beta]}$ *eine vollkonvexe Kanalschar des* R_n *mit den Kanalgeraden* G *und der dazu senkrechten, o enthaltenden Hyperebene* A. *Dann gilt:*

a) *Ist* B *eine zu den Kanalgeraden parallele Hyperebene, so ist* $\{B \cap K(\tau)\}_{\tau \in [\alpha, \beta]}$ *auch eine vollkonvexe Kanalschar mit den in* B *liegenden Kanalgeraden der Ausgangsschar.*

b) *Ist* p_C *die Orthogonalprojektion des* R_n *auf eine o enthaltende Hyperebene* C, *so bildet* $\{p_C(K(\tau))\}_{\tau \in [\alpha, \beta]}$ *auch eine vollkonvexe Kanalschar. Diese besitzt im Falle* $C \neq A$ *die Kanalgeraden* $G' := p_C(G)$ *und die dazu senkrechte, o enthaltende Hyperebene* $A' := A \cap C$ *relativ zu* C.

Beweis. a) $\{B \cap K(\tau)\}_{\tau \in [\alpha, \beta]}$ stellt trivialerweise eine Kanalschar dar, deren Kanalgeraden die in B liegenden Kanalgeraden der Ausgangsschar sind. Nach (447a) gilt für jedes in B gelegene G

$$G \cap \big(B \cap K(\lambda_1 \tau_1 + \lambda_2 \tau_2)\big) \subseteq \lambda_1 \big(G \cap (B \cap K(\tau_1))\big) + \lambda_2 \big(G \cap (B \cap K(\tau_2))\big), \tag{448}$$

d. h. um so mehr

$$G \cap K(\lambda_1 \tau_1 + \lambda_2 \tau_2) \subseteq \lambda_1 \big(B \cap K(\tau_1)\big) + \lambda_2 \big(B \cap K(\tau_2)\big) \,.$$

Vereinigungsbildung über G liefert

$$B \cap K(\lambda_1 \tau_1 + \lambda_2 \tau_2) \subseteq \lambda_1 \big(B \cap K(\tau_1)\big) + \lambda_2 \big(B \cap K(\tau_2)\big)$$

$$(\tau_1, \tau_2 \in [\alpha, \beta]; \lambda_1 \geqq 0, \lambda_2 \geqq 0, \lambda_1 + \lambda_2 = 1) \,.$$

Damit ist $\{B \cap K(\tau)\}_{\tau \in [\alpha, \beta]}$ konvex und nach (448) sogar vollkonvex.

b) Im Fall $C = A$ hängt $\{p_C(K(\tau))\}_{\tau \in [\alpha, \beta]}$ aufgrund von Definition 18.4 gar nicht von τ ab und ist somit wegen Satz 8.2, (442a) und (447a) trivialerweise vollkonvex.[1] Wir setzen daher im folgenden $C \neq A$ voraus. Dann werden die Mengen der Ausgangsschar $\{K(\tau)\}_{\tau \in [\alpha, \beta]}$ bei der Projektion $p_{A'} = p_{A'} \circ p_A = p_{A'} \circ p_C$ ($p_{A'}$ = Orthogonalprojektion auf A') des R_n auf A' in die Mengen $p_{A'}(p_C(K(\tau)))$ übergeführt.

---

[1] Hierbei kann eine beliebige Schar von in C gelegenen und zueinander parallelen Geraden G' als Kanalgeradenschar gewählt werden.

Letztere hängen wegen $p_{A'}\big(p_C(K(\tau))\big) = p_{A'}\big(p_A(K(\tau))\big)$ nach Definition 18.4 nicht von τ ab und bilden somit eine Kanalschar mit den (zu A' senkrechten und in C gelegenen) Kanalgeraden $G' = p_C(G)$. Diese Kanalschar ist aufgrund der Konvexität der Ausgangsschar wiederum konvex:

$$p_C\big(K(\lambda_1\tau_1 + \lambda_2\tau_2)\big) \subseteq p_C\big(\lambda_1 K(\tau_1) + \lambda_2 K(\tau_2)\big) = \lambda_1 p_C\big(K(\tau_1)\big) + \lambda_2 p_C\big(K(\tau_2)\big)$$

$$(\tau_1, \tau_2 \in [\alpha, \beta]; \lambda_1 \geqq 0, \lambda_2 \geqq 0, \lambda_1 + \lambda_2 = 1)$$

(vgl. (442a) und Satz 8.3). Sie ist sogar vollkonvex, wie man folgendermaßen einsehen kann: Es sei G' eine beliebige zu ihr gehörende Kanalgerade. Dann berechnet sich der Durchschnitt von G' mit $p_C\big(K(\lambda_1\tau_1 + \lambda_2\tau_2)\big)$ zu

$$G' \cap p_C\big(K(\lambda_1\tau_1 + \lambda_2\tau_2)\big) = p_C\big(p_C^{-1}(G') \cap K(\lambda_1\tau_1 + \lambda_2\tau_2)\big)$$

$$= p_C\left(\bigcup_{G \subseteq p_C^{-1}(G')} \big(G \cap K(\lambda_1\tau_1 + \lambda_2\tau_2)\big)\right)$$

$$\subseteq p_C\left(\bigcup_{G \subseteq p_C^{-1}(G')} \big(\lambda_1(G \cap K(\tau_1)) + \lambda_2(G \cap K(\tau_2))\big)\right)$$

$$\subseteq p_C\left(\lambda_1\Big(\bigcup_{G \subseteq p_C^{-1}(G')} \big(G \cap K(\tau_1)\big)\Big) + \lambda_2\Big(\bigcup_{G \subseteq p_C^{-1}(G')} \big(G \cap K(\tau_2)\big)\Big)\right)$$

$$= p_C\big(\lambda_1(p_C^{-1}(G') \cap K(\tau_1)) + \lambda_2(p_C^{-1}(G') \cap K(\tau_2))\big)$$

$$= \lambda_1\big(G' \cap p_C(K(\tau_1))\big) + \lambda_2\big(G' \cap p_C(K(\tau_2))\big)$$

$$(\tau_1, \tau_2 \in [\alpha, \beta]; \lambda_1 \geqq 0, \lambda_2 \geqq 0, \lambda_1 + \lambda_2 = 1)$$

(vgl. (447a) und (109)), d. h., die Schar $\{p_C\big(K(\tau)\big)\}_{\tau \in [\alpha, \beta]}$ genügt in der Tat der Bedingung (447a) für ihre Vollkonvexität. $\square$

Definition 18.5. Eine Kanalschar $\{K(\tau)\}_{\tau \in [\alpha, \beta]}$ im R_n heißt *Teleskopschar*, wenn für eine geeignete, auf der o enthaltenden Kanalgeraden $G^{(0)}$ gelegene Strecke $y_1 y_2$

$$K(\tau) = K(\alpha) + \frac{\tau - \alpha}{\beta - \alpha}\, y_1 y_2 \quad \text{oder} \quad K(\tau) = K(\beta) + \frac{\tau - \beta}{\alpha - \beta}\, y_1 y_2 \tag{449}$$

$$(\alpha \leqq \tau \leqq \beta)$$

gilt.[1]

Diese Definition besagt anschaulich, daß die Mengen einer Teleskopschar durch linear vom Scharparameter abhängendes „teleskopartiges Ausziehen oder Zusammendrücken" in Kanalgeradenrichtung auseinander hervorgehen. Jetzt gilt

Hilfssatz 18.3. *Es sei* $\{K(\tau)\}_{\tau \in [\alpha, \beta]}$ *eine Kanalschar des* R_n ($n \geqq 3$), *dessen Ursprung* o *so liege, daß die durch* o *gehende Kanalgerade* $G^{(0)}$ *die Kanalschar schneidet. Dann ist die Kanalschar genau dann eine Teleskopschar, wenn gilt:*

a) *Für alle* $G^{(0)}$ *enthaltenden Hyperebenen* B *ist die „Schnittschar"* $\{B \cap K(\tau)\}_{\tau \in [\alpha, \beta]}$ *eine Teleskopschar in* B, *oder*

---

[1]) Die Definition 18.5 einer Teleskopschar hängt nicht von der Wahl des Ursprungs o des R_n ab.

14*

b) *Für alle $G^{(0)}$ enthaltenden Hyperebenen C ist die „Projektionsschar"* $\{p_C(K(\tau))\}_{\tau\in[\alpha,\beta]}$ *($p_C = $ Orthogonalprojektion auf C) eine Teleskopschar in C.*

Beweis. Die Notwendigkeit der angegebenen Bedingungen ist trivial. Um ihr Hinreichen einzusehen, nehmen wir an, es sei a) $\{B \cap K(\tau)\}_{\tau\in[\alpha,\beta]}$ Teleskopschar für jede die Kanalgerade $G^{(0)}$ enthaltende Hyperebene B des R_n, d. h., es gelte

$$B \cap K(\tau) = \left(B \cap K(\alpha)\right) + \frac{\tau - \alpha}{\beta - \alpha}\, y_1(B)\, y_2(B)$$

oder

$$B \cap K(\tau) = \left(B \cap K(\beta)\right) + \frac{\tau - \beta}{\alpha - \beta}\, y_1(B)\, y_2(B) \qquad (\alpha \leqq \tau \leqq \beta)\,. \tag{450}$$

Dann liefert Durchschnittbildung mit $G^{(0)}$

$$G^{(0)} \cap K(\tau) = \left(G^{(0)} \cap K(\alpha)\right) + \frac{\tau - \alpha}{\beta - \alpha}\, y_1(B)\, y_2(B)$$

oder

$$G^{(0)} \cap K(\tau) = \left(G^{(0)} \cap K(\beta)\right) + \frac{\tau - \beta}{\alpha - \beta}\, y_1(B)\, y_2(B) \qquad (\alpha \leqq \tau \leqq \beta)\,, \tag{451}$$

d. h., $y_1(B)$ und $y_2(B)$ hängen gar nicht von B ab, und die Alternative in (451) stellt sich unabhängig von B. Damit wird aber aus (450) (unabhängig von B)

$$B \cap K(\tau) = B \cap \left(K(\alpha) + \frac{\tau - \alpha}{\beta - \alpha}\, y_1 y_2\right)$$

oder

$$B \cap K(\tau) = B \cap \left(K(\beta) + \frac{\tau - \beta}{\alpha - \beta}\, y_1 y_2\right) \qquad (\alpha \leqq \tau \leqq \beta)\,,$$

und die Bildung der Vereinigungsmenge für alle möglichen B ergibt in der Tat (449), womit $\{K(\tau)\}_{\tau\in[\alpha,\beta]}$ als Teleskopschar erkannt ist.

b) Wir nehmen jetzt an, die Projektionsschar $\{p_C(K(\tau))\}_{\tau\in[\alpha,\beta]}$ sei für jede die Kanalgerade $G^{(0)}$ enthaltende Hyperebene C des R_n eine Teleskopschar:

$$p_C(K(\tau)) = p_C(K(\alpha)) + \frac{\tau - \alpha}{\beta - \alpha}\, y_1(C)\, y_2(C)$$

oder

$$p_C(K(\tau)) = p_C(K(\beta)) + \frac{\tau - \beta}{\alpha - \beta}\, y_1(C)\, y_2(C) \qquad (\alpha \leqq \tau \leqq \beta)\,. \tag{452}$$

Es seien $A_1(\tau)$ bzw. $A_2(\tau)$ die zu den Kanalgeraden senkrechten Stützhyperebenen von $K(\tau)$ und $\overline{H_1(\tau)}$ bzw. $\overline{H_2(\tau)}$ die von ihnen begrenzten abgeschlossenen Halbräume des R_n, die $K(\tau)$ enthalten. Orthogonalprojektion des „Stützstreifens" $\overline{H_1(\tau)} \cap \overline{H_2(\tau)}$ auf C zusammen mit (452) ergibt dann

$$\overline{H_1(\tau)} \cap \overline{H_2(\tau)} = \overline{\left(H_1(\alpha) \cap H_2(\alpha)\right)} + \frac{\tau - \alpha}{\beta - \alpha}\, y_1(C)\, y_2(C)$$

oder

$$\overline{H_1(\tau)} \cap \overline{H_2(\tau)} = \overline{(H_1(\beta)} \cap \overline{H_2(\beta))} + \frac{\tau - \beta}{\alpha - \beta} y_1(C)\, y_2(C) \qquad (\alpha \leqq \tau \leqq \beta)\,.$$

(453)

$y_1(C)$ und $y_2(C)$ hängen also gar nicht von C ab, und die Alternative in (453) stellt sich unabhängig von C. Dies bedeutet aber, daß sich (452) nach (109) unabhängig von C in die Form

$$p_C(K(\tau)) = p_C\left(K(\alpha) + \frac{\tau - \alpha}{\beta - \alpha}\, y_1 y_2\right)$$

oder

$$p_C(K(\tau)) = p_C\left(K(\beta) + \frac{\tau - \beta}{\alpha - \beta}\, y_1 y_2\right) \qquad (\alpha \leqq \tau \leqq \beta)$$

bringen läßt. Die zu einem C senkrechten, d. h., alle Stützhyperebenen von $K(\tau)$ und von $K(\alpha) + \dfrac{\tau - \alpha}{\beta - \alpha}\, y_1 y_2$ oder alle Stützhyperebenen von $K(\tau)$ und von $K(\beta)$ $+ \dfrac{\tau - \beta}{\alpha - \beta}\, y_1 y_2$ stimmen also paarweise überein, so daß (449) aufgrund des Korollars zu Satz 3.5 gültig ist und $\{K(\tau)\}_{\tau \in [\alpha,\,\beta]}$ wiederum eine Teleskopschar darstellt. $\square$

Hilfssatz 18.4. *Eine Kanalschar* $\{K(\tau)\}_{\tau \in [\alpha,\,\beta]}$ *des* R_n *ist genau dann eine Teleskopschar, wenn sie (im Sinne von Definition 18.4) vollinear ist.*

Beweis. Die Notwendigkeit der angegebenen Bedingung für eine Teleskopschar ist leicht einzusehen. Wir entnehmen nämlich aus (449) aufgrund von Satz 8.2

$$K(\lambda_1 \tau_1 + \lambda_2 \tau_2) = \lambda_1\left(K(\alpha) + \frac{\tau_1 - \alpha}{\beta - \alpha}\, y_1 y_2\right) + \lambda_2\left(K(\alpha) + \frac{\tau_2 - \alpha}{\beta - \alpha}\, y_1 y_2\right)$$
$$= \lambda_1 K(\tau_1) + \lambda_2 K(\tau_2)$$

oder

$$K(\lambda_1 \tau_1 + \lambda_2 \tau_2) = \lambda_1\left(K(\beta) + \frac{\tau_1 - \beta}{\alpha - \beta}\, y_1 y_2\right) + \lambda_2\left(K(\beta) + \frac{\tau_2 - \beta}{\alpha - \beta}\, y_1 y_2\right)$$
$$= \lambda_1 K(\tau_1) + \lambda_2 K(\tau_2)$$
$$(\tau_1, \tau_2 \in [\alpha, \beta]; \lambda_1 \geqq 0, \lambda_2 \geqq 0, \lambda_1 + \lambda_2 = 1)\,,$$

und diese Beziehung bleibt richtig, wenn in ihr $K(\tau)$ durch $G \cap K(\tau)$ ($G =$ beliebige Kanalgerade der Kanalschar) ersetzt wird.

Nun sei umgekehrt $\{K(\tau)\}_{\tau \in [\alpha,\,\beta]}$ eine beliebige vollineare Kanalschar des R_n und $G^{(0)}$ die den Ursprung o enthaltende Kanalgerade. Wir ersetzen jetzt gegebenenfalls o. B. d. A. den R_n durch $\mathrm{aff}(K(\tau) + G^{(0)})$:

$$\mathrm{aff}(K(\tau) + G^{(0)}) = R_n \qquad (\alpha \leqq \tau \leqq \beta)\,.$$

(454)

Jetzt gilt wegen (442c) und Bemerkung 8.4 im Produktraum $R_{n+1} := R_n \times R_1$

$$K(\lambda_1 \alpha + \lambda_2 \beta) \times \{\lambda_2\} = \mathrm{conv}\{(K(\alpha) \times \{0\}) \cup (K(\beta) \times \{1\})\} \cap (R_n \times \{\lambda_2\})\,,$$

(455)

und in analoger Weise haben wir wegen (447c) und Bemerkung 8.4 für jede Kanalgerade G

$$(G \cap K(\lambda_1\alpha + \lambda_2\beta)) \times \{\lambda_2\} = \mathrm{conv}\{((G \cap K(\alpha)) \times \{0\})$$
$$\cup ((G \cap K(\beta)) \times \{1\})\} \cap (R_n \times \{\lambda_2\}) \quad (456)$$
$$(0 \leqq \lambda_2 \leqq 1, \lambda_1 + \lambda_2 = 1).$$

Wir bezeichnen im folgenden die (in gleicher Weise angeordneten) Endpunkte der
(nichtleeren) Strecken $G \cap K(\tau)$ mit $x^{(1)}(\tau)$ und $x^{(2)}(\tau)$ ($\alpha \leqq \tau \leqq \beta$). Nun entnehmen
wir (455), daß die Gerade $G \times \{\lambda_2\}$ die konvexe Menge $\widetilde{K} := \mathrm{conv}\{(K(\alpha) \times \{0\})$
$\cup (K(\beta) \times \{1\})\}$ des R_{n+1} in der Strecke

$$(G \cap K(\lambda_1\alpha + \lambda_2\beta)) \times \{\lambda_2\} = x^{(1)}(\lambda_1\alpha + \lambda_2\beta) \, x^{(2)}(\lambda_1\alpha + \lambda_2\beta) \times \{\lambda_2\}$$

schneidet. Deren Endpunkte müssen also Randpunkte von $\widetilde{K}$ sein, durch welche
die Stützhyperebenen $\widetilde{A}_1(\lambda_2)$ und $\widetilde{A}_2(\lambda_2)$ von $\widetilde{K}$ (relativ zu R_{n+1}) gehen. Nun folgt
aber aus (456), daß die eben betrachteten Randpunkte $x^{(1)}(\lambda_1\alpha + \lambda_2\beta) \times \{\lambda_2\}$ bzw.
$x^{(2)}(\lambda_1\alpha + \lambda_2\beta) \times \{\lambda_2\}$ im Fall eines λ_2 mit $0 < \lambda_2 < 1$ innere Punkte der in $\widetilde{K}$
enthaltenen Randstrecken $(x^{(1)}(\alpha) \times \{0\}) \, (x^{(1)}(\beta) \times \{1\})$ bzw. $(x^{(2)}(\alpha) \times \{0\})$
$(x^{(2)}(\beta) \times \{1\})$ des Trapezes $\mathrm{conv}\{((G \cap K(\alpha)) \times \{0\}) \cup ((G \cap K(\beta)) \times \{1\})\}$ im
R_{n+1} sind. Diese Randstrecken liegen daher in den Stützhyperebenen $\widetilde{A}_1(\lambda_2)$ bzw.
$\widetilde{A}_2(\lambda_2)$, und für ihre Endpunkte folgt hieraus

$$x^{(i)}(\alpha) \times \{0\} \in \widetilde{A}_i(\lambda_2) \cap (R_n \times \{0\}) =: A_i(\lambda_2) \times \{0\},$$
$$x^{(i)}(\beta) \times \{1\} \in \widetilde{A}_i(\lambda_2) \cap (R_n \times \{1\}) =: B_i(\lambda_2) \times \{1\} \qquad (i = 1, 2)$$

mit zueinander parallelen, im R_n gelegenen Hyperebenen $A_1(\lambda_2)$ und $B_1(\lambda_2)$ bzw.
$A_2(\lambda_2)$ und $B_2(\lambda_2)$. Dies bedeutet aber wegen der Stützeigenschaft von $\widetilde{A}_1(\lambda_2)$ und
$\widetilde{A}_2(\lambda_2)$ in bezug auf $\widetilde{K}$ nichts anderes, als daß durch die einander entsprechenden
Endpunkte $x^{(i)}(\alpha)$ und $x^{(i)}(\beta)$ der Strecken $G \cap K(\alpha)$ und $G \cap K(\beta)$ die parallelen
Stützhyperebenen $A_i(\lambda_2)$ und $B_i(\lambda_2)$ ($i = 1, 2$) von $K(\alpha)$ und $K(\beta)$ gehen.

Es sei jetzt G_0 eine die Kanalschar schneidende Kanalgerade, von der wir zusätzlich

$$G_0 \cap (K(\tau) + G^{(0)})^0 \neq \emptyset \qquad (457)$$

(vgl. (454)) voraussetzen wollen. Dann gilt für $G_0 \cap K(\alpha) =: x_0^{(1)}(\alpha) \, x_0^{(2)}(\alpha)$, $G_0 \cap K(\beta)$
$=: x_0^{(1)}(\beta) \, x_0^{(2)}(\beta)$ und geeignete Punkte y_1, y_2 von $G^{(0)}$

$$G_0 \cap K(\beta) = (G_0 \cap K(\alpha)) + y_1 y_2 \quad \text{oder} \quad G_0 \cap K(\alpha) = (G_0 \cap K(\beta)) + y_1 y_2.$$

Hieraus folgt insbesondere

$$x_0^{(i)}(\beta) = x_0^{(i)}(\alpha) + y_i \quad \text{oder} \quad x_0^{(i)}(\alpha) = x_0^{(i)}(\beta) + y_i \qquad (i = 1, 2). \quad (458)$$

Ist G eine beliebige, von G_0 verschiedene, die Kanalschar schneidende Kanalgerade
und $B^{(2)}$ die G_0 und G verbindende (zweidimensionale) Ebene des R_n, so können in
$B^{(2)}$ kartesische Koordinaten ξ_1 und ξ_2 so eingeführt werden, daß hierbei G_0 durch
$\xi_1 = 0$ und $B^{(2)} \cap A$ durch $\xi_2 = 0$ gegeben wird. Jetzt besitzen die konvexen

Bereiche $B^{(2)} \cap K(\alpha)$ und $B^{(2)} \cap K(\beta)$ die Darstellungen

$$B^{(2)} \cap K(\alpha) = \{x \in B^{(2)}; f_\alpha^{(1)}(\xi_1) \leqq \xi_2 \leqq f_\alpha^{(2)}(\xi_1)\}$$

und

$$B^{(2)} \cap K(\beta) = \{x \in B^{(2)}; f_\beta^{(1)}(\xi_1) \leqq \xi_2 \leqq f_\beta^{(2)}(\xi_1)\}$$

mit den konvexen, stetigen Funktionen $f_\alpha^{(1)}$, $f_\beta^{(1)}$, $-f_\alpha^{(2)}$, $-f_\beta^{(2)}$, welche definiert sind auf dem durch $B^{(2)} \cap p_A(K(\tau)) = (\gamma, 0)\,(\delta, 0)$ gegebenen Intervall $[\gamma, \delta]$ $(\gamma < 0 < \delta$, vgl. (457)). Die Differenzenquotienten dieser Funktionen sind in $[\gamma, \delta]$ monoton (vgl. (155)), also in jedem Teilintervall $[\gamma', \delta']$ mit $\gamma < \gamma' < 0 < \delta'$ $< \delta$ gleichmäßig beschränkt, so daß diese Funktionen in $[\gamma', \delta']$ sogar absolut stetig sind. Sie lassen sich also dort als unbestimmte Lebesguesche Integrale ihrer fast überall existierenden Ableitungen darstellen[1]:

$$\left. \begin{aligned}
f_\alpha^{(i)}(\xi_1) &= f_\alpha^{(i)}(0) + \int_0^{\xi_1} (f_\alpha^{(i)})'(\zeta_1)\,\mathrm{d}\zeta_1\,, \\
f_\beta^{(i)}(\xi_1) &= f_\beta^{(i)}(0) + \int_0^{\xi_1} (f_\beta^{(i)})'(\zeta_1)\,\mathrm{d}\zeta_1 \qquad (i = 1, 2; \gamma' \leqq \xi_1 \leqq \delta')\,.
\end{aligned} \right\} \tag{459}$$

Nun besagt das Ergebnis des vorangegangenen Abschnitts dieses Beweises, daß die Bereiche $B^{(2)} \cap K(\alpha)$ und $B^{(2)} \cap K(\beta)$ in ihren auf gleicher Kanalgerade gelegenen Randpunkten $(\zeta_1, f_\alpha^{(i)}(\zeta_1))$ und $(\zeta_1, f_\beta^{(i)}(\zeta_1))$ die parallelen Stützgeraden $B^{(2)} \cap A_i(\lambda_2)$ und $B^{(2)} \cap B_i(\lambda_2)$ $(i = 1, 2; \gamma \leqq \zeta_1 \leqq \delta)$[2] besitzen. Dies bedeutet, daß die in (459) auftretenden Ableitungen $(f_\alpha^{(i)})'(\zeta_1)$ und $(f_\beta^{(i)})'(\zeta_1)$ in ihrem gemeinsamen Definitionsbereich innerhalb $[\gamma', \delta']$ übereinstimmen müssen, woraus mit (459) nach Grenzübergang $\gamma' \to \gamma$ und $\delta' \to \delta$

$$f_\alpha^{(i)}(\xi_1) - f_\beta^{(i)}(\xi_1) = f_\alpha^{(i)}(0) - f_\beta^{(i)}(0) \qquad (i = 1, 2; \gamma \leqq \xi_1 \leqq \delta)$$

resultiert. Damit gilt aber für die Endpunkte $x^{(i)}(\alpha)$ bzw. $x^{(i)}(\beta)$ der Schnittstrecke der ins Auge gefaßten Kanalgeraden G mit $K(\alpha)$ bzw. $K(\beta)$ aufgrund von (458)

$$x^{(i)}(\beta) = x^{(i)}(\alpha) + y_i \quad \text{oder} \quad x^{(i)}(\alpha) = x^{(i)}(\beta) + y_i \qquad (i = 1, 2)\,,$$

was

$$G \cap K(\beta) = (G \cap K(\alpha)) + y_1 y_2 \quad \text{oder} \quad G \cap K(\alpha) = (G \cap K(\beta)) + y_1 y_2$$

zur Folge hat. Hieraus ergibt sich dann durch Bildung der Vereinigungsmenge für alle in Frage kommenden G

$$K(\beta) = K(\alpha) + y_1 y_2 \quad \text{oder} \quad K(\alpha) = K(\beta) + y_1 y_2\,. \tag{460}$$

Die vorausgesetzte Linearität der Kanalschar $\{K(\tau)\}_{\tau \in [\alpha, \beta]}$ liefert nach (442c) zusammen mit (460) und Satz 8.2

$$K(\tau) = \frac{\tau - \alpha}{\beta - \alpha} K(\beta) + \frac{\beta - \tau}{\beta - \alpha} K(\alpha) = K(\alpha) + \frac{\tau - \alpha}{\beta - \alpha} y_1 y_2 \qquad (\alpha \leqq \tau \leqq \beta)$$

---

[1]) Vgl. die Fußnote von S. 139.
[2]) Aufgrund von (457) ist $A_i(\lambda_2) \supseteq B^{(2)}$ oder $B_i(\lambda_2) \supseteq B^{(2)}$ unmöglich.

oder

$$K(\tau) = \frac{\tau - \alpha}{\beta - \alpha} K(\beta) + \frac{\beta - \tau}{\beta - \alpha} K(\alpha) = K(\beta) + \frac{\tau - \beta}{\alpha - \beta} y_1 y_2 \qquad (\alpha \leqq \tau \leqq \beta) \,.$$

Dies sind aber gerade die Definitionsgleichungen (449) einer Teleskopschar, womit Hilfssatz 18.4 vollständig bewiesen ist. $\square$

Satz 18.6. *Das ν-te Quermaßintegral der Mengen einer beliebigen vollkonvexen Kanalschar $\{K(\tau)\}_{\tau \in [\alpha, \beta]}$ im R_n bildet eine konvexe Funktion des Scharparameters τ:*

$$W_\nu\big(K(\lambda_1\tau_1 + \lambda_2\tau_2)\big) \leqq \lambda_1 W_\nu\big(K(\tau_1)\big) + \lambda_2 W_\nu\big(K(\tau_2)\big) \qquad (\nu = 0, \dots, n) \quad (461)$$

$$(\tau_1, \tau_2 \in [\alpha, \beta]; \lambda_1 \geqq 0, \lambda_2 \geqq 0, \lambda_1 + \lambda_2 = 1) \,.$$

Beweis. Die Kanalgeraden von $\{K(\tau)\}_{\tau \in [\alpha, \beta]}$ werden mit G bezeichnet, die dazu senkrechte Hyperebene durch den Ursprung o sei A. Wir führen unabhängig von n vollständige Induktion nach dem Index ν durch. Im Fall $\nu = 0$ haben wir in der Tat aufgrund von (447a) und (301)

$$W_0\big(K(\lambda_1\tau_1 + \lambda_2\tau_2)\big) = \int\limits_{p_A(K(\alpha))} V_{(1)}\big(G \cap K(\lambda_1\tau_1 + \lambda_2\tau_2)\big) \, dV_{(n-1)}$$

$$\leqq \lambda_1 \int\limits_{p_A(K(\alpha))} V_{(1)}\big(G \cap K(\tau_1)\big) \, dV_{(n-1)} + \lambda_2 \int\limits_{p_A(K(\alpha))} V_{(1)}\big(G \cap K(\tau_2)\big) \, dV_{(n-1)}$$

$$= \lambda_1 W_0\big(K(\tau_1)\big) + \lambda_2 W_0\big(K(\tau_2)\big)$$

$\big(dV_{(n-1)} = (n-1)$-dimensionales Volumenelement von A; $\tau_1, \tau_2 \in [\alpha, \beta]$; $\lambda_1 \geqq 0$, $\lambda_2 \geqq 0, \lambda_1 + \lambda_2 = 1\big)$.

Wir nehmen nun an, Satz 18.6 sei für alle Indizes kleiner als ein $\nu > 0$ unabhängig von n bewiesen, und zeigen seine Richtigkeit für den Index ν. Dazu verwenden wir die Kubota-Rekursionsformel (352). Nach Hilfssatz 18.2b) und Induktionsvoraussetzung gilt bei der Orthogonalprojektion p_v der gegebenen Kanalschar auf die o enthaltende Hyperebene $A(v)$ des R_n mit dem beliebigen Einheitsnormalenvektor v:

$$W_{\nu-1}^{(n-1)}\big(p_v(K(\lambda_1\tau_1 + \lambda_2\tau_2))\big) \leqq \lambda_1 W_{\nu-1}^{(n-1)}\big(p_v(K(\tau_1))\big) + \lambda_2 W_{\nu-1}^{(n-1)}\big(p_v(K(\tau_2))\big)$$

$$(\nu = 1, \dots, n; \tau_1, \tau_2 \in [\alpha, \beta]; \lambda_1 \geqq 0, \lambda_2 \geqq 0, \lambda_1 + \lambda_2 = 1; ||v|| = 1) \,. \quad (462)$$

Integration im Riemannschen Sinn der in (462) auftretenden, nach Satz 16.6 von v stetig abhängenden Funktionen über die Einheitssphäre $\partial B_1(o)$ ergibt dann unter Benutzung von (352) unmittelbar die Richtigkeit von (461) für das betrachtete ν. Damit ist der Induktionsbeweis vollendet. $\square$

Satz 18.7. *Es sei $\{K(\tau)\}_{\tau \in [\alpha, \beta]}$ eine vollkonvexe Kanalschar des R_n mit der den Ursprung o enthaltenden Kanalgeraden $G^{(0)}$ und der dazu senkrechten, o enthaltenden Hyperebene A. Die Kanalschar sei in dem Sinne nichtausgeartet, daß sie der Bedingung*

$$\dim\big(K(\tau) + G^{(0)}\big) = \dim\big(p_A(K(\tau))\big) + 1 = n \qquad (\alpha \leqq \tau \leqq \beta) \quad (463)$$

genügt. Dann bildet das ν-te Quermaßintegral der Mengen dieser Schar im Falle $0 < \nu < n$ nur dann eine lineare Funktion von τ:

$$W_\nu\big(K(\lambda_1\tau_1 + \lambda_2\tau_2)\big) = \lambda_1 W_\nu\big(K(\tau_1)\big) + \lambda_2 W_\nu\big(K(\tau_2)\big) \tag{464}$$

$$(\tau_1, \tau_2 \in [\alpha, \beta]; \lambda_1 \geqq 0, \lambda_2 \geqq 0, \lambda_1 + \lambda_2 = 1),$$

wenn die gegebene Schar eine Teleskopschar ist.

Beweis. Dieser erfolgt durch vollständige Induktion nach n und ν. Als Induktionsanfang behandeln wir daher zunächst den Fall $\nu = 1$, $n = 2$. Hier hat man wegen (442a), (336), (337) und (464)

$$W_1\big(K(\lambda_1\tau_1 + \lambda_2\tau_2)\big) \leqq W_1\big(\lambda_1 K(\tau_1) + \lambda_2 K(\tau_2)\big) = \lambda_1 W_1\big(K(\tau_1)\big) + \lambda_2 W_1\big(K(\tau_2)\big)$$

$$= W_1\big(K(\lambda_1\tau_1 + \lambda_2\tau_2)\big) \quad (\tau_1, \tau_2 \in [\alpha, \beta]; \lambda_1 \geqq 0, \lambda_2 \geqq 0, \lambda_1 + \lambda_2 = 1). \tag{465}$$

Beachtet man nun die aus (442a) und (463) folgende Beziehung

$$\dim\big(\lambda_1 K(\tau_1) + \lambda_2 K(\tau_2)\big) \geqq \dim\big(K(\lambda_1\tau_1 + \lambda_2\tau_2)\big)$$

$$\geqq \dim\big(p_A(K(\lambda_1\tau_1 + \lambda_2\tau_2))\big) = n - 1,$$

so läßt sich aus (465) in Verbindung mit Satz 16.7

$$K(\lambda_1\tau_1 + \lambda_2\tau_2) = \lambda_1 K(\tau_1) + \lambda_2 K(\tau_2)$$

$$(\tau_1, \tau_2 \in [\alpha, \beta]; \lambda_1 \geqq 0, \lambda_2 \geqq 0, \lambda_1 + \lambda_2 = 1),$$

d. h. die Linearität der gegebenen Kanalschar folgern. Hieraus folgt weiter für eine beliebige Kanalgerade G in Verbindung mit (447a)

$$G \cap K(\lambda_1\tau_1 + \lambda_2\tau_2) = G \cap \big(\lambda_1 K(\tau_1) + \lambda_2 K(\tau_2)\big)$$

$$\supseteq \lambda_1\big(G \cap K(\tau_1)\big) + \lambda_2\big(G \cap K(\tau_2)\big)$$

$$\supseteq G \cap K(\lambda_1\tau_1 + \lambda_2\tau_2),$$

d. h., die gegebene Kanalschar ist sogar vollinear und somit nach Hilfssatz 18.4 eine Teleskopschar.

Wir nehmen nun an, Satz 18.7 sei für den Index $\nu = 1$ und alle Dimensionen n' mit $2 \leqq n' < n$ bewiesen, und zeigen seine Richtigkeit für den Index $\nu = 1$ und die Dimension n. Hierzu werde der Ursprung o des R_n so gewählt, daß

$$G^{(0)} \cap \big(K(\tau) + G^{(0)}\big)^0 \neq \emptyset \tag{466}$$

(vgl. (463)) ist, und es sei B eine beliebige Hyperebene des R_n so, daß $B \supseteq G^{(0)}$ gilt. Nach Hilfssatz 18.2a) ist $\{B \cap K(\tau)\}_{\tau \in [\alpha, \beta]}$ eine vollkonvexe Kanalschar in B mit den in B liegenden Kanalgeraden G. Sie ist nichtausgeartet wegen

$$\dim\big(p_{B \cap A}(B \cap K(\tau))\big) = \dim\big(B \cap p_A(K(\tau))\big) = n - 2 \quad (\alpha \leqq \tau \leqq \beta)$$

(vgl. (463) und (466)). Daher ist nach Hilfssatz 18.3a) die Kanalschar $\{K(\tau)\}_{\tau \in [\alpha, \beta]}$ eine Teleskopschar, wenn $\{B \cap K(\tau)\}_{\tau \in [\alpha, \beta]}$ eine Teleskopschar ist, und nach Induktionsvoraussetzung $\{B \cap K(\tau)\}_{\tau \in [\alpha, \beta]}$ ist eine Teleskopschar, wenn

$$W_1^{(n-1)}\big(B \cap K(\lambda_1\tau_1 + \lambda_2\tau_2)\big) = \lambda_1 W_1^{(n-1)}\big(B \cap K(\tau_1)\big) + \lambda_2 W_1^{(n-1)}\big(B \cap K(\tau_2)\big)$$

$$(\tau_1, \tau_2 \in [\alpha, \beta]; \lambda_1 \geqq 0, \lambda_2 \geqq 0, \lambda_1 + \lambda_2 = 1) \tag{467}$$

gilt. Es bleibt daher die Gültigkeit von (467) für die Kanalschar $\{B \cap K(\tau)\}_{\tau\in[\alpha,\beta]}$ zu zeigen. Hierzu betrachten wir die Orthogonalprojektion $\{p_v(K(\tau))\}_{\tau\in[\alpha,\beta]}$ der gegebenen Kanalschar auf eine durch o gehende Hyperebene $A(v)$ des R_n mit dem Normaleneinheitsvektor v, welche nach Hilfssatz 18.2 b) wie die Kanalschar $\{K(\tau)\}_{\tau\in[\alpha,\beta]}$ vollkonvex ist. Nach Satz 18.6 ist daher

$$V_{(n-1)}\big(p_v(K(\lambda_1\tau_1 + \lambda_2\tau_2))\big) \leqq \lambda_1 V_{(n-1)}\big(p_v(K(\tau_1))\big) + \lambda_2 V_{(n-1)}\big(p_v(K(\tau_2))\big)$$

$\big(V_{(n-1)} = (n-1)$-dimensionales Volumen bezüglich $A(v)\big)$, und die Integration im Riemannschen Sinne der in dieser Ungleichung stehenden, nach Satz 16.5 von v stetig abhängenden Funktionen über die Einheitssphäre $\partial B_1(o)$ zeigt in Verbindung mit (343) und (464) (mit $\nu = 1$), daß in der vorstehenden Ungleichung für jedes $v \in \partial B_1(o)$ Gleichheit eintritt:

$$V_{(n-1)}\big(p_v(K(\lambda_1\tau_1 + \lambda_2\tau_2))\big) = \lambda_1 V_{(n-1)}\big(p_v(K(\tau_1))\big) + \lambda_2 V_{(n-1)}\big(p_v(K(\tau_2))\big)$$

$$(\tau_1, \tau_2 \in [\alpha, \beta]; \lambda_1 \geqq 0, \lambda_2 \geqq 0, \lambda_1 + \lambda_2 = 1) \,. \tag{468}$$

Nun ist $\{p_v(K(\tau))\}_{\tau\in[\alpha,\beta]}$ nach Hilfssatz 18.2 b) für $A(v) \neq A$ eine Kanalschar in $A(v)$ mit Kanalgeraden $G' := p_v(G)$, die orthogonal sind zu der o enthaltenden Hyperebene $A'(v) := A \cap A(v)$ relativ zu $A(v)$. Infolgedessen berechnet sich das $(n-1)$-dimensionale Volumen jeder Menge dieser Schar zu

$$V_{(n-1)}\big(p_v(K(\tau))\big) = \int\limits_{p_{A'(v)}(p_v(K(\alpha)))} V_{(1)}\big(G' \cap p_v(K(\tau))\big) \, dV_{(n-2)} \quad (\tau \in [\alpha, \beta]) \tag{469}$$

$\big(p_{A'(v)} =$ Orthogonalprojektion auf $A'(v)$, $dV_{(n-2)} = (n-2)$-dimensionales Volumenelement von $A'(v)\big)$. Hierbei gilt wegen der von uns gemachten Voraussetzung (463)

$$\dim\big(p_{A'(v)}(p_v(K(\alpha)))\big) = \dim\big(p_{A'(v)}(p_A(K(\alpha)))\big) = n - 2 \,.$$

Der Integrand $V_{(1)}\big(G' \cap p_v(K(\tau))\big)$ mit dem Definitionsbereich $p_{A'(v)}(p_v(K(\alpha)))$ läßt sich als mit -1 multiplizierte Summe zweier konvexer Funktionen darstellen[1]) und hängt also im Inneren seines Definitionsbereiches stetig von G' ab (vgl. Satz 10.2). Nun gilt für $V_{(1)}\big(G' \cap p_v(K(\tau))\big)$ aufgrund der Vollkonvexität von $\{p_v(K(\tau))\}_{\tau\in[\alpha,\beta]}$ sowie aufgrund von (301) die Relation

$$V_{(1)}\big(G' \cap p_v(K(\lambda_1\tau_1 + \lambda_2\tau_2))\big) \leqq V_{(1)}\big(\lambda_1(G' \cap p_v(K(\tau_1))) + \lambda_2(G' \cap p_v(K(\tau_2)))\big)$$
$$= \lambda_1 V_{(1)}\big(G' \cap p_v(K(\tau_1))\big) + \lambda_2 V_{(1)}\big(G' \cap p_v(K(\tau_2))\big) \,.$$

Die Integration dieser Ungleichung über $p_{A'(v)}(p_v(K(\alpha)))$ zeigt jetzt zusammen mit (469) und (468), daß hier in Wirklichkeit für alle G' Gleichheit herrscht[2]):

$$V_{(1)}\big(G' \cap p_v(K(\lambda_1\tau_1 + \lambda_2\tau_2))\big) = \lambda_1 V_{(1)}\big(G' \cap p_v(K(\tau_1))\big) + \lambda_2 V_{(1)}\big(G' \cap p_v(K(\tau_2))\big)$$

$$(\tau_1, \tau_2 \in [\alpha, \beta]; \lambda_1 \geqq 0, \lambda_2 \geqq 0, \lambda_1 + \lambda_2 = 1; A(v) \neq A) \,. \tag{470}$$

---

[1]) Dies ist eine unmittelbare Folge der Tatsache, daß sich $p_v(K(\tau))$ bezüglich eines $(\xi_1, \dots, \xi_{n-1})$-Koordinatensystems von $A(v)$ mit zu G' paralleler ξ_{n-1}-Achse in der Form

$$p_v(K(\tau)) = \{x \in A(v); f_\tau^{(1)}(\xi_1, \dots, \xi_{n-2}) \leqq \xi_{n-1} \leqq f_\tau^{(2)}(\xi_1, \dots, \xi_{n-2}),$$
$$(\xi_1, \dots, \xi_{n-2}) \in p_{A'(v)}(p_v(K(\alpha)))\}$$

mit konvexem $f_\tau^{(1)}$ und $-f_\tau^{(2)}$ darstellen läßt.

[2]) Die Integranden $V_{(1)}\big(G' \cap p_v(K(\tau))\big)$ bleiben nämlich bei geradliniger Annäherung von G' an den Rand ihres Definitionsbereichs stetig!

Nochmalige Anwendung der Überlegungen des letzten Abschnitts führt nun zum Beweis der Gleichung (467). Dazu verwenden wir jetzt die Orthogonalprojektionen p_v der Kanalschar $\{B \cap K(\tau)\}_{\tau \in [\alpha, \beta]}$ auf alle diejenigen (o enthaltenden) Hyperebenen $A(v) \neq A$, welche auf B senkrecht stehen. Dann berechnet sich das $(n-2)$-dimensionale Volumen der Menge

$$p_{B \cap A(v)}\big(B \cap K(\tau)\big) = p_v\big(B \cap K(\tau)\big) = B \cap p_v\big(K(\tau)\big) \tag{471}$$

$\big(p_{B \cap A(v)} = \text{Orthogonalprojektion auf } B \cap A(v)\big)$ wegen (471) durch

$$V_{(n-2)}\big(p_{B \cap A(v)}(B \cap K(\tau))\big) = \int\limits_{B \cap p_{A'(v)}p(v(K(\alpha)))} V_{(1)}\big(G' \cap p_v(K(\tau))\big) \, dV_{(n-3)}$$

$(\tau \in [\alpha, \beta])$

$\big(dV_{(n-3)} = (n-3)\text{-dimensionales Volumenelement von } B \cap A'(v)\big)$, und wir entnehmen aus (470) unmittelbar die Gültigkeit von

$$V_{(n-2)}\big(p_{B \cap A(v)}(B \cap K(\lambda_1 \tau_1 + \lambda_2 \tau_2))\big)$$
$$= \lambda_1 V_{(n-2)}\big(p_{B \cap A(v)}(B \cap K(\tau_1))\big) + \lambda_2 V_{(n-2)}\big(p_{B \cap A(v)}(B \cap K(\tau_2))\big) \tag{472}$$

$(\tau_1, \tau_2 \in [\alpha, \beta]; \lambda_1 \geqq 0, \lambda_2 \geqq 0, \lambda_1 + \lambda_2 = 1; A(v) \neq A)$.

Weil für $A(v) = A$ ebenfalls (471) gilt, bleibt (472) auch in diesem Fall trivialerweise richtig. Die Integration der letzten Beziehung über alle zu B parallelen v ergibt aufgrund von (352) schließlich die beim betrachteten Induktionsschritt allein noch zu zeigende Gültigkeit der Beziehung (467).

Es bleibt die Aufgabe, Satz 18.7 für beliebigen Index $v > 0$ und beliebige Dimension $n > v$ herzuleiten. Zu diesem Zweck nehmen wir vollständige Induktion nach dem Index v unabhängig von der Dimension n vor. Der Induktionsanfang $v = 1$ ist durch das Endergebnis der beiden vorangegangenen Beweisschritte schon gegeben; wir nehmen daher an, Satz 18.7 sei für alle Indizes v' mit $1 \leqq v' < v$ und alle Dimensionen n' mit $n' > v'$ als richtig erkannt, und beweisen ihn daraufhin für den Index v und eine beliebige Dimension $n > v$. Dazu betrachten wir erst einmal die nach Hilfssatz 18.2 b) vollkonvexe Projektionsschar $\{p_v(K(\tau))\}_{\tau \in [\alpha, \beta]}$ $(p_v = \text{Orthogonalprojektion des } R_n \text{ auf die durch } o \text{ gehende Hyperebene } A(v) \text{ des } R_n$ mit dem Normaleneinheitsvektor v). Wir integrieren die aus Satz 18.6 folgende Ungleichung

$$W^{(n-1)}_{v-1}\big(p_v(K(\lambda_1 \tau_1 + \lambda_2 \tau_2))\big) \leqq \lambda_1 W^{(n-1)}_{v-1}\big(p_v(K(\tau_1))\big) + \lambda_2 W^{(n-1)}_{v-1}\big(p_v(K(\tau_2))\big)$$

$(\tau_1, \tau_2 \in [\alpha, \beta]; \lambda_1 \geqq 0, \lambda_2 \geqq 0, \lambda_1 + \lambda_2 = 1)$

über alle $v \in \partial B_1(o)$[1]) und finden aufgrund von (352) zusammen mit (464), daß in obiger Ungleichung für jedes v Gleichheit eintritt. Insbesondere gilt also für die Projektionsschar auf eine, die Kanalgerade $G^{(0)}$ enthaltende Hyperebene C des R_n

$$W^{(n-1)}_{v-1}\big(p_C(K(\lambda_1 \tau_1 + \lambda_2 \tau_2))\big) = \lambda_1 W^{(n-1)}_{v-1}\big(p_C(K(\tau_1))\big) + \lambda_2 W^{(n-1)}_{v-1}\big(p_C(K(\tau_2))\big)$$

$(\tau_1, \tau_2 \in [\alpha, \beta]; \lambda_1 \geqq 0, \lambda_2 \geqq 0, \lambda_1 + \lambda_2 = 1)$. \tag{473}

---

[1]) Nach Satz 16.6 hängen alle Integranden von v stetig ab, so daß Integration im Riemannschen Sinne möglich ist.

Die Kanalschar $\{p_C(K(\tau))\}_{\tau\in[\alpha,\beta]}$ hat nach Hilfssatz 18.2b) die Kanalgeraden $G' = p_C(G)$ und die dazu senkrechte, o enthaltende Hyperebene $A' := A \cap C$ relativ zu C; sie ist außerdem nichtausgeartet, weil für sie nach (463)

$$\dim p_{A'}(p_C(K(\tau))) = \dim p_{A'}(p_A(K(\tau))) = n - 2 \qquad (\alpha \leqq \tau \leqq \beta)$$

$(p_{A'} = \text{Orthogonalprojektion auf } A')$

gilt. Nach (473) und Induktionsvoraussetzung ist daher $\{p_C(K(\tau))\}_{\tau\in[\alpha,\beta]}$ eine Teleskopschar. Da dies aber für jede $G^{(0)}$ enthaltende Hyperebene C des R_n zutrifft, ist nach Hilfssatz 18.3b) auch $\{K(\tau)\}_{\tau\in[\alpha,\beta]}$ selbst Teleskopschar, womit auch der letzte Induktionsschritt vollzogen und der Beweis von Satz 18.7 vollendet ist. $\square$

Wir sind jetzt in der Lage, Satz 18.5 zu beweisen.

Beweis von Satz 18.5. Nach Satz 16.2a) ist $W_\nu(K) = \frac{1}{2}\left(W_\nu(K) + W_\nu(s_A(K))\right)$ $(s_A = \text{Spiegelung an } A)$. Mit Hilfe der Symmetrisierungsschar $\{S_A^{(\tau)}(K)\}_{\tau\in[\alpha,\beta]}$ läßt sich daher die Behauptung (443) umschreiben zu

$$W_\nu\big(S_A^{(1/2)}(K)\big) \leqq \tfrac{1}{2}\left(W_\nu(S_A^{(0)}(K)) + W_\nu(S_A^{(1)}(K))\right) \qquad (0 \leqq \nu \leqq n) \,. \tag{474}$$

Weil $\{S_A^{(\tau)}(K)\}_{\tau\in[0,1]}$ nach Bemerkung 18.2 eine vollkonvexe Kanalschar ist, liefert Satz 18.6 die Richtigkeit von (474). $\square$

Beweis des Zusatzes zu Satz 18.5. Wir behandeln zunächst den Nachweis von (444a). In den Fällen $0 \leqq \nu < n - \dim(K + G^{(0)})$ ist diese Gleichheit wegen $\dim K \leqq \dim(K + G^{(0)}) < n - \nu$ und $\dim S_A(K) \leqq \dim(K + G^{(0)}) < n - \nu$, d. h. $W_\nu(K) = 0$ und $W_\nu(S_A(K)) = 0$ (vgl. Satz 16.2e)) trivial. Im Fall $\nu = n$ ist (444a) trivial wegen $W_n(K) = \omega_n$ und $W_n(S_A(K)) = \omega_n$ (vgl. Definition 16.1). Im verbleibenden Fall $\nu = n - \dim(K + G^{(0)}) =: n - n_0$ haben wir dagegen nach mehrmaliger Anwendung von Bemerkung 16.2

$$W_\nu(K) = \gamma W_0^{(n-\nu)}(K) = \gamma V_{(n_0)}(K) \,,$$

$$W_\nu(S_A(K)) = \gamma W_0^{(n-\nu)}(S_A(K)) = \gamma V_{(n_0)}(S_A(K))$$

mit einer von K unabhängigen Konstanten $\gamma > 0$. Aus Definition 18.3, (446) und (301) folgt nun

$$V_{(n_0)}(S_A(K)) = \int_{p_A(K)} V_{(1)}\big(G \cap S_A^{(1/2)}(K)\big)\, dV_{(n_0-1)}$$

$$= \tfrac{1}{2}\int_{p_A(K)} V_{(1)}\big(G \cap S_A^{(0)}(K)\big)\, dV_{(n_0-1)} + \tfrac{1}{2}\int_{p_A(K)} V_{(1)}\big(G \cap S_A^{(1)}(K)\big)\, dV_{(n_0-1)}$$

$$= \tfrac{1}{2} V_{(n_0)}(K) + \tfrac{1}{2} V_{(n_0)}(s_A(K)) = V_{(n_0)}(K)$$

$(p_A = \text{Orthogonalprojektion des } R_n \text{ auf die Hyperebene } A$, $dV_{(n_0-1)} = (n_0 - 1)$-dimensionales Volumenelement von $A \cap \mathrm{aff}(K + G^{(0)}))$, womit (444a) verifiziert ist.

Wir nehmen jetzt an, die Gleichung (444b) sei für ein ν mit $n - \dim(K + G^{(0)}) = n - n_0 < \nu < n$ erfüllt, und wollen zeigen. daß dann K eine zu A parallele Symmetriehyperebene besitzen muß. Zu diesem Zweck beachten wir, daß (444b) nach wiederum mehrmaliger Anwendung von Bemerkung 16.2 äquivalent ist zur

Gleichung

$$W_{v_0}^{(n_0)}\big(S_A^{(1/2)}(K)\big) = \tfrac{1}{2}\, W_{v_0}^{(n_0)}\big(S_A^{(0)}(K)\big) + \tfrac{1}{2}\, W_{v_0}^{(n_0)}\big(S_A^{(1)}(K)\big)$$

$$(0 < v - (n - n_0) =: v_0 < n_0)\,,$$

welche aufgrund von Bemerkung 18.2 und Satz 18.6 äquivalent ist mit der Linearität von $W_{v_0}^{(n_0)}\big(S_A^{(\tau)}(K)\big)$:

$$W_{v_0}^{(n_0)}\big(S_A^{(\lambda_1 \tau_1 + \lambda_2 \tau_2)}(K)\big) = \lambda_1 W_{v_0}^{(n_0)}\big(S_A^{(\tau_1)}(K)\big) + \lambda_2 W_{v_0}^{(n_0)}\big(S_A^{(\tau_2)}(K)\big)$$

$$(0 < v_0 < n_0;\, \tau_1, \tau_2 \in [0, 1];\, \lambda_1 \geqq 0, \lambda_2 \geqq 0, \lambda_1 + \lambda_2 = 1)\,.$$

Da die vollkonvexe Kanalschar $\{S_A^{(\tau)}(K)\}_{\tau \in [0,1]}$ in bezug auf den sie einbettenden n_0-dimensionalen Unterraum aff$(K + G^{(0)})$ des R_n im Sinne von Satz 18.7 nichtausgeartet ist $\big($vgl. (463)$\big)$, zeigt jetzt dieser Satz, daß $\{S_A^{(\tau)}(K)\}_{\tau \in [0,1]}$ eine Teleskopschar sein muß. Dies hat nach Definition 18.5 speziell

$$s_A(K) = K + y_1 y_2 \quad \text{oder} \quad K = s_A(K) + y_1 y_2 \tag{475}$$

zur Folge, worin $y_1 y_2$ eine geeignete, in $G^{(0)}$ gelegene Strecke bedeutet. Durchschnittbildung in den alternativ gültigen Gleichungen (475) mit einer beliebigen, K schneidenden Kanalgeraden G ergibt nun $y_1 = y_2$, d. h., K und die an A gespiegelte Menge $s_A(K)$ müssen bis auf eine zu A orthogonale Translation übereinstimmen. Dann stimmen aber auch K und die an einer geeigneten Parallelhyperebene A_1 von A gespiegelte Menge $s_{A_1}(K)$ selbst überein, d. h., K besitzt die zu A parallele Symmetriehyperebene A_1. Da in diesem Fall umgekehrt K und die an A symmetrisierte Menge $S_A(K)$ bis auf eine Translation gleich sind und somit (444 b) trivialerweise gilt, ist der Zusatz zu Satz 18.5 vollständig bewiesen. $\square$

Zum Schluß dieses Paragraphen wollen wir noch untersuchen, wie sich eine im Sinne von Definition 14.2 konvergente Folge $\{K_v\}_{v \in N}$ kompakter konvexer Untermengen des R_n bei Anwendung der Symmetrisierung S_A an der (o enthaltenden) Hyperebene A des R_n verhält. Zunächst sieht man leicht an folgendem Beispiel, daß S_A keine stetige Mengenoperation darstellt: Es sei R_2 die (ξ_1, ξ_2)-Ebene und $\{K_v\}_{v \in N}$ die Folge der darin liegenden Strecken $K_v := (0, 0)\left(\dfrac{1}{v}, 1\right)$ mit der Limesstrecke $K_0 := \lim\limits_{v \to \infty} K_v = (0, 0)\,(0, 1)$. Dann liefert die Steinersche Symmetrisierung S_A an der durch $\xi_2 = 0$ gegebenen Geraden A: $S_A(K_v) = (0, 0)\left(\dfrac{1}{v}, 0\right)$ und $S_A(K_0) = \left(0, -\dfrac{1}{2}\right)\left(0, \dfrac{1}{2}\right)$ mit $\lim\limits_{v \to \infty} S_A(K_v) = (0, 0) \neq S_A(K_0)$. Jedoch stellt die Symmetrisierung S_A eine *halbstetige* Mengenoperation dar im Sinne von

Satz 18.8. *Es sei $\{K_v\}_{v \in N}$ eine konvergente Folge kompakter konvexer Mengen des R_n mit*

$$\lim_{v \to \infty} K_v =: K_0\,, \tag{476}$$

und S_A sei die Steinersche Symmetrisierung an der (durch den Ursprung o gehenden) Hyperebene A des R_n. Weiter werde vorausgesetzt, daß die Folge der symmetrisierten

Mengen gegen die kompakte konvexe Menge L_0 des R_n konvergiert:

$$\lim_{\nu \to \infty} S_A(K_\nu) = L_0 \,. \tag{477}$$

Dann ist L_0 in der durch Symmetrisierung aus K_0 entstehenden Menge enthalten:

$$L_0 \subseteq S_A(K_0) \,. \tag{478}$$

Beweis. Aufgrund der vorausgesetzten Konvergenzen (476) und (477) existiert zu einem beliebigen $\mu \in N$ eine davon abhängige natürliche Zahl $\nu(\mu)$ derart, daß gleichzeitig die Beziehungen

$$K_{\nu(\mu)} \subseteq (K_0)_{1/\mu} \tag{479}$$

und

$$L_0 \subseteq \big(S_A(K_{\nu(\mu)})\big)_{1/\mu} \qquad (\mu = 1, 2, \ldots) \tag{480}$$

erfüllt sind. Nun haben wir nach (119), Satz 18.2 a) sowie (436)

$$\big(S_A(K_{\nu(\mu)})\big)_{1/\mu} = S_A(K_{\nu(\mu)}) + B_{1/\mu}(o) = S_A(K_{\nu(\mu)}) + S_A(B_{1/\mu}(o))$$
$$\subseteq S_A\big(K_{\nu(\mu)} + B_{1/\mu}(o)\big) = S_A\big((K_{\nu(\mu)})_{1/\mu}\big) \qquad (\mu = 1, 2, \ldots) \,.$$

Daraus ergibt sich zusammen mit (480), (479) und Satz 18.2 d)

$$L_0 \subseteq S_A\big((K_{\nu(\mu)})_{1/\mu}\big) \subseteq S_A\big((K_0)_{2/\mu}\big) \qquad (\mu = 1, 2, \ldots) \,,$$

d. h.

$$L_0 \subseteq \bigcap_{\mu=1}^{\infty} S_A\big((K_0)_{2/\mu}\big) \,. \tag{481}$$

Jetzt sind aber die Folgen $\{(K_0)_{2/\mu}\}_{\mu \in N}$, $\{s_A((K_0)_{2/\mu})\}_{\mu \in N}$ und $\{S_A((K_0)_{2/\mu})\}_{\mu \in N}$ im Sinne von Satz 14.2 monoton abnehmend, und das gleiche gilt auch für die durch Durchschnittbildung mit einer beliebigen zu A orthogonalen Geraden G entstehenden Folgen

$$\{G \cap (K_0)_{2/\mu}\}_{\mu \in N}, \quad \{G \cap s_A((K_0)_{2/\mu})\}_{\mu \in N} \quad \text{und} \quad \{G \cap S_A((K_0)_{2/\mu})\}_{\mu \in N}$$

(vgl. Satz 18.2 d)). Infolgedessen können wir unter Zuhilfenahme von Satz 14.2, (433) und (248) auf

$$G \cap \left(\bigcap_{\mu=1}^{\infty} S_A((K_0)_{2/\mu})\right) = \bigcap_{\mu=1}^{\infty} \big(G \cap S_A((K_0)_{2/\mu})\big) = \lim_{\mu \to \infty} \big(G \cap S_A((K_0)_{2/\mu})\big)$$
$$= \lim_{\mu \to \infty} \big(\tfrac{1}{2}\,(G \cap (K_0)_{2/\mu}) + \tfrac{1}{2}\,(G \cap s_A((K_0)_{2/\mu}))\big)$$
$$= \tfrac{1}{2} \lim_{\mu \to \infty} \big(G \cap (K_0)_{2/\mu}\big) + \tfrac{1}{2} \lim_{\mu \to \infty} \big(G \cap s_A((K_0)_{2/\mu})\big)$$
$$= \tfrac{1}{2} \left(\bigcap_{\mu=1}^{\infty} (G \cap (K_0)_{2/\mu})\right) + \tfrac{1}{2} \left(\bigcap_{\mu=1}^{\infty} (G \cap s_A((K_0)_{2/\mu}))\right)$$
$$= \tfrac{1}{2}\,(G \cap K_0) + \tfrac{1}{2}\,(G \cap s_A(K_0)) = G \cap S_A(K_0)$$

schließen, und Bildung der Vereinigung für alle (zu A orthogonalen) Geraden G hierin liefert

$$\bigcap_{\mu=1}^{\infty} S_A\big((K_0)_{2/\mu}\big) = S_A(K_0) \,. \tag{482}$$

(481) und (482) zeigen schließlich zusammengenommen die Richtigkeit der Behauptung (478) von Satz 18.8. $\square$

Übungen

1. Man beweise den folgenden Sachverhalt: Es sei K eine kompakte konvexe Menge des R_n und A eine Hyperebene mit den zu ihr senkrechten Geraden G. Werden dann die Schnittstrecken von K mit G so in ihren Geraden verschoben, daß jeweils der eine Endpunkt in A fällt und alle Strecken auf derselben Seite von A liegen, so entsteht durch diese sogenannte „Schüttelung" von K wieder eine kompakte konvexe Menge im R_n.
2. Es sei K eine kompakte konvexe Menge des R_n, A eine (o enthaltende) Hyperebene des R_n und s_A die Spiegelung an A. Weiter sei die Schar $\{B_A^{(\tau)}(K)\}_{\tau \in [0,\,1]}$ durch

$$B_A^{(\tau)}(K) := (1 - \tau)\,K + \tau s_A(K) \qquad (0 \leqq \tau \leqq 1)$$

gegeben (vgl. Definition 18.3). Man zeige, daß diese Schar eine im Sinne von Definition 18.4 vollkonkave Kanalschar darstellt.
3. Es soll gezeigt werden, daß die Quermaßintegrale eines kompakten konvexen $K \subseteq R_n$ bei der sogenannten „Blaschkeschen Symmetrisierung" $B_A := B_A^{(1/2)}$ (vgl. vorstehende Übungsaufgabe) an der Hyperebene A des R_n nicht verkleinert werden (vgl. Satz 18.5).
4. Es sei S_A die Steinersche Symmetrisierung an der (o enthaltenden) Hyperebene A des R_n und K ein kompakter konvexer Körper des R_n mit dem (gewöhnlichen) Schwerpunkt

$$p_0(K) = \frac{\int\limits_K x \, \mathrm{d}V}{\int\limits_K \mathrm{d}V}$$

(x = variabler Ortsvektor, $\mathrm{d}V$ = Volumenelement) (vgl. (428)). Man beweise, daß der symmetrisierte Körper $S_A(K)$ den Schwerpunkt

$$p_0(S_A(K)) = p_A(p_0(K))$$

besitzt, wobei p_A die Orthogonalprojektion des R_n auf A bedeutet.
5. Man beweise: Enthalten die beiden kompakten konvexen Körper K_1 und K_2 des R_n die Vollkugel $B_\delta(o)$ und sind sie außerdem in der hierzu konzentrischen Vollkugel $B_\gamma(o)$ enthalten ($0 < \delta < \gamma$), so besteht zwischen ihrem Hausdorffschen Abstand $d(K_1, K_2)$ (vgl. Definition 14.1) und dem Hausdorffschen Abstand $d(S_A(K_1), S_A(K_2))$ der an der (o enthaltenden) Hyperebene A des R_n symmetrisierten Körper die Beziehung:

$$d(S_A(K_1), S_A(K_2)) \leqq \frac{\gamma}{\delta}\, d(K_1, K_2)\,.$$

§ 19.   Die Schwarzsche Abrundung kompakter konvexer Mengen

Zwecks späterer Anwendung soll in diesem Paragraphen ein weiteres Symmetrisierungsverfahren für kompakte konvexe Mengen K des R_n ausführlich diskutiert werden. Dasselbe kann durch einen gewissen Grenzprozeß aus der Steinerschen Symmetrisierung abgeleitet werden und wurde von H. A. Schwarz in der Theorie der konvexen Körper mit Erfolg benutzt. Es handelt sich hierbei um eine Abrundung von K an einer Geraden G des R_n, genauer präzisiert in

Definition 19.1. Es sei G eine fest gewählte, den Ursprung o des n-dimensionalen euklidischen Raumes R_n ($n \geqq 2$) enthaltende Gerade. Dann wird eine beliebige kompakte und konvexe Untermenge K des R_n durch die *Schwarzsche Abrundung* S_G an G in die Bildmenge

$$S_G(K) := \bigcup_C B^{(C)}_{\varrho_C}(C \cap G)\,, \quad \text{wobei} \quad \omega_{n-1}(\varrho_C)^{n-1} := V_{(n-1)}(C \cap K) \quad (483)$$

(C = beliebige K schneidende und zu G orthogonale Hyperebene des R_n, $B^{(C)}_\varrho(x)$ = in C gelegene Vollkugel vom Radius $\varrho \geqq 0$ um $x \in C$, ω_{n-1} = Volumen der $(n-1)$-dimensionalen Einheitsvollkugel (vgl. (332))) übergeführt.

Dies bedeutet anschaulich ausgedrückt, daß $S_G(K)$ aus K in der folgenden Weise entsteht: Der Durchschnitt von K und einer beliebigen zu G senkrechten Hyperebene C des R_n wird durch diejenige in C gelegene Vollkugel ersetzt, deren Mittelpunkt auf G liegt und deren $(n-1)$-dimensionales Volumen mit dem $(n-1)$-dimensionalen Volumen des Durchschnitts $C \cap K$ übereinstimmt. Bevor wir die geometrischen Eigenschaften von $S_G(K)$ und den Zusammenhang von Steinerscher Symmetrisierung und Schwarzscher Abrundung näher studieren können, beweisen wir als für die folgenden Überlegungen wichtiges Hilfsmittel den

Hilfssatz 19.1. *Es sei K_0 eine beliebig fest gewählte kompakte konvexe Menge des R_n ($n \geqq 2$), und es sei $\mathcal{A} := \{A_\alpha\}_{\alpha \in A}$ eine Familie von Hyperebenen, die alle den Ursprung o des R_n enthalten. Wir bezeichnen mit $\underline{S}_{\mathcal{A}}(K_0)$ die Menge aller konvexen Mengen, welche aus K_0 durch endlich viele hintereinander ausgeführte Steinersche Symmetrisierungen an beliebigen Elementen von $\mathcal{A}$ entstehen. Dann existiert stets eine konvergente Folge $\{K^{(\mu)}\}_{\mu \in N}$ mit $K^{(\mu)} \in \underline{S}_{\mathcal{A}}(K_0)$ derart, daß der (kompakte und konvexe) zu K_0 volumgleiche Limes*

$$L_0 := \lim_{\mu \to \infty} K^{(\mu)}$$

dieser Folge für jedes $A_\alpha \in \mathcal{A}$ eine zu A_α parallele Symmetriehyperebene A'_α besitzt. Wählen wir hierbei insbesondere

$$\mathcal{A} := \{A \subseteq R_n;\ A \supseteq R_m\}$$

($R_m = m$-dimensionaler Unterraum des R_n, der o enthält), so erhalten wir auf diese Weise ein L_0, das bezüglich eines zu R_m parallelen Unterraumes R'_m ($0 \leqq m \leqq n-1$) rotationssymmetrisch ist[1].

Beweis. Es sei $w_{n-1} := \inf\limits_{K \in \underline{S}_{\mathcal{A}}(K_0)} W_{n-1}(K)$ das Infimum der (nichtnegativen) $(n-1)$-ten Quermaßintegrale der Elemente von $\underline{S}_{\mathcal{A}}(K_0)$, und es sei $\{L^{(\nu)}\}_{\nu \in N}$ eine Folge von Mengen $L^{(\nu)} \in \underline{S}_{\mathcal{A}}(K_0)$ mit

$$\lim_{\nu \to \infty} W_{n-1}(L^{(\nu)}) = w_{n-1}\,. \tag{484}$$

Ist dann $B_R(o)$ eine K_0 enthaltende Vollkugel um den Ursprung o des R_n vom Radius R, so gilt aufgrund von Satz 18.2d) und a) für alle Elemente der Folge

---

[1] Eine Untermenge des R_n heißt hierbei *rotationssymmetrisch* bezüglich des m-dimensionalen Unterraums R_m des R_n, wenn sie bei allen R_m punktweise festlassenden Bewegungen des R_n in sich übergeführt wird ($0 \leqq m \leqq n-1$).

$\{L^{(\nu)}\}_{\nu\in N}$ wegen $L^{(\nu)} \in \underline{S}_{\mathcal{A}}(K_0)$ ebenfalls $L^{(\nu)} \subseteq B_R(o)$, d. h., diese Folge ist gleichmäßig beschränkt. Nach Satz 14.5 läßt sich daher aus ihr eine gegen eine kompakte konvexe Menge L_0 konvergierende Teilfolge $\{L^{(\nu\mu)}\}_{\mu\in N} =: \{K^{(\mu)}\}_{\mu\in N}$ auswählen.

Es sei nun A_α eine beliebige Hyperebene der Familie $\mathcal{A}$. Wir wollen zeigen, daß L_0 eine zu A_α parallele Symmetriehyperebene A_α' besitzt. Im Fall $\dim(L_0 + G_\alpha^{(0)}) = 1$ ($G_\alpha^{(0)} = o$ enthaltende und zu A_α senkrechte Gerade des R_n), d. h. entweder $\dim L_0 = 0$ oder $\dim L_0 = 1$ und aff L_0 senkrecht zu A_α, ist dies trivial, so daß wir im folgenden o. B. d. A.

$$\dim(L_0 + G_\alpha^{(0)}) > 1 \tag{485}$$

voraussetzen können. Wir betrachten jetzt die Folge $\{S_{A_\alpha}(K^{(\mu)})\}_{\mu\in N}$, die wie $\{K^{(\mu)}\}_{\mu\in N}$ nach Satz 18.2 d) und a) in $B_R(o)$ gelegen und daher gleichmäßig beschränkt ist. Aufgrund von Satz 14.5 enthält diese Folge eine konvergente Teilfolge $\{S_{A_\alpha}(K^{(\mu\lambda)})\}_{\lambda\in N}$ mit der Limesmenge

$$M_0 := \lim_{\lambda\to\infty} S_{A_\alpha}(K^{(\mu\lambda)}); \tag{486}$$

d. h., nach Satz 16.2 c) ist

$$W_{n-1}(M_0) = \lim_{\lambda\to\infty} W_{n-1}\big(S_{A_\alpha}(K^{(\mu\lambda)})\big) .$$

Hieraus schließt man aufgrund von $S_{A_\alpha}(K^{(\mu\lambda)}) \in \underline{S}_{\mathcal{A}}(K_0)$ und der Definition von w_{n-1} auf

$$W_{n-1}(M_0) \geqq w_{n-1} . \tag{487}$$

Andererseits haben wir nach (486), Satz 18.8 und der Definition von L_0 die Inklusion $M_0 \subseteq S_{A_\alpha}(L_0)$, so daß wegen (336) und Satz 18.5

$$W_{n-1}(M_0) \leqq W_{n-1}\big(S_{A_\alpha}(L_0)\big) \leqq W_{n-1}(L_0) \tag{488}$$

gilt. Berücksichtigt man schließlich noch die aus Satz 16.2 c) und (484) folgende Relation

$$W_{n-1}(L_0) = W_{n-1}\left(\lim_{\mu\to\infty} L^{(\nu\mu)}\right) = \lim_{\mu\to\infty} W_{n-1}(L^{(\nu\mu)}) = w_{n-1} , \tag{489}$$

so zeigen (487), (488) und (489) zusammengenommen die Richtigkeit von

$$W_{n-1}\big(S_{A_\alpha}(L_0)\big) = W_{n-1}(L_0) .$$

Nach dem Zusatz zu Satz 18.5 bedeutet dies aber aufgrund von (485) die Existenz einer zu A_α parallelen Symmetriehyperebene A_α' von $L_0 = \lim_{\mu\to\infty} K^{(\mu)}$; und L_0 ist zu K_0 volumgleich wegen

$$V(L_0) = \lim_{\mu\to\infty} V(K^{(\mu)}) = \lim_{\mu\to\infty} V(K_0) = V(K_0) \qquad (\text{vgl. } (444\,a)) .$$

Ist jetzt insbesondere R_m ein o enthaltender m-dimensionaler Unterraum des R_n ($0 \leq m \leq n - 1$) und $\mathcal{A}$ die Menge aller R_m enthaltender Hyperebenen des R_n, so besitzt die nach dem eben beschriebenen Verfahren erhaltene Menge L_0 speziell $n - m$ paarweise orthogonale und zu R_m parallele Symmetriehyperebenen $A_1', \dots,$ A_{n-m}'. Daher wird L_0 durch das Spiegelungsprodukt $s_{A_1'} \circ \cdots \circ s_{A_{n-m}'}$, d. h. die Spiegelung an dem zu R_m parallelen Unterraum $R'_m := A'_1 \cap \cdots \cap A'_{n-m}$ in sich übergeführt. Die Durchschnittbildung von L_0 mit beliebigen zu R_m orthogonalen $(n-m)$-dimensionalen Unterräumen R_{n-m} des R_n ergibt bezüglich der Mittelpunkte $R'_m \cap R_{n-m}$ zentralsymmetrische Mengen (vgl. Definition 8.4), und somit ist R'_m in allen (zu R_m parallelen) Symmetriehyperebenen A' von L_0 gelegen. Daher sind alle Durchschnitte $L_0 \cap R_{n-m}$ Vollkugeln um die Mittelpunkte $R'_m \cap R_{n-m}$, d. h., L_0 ist, wie behauptet, bezüglich R'_m rotationssymmetrisch. Hiermit ist Hilfssatz 19.1 vollständig bewiesen. $\square$

Korollar (von W. GROSS[1]). *Es sei $\underline{S}_n(K_0)$ die Menge der aus einer fest gewählten kompakten konvexen Menge K_0 des R_n $(n \geq 2)$ durch endlich viele Steinersche Symmetrisierungen an beliebigen (den Ursprung o enthaltenden) Hyperebenen entstehenden konvexen Mengen. Dann läßt sich aus $\underline{S}_n(K_0)$ stets eine Folge $\{K^{(\mu)}\}_{\mu \in N}$ herausgreifen, welche gegen eine zu K_0 volumgleiche Vollkugel $B_R(x)$ des R_n konvergiert $(x \in R_n, \omega_n R^n = V(K_0))$.[2]*

Wichtiger als dieses Korollar ist für die späteren Überlegungen der zu Satz 18.1 analoge

Satz 19.1. *Durch die Schwarzsche Abrundung S_G entsteht aus einer beliebigen kompakten und konvexen Menge K eine bezüglich G rotationssymmetrische, kompakte und konvexe Menge $S_G(K)$ des R_n.*

Beweis. Zum Beweis dieses Satzes ziehen wir Hilfssatz 19.1 heran, wobei wir

$$\mathcal{A} := \{A \subseteq R_n;\, A \supseteq G\} \tag{490}$$

wählen. Hiernach existiert eine Folge $\{K^{(\mu)}\}_{\mu \in N}$ mit Elementen aus $\underline{S}_{\mathcal{A}}(K)$, welche gegen die bezüglich einer Parallelgeraden G' von G rotationssymmetrische, kompakte und konvexe, zu K volumgleiche Menge L_0 konvergiert:

$$\lim_{\mu \to \infty} K^{(\mu)} = L_0 . \tag{491}$$

Unser Ziel ist zu zeigen, daß die durch Abrundung von K entstehende Menge $S_G(K)$ bis auf eine zu G senkrechte Translation mit der Menge L_0 übereinstimmt. Ist nun p_G die Orthogonalprojektion des R_n auf G, so finden wir für jedes S_A mit $A \in \mathcal{A}$ die Beziehung $p_G\big(S_A(K)\big) = p_G(K)$, da sich p_G in ein Produkt von Orthogonalprojektionen des R_n auf $n-1$ paarweise orthogonale, G enthaltende Hyperebenen zerlegen läßt, wobei als erster Faktor wegen (490) gerade die Projektion p_A auf A mit der nach (433) trivialen Eigenschaft $p_A\big(S_A(K)\big) = p_A(K)$ gewählt werden kann. Insbesondere gilt daher für jedes (in $\underline{S}_{\mathcal{A}}(K)$ liegende) $K^{(\mu)}$

$$p_G(K^{(\mu)}) = p_G(K) \qquad (\mu = 1, 2, \ldots) , \tag{492}$$

und diese Beziehung zieht nach Bemerkung 12.1, Satz 14.1 und (491) die Gültigkeit von

$$p_G(L_0) = p_G(K) \tag{493}$$

---

[1]) Vgl. [46].

[2]) In diesem Korollar bzw. in Hilfssatz 19.1 kann man durch geeignete Wahl von $\{K^{(\mu)}\}_{\mu \in N}$ für die Grenzmenge L_0 sogar die Eigenschaften $x = o$ bzw. $R'_m = R_m$ erreichen. Vgl. hierzu Übungsaufgabe 1.

nach sich. Daher genügt es zu zeigen, daß

$$V_{(n-1)}(C \cap L_0) = V_{(n-1)}(C \cap K) \tag{494}$$

für alle zu G orthogonalen Hyperebenen C mit $C \cap G \in p_G(K)$ gilt. Dazu unterscheiden wir drei Fälle: α) $\dim K < n$ und $\dim p_G(K) = 0$, β) $\dim K < n$ und $\dim p_G(K) = 1$, γ) $\dim K = n$.

α) Hier gibt es eine zu G orthogonale Hyperebene C mit

$$C \cap G = p_G(K) = p_G(L_0) = p_G(K^{(\mu)}) \qquad (\mu = 1, 2, \ldots)$$

(vgl. (493) und (492)), in der also K, L_0 und $K^{(\mu)}$ liegen. Aufgrund von Bemerkung 16.2 und (444a) errechnet sich nun $V_{(n-1)}(K^{(\mu)})$ zu

$$V_{(n-1)}(K^{(\mu)}) = \frac{n}{2}\, W_1(K^{(\mu)}) = \frac{n}{2}\, W_1(K) = V_{(n-1)}(K) \qquad (\mu = 1, 2, \ldots)\,.$$

Der Grenzübergang $\mu \to \infty$ liefert dann zusammen mit (491) wegen der Stetigkeit des Volumens

$$\begin{aligned}
V_{(n-1)}(C \cap L_0) &= V_{(n-1)}(L_0) = \lim_{\mu \to \infty} V_{(n-1)}(K^{(\mu)}) \\
&= V_{(n-1)}(K) = V_{(n-1)}(C \cap K)\,,
\end{aligned} \tag{495}$$

d. h. in der Tat (494).

β) In diesem Fall muß wiederum K in einer Hyperebene D des R_n gelegen sein, welche wegen $\dim p_G(K) = 1$ nicht zu G orthogonal sein kann. Damit sind aber die Durchschnitte von K mit den K schneidenden und zu G orthogonalen Hyperebenen C höchstens $(n-2)$-dimensional, so daß für alle zu G orthogonalen Hyperebenen C

$$V_{(n-1)}(C \cap K) = 0$$

gilt. Wegen $V(L_0) = V(K) = 0$ liegt auch L_0 wie K in einer Hyperebene des R_n, welche wegen $\dim p_G(L_0) = \dim p_G(K) = 1$ (vgl. (493)) nicht zu G orthogonal sein kann. Damit ist für alle zu G orthogonalen Hyperebenen C ebenfalls

$$V_{(n-1)}(C \cap L_0) = 0$$

und somit (494) erfüllt.

γ) Wegen $\dim K = n$ gilt hier (unter Bezugnahme auf (492) und (493)) genauer

$$p_G(K^{(\mu)}) = p_G(L_0) = p_G(K) = x^{(1)}x^{(2)} \quad \text{mit} \quad x^{(1)} \neq x^{(2)} \qquad (\mu = 1, 2, \ldots)\,. \tag{496}$$

Berücksichtigt man außerdem noch $V(L_0) = V(K) > 0$, so findet man (unter Benutzung von Lemma 1.1) für jede zu G senkrechte Hyperebene C mit $C \cap G \in x^{(1)}x^{(2)} \setminus \{x^{(1)}\} \setminus \{x^{(2)}\}$:

$$C \cap K^{(\mu)} \neq \emptyset \quad \text{und} \quad C \cap (L_0)^0 \neq \emptyset\,.$$

Damit wird aber Satz 14.3 anwendbar, nach welchem (im Sinne der Konvergenz im Raum C)

$$C \cap L_0 = \lim_{\mu \to \infty} (C \cap K^{(\mu)})\,,$$

d. h. auch

$$V_{(n-1)}(C \cap L_0) = \lim_{\mu \to \infty} V_{(n-1)}(C \cap K^{(\mu)}) \tag{497}$$

ist. Nun errechnet sich $V_{(n-1)}(C \cap K^{(\mu)})$ aufgrund von Bemerkung 16.2 und (444a) zu

$$V_{(n-1)}(C \cap K^{(\mu)}) = \frac{n}{2} W_1(C \cap K^{(\mu)})$$

$$= \frac{n}{2} W_1(C \cap K) = V_{(n-1)}(C \cap K) \qquad (\mu = 1, 2, \ldots),$$

so daß wir also zusammen mit (497)

$$V_{(n-1)}(C \cap L_0) = V_{(n-1)}(C \cap K) \qquad (C \cap G \in x^{(1)}x^{(2)} \setminus \{x^{(1)}\} \setminus \{x^{(2)}\}) \tag{498}$$

haben. Es bleibt nur noch zu zeigen, daß (498) auch im Fall $C \cap G = x^{(1)}$ oder $C \cap G = x^{(2)}$, d. h. C gleich einer der beiden zu G senkrechten Stützhyperebenen $C^{(1)}$, $C^{(2)}$ von K $\big($vgl. (496)$\big)$, gültig bleibt. Zu diesem Zweck approximieren wir jedes $C^{(i)}$ durch eine Folge $\{C_\nu^{(i)}\}_{\nu \in N}$ von zu G senkrechten Hyperebenen mit

$$C_\nu^{(i)} \cap G \in x^{(1)}x^{(2)} \setminus \{x^{(1)}\} \setminus \{x^{(2)}\} \qquad (\nu = 1, 2, \ldots; i = 1, 2) \tag{499}$$

und

$$\lim_{\nu \to \infty} (C_\nu^{(i)} \cap G) = x^{(i)} \qquad (i = 1, 2), \tag{500}$$

wobei wir noch aufgrund des Auswahlsatzes 14.5 (angewandt innerhalb $C^{(i)}$) o. B. d. A.

$$\lim_{\nu \to \infty} p_{C^{(i)}}(C_\nu^{(i)} \cap K) =: K^{(i)} \qquad (i = 1, 2) \tag{501a}$$

und

$$\lim_{\nu \to \infty} p_{C^{(i)}}(C_\nu^{(i)} \cap L_0) =: L_0^{(i)} \qquad (i = 1, 2) \tag{501b}$$

$$(p_{C^{(i)}} = \text{Orthogonalprojektion auf } C^{(i)})$$

voraussetzen können. Jetzt wird aufgrund von $C_\nu^{(i)} \cap G = \lambda_1^{(i)}{}_{(\nu)}x^{(1)} + \lambda_2^{(i)}{}_{(\nu)}x^{(2)}$
$(\lambda_1^{(i)}{}_{(\nu)} > 0, \lambda_2^{(i)}{}_{(\nu)} > 0, \lambda_1^{(i)}{}_{(\nu)} + \lambda_2^{(i)}{}_{(\nu)} = 1)$ für $i = 1, 2$ und $\nu = 1, 2, \ldots$

$$C_\nu^{(i)} \cap K \supseteq \lambda_1^{(i)}{}_{(\nu)}(C^{(1)} \cap K) + \lambda_2^{(i)}{}_{(\nu)}(C^{(2)} \cap K);$$

und damit haben wir wegen (501a), Satz 14.1, Satz 12.4b) und $\lim_{\nu \to \infty}{}_{(\nu)} \lambda_j^{(i)} = \delta_j^i$
$(\delta_j^i = \text{Kronecker-Symbol, vgl. (500)})$

$$V_{(n-1)}(K^{(i)}) = \lim_{\nu \to \infty} V_{(n-1)}(C_\nu^{(i)} \cap K)$$

$$\geq \lim_{\nu \to \infty} V_{(n-1)}\big(\lambda_1^{(i)}{}_{(\nu)}(C^{(1)} \cap K) + \lambda_2^{(i)}{}_{(\nu)}(C^{(2)} \cap K)\big) = V_{(n-1)}(C^{(i)} \cap K)$$

$$(i = 1, 2). \tag{502}$$

Andererseits besagen die Konvergenzbeziehungen (500) und (501a), daß es zu einem beliebigen $\varepsilon > 0$ stets ein $v_0(\varepsilon) \in N$ so gibt, daß für alle $v > v_0(\varepsilon)$ sowohl

$$\|(C_v^{(i)} \cap G) - x^{(i)}\| < \frac{\varepsilon}{\sqrt{2}}$$

als auch

$$K^{(i)} \subseteq \left(p_{C^{(i)}}(C_v^{(i)} \cap K)\right)_{(\varepsilon/\sqrt{2})}{}^{1)}$$

gilt ($i = 1, 2$). Hieraus resultiert offensichtlich

$$K^{(i)} \subseteq C^{(i)} \cap (C_v^{(i)} \cap K)_\varepsilon \subseteq C^{(i)} \cap K_\varepsilon \qquad (v > v_0(\varepsilon)) ,$$

d. h.

$$K^{(i)} \subseteq \bigcap_{\varepsilon > 0} (C^{(i)} \cap K_\varepsilon) = C^{(i)} \cap K \qquad (i = 1, 2) .$$

Damit wird aber

$$V_{(n-1)}(K^{(i)}) \leqq V_{(n-1)}(C^{(i)} \cap K) \qquad (i = 1, 2); \tag{503}$$

und der Vergleich von (502) und (503) zeigt

$$V_{(n-1)}(C^{(i)} \cap K) = \lim_{v \to \infty} V_{(n-1)}(C_v^{(i)} \cap K) \qquad (i = 1, 2) . \tag{504a}$$

Analog findet man für L_0 unter Benutzung von (501b)

$$V_{(n-1)}(C^{(i)} \cap L_0) = \lim_{v \to \infty} V_{(n-1)}(C_v^{(i)} \cap L_0) \qquad (i = 1, 2) . \tag{504b}$$

Da aber nach (498) und (499) $V_{(n-1)}(C_v^{(i)} \cap L_0) = V_{(n-1)}(C_v^{(i)} \cap K)$ ($v = 1, 2, \ldots$) ist, gilt nach (504a), (504b) endlich auch $V_{(n-1)}(C^{(i)} \cap L_0) = V_{(n-1)}(C^{(i)} \cap K)$ ($i = 1, 2$), d. h., wir haben allgemein

$$V_{(n-1)}(C \cap L_0) = V_{(n-1)}(C \cap K) \qquad (C \cap G \in x^{(1)}x^{(2)} = p_G(K)) . \tag{505}$$

Damit ergibt sich jetzt auch im Fall γ) (494) und somit die zu zeigende Tatsache, daß $S_G(K)$ bis auf eine zu G senkrechte Translation mit L_0 übereinstimmt.

In allen drei Fällen ist daher $S_G(K)$ nicht nur (trivialerweise) rotationssymmetrisch bezüglich G, sondern auch wie L_0 kompakt und konvex. Damit ist Satz 19.1 bewiesen. □

Anmerkung. *Ist K eine kompakte konvexe Menge und $\{C(\xi)\}_{\xi \in [\gamma, \delta]}$ eine stetig von ξ abhängende Schar paralleler, paarweise verschiedener Hyperebenen mit $C(\xi) \cap K \neq \emptyset$, so hängt $V_{(n-1)}(C(\xi) \cap K)$ stetig von ξ ab.* (Beweis: Man wende (504a) auf den Schnitt von K mit einem der von $C(\xi)$ begrenzten abgeschlossenen Halbräume an.)

Bemerkung 19.1. Der Beweis von Satz 19.1 zeigt, daß *die durch die Schwarzsche Abrundung entstehende Menge (von einer Translation abgesehen) als Limesmenge einer Folge von mehrfach im Steinerschen Sinn symmetrisierten konvexen Mengen erhalten werden kann, so daß sich verschiedene Eigenschaften der Steinerschen Symmetrisierung auf die Schwarzsche Abrundung übertragen. So werden beispiels-*

---

1) Hierbei ist auf der rechten Seite die Parallelmenge relativ zu $C^{(i)}$ zu nehmen.

weise die Quermaßintegrale einer kompakten konvexen Menge K bei der Schwarzschen Abrundung nicht vergrößert (vgl. Satz 18.5), *und speziell das Volumen bleibt hierbei ungeändert* (vgl. (444 a)).

Zwecks späterer Anwendung beweisen wir in diesem Zusammenhang

Satz 19.2. *Jede konkave Schar geht bei der Schwarzschen Abrundung S_G wieder in eine konkave Schar über* (vgl. Satz 18.4).

Beweis. Es sei $\{K(\tau)\}_{\tau\in[\alpha,\,\beta]}$ eine konkave Schar kompakter und konvexer Mengen des R_n und $\{S_G(K(\tau))\}_{\tau\in[\alpha,\,\beta]}$ die Schar der durch Abrundung an G entstehenden kompakten und konvexen Mengen. Wir müssen zeigen, daß für beliebig gewähltes $\tau_1, \tau_2 \in [\alpha, \beta]$ und $\lambda_1 \geqq 0, \lambda_2 \geqq 0$ mit $\lambda_1 + \lambda_2 = 1$ die Beziehung

$$S_G\big(K(\lambda_1\tau_1 + \lambda_2\tau_2)\big) \supseteq \lambda_1 S_G\big(K(\tau_1)\big) + \lambda_2 S_G\big(K(\tau_2)\big)$$

besteht (vgl. (442 b)). Aufgrund von Bemerkung 18.1 genügt es hierzu, die Konvexität der im $R_{n+1} := R_n \times R_1$ gelegenen Menge

$$\widetilde{L} := \bigcup_{0\leqq\lambda_2\leqq1} \big(S_G(K(\lambda_1\tau_1 + \lambda_2\tau_2)) \times \{\lambda_2\}\big) \qquad (\lambda_1 + \lambda_2 = 1) \tag{506}$$

nachzuweisen. Hierzu stellen wir $\widetilde{L}$ nach (483) in der Form

$$\widetilde{L} = \bigcup_{0\leqq\lambda_2\leqq1} \left(\bigcup_{C_{\lambda_2}} \big(B^{(C_{\lambda_2})}_{\varrho C_{\lambda_2}}(C_{\lambda_2} \cap G) \times \{\lambda_2\}\big)\right)$$

dar, wobei C_{λ_2} eine beliebige $K(\lambda_1\tau_1 + \lambda_2\tau_2)$ schneidende und zu G orthogonale Hyperebene des R_n ist und $\omega_{n-1}(\varrho_{C_{\lambda_2}})^{n-1} = V_{(n-1)}\big(C_{\lambda_2} \cap K(\lambda_1\tau_1 + \lambda_2\tau_2)\big)$ gilt. Ist nun

$$\widetilde{K} := \bigcup_{0\leqq\lambda_2\leqq1} \big(K(\lambda_1\tau_1 + \lambda_2\tau_2) \times \{\lambda_2\}\big) \,,$$

so besteht also zwischen $\widetilde{L}$ und $\widetilde{K}$ der Zusammenhang

$$\widetilde{L} = \bigcup_{\widetilde{C}} B^{(\widetilde{C})}_{\widetilde{C}}\big(\widetilde{C} \cap (G \times R_1)\big) \,, \tag{507}$$

wobei $\widetilde{C}$ ein beliebiger $\widetilde{K}$ schneidender und zu $G \times R_1$ orthogonaler $(n-1)$-dimensionaler Unterraum des R_{n+1} ist und $\omega_{n-1}(\varrho_{\widetilde{C}})^{n-1} = V_{(n-1)}(\widetilde{C} \cap \widetilde{K})$ gilt. Um nun die Konvexität von $\widetilde{L}$ einzusehen, betrachten wir zwei beliebige Punkte $\widetilde{y}^{(1)}$ und $\widetilde{y}^{(2)}$ von $\widetilde{L}$, d. h.

$$\widetilde{y}^{(1)} = y^{(1)} \times \{\lambda_2^{(1)}\} \,, \qquad \widetilde{y}^{(2)} = y^{(2)} \times \{\lambda_2^{(2)}\} \tag{508}$$

(vgl. (506)). Es sei

$$\widetilde{M} := \mathrm{conv}\ \big\{\big(K(\lambda_1^{(1)}\tau_1 + \lambda_2^{(1)}\tau_2) \times \{\lambda_2^{(1)}\}\big) \cup \big(K(\lambda_1^{(2)}\tau_1 + \lambda_2^{(2)}\tau_2) \times \{\lambda_2^{(2)}\}\big)\big\}$$
$$(\lambda_1^{(1)} + \lambda_2^{(1)} = \lambda_1^{(2)} + \lambda_2^{(2)} = 1) \,. \tag{509}$$

Wegen der vorausgesetzten Konkavität von $\{K(\tau)\}_{\tau\in[\alpha,\,\beta]}$ und Bemerkung 18.1 ist dann

$$\widetilde{M} \subseteq \widetilde{K} \,. \tag{510}$$

Wir bezeichnen jetzt mit $\tilde{p}_{G \times R_1}$ die Orthogonalprojektion des R_{n+1} auf die Ebene $G \times R_1$, und es sei $\tilde{G}$ die (in $G \times R_1$ gelegene) Verbindungsgerade der Punkte $\tilde{p}_{G \times R_1}(\tilde{y}^{(1)})$ und $\tilde{p}_{G \times R_1}(\tilde{y}^{(2)})$. Wir wenden nun innerhalb der Hyperebene $\tilde{p}_{G \times R_1}^{-1}(\tilde{G})$ des R_{n+1} die Schwarzsche Abrundung $S_{\tilde{G}}$ an $\tilde{G}$ auf die Mengen $\tilde{M} \cap \tilde{p}_{G \times R_1}^{-1}(\tilde{G})$ und $\tilde{K} \cap \tilde{p}_{G \times R_1}^{-1}(\tilde{G})$ an und erhalten die nach Satz 19.1 kompakte und konvexe Menge $S_{\tilde{G}}(\tilde{M} \cap \tilde{p}_{G \times R_1}^{-1}(\tilde{G}))$ und die Menge

$$S_{\tilde{G}}(\tilde{K} \cap \tilde{p}_{G \times R_1}^{-1}(\tilde{G})) = \bigcup_{\tilde{C}} B_{\varrho_{\tilde{C}}}^{(\tilde{C})}(\tilde{C} \cap \tilde{G}) \tag{511}$$

($\tilde{C}$ = beliebige $\tilde{K}$ schneidende und zu $G \times R_1$ senkrechte Hyperebene relativ zu $\tilde{p}_{G \times R_1}^{-1}(\tilde{G})$ und $\omega_{n-1}(\varrho_{\tilde{C}})^{n-1} = V_{(n-1)}(\tilde{C} \cap \tilde{K})$.[1])

Nun ist nach (508) und (509) sowie aufgrund der Wahl von $\tilde{G}$

$$\tilde{y}^{(i)} \in S_{\tilde{G}}(\tilde{M} \cap \tilde{p}_{G \times R_1}^{-1}(\tilde{G})) \qquad (i = 1, 2),$$

und nach (510) und (507) zusammen mit (511) gilt

$$S_{\tilde{G}}(\tilde{M} \cap \tilde{p}_{G \times R_1}^{-1}(\tilde{G})) \subseteq S_{\tilde{G}}(\tilde{K} \cap \tilde{p}_{G \times R_1}^{-1}(\tilde{G})) \subseteq \tilde{L}.$$

Daraus folgt schließlich wegen der Konvexität von $S_{\tilde{G}}(\tilde{M} \cap \tilde{p}_{G \times R_1}^{-1}(\tilde{G}))$ die Beziehung

$$\tilde{y}^{(1)}\tilde{y}^{(2)} \subseteq \tilde{L}.$$

Da aber $\tilde{y}^{(1)}$ und $\tilde{y}^{(2)}$ beliebige Punkte von $\tilde{L}$ waren, ist $\tilde{L}$ als konvex erkannt und Satz 19.2 bewiesen. $\square$

Die Sätze 19.1 und 19.2 ziehen Aussagen über die Konkavitätseigenschaften gewisser Volumenfunktionen nach sich, die sich als für die Theorie der konvexen Mengen und ihre Anwendungen grundlegend erwiesen haben. Wir beginnen mit der

Folgerung aus Satz 19.1 (von BRUNN). *Die (nichtnegative) n-te Wurzel des Volumens der Mengen einer konkaven Schar $\{K(\tau)\}_{\tau \in [\alpha, \beta]}$ kompakter und konvexer Mengen $K(\tau)$ im R_n ist eine (auf $[\alpha, \beta]$ definierte) konkave Funktion des Scharparameters τ, d. h., es gilt*

$$V^{1/n}(K(\lambda_1\tau_1 + \lambda_2\tau_2)) \geqq \lambda_1 V^{1/n}(K(\tau_1)) + \lambda_2 V^{1/n}(K(\tau_2)) \tag{512}$$

$$(\tau_1, \tau_2 \in [\alpha, \beta]; \lambda_1 \geqq 0, \lambda_2 \geqq 0, \lambda_1 + \lambda_2 = 1).$$

Beweis. Aufgrund der vorausgesetzten Konkavität von $\{K(\tau)\}_{\tau \in [\alpha, \beta]}$ und Bemerkung 18.1 ist die durch

$$\tilde{K} := \bigcup_{\alpha \leqq \tau \leqq \beta} (K(\tau) \times \{\tau\}) \tag{513}$$

im $R_{n+1} := R_n \times R_1$ gegebene Menge konvex. Wir betrachten im folgenden die (nach Satz 1.6a) wiederum konvexe) abgeschlossene Hülle $\overline{\tilde{K}}$ von $\tilde{K}$.[1]) Ohne Be-

---

[1]) $\tilde{K}$ selbst braucht nicht von vornherein abgeschlossen zu sein, wie das Beispiel

$$\tilde{K} := \{(\xi, \tau) \in R_2; \ -\tfrac{1}{2} \leqq \xi \leqq \tfrac{1}{2}, 0 < \tau < 1\} \cup (0, 0) \cup (0, 1)$$

in $R_2 := R_1 \times R_1$ zeigt.

schränkung der Allgemeinheit setzen wir dabei dim $\widetilde{K} = n + 1$ voraus, da anderenfalls das Volumen von $K(\tau)$ identisch Null ist und somit (512) trivial wird. Nun gilt aufgrund von Lemma 1.1 und (513)

$$\overline{\overline{\widetilde{K}}} \cap (R_n \times \{\tau\}) = \overline{\widetilde{K} \cap (R_n \times \{\tau\})} = \overline{K(\tau)} \times \{\tau\} = K(\tau) \times \{\tau\} \qquad (514)$$

$$(\alpha < \tau < \beta)\,,$$

während wir an den Scharenden nur die Relationen

$$\overline{\overline{\widetilde{K}}} \cap (R_n \times \{\alpha\}) \supseteq K(\alpha) \times \{\alpha\}\,, \quad \overline{\overline{\widetilde{K}}} \cap (R_n \times \{\beta\}) \supseteq K(\beta) \times \{\beta\} \qquad (515)$$

haben.[1]) Daher kann $\overline{\overline{\widetilde{K}}}$ (und um so mehr $\widetilde{K}$) auch nicht unbeschränkt sein, weil sonst $\overline{\overline{\widetilde{K}}}$ mit einem Punkt $\widetilde{x} \in (\widetilde{K})^0$ und einer unbeschränkten Punktfolge $\{\widetilde{y}_\nu\}_{\nu \in N}$ auch die Grenzhalbgerade $\overline{H}^{(1)}$ einer Teilfolge der Streckenfolge $\{\widetilde{x}\widetilde{y}_\nu\}_{\nu \in N}$ enthielte, welche nach (513) in einer Hyperebene $R_n \times \{\tau\}$ des R_{n+1} mit $\alpha < \tau < \beta$ liegen müßte, was wegen (514) und der Kompaktheit von $K(\tau)$ eine Unmöglichkeit ist.

Hiermit ist $\overline{\overline{\widetilde{K}}}$ eine kompakte und konvexe Untermenge von $R_{n+1} = R_n \times R_1$, auf welche sich Satz 19.1 anwenden läßt. Hiernach ist die an $\widetilde{G} := R_1$ abgerundete Menge $S_{\widetilde{G}}(\overline{\overline{\widetilde{K}}})$ eine bezüglich $\widetilde{G}$ rotationssymmetrische, kompakte und konvexe Menge des R_{n+1}. Ihr zweidimensionaler, durch $\widetilde{G}$ gelegter „Querschnitt" $S_{\widetilde{G}}(\overline{\overline{\widetilde{K}}}) \cap A^{(2)}$ besitzt bezüglich eines kartesischen Koordinatensystems $\{\tau, \varrho\}$ der Ebene $A^{(2)}$ mit $\widetilde{G}$ als τ-Achse aufgrund von (483) die Darstellung

$$S_{\widetilde{G}}(\overline{\overline{\widetilde{K}}}) \cap A^{(2)} = \left\{ x \in A^{(2)};\ -\frac{1}{\omega_n^{1/n}}\ V_{(n)}^{1/n}\left(\overline{\overline{\widetilde{K}}} \cap (R_n \times \{\tau\}) \right) \leqq \varrho \right.$$

$$\left. \leqq \frac{1}{\omega_n^{1/n}}\ V_{(n)}^{1/n}\left(\overline{\overline{\widetilde{K}}} \cap (R_n \times \{\tau\}) \right),\quad \alpha \leqq \tau \leqq \beta \right\}.$$

$$(516)$$

Dieser Durchschnitt ist aber genau wie $S_{\widetilde{G}}(\overline{\overline{\widetilde{K}}})$ konvex, so daß die in seiner Darstellung (516) auftretende Größe $-\dfrac{1}{\omega_n^{1/n}}\ V_{(n)}^{1/n}\left(\overline{\overline{\widetilde{K}}} \cap (R_n \times \{\tau\}) \right)$ in Abhängigkeit von τ eine konvexe Funktion auf dem Intervall $[\alpha, \beta]$ ist. Dasselbe gilt wegen (514) und (515) auch für die durch $-\dfrac{1}{\omega_n^{1/n}}\ V^{1/n}(K(\tau))$ gegebene Funktion von τ auf $[\alpha, \beta]$. Also ist endlich die durch $V^{1/n}(K(\tau))$ gegebene Funktion von τ auf $[\alpha, \beta]$ konkav im Sinne von (512), womit die Folgerung von Satz 19.1 als richtig erkannt ist. $\square$

Über das Eintreten der Gleichheit in (512) gibt Aufschluß

Satz 19.3 (von H. MINKOWSKI). *Es sei $\{K(\tau)\}_{\tau \in [\alpha, \beta]}$ eine konkave Schar kompakter konvexer Mengen des R_n mit $n \geqq 2$, wobei speziell $K(\alpha)$ und $K(\beta)$ innere Punkte besitzen und (im Sinne von Definition 10.2) streng konvex sein sollen. Dann*

---

[1]) (514) und (515) bleiben auch im Fall dim $\widetilde{K} < n + 1$ richtig, weil die vorangegangenen Überlegungen genauso auch bezüglich aff $\widetilde{K}$ angestellt werden können.

ist $V^{1/n}(K(\tau))$ genau dann auf $[\alpha, \beta]$ eine lineare Funktion von τ:

$$V^{1/n}\big(K(\lambda_1\tau_1 + \lambda_2\tau_2)\big) = \lambda_1 V^{1/n}\big(K(\tau_1)\big) + \lambda_2 V^{1/n}\big(K(\tau_2)\big) \tag{517}$$

$$(\tau_1, \tau_2 \in [\alpha, \beta]; \lambda_1 \geqq 0, \lambda_2 \geqq 0, \lambda_1 + \lambda_2 = 1),$$

wenn die Schar $\{K(\tau)\}_{\tau\in[\alpha,\beta]}$ selbst linear ist und $K(\alpha)$ und $K(\beta)$ gleichsinnig homothetisch sind:

$$K(\beta) = \lambda K(\alpha) + a \qquad (a \in R_n, \lambda > 0). \tag{518}$$

Beweis (nach einer Idee von W. BLASCHKE[1]): Zunächst ist $V^{1/n}(K(\tau))$ für eine lineare Schar $\{K(\tau)\}_{\tau\in[\alpha,\beta]}$ mit (518) wegen

$$\begin{aligned}
V^{1/n}\big(K(\lambda_1\alpha + \lambda_2\beta)\big) &= V^{1/n}\big(\lambda_1 K(\alpha) + \lambda_2 K(\beta)\big) = V^{1/n}\big((\lambda_1 + \lambda_2\lambda) K(\alpha) + \lambda_2 a\big) \\
&= (\lambda_1 + \lambda_2\lambda) V^{1/n}\big(K(\alpha)\big) = \lambda_1 V^{1/n}\big(K(\alpha)\big) + \lambda_2 V^{1/n}\big(K(\beta)\big)
\end{aligned}$$

$$(\lambda_1 \geqq 0, \lambda_2 \geqq 0, \lambda_1 + \lambda_2 = 1)$$

eine lineare Funktion von τ. Umgekehrt ist es leicht einzusehen, daß unsere vorgegebene Schar $\{K(\tau)\}_{\tau\in[\alpha,\beta]}$ linear sein muß, wenn sie die Eigenschaft (517) besitzt. Wendet man nämlich die Folgerung von Satz 19.1 auf die lineare und damit um so mehr konkave Schar $\{L(\tau)\}_{\tau\in[\tau_1,\tau_2]}$ mit $L(\lambda_1\tau_1 + \lambda_2\tau_2) := \lambda_1 K(\tau_1) + \lambda_2 K(\tau_2)$ $(\tau_1, \tau_2 \in [\alpha, \beta]; \lambda_1 \geqq 0, \lambda_2 \geqq 0, \lambda_1 + \lambda_2 = 1)$[2] an, so findet man nach (442b), (512) und (517)

$$\begin{aligned}
V^{1/n}\big(K(\lambda_1\tau_1 + \lambda_2\tau_2)\big) &\geqq V^{1/n}\big(\lambda_1 K(\tau_1) + \lambda_2 K(\tau_2)\big) \\
&\geqq \lambda_1 V^{1/n}\big(K(\tau_1)\big) + \lambda_2 V^{1/n}\big(K(\tau_2)\big) \\
&= V^{1/n}\big(K(\lambda_1\tau_1 + \lambda_2\tau_2)\big).
\end{aligned}$$

Wir haben also wegen der aus $(K(\alpha))^0 \neq \emptyset$, $(K(\beta))^0 \neq \emptyset$ und damit $(K(\tau_1))^0 \neq \emptyset$, $(K(\tau_2))^0 \neq \emptyset$ (vgl. Satz 8.7) folgenden Beziehung

$$\big(K(\lambda_1\tau_1 + \lambda_2\tau_2)\big)^0 \supseteq \big(\lambda_1 K(\tau_1) + \lambda_2 K(\tau_2)\big)^0 \neq \emptyset$$

nach Satz 15.2 in der Tat

$$K(\lambda_1\tau_1 + \lambda_2\tau_2) = \lambda_1 K(\tau_1) + \lambda_2 K(\tau_2) \tag{519}$$

$$(\tau_1, \tau_2 \in [\alpha, \beta]; \lambda_1 \geqq 0, \lambda_2 \geqq 0, \lambda_1 + \lambda_2 = 1).$$

Weiter folgt aus Satz 18.4 und aus (444a) in Verbindung mit (517), daß auch die durch Steinersche Symmetrisierung S_A an einer beliebigen (den Ursprung o des R_n enthaltenden) Hyperebene A aus der gegebenen Schar entstehende Schar $\{S_A(K(\tau))\}_{\tau\in[\alpha,\beta]}$ linear ist[3]:

$$S_A\big(K(\lambda_1\tau_1 + \lambda_2\tau_2)\big) = \lambda_1 S_A\big(K(\tau_1)\big) + \lambda_2 S_A\big(K(\tau_2)\big) \tag{520}$$

$$(\tau_1, \tau_2 \in [\alpha, \beta]; \lambda_1 \geqq 0, \lambda_2 \geqq 0, \lambda_1 + \lambda_2 = 1).$$

---

[1]) Vgl. [39], S. 98—100.

[2]) Vgl. das Beispiel nach Definition 18.2.

[3]) Zum vorangegangenen Beweis der Linearität der Schar $\{K(\tau)\}_{\tau\in[\alpha,\beta]}$ wurde nämlich die vorausgesetzte strenge Konvexität von $K(\alpha)$ und $K(\beta)$ auch nicht benutzt.

Wir werden nun diese Tatsachen ausnützen, um den noch fehlenden Homothetiebeweis von $K(\alpha)$ und $K(\beta)$ zu führen, was nur im Fall $n \geq 2$ nichttrivial ist. Zu diesem Zweck betrachten wir in Analogie zu (513) die in $R_{n+1} := R_n \times R_1$ durch

$$\widetilde{K} := \bigcup_{0 \leq \lambda_2 \leq 1} \left(K(\lambda_1 \alpha + \lambda_2 \beta) \times \{\lambda_2\} \right) \tag{521}$$

bzw.

$$\widetilde{L} := \bigcup_{0 \leq \lambda_2 \leq 1} \left(S_A(K(\lambda_1 \alpha + \lambda_2 \beta)) \times \{\lambda_2\} \right) \qquad (\lambda_1 + \lambda_2 = 1) \tag{522}$$

gegebenen Mengen $\widetilde{K}$ bzw. $\widetilde{L}$, welche aufgrund von (519), (520) und Bemerkung 8.4 mit den folgenden kompakten und konvexen Untermengen des R_{n+1} übereinstimmen:

$$\widetilde{K} = \operatorname{conv}\{(K(\alpha) \times \{0\}) \cup (K(\beta) \times \{1\})\} \tag{523}$$

bzw.

$$\widetilde{L} = \operatorname{conv}\left\{(S_A(K(\alpha)) \times \{0\}) \cup (S_A(K(\beta)) \times \{1\})\right\} . \tag{524}$$

Es sei jetzt $G(\alpha)$ eine beliebige in R_n gelegene, $K(\alpha)$ in mehr als einem Punkt schneidende und zu A orthogonale Gerade, wobei

$$G(\alpha) \cap K(\alpha) = x^{(1)}(\alpha)\, x^{(2)}(\alpha) \quad \text{mit} \quad x^{(1)}(\alpha) \neq x^{(2)}(\alpha) \tag{525}$$

bzw.

$$G(\alpha) \cap S_A(K(\alpha)) = y^{(1)}(\alpha)\, y^{(2)}(\alpha) \quad \text{mit} \quad y^{(1)}(\alpha) \neq y^{(2)}(\alpha) \tag{526}$$

gesetzt werde. Durch den Randpunkt $y^{(1)}(\alpha)$ von $S_A(K(\alpha))$ gehe die Stützhyperebene $B_1(\alpha)$ von $S_A(K(\alpha))$ (relativ zum R_n). $B_1(\alpha)$ kann nicht zu A orthogonal sein, weil $x^{(1)}(\alpha)\, x^{(2)}(\alpha)$ wegen der vorausgesetzten strengen Konvexität von $K(\alpha)$ einen Punkt von $(K(\alpha))^0$ und daher $y^{(1)}(\alpha)\, y^{(2)}(\alpha)$ einen Punkt von $(S_A(K(\alpha)))^0$ enthält (vgl. (525) und (526)). Die Hyperebene $R_n \times \{0\}$ relativ zu R_{n+1} werde nun so lange um die in ihr liegende Hyperebene $B_1(\alpha) \times \{0\}$ gedreht, bis sie die kompakte Menge $S_A(K(\beta)) \times \{1\}$ etwa in $y^{(1)}(\beta) \times \{1\}$ im gleichen Sinn wie $S_A(K(\alpha)) \times \{0\}$ berührt.[1]) Sie komme dadurch in eine Endlage $\widetilde{B}_1$. Dann ist $\widetilde{B}_1$ sicher nicht orthogonal zu $A \times R_1$; es ist jedoch aufgrund von (524) Stützhyperebene von $\widetilde{L}$, und die in $\widetilde{B}_1$ enthaltene Strecke $(y^{(1)}(\alpha) \times \{0\})\,(y^{(1)}(\beta) \times \{1\})$ stellt infolgedessen eine Randstrecke von $\widetilde{L}$ dar. Wegen der aus (522) folgenden Symmetrie von $\widetilde{L}$ bezüglich der im R_{n+1} liegenden Hyperebene $A \times R_1$ entsteht durch Spiegelung dieser Strecke an $A \times R_1$ gleichfalls eine Randstrecke $(y^{(2)}(\alpha) \times \{0\})\,(y^{(2)}(\beta) \times \{1\})$ von $\widetilde{L}$ mit der hindurchgehenden und zu $\widetilde{B}_1$ bezüglich $A \times R_1$ symmetrischen (aber wie $\widetilde{B}_1$ nicht zu $A \times R_1$ orthogonalen) Stützhyperebene $\widetilde{B}_2$ von $\widetilde{L}$. Dies alles hat zur Folge, daß sich $y^{(1)}(\beta)\, y^{(2)}(\beta)$ in der (zu (526) analogen) Form

$$y^{(1)}(\beta)\, y^{(2)}(\beta) = G(\beta) \cap S_A(K(\beta)) \tag{527}$$

mit einer geeigneten $K(\beta)$ schneidenden und zu A orthogonalen Geraden $G(\beta)$ des R_n darstellen läßt und daß $(y^{(1)}(\beta) \times \{1\})\,(y^{(2)}(\beta) \times \{1\})$ zusammen mit

---

[1]) Damit ist gemeint, daß $S_A(K(\alpha)) \times \{0\}$ und $S_A(K(\beta)) \times \{1\}$ in demselben durch die Hyperebene begrenzten, abgeschlossenen Halbraum des R_{n+1} liegen.

$\left(y^{(1)}(\alpha) \times \{0\}\right)\left(y^{(2)}(\alpha) \times \{0\}\right)$ ein von Randstrecken von $\widetilde{L}$ berandetes Trapez bildet. Ist nun

$$x^{(1)}(\beta)\, x^{(2)}(\beta) := G(\beta) \cap K(\beta)\,, \tag{528}$$

so entsteht dieses Trapez durch Steinersche Symmetrisierung an $A \times R_1$ aus dem von $\left(x^{(1)}(\alpha) \times \{0\}\right)\left(x^{(2)}(\alpha) \times \{0\}\right)$ und $\left(x^{(1)}(\beta) \times \{1\}\right)\left(x^{(2)}(\beta) \times \{1\}\right)$ gebildeten Trapez:

$$\operatorname{conv}\{y^{(1)}(\alpha) \times \{0\},\, y^{(2)}(\alpha) \times \{0\},\, y^{(1)}(\beta) \times \{1\},\, y^{(2)}(\beta) \times \{1\}\} \cdot$$
$$= S_{A \times R_1}\left(\operatorname{conv}\{x^{(1)}(\alpha) \times \{0\},\, x^{(2)}(\alpha) \times \{0\},\, x^{(1)}(\beta) \times \{1\},\, x^{(2)}(\beta) \times \{1\}\}\right). \tag{529}$$

Das auf der rechten Seite von (529) auftretende Trapez wird nun gleichfalls von Randstrecken von $\widetilde{K}$ berandet, da anderenfalls bei der Symmetrisierung von $\widetilde{K}$ an $A \times R_1$ wegen (529) eine von $\widetilde{L}$ verschiedene Menge im Widerspruch zu (521) und (522) entstünde. Insbesondere bestehen die Strecken $\left(x^{(i)}(\alpha) \times \{0\}\right)\left(x^{(i)}(\beta) \times \{1\}\right)$ aus lauter Randpunkten von $\widetilde{K}$ und liegen aus diesem Grunde in Stützhyperebenen $\widetilde{A}_i$ $(i = 1, 2)$ von $\widetilde{K}$ durch je einen ihrer inneren Punkte. Daraus kann man wegen (523) endlich schließen, daß die durch $\widetilde{A}_i \cap (R_n \times \{0\}) =: A_i(\alpha) \times \{0\}$ bzw. $\widetilde{A}_i \cap (R_n \times \{1\}) =: A_i(\beta) \times \{1\}$ definierten, zueinander parallelen Hyperebenen $A_i(\alpha)$ bzw. $A_i(\beta)$ des R_n Stützhyperebenen von $K(\alpha)$ bzw. $K(\beta)$ durch die Punkte $x^{(i)}(\alpha)$ bzw. $x^{(i)}(\beta)$ $(i = 1, 2)$ sein müssen.

Wir fassen als bisher Bewiesenes noch einmal zusammen: Zu jeder $K(\alpha)$ in mehr als einem Punkt schneidenden Geraden $G(\alpha)$ existiert eine dazu parallele Gerade $G(\beta)$ derart, daß $G(\alpha)$ und $G(\beta)$ aus $K(\alpha)$ und $K(\beta)$ Strecken ausschneiden, durch deren entsprechende Endpunkte (gleichsinnig) parallele Stützhyperebenen von $K(\alpha)$ und $K(\beta)$ bezüglich R_n gehen (vgl. (525) und (528)). Der Beweis der behaupteten Homothetie von $K(\alpha)$ und $K(\beta)$ gestaltet sich jetzt folgendermaßen: Es sei o. B. d. A. der Ursprung o des R_n in $(K(\alpha))^0$ enthalten und $(K(\alpha))^*$ der (kompakte und konvexe) Polarkörper von $K(\alpha)$ bezüglich o (vgl. Definition 6.4 und Satz 6.8). Nach dem Korollar zu Satz 4.6 gibt es (mindestens) einen exponierten Punkt $x_0^*(\alpha)$ von $(K(\alpha))^*$, durch welchen nach Definition 4.3 eine Stützhyperebene $A_0^*(\alpha)$ von $(K(\alpha))^*$ mit

$$A_0^*(\alpha) \cap (K(\alpha))^* = \{x_0^*(\alpha)\} \tag{530}$$

geht. Aus (530) und Satz 6.8 folgt dann unmittelbar, daß $A_0^*(\alpha)$ bei der Polarität π an der Einheitssphäre $\partial B_1(o)$ Bild eines Randpunktes $x_0(\alpha)$ von $K(\alpha)$ ist, durch welchen nur eine einzige Stützhyperebene von $K(\alpha)$ (nämlich $\pi(x_0^*(\alpha))$) hindurchgelegt werden kann.[1] Es sei nun $x(\alpha)$ ein beliebiger von $x_0(\alpha)$ verschiedener Randpunkt von $K(\alpha)$ und $G(\alpha)$ die Gerade $G(\alpha) := x_0(\alpha) \vee x(\alpha)$. Nach dem zu Beginn des Abschnitts Gesagten existiert eine zu $G(\alpha)$ parallele Gerade $G(\beta)$ mit $G(\beta) \cap K(\beta)$ $=: x_0(\beta)\, x(\beta)$ derart, daß durch $x_0(\alpha)$ und $x_0(\beta)$ sowie durch $x(\alpha)$ und $x(\beta)$ jeweils parallele Stützhyperebenen $A_0(\alpha)$ und $A_0(\beta)$ sowie $A(\alpha)$ und $A(\beta)$ von $K(\alpha)$ und

---

[1] $x_0(\alpha)$ ist also ein regulärer Randpunkt von $K(\alpha)$ im Sinne von Definition 10.7.

$K(\beta)$ gehen. Dies bedeutet aber aufgrund der Einzigkeit einer Stützhyperebene von $K(\alpha)$ durch $x_0(\alpha)$, daß $x_0(\beta)$ der (wegen der strengen Konvexität von $K(\beta)$ einzige) Berührungspunkt der zu $A_0(\alpha)$ gleichsinnig parallelen Stützhyperebene $A_0(\beta)$ von $K(\beta)$ mit $K(\beta)$ sein muß und somit von der Wahl von $x(\alpha)$ gar nicht abhängt. Damit haben wir gezeigt: Zu jeder Sehne $x_0(\alpha)\, x(\alpha)$ von $K(\alpha)$ mit festem Anfang $x_0(\alpha)$ und $x(\alpha) \neq x_0(\alpha)$ existiert eine gleichsinnig parallele Sehne $x_0(\beta)\, x(\beta)$ von $K(\beta)$ mit festem Anfang $x_0(\beta)$ so, daß durch die Enden dieser Sehnen gleichsinnig parallele Stützhyperebenen $A(\alpha)$ und $A(\beta)$ von $K(\alpha)$ und $K(\beta)$ gehen.

Um nun die Homothetie von $K(\alpha)$ und $K(\beta)$ einzusehen, zeigen wir zunächst die Existenz eines Paares paralleler Sehnen $x_0(\alpha)\, x_1(\alpha)$ und $x_0(\beta)\, x_1(\beta)$ von $K(\alpha)$ und $K(\beta)$ mit $x_1(\alpha) \neq x_0(\alpha)$ und $x_1(\beta) \neq x_0(\beta)$. Dies geschehe indirekt; wir nehmen einmal an, für die zu $x_0(\alpha)\, x(\alpha)$ mit beliebigem $x(\alpha) \neq x_0(\alpha)$ parallele Sehne $x_0(\beta)\, x(\beta)$ sei stets $x(\beta) = x_0(\beta)$. Die von $x_0(\alpha)$ ausgehenden und ein $x(\alpha) \neq x_0(\alpha)$ enthaltenden offenen Halbgeraden sind wegen der strengen Konvexität von $K(\alpha)$ gerade diejenigen offenen Halbgeraden, die $\big(K(\alpha)\big)^0$ schneiden. Ihre Vereinigung ist gleich dem von $A_0(\alpha)$ begrenzten und $\big(K(\alpha)\big)^0$ enthaltenden offenen Halbraum des R_n, weil es anderenfalls eine von $x_0(\alpha)$ ausgehende und $\big(K(\alpha)\big)^0$ nicht schneidende offene Halbgerade in diesem Halbraum gäbe, deren geradlinige Verlängerung nach Satz 3.1 in einer von $A_0(\alpha)$ verschiedenen Stützhyperebene von $K(\alpha)$ durch $x_0(\alpha)$ enthalten wäre im Gegensatz zur Einzigkeit von $A_0(\alpha)$. Infolgedessen bedeutet die Annahme $x(\beta) = x_0(\beta)$ für die Sehnen $x_0(\beta)\, x(\beta)$ mit allen Richtungen der Sehnen $x_0(\alpha)\, x(\alpha)$ zusammen mit der Stützeigenschaft von $A_0(\beta)$ bezüglich $K(\beta)$ nichts anderes, als daß $K(\beta)$ in $A_0(\beta)$ gelegen sein müßte, was wegen $\big(K(\beta)\big)^0 \neq \emptyset$ eine Unmöglichkeit ist. Damit ist die Existenz des gewünschten Sehnenpaares von $K(\alpha)$ und $K(\beta)$ erwiesen.

Als letztes betrachten wir im folgenden die Schnitte von $K(\alpha)$ und $K(\beta)$ mit zwei parallelen, $x_0(\alpha)\, x_1(\alpha)$ und $x_0(\beta)\, x_1(\beta)$ enthaltenden, aber sonst beliebigen zweidimensionalen Ebenen $B^{(2)}$ und $C^{(2)}$ des R_n. Diese Schnitte $K_{(2)}(\alpha) := K(\alpha) \cap B^{(2)}$ und $K_{(2)}(\beta) := K(\beta) \cap C^{(2)}$ haben wiederum die Eigenschaft, kompakte und streng konvexe Mengen mit nichtleerem offenen Kern zu sein, und ihre parallelen Sehnen $x_0(\alpha)\, x(\alpha)$ $\big(x(\alpha) \neq x_0(\alpha)\big)$ und $x_0(\beta)\, x(\beta)$ haben Endpunkte mit den jeweils (gleichsinnig) parallelen Stützgeraden $A_0(\alpha) \cap B^{(2)}$ und $A_0(\beta) \cap C^{(2)}$ sowie $A(\alpha) \cap B^{(2)}$ und $A(\beta) \cap C^{(2)}$.[1] Daraus folgt sogar, daß es zu jedem Stützelement von $K_{(2)}(\alpha)$ (im Sinn von Definition 13.1) mit dem Randpunkt $x(\alpha)$ ein paralleles Stützelement von $K_{(2)}(\beta)$ mit dem Randpunkt $x(\beta)$ gibt, wie man einsehen kann, wenn man bei den (nach Satz 10.7 höchstens abzählbar unendlich vielen) etwaigen Eckpunkten $x(\alpha)$ von $K_{(2)}(\alpha)$ die „Grenzstützelemente" mit dem Randpunkt $x(\alpha)$ durch Stützelemente mit nichteckigen Nachbarrandpunkten approximiert. Wir verwenden nun die im Zusatz zu Hilfssatz 13.1 angegebene Parameterdarstellung der Stützelemente von $K_{(2)}(\alpha)$ bzw. $K_{(2)}(\beta)$, wobei wir die Radiusvektoren auf die Zentren $x_0(\alpha)$ bzw. $x_0(\beta)$ und die Polarwinkel auf die Sehnen $x_0(\alpha)\, x_1(\alpha)$ bzw. $x_0(\beta)\, x_1(\beta)$ beziehen. Daraus ergibt sich dann wegen der Gleichheit der durch ϑ in Abhängigkeit von ω

---

[1] Wegen der strengen Konvexität von $K(\alpha)$ können die Stützhyperebenen $A_0(\alpha)$ und $A(\alpha)$ von $K(\alpha)$ die Sehne $x_0(\alpha)\, x(\alpha)$ und damit um so mehr $B^{(2)}$ nicht enthalten; dasselbe gilt aus Parallelitätsgründen für $A_0(\beta)$ und $A(\beta)$ in bezug auf $C^{(2)}$.

für die Mengen $K_{(2)}(\alpha)$ und $K_{(2)}(\beta)$ gegebenen Funktionen aufgrund von (223) mit (224) und (225) die Homothetie von $\partial(K_{(2)}(\alpha))$ und $\partial(K_{(2)}(\beta))$ in der Form

$$\partial\big(K_{(2)}(\beta)\big) = \lambda\big(\partial(K_{(2)}(\alpha)) - x_0(\alpha)\big) + x_0(\beta) \,, \tag{531}$$

worin die Konstante $\lambda > 0$ durch die Gleichung

$$x_1(\beta) - x_0(\beta) = \lambda\big(x_1(\alpha) - x_0(\alpha)\big) \tag{532}$$

gegeben ist. (531) zieht unmittelbar $K_{(2)}(\beta) = \lambda\big(K_{(2)}(\alpha) - x_0(\alpha)\big) + x_0(\beta)$ nach sich, und diese Relation bleibt für alle Lagen von $B^{(2)}$ bzw. $C^{(2)}$ mit dem gleichen Faktor λ richtig, da letzterer unabhängig von $B^{(2)}$ bzw. $C^{(2)}$ durch (532) bestimmt ist. Damit haben wir aber auch schlechthin $K(\beta) = \lambda\big(K(\alpha) - x_0(\alpha)\big) + x_0(\beta)$, womit schließlich auch die Bedingung (518) $\big($mit $a = x_0(\beta) - \lambda x_0(\alpha)\big)$ als für die Gültigkeit von (517) notwendig erkannt und Satz 19.3 vollständig bewiesen ist. $\square$

Bemerkung 19.2. *Die Voraussetzung der strengen Konvexität der konvexen Mengen $K(\alpha)$ und $K(\beta)$ in Satz* 19.3 *ist entbehrlich* (sie wurde bisher nur aus beweistechnischen Gründen gemacht): Beim Beweis der Linearität der Schar $\{K(\tau)\}_{\tau\in[\alpha,\beta]}$ wurde diese Voraussetzung nicht benutzt (vgl. die Fußnote [3]) auf S. 233), und Satz 21.1 wird zeigen, daß diese Voraussetzung auch für den Beweis der Homothetie von $K(\alpha)$ und $K(\beta)$ nicht nötig ist. *Dagegen kann auf die Voraussetzung* $(K(\alpha))^0 \neq \emptyset$, $(K(\beta))^0 \neq \emptyset$ *in diesem Satz insgesamt nicht verzichtet werden*, wie das Beispiel einer linearen Schar $\{K(\tau)\}_{\tau\in[\alpha,\beta]}$ mit $K(\alpha) \subseteq A$, $K(\beta) \subseteq A$ $\big(A = $ Hyperebene des R_n, $K(\alpha)$ und $K(\beta)$ nicht homothetisch$\big)$ zeigt, wo für alle $\lambda_1 \geqq 0$, $\lambda_2 \geqq 0$ mit $\lambda_1 + \lambda_2 = 1$ die Beziehung $K(\lambda_1\alpha + \lambda_2\beta) = \lambda_1 K(\alpha) + \lambda_2 K(\beta) \subseteq A$ und damit $V^{1/n}\big(K(\lambda_1\alpha + \lambda_2\beta)\big) = 0$ gilt.

Für eine Anwendung im nächsten Kapitel ist noch von besonderer Bedeutung eine

Folgerung aus Satz 19.2 (von BONNESEN [1])): *Es sei* $\{K(\tau)\}_{\tau\in[\alpha,\beta]}$ *eine konkave Schar kompakter und konvexer Mengen im R_n mit der Eigenschaft, daß $K(\alpha)$ und $K(\beta)$ bezüglich einer beliebigen (den Ursprung o des R_n enthaltenden) Hyperebene A des R_n gleiches äußeres Quermaß* (vgl. Definition 16.3) *besitzen:*

$$V_{(n-1)}\big(p_A(K(\alpha))\big) = V_{(n-1)}\big(p_A(K(\beta))\big) \tag{533}$$

$(p_A = $ Orthogonalprojektion auf $A)$.

Dann genügt das Volumen der Scharmengen selbst der Ungleichung

$$V\big(K(\lambda_1\alpha + \lambda_2\beta)\big) \geqq \lambda_1 V\big(K(\alpha)\big) + \lambda_2 V\big(K(\beta)\big) \tag{534}$$

$(\lambda_1 \geqq 0, \lambda_2 \geqq 0, \lambda_1 + \lambda_2 = 1)$

(vgl. die Folgerung von Satz 19.1).

Beweis. Wir symmetrisieren zunächst die gegebene Schar $\{K(\tau)\}_{\tau\in[\alpha,\beta]}$ an der Hyperebene A und erhalten hierdurch nach Satz 18.4 wiederum eine konkave Schar $\{S_A(K(\tau))\}_{\tau\in[\alpha,\beta]}$ kompakter und konvexer Mengen, für welche aufgrund von

---

[1]) Vgl. [47], S. 122—127.

$$p_A\big(K(\tau)\big) = A \cap S_A\big(K(\tau)\big) \ (\alpha \leqq \tau \leqq \beta) \ \text{und} \tag{533}$$

$$V_{(n-1)}\big(A \cap S_A(K(\alpha))\big) = V_{(n-1)}\big(A \cap S_A(K(\beta))\big) \tag{535}$$

gilt. Die neu erhaltene Schar runden wir daraufhin an der o enthaltenden und zu A senkrechten Geraden G_0 ab. Auf diese Weise entsteht nach Satz 19.2 eine wiederum konkave Schar $\{S_{G_0}(S_A(K(\tau)))\}_{\tau \in [\alpha,\,\beta]}$ kompakter konvexer Mengen, welche alle bezüglich A symmetrisch sind, da diese Eigenschaft bei der Abrundung an G_0 aufgrund von (483) erhalten bleibt. Dies zieht in Verbindung mit (535) für die Endmengen unserer Schar die Beziehung

$$p_A\big(S_{G_0}(S_A(K(\alpha)))\big) = p_A\big(S_{G_0}(S_A(K(\beta)))\big) \tag{536}$$

nach sich. Wir betrachten jetzt die lineare Schar $\{L(\tau)\}_{\tau \in [\alpha,\,\beta]}$ im R_n mit

$$L(\lambda_1\alpha + \lambda_2\beta) := \lambda_1 S_{G_0}(S_A(K(\alpha))) + \lambda_2 S_{G_0}(S_A(K(\beta))) \tag{537}$$

$$(\lambda_1 \geqq 0, \lambda_2 \geqq 0, \lambda_1 + \lambda_2 = 1)\,.$$

Für diese Schar gilt aufgrund der Konkavität von $\{S_{G_0}(S_A(K(\tau)))\}_{\tau \in [\alpha,\,\beta]}$:

$$L(\tau) \subseteq S_{G_0}(S_A(K(\tau))) \qquad (\alpha \leqq \tau \leqq \beta)\,. \tag{538}$$

Außerdem gilt aufgrund von (537) und (536) in Verbindung mit Satz 8.3

$$p_A(L(\tau)) = p_A\big(S_{G_0}(S_A(K(\alpha)))\big) \qquad (\alpha \leqq \tau \leqq \beta) \tag{539}$$

$\big($d. h., $\{L(\tau)\}_{\tau \in [\alpha,\,\beta]}$ stellt im Sinne von Definition 18.4 eine Kanalschar dar$\big)$, und wir haben weiterhin nach (537) für eine beliebige zu G_0 parallele Gerade G mit $p_A(G) \in p_A\big(L(\alpha)\big)$

$$G \cap L(\lambda_1\alpha + \lambda_2\beta) \supseteq \lambda_1\big(G \cap S_{G_0}(S_A(K(\alpha)))\big) + \lambda_2\big(G \cap S_{G_0}(S_A(K(\beta)))\big) \tag{540}$$

$$(\lambda_1 \geqq 0, \lambda_2 \geqq 0, \lambda_1 + \lambda_2 = 1)\,.$$

Aus (540) folgt zusammen mit (301) die Beziehung

$$V_{(1)}\big(G \cap L(\lambda_1\alpha + \lambda_2\beta)\big) \geqq \lambda_1 V_{(1)}\big(G \cap S_{G_0}(S_A(K(\alpha)))\big) + \lambda_2 V_{(1)}\big(G \cap S_{G_0}(S_A(K(\beta)))\big)\,.$$

Integration über $p_A(L(\tau))$ mit dem $(n-1)$-dimensionalen Volumenelement von A liefert jetzt unter Berücksichtigung von (539) und (536)

$$V\big(L(\lambda_1\alpha + \lambda_2\beta)\big) \geqq \lambda_1 V\big(S_{G_0}(S_A(K(\alpha)))\big) + \lambda_2 V\big(S_{G_0}(S_A(K(\beta)))\big)\,.$$

Hieraus resultieren aber zusammen mit (538) in Verbindung mit der sich aus (444a) und Bemerkung 19.1 ergebenden und für alle kompakten konvexen Mengen K des R_n gültigen Gleichheit $V(S_{G_0}(S_A(K))) = V(K)$ die Ungleichungen

$$V\big(K(\lambda_1\alpha + \lambda_2\beta)\big) \geqq V\big(L(\lambda_1\alpha + \lambda_2\beta)\big) \geqq \lambda_1 V(K(\alpha)) + \lambda_2 V(K(\beta))$$

$$(\lambda_1 \geqq 0, \lambda_2 \geqq 0, \lambda_1 + \lambda_2 = 1)\,,$$

womit (534) bewiesen ist. $\square$

Übungen

1. Man zeige, daß sich Hilfssatz 19.1 folgendermaßen verschärfen läßt, wenn $\mathcal{A}$ die Menge aller Hyperebenen A des R_n ist, welche einen festen, den Ursprung o enthaltenden Unterraum R_m des R_n enthalten: Ist $\underline{S}_{\mathcal{A}}(K_0)$ die Menge aller durch endlich viele (hintereinander ausgeführte) Steinersche Symmetrisierungen an beliebigen Elementen von $\mathcal{A}$ aus einer kompakten konvexen Menge K_0 entstehenden konvexen Mengen, so existiert stets eine gegen eine kompakte, konvexe und bezüglich R_m rotationssymmetrische Menge L_0 konvergierende Folge $\{K^{(\mu)}\}_{\mu \in N}$ mit $K^{(\mu)} \in \underline{S}_{\mathcal{A}}(K_0)$. [Anleitung: Es ist zweckmäßig, Hilfssatz 19.1 statt auf K_0 auf eine geeignet abgeänderte Menge K_0' anzuwenden.]

2. Es sei R_m ein fest gewählter, den Ursprung o enthaltender Unterraum des R_n mit $1 < m < n-1$, und es sei weiter K eine kompakte konvexe Menge im R_n. Dann werde die Punktmenge

$$S_{R_m}(K) := \bigcup_{R_{n-m}} B_{\varrho\, R_{n-m}}^{(R_{n-m})}(R_{n-m} \cap R_m) \quad \text{mit} \quad \omega_{n-m}(\varrho_{R_{n-m}})^{n-m} = V_{(n-m)}(R_{n-m} \cap K)$$

($R_{n-m} =$ beliebiger K schneidender und zu R_m orthogonaler $(n-m)$-dimensionaler Unterraum des R_n, $B_{\varrho}^{(R_{n-m})}(x) =$ in R_{n-m} gelegene Vollkugel vom Radius $\varrho \geqq 0$ um $x \in R_{n-m}$, $\omega_{n-m} =$ Volumen der $(n-m)$-dimensionalen Einheitsvollkugel) *Symmetral von K bezüglich R_m* genannt (vgl. Definition 19.1). Man beweise unter Benutzung von Satz 19.1, daß dieses Symmetral wiederum eine konvexe Menge darstellt (vgl. Satz 19.1).

3. Es soll gezeigt werden, daß das ν-te Quermaßintegral mit $0 < \nu < n$ eines kompakten konvexen Körpers K des R_n bei der Schwarzschen Abrundung S_G von K an der (o enthaltenden) Geraden G genau dann seinen Wert nicht ändert, d. h., daß genau dann

$$W_\nu(S_G(K)) = W_\nu(K) \qquad (0 < \nu < n)$$

gilt, wenn K bezüglich einer zu G parallelen Geraden G' rotationssymmetrisch ist (vgl. Bemerkung 19.1).

§ 20.   Zentralsymmetrisierung

Am Schluß dieses Kapitels untersuchen wir ein Symmetrisierungsverfahren, welches auf zentralsymmetrische kompakte konvexe Mengen führt und nicht aus der Steinerschen Symmetrisierung abgeleitet werden kann. Wir greifen dazu auf Beispiel 8.2 des Vektorkörpers einer konvexen Menge zurück, welcher schon als zentralsymmetrisch bezüglich des Ursprungs o des R_n erkannt worden war, und normieren ihn zweckmäßigerweise mit dem Streckungsfaktor $\frac{1}{2}$. Dies motiviert

Definition 20.1. Es sei o der Ursprung des R_n und K eine beliebige in R_n enthaltene, kompakte und konvexe Menge. Dann wird K durch die *Zentralsymmetrisierung S_0* an o in die (nach Satz 8.5) kompakte, konvexe und bezüglich o zentralsymmetrische Bildmenge

$$S_0(K) := \tfrac{1}{2}\left(K + (-K)\right) \tag{541}$$

übergeführt.

Nun gilt analog zu Satz 18.4 und Satz 19.2:

Satz 20.1. *Jede konvexe bzw. konkave bzw. lineare Schar geht bei der Zentralsymmetrisierung S_0 wieder in eine konvexe bzw. konkave bzw. lineare Schar über.*

Beweis. Dieser folgt unmittelbar aus der für die gegebene Schar $\{K(\tau)\}_{\tau \in [\alpha, \beta]}$ aufgrund von (442) und (541) gültigen Relation

$$S_0\big(K(\lambda_1\tau_1 + \lambda_2\tau_2)\big) \subseteq_{\substack{(\supseteq)\\(=)}} S_0\big(\lambda_1 K(\tau_1) + \lambda_2 K(\tau_2)\big)$$

$$= \tfrac{1}{2}\left(\lambda_1 K(\tau_1) + \lambda_2 K(\tau_2)\right) + \tfrac{1}{2}\left(\lambda_1(-K(\tau_1)) + \lambda_2(-K(\tau_2))\right)$$

$$= \lambda_1 S_0\big(K(\tau_1)\big) + \lambda_2 S_0\big(K(\tau_2)\big)$$

$$(\tau_1, \tau_2 \in [\alpha, \beta];\ \lambda_1 \geqq 0,\ \lambda_2 \geqq 0,\ \lambda_1 + \lambda_2 = 1)\ .\ \square$$

Weiter können wir in Analogie zu Satz 18.5 zeigen:

Satz 20.2. *Durch die Zentralsymmetrisierung S_0 einer kompakten konvexen Untermenge K des R_n werden die Quermaßintegrale von K nicht verkleinert:*

$$W_\nu\big(S_0(K)\big) \geqq W_\nu(K) \qquad (0 \leqq \nu \leqq n)\ . \tag{542}$$

Beweis. Zunächst bemerken wir, daß nach (541) und Satz 8.3 die Zentralsymmetrisierung S_0 mit der Orthogonalprojektion p_{R_ν} des R_n längs eines ν-dimensionalen Unterraumes R_ν von R_n auf den durch o gehenden und zu R_ν orthogonalen Unterraum $R_{n-\nu}$ von R_n vertauschbar ist:

$$p_{R_\nu}\big(S_0(K)\big) = p_{R_\nu}\left(\tfrac{1}{2}\left(K + (-K)\right)\right) = \tfrac{1}{2}\left(p_{R_\nu}(K) + p_{R_\nu}(-K)\right)$$

$$= \tfrac{1}{2}\left(p_{R_\nu}(K) + (-p_{R_\nu}(K))\right) = S_0\big(p_{R_\nu}(K)\big)\ . \tag{543}$$

Dann zeigt die Darstellung (356) der Quermaßintegrale zusammen mit (543), daß es genügt, Satz 20.2 im Spezialfall des Volumens (d. h. $\nu = 0$) zu beweisen. Hierzu wenden wir die Folgerung von Satz 19.1 auf die lineare Schar $\{(1 - \tau)\,K + \tau(-K)\}_{\tau \in [0,\,1]}$ an und finden aufgrund von (512) (mit $\tau_1 = 0, \tau_2 = 1, \lambda_1 = \lambda_2 = \tfrac{1}{2}$)

$$V^{1/n}\big(S_0(K)\big) = V^{1/n}\big(\tfrac{1}{2}\,K + \tfrac{1}{2}\,(-K)\big) \geqq \tfrac{1}{2}\,V^{1/n}(K) + \tfrac{1}{2}\,V^{1/n}(-K) = V^{1/n}(K)\ , \tag{544}$$

woraus (542) mit $\nu = 0$ unmittelbar ersichtlich wird. $\square$

Bemerkung 20.1. *Es gilt stets*

$$W_\nu\big(S_0(K)\big) = W_\nu(K) \qquad (0 \leqq \nu < n - \dim K,\ \nu = n - 1,\ \nu = n)\ , \tag{545a}$$

während

$$W_\nu\big(S_0(K)\big) = W_\nu(K) \qquad (n - \dim K \leqq \nu < n - 1) \tag{545b}$$

genau dann richtig ist, wenn K bezüglich eines Punktes $z \in R_n$ zentralsymmetrisch ist[1] (vgl. den Zusatz zu Satz 18.5). In den Fällen $0 \leqq \nu < n - \dim K$ ist nämlich (545a) wegen

$$\dim S_0(K) = \dim S_0(\mathrm{aff}\,K) = \dim(\mathrm{aff}\,K) = \dim K < n - \nu$$

---

[1] Hierbei heiße K *zentralsymmetrisch bezüglich* z, wenn $K - z$ im Sinne von Definition 8.4 zentralsymmetrisch bezüglich o ist.

nach Satz 16.2e) trivial; und das gleiche gilt im Fall $v = n - 1$ bzw. $v = n$ aufgrund von

$$W_{n-1}\big(S_0(K)\big) = W_{n-1}\big(\tfrac{1}{2}\,K + \tfrac{1}{2}\,(-K)\big)$$
$$= \tfrac{1}{2}\,W_{n-1}(K) + \tfrac{1}{2}\,W_{n-1}(-K) = W_{n-1}(K)$$

(vgl. (337) und Satz 16.2a)) bzw. von $W_n\big(S_0(K)\big) = W_n(K) = \omega_n$ (vgl. Definition 16.1). Nehmen wir weiter an, (545b) sei für ein v mit $n - \dim K \leqq v < n - 1$ erfüllt. Wir fassen jetzt K als Teilmenge von aff K auf.[1]) (545b) bedeutet nun nach mehrmaliger Anwendung von Bemerkung 16.2 den Eintritt der Gleichheit in der schon bewiesenen Ungleichung

$$W^{(\dim K)}_{v-(n-\dim K)}\big(S_0(K)\big) \geqq W^{(\dim K)}_{v-(n-\dim K)}(K)$$

(vgl. (542)). Daher gilt aufgrund von (356) bezüglich aff K und der Stetigkeit der darin vorkommenden Integranden sowie von (543)

$$V_{(\dim K - v')}\big(p_{R_{v'}}(S_0(K))\big) = V_{(\dim K - v')}\big(S_0(p_{R_{v'}}(K))\big) = V_{(\dim K - v')}\big(p_{R_{v'}}(K)\big)$$

$$(0 \leqq v' := v - (n - \dim K) < \dim K - 1; \tag{546}$$

$$p_{R_{v'}} = \text{Orthogonalprojektion von aff } K \text{ längs } R_{v'} \subseteq \text{aff } K) .$$

Die Gleichheitsdiskussion in (544) lehrt nun wegen Satz 19.3 in Verbindung mit Bemerkung 19.2 und wegen der aus $K^{(0)} \neq \emptyset$ (vgl. Satz 1.8) folgenden Beziehung $\dim p_{R_{v'}}(K) = \dim K - v' > 1$, daß die in (546) implizit auftretende Menge $-p_{R_{v'}}(K)$ mit $p_{R_{v'}}(K)$ gleichsinnig homothetisch, d. h., daß $p_{R_{v'}}(K)$ für beliebiges $p_{R_{v'}}$ (bezüglich eines geeigneten Zentrums) zentralsymmetrisch sein muß. Dies hat aber aufgrund mehrmaliger Anwendung des nachfolgend bewiesenen Lemmas in der Tat die Zentralsymmetrie von K selbst zur Folge, aus welcher sich umgekehrt unmittelbar die Gleichheit von $S_0(K)$ und K bis auf eine Translation und damit (545b) ergibt.

Lemma 20.1 (von W. Süss[2]). *Es seien K und K' beliebige kompakte, konvexe Mengen des R_n mit $n \geqq 3$, und es sei p_A die Orthogonalprojektion auf eine beliebige (den Ursprung o des R_n enthaltende) Hyperebene A des R_n. Dann gilt:*

a) K und K' sind genau dann translationsgleich[3]), wenn dies für alle $p_A(K)$ und $p_A(K')$ zutrifft, und

b) K ist genau dann zentralsymmetrisch (bezüglich eines geeigneten Zentrums), wenn dasselbe für alle $p_A(K)$ richtig ist.

Beweis. a) Die Notwendigkeit der angegebenen Bedingung für die Translationsgleichheit von K und K' ist trivial. Um ihr Hinreichen einzusehen, wählen wir zunächst zwei zueinander orthogonale und o enthaltende Hyperebenen $A(u_1)$ und $A(u_2)$ des R_n mit den Normalenvektoren u_1 und u_2 aus und betrachten die Orthogo-

---

[1]) Hierbei können wir (nach eventueller Parallelverschiebung von K) o. B. d. A $o \in S_0(K) \subseteq$ aff K annehmen.

[2]) Vgl. [48].

[3]) Vgl. die Fußnote auf S. 206.

nalprojektionen p_{u_1} und p_{u_2} auf diese Hyperebenen. Dann können wir aufgrund der vorausgesetzten Beziehung $p_{u_1}(K') = p_{u_1}(K) + a_1'$ mit $a_1' \in A(u_1)$ für $K'' := K' - a_1'$ die Gültigkeit von

$$p_{u_1}(K'') = p_{u_1}(K) \tag{547}$$

erreichen, wobei die Translationsgleichheit für alle $p_A(K)$ und $p_A(K'')$ erhalten bleibt. Insbesondere haben wir daher

$$p_{u_2}(K'') = p_{u_2}(K) + a_2'' \quad \text{mit} \quad a_2'' \in A(u_2) . \tag{548}$$

Nun folgt aber aus (548) wegen der sich aus der Orthogonalität von u_1 und u_2 ergebenden Relation $p_{u_1} \circ p_{u_2} = p_{u_2} \circ p_{u_1}$

$$p_{u_2}\big(p_{u_1}(K'')\big) = p_{u_2}\big(p_{u_1}(K)\big) + p_{u_1}(a_2'') .$$

Daraus folgt zusammen mit (547) $p_{u_1}(a_2'') = 0$, weil $p_{u_2}\big(p_{u_1}(K)\big)$ kompakt ist und also eine zu $p_{u_1}(a_2'')$ senkrechte Stützhyperebene besitzt. Dies bedeutet, daß (547) und (548) nach Ersatz von K'' durch $K''' := K'' - a_2''$ die Gestalt

$$p_{u_1}(K''') = p_{u_1}(K) \tag{549}$$

und

$$p_{u_2}(K''') = p_{u_2}(K) \tag{550}$$

annehmen, wobei die Translationsgleichheit für alle $p_A(K)$ und $p_A(K''')$ erhalten bleibt.

Es sei nun u ein beliebiger Vektor des R_n derart, daß das Tripel $\{u_1, u_2, u\}$ aus linear unabhängigen Vektoren besteht. Die Existenz eines derartigen u ist wegen der Orthogonalität von $u_1 \neq 0$ und $u_2 \neq 0$ und der Voraussetzung $n \geq 3$ gesichert. Dann sind die von u_1 und u bzw. von u_2 und u aufgespannten und o enthaltenden Ebenen $B_1^{(2)}$ bzw. $B_2^{(2)}$ verschieden; ihre durch o gehenden $(n-2)$-dimensionalen orthogonalen Komplemente seien mit $C_1^{(n-2)}$ bzw. $C_2^{(n-2)}$ bezeichnet. Jetzt gibt es wegen $C_1^{(n-2)} \neq C_2^{(n-2)}$ sicher $n-1$ linear unabhängige Vektoren $v_1, \ldots, v_{n-1}$ im R_n derart, daß jeder dieser Vektoren in $C_1^{(n-2)} \cup C_2^{(n-2)}$ gelegen ist. Nach ihrer Konstruktion sind die Vektoren $v_1, \ldots, v_{n-1}$ alle sowohl zu u als auch jeweils zu u_1 oder u_2 orthogonal. Aus dem letzteren Grunde besitzen K und K''' wegen (549) und (550) gleiche Stützhyperebenen mit (von K und K''' weg weisenden) Normalenvektoren $v_1, \ldots, v_{n-1}$, und aus dem erstgenannten Grund gilt: Die Schnitte dieser Stützhyperebenen mit der zu u orthogonalen Hyperebene $A(u)$ durch o sind übereinstimmende Stützhyperebenen (relativ zu $A(u)$) der Orthogonalprojektionen $p_u(K)$ und $p_u(K''')$ mit den Normalenvektoren $v_1, \ldots, v_{n-1}$. Nun war aber schon $p_u(K''') = p_u(K) + a$ als richtig erkannt, so daß nach dem eben Gesagten der (in $A(u)$ gelegene) Translationsvektor a zu den $n-1$ (in $A(u)$ gelegenen) linear unabhängigen Vektoren $v_1, \ldots, v_{n-1}$ orthogonal sein muß, was nur bei $a = 0$ oder

$$p_u(K''') = p_u(K) \qquad (\{u_1, u_2, u\} = \text{linear unabhängig}) \tag{551}$$

möglich ist. Damit ist die Gleichheit der Orthogonalprojektionen von K''' und K bezüglich u_1, u_2 und aller Projektionsrichtungen u gezeigt, welche nicht in der von u_1 und u_2 aufgespannten (und o enthaltenden) Ebene $B_0^{(2)}$ liegen. Ist jetzt endlich u

ein beliebiger Vektor in $B_0^{(2)}$ mit $\{u_1, u\}$ = linear unabhängig und $\{u_2, u\}$ = linear unabhängig, so wähle man zunächst einen zu u_1 und u_2 senkrechten Vektor $u_3 \neq 0$ des R_n (wegen $n \geq 3$ möglich!) und findet nach (551), angewandt auf die linear unabhängigen Vektoren $\{u_1, u_3, u\}$ anstelle von $\{u_1, u_2, u\}$, gleichfalls $p_u(K''')$ $= p_u(K)$, so daß wir also ganz allgemein

$$p_u(K''') = p_u(K) \qquad (u = \text{beliebig} \neq 0) \tag{552}$$

haben. Der Gleichung (552) kann man nun die Tatsache entnehmen, daß die Stützhyperebenen von K''' und K mit jedem zu einem beliebigen $u \neq 0$ senkrechten Vektor, d. h. mit jedem Normalenvektor $v \neq 0$ schlechthin übereinstimmen. Dann stimmen aber $K''' = K' - a_1' - a_2''$ und K aufgrund des Korollars von Satz 3.5 auch selbst überein, d. h., K und K' sind in der Tat translationsgleich.

b) Auch hier ist die Notwendigkeit der angegebenen Bedingung für die Zentralsymmetrie von K trivial. Wir nehmen nun umgekehrt an, K sei so beschaffen, daß alle Orthogonalprojektionen $p_A(K)$ von K (bezüglich geeigneter Zentren) zentralsymmetrisch sind. Dann sind aber alle Orthogonalprojektionen $p_A(K)$ und $p_A(-K)$ $= -p_A(K)$ von K und $-K$ translationsgleich, d. h., nach dem schon bewiesenen Teil a) von Lemma 20.1 sind K und $-K$ selbst translationsgleich. Dies ist aber mit der Zentralsymmetrie von K gleichbedeutend, womit der Beweis von b) schon erbracht ist. $\square$

Satz 20.2 legt es nahe, bei einem kompakten konvexen Körper K des R_n das (affininvariante) Verhältnis des Volumens von K zum Volumen des zentralsymmetrisierten kompakten konvexen Körpers $S_0(K)$ als ein mögliches Maß für die Zentralsymmetrie von K anzusehen. Dies führt auf folgende

Definition 20.2. Es sei K ein beliebiger kompakter konvexer Körper des R_n. Dann heißt

$$\mu(K) := \frac{V(K)}{V(S_0(K))} \tag{553}$$

ein *Symmetriemaß* von K.

Wir wollen zum Schluß dieses Paragraphen noch scharfe Schranken für dieses Symmetriemaß angeben und beweisen zu diesem Zweck den von C. ROGERS und G. SHEPHARD [49] stammenden

Satz 20.3. *Für jeden kompakten konvexen Körper K des R_n gelten die Ungleichungen*

$$\mu(K) \leqq 1 \tag{554}$$

und

$$\mu(K) \geqq \frac{2^n}{\binom{2n}{n}}. \tag{555}$$

Hierbei tritt in (554) bzw. (555) Gleichheit ein, wenn K zentralsymmetrisch bzw. ein n-Simplex ist.

16*

Beweis. Aufgrund von (542) und (553) ist (554) trivial, und in letzterer Ungleichung tritt nach (545b) sicher dann Gleichheit ein, wenn K zentralsymmetrisch ist. Um nun $\mu(K)$ nach unten abzuschätzen, untersuchen wir einmal das Verhalten des Volumens $V\big(K \cap (K + x)\big)$ des (genau für $x \in 2S_0(K)$ nichtleeren) Durchschnitts von K mit dem um den beliebigen Vektor x des R_n parallelverschobenen Körper $K + x$ bezüglich Änderung von x. Dazu führen wir zweckmäßigerweise die charakteristische Funktion χ von K[1]) ein und haben zunächst

$$V\big(K \cap (K + x)\big) = \int\limits_{R_n} \chi(y)\, \chi(y - x)\, \mathrm{d}V \tag{556}$$

$(x = \text{beliebig} \in R_n,\ \mathrm{d}V = \text{Volumenelement des } R_n)\,.$

Da die auf der rechten Seite von (556) als Integrand auftretende Funktion von x und y wegen ihrer Beschränktheit und der Kompaktheit der Menge K (im Lebesgueschen Sinne) integrierbar ist, entnimmt man dem Satz von FUBINI, daß die Integraldarstellung (556) eine wiederum integrierbare Funktion von x mit dem Lebesgueschen Integral

$$\int\limits_{2S_0(K)} V\big(K \cap (K + x)\big)\, \mathrm{d}V = \int\limits_{R_n}\bigg(\int\limits_{R_n} \chi(y)\, \chi(y - x)\, \mathrm{d}V\bigg)\, \mathrm{d}V$$

$$= \int\limits_{R_n}\bigg(\int\limits_{R_n} \chi(y - x)\, \mathrm{d}V\bigg)\chi(y)\, \mathrm{d}V = \int\limits_{R_n} V(y - K)\, \chi(y)\, \mathrm{d}V$$

$$= V(K)\int\limits_{R_n} \chi(y)\, \mathrm{d}V = \big(V(K)\big)^2 \tag{557}$$

ist[2]).

Die Hauptidee des Beweises von (555) besteht nun darin, den in (557) auftretenden Integranden $V\big(K \cap (K + x)\big)$ in geeigneter Weise nach unten abzuschätzen. Dazu stellen wir zunächst den Punkt $x \in 2S_0(K)$ im Fall $x \neq o$ mit Hilfe der Distanzfunktion g von $2S_0(K)$ (vgl. Bemerkung 11.1) in der Form

$$x = g(x)\, x_0 \quad \text{mit} \quad x_0 \in \partial\big(2S_0(K)\big) \quad \text{und} \quad 0 < g(x) \leqq 1 \tag{558}$$

dar. Wegen der Eigenschaft von $2S_0(K)$, Vektorkörper von K zu sein (vgl. Beispiel 8.2), gilt hierbei für x_0 die Beziehung

$$x_0 = z_0 - y_0 \quad \text{mit} \quad y_0 \in \partial K \quad \text{und} \quad z_0 \in \partial K\,. \tag{559}$$

Jetzt erhält man die Homothetie $s^{(z_0)}_{1-g(x)}$ des R_n mit dem Zentrum z_0 und dem Ähnlichkeitsverhältnis $1 - g(x) \geqq 0$ auch durch Zusammensetzung der o in x überführenden Translation t_x des R_n mit der Homothetie $s^{(y_0 + x)}_{1-g(x)}$ vom gleichen Ähnlichkeitsverhältnis und Zentrum $y_0 + x$, da die beiden Abbildungen $s^{(z_0)}_{1-g(x)}$ und $s^{(y_0 + x)}_{1-g(x)} \circ t_x$ aufgrund der aus (559) und (558) folgenden Gleichung

$$z_0 = \big(1 - g(x)\big)\big((z_0 + x) - (y_0 + x)\big) + (y_0 + x)$$

---

[1]) Bekanntlich heißt für eine Untermenge X des R_n die durch $\chi(y) = \begin{cases} 1, \text{ falls } y \in X, \\ 0 \text{ sonst} \end{cases}$ definierte Funktion χ *charakteristische Funktion* von X.

[2]) Siehe hierzu etwa [34], S. 76; die Integrationen über den R_n können nämlich wegen des Verschwindens von $\chi(y)\, \chi(y - x)$ außerhalb von $(2S_0(K)) \times K$ durch Integrationen über geeignete Quader ersetzt werden.

den gleichen Fixpunkt z_0 besitzen. Hieraus entnimmt man unmittelbar

$$s^{(z_0)}_{1-g(x)}(K) = s^{(y_0+x)}_{1-g(x)}(K + x) \,, \tag{560}$$

wobei wegen der Sternförmigkeit der konvexen Mengen K und $K + x$ bezüglich ihrer Punkte z_0 und $y_0 + x$ im Sinne von Definition 7.1 und wegen $0 \leqq 1 - g(x) < 1$

$$s^{(z_0)}_{1-g(x)}(K) \subseteq K \tag{561}$$

und

$$s^{(y_0+x)}_{1-g(x)}(K + x) \subseteq K + x \tag{562}$$

gilt. Aus (560), (561) und (562) ergibt sich die Inklusionsbeziehung

$$s^{(z_0)}_{1-g(x)}(K) \subseteq K \cap (K + x) \tag{563}$$

und damit die folgende Abschätzung

$$V\big(K \cap (K + x)\big) \geqq V\big(s^{(z_0)}_{1-g(x)}(K)\big) = \big(1 - g(x)\big)^n V(K) \,, \tag{564}$$

welche auch im bisher ausgeschlossenen Fall $x = o$ nach (168b) trivialerweise richtig bleibt. (564) liefert aber nach Einsetzung in (557)

$$\big(V(K)\big)^2 = \underset{2S_0(K)}{\int} V\big(K \cap (K + x)\big)\, \mathrm{d}V \geqq \underset{2S_0(K)}{\int} \big(1 - g(x)\big)^n V(K)\, \mathrm{d}V \,,$$

woraus unter Berücksichtigung der aus (168b) und (169) folgenden Beziehung

$$\{x \in R_n; g(x) \leqq \lambda\} = \lambda \cdot 2S_0(K)$$

und unter Benutzung des Stieltjesschen Integralbegriffs

$$V(K) \geqq \underset{2S_0(K)}{\int} \big(1 - g(x)\big)^n \, \mathrm{d}V = \int_0^1 (1 - \lambda)^n \, \mathrm{d}\big(V(\lambda \cdot 2S_0(K))\big)$$

$$= \int_0^1 (1 - \lambda)^n \, \mathrm{d}\big(\lambda^n V(2S_0(K))\big) = V\big(2S_0(K)\big) \int_0^1 (1 - \lambda)^n \, n\lambda^{n-1} \, \mathrm{d}\lambda$$

$$= \frac{2^n}{\binom{2n}{n}} V\big(S_0(K)\big) \qquad \text{(partielle Integration!)} \tag{565}$$

folgt. Damit ist (555) gezeigt.

Es bleibt noch einzusehen, daß für ein beliebiges n-Simplex S des R_n in der Ungleichung (555) Gleichheit eintritt. Wir werden hierzu zunächst zeigen, daß für jeden kompakten konvexen Körper K im R_n mit der Eigenschaft

$$K \cap (K + x) = s^{(z(x))}_{\nu(x)}(K)^{1)} \qquad (x = \text{beliebig} \in 2S_0(K),\ z(x) \in R_n,\ \nu(x) \geqq 0) \tag{566}$$

(vgl. (563)) in (555) das Gleichheitszeichen steht und daß dann außerdem noch jedes n-Simplex S diese Eigenschaft (566) besitzt. Um dies zu bewerkstelligen, betrachten wir einmal die wegen $x_0 \in \partial(2S_0(K))$ und daher $K^{(0)} \cap (K + x_0)^{(0)} = K^0 \cap (K^0 + x_0) = \emptyset$ nach Satz 3.1 existierende Hyperebene B des R_n, welche

---

$^{1)}$ Hierbei sei mit $s^{(z)}_\nu$ die Homothetie des R_n mit dem Zentrum z und dem Ähnlichkeitsverhältnis ν bezeichnet.

die konvexen Mengen K und $K + x_0$ trennt. Aufgrund von (559) liegt der Punkt z_0 gleichzeitig in K und $K + x_0$ und deswegen auch auf B, so daß $B =: A + z_0$ gleichzeitig (in entgegengesetztem Sinne) Stützhyperebene von K und $K + x_0$ sein muß ($A =$ Hyperebene durch o). Dann sind aber $B - x_0 = A + y_0$ und $B = A + z_0$ bzw. $A + (y_0 + x)$ und $A + (z_0 + x)$ ungleichsinnig parallele Stützhyperebenen von K bzw. $K + x$; und dasselbe trifft wegen $y_0 + x = (1 - g(x))\, y_0 + g(x)\, z_0 \in K$ und $z_0 = g(x)\, (y_0 + x) + (1 - g(x))\, (z_0 + x) \in K + x$ (vgl. (558) und (559)) auch für die Hyperebenen $A + (y_0 + x)$ und $A + z_0$ bezüglich des Durchschnitts $K \cap (K + x)$ zu (vgl. Abb. 40). Da dieser Durchschnitt nach (566) durch

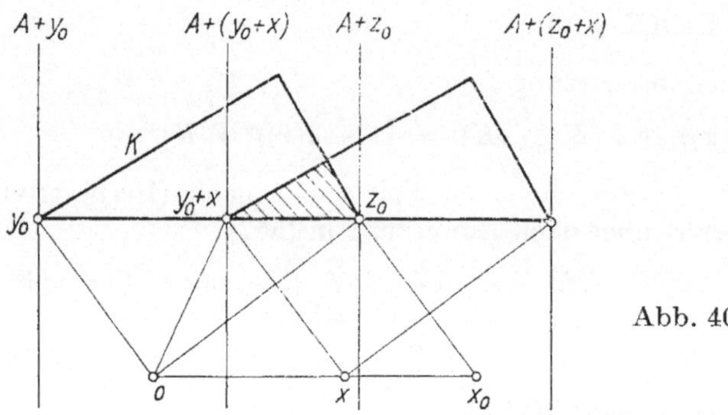

Abb. 40

eine homothetische Abbildung mit dem Ähnlichkeitsverhältnis $v(x)$ aus K entstehen soll, muß $v(x)$ gleich dem Abstandsverhältnis der Stützhyperebenenpaare $\{A + (y_0 + x), A + z_0\}$ und $\{A + y_0, A + z_0\}$ sein. Letzteres berechnet sich wegen $z_0 - (y_0 + x) = (1 - g(x))\, x_0 = (1 - g(x))\, (z_0 - y_0)$ (vgl. (558) und (559)) zu $1 - g(x)$, so daß wir aufgrund von (566)

$$V\big(K \cap (K + x)\big) = V\big(s_{1-g(x)}^{(z(x))}(K)\big) = \big(1 - g(x)\big)^n V(K)$$

(vgl. (564)) haben. Dies bedeutet aber nach (557) das Eintreten der Gleichheit in (565) und damit auch in (555).

Zuletzt müssen wir noch die Gültigkeit von (566) für ein beliebiges n-Simplex S des R_n beweisen. Zu diesem Zweck stellen wir S nach Satz 5.6 als den Durchschnitt der (S enthaltenden) abgeschlossenen Halbräume $\overline{H_{(0)}}, \dots, \overline{H_{(n)}}$ des R_n mit durch die $(n - 1)$-dimensionalen Seiten von S gehenden Begrenzungshyperebenen $A_{(0)}, \dots, A_{(n)}$ dar:

$$S = \bigcap_{i=0}^{n} \overline{H_{(i)}}. \tag{567}$$

Dann besitzt $S + x$ mit $x \in 2S_0(S)$ die Darstellung

$$S + x = \bigcap_{i=0}^{n} \big(\overline{H_{(i)}} + x\big),$$

aus welcher zusammen mit (567)

$$S \cap (S + x) = \bigcap_{i=0}^{n} \left(\overline{H_{(i)}} \cap (\overline{H_{(i)}} + x)\right) = \bigcap_{i=0}^{n} (\overline{H_{(i)}} + \varepsilon_i x) \qquad (\varepsilon_i = 0, 1) \quad (568)$$

folgt. Nun ist $\bigcap_{i=0}^{n-1} (\overline{H_{(i)}} + \varepsilon_i x)$ eine räumliche Ecke (vgl. S. 38), welche bei einer passenden Translation t des R_n als Bild der räumlichen Ecke $\bigcap_{i=0}^{n-1} \overline{H_{(i)}}$ auftritt. Dies macht zusammen mit (567) und (568) deutlich, daß es nur noch einer Homothetie mit dem Zentrum $\bigcap_{i=0}^{n-1} (A_{(i)} + \varepsilon_i x)$ und geeignetem Ähnlichkeitsverhältnis $v(x) \geq 0$ bedarf, um das Simplex $t(S)$ in die (wegen $x \in 2S_0(S)$ nichtleere) Menge $S \cap (S + x)$ überzuführen, so daß S selbst durch eine Homothetie mit geeignetem Zentrum $z(x)$ und dem Ähnlichkeitsverhältnis $v(x)$ in $S \cap (S + x)$ übergeht:

$$S \cap (S + x) = s_{v(x)}^{(z(x))}(S) \qquad \left(x \in 2S_0(S),\, z(x) \in R_n,\, v(x) \geq 0\right) .$$

Damit ist aber die Gültigkeit der für die Gleichheit in (555) hinreichenden Bedingung (566) für das n-Simplex S gezeigt und Satz 20.3 vollständig bewiesen. $\square$

Bemerkung 20.2. *Die einzigen kompakten konvexen Körper K des R_n mit dem Symmetriemaß $\mu(K) = 1$ bzw.* $\mu(K) = \dfrac{2^n}{\dbinom{2n}{n}}$ *(vgl. (554) bzw. (555)) sind die zentralsymmetrischen Körper bzw. die n-Simplizes, so daß also insbesondere die letzteren als die im Sinne von Definition 20.2 „unsymmetrischsten" kompakten konvexen Körper des R_n angesehen werden können.* Dies folgt nämlich einerseits unmittelbar aus Bemerkung 20.1 und andererseits aus der ebenfalls von ROGERS und SHEPHARD [49] bewiesenen Tatsache, daß (566) für die Gleichheit in (555) auch notwendig und nur bei n-Simplizes erfüllt ist.

Es existiert übrigens eine Vielfalt von verschiedenen Symmetriemaßen kompakter konvexer Körper, für welche sich Abschätzungen nach oben und unten angeben lassen und wo der Fall des Eintretens der Gleichheit bei denselben diskutiert werden kann. Näheres hierüber findet man in einem Bericht von B. GRÜNBAUM [50].

Übungen

1. Man zeige, daß durch die Zentralsymmetrisierung S_0 einer kompakten konvexen Menge K der Durchmesser $D(K)$ von K (vgl. Definition 7.2) nicht geändert wird:
$$D(S_0(K)) = D(K) .$$
[Anleitung: Man benutze, daß $D(K)$ der maximale Abstand eines Paares ungleichsinnig paralleler Stützhyperebenen von K ist.]
2. Man beweise unter Benutzung von Übungsaufgabe 1 die Gültigkeit der folgenden Ungleichung für Volumen und Durchmesser einer kompakten konvexen Menge K des R_n:
$$V(K) \leq \omega_n \left(\frac{D(K)}{2}\right)^n \qquad (\omega_n = \text{Volumen der } n\text{-dimensionalen Einheitsvollkugel}).$$
Außerdem weise man nach, daß in dieser Ungleichung genau dann Gleichheit eintritt, wenn K eine Vollkugel des R_n ist.

V.   Ungleichungen in der Theorie der konvexen Mengen

§ 21.   Die Sätze von Brunn-Minkowski und Busemann

In § 19 haben wir mit Hilfe der Symmetrisierungsmethode als Nebenprodukt von Satz 19.1 die Ungleichung (512) von BRUNN erhalten, bei welcher unter gewissen zusätzlichen Voraussetzungen mit Hilfe der gleichen Methode das Eintreten der Gleichheit diskutiert werden konnte (vgl. Satz 19.3 von MINKOWSKI). Es hat sich gezeigt, daß dieser im folgenden als *Brunn-Minkowskischer Satz* bezeichnete Tatbestand eine fundamentale Rolle in der Theorie der Ungleichungen bei konvexen Mengen spielt, welche in diesem Kapitel behandelt werden soll. Wir formulieren zu diesem Zweck noch einmal den erwähnten Satz in einer etwas allgemeineren und später brauchbaren Weise und geben hierzu einen völlig andersartigen Beweis an:

Satz 21.1 (von BRUNN-MINKOWSKI). *Für beliebige kompakte und konvexe Körper K_1 und K_2 des R_n und für beliebiges $\lambda_1 > 0, \lambda_2 > 0$ mit $\lambda_1 + \lambda_2 = 1$ gilt die Ungleichung*

$$V^{1/n}(\lambda_1 K_1 + \lambda_2 K_2) \geqq \lambda_1 V^{1/n}(K_1) + \lambda_2 V^{1/n}(K_2) \,. \tag{569}$$

Hierbei herrscht genau dann Gleichheit, wenn K_1 und K_2 gleichsinnig homothetisch sind.

Zusatz. *Außerdem besteht für beliebige kompakte und konvexe Mengen K_1 und K_2, von welchen eine ein Punkt ist bzw. welche in parallelen Hyperebenen des R_n liegen, die Gleichheit*

$$V^{1/n}(\lambda_1 K_1 + \lambda_2 K_2) = \lambda_1 V^{1/n}(K_1) + \lambda_2 V^{1/n}(K_2) \,, \tag{570}$$

während in den übrigen Fällen kompakter, konvexer K_1 und K_2 mit $\mathrm{Min}(\dim K_1, \dim K_2) < n$ die strenge Ungleichung

$$V^{1/n}(\lambda_1 K_1 + \lambda_2 K_2) > \lambda_1 V^{1/n}(K_1) + \lambda_2 V^{1/n}(K_2) \tag{571}$$

$(\lambda_1 > 0, \lambda_2 > 0, \lambda_1 + \lambda_2 = 1)$ *gilt.*

Dem Beweis von Satz 21.1 schicken wir folgenden Hilfssatz voraus:

Hilfssatz 21.1 (von JENSEN). *Es seien α_1 und α_2 positive Zahlen, und es sei $\lambda_1 > 0, \lambda_2 > 0$ mit $\lambda_1 + \lambda_2 = 1$. Mit*

$$M_\varrho^{(\lambda_1, \lambda_2)}(\alpha_1, \alpha_2) := \left(\lambda_1(\alpha_1)^\varrho + \lambda_2(\alpha_2)^\varrho\right)^{1/\varrho} \qquad (\varrho \neq 0) \tag{572a}$$

und

$$M_0^{(\lambda_1, \lambda_2)}(\alpha_1, \alpha_2) := (\alpha_1)^{\lambda_1} (\alpha_2)^{\lambda_2} \tag{572b}$$

werde das sogenannte „ϱ-te Potenzmittel" von α_1 und α_2 (bezüglich λ_1 und λ_2) bezeichnet ($\varrho = $ beliebige reelle Zahl). Dann ist $M_\varrho^{(\lambda_1, \lambda_2)}(\alpha_1, \alpha_2)$ in Abhängigkeit von ϱ im Fall $\alpha_1 = \alpha_2$ eine konstante und im Fall $\alpha_1 \neq \alpha_2$ eine streng monoton wachsende Funktion, d. h., es gilt für beliebiges ϱ und σ mit $\varrho < \sigma$

$$M_\varrho^{(\lambda_1, \lambda_2)}(\alpha_1, \alpha_1) = M_\sigma^{(\lambda_1, \lambda_2)}(\alpha_1, \alpha_1) = \alpha_1 \tag{573}$$

und

$$M_\varrho^{(\lambda_1, \lambda_2)}(\alpha_1, \alpha_2) < M_\sigma^{(\lambda_1, \lambda_2)}(\alpha_1, \alpha_2) \qquad (\alpha_1 \neq \alpha_2). \tag{574}$$

Beweis. Im Fall $\alpha_1 = \alpha_2$ ist aufgrund der Definition (572a, b) des ϱ-ten Potenzmittels die Beziehung (573) und damit die Konstanz von $M_\varrho^{(\lambda_1, \lambda_2)}(\alpha_1, \alpha_1)$ bezüglich ϱ trivial. Wir setzen nun $\alpha_1 \neq \alpha_2$ voraus und unterscheiden zunächst die drei Fälle α) $0 < \varrho < \sigma$, β) $\varrho < 0 < \sigma$ und γ) $\varrho < \sigma < 0$. Im Fall α) ist die durch $f(\xi) := \xi^{\sigma/\varrho}$ für alle $\xi > 0$ gegebene Funktion wegen $\dfrac{\mathrm{d}^2 f}{\mathrm{d}\xi^2}(\xi) = \dfrac{\sigma}{\varrho}\left(\dfrac{\sigma}{\varrho} - 1\right)\xi^{(\sigma/\varrho)-2} > 0$ nach Satz 10.9 streng konvex, so daß wir aufgrund von Definition 10.4 auf die Ungleichung

$$f\big(\lambda_1(\alpha_1)^\varrho + \lambda_2(\alpha_2)^\varrho\big) < \lambda_1 f\big((\alpha_1)^\varrho\big) + \lambda_2 f\big((\alpha_2)^\varrho\big) \tag{575}$$

schließen können, die wegen $\sigma > 0$ mit (574) äquivalent ist. Im Fall β) wähle man f genauso wie im Fall α), und die Herleitung von (574) verläuft völlig analog; bei Fall γ) ist jedoch f mit $f(\xi) := -\xi^{\sigma/\varrho}$ eine streng konvexe Funktion. Da das bei Einsetzung dieser Funktion in (575) auftretende umgekehrte Ungleichheitszeichen seine Richtung aber nach erfolgter Potenzierung mit $\dfrac{1}{\sigma} < 0$ ändert, behält (574) auch im Fall γ) seine Gültigkeit, so daß wir nur noch die Fälle δ) $\varrho = 0 < \sigma$ und ε) $\varrho < \sigma = 0$ betrachten müssen. Hier findet man schließlich unter Benutzung der schon im Fall α) bzw. γ) nachgewiesenen Ungleichung (574) sowie der Regel von DE L'HOSPITAL

$$M_\sigma^{(\lambda_1, \lambda_2)}(\alpha_1, \alpha_2) > \lim_{\varrho \to +0} M_\varrho^{(\lambda_1, \lambda_2)}(\alpha_1, \alpha_2) = \exp\left(\lim_{\varrho \to +0} \frac{\log\left(\lambda_1(\alpha_1)^\varrho + \lambda_2(\alpha_2)^\varrho\right)}{\varrho}\right)$$

$$= \exp\frac{\lambda_1 \log\alpha_1 + \lambda_2 \log\alpha_2}{\lambda_1 + \lambda_2} = M_0^{(\lambda_1, \lambda_2)}(\alpha_1, \alpha_2)$$

bzw. in analoger Weise

$$M_\varrho^{(\lambda_1, \lambda_2)}(\alpha_1, \alpha_2) < \lim_{\sigma \to -0} M_\sigma^{(\lambda_1, \lambda_2)}(\alpha_1, \alpha_2) = M_0^{(\lambda_1, \lambda_2)}(\alpha_1, \alpha_2)$$

(vgl. (572a, b)), womit bei $\alpha_1 \neq \alpha_2$ die strenge Monotonie von $M_\varrho^{(\lambda_1, \lambda_2)}(\alpha_1, \alpha_2)$ bezüglich ϱ in allen Fällen erwiesen ist. $\square$

Beweis von Satz 21.1 (nach H. KNESER und W. Süss[1]). Die Idee des Beweises von Satz 21.1 besteht in vollständiger Induktion nach der Dimension n des K_1 und K_2 enthaltenden euklidischen Raumes R_n, wobei die Induktionsvoraussetzung auf einander geeignet zugeordnete parallele $(n-1)$-dimensionale Querschnitte von K_1 und K_2 angewandt wird. Im Fall $n = 1$ ist Satz 21.1 trivial; in

---

[1] Vgl. [51].

(569) herrscht nämlich aufgrund von (301) Gleichheit, und die eindimensionalen Strecken K_1 und K_2 sind stets gleichsinnig homothetisch.

Wir nehmen daher die Gültigkeit von Satz 21.1 für alle Dimensionen kleiner als $n > 1$ als erwiesen an und zeigen seine Richtigkeit für die Dimension n. Zu diesem Zweck denken wir uns im R_n ein beliebiges kartesisches Koordinatensystem $\{\xi_1, \ldots, \xi_n\}$ eingeführt und bezeichnen die zur ξ_n-Achse orthogonalen Hyperebenen bzw. die davon begrenzten abgeschlossenen Halbräume mit $A(\zeta)$ bzw. $\overline{H(\zeta)}$:

$$A(\zeta) := \{x \in R_n; \xi_n = \zeta\} \quad \text{bzw.} \quad \overline{H(\zeta)} := \{x \in R_n; \xi_n \leqq \zeta\} . \tag{576}$$

Wir betrachten jetzt die (parallelen) Querschnitte

$$Q_1(\xi) := K_1 \cap A(\xi) , \qquad Q_2(\eta) := K_2 \cap A(\eta) \tag{577}$$

von K_1 und K_2 mit den $(n-1)$-dimensionalen Volumina

$$q_1(\xi) := V_{(n-1)}\big(Q_1(\xi)\big) , \qquad q_2(\eta) := V_{(n-1)}\big(Q_2(\eta)\big) . \tag{578}$$

Die „relativen Volumina“ der von $Q_1(\xi)$ bzw. $Q_2(\eta)$ begrenzten Teile von K_1 bzw. K_2 seien durch

$$v_1(\xi) := \frac{V\big(K_1 \cap \overline{H(\xi)}\big)}{V(K_1)} , \qquad v_2(\eta) := \frac{V\big(K_2 \cap \overline{H(\eta)}\big)}{V(K_2)} \tag{579}$$

definiert. v_1 bzw. v_2 sind offensichtlich im Intervall $[-h_1(-u_n), \, h_1(u_n)]$ bzw. $[-h_2(-u_n), \, h_2(u_n)]$ stetige und streng monoton wachsende Funktionen von ξ bzw. η mit

$$v_1\big(-h_1(-u_n)\big) = v_2\big(-h_2(-u_n)\big) = 0 , \qquad v_1\big(h_1(u_n)\big) = v_2\big(h_2(u_n)\big) = 1$$

(h_1 bzw. $h_2 =$ Stützfunktion von K_1 bzw. K_2, $u_n =$ Einheitsvektor in Richtung der ξ_n-Achse). Deshalb können $Q_1(\xi)$ und $Q_2(\eta)$ für $-h_1(-u_n) \leqq \xi \leqq h_1(u_n)$ und $-h_2(-u_n) \leqq \eta \leqq h_2(u_n)$ so aufeinander bezogen werden, daß

$$v_1(\xi) = v_2(\eta) = \tau \qquad (0 \leqq \tau \leqq 1) \tag{580}$$

gilt. Die Auflösung von (580) nach ξ und η ergibt nun

$$\xi = w_1(\tau) , \qquad \eta = w_2(\tau) \qquad (0 \leqq \tau \leqq 1) \tag{581}$$

mit

$$w_1(0) = -h_1(-u_n) , \qquad w_1(1) = h_1(u_n) ,$$
$$w_2(0) = -h_2(-u_n) , \qquad w_2(1) = h_2(u_n) , \tag{582}$$

wobei w_1 und w_2 ebenfalls stetige und streng monoton wachsende Funktionen von τ in ihrem Definitionsbereich $[0, 1]$ sind. Es ist für das Folgende wichtig einzusehen, daß diese Funktionen im offenen Intervall $(0, 1)$ sogar stetig differenzierbar sein müssen. Zu diesem Zweck beachten wir die aus (576), (577), (578) und (579) folgenden Integraldarstellungen

$$v_1(\xi) = \frac{1}{V(K_1)} \int_{-h_1(-u_n)}^{\xi} q_1(\xi_n) \, d\xi_n , \qquad v_2(\eta) = \frac{1}{V(K_2)} \int_{-h_2(-u_n)}^{\eta} q_2(\xi_n) \, d\xi_n \tag{583}$$

$$\big(-h_1(-u_n) \leqq \xi \leqq h_1(u_n), \ -h_2(-u_n) \leqq \eta \leqq h_2(u_n)\big)$$

von $v_1(\xi)$ und $v_2(\eta)$. Die hierbei auftretenden Integranden q_1 und q_2 hängen von ihren Argumenten ξ und η stetig ab (vgl. die Anmerkung auf S. 229). Außerdem nehmen q_1 und q_2 im Inneren ihrer Definitionsintervalle positive Werte an. Damit erhalten wir für die Umkehrfunktionen w_1 und w_2 der wegen (583) stetig differenzierbaren Funktionen v_1 und v_2:

$$\frac{dw_1}{d\tau}(\tau) = \frac{V(K_1)}{q_1(w_1(\tau))} > 0 , \qquad \frac{dw_2}{d\tau}(\tau) = \frac{V(K_2)}{q_2(w_2(\tau))} > 0 \qquad (0 < \tau < 1) . \tag{584}$$

Nach diesen Vorbereitungen ist es nicht mehr schwer, das Volumen des kompakten konvexen Körpers $\lambda_1 K_1 + \lambda_2 K_2$ nach unten abzuschätzen. Hierzu gehen wir von der Darstellung

$$V(\lambda_1 K_1 + \lambda_2 K_2) = \int_{-\lambda_1 h_1(-u_n)-\lambda_2 h_2(-u_n)}^{\lambda_1 h_1(u_n)+\lambda_2 h_2(u_n)} V_{(n-1)}\big((\lambda_1 K_1 + \lambda_2 K_2) \cap A(\xi_n)\big) \, d\xi_n$$

aus und verwenden die Substitutionsfunktion $\xi_n = \lambda_1 w_1(\tau) + \lambda_2 w_2(\tau)$, eine streng monoton wachsende, am Rande stetige und im Inneren stetig differenzierbare Funktion, wodurch aus dem Riemannschen Integral ein an den Intervallenden 0 und 1 eventuell uneigentliches Riemannsches Integral entsteht:

$$V(\lambda_1 K_1 + \lambda_2 K_2) = \int_0^1 V_{(n-1)} \big((\lambda_1 K_1 + \lambda_2 K_2) \cap A(\lambda_1 w_1(\tau) + \lambda_2 w_2(\tau))\big)$$
$$\times \left(\lambda_1 \frac{dw_1}{d\tau}(\tau) + \lambda_2 \frac{dw_2}{d\tau}(\tau)\right) d\tau . \tag{585}$$

Der Integrand ist eine stetige Funktion von τ, weil $V_{(n-1)}\big((\lambda_1 K_1 + \lambda_2 K_2) \cap A(\xi)\big)$ stetig von ξ abhängt (vgl. die Anmerkung auf S. 229). Die Inklusionsbeziehung

$$(\lambda_1 K_1 + \lambda_2 K_2) \cap A(\lambda_1 \xi + \lambda_2 \eta) = (\lambda_1 K_1 + \lambda_2 K_2) \cap (\lambda_1 A(\xi) + \lambda_2 A(\eta))$$
$$\supseteq \lambda_1 Q_1(\xi) + \lambda_2 Q_2(\eta)$$

(vgl. (577)) liefert nun

$$V_{(n-1)}\big((\lambda_1 K_1 + \lambda_2 K_2) \cap A(\lambda_1 \xi + \lambda_2 \eta)\big) \geq V_{(n-1)}\big(\lambda_1 Q_1(\xi) + \lambda_2 Q_2(\eta)\big) . \tag{586}$$

Dem schließt sich aufgrund der Induktionsvoraussetzung und von (578) die Ungleichung

$$V_{(n-1)}\big(\lambda_1 Q_1(\xi) + \lambda_2 Q_2(\eta)\big) \geq \big(\lambda_1 (q_1(\xi))^{1/(n-1)} + \lambda_2 (q_2(\eta))^{1/(n-1)}\big)^{n-1} {}^{1)} \tag{587}$$

$$\big(-h_1(-u_n) < \xi < h_1(u_n), \ -h_2(-u_n) < \eta < h_2(u_n)\big)$$

---

[1]) Streng genommen müßten $Q_1(\xi)$, $Q_2(\eta)$ und $\lambda_1 Q_1(\xi) + \lambda_2 Q_2(\eta)$ vor Anwendung der Induktionsvoraussetzung erst durch die Orthogonalprojektion $p_{A(0)}$ des R_n auf $A(0)$ in ein und dieselbe Hyperebene gebracht werden, was an der Ungleichung (587) nichts ändert.

an. Der Ausdruck auf der rechten Seite von (587) gestattet weiter nach Einführung der Abkürzungen

$$\lambda_1' := \frac{\lambda_1 V^{1/n}(K_1)}{\lambda_1 V^{1/n}(K_1) + \lambda_2 V^{1/n}(K_2)}, \qquad \lambda_2' := \frac{\lambda_2 V^{1/n}(K_2)}{\lambda_1 V^{1/n}(K_1) + \lambda_2 V^{1/n}(K_2)}$$

und nach Anwendung von Hilfssatz 21.1 $\left(\text{mit } \varrho = -1 \text{ und } \sigma = \dfrac{1}{n-1}\right)$ die Abschätzung

$$\left(\lambda_1(_1q(\xi))^{1/(n-1)} + \lambda_2(q_2(\eta))^{1/(n-1)}\right)^{n-1} = \left(\lambda_1'(V^{(1-n)/n}(K_1)\, q_1(\xi))^{1/(n-1)}\right.$$

$$+ \left.\lambda_2'(V^{(1-n)/n}(K_2)\, q_2(\eta))^{1/(n-1)}\right)^{n-1} \left(\lambda_1 V^{1/n}(K_1) + \lambda_2 V^{1/n}(K_2)\right)^{n-1}$$

$$\geqq \left(\lambda_1 \frac{V(K_1)}{q_1(\xi)} + \lambda_2 \frac{V(K_2)}{q_2(\eta)}\right)^{-1} \left(\lambda_1 V^{1/n}(K_1) + \lambda_2 V^{1/n}(K_2)\right)^n , \tag{588}$$

die für $-h_1(-u_n) < \xi < h_1(u_n)$, $-h_2(-u_n) < \eta < h_2(u_n)$ gültig ist. Die Einsetzung der Ungleichungskette (586), (587) und (588) sowie von (584) in (585) ergibt schließlich unter Berücksichtigung von (581)

$$V(\lambda_1 K_1 + \lambda_2 K_2) \geqq \int_0^1 \left(\lambda_1 V^{1/n}(K_1) + \lambda_2 V^{1/n}(K_2)\right)^n \mathrm{d}\tau$$

$$= \left(\lambda_1 V^{1/n}(K_1) + \lambda_2 V^{1/n}(K_2)\right)^n \tag{589}$$

und damit die gewünschte Brunn-Minkowskische Ungleichung (569) im Fall der Dimension n.

Um jetzt noch die Diskussion des Eintritts der Gleichheit in (569) bzw. in (589) durchzuführen, beachten wir die Stetigkeit des Integranden in (585) innerhalb $(0, 1)$ und finden daher im Gleichheitsfall auch in (586), (587) und (588) Gleichheit, d. h. nach Hilfssatz 21.1 insbesondere

$$V^{(1-n)/n}(K_1)\, q_1\big(w_1(\tau)\big) = V^{(1-n)/n}(K_2)\, q_2\big(w_2(\tau)\big) \qquad (0 < \tau < 1) .$$

Inversenbildung in dieser Relation liefert zusammen mit (584)

$$V^{-1/n}(K_1) \frac{\mathrm{d}w_1}{\mathrm{d}\tau}(\tau) = V^{-1/n}(K_2) \frac{\mathrm{d}w_2}{\mathrm{d}\tau}(\tau) \qquad (0 < \tau < 1)$$

oder

$$V^{-1/n}(K_2)\, w_2(\tau) - V^{-1/n}(K_1)\, w_1(\tau) = \gamma(u_n) \qquad (0 \leqq \tau \leqq 1)^1) \tag{590}$$

mit einer Integrationskonstanten $\gamma(u_n)$, die nur vom (fest gewählten) Ursprung o und dem Richtungsvektor u_n der ξ_n-Achse des im R_n gewählten Koordinatensystems abhängt. Um nun die Art dieser Abhängigkeit festzustellen, integrieren wir (590) über τ von 0 bis 1 und finden

$$\gamma(u_n) = V^{-1/n}(K_2) \int_0^1 w_2(\tau)\, \mathrm{d}\tau - V^{-1/n}(K_1) \int_0^1 w_1(\tau)\, \mathrm{d}\tau . \tag{591}$$

---

[1] Die Gültigkeit von (590) für $\tau = 0$ und $\tau = 1$ folgt aus der Stetigkeit von w_1 und w_2 in $\tau = 0$ und $\tau = 1$.

Die in (591) auftretenden Integrale lassen sich leicht geometrisch deuten; berechnet man nämlich die Projektion des Schwerpunktes

$$p_0(K_i) = \frac{1}{V(K_i)} \int\limits_{K_i} x \, \mathrm{d}\xi_1 \cdots \mathrm{d}\xi_n \quad (x = \text{variabler Ortsvektor})$$

von K_i (vgl. (428)) auf die ξ_n-Achse, so erhält man aufgrund von (581) und (584) gerade

$$\langle p_0(K_i), u_n \rangle = \frac{1}{V(K_i)} \int\limits_{K_i} \xi_n \, \mathrm{d}\xi_1 \cdots \mathrm{d}\xi_n$$

$$= \frac{1}{V(K_i)} \int\limits_0^1 w_i(\tau) \, q_i(w_i(\tau)) \, \frac{\mathrm{d}w_i}{\mathrm{d}\tau}(\tau) \, \mathrm{d}\tau = \int\limits_0^1 w_i(\tau) \, \mathrm{d}\tau \quad (i = 1, 2)$$

und somit in Verbindung mit (591)

$$\gamma(u_n) = \langle V^{-1/n}(K_2) \, p_0(K_2) - V^{-1/n}(K_1) \, p_0(K_1), u_n \rangle \, .$$

Dies in (590) mit $\tau = 1$ eingesetzt, liefert schließlich wegen (582) die Beziehung

$$V^{-1/n}(K_2) \left(h_2(u_n) - \langle p_0(K_2), u_n \rangle \right) = V^{-1/n}(K_1) \left(h_1(u_n) - \langle p_0(K_1), u_n \rangle \right)$$

$$\left(u_n = \text{beliebig} \in \partial B_1(o) \right)$$

oder wegen (202) und Satz 12.4 b)

$$V^{-1/n}(K_2) \left(K_2 - p_0(K_2) \right) = V^{-1/n}(K_1) \left(K_1 - p_0(K_1) \right) \, . \tag{592}$$

Damit sind aber K_1 und K_2 als gleichsinnig homothetisch erkannt.

Setzen wir umgekehrt K_1 und K_2 als gleichsinnig homothetisch voraus, gilt also

$$K_2 = \lambda K_1 + a \quad (a \in R_n, \lambda > 0) \, ,$$

so erhalten wir wegen

$$V^{1/n}(\lambda_1 K_1 + \lambda_2 K_2) = V^{1/n}((\lambda_1 + \lambda_2 \lambda) \, K_1) = (\lambda_1 + \lambda_2 \lambda) \, V^{1/n}(K_1)$$

$$= \lambda_1 V^{1/n}(K_1) + \lambda_2 V^{1/n}(K_2)$$

Gleichheit in (569). Hiermit sind alle Teile von Satz 21.1 im Fall der Dimension n bewiesen, so daß der Induktionsbeweis dieses Satzes beendet ist. $\square$

Beweis des Zusatzes zu Satz 21.1. Wir nehmen zunächst an, es sei (o. B. d. A.) K_1 ein Punkt $\{x_1\}$ im R_n und K_2 beliebig kompakt und konvex bzw. es gelte $K_1 \subseteq A$, $K_2 \subseteq A + x$ mit einer beliebigen Hyperebene A und einem beliebigen Punkt x des R_n. Dann haben wir für beliebiges $\lambda_1 > 0$ und $\lambda_2 > 0$ mit $\lambda_1 + \lambda_2 = 1$

$$V^{1/n}(\lambda_1 K_1 + \lambda_2 K_2) = V^{1/n}(\lambda_1 x_1 + \lambda_2 K_2) = \lambda_2 V^{1/n}(K_2)$$

$$= \lambda_1 V^{1/n}(K_1) + \lambda_2 V^{1/n}(K_2)$$

bzw. (wegen $\lambda_1 K_1 + \lambda_2 K_2 \subseteq A + \lambda_2 x$)

$$V^{1/n}(\lambda_1 K_1 + \lambda_2 K_2) = 0 = V^{1/n}(K_1) = V^{1/n}(K_2) = \lambda_1 V^{1/n}(K_1) + \lambda_2 V^{1/n}(K_2) \, ,$$

womit (570) gezeigt ist.

In den restlichen Fällen kompakter, konvexer Mengen K_1 und K_2 mit einem Dimensionsminimum kleiner als n, d. h. o. B. d. A. etwa dim $K_1 < n$, gilt für beliebiges $\lambda_1 > 0$, $\lambda_2 > 0$ mit $\lambda_1 + \lambda_2 = 1$

$$V^{1/n}(\lambda_1 K_1 + \lambda_2 K_2) > 0 , \tag{593}$$

da es anderenfalls eine Hyperebene A des R_n mit $\lambda_1 K_1 + \lambda_2 K_2 \subseteq A$, d. h. um so mehr $K_1 \subseteq \dfrac{1}{\lambda_1}(A - \lambda_2 x_2)$ und $K_2 \subseteq \dfrac{1}{\lambda_2}(A - \lambda_1 x_1)$ (x_2 bzw. $x_1 =$ beliebiger Punkt aus K_2 bzw. K_1) entgegen der Voraussetzung gäbe. Jetzt wird für (nach Voraussetzung existierende) beliebige verschiedene Punkte y_1 und z_1 aus K_1

$$\begin{aligned}
V^{1/n}(\lambda_1 K_1 + \lambda_2 K_2) &\geqq V^{1/n}(\lambda_1 y_1 + \lambda_2 K_2) = \lambda_2 V^{1/n}(K_2) \\
&= \lambda_1 V^{1/n}(K_1) + \lambda_2 V^{1/n}(K_2) \tag{594}
\end{aligned}$$

und

$$\begin{aligned}
V^{1/n}(\lambda_1 K_1 + \lambda_2 K_2) &\geqq V^{1/n}(\lambda_1 z_1 + \lambda_2 K_2) = \lambda_2 V^{1/n}(K_2) \\
&= \lambda_1 V^{1/n}(K_1) + \lambda_2 V^{1/n}(K_2) . \tag{595}
\end{aligned}$$

Hierbei gilt in (594) nicht überall Gleichheit, da dies sonst auch in (595) der Fall wäre, was zusammen mit (593) die Relation

$$\lambda_1 K_1 + \lambda_2 K_2 = \lambda_1 y_1 + \lambda_2 K_2 = \lambda_1 z_1 + \lambda_2 K_2$$

zur Folge hätte; dies ist aber aufgrund von $\lambda_1 y_1 \neq \lambda_1 z_1$ und der Kompaktheit von $\lambda_2 K_2$ unmöglich. Damit ist für die in diesem Absatz behandelten Fälle die strenge Ungleichung (571) bewiesen. $\square$

E. Schmidt [52], [53] hat entdeckt, daß sich der Brunn-Minkowskische Satz in einer gewissermaßen „spiegelbildlichen" Weise auch auf Linearkombinationen zweier kompakter konvexer Körper mit negativen Koeffizienten (und Koeffizientensumme 1) ausdehnen läßt. Wir geben zur Präzisierung des Sachverhalts die

Definition 21.1. Sind K_1, K_2 beliebige konvexe Untermengen des n-dimensionalen affinen Raumes A_n mit dem Ursprung o und sind λ_1 bzw. λ_2 beliebige nichtnegative bzw. nichtpositive reelle Zahlen, so heißt die (bezüglich o gebildete und nach Satz 8.8 konvexe) Differenz von $\lambda_1 K_1$ und $|\lambda_2| K_2$ im Sinne von Definition 8.5 *Linearkombination* von K_1 und K_2 mit den *Koeffizienten* λ_1 und λ_2 (vgl. Definition 8.3):

$$\lambda_1 K_1 + \lambda_2 K_2 := \lambda_1 K_1 - |\lambda_2| K_2 \qquad (\lambda_1 \geqq 0 , \ \lambda_2 \leqq 0) .^1) \tag{596}$$

Jetzt läßt sich das Schmidtsche *Spiegeltheorem* zum Brunn-Minkowskischen Satz wie folgt formulieren:

Satz 21.2. *Für beliebige kompakte und konvexe Körper K_1 und K_2 des R_n und für beliebiges $\lambda_1 > 0$ und $\lambda_2 < 0$ mit $\lambda_1 + \lambda_2 = 1$ gilt im Fall $\lambda_1 K_1 + \lambda_2 K_2 \neq \emptyset$ für die (offensichtlich nach Definition 8.5) kompakte und konvexe Menge $\lambda_1 K_1 + \lambda_2 K_2$ die Ungleichung*

$$V^{1/n}(\lambda_1 K_1 + \lambda_2 K_2) \leqq \lambda_1 V^{1/n}(K_1) + \lambda_2 V^{1/n}(K_2) . \tag{597}$$

---

^{1}) $\lambda_1 K_1 + \lambda_2 K_2$ kann leer sein; diese Menge ist von der (stets nichtleeren) Linearkombination $\lambda_1 K_1 + |\lambda_2|(-K_2)$ im Sinne von Definition 8.3 wohl zu unterscheiden.

Hierbei tritt genau dann Gleichheit ein, wenn K_1 und K_2 gleichsinnig homothetisch sind (vgl. Satz 21.1).

Zum Beweis dieses Spiegeltheorems führen wir den folgenden Hilfssatz an:

Hilfssatz 21.2. *Ist K eine beliebige kompakte und konvexe Menge im A_n und sind λ, μ reelle Zahlen mit $\lambda \geq \mu \geq 0$, so gilt für die Differenz von λK und μK die Relation*

$$\lambda K - \mu K = (\lambda - \mu)\, K \tag{598}$$

(vgl. Satz 8.2).

Beweis. Die zu zeigende Gleichung (598) ist in den Fällen $\mu = 0$ und $\lambda = \mu > 0$ trivial, so daß wir im folgenden $\lambda > \mu > 0$ voraussetzen können. Nun sei x ein beliebiger Punkt von $\lambda K - \mu K$, d. h., es gelte $x + \mu K \subseteq \lambda K$. Ist t_x die Translation von A_n mit dem Verschiebungsvektor x und ist $s_v^{(z)}$ die Homothetie von A_n mit dem Zentrum z und dem Ähnlichkeitsverhältnis v, so haben wir daher

$$t_x(\mu K) = (t_x \circ s_{\mu/\lambda}^{(o)})\,(\lambda K) = s_{\mu/\lambda}^{(z(x))}(\lambda K) \subseteq \lambda K \tag{599}$$

mit einem geeigneten Homothetiezentrum $z(x)$. Dann liegt $z(x)$ in λK, wie man folgendermaßen sieht: Wäre $z(x) \notin \lambda K$, so wähle man einen Punkt $y \in \lambda K$ und betrachte den durch $yz(x) \cap \lambda K = yr$ gegebenen Randpunkt r von λK, der von $z(x)$ verschieden ist. Wegen $\dfrac{\mu}{\lambda} < 1$ wäre dann $s_{\mu/\lambda}^{(z(x))}(r) \notin \lambda K$ im Widerspruch zu (599). Ein Punkt λx_0 von λK und sein Bild $s_{\mu/\lambda}^{(z(x))}(\lambda x_0) = \mu x_0 + x$ bestimmen jetzt den Vektor

$$\lambda x_0 - (\mu x_0 + x) = \left(1 - \frac{\mu}{\lambda}\right)(\lambda x_0 - z(x))\,,$$

so daß wegen $z(x) \in \lambda K$

$$x = \left(1 - \frac{\mu}{\lambda}\right) z(x) \in \left(1 - \frac{\mu}{\lambda}\right)(\lambda K) = (\lambda - \mu)\, K$$

gilt. Hiermit ist aber

$$\lambda K - \mu K \subseteq (\lambda - \mu)\, K \tag{600}$$

gezeigt. Um die umgekehrte Inklusion einzusehen, betrachten wir einen beliebigen Punkt $x \in (\lambda - \mu)\, K$ und finden unter Benutzung von Satz 8.2

$$\mu K + x \subseteq \mu K + (\lambda - \mu)\, K = \lambda K$$

oder $x \in \lambda K - \mu K$. Dies hat jetzt

$$(\lambda - \mu)\, K \subseteq \lambda K - \mu K \tag{601}$$

zur Folge, und (600) und (601) ergeben zusammengenommen die zu zeigende Beziehung (598). $\square$

Beweis von Satz 21.2. Hierzu gehen wir von der aus Definition 8.5 unmittelbar ersichtlichen Relation

$$\lambda_1 K_1 \supseteq (\lambda_1 K_1 - |\lambda_2|\, K_2) + |\lambda_2|\, K_2 \tag{602}$$

aus. Wir erhalten daraus unter Benutzung des Satzes von BRUNN-MINKOWSKI für den kompakten konvexen Körper $|\lambda_2|\, K_2$ und die kompakte konvexe Menge $\lambda_1 K_1 - |\lambda_2|\, K_2$

$$V^{1/n}\left(\frac{\lambda_1}{2}\, K_1\right) \geqq V^{1/n}\left(\frac{1}{2}\,(\lambda_1 K_1 - |\lambda_2|\, K_2) + \frac{1}{2}\,(|\lambda_2|\, K_2)\right)$$

$$\geqq \frac{1}{2}\, V^{1/n}(\lambda_1 K_1 - |\lambda_2|\, K_2) + \frac{1}{2}\, V^{1/n}(|\lambda_2|\, K_2) \tag{603}$$

(vgl. Satz 21.1 und Zusatz), was aufgrund von (596) mit der zu beweisenden Ungleichung (597) äquivalent ist.

Tritt nun in (597) oder (603) Gleichheit ein, so resultiert wegen dim $(\lambda_1 K_1) = n$, dim $(|\lambda_2|\, K_2) = n$

$$\lambda_1 K_1 = (\lambda_1 K_1 - |\lambda_2|\, K_2) + |\lambda_2|\, K_2 \tag{604}$$

und

$$\lambda_1 K_1 - |\lambda_2|\, K_2 = \alpha(|\lambda_2|\, K_2) + a \qquad (\alpha \geqq 0 ,\ a \in R_n) . \tag{605}$$

Setzt man (605) in (604) ein, so folgt nach Satz 8.2 $\lambda_1 K_1 = (1 + \alpha)\, |\lambda_2|\, K_2 + a$, d. h. die gleichsinnige Homothetie von K_1 und K_2. Umgekehrt seien K_1 und K_2 gleichsinnig homothetisch, d. h., es gelte die Beziehung $K_1 = \beta K_2 + b$ $(\beta > 0, b \in R_n)$. Aus $\lambda_1 K_1 - |\lambda_2|\, K_2 \neq \emptyset$ folgt dann $|\lambda_2|\, V^{1/n}(K_2) \leqq \lambda_1 V^{1/n}(K_1) = \lambda_1\beta V^{1/n}(K_2)$ oder $0 < |\lambda_2| \leqq \lambda_1\beta$. Damit ergibt sich aufgrund von Hilfssatz 21.2

$$V^{1/n}(\lambda_1 K_1 - |\lambda_2|\, K_2) = V^{1/n}((\lambda_1\beta - |\lambda_2|)\, K_2 + \lambda_1 b) = (\lambda_1\beta - |\lambda_2|)\, V^{1/n}(K_2)$$

$$= \lambda_1 V^{1/n}(K_1) + \lambda_2 V^{1/n}(K_2)$$

und damit nach (596) Gleichheit in (597). [1] Hiernach ist Satz 21.2 vollständig bewiesen. $\square$

Wir führen noch die folgende, aufgrund von Bemerkung 8.4 mit Satz 21.1 äquivalente Formulierung des Brunn-Minkowskischen Satzes an:

Satz 21.3. *Es seien $K(\alpha)$ und $K(\beta)$ beliebige n-dimensionale kompakte konvexe Mengen in den parallelen Hyperebenen $\widetilde{A}(\alpha)$ und $\widetilde{A}(\beta)$ des $(n + 1)$-dimensionalen euklidischen Raumes R_{n+1} mit den kartesischen Koordinaten $\{\xi_1, \dots, \xi_{n+1}\}$, wobei $\widetilde{A}(\vartheta) := \{x \in R_{n+1}; \xi_{n+1} = \vartheta\}$ gesetzt sei $(\alpha < \beta)$. Die in einem ,,Parallelbüschel`` gelegenen Mengen*

$$K(\vartheta) := \operatorname{conv}\{K(\alpha) \cup K(\beta)\} \cap \widetilde{A}(\vartheta) \qquad (\alpha \leqq \vartheta \leqq \beta) \tag{606}$$

erfüllen dann für beliebiges $\lambda_1 > 0,\ \lambda_2 > 0$ mit $\lambda_1 + \lambda_2 = 1$ die Ungleichung

$$V^{1/n}_{(n)}\big(K(\lambda_1\alpha + \lambda_2\beta)\big) \geqq \lambda_1 V^{1/n}_{(n)}\big(K(\alpha)\big) + \lambda_2 V^{1/n}_{(n)}\big(K(\beta)\big) \tag{607}$$

---

[1] Zum Nachweis der Gleichheit in (597) genügt anstelle von (598) schon die Ungleichung (601).

für ihr Volumen. Hierbei herrscht genau dann Gleichheit, wenn $K(\alpha)$ und $K(\beta)$ gleichsinnig homothetisch sind.

Folgerung. *Für das n-dimensionale Volumen der Mengen* (606) *der Parallelschar in Satz 21.3 gilt auch die Ungleichung*

$$V_{(n)}^{-1}\big(K(\lambda_1\alpha + \lambda_2\beta)\big) \leqq \lambda_1 V_{(n)}^{-1}(K(\alpha)) + \lambda_2 V_{(n)}^{-1}(K(\beta)) \tag{608}$$

$$(\lambda_1 > 0,\ \lambda_2 > 0,\ \lambda_1 + \lambda_2 = 1),$$

wobei genau dann Gleichheit gilt, wenn $K(\alpha)$ und $K(\beta)$ durch eine Parallelprojektion auseinander hervorgehen.

Beweis. Anwendung von (607) und von Hilfssatz 21.1 $\left(\text{mit } \varrho = -1 \text{ und } \sigma = \dfrac{1}{n}\right)$ ergibt die mit (608) äquivalente Ungleichung

$$V_{(n)}\big(K(\lambda_1\alpha + \lambda_2\beta)\big) \geqq \big(\lambda_1 V_{(n)}^{1/n}(K(\alpha)) + \lambda_2 V_{(n)}^{1/n}(K(\beta))\big)^n$$

$$\geqq \big(\lambda_1 V_{(n)}^{-1}(K(\alpha)) + \lambda_2 V_{(n)}^{-1}(K(\beta))\big)^{-1},$$

bei welcher genau für gleichsinnig homothetische und volumgleiche, d. h. translationsgleiche oder bis auf Parallelprojektion gleiche Mengen $K(\alpha)$ und $K(\beta)$ Gleichheit besteht. $\square$

Die Folgerung aus Satz 21.3 ist aus dem Grunde besonders bemerkenswert, als sie gewissermaßen den „Grenzfall" eines Satzes von H. Busemann[1] über das Volumen der eine *Linearschar* bildenden kompakten konvexen Mengen in einem *Halbbüschel* darstellt. Bevor wir diesen Satz in einer für unsere Zwecke geeigneten Formulierung von W. Barthel[2] angeben können, führen wir die notwendigen Begriffsbildungen ein:

Definition 21.2. Im R_{n+1} sei T ein $(n-1)$-dimensionaler Unterraum und G eine zu T windschiefe Gerade. Die Gesamtheit $\mathscr{H}_T(G)$ aller abgeschlossenen Halbhyperebenen, die von T begrenzt werden und G schneiden, heißt *Halbbüschel* im R_{n+1} mit dem *Träger T*. Die Halbhyperebenen $\overline{H}(\vartheta)$ eines Halbbüschels $\mathscr{H}_T(G)$ haben eine durch G induzierte *lineare Parameterskala*, wenn für alle reellen Zahlen λ_1, λ_2 mit $\lambda_1 + \lambda_2 = 1$ die Beziehung

$$\overline{H(\lambda_1\alpha + \lambda_2\beta)} \cap G = \lambda_1\big(\overline{H(\alpha)} \cap G\big) + \lambda_2\big(\overline{H(\beta)} \cap G\big) \qquad (\alpha < \beta) \tag{609}$$

besteht. G heißt dann *Skalengerade* von $\mathscr{H}_T(G)$.

Definition 21.3. Es sei $\mathscr{H}_T(G)$ ein Halbbüschel im R_{n+1} mit dem Träger T und der Skalengeraden G. Dann soll ein auf allen Elementen $\overline{H}(\vartheta)$ von $\mathscr{H}_T(G)$ definiertes nichttriviales, bewegungsinvariantes, monotones und einfach additives Funktional $\widetilde{V}_\vartheta$ (vgl. Satz 17.2 und Bemerkung 17.1) *projektionsinvariantes Volumen* auf $\mathscr{H}_T(G)$ genannt werden, wenn $\widetilde{V}_\vartheta$ *bei der Parallelprojektion p längs G invariant bleibt,*

---

[1] Vgl. [54]; die Gleichheitsdiskussion ist in dieser Arbeit allerdings nicht korrekt.
[2] Vgl. [55].

d. h., wenn für eine beliebige kompakte und konvexe Menge $K(\vartheta)$ in $\overline{\widetilde{H}(\vartheta)}$

$$\widetilde{V}_{\vartheta'}\big(p(K(\vartheta))\big) = \widetilde{V}_\vartheta\big(K(\vartheta)\big) \tag{610}$$

$\big(p(K(\vartheta)) = $ Parallelprojektion von $K(\vartheta)$ längs G auf $\overline{\widetilde{H}(\vartheta')}\big)$ gilt.[1])

Jetzt lautet die angekündigte Formulierung von

Satz 21.4 (von BUSEMANN). *Es seien $K(\alpha)$ und $K(\beta)$ n-dimensionale kompakte konvexe Mengen in den Halbhyperebenen $\overline{\widetilde{H}(\alpha)}$ und $\overline{\widetilde{H}(\beta)}$ eines Halbbüschels $\mathcal{H}_T(G)$ im R_{n+1} mit dem Träger T und der Skalengeraden G ($\alpha < \beta$). Die in $\mathcal{H}_T(G)$ gelegenen zusammen mit $K(\alpha)$, $K(\beta)$ und eine „Linearschar" bildenden Mengen*

$$K(\vartheta) := \operatorname{conv} \{K(\alpha) \cup K(\beta)\} \cap \overline{\widetilde{H}(\vartheta)} \qquad (\alpha < \vartheta < \beta) \tag{611}$$

erfüllen dann für beliebiges $\lambda_1 > 0, \lambda_2 > 0$ mit $\lambda_1 + \lambda_2 = 1$ die folgende Ungleichung für ihr projektionsinvariantes Volumen:

$$\widetilde{V}^{-1}_{\lambda_1\alpha + \lambda_2\beta}\big(K(\lambda_1\alpha + \lambda_2\beta)\big) \leqq \lambda_1 \widetilde{V}_\alpha^{-1}\big(K(\alpha)\big) + \lambda_2 \widetilde{V}_\beta^{-1}\big(K(\beta)\big) , \tag{612}$$

wobei genau dann Gleichheit eintritt, wenn $K(\alpha)$ und $K(\beta)$ durch eine geeignete Parallelprojektion auseinander hervorgehen.

Beweis. Der Beweis des Busemannschen Satzes beruht auf einer sinngemäßen Ausdehnung des Beweises von Satz 21.1 auf eine Linearschar $\{K(\vartheta)\}_{\vartheta \in [\alpha,\beta]}$, welche in einem Halbbüschel statt in einem Parallelbüschel gelegen ist (vgl. (611)). Dabei werden wir durch Zurückgreifen auf den Brunn-Minkowskischen Satz auf eine vollständige Induktion verzichten können. Wir beginnen zunächst mit der Koordinatisierung der Halbhyperebenen $\overline{\widetilde{H}(\vartheta)}$ von $\mathcal{H}_T(G)$ durch affine Koordinaten $\{\xi_1^{(\vartheta)}, \dots, \xi_n^{(\vartheta)}\}$; diese beziehen sich auf affine Koordinatensysteme $\{o; v_1, \dots, v_{n-1}, v_n(\vartheta)\}$ mit einem (gemeinsamen) Ursprung $o \in T$, mit (gemeinsamen) orthonormierten Basisvektoren $v_1, \dots, v_{n-1}$ parallel zu T und mit dem Ortsvektor $v_n(\vartheta)$ des Punktes $\overline{\widetilde{H}(\vartheta)} \cap G$. Hierbei gilt aufgrund der Skaleneigenschaft von G

$$v_n(\lambda_1\alpha + \lambda_2\beta) = \lambda_1 v_n(\alpha) + \lambda_2 v_n(\beta) \qquad (\lambda_1 + \lambda_2 = 1 , \quad \alpha < \beta) \tag{613}$$

(vgl. (609)). Außerdem kann o. B. d. A. angenommen werden, das projektionsinvariante Volumen $\widetilde{V}_\vartheta$ auf den $\overline{\widetilde{H}(\vartheta)}$ sei so normiert, daß die in $\overline{\widetilde{H}(\vartheta)}$ liegenden, durch $0 \leqq \xi_1^{(\vartheta)} \leqq 1, \dots, 0 \leqq \xi_n^{(\vartheta)} \leqq 1$ gegebenen Parallelepipede Π_ϑ das Volumen 1 besitzen (vgl. Definition 21.3). Dies bedeutet, daß für eine in $\overline{\widetilde{H}(\vartheta)}$ liegende kompakte konvexe Menge $K(\vartheta)$ die Beziehung

$$\widetilde{V}_\vartheta\big(K(\vartheta)\big) = \int\limits_{K(\vartheta)} d\xi_1^{(\vartheta)} \cdots d\xi_n^{(\vartheta)} = \int\limits_0^\infty V_{(n-1)}\big(K(\vartheta) \cap A_\vartheta(\xi_n^{(\vartheta)})\big) \, d\xi_n^{(\vartheta)} \tag{614}$$

---

[1]) Die Existenz eines derartigen Funktionals $\widetilde{V}_\vartheta$ folgt aus der Beziehung $\widetilde{V}_\vartheta = \gamma_0(\vartheta) \, V_{(n)}$ ($\gamma_0(\vartheta) > 0$, $V_{(n)} = $ gewöhnliches n-dimensionales Volumen auf $\overline{\widetilde{H}(\vartheta)}$, vgl. (376)) und der Invarianz des gewöhnlichen Volumenverhältnisses bei der eine Affinität darstellenden Parallelprojektion.

mit

$$A_\vartheta(\zeta) := \{x \in \widetilde{\overline{H}}(\vartheta); \; \xi_n^{(\vartheta)} = \zeta\} \tag{615}$$

besteht.

Genau wie beim Beweis von Satz 21.1 betrachten wir nun die (parallelen) Querschnitte

$$Q_\alpha(\xi) := K(\alpha) \cap A_\alpha(\xi), \qquad Q_\beta(\eta) := K(\beta) \cap A_\beta(\eta) \tag{616}$$

mit

$$q_\alpha(\xi) := V_{(n-1)}(Q_\alpha(\xi)), \qquad q_\beta(\eta) := V_{(n-1)}(Q_\beta(\eta)). \tag{617}$$

Die relativen Volumina $v_\alpha(\xi)$ und $v_\beta(\eta)$ seien durch

$$v_\alpha(\xi) := \frac{1}{\widetilde{V}_\alpha(K(\alpha))} \int_0^\xi q_\alpha(\xi_n^{(\alpha)}) \, \mathrm{d}\xi_n^{(\alpha)}, \qquad v_\beta(\eta) := \frac{1}{\widetilde{V}_\beta(K(\beta))} \int_0^\eta q_\beta(\xi_n^{(\beta)}) \, \mathrm{d}\xi_n^{(\beta)} \tag{618}$$

definiert (vgl. (614) bis (617)). Setzt man nun

$$\gamma_\alpha := \operatorname*{Min}_{x \in K(\alpha)} \xi_n^{(\alpha)}, \qquad \delta_\alpha := \operatorname*{Max}_{x \in K(\alpha)} \xi_n^{(\alpha)}, \qquad \gamma_\beta := \operatorname*{Min}_{x \in K(\beta)} \xi_n^{(\beta)}, \qquad \delta_\beta := \operatorname*{Max}_{x \in K(\beta)} \xi_n^{(\beta)}, \tag{619}$$

so können $Q_\alpha(\xi)$ und $Q_\beta(\eta)$ für $0 \leqq \gamma_\alpha \leqq \xi \leqq \delta_\alpha$ und $0 \leqq \gamma_\beta \leqq \eta \leqq \delta_\beta$ so aufeinander bezogen werden, daß

$$v_\alpha(\xi) = v_\beta(\eta) = \tau \qquad (0 \leqq \tau \leqq 1) \tag{620}$$

gilt. Die Auflösung von (620) nach ξ und η ergibt dann

$$\xi = w_\alpha(\tau), \qquad \eta = w_\beta(\tau) \qquad (0 \leqq \tau \leqq 1) \tag{621}$$

mit

$$w_\alpha(0) = \gamma_\alpha, \qquad w_\alpha(1) = \delta_\alpha, \qquad w_\beta(0) = \gamma_\beta, \qquad w_\beta(1) = \delta_\beta, \tag{622}$$

wobei w_α und w_β wie v_α und v_β streng monotone, stetige und im Inneren ihres Definitionsintervalls stetig differenzierbare Funktionen sind und die aus (618) folgende Relation

$$\frac{\mathrm{d}w_\alpha}{\mathrm{d}\tau}(\tau) = \frac{\widetilde{V}_\alpha(K(\alpha))}{q_\alpha(w_\alpha(\tau))} > 0, \qquad \frac{\mathrm{d}w_\beta}{\mathrm{d}\tau}(\tau) = \frac{\widetilde{V}_\beta(K(\beta))}{q_\beta(w_\beta(\tau))} > 0 \qquad (0 < \tau < 1) \tag{623}$$

besteht (vgl. (584)).[1]

Die für $(\xi, \eta) \neq (0, 0)$ von $A_\alpha(\xi)$ und $A_\beta(\eta)$ aufgespannte Hyperebene des R_{n+1} schneidet die Halbhyperebene $\widetilde{H}(\lambda_1\alpha + \lambda_2\beta)$ in $A_{\lambda_1\alpha + \lambda_2\beta}(\zeta)$, so daß für geeignete $\sigma_1 \geqq 0$, $\sigma_2 \geqq 0$ mit $\sigma_1 + \sigma_2 = 1$

$$A_{\lambda_1\alpha + \lambda_2\beta}(\zeta) = \sigma_1 A_\alpha(\xi) + \sigma_2 A_\beta(\eta) \tag{624}$$

gilt. Dann besteht auch die Vektorgleichung

$$\zeta(\lambda_1 v_n(\alpha) + \lambda_2 v_n(\beta)) = \sigma_1 \xi v_n(\alpha) + \sigma_2 \eta v_n(\beta) \tag{625}$$

---

[1] Die in (618) auftretenden Integranden hängen nämlich von ihren Argumenten stetig ab, wie aus (617) zusammen mit der Anmerkung auf S. 229 folgt.

17*

(vgl. (613)), woraus sich durch eine elementare Rechnung der analytischen Geometrie die Größen ζ, σ_1 und σ_2 wie folgt bestimmen lassen:

$$\zeta = \frac{\xi\eta}{\lambda_1\eta + \lambda_2\xi} \qquad (\xi > 0 \text{ oder } \eta > 0)\,, \tag{626}$$

$$\sigma_1 = \frac{\lambda_1\eta}{\lambda_1\eta + \lambda_2\xi}\,, \qquad \sigma_2 = \frac{\lambda_2\xi}{\lambda_1\eta + \lambda_2\xi} \qquad (\xi > 0 \text{ oder } \eta > 0)\,. \tag{627}$$

Für $(\xi, \eta) \ne (0, 0)$ ordnen wir jetzt den Querschnitten $Q_\alpha(\xi)$ und $Q_\beta(\eta)$ von $K(\alpha)$ und $K(\beta)$ den Schnitt

$$Q_{\lambda_1\alpha + \lambda_2\beta}(\zeta) := K(\lambda_1\alpha + \lambda_2\beta) \cap A_{\lambda_1\alpha + \lambda_2\beta}(\zeta) \tag{628}$$

zu. Aus (628) ergibt sich nun zusammen mit (611) die für das Folgende wichtige Inklusion

$$Q_{\lambda_1\alpha + \lambda_2\beta}(\zeta) \supseteq \operatorname{conv} \{Q_\alpha(\xi) \cup Q_\beta(\eta)\} \cap A_{\lambda_1\alpha + \lambda_2\beta}(\zeta) \qquad (\xi > 0 \text{ oder } \eta > 0)\,. \tag{629}$$

Um nun das projektionsinvariante Volumen von $K(\lambda_1\alpha + \lambda_2\beta)$ nach unten abzuschätzen, gehen wir von der Darstellung

$$\widetilde{V}_{\lambda_1\alpha + \lambda_2\beta}\big(K(\lambda_1\alpha + \lambda_2\beta)\big) = \int\limits_0^\infty V_{(n-1)}\big(Q_{\lambda_1\alpha + \lambda_2\beta}(\xi_n^{(\lambda_1\alpha + \lambda_2\beta)})\big)\, \mathrm{d}\xi_n^{(\lambda_1\alpha + \lambda_2\beta)} \tag{630}$$

aus, wobei das Integral in (630) wegen der Stetigkeit seines Integranden[1]) ein Riemannsches Integral ist. Jetzt machen wir die durch (626) und (621) motivierte Substitution

$$\xi_n^{(\lambda_1\alpha + \lambda_2\beta)} = \Psi(\tau) := \frac{w_\alpha(\tau)\, w_\beta(\tau)}{\lambda_1 w_\beta(\tau) + \lambda_2 w_\alpha(\tau)} \qquad (0 \leqq \tau \leqq 1)\,. \tag{631}$$

Dies ist möglich: Im Fall $\gamma_\alpha > 0$ oder $\gamma_\beta > 0$ $\big($vgl. (619)$\big)$ ist Ψ eine auf $[0, 1]$ stetige und auf $(0, 1)$ stetig differenzierbare Funktion von τ und wegen der aus (627) und (623) folgenden Relation

$$\frac{\mathrm{d}\Psi}{\mathrm{d}\tau}(\tau) = \frac{(\sigma_1(\tau))^2}{\lambda_1} \frac{\widetilde{V}_\alpha(K(\alpha))}{q_\alpha(w_\alpha(\tau))} + \frac{(\sigma_2(\tau))^2}{\lambda_2} \frac{\widetilde{V}_\beta(K(\beta))}{q_\beta(w_\beta(\tau))} > 0 \tag{632}$$

$$\left(\sigma_1(\tau) := \frac{\lambda_1 w_\beta(\tau)}{\lambda_1 w_\beta(\tau) + \lambda_2 w_\alpha(\tau)}\,, \quad \sigma_2(\tau) := \frac{\lambda_2 w_\alpha(\tau)}{\lambda_1 w_\beta(\tau) + \lambda_2 w_\alpha(\tau)}\,, \quad 0 < \tau < 1\right)$$

streng monoton; im Fall $\gamma_\alpha = \gamma_\beta = 0$ kann die hier zunächst problematische Stetigkeit von Ψ an der Stelle $\tau = 0$ aufgrund der aus (631), (626) und (625) folgenden Abschätzung

$$0 \leqq |\Psi(\tau)| \leqq \frac{w_\alpha(\tau)\, \|v_n(\alpha)\| + w_\beta(\tau)\, \|v_n(\beta)\|}{\|\lambda_1 v_n(\alpha) + \lambda_2 v_n(\beta)\|}$$

in Verbindung mit

$$\lim_{\tau \to +0} w_\alpha(\tau) = w_\alpha(0) = \gamma_\alpha = 0\,, \qquad \lim_{\tau \to +0} w_\beta(\tau) = w_\beta(0) = \gamma_\beta = 0$$

---

[1]) Vgl. hierzu die Fußnote auf S. 259.

(vgl. (622)) gesichert werden. Durch Anwendung der Substitution (631) auf das Integral in (630) erhalten wir jetzt die Integraldarstellung

$$\widetilde{V}_{\lambda_1\alpha+\lambda_2\beta}\big(K(\lambda_1\alpha+\lambda_2\beta)\big) = \int\limits_0^1 V_{(n-1)}\big(Q_{\lambda_1\alpha+\lambda_2\beta}(\Psi(\tau))\big)\,\frac{\mathrm{d}\Psi}{\mathrm{d}\tau}(\tau)\,\mathrm{d}\tau \tag{633}$$

mittels eines an den Intervallenden 0 und 1 eventuell uneigentlichen Riemannschen Integrals, dessen Integrand eine in $(0,1)$ stetige Funktion von τ darstellt. Nun gilt aufgrund von (629)

$$V_{(n-1)}\big(Q_{\lambda_1\alpha+\lambda_2\beta}(\zeta)\big) \geqq V_{(n-1)}\big(\mathrm{conv}\,\{Q_\alpha(\xi)\cup Q_\beta(\eta)\}\cap A_{\lambda_1\alpha+\lambda_2\beta}(\zeta)\big)\,. \tag{634}$$

Weiter haben wir im Fall $n > 1$ nach (624) und (617) aufgrund von Satz 21.3 (angewandt auf die $A_\alpha(\xi)$ und $A_\beta(\eta)$ verbindende Hyperebene anstelle des R_{n+1})

$$\begin{aligned}
&V_{(n-1)}\big(\mathrm{conv}\,\{Q_\alpha(\xi)\cup Q_\beta(\eta)\}\cap A_{\lambda_1\alpha+\lambda_2\beta}(\zeta)\big)\\
&\geqq \big(\sigma_1(q_\alpha(\xi))^{1/(n-1)} + \sigma_2(q_\beta(\eta))^{1/(n-1)}\big)^{n-1} \\
&(\gamma_\alpha < \xi < \delta_\alpha,\quad \gamma_\beta < \eta < \delta_\beta)\,.
\end{aligned} \tag{635}$$

Nach Einführung der Abkürzung

$$\sigma_1' := \frac{\sigma_1\left(\dfrac{\sigma_1}{\lambda_1}\,\widetilde{V}_\alpha(K(\alpha))\right)^{1/n}}{\sigma_1\left(\dfrac{\sigma_1}{\lambda_1}\,\widetilde{V}_\alpha(K(\alpha))\right)^{1/n} + \sigma_2\left(\dfrac{\sigma_2}{\lambda_2}\,\widetilde{V}_\beta(K(\beta))\right)^{1/n}}\,,$$

$$\sigma_2' := \frac{\sigma_2\left(\dfrac{\sigma_2}{\lambda_2}\,\widetilde{V}_\beta(K(\beta))\right)^{1/n}}{\sigma_1\left(\dfrac{\sigma_1}{\lambda_1}\,\widetilde{V}_\alpha(K(\alpha))\right)^{1/n} + \sigma_2\left(\dfrac{\sigma_2}{\lambda_2}\,\widetilde{V}_\beta(K(\beta))\right)^{1/n}}$$

und nach Anwendung von Hilfssatz 21.1 $\left(\text{mit } \varrho = -1 \text{ und } \sigma = \dfrac{1}{n-1}\right)$ läßt sich die rechte Seite von (635) abschätzen zu

$$\begin{aligned}
&\big(\sigma_1(q_\alpha(\xi))^{1/(n-1)} + \sigma_2(q_\beta(\eta))^{1/(n-1)}\big)^{n-1} \\
&= \left(\sigma_1'\left(\left(\frac{\sigma_1}{\lambda_1}\,\widetilde{V}_\alpha(K(\alpha))\right)^{(1-n)/n} q_\alpha(\xi)\right)^{1/(n-1)}\right. \\
&\qquad \left. + \sigma_2'\left(\left(\frac{\sigma_2}{\lambda_2}\,\widetilde{V}_\beta(K(\beta))\right)^{(1-n)/n} q_\beta(\eta)\right)^{1/(n-1)}\right)^{n-1} \\
&\qquad\times \left(\sigma_1\left(\frac{\sigma_1}{\lambda_1}\,\widetilde{V}_\alpha(K(\alpha))\right)^{1/n} + \sigma_2\left(\frac{\sigma_2}{\lambda_2}\,\widetilde{V}_\beta(K(\beta))\right)^{1/n}\right)^{n-1} \\
&\geqq \left(\frac{(\sigma_1)^2}{\lambda_1}\,\frac{\widetilde{V}_\alpha(K(\alpha))}{q_\alpha(\xi)} + \frac{(\sigma_2)^2}{\lambda_2}\,\frac{\widetilde{V}_\beta(K(\beta))}{q_\beta(\eta)}\right)^{-1} \\
&\qquad\times \left(\sigma_1\left(\frac{\sigma_1}{\lambda_1}\,\widetilde{V}_\alpha(K(\alpha))\right)^{1/n} + \sigma_2\left(\frac{\sigma_2}{\lambda_2}\,\widetilde{V}_\beta(K(\beta))\right)^{1/n}\right)^{n} \\
&(n > 1,\quad \gamma_\alpha < \xi < \delta_\alpha,\quad \gamma_\beta < \eta < \delta_\beta)\,.
\end{aligned} \tag{636}$$

Schließlich gilt (auch im Fall $n = 1$) nach erneuter Benutzung von Hilfssatz 21.1 $\left(\text{mit } \varrho = -1 \text{ und } \sigma = \dfrac{1}{n}\right)$ die Ungleichung

$$\left(\sigma_1\left(\frac{\sigma_1}{\lambda_1}\,\widetilde{V}_\alpha(K(\alpha))\right)^{1/n} + \sigma_2\left(\frac{\sigma_2}{\lambda_2}\,\widetilde{V}_\beta(K(\beta))\right)^{1/n}\right)^n$$

$$\geqq \left(\lambda_1\widetilde{V}_\alpha^{-1}(K(\alpha)) + \lambda_2\widetilde{V}_\beta^{-1}(K(\beta))\right)^{-1} \qquad (\xi > 0, \eta > 0)\,. \tag{637}$$

Da die durch Zusammenfassung von (634) bis (636) entstehende Ungleichung auch im Fall $n = 1$ wegen

$$V_{(0)}\left(Q_{\lambda_1\alpha + \lambda_2\beta}(\zeta)\right) = V_{(0)}\left(\operatorname{conv}\{Q_\alpha(\xi) \cup Q_\beta(\eta)\} \cap A_{\lambda_1\alpha + \lambda_2\beta}(\zeta)\right)$$

$$= q_\alpha(\xi) = q_\beta(\eta) = 1$$

(als Gleichung) trivialerweise ihre Gültigkeit behält, haben wir hiermit für jedes $n \geqq 1$ aufgrund von (634) bis (637) unter Benutzung von (631), (621), (622) und (632)

$$V_{(n-1)}\left(Q_{\lambda_1\alpha + \lambda_2\beta}(\Psi(\tau))\right) \cdot \frac{d\Psi}{d\tau}(\tau) \geqq \left(\lambda_1\widetilde{V}_\alpha^{-1}(K(\alpha)) + \lambda_2\widetilde{V}_\beta^{-1}(K(\beta))\right)^{-1} > 0$$

$$(0 < \tau < 1)\,.$$

Integration dieser Beziehung über τ von 0 bis 1 liefert endlich zusammen mit (633) die Busemannsche Ungleichung (612).

Tritt in dieser Ungleichung (612) Gleichheit ein, so finden wir wegen der schon erwähnten Stetigkeit des Integranden in (633) innerhalb $(0, 1)$ im Fall $n = 1$ bei der benutzten Ungleichung (637) sowie im Falle $n > 1$ bei den Ungleichungen (637), (636), (635) und (634) Gleichheit; es gilt daher für alle τ mit $0 < \tau < 1$

$$\frac{\sigma_1(\tau)}{\lambda_1}\,\widetilde{V}_\alpha(K(\alpha)) = \frac{\sigma_2(\tau)}{\lambda_2}\,\widetilde{V}_\beta(K(\beta)) \qquad (n \geqq 1)\,, \tag{638}$$

$$\left(\frac{\sigma_1(\tau)}{\lambda_1}\,\widetilde{V}_\alpha(K(\alpha))\right)^{(1-n)/n} q_\alpha(w_\alpha(\tau)) = \left(\frac{\sigma_2(\tau)}{\lambda_2}\,\widetilde{V}_\beta(K(\beta))\right)^{(1-n)/n} q_\beta(w_\beta(\tau)) \tag{639}$$

$$(n > 1)\,,$$

$$Q_\beta(w_\beta(\tau)) = \lambda(\tau) \cdot Q_\alpha(w_\alpha(\tau)) + a(\tau) \qquad (\lambda(\tau) > 0, a(\tau) \in R_{n+1})\ (n > 1) \tag{640}$$

und

$$Q_{\lambda_1\alpha + \lambda_2\beta}(\Psi(\tau)) = \operatorname{conv}\{Q_\alpha(w_\alpha(\tau)) \cup Q_\beta(w_\beta(\tau))\} \cap A_{\lambda_1\alpha + \lambda_2\beta}(\Psi(\tau)) \qquad (n > 1)\,. \tag{641}$$

Im Fall $n = 1$ entnimmt man (638) in Verbindung mit (627) und der Stetigkeit von w_α und w_β

$$\frac{w_\alpha(\tau)}{\widetilde{V}_\alpha(K(\alpha))} = \frac{w_\beta(\tau)}{\widetilde{V}_\beta(K(\beta))} =: w(\tau) \qquad (0 \leqq \tau \leqq 1) \tag{642}$$

und somit die Parallelität der Verbindungsvektoren der zugeordneten Punkte $Q_\alpha(w_\alpha(\tau))$ und $Q_\beta(w_\beta(\tau))$ aus den Strecken $K(\alpha)$ und $K(\beta)$:

$$Q_\beta(w_\beta(\tau)) = Q_\alpha(w_\alpha(\tau)) + w(\tau)\left(\widetilde{V}_\beta(K(\beta))\, v_1(\beta) - \widetilde{V}_\alpha(K(\alpha))\, v_1(\alpha)\right) \qquad (643)$$

$$(0 \leq \tau \leq 1)\,.$$

Dies ergibt die behauptete Tatsache, daß $K(\beta)$ durch Parallelprojektion (längs $\widetilde{V}_\beta(K(\beta))\, v_1(\beta) - \widetilde{V}_\alpha(K(\alpha))\, v_1(\alpha)$) aus $K(\alpha)$ hervorgeht. In den übrigbleibenden Fällen $n > 1$ gilt ebenfalls die Beziehung (642), und es gilt die aus (638) und (639) resultierende Gleichung

$$q_\alpha(w_\alpha(\tau)) = q_\beta(w_\beta(\tau)) =: q(\tau) > 0 \qquad (0 < \tau < 1)\,. \qquad (644)$$

Außerdem folgt aus (640) und (644) die Beziehung

$$Q_\beta(w_\beta(\tau)) = Q_\alpha(w_\alpha(\tau)) + a(\tau) \qquad (0 < \tau < 1)\,. \qquad (645)$$

Wegen der sich aus (642) ergebenden Relation

$$A_\beta(w_\beta(\tau)) = A_\alpha(w_\alpha(\tau)) + w(\tau)\left(\widetilde{V}_\beta(K(\beta))\, v_n(\beta) - \widetilde{V}_\alpha(K(\alpha))\, v_n(\alpha)\right)$$

(vgl. (643)) ist dabei

$$a(\tau) = \sum_{k=1}^{n-1} \varkappa_k(\tau)\, v_k + w(\tau)\left(\widetilde{V}_\beta(K(\beta))\, v_n(\beta) - \widetilde{V}_\alpha(K(\alpha))\, v_n(\alpha)\right) \qquad (646)$$

$$(0 < \tau < 1)\,.$$

Der Beweis in den Fällen $n > 1$ geschieht jetzt mit Hilfe der Gleichungen (641), (642), (645) und (646).

Wir setzen zunächst $n = 2$ voraus und werden die restlichen Fälle $n > 2$ auf diesen Fall zurückführen. Bei $n = 2$ stellt der Querschnitt $Q_{\lambda_1\alpha + \lambda_2\beta}(\Psi(\tau))$ $(0 < \tau < 1)$ von $K(\lambda_1\alpha + \lambda_2\beta)$ eine Strecke $x^{(1)}_{\lambda_1\alpha + \lambda_2\beta}(\Psi(\tau))\, x^{(2)}_{\lambda_1\alpha + \lambda_2\beta}(\Psi(\tau))$ dar, und ebenso gilt

$$Q_\alpha(w_\alpha(\tau)) =: x^{(1)}_\alpha(w_\alpha(\tau))\, x^{(2)}_\alpha(w_\alpha(\tau))$$

und

$$Q_\beta(w_\beta(\tau)) =: x^{(1)}_\beta(w_\beta(\tau))\, x^{(2)}_\beta(w_\beta(\tau))\,.$$

Dann hat das Trapez conv $\{Q_\alpha(w_\alpha(\tau)) \cup Q_\beta(w_\beta(\tau))\}$ die Strecke $x^{(i)}_\alpha(w_\alpha(\tau))\, x^{(i)}_\beta(w_\beta(\tau))$ als Randstrecke, und diese enthält nach (641) den Punkt $x^{(i)}_{\lambda_1\alpha + \lambda_2\beta}(\Psi(\tau))$ $(i = 1, 2)$ im Innern. Nach (628) und (611) sind die Punkte $x^{(i)}_{\lambda_1\alpha + \lambda_2\beta}(\Psi(\tau))$ Randpunkte von conv $\{K(\alpha) \cup K(\beta)\}$, welches das Trapez conv $\{Q_\alpha(w_\alpha(\tau)) \cup Q_\beta(w_\beta(\tau))\}$ enthält. Deshalb gibt es eine durch $x^{(i)}_{\lambda_1\alpha + \lambda_2\beta}(\Psi(\tau))$ gehende Stützebene $\widetilde{B}_i(\Psi(\tau))$ von conv $\{K(\alpha) \cup K(\beta)\}$, die $x^{(i)}_\alpha(w_\alpha(\tau))\, x^{(i)}_\beta(w_\beta(\tau))$ $(i = 1, 2)$ enthält. Betrachten wir nun die Schnitthalbgeraden $\widetilde{B}_i(\Psi(\tau)) \cap \widetilde{H}(\alpha)$ und $\widetilde{B}_i(\Psi(\tau)) \cap \widetilde{H}(\beta)$, so sehen wir, daß diese von dem gemeinsamen Schnittpunkt $\widetilde{B}_i(\Psi(\tau)) \cap T$ ausgehen[1]) und Teile von Stützgeraden der Mengen $K(\alpha)$ und $K(\beta)$ durch die Punkte $x^{(i)}_\alpha(w_\alpha(\tau))$ und $x^{(i)}_\beta(w_\beta(\tau))$ $(i = 1, 2)$ sind. Dies bedeutet also, daß sich die Stützgeraden in zugeordneten Randpunkten $x^{(i)}_\alpha(w_\alpha(\tau))$ und $x^{(i)}_\beta(w_\beta(\tau))$ $(0 < \tau < 1)$ von $K(\alpha)$ und $K(\beta)$

---

[1]) $\widetilde{B}_i(\Psi(\tau))$ $(i = 1, 2)$ kann wegen $0 < \tau < 1$ nicht zu T parallel sein.

auf dem Träger T unseres Halbebenenbüschels sicher dann schneiden, wenn diese Stützgeraden eindeutig bestimmt sind, was nach Satz 10.7 höchstens abzählbar oft nicht zutrifft. Stellen wir jetzt $K(\alpha)$ und $K(\beta)$ in der Form

$$K(\alpha) = \{x \in \overline{\widetilde{H}(\alpha)}; f_\alpha^{(1)}(\xi_2^{(\alpha)}) \leqq \xi_1^{(\alpha)} \leqq f_\alpha^{(2)}(\xi_2^{(\alpha)})\}$$

und

$$K(\beta) = \{x \in \overline{\widetilde{H}(\beta)}; f_\beta^{(1)}(\xi_2^{(\beta)}) \leqq \xi_1^{(\beta)} \leqq f_\beta^{(2)}(\xi_2^{(\beta)})\}$$

mit auf $[\gamma_\alpha, \delta_\alpha]$ bzw. $[\gamma_\beta, \delta_\beta]$ stetigen und konvexen Funktionen $f_\alpha^{(1)}$, $-f_\alpha^{(2)}$ bzw. $f_\beta^{(1)}$, $-f_\beta^{(2)}$ dar, so läßt sich der soeben angegebene Tatbestand analytisch durch das Bestehen der (für fast alle $\tau \in (0, 1)$ gültigen) Differentialgleichung

$$w_\beta(\tau) \frac{\mathrm{d}f_\beta^{(i)}}{\mathrm{d}\xi_2^{(\beta)}} (w_\beta(\tau)) - w_\alpha(\tau) \frac{\mathrm{d}f_\alpha^{(i)}}{\mathrm{d}\xi_2^{(\alpha)}} (w_\alpha(\tau)) = f_\beta^{(i)}(w_\beta(\tau)) - f_\alpha^{(i)}(w_\alpha(\tau)) \quad (i = 1, 2)$$

$$\tag{647}$$

ausdrücken. Multiplikation von (647) mit $\dfrac{\mathrm{d}w}{\mathrm{d}\tau}(\tau)$, (642) und die Kettenregel ergeben

$$w(\tau) \frac{\mathrm{d}}{\mathrm{d}\tau} \left(f_\beta^{(i)}(w_\beta(\tau)) - f_\alpha^{(i)}(w_\alpha(\tau))\right) - \frac{\mathrm{d}w}{\mathrm{d}\tau}(\tau) \left(f_\beta^{(i)}(w_\beta(\tau)) - f_\alpha^{(i)}(w_\alpha(\tau))\right) = 0$$

oder

$$\frac{\mathrm{d}}{\mathrm{d}\tau} \left(\frac{f_\beta^{(i)}(w_\beta(\tau)) - f_\alpha^{(i)}(w_\alpha(\tau))}{w(\tau)}\right) = 0 \qquad (i = 1, 2), \tag{648}$$

so daß wir wegen der in jedem abgeschlossenen Teilintervall von $(0, 1)$ vorhandenen absoluten Stetigkeit des Quotienten in (648) [1] auf

$$f_\beta^{(i)}(w_\beta(\tau)) = f_\alpha^{(i)}(w_\alpha(\tau)) + \gamma^{(i)}w(\tau) \qquad (i = 1, 2; \; 0 < \tau < 1)$$

mit den Konstanten $\gamma^{(i)}$ schließen können. [2] Die aus (645) folgende Beziehung

$$f_\alpha^{(2)}(w_\alpha(\tau)) - f_\alpha^{(1)}(w_\alpha(\tau)) = V_{(1)}(Q_\alpha(w_\alpha(\tau))) = V_{(1)}(Q_\beta(w_\beta(\tau)))$$
$$= f_\beta^{(2)}(w_\beta(\tau)) - f_\beta^{(1)}(w_\beta(\tau))$$

ergibt hierbei $\gamma^{(1)} = \gamma^{(2)} =: \gamma_1$, so daß wir endlich

$$f_\beta^{(i)}(w_\beta(\tau)) = f_\alpha^{(i)}(w_\alpha(\tau)) + \gamma_1 w(\tau) \qquad (i = 1, 2; \; 0 < \tau < 1),$$

d. h. zusammen mit (645) und (646)

$$\varkappa_1(\tau) = \gamma_1 w(\tau) \qquad (0 < \tau < 1) \tag{649}$$

haben. Die hierdurch entstehende Relation

$$Q_\beta(w_\beta(\tau)) = Q_\alpha(w_\alpha(\tau)) + w(\tau) \left(\gamma_1 v_1 + \widetilde{V}_\beta(K(\beta))\, v_2(\beta) - \widetilde{V}_\alpha(K(\alpha))\, v_2(\alpha)\right)$$

$$(0 < \tau < 1) \tag{650}$$

---

[1]) Hierzu beachte man die stetige Differenzierbarkeit von w nach τ in $(0, 1)$ und die aus (155) folgende gleichmäßige Beschränktheit der Differenzenquotienten der konvexen Funktionen $f_\alpha^{(1)}$, $-f_\alpha^{(2)}$ bzw. $f_\beta^{(1)}$, $-f_\beta^{(2)}$ in jedem abgeschlossenen Teilintervall von $(\gamma_\alpha, \delta_\alpha)$ bzw. $(\gamma_\beta, \delta_\beta)$.

[2]) Vgl. die Fußnote auf S. 139.

(vgl. (643)) bedeutet, daß $K(\beta) \setminus \{Q_\beta(\gamma_\beta) \cup Q_\beta(\delta_\beta)\}$ durch Parallelprojektion (längs $\gamma_1 v_1 + \widetilde{V}_\beta(K(\beta))v_n(\beta) - \widetilde{V}_\alpha(K(\alpha))\, v_n(\alpha))$ aus $K(\alpha) \setminus \{Q_\alpha(\gamma_\alpha) \cup Q_\alpha(\delta_\alpha)\}$ hervorgeht, und dasselbe bleibt, wie in Satz 21.4 behauptet, wegen der Homöomorphie dieser Parallelprojektion auch für die Mengen $K(\beta) = \overline{K(\beta) \setminus \{Q_\beta(\gamma_\beta) \cup Q_\beta(\delta_\beta)\}}$ und $K(\alpha) = \overline{K(\alpha) \setminus \{Q_\alpha(\gamma_\alpha) \cup Q_\alpha(\delta_\alpha)\}}$ (vgl. Lemma 1.1) richtig.

Im Fall $n > 2$ denken wir uns zweckmäßigerweise den gesamten Raum R_{n+1} mittels einer Parallelprojektion $p^{(k)}_{n-2}$ längs des von den Vektoren $v_1, \ldots, v_{k-1}$, $v_{k+1}, \ldots, v_{n-1}$ aufgespannten Vektorraumes auf denjenigen dreidimensionalen Unterraum $R^{(k)}_3$ des R_{n+1} abgebildet, der den Ursprung o enthält und zu den (linear unabhängigen) Vektoren v_k, $v_n(\alpha)$ und $v_n(\beta)$ parallel ist $(1 \leq k \leq n - 1)$. Auf diese Weise erhalten wir aus dem gegebenen Halbbüschel ein Ebenenhalbbüschel im $R^{(k)}_3$ mit dem Träger $p^{(k)}_{n-2}(T)$ und der Skalengeraden $p^{(k)}_{n-2}(G) = G$, in dessen Halbebenen $p^{(k)}_{n-2}(\overline{\widetilde{H}(\alpha)})$ und $p^{(k)}_{n-2}(\overline{\widetilde{H}(\beta)})$ die zweidimensionalen kompakten konvexen Mengen $\widehat{K}(\alpha) := p^{(k)}_{n-2}(K(\alpha))$ und $\widehat{K}(\beta) := p^{(k)}_{n-2}(K(\beta))$ mit den Querschnitten

$$\left.\begin{array}{l}\widehat{Q}_\alpha(\xi) := \widehat{K}(\alpha) \cap p^{(k)}_{n-2}(A_\alpha(\xi)) = p^{(k)}_{n-2}(Q_\alpha(\xi))\,, \\[2mm] \widehat{Q}_\beta(\eta) := \widehat{K}(\beta) \cap p^{(k)}_{n-2}(A_\beta(\eta)) = p^{(k)}_{n-2}(Q_\beta(\eta))\end{array}\right\} \tag{651}$$

(vgl. (616)) liegen. Weiter enthalten die Halbebenen $p^{(k)}_{n-2}(\overline{\widetilde{H}(\vartheta)})$ die kompakten konvexen Mengen

$$\widehat{K}(\vartheta) := \mathrm{conv}\,\{\widehat{K}(\alpha) \cup \widehat{K}(\beta)\} \cap p^{(k)}_{n-2}(\overline{\widetilde{H}(\vartheta)}) = p^{(k)}_{n-2}(K(\vartheta)) \tag{652}$$

(vgl. (611))[1]), wobei insbesondere $\widehat{K}(\lambda_1\alpha + \lambda_2\beta)$ nach (652) die Querschnitte

$$\widehat{Q}_{\lambda_1\alpha + \lambda_2\beta}(\zeta) := \widehat{K}(\lambda_1\alpha + \lambda_2\beta) \cap p^{(k)}_{n-2}(A_{\lambda_1\alpha + \lambda_2\beta}(\zeta)) = p^{(k)}_{n-2}(Q_{\lambda_1\alpha + \lambda_2\beta}(\zeta)) \tag{653}$$

besitzt. Aus (641) entnimmt man noch in Verbindung mit (653) und (651)

$$\widehat{Q}_{\lambda_1\alpha + \lambda_2\beta}(\Psi(\tau)) = \mathrm{conv}\,\{\widehat{Q}_\alpha(w_\alpha(\tau)) \cup \widehat{Q}_\beta(w_\beta(\tau))\} \cap p^{(k)}_{n-2}(A_{\lambda_1\alpha + \lambda_2\beta}(\Psi(\tau)))$$
$$(0 < \tau < 1)\,, \tag{654}$$

während sich außerdem aus (645) und (646) zusammen mit (651)

$$\widehat{Q}_\beta(w_\beta(\tau)) = \widehat{Q}_\alpha(w_\alpha(\tau)) + \hat{a}(\tau) \tag{655}$$

mit

$$\hat{a}(\tau) = \varkappa_k(\tau)\, v_k + w(\tau)\,(\widetilde{V}_\beta(K(\beta))\, v_n(\beta) - \widetilde{V}_\alpha(K(\alpha))\, v_n(\alpha)) \qquad (0 < \tau < 1) \tag{656}$$

ergibt. Aufgrund der Beziehungen (642) und (651) bis (656) findet man nun mit Hilfe der im vorhergehenden Absatz für den Fall $n = 2$ durchgeführten Überlegungen, daß in (646)

$$\varkappa_k(\tau) = \gamma_k w(\tau) \qquad (1 \leq k \leq n - 1;\ 0 < \tau < 1)$$

---

[1]) Aufgrund der Darstellung (15) der konvexen Hülle der Vereinigung zweier konvexer Mengen ist nämlich die Projektion dieser Hülle gleich der konvexen Hülle der Vereinigung der Projektionen der beiden konvexen Mengen.

gelten muß (vgl. (649)). Daraus folgt aber völlig analog wie im Fall $n = 2$ die in Satz 21.4 behauptete Tatsache, daß $K(\beta)$ aus $K(\alpha)$ durch Parallelprojektion $\left(\text{längs} \sum\limits_{k=1}^{n-1} \gamma_k v_k + \widetilde{V}_\beta(K(\beta))\, v_n(\beta) - \widetilde{V}_\alpha(K(\alpha))\, v_n(\alpha)\right)$ hervorgeht (vgl. (650)), welche somit in allen Fällen nachgewiesen ist.

Es bleibt jetzt nur noch umgekehrt einzusehen übrig, daß bei Vorliegen einer $K(\alpha)$ in $K(\beta)$ überführenden Parallelprojektion p' von $\widetilde{H}(\alpha)$ auf $\widetilde{H}(\beta)$ in der Busemannschen Ungleichung (612) Gleichheit eintritt. Hierzu beachte man, daß p' in der Form

$$\left.\begin{aligned}
\xi_k^{(\beta)} &= \xi_k^{(\alpha)} + v_k \xi_n^{(\alpha)} && (1 \le k \le n-1)\,, \\
\xi_n^{(\beta)} &= v_n \xi_n^{(\alpha)} && (v_n > 0)
\end{aligned}\right\} \tag{657}$$

dargestellt werden kann. Jetzt wird mit den früheren Bezeichnungen (z. B. (616), (617), (618)) offensichtlich

$$q_\beta(v_n \xi) = q_\alpha(\xi) \qquad (\gamma_\alpha \le \xi \le \delta_\alpha)\,{}^1) \tag{658}$$

und damit

$$\widetilde{V}_\beta(K(\beta))\, v_\beta(v_n \xi) = \widetilde{V}_\alpha(K(\alpha))\, v_n v_\alpha(\xi) \qquad (\gamma_\alpha \le \xi \le \delta_\alpha)\,, \tag{659}$$

so daß

$$v_n = \frac{\widetilde{V}_\beta(K(\beta))}{\widetilde{V}_\alpha(K(\alpha))} \tag{660}$$

gelten muß (Einsetzen von $\xi = \delta_\alpha$ in (659)). Hiermit erhalten wir $v_\beta(v_n \xi) = v_\alpha(\xi)$ oder nach Einführung der Umkehrfunktionen w_α und w_β von v_α und v_β

$$w_\beta(\tau) = v_n w_\alpha(\tau) \qquad (0 \le \tau \le 1)\,. \tag{661}$$

Die Zuordnung der Querschnitte $Q_\alpha(w_\alpha(\tau))$ und $Q_\beta(w_\beta(\tau))$ von $K(\alpha)$ und $K(\beta)$ durch gleiche Parameter τ entspricht also wegen (657) genau der durch die Parallelprojektion p' gegebenen Zuordnung. Aus diesem Grunde haben wir

$$Q_\beta(w_\beta(\tau)) = Q_\alpha(w_\alpha(\tau)) + w_\alpha(\tau)\left(\sum\limits_{k=1}^{n-1} v_k v_k + v_n v_n(\beta) - v_n(\alpha)\right) \qquad (0 \le \tau \le 1)\,. \tag{662}$$

Da weiter conv $\{K(\alpha) \cup K(\beta)\}$ den von $\widetilde{H}(\alpha)$ und $\widetilde{H}(\beta)$ begrenzten Teil des Projektionszylinders von $K(\alpha)$ und $K(\beta)$ bei p' darstellt, aus welchem durch die Projektionshyperebene von $A_{\lambda_1\alpha + \lambda_2\beta}(\Psi(\tau))$ bei p' nach (615) und (631) die Menge conv $\{Q_\alpha(w_\alpha(\tau)) \cup Q_\beta(w_\beta(\tau))\}$ ausgeschnitten wird, können wir nach (611) und (615) auf

$$K(\lambda_1\alpha + \lambda_2\beta) \cap A_{\lambda_1\alpha + \lambda_2\beta}(\Psi(\tau))$$
$$= \text{conv}\,\{Q_\alpha(w_\alpha(\tau)) \cup Q_\beta(w_\beta(\tau))\} \cap A_{\lambda_1\alpha + \lambda_2\beta}(\Psi(\tau)) \qquad (0 \le \tau \le 1) \tag{663}$$

${}^1)$ Diese Beziehung bleibt auch im Fall $n = 1$ wegen $q_\alpha(\xi) = q_\beta(\eta) = 1$ richtig.

schließen. Jetzt ergeben (661) und (660) die Gültigkeit von (642) und damit (638); das letztere zieht zusammen mit (658) und (661) die Richtigkeit von (639) nach sich; aus (662) folgt unmittelbar (640), während aus (663) die Beziehung (641) resultiert. Damit herrscht aber in allen zur Ungleichung (612) führenden Ungleichungen (634) bis (637) Gleichheit, so daß auch in (612) selbst Gleichheit gilt, womit Satz 21.4 vollständig bewiesen ist. $\square$

Bemerkung 21.1. *Analog zum Satz von Brunn-Minkowski gilt auch zum Satz von Busemann ein „Spiegeltheorem" in der Art von Satz 21.2.* Zwecks genauer Formulierung und Beweis dieses Theorems wird auf die Arbeit [55] von W. Barthel verwiesen.

Übungen

1. Man beweise, daß sich der Brunn-Minkowskische Satz 21.1 direkt aus seinem „Spiegeltheorem" Satz 21.2 herleiten läßt.
2. Es sei K ein bezüglich des Ursprungs o des R_n zentralsymmetrischer, kompakter und konvexer Körper im R_n. Dann soll bewiesen werden: Die durch

$$L := \bigcup_{u \in \partial B_1(o)} o\big(V_{(n-1)}(K \cap A(u)) \, u\big)$$

   $(A(u) = o$ enthaltende Hyperebene des R_n mit dem Einheitsnormalenvektor $u)$ im R_n gegebene Menge L stellt wiederum einen bezüglich o zentralsymmetrischen, kompakten und konvexen Körper dar (vgl. hierzu Übungsaufgabe 4 von § 16). [Anleitung: Man wende den Busemannschen Satz 21.4 an.]

§ 22. Extremumprobleme und Ungleichungen von Minkowski

Die im letzten Kapitel entwickelte Theorie der Symmetrisierung und die im letzten Paragraphen behandelten Ungleichungen von Brunn-Minkowski und Busemann stellen die wichtigsten Hilfsmittel zur Lösung von Extremumproblemen in der Theorie der kompakten konvexen Körper dar. Wir zitieren zu Beginn das folgende klassische sogenannte „isoperimetrische"

Problem 22.1. *Welches sind diejenigen kompakten konvexen Körper K des n-dimensionalen euklidischen Raumes R_n gegebener Oberfläche $O(K) = O_0 > 0$, die das größte Volumen $V(K) =: V_0$ besitzen $(n \geq 2)$?*

Wir stellen diesem Problem an die Seite das folgende

Problem 22.2. *Welches sind diejenigen kompakten konvexen Körper K des R_n gegebenen Volumens $V(K) = V_0 > 0$, die die kleinste Oberfläche $O(K) =: O_0$ besitzen $(n \geq 2)$?*

Jetzt gilt

Hilfssatz 22.1. *Die Probleme 22.1 und 22.2 sind insofern äquivalent, als sie dieselben Wertepaare O_0, V_0 bestimmen und die zugehörigen Lösungsmengen übereinstimmen.*

Beweis. $O_0 > 0$ und $V_0 > 0$ seien vorgegebene Werte. Wenn (O_0, V_0) kein durch Problem 22.1 bestimmtes Wertepaar ist, so sei $\underline{L}_n^{(1)}(O_0, V_0) = \emptyset$, anderenfalls sei $\underline{L}_n^{(1)}(O_0, V_0)$ die Lösungsmenge von Problem 22.1 zu diesem Wertepaar. Analog bezüglich Problem 22.2 definieren wir $\underline{L}_n^{(2)}(O_0, V_0)$. Wir wählen zunächst im Fall $\underline{L}_n^{(1)}(O_0, V_0) \neq \emptyset$ ein beliebiges Element $K_0^{(1)}$ aus $\underline{L}_n^{(1)}(O_0, V_0)$ aus. Dann gilt aufgrund der Definition von $\underline{L}_n^{(1)}(O_0, V_0)$

$$O(K_0^{(1)}) = O_0 , \qquad V(K_0^{(1)}) = V_0 . \tag{664}$$

Ist jetzt K ein beliebiger kompakter konvexer Körper mit

$$V(K) = V_0 , \tag{665}$$

so haben wir

$$O(K) \geqq O(K_0^{(1)}) = O_0 . \tag{666}$$

Anderenfalls wäre nämlich $O(K) < O_0$, und für den kompakten konvexen Körper

$$K' := \left(\frac{O_0}{O(K)} \right)^{1/(n-1)} \cdot K \text{ würde nach (335) und (665)}$$

$$O(K') = O_0 , \qquad V(K') > V(K) = V_0$$

im Widerspruch zu der aus $K_0^{(1)} \in \underline{L}_n^{(1)}(O_0, V_0)$ folgenden Beziehung $V_0 = V(K_0^{(1)})$ $= \underset{O(K)=O_0}{\mathrm{Max}}\ V(K)$ gelten. Die hiermit gezeigten Gleichungen (664), (665) und (666) besagen nun $O_0 = O(K_0^{(1)}) = \underset{V(K)=V_0}{\mathrm{Min}}\ O(K)$, d. h. $K_0^{(1)} \in \underline{L}_n^{(2)}(O_0, V_0)$, womit $\underline{L}_n^{(1)}(O_0, V_0)$ $\subseteq \underline{L}_n^{(2)}(O_0, V_0)$ gezeigt ist. Auf völlig analoge Weise finden wir die Gültigkeit von $\underline{L}_n^{(2)}(O_0, V_0) \subseteq \underline{L}_n^{(1)}(O_0, V_0)$ und damit die behauptete Gleichheit $\underline{L}_n^{(1)}(O_0, V_0)$ $= \underline{L}_n^{(2)}(O_0, V_0)$. $\square$

Wir werden aufgrund von Hilfssatz 22.1 im folgenden unter dem *isoperimetrischen Problem* stets Problem 22.2 verstehen, obwohl diese Bezeichnung dem Namen nach (*isoperimetrisch = umfangsgleich*) dem Problem 22.1 zukommt. In einer analogen, namensmäßig nicht ganz korrekten Weise verstehen wir unter dem sogenannten *isodiametrischen Problem* das nachfolgend angegebene

Problem 22.3. *Welches sind diejenigen kompakten konvexen Körper K des R_n gegebenen Volumens $V(K) = V_0 > 0$, die den kleinsten Durchmesser $D(K) =: D_0$ (vgl. Definition 7.2) besitzen $(n \geqq 2)$?*

Wir wollen nun zeigen, daß die Vollkugeln des R_n genau die Lösungen sowohl des isoperimetrischen als auch des isodiametrischen Problems darstellen. Zu diesem Zweck bemerken wir zunächst, daß die Breite $b(u)$ eines kompakten konvexen Körpers K in Richtung von u (als Länge der Orthogonalprojektion von K auf eine Gerade mit der Richtung u) nicht größer als der Durchmesser $D(K)$ von K ist und daß dasselbe auch für die mittlere Breite $B(K)$ von K als Integralmittelwert von $b(u)$ zutrifft:

$$B(K) \leqq D(K) \tag{667}$$

(vgl. Definition 17.2). Es ist daher naheliegend, nach den Lösungen folgenden Problems zu fragen:

Problem 22.4. *Welches sind diejenigen kompakten konvexen Körper K des R_n gegebenen Volumens $V(K) = V_0 > 0$, die die kleinste mittlere Breite $B(K) =: B_0$ besitzen $(n \geq 2)$?*

Über die Lösungsmenge von Problem 22.2 und 22.4 wird jetzt wegen (340) und (374) Auskunft gegeben durch den folgenden allgemeinen

Satz 22.1. *Die einzigen kompakten konvexen Körper K des R_n, welche unter allen derartigen Körpern mit gegebenem Volumen $V_0 > 0$ das kleinstmögliche ν-te Quermaßintegral $W_\nu(K)$ aufweisen, sind die Vollkugeln des R_n vom Radius $\left(\dfrac{V_0}{\omega_n}\right)^{1/n}$ $(1 \leq \nu \leq n - 1)$.*

Beweis. Es sei K ein beliebiger kompakter konvexer Körper des R_n mit $V(K) = V_0$, und $\underline{S}_n(K)$ sei die Menge aller kompakten konvexen Mengen, die aus K entstehen durch endlich viele hintereinander ausgeführte Steinersche Symmetrisierungen an Hyperebenen durch den Ursprung o. Dann existiert nach dem Korollar zu Hilfssatz 19.1 eine Folge $\{K^{(\mu)}\}_{\mu \in N}$ mit Elementen aus $\underline{S}_n(K)$, welche gegen eine Vollkugel $B_{R_0}(x)$ des R_n vom Radius $R_0 = \left(\dfrac{V_0}{\omega_n}\right)^{1/n}$ konvergiert $(x \in R_n)$:

$$\lim_{\mu \to \infty} K^{(\mu)} = B_{R_0}(x) \qquad \left(R_0 = \left(\frac{V_0}{\omega_n}\right)^{1/n}\right). \tag{668}$$

Aufgrund der Wahl von $K^{(\mu)}$ und (443) gilt hierbei

$$W_\nu(K^{(\mu)}) \leq W_\nu(K) \qquad (1 \leq \nu \leq n - 1),$$

woraus durch Grenzübergang $\mu \to \infty$ wegen (668) und der Stetigkeit der Quermaßintegrale die gewünschte Beziehung

$$W_\nu\big(B_{R_0}(x)\big) \leq W_\nu(K) \qquad (1 \leq \nu \leq n - 1) \tag{669}$$

folgt. Die Vollkugeln $B_{R_0}(x)$ $(x = $ beliebig $\in R_n)$ besitzen daher unter allen kompakten konvexen Körpern vom Volumen V_0 das kleinstmögliche ν-te Quermaßintegral $W_\nu\big(B_{R_0}(x)\big)$.

Es sind dies auch die einzigen kompakten konvexen Körper mit dieser Eigenschaft, wie man folgendermaßen einsieht: Ist K_0 ein kompakter konvexer Körper mit $V(K_0) = V_0$ und der für ein ν mit $1 \leq \nu \leq n - 1$ geltenden Beziehung

$$W_\nu\big(B_{R_0}(x)\big) = W_\nu(K_0) \qquad \left(R_0 = \left(\frac{V_0}{\omega_n}\right)^{1/n}\right), \tag{670}$$

so folgt für den durch die Steinersche Symmetrisierung S_A aus K_0 entstehenden, zu K_0 volumgleichen Körper aufgrund von (669) und (443)

$$W_\nu\big(B_{R_0}(x)\big) \leq W_\nu\big(S_A(K_0)\big) \leq W_\nu(K_0) \tag{671}$$

$(A = $ beliebige, o enthaltende Hyperebene des $R_n)$.

Aus (670) und (671) resultiert also

$$W_\nu\big(S_A(K_0)\big) = W_\nu(K_0) \qquad (1 \leq \nu \leq n - 1).$$

Dies besagt aber nach (444 b) die Existenz einer zu A parallelen Symmetriehyperebene A' von K_0. Da A mit beliebiger Richtung gewählt werden kann, existieren insbesondere n paarweise orthogonale Symmetriehyperebenen $A'_1, \ldots, A'_n$ von K_0, deren Schnittpunkt $x_0 := A'_1 \cap \cdots \cap A'_n$ Symmetriezentrum des zentralsymmetrischen Körpers K_0 ist (vgl. Definition 8.4). Die Symmetriehyperebenen A' von K_0 (mit beliebiger Richtung) gehen also alle durch x_0, d. h., K_0 ist in der Tat eine Vollkugel des R_n um x_0 mit dem (sich aus $V(K_0) = V_0$ ergebenden) Radius

$$R_0 := \left(\frac{V_0}{\omega_n}\right)^{1/n}.$$ Hiermit ist Satz 22.1 vollständig bewiesen. $\square$

Korollar. *Die einzigen Lösungen des isoperimetrischen Problems 22.2 und des Problems 22.4 sind die Vollkugeln des R_n vom Radius $\left(\dfrac{V_0}{\omega_n}\right)^{1/n}$. Diese besitzen die*

Oberfläche $O_0 = n\omega_n \left(\dfrac{V_0}{\omega_n}\right)^{(n-1)/n}$ und die mittlere Breite $B_0 = 2\left(\dfrac{V_0}{\omega_n}\right)^{1/n}$ $(n \geq 2)$.

Da bei den Vollkugeln des R_n die mittlere Breite und der Durchmesser übereinstimmen, können wir aufgrund von (667) diesem Korollar anfügen die nachstehende

Folgerung. *Die einzigen Lösungen des isodiametrischen Problems 22.3 sind die Vollkugeln des R_n vom Radius $\left(\dfrac{V_0}{\omega_n}\right)^{1/n}$. Diese besitzen den Durchmesser $D_0 = 2\left(\dfrac{V_0}{\omega_n}\right)^{1/n}$ $(n \geq 2)$.*

Damit sind wegen Hilfssatz 22.1 alle aufgestellten Extremumprobleme 22.1 bis 22.4 mit Hilfe der Symmetrisierungsmethode gelöst worden; wir geben der Vollständigkeit halber noch an

Satz 22.2. *Die einzigen kompakten konvexen Körper K des R_n, welche unter allen derartigen Körpern mit gegebener mittlerer Breite $B_0 > 0$ das größtmögliche ν-te Quermaßintegral $W_\nu(K)$ aufweisen, sind die Vollkugeln des R_n vom Radius $\dfrac{B_0}{2}$ $(0 \leq \nu \leq n - 2)$.*

Zum Beweis dieses Satzes verweisen wir auf [38], S. 278. Derselbe wird unter Verwendung der sogenannten *Blaschkeschen Symmetrisierung* (vgl. Übungsaufgabe 3 von § 18) geführt.

Bemerkung 22.1. *Die Resultate von Satz 22.1 und Satz 22.2 lassen sich in folgenden Ungleichungen zusammenfassen: Für die Quermaßintegrale jedes kompakten konvexen Körpers K des R_n $(n \geq 2)$ gelten die Ungleichungen*

$$\omega_n \left(\frac{V(K)}{\omega_n}\right)^{(n-\nu)/n} = (\omega_n)^{\nu/n} \left(W_0(K)\right)^{(n-\nu)/n} \leq W_\nu(K) \tag{672}$$

und

$$\omega_n \left(\frac{B(K)}{2}\right)^{n-\nu} = (\omega_n)^{\nu-n+1} \left(W_{n-1}(K)\right)^{n-\nu} \geq W_\nu(K) \quad (0 \leq \nu \leq n) \tag{673}$$

$\bigl(\text{vgl. }(374)\bigr)$. *Hierbei tritt in (672) mit* $1 \leq v \leq n - 1$ *bzw. in (673) mit* $0 \leq v \leq n - 2$ *genau dann Gleichheit ein, wenn* K *eine Vollkugel des* R_n *ist, während in den übrigbleibenden Fällen für* v *in (672) und (673) für alle kompakten konvexen Körper* K *Gleichheit herrscht.*

Bemerkung 22.2. *(672) lautet im Spezialfall* $v = 1$

$$O(K) \geqq n(\omega_n)^{1/n} \bigl(V(K)\bigr)^{(n-1)/n} \qquad (n \geqq 2) \tag{674}$$

und heißt isoperimetrische Ungleichung; weiter lautet (672) im Spezialfall $v = n - 1$

$$B(K) \geqq 2(\omega_n)^{-1/n} \bigl(V(K)\bigr)^{1/n} \qquad (n \geqq 2) \tag{675}$$

$\bigl(\text{vgl. }(374)\bigr)$ *und heißt Breitenungleichung. Außerdem ergibt sich aus der Folgerung zum Korollar von Satz 22.1 die sogenannte isodiametrische Ungleichung*

$$D(K) \geqq 2(\omega_n)^{-1/n} \bigl(V(K)\bigr)^{1/n} \qquad (n \geqq 2) \; . \tag{676}$$

In allen diesen Ungleichungen gilt genau dann Gleichheit, wenn K *eine Vollkugel des* R_n *ist. Die Ungleichungen (674) bzw. (676) bzw. (675) wurden nach den Problemen 22.2 bzw. 22.3 bzw. 22.4 benannt, die sie mit zugehöriger Gleichheitsdiskussion lösen.*

Die Ungleichungen (672) gestatten wieder im Fall $v = 1$ und $v = n - 1$ eine wichtige Verallgemeinerung für die gemischten Volumina zweier beliebiger kompakter konvexer Körper, wie wir im folgenden durch Anwendung des im letzten Paragraphen bewiesenen Satzes von BRUNN-MINKOWSKI sehen werden. Hierzu benötigen wir zuvor den (zwecks späterer Anwendung noch etwas erweiterten)

Hilfssatz 22.2. *Durch*

$$\Theta_m(\alpha_1, \alpha_2) \equiv \sum_{\mu=0}^{m} \binom{m}{\mu} \gamma_\mu (\alpha_1)^{m-\mu} (\alpha_2)^\mu \qquad (\gamma_\mu = \text{const} > 0) \tag{677}$$

sei eine ganze rationale, vom Grade m *homogene Funktion* Θ_m *der reellen Variablen* α_1, α_2 *gegeben* $(m \geqq 2)$. *Weiter werde vorausgesetzt, daß die durch*

$$\Omega(\xi) := \bigl(\Theta_m(1 - \xi, \xi)\bigr)^{1/m} \qquad (0 \leq \xi \leq 1)^1) \tag{678}$$

definierte Funktion „konkav" sei, d. h., daß

$$\Omega(\lambda_1 \xi_1 + \lambda_2 \xi_2) \geqq \lambda_1 \Omega(\xi_1) + \lambda_2 \Omega(\xi_2) \tag{679}$$

$$(\xi_1, \xi_2 \in [0, 1], \lambda_1 \geqq 0, \lambda_2 \geqq 0, \lambda_1 + \lambda_2 = 1)$$

ist. Dann gilt

a) $$(\gamma_1)^m \geqq (\gamma_0)^{m-1} \gamma_m \, , \tag{680}$$

wobei Ω *genau dann linear ist, wenn die Beziehung*

$$(\gamma_1)^m = (\gamma_0)^{m-1} \gamma_m \tag{681}$$

besteht, und

b) $$(\gamma_1)^2 \geqq \gamma_0 \gamma_2 \, , \tag{682}$$

$^1)$ Wegen (677) und $\gamma_0 > 0, \ldots, \gamma_m > 0$ ist $\Theta_m(1 - \xi, \xi) > 0$ für alle $\xi \in [0, 1]$.

wobei Ω genau dann linear ist, wenn die Relationen

$$(\gamma_\mu)^2 = \gamma_{\mu-1}\gamma_{\mu+1} \qquad (\mu = 1, \ldots, m-1) \tag{683}$$

gültig sind.

Beweis. Wir benutzen im folgenden die sich durch Einsetzung von (677) in (678) und durch Differentiation nach ξ ergebenden Formeln

$$(\Omega(\xi))^m = \sum_{\mu=0}^{m} \binom{m}{\mu} \gamma_\mu (1-\xi)^{m-\mu}\, \xi^\mu , \tag{684}$$

$$m(\Omega(\xi))^{m-1} \frac{\mathrm{d}\Omega}{\mathrm{d}\xi}(\xi) = -\sum_{\mu'=0}^{m-1} \binom{m}{\mu'} \gamma_{\mu'}(m-\mu')(1-\xi)^{m-\mu'-1} \xi^{\mu'}$$

$$+ \sum_{\mu'=0}^{m-1} \binom{m}{\mu'+1} \gamma_{\mu'+1}(1-\xi)^{m-\mu'-1}(\mu'+1)\,\xi^{\mu'}$$

$$= m \sum_{\mu'=0}^{m-1} \binom{m-1}{\mu'} (\gamma_{\mu'+1} - \gamma_{\mu'})(1-\xi)^{(m-1)-\mu'} \xi^{\mu'} , \tag{685}$$

$$m(m-1)(\Omega(\xi))^{m-2}\left(\frac{\mathrm{d}\Omega}{\mathrm{d}\xi}(\xi)\right)^2 + m(\Omega(\xi))^{m-1}\frac{\mathrm{d}^2\Omega}{\mathrm{d}\xi^2}(\xi)$$

$$= m(m-1) \sum_{\mu''=0}^{m-2} \binom{m-2}{\mu''} (\gamma_{\mu''+2} - 2\gamma_{\mu''+1} + \gamma_{\mu''})(1-\xi)^{(m-2)-\mu''}\xi^{\mu''}$$

$$(0 \leqq \xi \leqq 1) \tag{686}$$

und behandeln die Teile a) und b) der Behauptung von Hilfssatz 22.2 gesondert:

a) Die durch

$$\Psi(\xi) := (1-\xi)\,\Omega(0) + \xi\Omega(1) - \Omega(\xi) \qquad (0 \leqq \xi \leqq 1) \tag{687}$$

gegebene Funktion Ψ von ξ ist nach (679) konvex, (zweimal) stetig differenzierbar und erfüllt nach Definition (687) die Beziehung $\Psi(0) = \Psi(1) = 0$. Deshalb haben wir unter Berücksichtigung des mit ξ monotonen Wachsens von $\dfrac{\mathrm{d}\Psi}{\mathrm{d}\xi}(\xi)$ (vgl. Beispiel 10.2)

$$\frac{\mathrm{d}\Psi}{\mathrm{d}\xi}(0) \leqq 0 . \tag{688}$$

Hierbei ist Ψ genau dann eine lineare Funktion von ξ, oder damit gleichbedeutend, Ψ ist genau dann identisch verschwindend, wenn

$$\frac{\mathrm{d}\Psi}{\mathrm{d}\xi}(0) = 0 \tag{689}$$

gilt. Umrechnung von (688) bzw. (689) liefert wegen (684), (685) und (687) als notwendige Bedingung für die Konkavität von Ω bzw. als notwendige und hinreichende Bedingung für die Linearität von Ω die Beziehungen

$$-(\gamma_0)^{1/m} + (\gamma_m)^{1/m} - \frac{\gamma_1 - \gamma_0}{(\gamma_0)^{(m-1)/m}} \leqq 0$$

bzw.

$$-(\gamma_0)^{1/m} + (\gamma_m)^{1/m} - \frac{\gamma_1 - \gamma_0}{(\gamma_0)^{(m-1)/m}} = 0;$$

und diese sind äquivalent mit den behaupteten Relationen (680) bzw. (681).

b) Nach Satz 10.9 ist die zweite Ableitung der konvexen, zweimal stetig differenzierbaren Funktion Ψ überall nichtnegativ. Somit erhalten wir als notwendige Bedingung für die Konvexität von Ψ oder, dazu äquivalent, die Konkavität von Ω wegen (684) bis (687) die Ungleichung

$$\frac{d^2\Psi}{d\xi^2}(0) = (m-1)\left(\frac{1}{(\gamma_0)^{1/m}}\frac{(\gamma_1 - \gamma_0)^2}{(\gamma_0)^{(2m-2)/m}} - \frac{\gamma_2 - 2\gamma_1 + \gamma_0}{(\gamma_0)^{(m-1)/m}}\right)$$

$$= \frac{m-1}{(\gamma_0)^{(2m-1)/m}}\left((\gamma_1)^2 - \gamma_0 \cdot \gamma_2\right) \geqq 0 , \qquad (689\,\mathrm{a})$$

welche mit der behaupteten Ungleichung (682) gleichbedeutend ist.

Wir nehmen jetzt einmal an, Ω sei eine lineare Funktion von ξ, d. h., es gelte

$$\Omega(\xi) = (1 - \xi) \cdot \Omega(0) + \xi \cdot \Omega(1) \qquad (0 \leqq \xi \leqq 1) \qquad (690)$$

$\big($vgl. (687)$\big)$. Dann liefert Einsetzung von (690) in (684) die für alle $\xi \in [0, 1]$ gültige Gleichung

$$\left((1 - \xi)(\gamma_0)^{1/m} + \xi(\gamma_m)^{1/m}\right)^m = \sum_{\mu=0}^{m}\binom{m}{\mu}(1 - \xi)^{m-\mu}(\gamma_0)^{(m-\mu)/m}\xi^\mu(\gamma_m)^{\mu/m}$$

$$= \sum_{\mu=0}^{m}\binom{m}{\mu}\gamma_\mu(1 - \xi)^{m-\mu}\xi^\mu , \qquad (691)$$

aus welcher sich durch Koeffizientenvergleich [1]) und Erhebung in die m-te Potenz

$$(\gamma_\mu)^m = (\gamma_0)^{m-\mu}(\gamma_m)^\mu \qquad (\mu = 0, \dots , m) \qquad (692)$$

ergibt. Aus (692) kann durch Quadrierung bzw. durch Ersetzung von μ durch $\mu - 1$ und durch $\mu + 1$

$$(\gamma_\mu)^{2m} = (\gamma_0)^{2m-2\mu}(\gamma_m)^{2\mu} \qquad (693)$$

bzw.

$$(\gamma_{\mu-1})^m(\gamma_{\mu+1})^m = (\gamma_0)^{m-\mu+1+m-\mu-1}(\gamma_m)^{\mu-1+\mu+1} \qquad (\mu = 1, \dots , m - 1)$$
$$(694)$$

abgeleitet werden, und der Vergleich von (693) und (694) beweist die Gültigkeit der behaupteten Gleichheiten (683) im Falle einer linearen Funktion Ω. Setzt man umgekehrt die Richtigkeit der Beziehungen (683) für die in der Definition (684) der (positiven) Funktion Ω vorkommenden positiven Koeffizienten γ_μ voraus, so

---

[1]) Multiplikation der Identität (691) mit ϱ^m (ϱ = beliebig $\geqq 0$) liefert nämlich die Identität zweier ganzer rationaler Funktionen der unabhängigen nichtnegativen Variablen $\alpha_1 := \varrho(1 - \xi)$, $\alpha_2 := \varrho\xi$ und somit die Gleichheit entsprechender Koeffizienten dieser Funktionen.

gilt zunächst

$$\frac{\gamma_1}{\gamma_0} = \frac{\gamma_2}{\gamma_1} = \cdots = \frac{\gamma_m}{\gamma_{m-1}} =: \varkappa \, .$$

Hieraus folgt aber $\gamma_\mu = \gamma_0 \varkappa^\mu$ $(\mu = 0, \ldots, m)$, d. h. insbesondere $\gamma_m = \gamma_0 \varkappa^m$ oder $\varkappa = \left(\dfrac{\gamma_m}{\gamma_0}\right)^{1/m}$ und damit

$$\gamma_\mu = \gamma_0 \left(\frac{\gamma_m}{\gamma_0}\right)^{\mu/m} = (\gamma_0)^{(m-\mu)/m} \, (\gamma_m)^{\mu/m} \qquad (\mu = 0, \ldots, m) \, . \tag{695}$$

(695) zieht unmittelbar die Richtigkeit von (691) nach sich, woraus in Verbindung mit (684) auf die Gültigkeit von (690), d. h. die Linearität von Ω geschlossen werden kann. Hiermit ist auch Teil b) von Hilfssatz 22.2 bewiesen. $\square$

Jetzt läßt sich die angekündigte Verallgemeinerung der Ungleichungen (672) mit $v = 1$ und $v = n - 1$ samt Gleichheitsdiskussion folgendermaßen ausdrücken:

Satz 22.3. *Für die gemischten Volumina zweier beliebiger kompakter konvexer Körper K_1 und K_2 des R_n $(n \geqq 2)$ gelten die ,,Minkowskischen Ungleichungen erster Art"*

$$V(\underbrace{K_1, \ldots, K_1}_{n-1}, K_2) \geqq \big(V(K_1, \ldots, K_1)\big)^{(n-1)/n} \big(V(K_2, \ldots, K_2)\big)^{1/n} \tag{696}$$

und

$$V(K_1, \underbrace{K_2, \ldots, K_2}_{n-1}) \geqq \big(V(K_1, \ldots, K_1)\big)^{1/n} \big(V(K_2, \ldots, K_2)\big)^{(n-1)/n} \, . \tag{697}$$

In jeder dieser Ungleichungen herrscht genau dann Gleichheit, wenn K_1 und K_2 gleichsinnig homothetisch sind (vgl. Definition 16.1).

Beweis. Nach den Sätzen 8.2, 8.7 und nach Satz 21.1 von BRUNN-MINKOWSKI ist die durch

$$\Omega(\xi) := V^{1/n}\big((1 - \xi) K_1 + \xi K_2\big) \qquad (0 \leqq \xi \leqq 1)$$

definierte Funktion Ω von ξ *konkav* im Sinne der Gültigkeit von (679), wobei aufgrund von (301) und Satz 15.9

$$V\big((1 - \xi) K_1 + \xi K_2\big) = \sum_{v=0}^{n} \binom{n}{v} \gamma_v (1 - \xi)^{n-v} \, \xi^v$$

mit

$$\gamma_v := V(\underbrace{K_1, \ldots, K_1}_{n-v}, \underbrace{K_2, \ldots, K_2}_{v}) > 0 \qquad (v = 0, \ldots, n)$$

gilt. Die Anwendung von Teil a) des Hilfssatzes 22.2 liefert jetzt die Richtigkeit der behaupteten Ungleichung (696); in ihr herrscht genau dann Gleichheit, wenn die Funktion Ω linear ist. Dies ist aber nach Satz 21.1 genau bei Vorliegen einer gleichsinnigen Homothetie von K_1 und K_2 der Fall. Vertauschung der Rollen von K_1 und K_2 in (696) zeigt die Richtigkeit von (697), wobei auch genau dann Gleichheit vorliegt, wenn K_1 und K_2 gleichsinnig homothetisch sind. $\square$

Das Ziel der folgenden Überlegungen ist es, die isoperimetrische Ungleichung (674) und ebenso die isodiametrische Ungleichung (676) samt zugehörenden Gleichheitsdiskussionen auf die in § 11 eingeführte Minkowskische Geometrie zu übertragen. Wir erinnern hierzu kurz daran, daß der Übergang von dem euklidischen Raum R_n zum Minkowski-Raum M_n dadurch geschieht, daß anstelle der euklidischen Maßbestimmung diejenige Metrik tritt, welche durch die Distanzfunktion g eines beliebigen, bezüglich o zentralsymmetrischen, kompakten, konvexen Eichkörpers B mittels (181) gegeben ist. Vor Einführung eines geeigneten Oberflächenbegriffs der Minkowski-Geometrie zwecks Verallgemeinerung der isoperimetrischen Ungleichung ist es zweckmäßig, ganz allgemein den Begriff des m-dimensionalen Volumens ($1 \leqq m \leqq n$) auf die Minkowski-Geometrie zu übertragen. Im euklidischen Fall ist ein derartiges Volumen $V_{(m)}$ auf jedem Unterraum R_m des R_n ein Lebesguesches Maß, normiert durch die Forderung

$$V_{(m)}(W_m) = 1 \quad \text{oder} \quad V_{(m)}\big(B_1^{(m)}(x)\big) = \omega_m := \frac{\pi^{m/2}}{\Gamma\left(\dfrac{m}{2} + 1\right)}$$

($W_m = m$-dimensionaler Einheitswürfel, $B_1^{(m)}(x) = m$-dimensionale Einheitsvollkugel um $x \in R_n$). Deshalb erscheint die folgende Begriffsbildung von Busemann und Choquet[1]) plausibel:

Definition 22.1. Es sei M_n der n-dimensionale Minkowski-Raum mit dem Eichkörper B und M_m ein beliebiger (Minkowskischer) Unterraum des M_n. Dann heißt das (bezüglich M_n) translationsinvariante m-dimensionale Lebesguesche Maß $V_{(m)}^B$ auf M_m, normiert durch die Forderung

$$V_{(m)}^B(B \cap M_m^{(0)}) = \omega_m := \frac{\pi^{m/2}}{\Gamma\left(\dfrac{m}{2} + 1\right)} \tag{698}$$

($M_m^{(0)} = $ durch o gehender, zu M_m paralleler Unterraum des M_n) *m-dimensionales Minkowski-Volumen* auf M_m ($1 \leqq m \leqq n$).

Bemerkung 22.3. *Das eindimensionale Minkowski-Volumen einer Strecke stimmt mit dem Minkowski-Abstand ihrer Endpunkte überein* (vgl. (171)); *allgemeiner gilt aufgrund von* (698) *für jede kompakte konvexe Menge K in M_m*

$$V_{(m)}^B(K) = \omega_m \frac{V_{(m)}(K)}{V_{(m)}(B \cap M_m^{(0)})}\,^2) \qquad (1 \leqq m \leqq n)\,. \tag{699}$$

Unsere nächste Aufgabe ist es, für eine beliebige kompakte konvexe Menge K des M_n mit $n \geqq 2$ eine Minkowski-Oberfläche $O^B(K)$ zu definieren. Ist K speziell ein konvexes Polytop P mit den $(n-1)$-dimensionalen Seiten $P \cap A(u_i)$ ($i = 1$, ..., k; $A(u_i) = $ Stützhyperebene von P mit dem von P weg weisenden Normalen-

---

[1]) Vgl. [56] und [57].

[2]) In (699) kann für $V_{(m)}$ ein beliebiges affines m-dimensionales Lebesguesches Maß genommen werden, wobei oft die Wahl eines euklidischen Maßes bezüglich einer euklidischen Hilfsmetrik des M_m zweckmäßig ist.

18*

einheitsvektor u_i bezüglich einer euklidischen Hilfsmetrik im M_m), so setzen wir in Analogie zu (342)

$$O^B(P) := \sum_{i=1}^{k} V^B_{(n-1)}\big(P \cap A(u_i)\big) \,. \tag{700}$$

Um nun diese Definition durch Stetigkeitsüberlegungen auf ein beliebiges K ausdehnen zu können, werden wir die rechte Seite von (700) durch ein (euklidisches) gemischtes Volumen von P und einem geeigneten kompakten konvexen Körper I ausdrücken, welchen wir aus später ersichtlichen Gründen *Isoperimetrix* des gegebenen Minkowskischen Raumes M_n nennen wollen. Hierzu geben wir die

Definition 22.2. Es sei B der Eichkörper eines gegebenen Minkowski-Raumes M_n ($n \geq 2$), in welchem eine euklidische Hilfsmetrik gegeben ist, deren zugehöriges (euklidisches) Volumen V gleichzeitig Minkowski-Volumen auf M_n sei

$$V = V^B_{(n)} \,, \tag{701}$$

d. h. insbesondere

$$V(B) = \omega_n \tag{702}$$

(vgl. Definition 22.1). Wir bezeichnen weiter mit $\overline{H(u)}$ denjenigen o enthaltenden abgeschlossenen Halbraum von M_n, welcher von einer Hyperebene $A(u)$ mit dem (von o weg weisenden) Normaleneinheitsvektor u begrenzt wird, die vom Ursprung o den Abstand $\omega_{n-1} V^{-1}_{(n-1)}\big(B \cap A^{(0)}(u)\big)$ besitzt:

$$\overline{H(u)} := \big\{x \in M_n; \ \langle x, u \rangle \leqq \omega_{n-1} V^{-1}_{(n-1)}\big(B \cap A^{(0)}(u)\big)\big\} \tag{703}$$

($V_{(n-1)} = (n-1)$-dimensionales euklidisches Volumen, $A^{(0)}(u) =$ Parallelhyperebene zu $A(u)$ durch o, $\langle u, u \rangle = 1$). Dann heißt der bezüglich o zentralsymmetrische, kompakte, konvexe Körper

$$I := \bigcap_{\langle u,\, u \rangle = 1} \overline{H(u)} \tag{704}$$

Isoperimetrix von M_n.

Bemerkung 22.4. *Die Isoperimetrix I von M_n hängt nur vom Eichkörper B, nicht aber von der zu ihrer Definition benutzten euklidischen Hilfsmetrik des M_n ab,* wie man folgendermaßen einsehen kann: Definieren die inneren Produkte $\langle\,,\,\rangle$ und $\langle\,,\,\rangle'$ zwei euklidische Hilfsmetriken auf M_n, die der Bedingung (702) genügen, so gibt es stets eine o festlassende affine Abbildung $f: M_n \to M_n$ mit

$$\langle x, y \rangle' = \langle f(x), f(y) \rangle \qquad (x, y = \text{beliebig} \in M_n); \tag{705}$$

diese ist nach (702) volumtreu in bezug auf jede der beiden Hilfsmetriken. Es sei jetzt $\overline{H(u)}$ ein beliebiger durch (703) definierter Halbraum mit dem (von o weg weisenden) Normaleneinheitsvektor u seiner Begrenzungshyperebene $A(u)$. Wir bezeichnen den (von o weg weisenden) Normaleneinheitsvektor von $A(u)$ bezüglich der durch $\langle\,,\,\rangle'$ gegebenen Hilfsmetrik mit u'; dann ist $f(u')$ nach (705) der (von o weg weisende) Normaleneinheitsvektor der Bildhyperebene $f(A(u))$ bezüglich der Metrik mit dem inneren Produkt $\langle\,,\,\rangle$. Vergleicht man nun das (orientierte) Volumen eines Prismas $(B \cap A^{(0)}(u)) + ox$ $(x = \text{beliebig} \in M_n)$ mit dem Volumen seines Bildprismas $f(B \cap A^{(0)}(u)) + of(x)$ unter der Abbildung f, so findet man aufgrund der Volumtreue von f die Relation

$$V_{(n-1)}\big(B \cap A^{(0)}(u)\big)\,\langle x, u\rangle = V_{(n-1)}\big(f(B \cap A^{(0)}(u))\big)\,\langle f(x), f(u')\rangle \qquad (706)$$

$(x = \text{beliebig} \in M_n)$. Weiter entnehmen wir aus (705) die Beziehung

$$V_{(n-1)}\big(f(B \cap A^{(0)}(u))\big) = V'_{(n-1)}\big(B \cap A^{(0)}(u)\big) = V'_{(n-1)}\big(B \cap A^{(0)'}(u')\big)\,,$$
$$(707)$$

wenn mit $V'_{(n-1)}$ bzw. $A^{(0)'}(u')$ das $(n-1)$-dimensionale Volumen bzw. die zu u' senkrechte Hyperebene durch o bezüglich der durch $\langle\,,\,\rangle'$ gegebenen Metrik bezeichnet wird. Aus (703), (706), (707) und (705) resultiert aber

$$\overline{H(u)} = \big\{x \in M_n;\; \langle x, u'\rangle' \leqq \omega_{n-1} V'^{-1}_{(n-1)}\big(B \cap A^{(0)'}(u')\big)\big\} =: \overline{H'(u')}\,,$$

woraus aufgrund von (704) durch Durchschnittbildung über alle u bzw. u' mit $\langle u, u\rangle = \langle u', u'\rangle' = 1$ der Inhalt von Bemerkung 22.3 ersichtlich wird.

Für unsere weiteren Überlegungen benötigen wir noch den

Hilfssatz 22.3. *Die Stützfunktion* h *der mittels Definition 22.2 eingeführten Isoperimetrix* I *eines Minkowski-Raumes* M_n *läßt sich explizit angeben durch*

$$h(u) = \omega_{n-1} V^{-1}_{(n-1)}\big(B \cap A^{(0)}(u)\big)\,\langle u, u\rangle^{1/2} \qquad (708)$$

$\big(u = \text{beliebig} \in M_n,\ A^{(0)}(u) = \text{durch } o \text{ gehende Hyperebene mit dem Normalenvektor } u\,[1]\big)$.

Beweis. Aufgrund von Satz 12.3 braucht nur gezeigt zu werden, daß die durch (708) definierte Funktion h positiv homogen und subadditiv ist; dann ist nämlich h Stützfunktion der durch (202) gegebenen Menge K, welche in unserem Fall wegen (708), (703) und (704) mit der Isoperimetrix I des M_n übereinstimmt.

Die positive Homogenität von h ist trivial; wir zeigen im folgenden, daß h (im Sinne der Gültigkeit der Ungleichung (197 b)) subadditiv ist.[2] Diese Ungleichung ist im Falle zweier linear abhängiger Vektoren $u, v \in M_n$ offensichtlich richtig, so daß wir von nun an u und v als linear unabhängig voraussetzen können. Wir betrachten jetzt die drei Hyperebenen $A^{(0)}(u)$, $A^{(0)}(v)$, $A^{(0)}(u + v)$ durch o mit den (von 0 verschiedenen) Normalenvektoren $u, v, u + v$. Diese Hyperebenen schneiden sich in einem $(n-2)$-dimensionalen Unterraum T des M_n. T begrenze jeweils diejenige abgeschlossene Halbhyperebene $\widetilde{H}(u)$ bzw. $\widetilde{H}(v)$ bzw. $\widetilde{H}(u + v)$ der Hyperebene $A^{(0)}(u)$ bzw. $A^{(0)}(v)$ bzw. $A^{(0)}(u + v)$, die den mit dem Winkel $\pi/2$ um T gedrehten Vektor u bzw. v bzw. $u + v$, nämlich den Vektor $\tilde{u}$ bzw. $\tilde{v}$ bzw. $\widetilde{u + v}$ $= \tilde{u} + \tilde{v}$ enthält. Diese drei Halbhyperebenen $\widetilde{H}(u)$, $\widetilde{H}(v)$, $\widetilde{H}(u + v)$ gehören dem Halbbüschel $\mathscr{H}_T(G)$ des M_n mit dem Träger T und der zu T orthogonalen Skalen-

---

[1]) Im Fall $u = 0$ ist (708) als $h(0) = 0$ zu lesen.

[2]) Vgl. Übungsaufgabe 2 von § 21.

geraden $G := \tilde{u} \vee \tilde{v}$ an, wobei die Beziehung

$$\overline{\widetilde{H}(u+v)} \cap G = \frac{\tilde{u}+\tilde{v}}{2} = \frac{1}{2}\left(\overline{\widetilde{H}(u)} \cap G\right) + \frac{1}{2}\left(\overline{\widetilde{H}(v)} \cap G\right) \tag{709}$$

(vgl. (609)) besteht. Wir können auf $\overline{\widetilde{H}(u)}$, $\overline{\widetilde{H}(v)}$, $\overline{\widetilde{H}(u+v)}$ ein im Sinne von Definition 21.3 projektionsinvariantes Volumen $\tilde{V}_{(u)}$, $\tilde{V}_{(v)}$, $\tilde{V}_{(u+v)}$ einführen durch die Festsetzungen

$$\tilde{V}_{(u)} := \frac{V_{(n-1)}}{\langle \tilde{u}, \tilde{u}\rangle^{1/2}}, \qquad \tilde{V}_{(v)} := \frac{V_{(n-1)}}{\langle \tilde{v}, \tilde{v}\rangle^{1/2}}, \qquad \tilde{V}_{(u+v)} := \frac{V_{(n-1)}}{\left\langle \dfrac{\tilde{u}+\tilde{v}}{2}, \dfrac{\tilde{u}+\tilde{v}}{2}\right\rangle^{1/2}} \tag{710}$$

$\left(V_{(n-1)} = \text{euklidisches } (n-1)\text{-dimensionales Volumen}\right)$.

Damit liefert dann die Anwendung des Satzes 21.4 von BUSEMANN auf die in $B \cap \overline{\widetilde{H}(u+v)}$ gelegene Menge

$$K(u+v) := \text{conv}\left\{\left(B \cap \overline{\widetilde{H}(u)}\right) \cup \left(B \cap \overline{\widetilde{H}(v)}\right)\right\} \cap \overline{\widetilde{H}(u+v)}$$

(vgl. (611)) wegen (709) die Ungleichung

$$\tilde{V}^{-1}_{(u+v)}\left(B \cap \overline{\widetilde{H}(u+v)}\right) \leqq \tilde{V}^{-1}_{(u+v)}\left(K(u+v)\right)$$

$$\leqq \tfrac{1}{2}\,\tilde{V}^{-1}_{(u)}\left(B \cap \overline{\widetilde{H}(u)}\right) + \tfrac{1}{2}\,\tilde{V}^{-1}_{(v)}\left(B \cap \overline{\widetilde{H}(v)}\right). \tag{711}$$

Die Umrechnung von (711) unter Benutzung von (710), der Relationen

$$\langle \tilde{u}, \tilde{u}\rangle = \langle u, u\rangle, \quad \langle \tilde{v}, \tilde{v}\rangle = \langle v, v\rangle, \quad \langle \tilde{u}+\tilde{v}, \tilde{u}+\tilde{v}\rangle = \langle u+v, u+v\rangle$$

und der Zentralsymmetrie von B ergibt nun

$$V^{-1}_{(n-1)}\left(B \cap A^{(0)}(u+v)\right) \langle u+v, u+v\rangle^{1/2}$$

$$\leqq V^{-1}_{(n-1)}\left(B \cap A^{(0)}(u)\right) \langle u, u\rangle^{1/2} + V^{-1}_{(n-1)}\left(B \cap A^{(0)}(v)\right) \langle v, v\rangle^{1/2},$$

was wegen (708) mit der zu beweisenden Beziehung $h(u+v) \leqq h(u) + h(v)$ äquivalent ist. Damit ist die Subadditivität von h gezeigt und Hilfssatz 22.3 bewiesen. $\square$

Wir sind jetzt endlich in der Lage, die durch (700) gegebene Minkowski-Oberfläche $O^B(P)$ eines konvexen Polytops P im M_n durch ein gemischtes Volumen auszudrücken. Nach (700), (699), (708) und (312) ist nämlich

$$O^B(P) = \sum_{i=1}^{k} h(u_i)\, V_{(n-1)}\left(P \cap A(u_i)\right) = nV(\underbrace{P, \ldots, P}_{n-1}, I). \tag{712}$$

Berücksichtigen wir noch, daß jede kompakte konvexe Menge K durch konvexe Polytope P beliebig genau approximiert werden kann und daß das gemischte Volumen eine stetige Funktion seiner Argumente ist, so ergibt sich in natürlicher Weise die folgende, im Falle $K = P$ wegen (712) die Definition (700) umfassende

Definition 22.3. Es sei M_n ein Minkowski-Raum mit dem Eichkörper B und der durch (703) und (704) gegebenen Isoperimetrix I. Weiter sei K eine beliebige kompakte konvexe Menge des M_n. Dann heißt

$$O^B(K) := n V(\underbrace{K, \ldots, K}_{n-1}, I) \tag{713}$$

Minkowski-Oberfläche von K, wobei sich das gemischte Volumen auf eine der Normierungsbedingung (702) genügende euklidische Hilfsmetrik von M_n bezieht.

Nun folgt aus Satz 22.3 in Verbindung mit (713) und (701) unmittelbar

Satz 22.4. *Für die Minkowski-Oberfläche jedes kompakten konvexen Körpers K des Minkowski-Raumes M_n ($n \geq 2$) mit dem Eichkörper B und der Isoperimetrix I gilt die sogenannte ,,isoperimetrische Ungleichung der Minkowski-Geometrie":*

$$O^B(K) \geq n \left(V_{(n)}^B(I) \right)^{1/n} \left(V_{(n)}^B(K) \right)^{(n-1)/n} . \tag{714}$$

Hierbei herrscht genau dann Gleichheit, wenn K und I gleichsinnig homothetisch sind (vgl. (674) im Spezialfall $M_n = R_n$).

Parallel zu Satz 22.4, durch welchen die Bezeichnung ,,Isoperimetrix" für I gerechtfertigt wird, wollen wir jetzt den folgenden Satz beweisen:

Satz 22.5. *Es sei M_n ($n \geq 2$) ein Minkowski-Raum mit dem Eichkörper B und der Distanzfunktion g, und K sei ein in M_n gelegener kompakter konvexer Körper mit dem ,,Minkowski-Durchmesser"*

$$D^B(K) := \max_{x_1,\, x_2 \in K} ||x_2 - x_1|| \qquad \left(||x|| := g(x) \right) \tag{715}$$

(vgl. (92)). *Dann gilt die sogenannte ,,isodiametrische Ungleichung der Minkowski-Geometrie"*

$$D^B(K) \geq 2(\omega_n)^{-1/n} \left(V_{(n)}^B(K) \right)^{1/n} , \tag{716}$$

wobei in (716) genau dann Gleichheit eintritt, wenn K und B gleichsinnig homothetisch sind (vgl. (676) im Spezialfall $M_n = R_n$).

Beweis. Aufgrund von (715) ist $D^B(K)$ die kleinste positive Zahl δ mit der Eigenschaft

$$K + (-K) \subseteq \{ x \in M_n;\, ||x|| \leq \delta \} = \delta B$$

(vgl. (169) und (168 b)), d. h., wir haben zunächst

$$D^B(K) = \min_{K+(-K) \subseteq \delta B} \delta . \tag{717}$$

Insbesondere gilt daher $K + (-K) \subseteq D^B(K)\, B$ oder nach Definition 8.5

$$-K \subseteq 2 \left(\frac{D^B(K)}{2}\, B \right) - K \neq \emptyset .$$

Daraus folgt aber nach Satz 21.2 in Verbindung mit (699)

$$\left(V_{(n)}^B(K) \right)^{1/n} = \left(V_{(n)}^B(-K) \right)^{1/n} \leq \left(V_{(n)}^B \left(2 \left(\frac{D^B(K)}{2}\, B \right) - K \right) \right)^{1/n}$$

$$\leq 2\, \frac{D^B(K)}{2}\, \left(V_{(n)}^B(B) \right)^{1/n} - \left(V_{(n)}^B(K) \right)^{1/n} , \tag{718}$$

d. h. wegen (698) in der Tat die behauptete Ungleichung (716).

Gilt nun in (716) und damit auch in (718) Gleichheit, so bedeutet dies ebenfalls nach Satz 21.2 die gleichsinnige Homothetie von K und $\dfrac{D^B(K)}{2}\,B$, d. h. auch die gleichsinnige Homothetie von K und B. Setzen wir umgekehrt K und B als gleichsinnig homothetisch voraus, haben wir also $K = \alpha B + a$ ($\alpha > 0$, $a \in M_n$), so ergibt sich wegen $K + (-K) = \alpha(B + (-B)) = \alpha(B + B) = 2\alpha B$ (vgl. Satz 8.2) und wegen (717)

$$D^B(K) = \operatorname*{Min}_{2\alpha B \subseteq \delta B}\ \delta = 2\alpha\ .$$

Damit wird aber

$$\big(V_{(n)}^B(K)\big)^{1/n} = \frac{D^B(K)}{2}\ \big(V_{(n)}^B(B)\big)^{1/n} = \frac{D^B(K)}{2}\ (\omega_n)^{1/n}$$

(vgl. (698)), d. h., in (716) tritt Gleichheit ein, womit Satz 22.5 bewiesen ist. $\square$

Wir kehren nun wieder zur euklidischen Geometrie zurück und formulieren zum Schluß dieses Paragraphen die folgende Konsequenz von Hilfssatz 22.2 b):

Satz 22.6. *Für die gemischten Volumina zweier beliebiger kompakter konvexer Körper K_1 und K_2 des R_n ($n \geq 2$) bestehen die „Minkowskischen Ungleichungen zweiter Art"*

$$\big(V(\underbrace{K_1, \ldots, K_1}_{n-1}, K_2)\big)^2 \geqq V(K_1, \ldots, K_1)\ V(\underbrace{K_1, \ldots, K_1}_{n-2}, K_2, K_2) \tag{719}$$

und

$$\big(V(K_1, \underbrace{K_2, \ldots, K_2}_{n-1})\big)^2 \geqq V(K_1, K_1, \underbrace{K_2, \ldots, K_2}_{n-2})\ V(K_2, \ldots, K_2)\ . \tag{720}$$

K_1 und K_2 sind genau dann gleichsinnig homothetisch, wenn die (insbesondere die Gleichheit in (719) und (720) ausdrückenden) Gleichungen

$$\big(V(\underbrace{K_1, \ldots, K_1}_{n-\nu}, \underbrace{K_2, \ldots, K_2}_{\nu})\big)^2$$

$$= V(\underbrace{K_1, \ldots, K_1}_{n-\nu+1}, \underbrace{K_2, \ldots, K_2}_{\nu-1})\ V(\underbrace{K_1, \ldots, K_1}_{n-\nu-1}, \underbrace{K_2, \ldots, K_2}_{\nu+1}) \quad (\nu = 1, \ldots, n-1) \tag{721}$$

gültig sind.

Beweis. Die durch

$$\Omega(\xi) := V^{1/n}\big((1-\xi)\,K_1 + \xi K_2\big) \qquad (0 \leqq \xi \leqq 1)$$

definierte Funktion Ω ist nach den Sätzen 8.2, 8.7 und 21.1 konkav, d. h., es gilt die Beziehung (679). Hierbei ist aufgrund von (301) und Satz 15.9

$$V\big((1-\xi)\,K_1 + \xi K_2\big) = \sum_{\nu=0}^{n} \binom{n}{\nu} \gamma_\nu (1-\xi)^{n-\nu}\,\xi^\nu$$

mit

$$\gamma_\nu := V(\underbrace{K_1, \ldots, K_1}_{n-\nu}, \underbrace{K_2, \ldots, K_2}_{\nu}) > 0 \qquad (\nu = 0, \ldots, n)\ ,$$

und Hilfssatz 22.2b) liefert zusammen mit eventueller Vertauschung der Rollen von K_1 und K_2 die Ungleichungen (719) und (720). Nach Satz 21.1 sind K_1 und K_2 genau dann gleichsinnig homothetisch, wenn die Funktion Ω linear ist. Letzteres ist aber nach Hilfssatz 22.2b) mit der Gültigkeit der $n-1$ verschiedenen Gleichungen (721) äquivalent. $\square$

Bemerkung 22.5. *Im Unterschied zu Satz 22.3 ist das Eintreten der Gleichheit in der Ungleichung* (719) (*bzw.* (720)) *allein keineswegs hinreichend für die gleichsinnige Homothetie von* K_1 *und* K_2, wie man an einem Gegenbeispiel im Fall $n = 3$, $K_1 =$ sogenannter „Kappenkörper" einer Vollkugel, $K_2 = B_1(o)$ ersehen kann[1]) (vgl. Übungsaufgabe 3 dieses Paragraphen).

Dies läßt die Vermutung aufkommen, daß die die Homothetie von K_1 und K_2 kennzeichnenden Gleichungen (721) den Gleichheitsfall von Ungleichungen

$$\big(V(\underbrace{K_1, \ldots, K_1}_{n-\nu}, \underbrace{K_2, \ldots, K_2}_{\nu})\big)^2$$
$$\geqq V(\underbrace{K_1, \ldots, K_1}_{n-\nu+1}, \underbrace{K_2, \ldots, K_2}_{\nu-1})\, V(\underbrace{K_1, \ldots, K_1}_{n-\nu-1}, \underbrace{K_2, \ldots, K_2}_{\nu+1}) \tag{722}$$

darstellen, die nicht nur in den beiden in Satz 22.6 vorkommenden Fällen $\nu = 1$ und $\nu = n-1$, sondern ganz allgemein für alle ν zwischen 1 und $n-1$ gültig sind. Daß diese Vermutung tatsächlich zutrifft und allgemeiner für die gemischten Volumina kompakter konvexer Mengen eine quadratische Ungleichung vom Typ (722) besteht, soll im nächsten Paragraphen gezeigt werden.

Übungen

1. Man zeige: Die einzigen kompakten konvexen Körper K des R_n, welche unter allen derartigen Körpern mit gegebenem Volumen $V_0 > 0$ die kleinstmögliche Summe

$$\sum_{i=1}^{n} V_{(n-1)}(p_{u_i}(K))$$

($u_1, \ldots, u_n =$ paarweise orthogonale Einheitsvektoren in R_n, $p_{u_i} =$ Orthogonalprojektion des R_n auf die o enthaltende Hyperebene $A(u_i)$ mit dem Normaleneinheitsvektor u_i)

von $(n-1)$-dimensionalen äußeren Quermaßen in n festen paarweise orthogonalen Richtungen (vgl. Definition 16.3) besitzen, sind die Würfel des R_n der Seitenlänge $(V_0)^{1/n}$ mit diesen Richtungen als Kantenrichtungen. [Anleitung: Man wende die Minkowskische Ungleichung erster Art (696) auf K und den Einheitswürfel $ou_1 + \cdots + ou_n$ an.]
2. Auf einer Minkowski-Ebene M_2 mit dem Eichbereich B sei eine euklidische Hilfsmetrik gegeben, deren zugehöriger (euklidischer) Inhalt mit dem Minkowski-Inhalt $V_{(2)}^B$ auf M_2 übereinstimmt. Es soll gezeigt werden, daß die Isoperimetrix I von M_2 aus dem Polarbereich B^* von B (vgl. Definition 6.4) durch eine Drehung um den Ursprung o mit dem Winkel $\pi/2$ hervorgeht.

---

[1]) Nach G. Bol [58] ist dies auch das einzig mögliche Gegenbeispiel im Fall $n = 3$, $K_2 = B_1(o)$.

3. Es sei $B_\varrho(a)$ eine Vollkugel des R_3 um a mit dem Radius $\varrho > 0$, und es sei $\{x_\alpha\}_{\alpha \in A}$ eine (notwendigerweise) höchstens abzählbar unendliche Punktfamilie aus $R_3 \setminus B_\varrho(a)$ mit der Eigenschaft

$$\mathrm{conv}(B_\varrho(a) \cup \{x_\alpha\}) \cap \mathrm{conv}(B_\varrho(a) \cup \{x_{\alpha'}\}) = B_\varrho(a) \qquad (\alpha,\, \alpha' \in A \text{ mit } \alpha \neq \alpha') \,.$$

Dann heißt

$$(B_\varrho(a))_A := \bigcup_{\alpha \in A} \mathrm{conv}(B_\varrho(a) \cup \{x_\alpha\}) = \mathrm{conv}\Big(B_\varrho(a) \cup \big(\bigcup_{\alpha \in A} \{x_\alpha\}\big)\Big)$$

ein *Kappenkörper* von $B_\varrho(a)$. Es soll bewiesen werden: Ist ϑ_α der halbe Öffnungswinkel des von der Kappenspitze x_α an $B_\varrho(a)$ gelegten Rotationskegels ($\alpha \in A$), so gelten für die Quermaßintegrale von $(B_\varrho(a))_A$ die Beziehungen

$$W_0\big((B_\varrho(a))_A\big) = W_0(B_\varrho(a))\, F \,, \qquad W_1\big((B_\varrho(a))_A\big) = W_1(B_\varrho(a))\, F \,,$$

$$W_2\big((B_\varrho(a))_A\big) = W_2(B_\varrho(a))\, F$$

mit dem gemeinsamen Faktor

$$F := 1 + \sum_{\alpha \in A} \frac{(1 - \sin \vartheta_\alpha)^2}{4 \sin \vartheta_\alpha} \,;$$

setzt man also in (719) speziell $n = 3$, $K_1 = (B_\varrho(a))_A$ und $K_2 = B_1(o)$, so tritt in (719) Gleichheit ein, ohne daß K_1 und K_2 gleichsinnig homothetisch sind (vgl. Bemerkung 22.5).

§ 23. Die quadratische Ungleichung von A. D. Aleksandrow

Hauptziel dieses Paragraphen ist es, eine quadratische Ungleichung für gemischte Volumina kompakter konvexer Mengen zu beweisen, die eine Verallgemeinerung der vermuteten Ungleichungen (722) darstellt. Diese Ungleichung stammt von W. Fenchel [59] und A. D. Aleksandrow [60], welcher sie als erster vollständig bewiesen hat; wir formulieren sie in

Satz 23.1. *Sind* $K_1, \ldots, K_n$ *beliebige kompakte konvexe Untermengen des* R_n *($n \geqq 2$), so besteht für ihre gemischten Volumina die Relation*

$$\big(V(K_1, K_2, K_3, \ldots, K_n)\big)^2 \geqq V(K_1, K_1, K_3, \ldots, K_n)\, V(K_2, K_2, K_3, \ldots, K_n) \,. \tag{723}$$

Die Beweismethode zu Satz 23.1 von A. D. Aleksandrow besteht darin, die Mengen $K_1, \ldots, K_n$ durch konvexe Polytope $P_1, \ldots, P_n$ aus einer geeigneten Polytopmenge $\underline{P}_n^{(0)}$ zu approximieren und daraufhin (723) im Spezialfall $K_1 = P_1, \ldots, K_n = P_n$ mit im wesentlichen rein algebraischen Methoden herzuleiten. Zu diesem Zweck seien die Polytope von $\underline{P}_n^{(0)}$ Durchschnitte von endlich vielen abgeschlossenen Halbräumen des R_n (vgl. Satz 5.6) so, daß ihre nach außen weisende Normaleneinheitsvektoren aus einer festen endlichen Vektormenge $\{u_1, \ldots, u_k\}$ entnommen werden; jedes Polytop aus $\underline{P}_n^{(0)}$ ist also durch die Abstände $h(u_1), \ldots, h(u_k)$ der Begrenzungshyperebenen dieser Halbräume vom Ursprung o eindeutig bestimmt. Bevor wir diese Dinge näher erörtern, führen wir als ein erstes Hilfsmittel die Polarmenge P^* eines n-dimensionalen konvexen Polytops P mit $o \in P^0$ ein und beweisen hierüber

Hilfssatz 23.1. *Die Polarmenge P^* eines n-dimensionalen konvexen Polytops P mit $o \in P^0$ bezüglich o (vgl. Definition 6.4) ist wiederum ein n-dimensionales konvexes Polytop mit $o \in (P^*)^0$. Jeder m-dimensionalen Seite $P \cap A_0$ von P ($A_0 =$ Stützhyperebene von P) entspricht hierbei in eineindeutiger und inklusionsumkehrender Weise jede $(n - m - 1)$-dimensionale Seite von P^*, wobei die Ecken der letzteren die Pole (bezüglich der Einheitssphäre $\partial B_1(o)$) von denjenigen Hyperebenen sind, welche von allen die Seite $P \cap A_0$ enthaltenden $(n - 1)$-dimensionalen Seiten von P aufgespannt werden $(0 \leqq m \leqq n - 1)$.*

Beweis. Nach dem Korollar zu Satz 6.7 ist P^* eine polyedrische Menge, welche wegen $o \in P^0$ aufgrund von Satz 6.6b) beschränkt ist und daher nach Satz 5.7 ein konvexes Polytop darstellt. Nach Satz 6.6a) liegt der Ursprung o im offenen Kern $(P^*)^0$ von P^*.

Jetzt sei $P \cap A_0$ eine beliebige m-dimensionale Seite von P ($A_0 =$ Stützhyperebene von P, $0 \leqq m \leqq n - 1$) mit einem, aus dem relativ offenen Kern von $P \cap A_0$ fest gewählten Punkt p_0. Die Menge der Stützhyperebenen A von P, die p_0 und damit $P \cap A_0$ enthalten, bestimmt die Menge der Pole $\pi(A)$ (bezüglich $\partial B_1(o)$), welche wegen Satz 6.8 gleich dem Durchschnitt der Polarhyperebene $\pi(p_0)$ von p_0 mit ∂P^* ist; und da $\pi(p_0)$ wegen $p_0 \in \partial P$ Stützhyperebene von P^* ist, stimmt dieser Durchschnitt mit der Seite $P^* \cap \pi(p_0)$ von P^* überein. Der Projektionskegel $C\big(P^* \cap \pi(p_0)\big)$ von $P^* \cap \pi(p_0)$ mit der Spitze o (vgl. Definition 6.2) ist parallel zum Normalenkegel $N(p_0)$ von P im Punkt p_0 und besitzt somit wie $N(p_0)$ die Dimension $n - m$[1]), woraus $\dim\big(P^* \cap \pi(p_0)\big) = n - m - 1$ resultiert.

Wir haben damit durch die Vorschrift

$$P \cap A_0 \mapsto P^* \cap \pi(p_0) = \{\pi(A) \in R_n; \; A = \text{Stützhyperebene von } P \text{ mit}$$

$$A \supseteq P \cap A_0\} \tag{724}$$

eine Abbildung der Menge aller m-dimensionalen Seiten von P in die Menge aller $(n - m - 1)$-dimensionalen Seiten von P^* definiert. Bei dieser Abbildung tritt jede $(n - m - 1)$-dimensionale Seite $P^* \cap B_0$ von P^* ($B_0 =$ Stützhyperebene von P^*) als Bild auf, nämlich als Bild der den Punkt $\pi(B_0) \in \partial P$ (vgl. Satz 6.8) in ihrem relativ offenen Kern enthaltenden (und aufgrund des Korollars zu Satz 5.3 sicher existierenden) m-dimensionalen Seite $P \cap A_0$ von P. Weiter ist die durch (724) angegebene Zuordnung eineindeutig. Wären nämlich $P \cap A_0$ und $P \cap A_1$ zwei m-dimensionale Seiten von P mit den in ihren relativ offenen Kernen enthaltenen Punkten p_0 und p_1 und mit $P^* \cap \pi(p_0) = P^* \cap \pi(p_1)$, d. h. mit parallelen Normalenkegeln $N(p_0)$ und $N(p_1)$, so stimmt die p_0 enthaltende Stützhyperebene A_0 von P mit einer p_1 und damit $P \cap A_1$ enthaltenden Stützhyperebene von P überein; wir haben also $P \cap A_1 \subseteq P \cap A_0$ und analog $P \cap A_0 \subseteq P \cap A_1$, d. h. $P \cap A_0 = P \cap A_1$. Schließlich kehrt unsere betrachtete Abbildung die Inklusion von Seiten um, wie aus (724) unmittelbar ersichtlich wird. Insbesondere sind also

---

[1]) Die P in der m-dimensionalen Seite $P \cap A_0$ schneidende Stützhyperebene A_0 von P kann nämlich in einer kleinen Umgebung von sich selbst frei um aff $(P \cap A_0)$ rotieren, ohne ihre Stützeigenschaft zu verlieren.

die Ecken der $P \cap A_0$ zugeordneten Seite diejenigen nulldimensionalen Seiten von P^*, die als Bilder aller $P \cap A_0$ enthaltenden $(n-1)$-dimensionalen Seiten von P auftreten, d. h. nach (724) als Pole der von diesen Seiten aufgespannten Hyperebenen. Hiermit ist Hilfssatz 23.1 vollständig bewiesen. $\square$

Folgerung. *Jede Seite eines n-dimensionalen konvexen Polytops P ist der Durchschnitt aller diese Seite enthaltenden $(n-1)$-dimensionalen Seiten von P.* Nach Hilfssatz 23.1 ist nämlich unter der keine Einschränkung der Allgemeinheit darstellenden Annahme $o \in P^0$ einer Seite $P \cap A_0$ von P eine Seite $P^* \cap B_0$ von P^* zugeordnet, die die konvexe Hülle derjenigen nulldimensionalen Seiten von P^* darstellt, welche den $P \cap A_0$ enthaltenden $(n-1)$-dimensionalen Seiten von P zugeordnet sind. Weil nun keine eigentliche Seite von $P^* \cap B_0$ alle diese nulldimensionalen Seiten von P^* enthält, ist, umgekehrt gesprochen, $P \cap A_0$ nicht in einer eigentlichen Seite von P echt enthalten, welche ihrerseits in allen besagten $(n-1)$-dimensionalen Seiten enthalten ist. Damit muß aber $P \cap A_0$ schon der Durchschnitt aller sie enthaltenden $(n-1)$-dimensionalen Seiten von P sein.

Eine für später wichtige Klasse von konvexen Polytopen sind die sogenannten „einfachen" konvexen Polytope im Sinne von

Definition 23.1. Ein n-dimensionales konvexes Polytop P des R_n heißt *einfach*, wenn das (bezüglich $o \in P^0$ gebildete) Polarpolytop P^* von P (vgl. Hilfssatz 23.1) „simplizial" ist, d. h., wenn alle $(n-1)$-dimensionalen Seiten von P^* (und damit alle Seiten von P^*) Simplizes sind.[1]

Bemerkung 23.1. *Ein n-dimensionales konvexes Polytop P ist genau dann einfach, wenn jede Ecke von P in genau n verschiedenen $(n-1)$-dimensionalen Seiten von P (und damit jede m-dimensionale Seite von P in genau $n-m$ verschiedenen $(n-1)$-dimensionalen Seiten von P) enthalten ist* (trivial nach Hilfssatz 23.1).

Die Bedeutung der einfachen konvexen Polytope (bzw. der simplizialen konvexen Polytope) liegt darin, daß sich ihr „kombinatorischer Typ" (vgl. Definition 5.2) nicht ändert, wenn die sie definierenden, von ihren $(n-1)$-dimensionalen Seiten aufgespannten Hyperebenen (bzw. wenn die sie definierenden Ecken) nur hinreichend wenig geändert werden. Man sieht dies im Fall von einfachen konvexen Polytopen P dadurch ein, daß die $n-m$ Ecken einer $(n-m-1)$-dimensionalen Seite von P^* bei kleiner Änderung affin unabhängig bleiben und auch durch diese geänderten Ecken eine Hyperebene des R_n geht, welche die übrigen Ecken von P^* in einem von ihr begrenzten offenen Halbraum läßt. Daher bleiben bei der Änderung Seiteneigenschaft sowie Dimension und Inklusion von Seiten bezüglich P^* und damit nach Hilfssatz 23.1 auch bezüglich P erhalten. Auf diese Weise haben wir insbesondere gezeigt:

---

[1] Diese Definition ist von der Lage des Ursprungs o in P^0 unabhängig, da nach Hilfssatz 23.1 die bezüglich verschiedener Punkte in P^0 gebildeten Polarpolytope von P im Sinne von Definition 5.2 kombinatorisch äquivalent sind.

Hilfssatz 23.2. *Es sei* $P := \bigcap\limits_{i=1}^{k} \overline{H(u_i)}$ *mit*

$$\overline{H(u_i)} := \{x \in R_n; \langle x, u_i \rangle \leqq \chi_i\} \quad (\|u_i\| = 1; i = 1, \dots, k)$$

ein einfaches n-*dimensionales Polytop des* R_n *mit den* $(n-1)$-*dimensionalen Seiten* $P \cap \partial\overline{H(u_i)}$ $(i = 1, \dots, k)$ *(vgl. Satz 5.6). Dann gibt es ein* $\delta > 0$ *derart, daß alle durch* $P' := \bigcap\limits_{i=1}^{k} \overline{H'(u_i)}$ *mit*

$$\overline{H'(u_i)} := \{x \in R_n; \langle x, u_i \rangle \leqq \chi_i'\} \quad und \quad |\chi_i' - \chi_i| < \delta \qquad (i = 1, \dots, k)$$

gegebenen konvexen Polytope P' n-*dimensional und zu* P *im Sinne von Definition 5.2* *(unter Entsprechung paralleler* $(n-1)$-*dimensionaler Seiten) kombinatorisch äqui-* *valent sind.*[1])

Hilfssatz 23.2 gibt Veranlassung zur folgenden

Definition 23.2. Die n-dimensionalen konvexen Polytope $P_1, \dots, P_m$ des R_n heißen *stark kombinatorisch äquivalent*, wenn sie (im Sinne von Definition 5.2) kombinatorisch äquivalent sind und wenn die von entsprechenden $(n-1)$-dimensionalen Seiten von $P_1, \dots, P_m$ aufgespannten Hyperebenen den gleichen (von $P_1, \dots, P_m$ weg weisenden) Normaleneinheitsvektor besitzen.

Ein für das Folgende wichtiges Kriterium für die starke kombinatorische Äquivalenz von konvexen Polytopen findet sich in

Hilfssatz 23.3. *Zwei* n-*dimensionale konvexe Polytope* P_1 *und* P_2 *des* R_n *sind genau dann stark kombinatorisch äquivalent, wenn die* $(n-1)$-*dimensionalen Seiten von* P_1 *und* P_2 *so eineindeutig aufeinander bezogen werden können, daß die zu entsprechenden Seiten gehörigen (von* P_1 *und* P_2 *weg weisenden) Normaleneinheitsvektoren gleich und diese Seiten selbst stark kombinatorisch äquivalent sind.*[2])

Beweis. Wir nehmen zunächst an, P_1 und P_2 seien stark kombinatorisch äquivalente n-dimensionale konvexe Polytope des R_n. Dann sind aufgrund von Definition 23.2 entsprechende $(n-1)$-dimensionale Seiten von P_1 und P_2 selbst kombinatorisch äquivalent und besitzen gleichen (von P_1 und P_2 weg weisenden) Normaleneinheitsvektor. Es seien $P_1 \cap A_1(u)$ und $P_2 \cap A_2(u)$ derartige Seiten von P_1 und P_2 $(A_1(u)$ bzw. $A_2(u) = $ Stützhyperebene von P_1 bzw. P_2 mit dem Normaleneinheitsvektor $u)$. Wir betrachten die $(n-2)$-dimensionalen Seiten dieser Seiten. Nach Satz 5.5 ist jede $(n-2)$-dimensionale Seite von $P_1 \cap A_1(u)$ auf genau einer weiteren $(n-1)$-dimensionalen Seite $P_1 \cap A_1(v)$ von P_1 $(A_1(v) = $ Stützhyperebene von P_1 mit dem Normaleneinheitsvektor $v)$ gelegen und somit nach der Fol-

---

[1]) Man macht sich an einfachen Beispielen klar, daß die Voraussetzung der Einfachheit von P in Hilfssatz 23.2 nicht entbehrt werden kann (vgl. Übungsaufgabe 1).

[2]) Streng genommen bezieht sich diese starke kombinatorische Äquivalenz auf die n dieselbe Hyperebene des R_n parallelverschobenen Seiten von P_1 und P_2.

gerung zu Hilfssatz 23.1 gleich dem Durchschnitt $\left(P_1 \cap A_1(u)\right) \cap \left(P_1 \cap A_1(v)\right)$. Daher entspricht dieser $(n-2)$-dimensionalen Seite von $P_1 \cap A_1(u)$ wegen der starken kombinatorischen Äquivalenz von P_1 und P_2 die zu ihr parallele $(n-2)$-dimensionale Seite $\left(P_2 \cap A_2(u)\right) \cap \left(P_2 \cap A_2(v)\right)$ von $P_2 \cap A_2(u)$ $\left(A_2(v) = \text{Stützhyperebene}\right.$ von P_2 mit dem Normaleneinheitsvektor v). Dies bedeutet aber gerade die in Hilfssatz 23.3 angeführte starke kombinatorische Äquivalenz von $P_1 \cap A_1(u)$ und $P_2 \cap A_2(u)$.

Jetzt seien umgekehrt die $(n-1)$-dimensionalen Seiten zweier n-dimensionaler konvexer Polytope P_1 und P_2 des R_n so eineindeutig aufeinander bezogen, daß die zu entsprechenden Seiten gehörigen (von P_1 und P_2 weg weisenden) Normaleneinheitsvektoren gleich und diese Seiten stark kombinatorisch äquivalent sind. Wir wollen zeigen, daß dann P_1 und P_2 selbst stark kombinatorisch äquivalent sein müssen. Hierzu ist nur noch der Nachweis der kombinatorischen Äquivalenz von P_1 und P_2 (unter Entsprechung paralleler $(n-1)$-dimensionaler Seiten) nötig. Wir betrachten also eine beliebige m-dimensionale Seite $P_1 \cap A_1$ von P_1 $(0 \leqq m \leqq n-1)$; bei der starken kombinatorischen Äquivalenz einer $P_1 \cap A_1$ enthaltenden $(n-1)$-dimensionalen Seite $P_1 \cap A_1(u)$ von P_1 mit der entsprechenden $(n-1)$-dimensionalen Seite $P_2 \cap A_2(u)$ von P_2 entspricht der Seite $P_1 \cap A_1$ die Seite $P_2 \cap A_2$, und diese ordnen wir $P_1 \cap A_1$ zu $(A_1$ bzw. $A_2 = \text{Stützhyperebene}$ von P_1 bzw. P_2). Diese Zuordnung hängt nicht von der Auswahl der $P_1 \cap A_1$ enthaltenden $(n-1)$-dimensionalen Seite von P_1 ab, wie man folgendermaßen einsehen kann:

Es seien $P_1 \cap A_1(u)$ und $P_1 \cap A_1(v)$ zwei verschiedene $P_1 \cap A_1$ enthaltende $(n-1)$-dimensionale Seiten von P_1, von welchen wir zunächst zusätzlich voraussetzen wollen, daß ihr Durchschnitt $(n-2)$-dimensional sei. Dann entspricht bei der starken kombinatorischen Äquivalenz von $P_1 \cap A_1(u)$ und $P_2 \cap A_2(u)$ der Seite $\left(P_1 \cap A_1(u)\right) \cap \left(P_1 \cap A_1(v)\right)$ von $P_1 \cap A_1(u)$ eine dazu parallele $(n-2)$-dimensionale Seite $\left(P_2 \cap A_2(u)\right) \cap \left(P_2 \cap A_2(w)\right)$ von $P_2 \cap A_2(u)$ $\left(A_2(w) = \text{Stütz-}\right.$hyperebene von P_2 mit von P_2 weg weisendem Normaleneinheitsvektor w, dim $\left(P_2 \cap A_2(w)\right) = n-1$). Hierbei muß $w = v$ gelten, da anderenfalls $P_1 \cap A_1(w)$ oder $P_2 \cap A_2(v)$ eine kleinere Dimension als $n-1$ besitzt im Widerspruch zu den zu Beginn des vorigen Absatzes über P_1 und P_2 gemachten Voraussetzungen $\left(A_1(w)\right.$ bzw. $A_2(v) = \text{Stützhyperebene}$ von P_1 bzw. P_2 mit von P_1 bzw. P_2 weg weisendem Normaleneinheitsvektor w bzw. v). Analog entspricht bei der starken kombinatorischen Äquivalenz von $P_1 \cap A_1(v)$ und $P_2 \cap A_2(v)$ der $(n-2)$-dimensionalen Seite $\left(P_1 \cap A_1(u)\right) \cap \left(P_1 \cap A_1(v)\right)$ von $P_1 \cap A_1(v)$ die $(n-2)$-dimensionale Seite $\left(P_2 \cap A_2(u)\right) \cap \left(P_2 \cap A_2(v)\right)$ von $P_2 \cap A_2(v)$. Nach dem im vorletzten Absatz Bewiesenen induzieren die Seitenzuordnungen bei den starken kombinatorischen Äquivalenzen von $P_1 \cap A_1(u)$ und $P_2 \cap A_2(u)$ und von $P_1 \cap A_1(v)$ und $P_2 \cap A_2(v)$ zwei Seitenzuordnungen bei $\left(P_1 \cap A_1(u)\right) \cap \left(P_1 \cap A_1(v)\right)$ und $\left(P_2 \cap A_2(u)\right) \cap \left(P_2 \cap A_2(v)\right)$, bezüglich welchen die beiden letztgenannten $(n-2)$-dimensionalen Polytope stark kombinatorisch äquivalent sind. Aufgrund der Folgerung zu Hilfssatz 23.1 und Definition 23.2 müssen diese letzteren Seitenzuordnungen übereinstimmen. Damit entspricht aber in der Tat der Seite $P_1 \cap A_1$ von P_1 bei der starken kombinatorischen Äquivalenz von $P_1 \cap A_1(u)$ und $P_2 \cap A_2(u)$ und der starken kombinatorischen Äquivalenz von $P_1 \cap A_1(v)$ und $P_2 \cap A_2(v)$ dieselbe Seite $P_2 \cap A_2$ von P_2.

Dies bleibt auch richtig, wenn auf die zusätzliche Voraussetzung

$$\dim \left((P_1 \cap A_1(u)) \cap (P_1 \cap A_1(v)) \right) = n - 2$$

verzichtet wird. Zu zwei verschiedenen und $P_1 \cap A_1$ enthaltenden $(n-1)$-dimensionalen Seiten von P_1 gibt es nämlich stets eine endliche und diese beiden Seiten verbindende Folge von $P_1 \cap A_1$ enthaltenden $(n-1)$-dimensionalen Seiten von P_1, bei welcher zwei aufeinanderfolgende Glieder einen $(n-2)$-dimensionalen Durchschnitt besitzen (Übergang zu P_1^* mittels Hilfssatz 23.1 und Ausnutzung der durch vollständige Induktion zu zeigenden Tatsache, daß je zwei Ecken der $P_1 \cap A_1$ entsprechenden Seite von P_1^* durch einen aus eindimensionalen Seiten dieser Seite von P_1^* bestehenden Streckenzug verbindbar sind!). Zusammenfassend läßt sich also feststellen, daß unsere Seitenzuordnung bei P_1 und P_2 völlig eindeutig und (trivialerweise) inklusionserhaltend definiert ist. Durch diese erweisen sich P_1 und P_2 als kombinatorisch äquivalent, wobei sich parallele $(n-1)$-dimensionale Seiten entsprechen, womit P_1 und P_2 als stark kombinatorisch äquivalent erkannt und der Beweis von Hilfssatz 23.3 vollendet ist. $\square$

Ein wichtiges nichttriviales Beispiel von stark kombinatorisch äquivalenten Polytopen des R_n stellen gewisse Linearkombinationen konvexer Polytope dar. Genauer gilt

Hilfssatz 23.4. *Es seien* $P_1, \dots, P_m$ *konvexe Polytope des* R_n *und* $\lambda_1, \dots, \lambda_m$ *sowie* $\mu_1, \dots, \mu_m$ *beliebige positive Zahlen. Dann sind die konvexen Polytope* $\sum\limits_{l=1}^{m} \lambda_l P_l$ *und* $\sum\limits_{l=1}^{m} \mu_l P_l$ *(vgl. Satz 8.6) des* R_n *stark kombinatorisch äquivalent, sofern sie beide die Dimension* n *besitzen.*

Zusatz. *Die Aussage von Hilfssatz 23.4 bleibt richtig, wenn die Polytope* $P_1, \dots, P_m$ *n-dimensional und selbst schon stark kombinatorisch äquivalent sind sowie* $\lambda_1 \geqq 0, \dots,$ *$\lambda_m \geqq 0, \sum\limits_{l=1}^{m} \lambda_l > 0$ und $\mu_1 \geqq 0, \dots, \mu_m \geqq 0, \sum\limits_{l=1}^{m} \mu_l > 0$ gilt.*

Beweis. Wir benötigen zunächst ein Kriterium dafür, wann eine Seite von $P := \sum\limits_{l=1}^{m} \lambda_l P_l$ bzw. $Q := \sum\limits_{l=1}^{m} \mu_l P_l$ $(n-1)$-dimensional ist. Zu diesem Zweck betrachten wir alle Seiten $P_l \cap A_l(u_{i_l}^{(l)})$ von P_l ($u_{i_l}^{(l)}$ = außerhalb P_l weisender Normaleneinheitsvektor der Stützhyperebene $A_l(u_{i_l}^{(l)})$ von P_l, $1 \leq i_l \leq \hat{k}_l$, $1 \leq l \leq m$) mit den aus ihren relativ offenen Kernen beliebig fest gewählten Punkten $p_{i_l}^{(l)}$. Wir bezeichnen die in den Ursprung o des R_n parallelverschobenen affinen Hüllen dieser Seiten mit $T_{i_l}^{(l)}$ sowie die ebenfalls mit ihrer Spitze in den Ursprung o parallelverschobenen Normalenkegel von P_l in den Punkten $p_{i_l}^{(l)}$ mit $N_{i_l}^{(l)}$. Ist jetzt u_i der (von P weg weisende) Normaleneinheitsvektor einer Seite

$P \cap A(u_i)$ von P, so ist u_i auch Normalenvektor einer Seite

$$P_l \cap A_l(u_i) = P_l \cap A_l(u_{il(i)}^{(l)}) \qquad (l = 1, \ldots, m) \tag{725}$$

von P_l, d. h., es gilt

$$u_i \in \bigcap_{l=1}^{m} N_{il(i)}^{(l)} \tag{726}$$

sowie nach Satz 8.4

$$P \cap A(u_i) = \sum_{l=1}^{m} \lambda_l \big(P_l \cap A_l(u_i)\big) = \sum_{l=1}^{m} \lambda_l \big(P_l \cap A_l(u_{il(i)}^{(l)})\big) . \tag{727}$$

Wir nehmen nun einmal an, es sei dim $\big(P \cap A(u_i)\big) = n - 1$. Dann gibt es keinen von u_i verschiedenen Einheitsvektor v aus $\bigcap_{l=1}^{m} N_{il(i)}^{(l)}$. Anderenfalls bestünde nämlich für die Stützhyperebene $A_l(v)$ von P_l durch $p_{il(i)}^{(l)}$ mit dem Normaleneinheitsvektor v die Beziehung $A_l(v) \supseteq P_l \cap A_l(u_{il(i)}^{(l)})$, woraus zusammen mit (727) und Satz 8.4

$$P \cap A(u_i) \subseteq \sum_{l=1}^{m} \lambda_l A_l(v) = A(v)$$

$\big(A(v) = $ Stützhyperebene von P mit von P weg weisendem Normaleneinheitsvektor $v\big)$ im Widerspruch zu dim $\big(P \cap A(u_i)\big) = n - 1$ und dim $P = n$ resultiert. Damit haben wir aber in Verbindung mit (726)

$$\bigcap_{l=1}^{m} N_{il(i)}^{(l)} = \{\alpha u_i\} \qquad (\alpha \geqq 0) \tag{728}$$

als notwendige Bedingung für dim $\big(P \cap A(u_i)\big) = n - 1$ gefunden.[1]

Diese Bedingung ist hierfür auch hinreichend, wie man folgendermaßen indirekt einsieht: Ist (728) erfüllt und wäre dim $\big(P \cap A(u_i)\big) < n - 1$, so entnehmen wir aus (727) unter Benutzung von $\lambda_1 > 0, \ldots, \lambda_m > 0$ und der Bezeichnung

$$T_i := \operatorname{aff} \big(P \cap A(u_i)\big) - \sum_{l=1}^{m} \lambda_l p_{il(i)}^{(l)}$$

zunächst

$$\sum_{l=1}^{m} \lambda_l p_{il(i)}^{(l)} + T_i = \operatorname{aff} \left(\sum_{l=1}^{m} \lambda_l \big(P_l \cap A_l(u_{il(i)}^{(l)})\big) \right)$$

$$\supseteq \operatorname{aff} \left(\sum_{\substack{l'=1 \\ l' \neq l_0}}^{m} \lambda_{l'} p_{il'(i)}^{(l')} + \lambda_{l_0} \big(P_{l_0} \cap A_{l_0}(u_{il_0(i)}^{(l_0)})\big) \right)$$

$$= \sum_{\substack{l'=1 \\ l' \neq l_0}}^{m} \lambda_{l'} p_{il'(i)}^{(l')} + \lambda_{l_0} \big(p_{il_0(i)}^{(l_0)} + T_{il_0(i)}^{(l_0)}\big)$$

---

[1] Dies ist wegen Anwendung von Satz 8.4 auch unter der schwächeren Voraussetzung $\lambda_1 \geqq 0, \ldots, \lambda_m \geqq 0, \sum_{l=1}^{m} \lambda_l > 0$ richtig.

oder

$$T_i \supseteq \lambda_{l_0} T^{(l_0)}_{i l_0(i)} = T^{(l_0)}_{i l_0(i)} \qquad (l_0 = 1, \dots, m) \, .$$

Damit resultiert

$$\text{aff} \left(P_l \cap A_l(u^{(l)}_{i l(i)}) \right) = p^{(l)}_{i l(i)} + T^{(l)}_{i l(i)} \subseteq p^{(l)}_{i l(i)} + T_i \qquad (l = 1, \dots, m)$$

mit

$$\dim T_i = \dim \left(P \cap A(u_i) \right) < n - 1 \, ;$$

und die P_l in $P_l \cap A_l(u_i) = P_l \cap A_l(u^{(l)}_{i l(i)})$ (vgl. (725)) schneidenden Stützhyperebenen $A_l(u_i)$ von P_l lassen sich in einer kleinen Umgebung von sich selbst um $p^{(l)}_{i l(i)} + T_i$ in eine Endlage $A_l(v)$ ($\|v\| = 1$, $v \neq u_i$, $l = 1, \dots, m$) drehen, ohne ihre Stützeigenschaft zu verlieren.[1]) Daraus ergäbe sich aber $v \in \bigcap\limits_{l=1}^{m} N^{(l)}_{i l(i)}$ im Widerspruch zu (728).

Hiermit ist also die (von der Wahl der positiven Koeffizienten in der Linearkombination $P = \sum\limits_{l=1}^{m} \lambda_l P_l$ unabhängige) Bedingung (728) als für $\dim \left(P \cap A(u_i) \right) = n - 1$ charakteristisch erkannt[2]), und ebenso ist dieselbe Beziehung (728) auch charakteristisch für $\dim \left(Q \cap B(u_i) \right) = n - 1$ ($B(u_i) = $ Stützhyperebene von $Q = \sum\limits_{l=1}^{m} \mu_l P_l$ mit dem von Q weg weisenden Normaleneinheitsvektor u_i). Dies bedeutet, daß die konvexen Polytope P und Q nur $(n - 1)$-dimensionale Seiten mit denselben, sich aus (725) und (728) ergebenden endlich vielen nach außen weisenden Normaleneinheitsvektoren u_i ($i = 1, \dots, k$) besitzen. Der Rest des Beweises von Hilfssatz 23.4 verläuft nun durch vollständige Induktion nach der Dimension n des die P_l enthaltenden Raumes R_n. Im Fall $n = 1$ ist dieser Hilfssatz trivial, da zwei Strecken in R_1 immer stark kombinatorisch äquivalent sind. Wir nehmen nun an, unser Hilfssatz sei für alle Dimensionen n' mit $1 \leq n' < n$ bewiesen, und zeigen seine Richtigkeit im Fall der Dimension n. Hierzu wenden wir auf die gegebenen Linearkombinationen P und Q den Hilfssatz 23.3 an: Nach dem eben Gesagten können die $(n - 1)$-dimensionalen Seiten von P und Q so aufeinander eineindeutig bezogen werden, daß entsprechende Seiten von P und Q gleichen nach außen weisenden Normaleneinheitsvektor u_i ($1 \leq i \leq k$) besitzen. Außerdem gilt für diese $(n - 1)$-dimensionalen Seiten $P \cap A(u_i)$ und $Q \cap B(u_i)$ von P und Q nach Satz 8.4

$$P \cap A(u_i) = \sum\limits_{l=1}^{m} \lambda_l \left(P_l \cap A_l(u_i) \right) \, , \quad Q \cap B(u_i) = \sum\limits_{l=1}^{m} \mu_l \left(P_l \cap A_l(u_i) \right) \qquad (729)$$

($A_l(u_i) = $ Stützhyperebene von P_l mit nach außen weisendem Normaleneinheitsvektor u_i; $i = 1, \dots, k$). Sie sind also nach Induktionsvoraussetzung stark kombinatorisch äquivalent.[3]) Dann sind aber nach Hilfssatz 23.3 P und Q selbst stark

---

[1]) Dies ist möglich, weil aus aff $\left(P \cap A(u_i) \right) \subseteq A(u_i)$ auf $p^{(l)}_{i l(i)} + T_i \subseteq A_l(u_i)$ ($l = 1, \dots, m$) geschlossen werden kann.

[2]) Vgl. hierzu Hilfssatz 15.2.

[3]) Streng genommen hat man vor Anwendung der Induktionsvoraussetzung auf (729) die Orthogonalprojektion des R_n auf die o enthaltende Hyperebene $A^{(0)}(u_i)$ senkrecht zu u_i auszuführen.

kombinatorisch äquivalent, und Hilfssatz 23.4 ist auch im Fall der Dimension n bewiesen. □

Beweis des Zusatzes. Es seien jetzt die konvexen Polytope $P_1, \ldots, P_m$ des R_n alle schon n-dimensional und stark kombinatorisch äquivalent mit den sich entsprechenden $(n-1)$-dimensionalen Seiten $P_1 \cap A_1(u_i), \ldots, P_m \cap A_m(u_i)$ $(i = 1, \ldots, k)$. Hierbei setzen wir o. B. d. A. $o \in (P_1)^0, \ldots, o \in (P_m)^0$ voraus.[1]) Weiter sei $\lambda_1 \geqq 0, \ldots, \lambda_m \geqq 0$, $\sum_{l=1}^{m} \lambda_l > 0$ und $\mu_1 \geqq 0, \ldots, \mu_m \geqq 0$, $\sum_{l=1}^{m} \mu_l > 0$. Dann stellen nach Satz 8.4 und Satz 8.7 die durch (729) gegebenen Mengen $P \cap A(u_i)$ und $Q \cap B(u_i)$ mit $A(u_i) := \sum_{l=1}^{m} \lambda_l A_l(u_i)$ und $B(u_i) := \sum_{l=1}^{m} \mu_l A_l(u_i)$ parallele $(n-1)$-dimensionale Seiten der (nach Satz 8.7) n-dimensionalen konvexen Polytope P und Q dar.

Die Polytope P und Q besitzen außer den eben angeführten keine weiteren $(n-1)$-dimensionalen Seiten: Um dies einzusehen, beachte man, daß entsprechenden Seiten $P_l \cap A_l(u_{\tilde{i}}^{(l)})$ der Polytope P_l bei den Polarpolytopen $(P_l)^*$ (bezüglich o) nach Hilfssatz 23.1 und der zugehörenden Folgerung Seiten entsprechen, deren Projektionskegel mit der Spitze o gleich sind $(1 \leqq \tilde{i} \leqq \tilde{k})$. Dies ist aber nach (724) mit

$$N_{\tilde{i}}^{(1)} = \cdots = N_{\tilde{i}}^{(m)} \qquad (1 \leqq \tilde{i} \leqq \tilde{k}) \tag{730}$$

gleichbedeutend. Die auch im Fall $\lambda_1 \geqq 0, \ldots, \lambda_m \geqq 0$, $\sum_{l=1}^{m} \lambda_l > 0$ und $\mu_1 \geqq 0, \ldots, \mu_m \geqq 0$, $\sum_{l=1}^{m} \mu_l > 0$ gültige notwendige Bedingung (728) für etwaige nach außen weisende Einheitsnormalenvektoren v_j von $(n-1)$-dimensionalen Seiten von P und Q (vgl. die Fußnote auf S. 288) nimmt daher aufgrund von (730) die Form

$$\bigcap_{l=1}^{m} N_{i_l(j)}^{(1)} = \{\alpha v_j\} \qquad (\alpha \geqq 0) \tag{731}$$

an. Nun besagt die eben angegebene Deutung der $N_{\tilde{i}}^{(1)}$ als Projektionskegel der Seiten von $(P_1)^*$, daß ein Durchschnitt $\bigcap_{l=1}^{m} N_{i_l}^{(1)}$ $(1 \leqq i_l \leqq \tilde{k})$ nur dann aus einer einzigen Halbgeraden bestehen kann, wenn der zugehörige Seitendurchschnitt von $(P_1)^*$ aus einem Punkt besteht. Da letzterer notwendig eine der nulldimensionalen Seiten $\pi\big(A_1(u_i)\big)$ $(i = 1, \ldots, k;$ vgl. (724)) von $(P_1)^*$ sein muß, folgt aus (731) unmittelbar $v_j \in \{u_1, \ldots, u_k\}$, so daß in der Tat $P \cap A(u_i)$ und $Q \cap B(u_i)$ $(i = 1, \ldots, k)$ die einzigen $(n-1)$-dimensionalen Seiten von P und Q darstellen.

Damit läßt sich schließlich der Beweis unseres Zusatzes mit Hilfe von vollständiger Induktion nach n und Anwendung von Hilfssatz 23.3 genau so führen, wie wir dies im Fall des Beweises von Hilfssatz 23.4 (ohne Zusatz) tun konnten. □

---

[1]) Dies läßt sich stets durch Parallelverschiebungen der Polytope P_l $(l = 1, \ldots, m)$ erreichen.

Es ist bemerkenswert, daß stark kombinatorisch äquivalente konvexe Polytope $P_1, \dots, P_m$ des R_n in beliebig kleiner Weise so abgeändert werden können, daß aus ihnen stark kombinatorisch äquivalente einfache konvexe Polytope $Q_1, \dots, Q_m$ entstehen. Wir beweisen hierüber

Hilfssatz 23.5. *Stark kombinatorisch äquivalente n-dimensionale konvexe Polytope $P_1, \dots, P_m$ des R_n können stets durch geeignete beliebig kleine Parallelverschiebungen der von ihren $(n-1)$-dimensionalen Seiten aufgespannten Hyperebenen in Richtung auf die Polytope hin zu einfachen n-dimensionalen konvexen Polytopen $Q_1, \dots, Q_m$ gemacht werden, welche (unter sich) wiederum stark kombinatorisch äquivalent sind.*

Beweis. Wir setzen zunächst o. B. d. A. $o \in (P_1)^0, \dots, o \in (P_m)^0$ voraus (vgl. die Fußnote auf S. 290). Dann sind nach Hilfssatz 23.1 die Polarpolytope $(P_1)^*, \dots, (P_m)^*$ (gebildet bezüglich o) wegen der starken kombinatorischen Äquivalenz von $P_1, \dots, P_m$ kombinatorisch äquivalent und besitzen die bis auf Streckungen mit dem Zentrum o gleichen Ecken $\pi(A_1(u_i)), \dots, \pi(A_m(u_i))$ $(P_l \cap A_l(u_i)$ $= (n-1)$-dimensionale Seiten von P_l mit nach außen weisenden Normaleneinheitsvektoren u_i; $i = 1, \dots, k$; $l = 1, \dots, m)$. Nun ist entweder $(P_1)^*$ und damit jedes $(P_l)^*$ simplizial (vgl. Definition 23.1) und somit die Behauptung von Hilfssatz 23.5 für $Q_1 = P_1, \dots, Q_m = P_m$ schon erfüllt, oder die Maximalzahl M von Ecken der $(n-1)$-dimensionalen Seiten von $(P_1)^*$ ist größer als n. In diesem Fall greifen wir einander entsprechende $(n-1)$-dimensionale Seiten von $(P_1)^*, \dots, (P_m)^*$ mit je M Ecken heraus. Diese Seiten enthalten einander entsprechende Ecken $\pi(A_1(u_{i_0})), \dots, \pi(A_m(u_{i_0}))$ $(1 \leq i_0 \leq k)$ derart, daß die restlichen $M-1$ Ecken dieser Seiten keine $(n-2)$-dimensionalen Seiten von $(P_1)^*, \dots, (P_m)^*$ aufspannen: Anderenfalls hätte nämlich jede der herausgegriffenen $(n-1)$-dimensionalen Seiten von $(P_1)^*, \dots, (P_m)^*$ die Eigenschaft, daß je $M-1$ ihrer M Ecken eine Seite von ihr aufspannten. Dies würde aber bedeuten, daß diese Seite selbst ein Simplex mit n Ecken sein müßte (Beweis durch vollständige Induktion nach n), was wegen der angenommenen Beziehung $M > n$ unmöglich ist.

Wir ändern jetzt die Polytope $(P_1)^*, \dots, (P_m)^*$ des R_n dadurch ab, daß wir die sich entsprechenden Ecken $\pi(A_1(u_{i_0})), \dots, \pi(A_m(u_{i_0}))$ jeweils hinreichend wenig in Richtung des Einheitsvektors u_{i_0} (von o weg) verschieben, die übrigen Ecken dieser Polytope jedoch ungeändert lassen. Auf diese Weise entstehen neue Polytope $(P_1')^*, \dots, (P_m')^*$ mit den abgeänderten Ecken $\pi(A_1'(u_{i_0})), \dots, \pi(A_m'(u_{i_0}))$, welche die Polarpolytope von Polytopen $P_1', \dots, P_m'$ sind, die ihrerseits aus $P_1, \dots, P_m$ durch hinreichend kleine Parallelverschiebungen ihrer Seitenhyperebenen $A_1(u_{i_0})$, $\dots, A_m(u_{i_0})$ in Richtung auf o, d. h. $P_1, \dots, P_m$ hin entstehen. Dabei werde die Eckenverschiebung bei $(P_1)^*, \dots, (P_m)^*$ so klein gehalten, daß die die betreffenden Ecken nicht enthaltenden $(n-1)$-dimensionalen Seiten von $(P_1)^*, \dots, (P_m)^*$ hiervon nicht beeinflußt werden. Dagegen entsprechen den diese Ecken enthaltenden $(n-1)$-dimensionalen Seiten nach der Abänderung gewisse Randstücke von $(P_1')^*, \dots, (P_m')^*$. Diese sind die Vereinigung von denjenigen $(n-1)$-dimensionalen Seiten der letztgenannten Polarpolytope, die als konvexe Hüllen auftreten, von den abgeänderten Ecken zusammen mit den die ursprünglichen Ecken nicht enthaltenden $(n-2)$-dimensionalen Seiten der hier betrachteten $(n-1)$-dimensionalen Seiten von $(P_1)^*, \dots, (P_m)^*$.

Unsere Konstruktion liefert also wiederum kombinatorisch äquivalente n-dimensionale konvexe Polytope $(P_1')^*, \dots, (P_m')^*$ mit zu den Polytopen $(P_1)^*, \dots, (P_m)^*$ (bezüglich o) streckungsgleichen Ecken, d. h., die Polytope $(P_1')^*, \dots, (P_m')^*$ müssen nach Hilfssatz 23.1 die Polarpolytope von (unter sich) stark kombinatorisch äquivalenten n-dimensionalen Polytopen $P_1', \dots, P_m'$ sein. Außerdem wird durch unsere Konstruktion erreicht, daß die ursprünglich herausgegriffenen (einander entsprechenden) $(n-1)$-dimensionalen Seiten von $(P_1)^*, \dots, (P_m)^*$ mit je M Ecken wegen der getroffenen Wahl der abzuändernden Ecken in $(n-1)$-dimensionale Seiten von $(P_1')^*, \dots, (P_m')^*$ mit jeweils weniger als M Ecken „aufgespalten" werden. Die Eckenzahl der übrigen (sich entsprechenden) $(n-1)$-dimensionalen Seiten bleibt ungeändert, sofern keine Aufspaltung eintritt, bzw. vermindert sich beim Eintreten einer Aufspaltung gleichfalls.[1]) Aus allen diesen Gründen erhalten wir durch endlich viele geeignete Wiederholungen unserer Abänderungskonstruktion nach sukzessiver Verringerung der maximalen Eckenzahl der $(n-1)$-dimensionalen Seiten von $(P_1)^*$ schließlich n-dimensionale, (unter sich) stark kombinatorisch äquivalente konvexe Polytope $Q_1, \dots, Q_m$ der in Hilfssatz 23.5 angegebenen Art, deren Polarpolytope $(Q_1)^*, \dots, (Q_m)^*$ simplizial, d. h. die selbst nach Definition 23.1 alle einfach sind. Hiermit ist Hilfssatz 23.5 bewiesen. $\square$

Wir sind jetzt endlich in der Lage, zwei zum Beweis von Satz 23.1 grundlegende Hilfssätze zu beweisen. Diese sind

Hilfssatz 23.6. *Es seien* $K_1, \dots, K_m$ *($m \geq 2$) beliebige kompakte konvexe Mengen des R_n. Dann gibt es zu jedem $\varepsilon > 0$ n-dimensionale, stark kombinatorisch äquivalente und einfache konvexe Polytope $Q_1, \dots, Q_m$ des R_n derart, daß*

$$d(K_l, Q_l) < \varepsilon \qquad (l = 1, \dots, m) \tag{732}$$

ist.

Beweis. Zum Beweis von Hilfssatz 23.6 gehen wir von n-dimensionalen konvexen Polytopen $R^{(1)}, \dots, R^{(m)}$ des R_n mit der Eigenschaft

$$d(K_l, R^{(l)}) < \frac{\varepsilon}{3} \qquad (l = 1, \dots, m) \tag{733}$$

aus, welche nach Satz 14.6 immer existieren.[2]) Hierbei können wir o. B. d. A.

$$o \in (R^{(l)})^0 \qquad (l = 1, \dots, m) \tag{734}$$

---

[1]) So tritt z. B. keine Aufspaltung ein, wenn die betreffenden $(n-1)$-dimensionalen Seiten die abzuändernden Ecken enthalten und alle ihre übrigen Ecken jeweils $(n-2)$-dimensionale Seiten von ihnen aufspannen.

[2]) Nach diesem Satz brauchen $R^{(1)}, \dots, R^{(m)}$ zunächst nicht n-dimensional zu sein; dies läßt sich aber nach Ersatz eines $R^{(l)}$ mit $\dim R^{(l)} < n$ durch ein geeignetes Prisma mit der Basis $R^{(l)}$ ($1 \leq l \leq m$) stets erreichen!

voraussetzen, indem wir eventuell die K_l und gleichzeitig die $R^{(l)}$ geeigneten Translationen unterwerfen. Wir setzen nun

$$\mu := \operatorname*{Max}_{\substack{||u||=1 \\ l=1,\ldots,m}} h_{R^{(l)}}(u) > 0 \tag{735}$$

($h_{R^{(l)}}$ = Stützfunktion von $R^{(l)}$) sowie

$$\delta := \frac{\varepsilon}{3(m-1)\,\mu} > 0 \ . \tag{736}$$

Dann stellen die durch

$$P_l := R^{(l)} + \delta \sum_{\substack{l'=1 \\ l' \neq l}}^{m} R^{(l')} \qquad (l = 1, \ldots, m) \tag{737}$$

gegebenen Mengen des R_n nach Hilfssatz 23.4 und Satz 8.7 n-dimensionale, stark kombinatorisch äquivalente konvexe Polytope dar. Für deren Stützfunktion h_P gilt nach (737) und Satz 12.4 b) sowie (734), (735) und (736)

$$0 \leq h_{P_l}(u) - h_{R^{(l)}}(u) \leq \delta(m-1)\,\mu = \frac{\varepsilon}{3} \qquad (||u|| = 1; \ l = 1, \ldots, m) \ , \tag{738}$$

d. h., wir haben in Verbindung mit Satz 14.1

$$d(R^{(l)}, P_l) \leq \frac{\varepsilon}{3} \qquad (l = 1, \ldots, m) \ . \tag{739}$$

Schließlich ändern wir die Polytope $P_1, \ldots, P_m$ aufgrund von Hilfssatz 23.5 zu wiederum n-dimensionalen und stark kombinatorisch äquivalenten konvexen Polytopen $Q_1, \ldots, Q_m$ ab, welche zusätzlich einfach sind. Diese Abänderung kann so geringfügig geschehen, daß die von den $(n-1)$-dimensionalen Seiten von $P_1, \ldots, P_m$ aufgespannten Hyperebenen $A_1(u_i), \ldots, A_m(u_i)$ mit den nach außen weisenden gemeinsamen Einheitsnormalenvektoren u_i und den „Stützabständen" $h_{P_1}(u_i), \ldots, h_{P_m}(u_i)$ vom Ursprung o bei den auf o zu vorgenommenen Parallelverschiebungen in die (von den $(n-1)$-dimensionalen Seiten von $Q_1, \ldots, Q_m$ aufgespannten) Hyperebenen $B_1(u_i), \ldots, B_m(u_i)$ mit den Stützabständen $h_{Q_1}(u_i), \ldots, h_{Q_m}(u_i)$ (h_{Q_l} = Stützfunktion von Q_l) übergehen, wobei

$$0 \leq h_{P_l}(u_i) - h_{Q_l}(u_i) \leq \frac{\varepsilon}{3\left(\mu + \dfrac{\varepsilon}{3}\right)} h_{Q_l}(u_i) \qquad (i = 1, \ldots, k; \ l = 1, \ldots, m) \tag{740}$$

gilt.[1]) Damit wird aber

$$Q_l \subseteq P_l = \bigcap_{i=1}^{k} \overline{H_{P_l}(u_i)} \subseteq \bigcap_{i=1}^{k} \left(1 + \frac{\varepsilon}{3\left(\mu + \dfrac{\varepsilon}{3}\right)}\right) \overline{H_{Q_l}(u_i)}$$

$$= \left(1 + \frac{\varepsilon}{3\left(\mu + \dfrac{\varepsilon}{3}\right)}\right) Q_l$$

---

[1]) Die Abschätzungen (740) sind wegen den aus (738) und (734) folgenden Ungleichungen $h_{P_l}(u_i) \geq h_{R^{(l)}}(u_i) > 0$ ($i = 1, \ldots, k; \ l = 1, \ldots, m$) möglich.

$(l = 1, \ldots, m;\ \overline{H}_{P_l}(u_i)$ bzw. $\overline{H}_{Q_l}(u_i) = $ von $A_l(u_i)$ bzw. $B_l(u_i)$ begrenzter und o enthaltender abgeschlossener Halbraum des R_n). Hieraus kann seinerseits wegen (738) und (735) auf

$$0 \leqq h_{P_l}(u) - h_{Q_l}(u) \leqq \frac{\varepsilon}{3\left(\mu + \dfrac{\varepsilon}{3}\right)} h_{Q_l}(u) \leqq \frac{\varepsilon}{3\left(\mu + \dfrac{\varepsilon}{3}\right)} h_{P_l}(u)$$

$$\leqq \frac{\varepsilon}{3\left(\mu + \dfrac{\varepsilon}{3}\right)}\left(h_{R^{(l)}}(u) + \frac{\varepsilon}{3}\right) \leqq \frac{\varepsilon}{3} \qquad (||u|| = 1;\ l = 1, \ldots, m),$$

d. h. in Verbindung mit Satz 14.1 auf

$$d(P_l, Q_l) \leqq \frac{\varepsilon}{3} \qquad (l = 1, \ldots, m) \tag{741}$$

geschlossen werden. Durch Kombination von (733), (739) und (741) erhält man also in der Tat die als einziges noch zu zeigenden Ungleichungen (732) von Hilfssatz 23.6, der hiermit ganz bewiesen ist. $\square$

Hilfssatz 23.7. *Es sei $P^{(0)}$ ein beliebiges festes n-dimensionales einfaches konvexes Polytop des R_n und $\underline{P}_n^{(0)}$ die Menge aller zu $P^{(0)}$ stark kombinatorisch äquivalenten (und damit ebenfalls notwendig einfachen) n-dimensionalen konvexen Polytope des R_n. Jedem Polytop $P \in \underline{P}_n^{(0)}$ werde der Punkt*

$$Z_P := \big(h_P(u_1), \ldots, h_P(u_k)\big) \tag{742}$$

($h_P = $ Stützfunktion von P; $u_1, \ldots, u_k = $ feste, von P weg weisende Normaleneinheitsvektoren der $(n-1)$-dimensionalen Seiten von P [1]) des k-dimensionalen euklidischen Raumes R_k als „Stützabstandpunkt" von P zugeordnet, welcher P aufgrund von $P = \{x \in R_n: \langle x, u_1 \rangle \leqq h_P(u_1), \ldots, \langle x, u_k \rangle \leqq h_P(u_k)\}$ eindeutig bestimmt (vgl. Satz 5.6). Dann gilt:

a) *Die Menge $G^{(0)}$ der Stützabstandpunkte aller Polytope aus $\underline{P}_n^{(0)}$ ist eine offene und konvexe Untermenge von R_k, deren abgeschlossene Hülle (bezüglich R_k) einen konvexen Kegel mit den Spitzen*

$$Z_x := (\langle x, u_1 \rangle, \ldots, \langle x, u_k \rangle) \qquad (x = beliebig \in R_n) \tag{743}$$

darstellt, und

b) *Faßt man das gemischte Volumen von n Elementen aus $\underline{P}_n^{(0)}$ als Funktion der entsprechenden Stützabstandpunkte auf, so ist diese auf $\underbrace{G^{(0)} \times \cdots \times G^{(0)}}_{n\text{-mal}}$ definierte Funktion eindeutig fortsetzbar zu einer auf $\underbrace{R_k \times \cdots \times R_k}_{n\text{-mal}}$ definierten Multilinearform Φ. Diese ist symmetrisch und invariant gegen die Translationen*

$$\widehat{Z} = Z + Z_a \qquad (a = beliebig \in R_n) \tag{744}$$

---

[1] Wegen der starken kombinatorischen Äquivalenz aller $P \in \underline{P}_n^{(0)}$ hängen die Einheitsvektoren $u_1, \ldots, u_k$ nicht von der individuellen Wahl von P ab.

(vgl. (743)) *in einem Faktor R_k ihres Definitionsbereiches, und es gilt*

$$V(P_1, \dots, P_n) = \Phi(Z_{P_1}, \dots, Z_{P_n}) \qquad (P_1, \dots, P_n = \text{beliebig} \in \underline{P}_n^{(0)}) . \tag{745}$$

Beweis. a) Es sei

$$G^{(0)} := \{ Z \in R_k; Z = Z_P \text{ mit } P \in \underline{P}_n^{(0)} \} \tag{746}$$

(vgl. (742)). Dann sagt Hilfssatz 23.2 zusammen mit Definition 23.2 gerade die Offenheit der durch (746) definierten Untermenge $G^{(0)}$ von R_k aus, da alle Polytope P von $\underline{P}_n^{(0)}$ einfach sind. Weiter ist $G^{(0)}$ eine konvexe Menge: Sind nämlich Z_{P_1} und Z_{P_2} beliebige Punkte von $G^{(0)}$ ($P_1, P_2 \in \underline{P}_n^{(0)}$), so sind nach dem Zusatz zu Hilfssatz 23.4 die n-dimensionalen Polytope $\lambda_1 P_1 + \lambda_2 P_2$ und $1 \cdot P_1 + 0 \cdot P_2 = P_1$ stark kombinatorisch äquivalent; aus $\lambda_1 P_1 + \lambda_2 P_2 \in \underline{P}_n^{(0)}$ folgt also in Verbindung mit (742) und Satz 12.4 b) die Beziehung

$$Z_{\lambda_1 P_1 + \lambda_2 P_2} = \lambda_1 Z_{P_1} + \lambda_2 Z_{P_2} \in G^{(0)} \qquad (\lambda_1 \geqq 0, \lambda_2 \geqq 0, \lambda_1 + \lambda_2 = 1) .$$

Wir betrachten nun noch die abgeschlossene Hülle $\overline{G^{(0)}}$ von $G^{(0)}$ bezüglich R_k. Ist x ein beliebiger Punkt des R_n, P ein beliebiges Element von $\underline{P}_n^{(0)}$ und $s_\lambda^{(z)}$ die Homothetie des R_n mit dem Zentrum z und dem Ähnlichkeitsverhältnis $\lambda > 0$, so ist $s_\lambda^{(z)}(P)$ zu P stark kombinatorisch äquivalent und damit gleichfalls ein Element aus $\underline{P}_n^{(0)}$. Wir haben daher nach (742), (743) und (746) für alle $\lambda > 0$

$$Z_{s_\lambda^{(x)}(P)} = Z_{\lambda P + (1-\lambda)x} = \lambda Z_P + (1 - \lambda) Z_x \in G^{(0)} .$$

Hieraus resultiert unmittelbar $Z_x \in \overline{G^{(0)}}$ sowie die Tatsache, daß $G^{(0)}$ mit dem beliebigen Punkt Z_P auch die von Z_x ausgehende und Z_P passierende offene Halbgerade von R_k enthält, was gleichermaßen auch für $\overline{G^{(0)}}$ zutrifft. Damit ist also $\overline{G^{(0)}}$ als konvexer Kegel mit der Spitze Z_x erkannt und Teil a) von Hilfssatz 23.7 gezeigt.

b) Der Beweis von Teil b) von Hilfssatz 23.7 erfolgt durch vollständige Induktion nach der Dimension n des die Elemente von $\underline{P}_n^{(0)}$ enthaltenden euklidischen Raumes R_n. Im Fall $n = 1$ haben wir $k = 2$, $u_1 = 1$, $u_2 = -1$, $P = [\xi, \eta]$ ($\xi < \eta$), $Z_P = (\eta, -\xi)$ und $V(P) = \eta - \xi$. Weil in der (ζ_1, ζ_2)-Ebene $G^{(0)}$ durch $G^{(0)} = \{(\zeta_1, \zeta_2); \zeta_1 + \zeta_2 > 0\}$ gegeben ist, läßt sich das gemischte Volumen von P eindeutig zu einer Linearform auf die ganze (ζ_1, ζ_2)-Ebene fortsetzen, nämlich zu $\Phi((\zeta_1, \zeta_2)) = \zeta_1 + \zeta_2$, was auch gegen die Translationen $\hat{\zeta}_1 = \zeta_1 + \alpha$, $\hat{\zeta}_2 = \zeta_2 - \alpha$ ($\alpha = $ beliebig $\in R$) invariant ist (vgl. (742), (745), (746) und (744)).

Wir nehmen jetzt an, unsere Behauptung sei für alle Dimensionen n' mit $1 \leqq n' < n$ bewiesen, und zeigen ihre Richtigkeit für die Dimension n. Hierzu gehen wir von folgender Darstellung des gemischten Volumens von $P_1, \dots, P_n \in \underline{P}_n^{(0)}$ aus (vgl. Hilfssatz 15.3):

$$V(P_1, \dots, P_n) = \frac{1}{n} \sum_{i=1}^{k} h_{P_1}(u_i) V_{(n-1)}\big((P_2 \cap A_2(u_i))', \dots, (P_n \cap A_n(u_i))'\big) \tag{747}$$

($h_{P_1} = $ Stützfunktion von P_1, $(P_2 \cap A_2(u_i))', \dots, (P_n \cap A_n(u_i))' = $ beliebig in den Ursprung o des R_n parallelverschobene $(n-1)$-dimensionale Seiten von $P_2, \dots, P_n$; wegen der Translationsinvarianz des gemischten Volumens können auch solche parallelverschobene $(n-1)$-dimensionale Seiten von $P_2, \ldots, P_n$ genommen werden, deren affine Hülle den Ursprung enthält). Die in Hilfssatz 15.3 auftretende Vektormenge $\{w_1, \ldots, w_s\}$ stimmt nämlich wegen (730) und (731) samt nachfolgenden Zeilen mit $\{u_1, \ldots, u_k\}$ überein.

Bevor wir die Induktionsvoraussetzung auf das in (747) vorkommende $(n-1)$-dimensionale gemischte Volumen anwenden können, beachten wir, daß mit den n-dimensionalen Polytopen $P_2, \ldots, P_n$ auch deren entsprechende $(n-1)$-dimensionale Seiten $P_2 \cap A_2(u_i), \ldots, P_n \cap A_n(u_i)$ $(1 \leq i \leq k)$ stark kombinatorisch äquivalent und einfach sind (vgl. Hilfssatz 23.3 und Bemerkung 23.1 zusammen mit Satz 5.5). Wir denken uns diese Seiten zweckmäßigerweise so parallel zu u_i verschoben, daß die von den Seiten aufgespannten Hyperebenen $A_2(u_i), \ldots, A_n(u_i)$ nach der Parallelverschiebung o enthalten. Dann läßt sich jeder so parallelverschobenen Seite $\left(P_{l'} \cap A_{l'}(u_i)\right)'$ von $P_{l'}$ nach (742) ein Stützabstandpunkt des k_i-dimensionalen euklidischen Raumes R_{k_i} zuordnen, wobei k_i die Anzahl der $(n-2)$-dimensionalen Seiten von $\left(P_{l'} \cap A_{l'}(u_i)\right)'$ ist. Dieser Stützabstandpunkt ist

$$Z^{(i)}_{(P_{l'} \cap A_{l'}(u_i))'} = \{h_{(P_{l'} \cap A_{l'}(u_i))'}(v_j^{(i)})\}_{j \in I_i} \tag{748}$$

mit

$$v_j^{(i)} := \frac{u_j - \langle u_i, u_j \rangle u_i}{\|u_j - \langle u_i, u_j \rangle u_i\|} \qquad (j \in I_i)$$

$\big(l' = 2, \ldots, n; \quad i = 1, \ldots, k; \quad I_i = $ Menge aller j zwischen 1 und k mit $\dim\left((P_{l'} \cap A_{l'}(u_i)) \cap (P_{l'} \cap A_{l'}(u_j))\right) = n - 2\,{}^1)$; $h_{(P_{l'} \cap A_{l'}(u_i))'} = $ Stützfunktion von $\left(P_{l'} \cap A_{l'}(u_i)\right)'$; $v_j^{(i)}$ mit $j \in I_i = $ nach außen weisende Einheitsnormalenvektoren der $(n-2)$-dimensionalen Seiten von $\left(P_{l'} \cap A_{l'}(u_i)\right)'$). Es errechnet sich hierbei in elementargeometrischer Weise

$$h_{(P_{l'} \cap A_{l'}(u_i))'}(v_j^{(i)}) = \frac{1}{\sin \vartheta_{ij}} h_{P_{l'}}(u_j) - \cot \vartheta_{ij} \cdot h_{P_{l'}}(u_i) \tag{749}$$

mit

$$\cos \vartheta_{ij} := \langle u_i, u_j \rangle$$

$(l' = 2, \ldots, n; i = 1, \ldots, k; j \in I_i; h_{P_{l'}} = $ Stützfunktion von $P_{l'})$. Die Abbildungen $\Lambda^{(i)}: R_k \to R_{k_i}$, die speziell jedem Punkt $Z_{P_{l'}}$ den Punkt $Z^{(i)}_{(P_{l'} \cap A_{l'}(u_i))'}$ zuordnen, lassen sich also definieren durch

$$\zeta_j^{(i)} = \frac{1}{\sin \vartheta_{ij}} \zeta_j - \cot \vartheta_{ij} \cdot \zeta_i \qquad (\cos \vartheta_{ij} = \langle u_i, u_j \rangle; j \in I_i) \tag{750}$$

$(l' = 2, \ldots, n; i = 1, \ldots, k)$. Diese Abbildungen $\Lambda^{(i)}$ sind daher linear.

Jetzt entnehmen wir der Induktionsvoraussetzung die Darstellbarkeit des in (747) vorkommenden $(n-1)$-dimensionalen gemischten Volumens in der Form

$$V_{(n-1)}\left((P_2 \cap A_2(u_i))', \ldots, (P_n \cap A_n(u_i))'\right)$$
$$= \Phi^{(i)}(Z^{(i)}_{(P_2 \cap A_2(u_i))'}, \ldots, Z^{(i)}_{(P_n \cap A_n(u_i))'}) \qquad (i = 1, \ldots, k) \tag{751}$$

${}^1)$ Die hierdurch definierte Indexmenge I_i hängt wegen der starken kombinatorischen Äquivalenz von $P_2, \ldots, P_n$ nicht von dem Index l' ab.

mittels auf $\underbrace{R_{k_i} \times \cdots \times R_{k_i}}_{(n-1)\text{-mal}}$ definierten, symmetrischen und gegen geeignete Translationen invarianten Multilinearformen $\Phi^{(i)}$. Wir betrachten daraufhin die auf $\underbrace{R_k \times \cdots \times R_k}_{(n-1)\text{-mal}}$ durch

$$\Psi^{(i)}(Z_2, \ldots, Z_n) := \Phi^{(i)}\big(\Lambda^{(i)}(Z_2), \ldots, \Lambda^{(i)}(Z_n)\big) \quad (Z_2, \ldots, Z_n = \text{beliebig} \in R_k) \tag{752}$$

definierten Multilinearformen $\Psi^{(i)}$ $(i = 1, \ldots, k)$. Dann wird durch

$$\Phi(Z_1, \ldots, Z_n) := \frac{1}{n} \langle\!\langle Z_1, W(Z_2, \ldots, Z_n) \rangle\!\rangle \tag{753}$$

mit

$$W(Z_2, \ldots, Z_n) := \big(\Psi^{(1)}(Z_2, \ldots, Z_n), \ldots, \Psi^{(k)}(Z_2, \ldots, Z_n)\big) \in R_k \tag{754}$$

($\langle\!\langle\, , \,\rangle\!\rangle$ = inneres Produkt in R_k; $Z_1, \ldots, Z_n$ = beliebig $\in R_k$) eine Multilinearform Φ auf $\underbrace{R_k \times \cdots \times R_k}_{n\text{-mal}}$ definiert, für deren Einschränkung auf $\underbrace{G^{(0)} \times \cdots \times G^{(0)}}_{n\text{-mal}}$ aufgrund von (742) und (746) bis (754)

$$\Phi(Z_{P_1}, \ldots, Z_{P_n}) = \frac{1}{n} \sum_{i=1}^{k} h_{P_1}(u_i)\, \Phi^{(i)}\big(\Lambda^{(i)}(Z_{P_2}), \ldots, \Lambda^{(i)}(Z_{P_n})\big)$$

$$= \frac{1}{n} \sum_{i=1}^{k} h_{P_1}(u_i)\, \Phi^{(i)}(Z^{(i)}_{(P_2 \cap A_2(u_i))'}, \ldots, Z^{(i)}_{(P_n \cap A_n(u_i))'}) = V(P_1, \ldots, P_n)$$

$$(P_1, \ldots, P_n = \text{beliebig} \in \underline{P}_n^{(0)}) \,,$$

d. h., die in Teil b) von Hilfssatz 23.7 behauptete Gleichung (745) gilt. Hierbei ist Φ als analytische Funktion mit vorgegebenen Werten auf der nach Teil a) offenen Untermenge $\underbrace{G^{(0)} \times \cdots \times G^{(0)}}_{n\text{-mal}}$ ihres Definitionsbereiches $\underbrace{R_k \times \cdots \times R_k}_{n\text{-mal}}$ eindeutig bestimmt. Infolgedessen ändert Φ genauso wie das gemischte Volumen bei beliebiger Permutation seiner n Argumente seinen Wert nicht, ist also eine symmetrische Multilinearform. Außerdem entspricht einer das gemischte Volumen nach Satz 15.5 nicht ändernden Translation des Polytops P_l mit dem Vektor a nach (742) und (743) die Translation des zu P_l gehörenden Stützabstandpunktes Z_{P_l} mit dem Vektor Z_a, so daß aus demselben Grund Φ gegen die Translationen (744) des l-ten Faktors R_k $(l = 1, \ldots, n)$ des Definitionsbereichs von Φ invariant sein muß. Damit ist Teil b) von Hilfssatz 23.7 auch im Fall der Dimension n als richtig erkannt und der Induktionsbeweis dieses Teils vollendet. $\square$

Wir kommen jetzt endlich zum

Beweis von Satz 23.1. Aufgrund von Hilfssatz 23.6 und der Stetigkeit des gemischten Volumens (vgl. Satz 15.7) genügt es, die quadratische Ungleichung (723) im Spezialfall von n konvexen Polytopen $P_1, \ldots, P_n$ aus ein und derselben Menge $P_n^{(0)}$ von n-dimensionalen, stark kombinatorisch äquivalenten und einfachen konvexen Polytopen des R_n zu beweisen:

$$\big(V(P_1, P_2, P_3, \ldots, P_n)\big)^2 \geqq V(P_1, P_1, P_3, \ldots, P_n)\, V(P_2, P_2, P_3, \ldots, P_n)$$

$$(P_1, \ldots, P_n = \text{beliebig} \in \underline{P}_n^{(0)}). \tag{755}$$

Dies geschieht durch vollständige Induktion nach n. Um dieselbe durchführen zu können, erweist es sich aber als zweckmäßig, die in Hilfssatz 23.7 b) eingeführte, eindeutig bestimmte „Erweiterungsfunktion" Φ des gemischten Volumens von n Elementen aus $\underline{P}_n^{(0)}$ zu Hilfe zu nehmen und hierfür die im folgenden Satz ausgedrückte Verschärfung von (755) zu beweisen:

Satz 23.2. *Sind* $P_2, \ldots, P_n$ *beliebige konvexe Polytope aus* $\underline{P}_n^{(0)}$ $(n \geqq 2)$ *mit den Stützabstandpunkten* $Z_{P_2}, \ldots, Z_{P_n}$ *in* R_k (*vgl.* (742)), *so besteht für die Erweiterungsfunktion* Φ *des gemischten Volumens von* n *Elementen aus* $\underline{P}_n^{(0)}$ (*vgl. Hilfssatz 23.7 b*)) *die Ungleichung*

$$\big(\Phi(Z, Z_{P_2}, Z_{P_3}, \ldots, Z_{P_n})\big)^2 \geqq \Phi(Z, Z, Z_{P_3}, \ldots, Z_{P_n})\, \Phi(Z_{P_2}, Z_{P_2}, Z_{P_3}, \ldots, Z_{P_n})$$

$$(Z = \textit{beliebig} \in R_k) \tag{756}$$

(*vgl.* (745)). *Hierbei tritt genau dann Gleichheit ein, wenn*

$$Z = \alpha \cdot Z_{P_2} + Z_x \qquad (\alpha = \textit{beliebig} \in R,\ x = \textit{beliebig} \in R_n) \tag{757}$$

gilt (*vgl.* (743)).

Aus technischen Gründen beweisen wir nicht Satz 23.2, sondern den sich als zu Satz 23.2 äquivalent erweisenden

Satz 23.3. *Es sei* Φ *die Erweiterungsfunktion des gemischten Volumens von* n *Polytopen aus* $\underline{P}_n^{(0)}$ $(n \geqq 2)$. *Dann gilt für alle Punkte* $Z \in R_k$, *die der Bedingung*

$$\Phi(Z, Z_{P_2}, Z_{P_3}, \ldots, Z_{P_n}) = 0, \tag{758}$$

genügen, die Ungleichung

$$\Phi(Z, Z, Z_{P_3}, \ldots, Z_{P_n}) \leqq 0. \tag{759}$$

wobei genau dann Gleichheit eintritt, wenn

$$Z = Z_x \qquad (x = \textit{beliebig} \in R_n) \tag{760}$$

ist (*vgl.* (743); $P_2, \ldots, P_n = \textit{beliebig} \in \underline{P}_n^{(0)}$ *mit den Stützabstandpunkten* $Z_{P_2}, \ldots, Z_{P_n}$).

Beweis der Äquivalenz von Satz 23.2 und Satz 23.3. Wir nehmen zunächst Satz 23.2 als richtig an. Dann ist für alle $Z \in R_k$, die der Bedingung (758) genügen, aufgrund von (756) wegen der aus (745) und Satz 15.9 folgenden Beziehung

$$\Phi(Z_{P_2}, Z_{P_2}, Z_{P_3}, \ldots, Z_{P_n}) = V(P_2, P_2, P_3, \ldots, P_n) > 0 \tag{761}$$

$$(P_2, \ldots, P_n = \text{beliebig} \in \underline{P}_n^{(0)})$$

die Ungleichung (759) erfüllt. Hierbei tritt ebenfalls wegen (761) genau dann Gleichheit ein:

$$\Phi(Z, Z, Z_{P_3}, \ldots, Z_{P_n}) = 0, \tag{762}$$

wenn dies bei (756) der Fall ist, d. h., wenn (757) gilt. Hierbei muß aber $\alpha = 0$ sein, wie man durch Einsetzung von (757) in (758) unter Berücksichtigung der Multilinearität und der in (744) ausgedrückten Translationsinvarianz von Φ sowie der Beziehung (761) einsehen kann. Somit ist also genau dann (762) erfüllt, wenn (760) gilt, und hiermit Satz 23.3 als richtig erkannt.

Wir setzen nun umgekehrt Satz 23.3 als richtig voraus und leiten daraus die Gültigkeit von Satz 23.2 ab. Zu diesem Zweck wählen wir ein beliebiges $Z \in R_k$ und betrachten das hiervon abgeleitete

$$Z' := Z - \frac{\Phi(Z, Z_{P_2}, Z_{P_3}, \ldots, Z_{P_n})}{\Phi(Z_{P_2}, Z_{P_2}, Z_{P_3}, \ldots, Z_{P_n})} Z_{P_2} \in R_k \tag{763}$$

$\big($vgl. (761)$\big)$. Wir entnehmen der Beziehung (763) und der Multilinearität von Φ unmittelbar $\Phi(Z', Z_{P_2}, Z_{P_3}, \ldots, Z_{P_n}) = 0$, so daß aufgrund von Satz 23.3

$$\Phi(Z', Z', Z_{P_3}, \ldots, Z_{P_n}) \leqq 0 \tag{764}$$

gilt. Dies ist wegen (763), (761) und der Symmetrie von Φ gleichbedeutend mit (756). In letzterer Ungleichung tritt nur dann Gleichheit ein, wenn dies bei (764) der Fall ist, d. h., wenn nach Satz 23.3 $Z' = Z_x$ ($x =$ beliebig $\in R_n$) gilt. Daraus folgt aber wegen (763) die Gültigkeit von (757). Weil sich umgekehrt aus (757) unmittelbar die Gleichheit in (756) ergibt, ist Satz 23.2 als richtig erkannt. Hiermit ist die Äquivalenz von Satz 23.2 und Satz 23.3 gezeigt. $\square$

Beweis von Satz 23.3. Wie schon angekündigt, geschieht der Beweis dieses Satzes durch vollständige Induktion nach der Dimension n des die Elemente von $\underline{P}_n^{(0)}$ enthaltenden euklidischen Raumes R_n. Im Fall $n = 2$ betrachten wir einen beliebigen Punkt $Z \in R_k$, welcher der Bedingung

$$\Phi(Z, Z_{P_2}) = 0 \qquad (P_2 = \text{beliebig} \in \underline{P}_2^{(0)}) \tag{765}$$

genügt. Dann ist nach Hilfssatz 23.7 a) mit $Z_{P_2} \in G^{(0)}$ für hinreichend kleines $\delta > 0$ auch $Z_{P_2} + \delta Z \in G^{(0)}$, d. h., es gibt nach der Definition (746) von $G^{(0)}$ ein $P_1 \in \underline{P}_2^{(0)}$ mit

$$Z_{P_1} = Z_{P_2} + \delta Z \ . \tag{766}$$

Wir wenden nun auf die konvexen Polygone P_1 und P_2 die Minkowskischen Ungleichungen zweiter Art (719) an und finden zusammen mit (745)

$$\big(\Phi(Z_{P_1}, Z_{P_2})\big)^2 \geqq \Phi(Z_{P_1}, Z_{P_1}) \, \Phi(Z_{P_2}, Z_{P_2})$$

oder — damit wegen (766), (765) und (761) gleichbedeutend —

$$\Phi(Z, Z) \leqq 0 \ . \tag{767}$$

Hier besteht genau dann Gleichheit, wenn in (719) Gleichheit gilt, d. h., wenn P_1 und P_2 gleichsinnig homothetisch sind:

$$P_1 = \beta P_2 + \delta x \qquad (\beta > 0, x \in R_n) \tag{768}$$

$\big($vgl. (721)$\big)$, was wegen (742) die Beziehung $Z_{P_1} = \beta Z_{P_2} + \delta Z_x$ liefert. Daher gilt zusammen mit (744) $\Phi(Z_{P_1}, Z_{P_2}) = \beta \Phi(Z_{P_2}, Z_{P_2})$; außerdem ist nach (766) und (765)

$$\Phi(Z_{P_1}, Z_{P_2}) = \Phi(Z_{P_2}, Z_{P_2}) + \delta \Phi(Z, Z_{P_2}) = \Phi(Z_{P_2}, Z_{P_2}) \ ,$$

d. h. $\beta = 1$ $\left(\text{vgl. }(761)\right)$ oder $Z_{P_1} = Z_{P_2} + \delta Z_x$, woraus wir zusammen mit (766) auf (760) als notwendige und hinreichende Bedingung für die Gleichheit in (767) schließen können. Damit ist aber Satz 23.3 im Fall $n = 2$ als richtig erkannt.

Wir nehmen jetzt an, dieser Satz sei für alle Dimensionen n' mit $2 \leqq n' < n$ bewiesen, und zeigen seine Gültigkeit im Fall der Dimension n. Hierzu führen wir zunächst einmal zweckmäßigerweise mittels

$$\Phi_{(P_3, \ldots, P_n)}(Z_1, Z_2) := \Phi(Z_1, Z_2, Z_{P_3}, \ldots, Z_{P_n}) \qquad (Z_1, Z_2 = \text{beliebig} \in R_k)$$
$$\tag{769}$$

die symmetrischen und gegen die Translationen (744) auf den Faktoren ihres Definitionsbereichs $R_k \times R_k$ invarianten Bilinearformen $\Phi_{(P_3, \ldots, P_n)}$ ein. Ist N der Unterraum

$$N := \{Z_x \in R_k; \; x = \text{beliebig} \in R_n\} \quad \text{mit} \quad d := \dim N \tag{770}$$

von R_k [1]) und R_{k-d} sein (bezüglich $\langle\!\langle \, , \, \rangle\!\rangle$) orthogonales Komplement, so sind diese Bilinearformen schon durch ihre Einschränkungen $\widetilde{\Phi}_{(P_3, \ldots, P_n)}$ auf $R_{k-d} \times R_{k-d}$ eindeutig bestimmt; es gilt nämlich aufgrund der eben genannten Invarianzeigenschaft von $\Phi_{(P_3, \ldots, P_n)}$

$$\Phi_{(P_3, \ldots, P_n)}(Z_1, Z_2) = \widetilde{\Phi}_{(P_3, \ldots, P_n)}([Z_1], [Z_2]) \, , \tag{771}$$

wenn wir mit $[Z_1]$ bzw. $[Z_2]$ die Orthogonalprojektionen der beliebigen Elemente Z_1 bzw. Z_2 aus R_k auf R_{k-d} bezeichnen.

Es ist nun für das Folgende von entscheidender Wichtigkeit, daß sich die eingeschränkten Bilinearformen $\widetilde{\Phi}_{(P_3, \ldots, P_n)}$ für alle $P_3, \ldots, P_n \in \underline{P}_n^{(0)}$ als nichtausgeartet erweisen. Um dies einzusehen, betrachten wir ein beliebiges $[Z] \in R_{k-d}$ mit der für alle $[Z_1] \in R_{k-d}$ gültigen Beziehung $\widetilde{\Phi}_{(P_3, \ldots, P_n)}([Z_1], [Z]) = 0$, welche aufgrund von (771), (769) und (753) mit $W(Z, Z_{P_3}, \ldots, Z_{P_n}) = 0$ äquivalent ist. Damit errechnet sich nach (753), (742), (754) und (752)

$$0 = \frac{1}{n} \langle\!\langle Z, W(Z, Z_{P_3}, \ldots, Z_{P_n}) \rangle\!\rangle = \Phi(Z, Z, Z_{P_3}, \ldots, Z_{P_n})$$

$$= \Phi(Z_{P_3}, Z, Z, Z_{P_4}, \ldots, Z_{P_n}) = \frac{1}{n} \langle\!\langle Z_{P_3}, W(Z, Z, Z_{P_4}, \ldots, Z_{P_n}) \rangle\!\rangle$$

$$= \frac{1}{n} \sum_{i=1}^{k} h_{P_3}(u_i) \, \Phi^{(i)}\big(\Lambda^{(i)}(Z), \Lambda^{(i)}(Z), \Lambda^{(i)}(Z_{P_4}), \ldots, \Lambda^{(i)}(Z_{P_n})\big) \, . \tag{772}$$

Hierin können wir o. B. d. A.

$$h_{P_3}(u_i) > 0 \qquad (i = 1, \ldots, k) \tag{773}$$

annehmen, was sich durch eine $o \in (P_3)^0$ bewirkende Parallelverschiebung von P_3 erreichen läßt, wodurch aufgrund der Translationsinvarianz von Φ die Bilinearform $\widetilde{\Phi}_{(P_3, \ldots, P_n)}$ nach (771) und (769) nicht geändert wird. Außerdem haben wir

---

[1]) N stellt als Bildmenge der durch $x \in R_n \mapsto Z_x \in R_k$ definierten, nach (743) linearen Abbildung einen euklidischen Unterraum von R_k dar. Die Dimension d von N ergibt sich hierbei zu n (für das Folgende unwichtig!).

wegen $W(Z, Z_{P_3}, \ldots, Z_{P_n}) = 0$ oder

$$\Phi^{(i)}\big(\varLambda^{(i)}(Z), \varLambda^{(i)}(Z_{P_3}), \varLambda^{(i)}(Z_{P_4}), \ldots, \varLambda^{(i)}(Z_{P_n})\big) = 0 \qquad (i = 1, \ldots, k)$$

(vgl. (754) und (752)) nach Induktionsvoraussetzung, angewandt auf die Erweiterungsfunktionen $\Phi^{(i)}$:

$$\Phi^{(i)}\big(\varLambda^{(i)}(Z), \varLambda^{(i)}(Z), \varLambda^{(i)}(Z_{P_4}), \ldots, \varLambda^{(i)}(Z_{P_n})\big) \leqq 0 \qquad (i = 1, \ldots, k) . \qquad (774)$$

Jetzt zeigt Einsetzung von (774) und (773) in (772), daß in (774) für alle i Gleichheit eintritt. Dies bedeutet aber nach Induktionsvoraussetzung das Bestehen der Relationen

$$\varLambda^{(i)}(Z) = Z_{x_i'}^{(i)} := \{\langle x_i', v_j^{(i)}\rangle\}_{j \in I_i} \qquad (i = 1, \ldots, k) \qquad (775)$$

(vgl. (748)) für geeignete Punkte x_i' aus den o enthaltenden Hyperebenen mit den Normaleneinheitsvektoren u_i.

Nach Einführung der Hyperebenen

$$A(u_i) := \{x \in R_n; \langle x, u_i\rangle = \zeta_i\} \qquad (776)$$

$(\zeta_i = i\text{-te Komponente von } Z; i = 1, \ldots, k)$

und der Orthogonalprojektionen x_i von x_i' auf $A(u_i)$ und unter Benutzung der Definition (750) von $\varLambda^{(i)}$ sowie elementargeometrischer Rechnung nach dem Vorbild von (749) besagt nun (775)

$$x_i \in A(u_i) \cap A(u_j) \qquad (j \in I_i; i = 1, \ldots, k) . \qquad (777)$$

Hieraus läßt sich leicht folgern, daß alle Punkte x_i gleich sein müssen: Sind nämlich $P_3 \cap A_3(u_{i_1})$ und $P_3 \cap A_3(u_{i_2})$ zwei verschiedene $(n-1)$-dimensionale Seiten von P_3 mit nichtleerem Durchschnitt $(1 \leqq i_1 < i_2 \leqq k)$ und e_3 eine Ecke von P_3 in diesem Durchschnitt, so liegt e_3 wegen der Einfachheit von P_3 noch auf genau $n-2$ weiteren $(n-1)$-dimensionalen Seiten, und alle diese n verschiedenen, e_3 enthaltenden $(n-1)$-dimensionalen Seiten $P_3 \cap A_3(u_h)$ von P_3 besitzen paarweise einen $(n-2)$-dimensionalen Durchschnitt (Übergang zu $(P_3)^*$ und Anwendung von Definition 23.1[1])). Insbesondere liegen daher nach (777) und der Definition der Indexmengen I_i die Punkte x_{i_1} und x_{i_2} im Durchschnitt $\bigcap\limits_{P_3 \cap A_3(u_h) \ni e_3} A(u_h)$. Dieser besteht aber wegen der linearen Unabhängigkeit der hierin auftretenden Vektoren u_h (Übergang zu $(P_3)^*$) nur aus einem Punkt, so daß $x_{i_1} = x_{i_2}$ resultiert. Diese Gleichheit bleibt richtig, wenn auf die Annahme $(P_3 \cap A_3(u_{i_1})) \cap (P_3 \cap A_3(u_{i_2})) \neq \emptyset$ verzichtet wird, da es (aus topologischen Gründen) stets eine $P_3 \cap A_3(u_{i_1})$ und $P_3 \cap A_3(u_{i_2})$ verbindende endliche Folge von $(n-1)$-dimensionalen Seiten von P_3 gibt, bei welcher zwei aufeinanderfolgende Glieder einen nichtleeren Durchschnitt besitzen. Damit haben wir also in der Tat

$$x_1 = \cdots = x_k =: x ,$$

und aus (777) in Verbindung mit (776) folgt für den so definierten Punkt x des R_n

$$Z = (\langle x, u_1\rangle, \ldots, \langle x, u_k\rangle) = Z_x \in N \quad \text{oder} \quad [Z] = 0 .$$

---

[1]) Dies ist wegen (773), d. h. $o \in (P_3)^0$ möglich.

Hiermit haben wir $\widetilde{\Phi}_{(P_3,\ldots,P_n)}$ als nichtausgeartet erkannt, d. h., der Rang $r_{(P_3,\ldots,P_n)}$ von $\widetilde{\Phi}_{(P_3,\ldots,P_n)}$ besitzt den Wert

$$r_{(P_3,\ldots,P_n)} = k - d \qquad (P_3,\ldots,P_n = \text{beliebig} \in \underline{P}_n^{(0)}) . \tag{778}$$

Den Index von $\widetilde{\Phi}_{(P_3,\ldots,P_n)}$, d. h. die maximale Dimension eines Unterraumes von R_{k-d}, auf dessen kartesischem Produkt mit sich selbst $\widetilde{\Phi}_{(P_3,\ldots,P_n)}$ negativ definit ist, bezeichnen wir mit $j_{(P_3,\ldots,P_n)}$ und untersuchen die Abhängigkeit dieses Index von den Punkten $Z_{P_3},\ldots,Z_{P_n}$ von $G^{(0)}$ (vgl. (746)). Wegen der aus (771) und (769) folgenden stetigen Abhängigkeit der Koeffizienten von $\widetilde{\Phi}_{(P_3,\ldots,P_n)}$ von den Punkten $Z_{P_3},\ldots,Z_{P_n}$ und der eben erwähnten Maximalitätseigenschaft des Index ist $j_{(P_3,\ldots,P_n)}$ nach unten halbstetig, d. h., es gilt für jedes $(Z_{P_3^{(0)}},\ldots,Z_{P_n^{(0)}}) \in \underbrace{G^{(0)} \times \cdots \times G^{(0)}}_{(n-2)\text{-mal}}$:

$$\liminf_{Z_{P_3} \to Z_{P_3^{(0)}},\ldots,Z_{P_n} \to Z_{P_n^{(0)}}} j_{(P_3,\ldots,P_n)} \geqq j_{(P_3^{(0)},\ldots,P_n^{(0)})} . \tag{779}$$

Der *Komplementärindex* $(k - d) - j_{(P_3,\ldots,P_n)}$ der nichtausgearteten Bilinearform $\widetilde{\Phi}_{(P_3,\ldots,P_n)}$, d. h. die maximale Dimension eines Unterraumes von R_{k-d}, auf dessen kartesischem Produkt mit sich selbst $\widetilde{\Phi}_{(P_3,\ldots,P_n)}$ positiv definit ist, ist aus demselben Grunde ebenfalls nach unten halbstetig:

$$(k - d) - \limsup_{Z_{P_3} \to Z_{P_3^{(0)}},\ldots,Z_{P_n} \to Z_{P_n^{(0)}}} j_{(P_3,\ldots,P_n)} \geqq (k - d) - j_{(P_3^{(0)},\ldots,P_n^{(0)})} . \tag{780}$$

Aus (779) und (780) resultiert jetzt die Stetigkeit des Index $j_{(P_3,\ldots,P_n)}$; und weil sein Definitionsbereich $\underbrace{G^{(0)} \times \cdots \times G^{(0)}}_{(n-2)\text{-mal}}$ nach Hilfssatz 23.7 a) und Satz 8.9 konvex und daher zusammenhängend ist und der Index nur ganzzahlige Werte annimmt, muß $j_{(P_3,\ldots,P_n)}$ konstant sein:

$$j_{(P_3,\ldots,P_n)} = j \qquad (P_3,\ldots,P_n = \text{beliebig} \in \underline{P}_n^{(0)}) . \tag{781}$$

Es kommt nun darauf an, den zwischen 0 und $k - d$ liegenden Wert des gemeinsamen Index j aller Bilinearformen $\widetilde{\Phi}_{(P_3,\ldots,P_n)}$ zu bestimmen. So findet man zunächst, daß j nicht den Wert $k - d$ haben kann, da sonst $\widetilde{\Phi}_{(P_3,\ldots,P_n)}$ negativ definit und damit $\Phi_{(P_3,\ldots,P_n)}$ nach (771) im Widerspruch zu (769) und (761) negativ semidefinit sein müßte. j kann aber auch nicht kleiner als $k - d - 1$ sein, wie folgendermaßen indirekt eingesehen werden kann: Wäre der Komplementärindex $k - d - j$ von $\widetilde{\Phi}_{(P_3,\ldots,P_3)}$ (vgl. (781)) größer als 1, so gäbe es einen mindestens zweidimensionalen Unterraum R_m von R_{k-d} derart, daß $\widetilde{\Phi}_{(P_3,\ldots,P_3)}$ auf $R_m \times R_m$ positiv definit ist. Der Durchschnitt von R_m mit der durch $\widetilde{\Phi}_{(P_3,\ldots,P_3)}([Z'],[Z_{P_3}]) = 0$ gegebenen Hyperebene von R_{k-d}[1]) müßte wegen des Dimensionssatzes mindestens eindimensional sein, so daß ein $[Z_1] \neq 0$ mit

$$\widetilde{\Phi}_{(P_3,\ldots,P_3)}([Z_1],[Z_{P_3}]) = 0 \tag{782}$$

---

[1]) Weil es keinen Punkt auf allen P_3 begrenzenden Hyperebenen gibt, ist $Z_{P_3} \neq Z_x$ oder $[Z_{P_3}] \neq 0$, und wegen des Nichtausgeartetseins von $\widetilde{\Phi}_{(P_3,\ldots,P_3)}$ wird durch $\widetilde{\Phi}_{(P_3,\ldots,P_3)}([Z'],[Z_{P_3}]) = 0$ tatsächlich eine Hyperebene des R_{k-d} definiert.

und

$$\widetilde{\Phi}_{(P_3,\,\ldots,\,P_3)}([Z_1],[Z_1]) > 0 \tag{783}$$

existierte. Andererseits haben wir nach Hilfssatz 23.7a) für ein hinreichend kleines $\delta > 0$ die Beziehung $Z_{P_3} + \delta Z_1 \in G^{(0)}$, d. h., es gilt in Verbindung mit (746) für ein geeignetes $P_1 \in \underline{P}_n^{(0)}$

$$Z_{P_1} = Z_{P_3} + \delta Z_1 . \tag{784}$$

Anwendung der Minkowskischen Ungleichung zweiter Art (720) auf die konvexen Polytope $P_1, P_3, \ldots, P_3$ liefert jetzt zusammen mit (745) die Beziehung

$$\left(\Phi(Z_{P_1}, Z_{P_3}, Z_{P_3}, \ldots, Z_{P_3})\right)^2 \geqq \Phi(Z_{P_1}, Z_{P_1}, Z_{P_3}, \ldots, Z_{P_3})\,\Phi(Z_{P_3}, \ldots, Z_{P_3})$$

oder (damit wegen (784), (769), (771), (782) und (761) äquivalent)

$$\widetilde{\Phi}_{(P_3,\,\ldots,\,P_3)}([Z_1],[Z_1]) \leqq 0 ,$$

was mit (783) im Widerspruch steht (vgl. hierzu die Überlegungen am Anfang des Beweises von Satz 23.3). Hiermit haben wir also

$$j = k - d - 1 \tag{785}$$

gezeigt.

Wir sind jetzt endlich in der Lage, im Fall der Dimension n aus der in Satz 23.3 angenommenen Gültigkeit der Gleichung (758) für einen Punkt $Z \in R_k$ auf das Bestehen der Ungleichung (759) mit dem einzigen Gleichheitsfall (760) zu schließen. Hierzu deuten wir zweckmäßigerweise die von Null verschiedenen Vektoren des R_{k-d} als Koordinatenvektoren der Punkte eines $(k - d - 1)$-dimensionalen projektiven Raumss $\widetilde{P}_{k-d-1}$. Dann wird durch

$$\widetilde{\Phi}_{(P_3,\,\ldots,\,P_n)}([Z'],[Z']) = 0 \tag{786}$$

aufgrund von (778), (781) und (785) ein Ellipsoid des $\widetilde{P}_{k-d-1}$ dargestellt, in bezug auf das im Fall $[Z] \neq 0$ die Punkte mit den Koordinatenvektoren $[Z]$ und $[Z_{P_2}]$[1]) wegen (758), (769) und (771) konjugiert sind. Der Punkt mit dem Koordinatenvektor $[Z_{P_2}]$ genügt nach (761), (769) und (771) der Bedingung

$$\widetilde{\Phi}_{(P_3,\,\ldots,\,P_n)}([Z_{P_2}],[Z_{P_2}]) > 0$$

und liegt somit in der keine Gerade von $\widetilde{P}_{k-d-1}$ enthaltenden Zusammenhangskomponente des Komplements des Ellipsoids (786). Deshalb muß der dazu konjugierte Punkt mit dem Koordinatenvektor $[Z]$ in der anderen Zusammenhangskomponente liegen:

$$\widetilde{\Phi}_{(P_3,\,\ldots,\,P_n)}([Z],[Z]) < 0 .[2])$$

Dies bedeutet aber wiederum nach (771) und (769) die (im Fall $[Z] \neq 0$ bestehende) Gültigkeit der Ungleichung $\Phi(Z, Z, Z_{P_3}, \ldots, Z_{P_n}) < 0$, während in dem bisher ausge-

---

[1]) Analog wie bei der Fußnote auf S. 302 ist $[Z_{P_2}] \neq 0$.

[2]) Die Verbindungsgerade der Punkte mit den Koordinatenvektoren $[Z]$ und $[Z_{P_2}]$ schneidet nämlich das Ellipsoid in zwei verschiedenen (reellen) Punkten, die die beiden erstgenannten Punkte harmonisch trennen.

schlossenen Fall $[Z] = 0$ oder $Z = Z_x$ mit geeignetem $x \in R_n$ trivialerweise $\Phi(Z, Z, Z_{P_3}, \ldots, Z_{P_n}) = 0$ gilt. Damit ist die Richtigkeit der Ungleichung (759) mit dem einzigen Gleichheitsfall (760) bewiesen und der Induktionsbeweis von Satz 23.3 (welcher die Gültigkeit von Satz 23.2 und Satz 23.1 nach sich zieht) vollendet. $\square$

Bemerkung 23.2. *Die Aufzählung aller Fälle, in welchen in der Ungleichung* (723) *von Aleksandrow Gleichheit eintritt, ist ein bis heute noch ungelöstes Problem!* Die zum Beweis von (723) dargelegte Methode ist als eine Approximationsmethode jedenfalls zur Klärung dieser Frage allein nicht geeignet.

Übungen

1. Man gebe ein dreidimensionales konvexes Polytop P des R_3 an, bei welchem nicht alle „Nachbarpolytope" P' von P (im Sinne von Hilfssatz 23.2) zu P stark kombinatorisch äquivalent sind.
2. Es sei $\underline{P}_2^{(0)}$ die Menge aller Rechtecke der euklidischen (ξ_1, ξ_2)-Ebene mit zu den Koordinatenachsen parallelen Seiten. Man bestimme hierfür das in Hilfssatz 23.7 eingeführte $G^{(0)}$ und Φ explizit und leite daraus eine Darstellung der durch (771) gegebenen Funktion $\widetilde{\Phi}$ her.
3.* Zur Menge $\underline{P}_n^{(0)}$ $(n \geq 2)$ von stark kombinatorisch äquivalenten und einfachen n-dimensionalen konvexen Polytopen des R_n gehöre die in Hilfssatz 23.7b) eingeführte Multilinearform Φ. Man beweise mit Hilfe der durch (753), (754), (752) und (750) gegebenen rekursiven Definition von Φ (ohne Benutzung von (745)) a) die Symmetrie von Φ und b) die Invarianz von Φ gegenüber den Translationen (744) auf einem Faktor des Definitionsbereiches von Φ. [Anleitung: Zum Beweis von a) wende man zweckmäßigerweise die rekursive Definition von Φ zweimal an.]
4. Es seien $P_1, \ldots, P_n$ beliebige stark kombinatorisch äquivalente und einfache n-dimensionale konvexe Polytope des R_n $(n \geq 2)$. Man zeige: In der Aleksandrowschen Ungleichung

$$(V(P_1, P_2, P_3, \ldots, P_n))^2 \geqq V(P_1, P_1, P_3, \ldots, P_n)\, V(P_2, P_2, P_3, \ldots, P_n)$$

gilt genau dann Gleichheit, wenn P_1 und P_2 gleichsinnig homothetisch sind.

§ 24. Der verallgemeinerte Satz von Brunn-Minkowski mit Anwendungen

Die Ungleichung (723) von ALEKSANDROW gestattet eine Verallgemeinerung des Satzes von BRUNN-MINKOWSKI für Quermaßintegrale mit sehr bemerkenswerten Konsequenzen. Diese lautet (ohne Gleichheitsdiskussion):

Satz 24.1. *Für beliebige kompakte und konvexe Mengen K_1 und K_2 des R_n $(n \geq 2)$, für beliebiges $\lambda_1 > 0$, $\lambda_2 > 0$ mit $\lambda_1 + \lambda_2 = 1$ und für eine beliebige natürliche Zahl m mit $2 \leqq m \leqq n$ gilt die Ungleichung*

$$W_{n-m}^{1/m}(\lambda_1 K_1 + \lambda_2 K_2) \geqq \lambda_1 W_{n-m}^{1/m}(K_1) + \lambda_2 W_{n-m}^{1/m}(K_2) \tag{787}$$

(vgl. (569) im Spezialfall $m = n$).

Beweis. In den Fällen $K_1 = \{x_1\}$ oder $K_2 = \{x_2\}$ bzw. $K_1 \subseteq R_{m'}$, $K_2 \subseteq R_{m'} + x$ für einen geeigneten m'-dimensionalen Unterraum $R_{m'}$ des R_n mit $m' < m$ und geeignetes $x \in R_n$ ist (787) trivial aufgrund von

$$W_{n-m}^{1/m}(\lambda_1 x_1 + \lambda_2 K_2) = \lambda_2 W_{n-m}^{1/m}(K_2) \quad \text{und} \quad W_{n-m}^{1/m}(\{x_1\}) = 0$$

oder

$$W_{n-m}^{1/m}(\lambda_1 K_1 + \lambda_2 x_2) = \lambda_1 W_{n-m}^{1/m}(K_1) \quad \text{und} \quad W_{n-m}^{1/m}(\{x_2\}) = 0 \tag{788}$$

bzw.

$$W_{n-m}^{1/m}(\lambda_1 K_1 + \lambda_2 K_2) = W_{n-m}^{1/m}(K_1) = W_{n-m}^{1/m}(K_2) = 0 \tag{789}$$

(vgl. Satz 16.2e)). Wir setzen daher im folgenden

$$\dim K_1 > 0, \quad \dim K_2 > 0 \quad \text{und} \quad \dim\big((\text{aff } K_1)_0 \vee (\text{aff } K_2)_0\big) \geqq m \tag{790}$$

voraus, wobei mit $(\text{aff } K_1)_0 \vee (\text{aff } K_2)_0$ der Verbindungsraum der in den Ursprung o parallelverschobenen affinen Hüllen von K_1 und K_2 bezeichnet sei. Dann entnimmt man Satz 15.9 und (790)

$$V\big(\underbrace{K_1, \ldots, K_1}_{m_1}, \underbrace{K_2, \ldots, K_2}_{m_2}, \underbrace{B_1(o), \ldots, B_1(o)}_{n-m}\big) > 0 \tag{791}$$

$$(1 \leqq m_1 \leqq \dim K_1,\ 1 \leqq m_2 \leqq \dim K_2,\ m_1 + m_2 = m).$$

Wir betrachten jetzt die durch

$$\Omega(\xi) := \big(\Theta_m(1 - \xi, \xi)\big)^{1/m} \qquad (0 \leqq \xi \leqq 1) \tag{792}$$

definierte Funktion Ω, wobei

$$\Theta_m(\alpha_1, \alpha_2) \equiv W_{n-m}(\alpha_1 K_1 + \alpha_2 K_2) \equiv \sum_{\mu=0}^{m} \binom{m}{\mu} \gamma_\mu (\alpha_1)^{m-\mu} (\alpha_2)^\mu \tag{793}$$

$$(\alpha_1 \geqq 0, \alpha_2 \geqq 0)$$

mit

$$\gamma_\mu := V\big(\underbrace{K_1, \ldots, K_1}_{m-\mu}, \underbrace{K_2, \ldots, K_2}_{\mu}, \underbrace{B_1(o), \ldots, B_1(o)}_{n-m}\big) \geqq 0 \quad (0 \leqq \mu \leqq m) \tag{794}$$

sei (vgl. Definition 16.1 und Satz 15.6). Nach (793), (794) und (791) haben wir für alle $\xi \in (0, 1)$ die Beziehung $\Theta_m(1 - \xi, \xi) > 0$, so daß Ω aufgrund von (792) eine zweimal stetig differenzierbare Funktion von ξ darstellt. Zwecks Berechnung ihrer zweiten Ableitung an einer beliebigen Stelle $\xi_0 \in (0, 1)$ machen wir in ihr die Variablentransformation

$$\xi' = \frac{\xi - \xi_0}{1 - \xi_0} \qquad (\xi_0 \leqq \xi \leqq 1).$$

Damit finden wir unter Benutzung der kompakten konvexen Mengen

$$K_1' := (1 - \xi_0) K_1 + \xi_0 K_2, \qquad K_2' := K_2 \tag{795}$$

wegen

$$(1 - \xi') K_1' + \xi' K_2' = \frac{1}{1 - \xi_0}\big[(1 - \xi)\,\big((1 - \xi_0) K_1 + \xi_0 K_2\big) + (\xi - \xi_0) K_2\big]$$

$$= (1 - \xi) K_1 + \xi K_2$$

für die mittels K_1', K_2' anstelle von K_1, K_2 analog zu (792), (793) und (794) definierte Funktion Ω' von ξ'

$$\Omega'\left(\frac{\xi - \xi_0}{1 - \xi_0}\right) = \Omega(\xi) \qquad (\xi_0 \leqq \xi \leqq 1)\,.$$

Nach zweimaliger Differentiation resultiert hieraus

$$\frac{\mathrm{d}^2\Omega}{\mathrm{d}\xi^2}(\xi_0) = \frac{\mathrm{d}^2\Omega'}{\mathrm{d}\xi'^2}(0)\,\frac{1}{(1 - \xi_0)^2}\,.$$

Berücksichtigen wir hierin nun noch die (analog wie bei (687) und (689a) geltende) Beziehung

$$\frac{\mathrm{d}^2\Omega'}{\mathrm{d}\xi'^2}(0) = -\frac{\mathrm{d}^2\Psi'}{\mathrm{d}\xi'^2}(0) = -\frac{m-1}{(\gamma_0')^{(2m-1)/m}}\left((\gamma_1')^2 - \gamma_0'\gamma_2'\right)$$

mit

$$\gamma_0' = V\big(K_1', K_1', \underbrace{K_1', \ldots, K_1'}_{m-2}, \underbrace{B_1(o), \ldots, B_1(o)}_{n-m}\big) = \Theta_m(1 - \xi_0,\, \xi_0) > 0\,,$$

$$\gamma_1' = V\big(K_1', K_2', \underbrace{K_1', \ldots, K_1'}_{m-2}, \underbrace{B_1(o), \ldots, B_1(o)}_{n-m}\big)$$

und

$$\gamma_2' = V\big(K_2', K_2', \underbrace{K_1', \ldots, K_1'}_{m-2}, \underbrace{B_1(o), \ldots, B_1(o)}_{n-m}\big)$$

$\big($vgl. (794), (793) und (795)$\big)$ sowie die auf die Mengen

$$K_1', K_2', \underbrace{K_1', \ldots, K_1'}_{m-2}, \underbrace{B_1(o), \ldots, B_1(o)}_{n-m}$$

angewandte Ungleichung (723) von ALEKSANDROW, so erhalten wir

$$\frac{\mathrm{d}^2\Omega}{\mathrm{d}\xi^2}(\xi_0) \leqq 0\,.$$

Da ξ_0 beliebig aus $(0, 1)$ gewählt war, bedeutet dies nach Satz 10.9 die Konvexität der durch (792) und (793) definierten (an $\xi = 0$ und $\xi = 1$ stetigen) Funktion $-\Omega$, d. h. in der Tat die Gültigkeit der zu beweisenden Ungleichung (787). $\square$

Über das Eintreten der Gleichheit in (787) gibt jetzt Aufschluß der im Spezialfall $m = 2$ von J. FAVARD[1]) und im allgemeinen Fall von W. FENCHEL[2]) stammende

Satz 24.2. *Unter den Voraussetzungen von Satz 24.1 gilt in (787) stets Gleichheit, wenn K_1 oder K_2 ein Punkt ist oder wenn K_1 und K_2 in parallelen m'-dimensionalen Unterräumen des R_n mit $m' < m$ gelegen sind. In den übrigbleibenden Fällen herrscht dagegen genau dann in (787) Gleichheit, wenn K_1 und K_2 mindestens m-dimensional und gleichsinnig homothetisch sind* (vgl. Satz 21.1 und Zusatz hierzu).

Dem Beweis dieses Satzes schicken wir zwei Hilfssätze voraus:

---

[1]) Vgl. [61], Kap. II.
[2]) Vgl. [62].

Hilfssatz 24.1. *Es seien* $K_1, \ldots, K_n$ *kompakte konvexe Untermengen des* R_n ($n \geqq 2$) *mit*

$$V(K_1, K_1, K_3, \ldots, K_n) > 0\,, \qquad V(K_2, K_2, K_3, \ldots, K_n) > 0\,, \tag{796}$$

und es sei weiter K_{n+1} *ein beliebiger kompakter konvexer Körper des* R_n. *Dann ist*

$$V(K_1, K_{n+1}, K_3, \ldots, K_n) > 0\,, \qquad V(K_2, K_{n+1}, K_3, \ldots, K_n) > 0\,, \tag{797}$$

und die Aleksandrowsche Ungleichung (723) *besitzt die folgende Verschärfung*:

$$\frac{V(K_1, K_1, K_3, \ldots, K_n)}{\big(V(K_1, K_{n+1}, K_3, \ldots, K_n)\big)^2}$$

$$- 2\,\frac{V(K_1, K_2, K_3, \ldots, K_n)}{V(K_1, K_{n+1}, K_3, \ldots, K_n)\, V(K_2, K_{n+1}, K_3, \ldots, K_n)}$$

$$+ \frac{V(K_2, K_2, K_3, \ldots, K_n)}{\big(V(K_2, K_{n+1}, K_3, \ldots, K_n)\big)^2} \leqq 0\,.^{1)} \tag{798}$$

Hierbei gilt genau dann Gleichheit, wenn dies in (723) *der Fall ist. Letzteres hat insbesondere*

$$\frac{V(K_1, K_1, K_3, \ldots, K_n)}{\big(V(K_1, K_{n+1}, K_3, \ldots, K_n)\big)^2} = \frac{V(K_2, K_2, K_3, \ldots, K_n)}{\big(V(K_2, K_{n+1}, K_3, \ldots, K_n)\big)^2} \tag{799}$$

zur Folge.

Beweis. Wir setzen zunächst zur Abkürzung

$$V_{\mu\nu} := V(K_\mu, K_\nu, K_3, \ldots, K_n) \qquad (\mu, \nu = 1, \ldots, n+1) \tag{800}$$

und wenden (723) auf die kompakten konvexen Mengen $K_1' := K_1 + \varrho_1 K_{n+1}$ ($\varrho_1 \geqq 0$), $K_2' := K_2 + \varrho_2 K_{n+1}$ ($\varrho_2 \geqq 0$), $K_3, \ldots, K_n$ an. Damit erhalten wir die für alle reellen $\varrho_1 \geqq 0$ und $\varrho_2 \geqq 0$ gültige quadratische Ungleichung

$$\big((V_{2,n+1})^2 - V_{22} V_{n+1,n+1}\big) (\varrho_1)^2$$

$$+ 2(V_{12} V_{n+1,n+1} - V_{1,n+1} V_{2,n+1}) \varrho_1 \varrho_2$$

$$+ \big((V_{1,n+1})^2 - V_{11} V_{n+1,n+1}\big) (\varrho_2)^2 + (\ldots)\,\varrho_1 + (\ldots)\,\varrho_2 + (\ldots) \geqq 0\,.$$

Einsetzung von $\varrho_1 = \varrho \cos \varphi$, $\varrho_2 = \varrho \sin \varphi$, Division durch ϱ^2 und Grenzübergang $\varrho \to +\infty$, verbunden mit nachfolgender Multiplikation mit ϱ^2, liefert die ebenfalls

---

$^{1)}$ Da die quadratische Gleichung

$$V(K_1, K_1, K_3, \ldots, K_n)\, \xi^2 - 2V(K_1, K_2, K_3, \ldots, K_n)\, \xi + V(K_2, K_2, K_3, \ldots, K_n) = 0$$

nach (798) und (796) (mindestens) eine reelle Wurzel besitzt, muß ihre Diskriminante

$$\big(V(K_1, K_2, K_3, \ldots, K_n)\big)^2 - V(K_1, K_1, K_3, \ldots, K_n)\, V(K_2, K_2, K_3, \ldots, K_n)$$

einen nichtnegativen Wert besitzen.

20*

für alle $\varrho_1 \geqq 0$, $\varrho_2 \geqq 0$ gültige homogene quadratische Ungleichung

$$\left((V_{2,\,n+1})^2 - V_{22}V_{n+1,\,n+1}\right)(\varrho_1)^2$$
$$+\; 2(V_{12}V_{n+1,\,n+1} - V_{1,\,n+1}V_{2,\,n+1})\,\varrho_1\varrho_2$$
$$+\; \left((V_{1,\,n+1})^2 - V_{11}V_{n+1,\,n+1}\right)(\varrho_2)^2 \geqq 0\,. \tag{801}$$

Wir unterscheiden nun für die nach (723) nichtnegativen Koeffizienten von $(\varrho_1)^2$ und $(\varrho_2)^2$ in (801) die folgenden vier Fälle:

$$\alpha)\; (V_{1,\,n+1})^2 - V_{11}V_{n+1,\,n+1} > 0\,, \qquad (V_{2,\,n+1})^2 - V_{22}V_{n+1,\,n+1} > 0\,,$$
$$\beta)\; (V_{1,\,n+1})^2 - V_{11}V_{n+1,\,n+1} > 0\,, \qquad (V_{2,\,n+1})^2 - V_{22}V_{n+1,\,n+1} = 0\,,$$
$$\gamma)\; (V_{1,\,n+1})^2 - V_{11}V_{n+1,\,n+1} = 0\,, \qquad (V_{2,\,n+1})^2 - V_{22}V_{n+1,\,n+1} > 0\,,$$
$$\delta)\; (V_{1,\,n+1})^2 - V_{11}V_{n+1,\,n+1} = 0\,, \qquad (V_{2,\,n+1})^2 - V_{22}V_{n+1,\,n+1} = 0$$

und beachten dabei die sich nach Satz 15.9 aus (796) und $\dim K_{n+1} = n$ ergebenden Ungleichungen (797) oder $V_{1,\,n+1} > 0$, $V_{2,\,n+1} > 0$.

Im Fall $\alpha)$ ergibt (801) im Spezialfall

$$(\varrho_1)^2 = (V_{1,\,n+1})^2 - V_{11}V_{n+1,\,n+1}\,, \qquad (\varrho_2)^2 = (V_{2,\,n+1})^2 - V_{22}V_{n+1,\,n+1}$$

wegen

$$\left((V_{2,\,n+1})^2 - V_{22}V_{n+1,\,n+1}\right)(\varrho_1)^2 + \left((V_{1,\,n+1})^2 - V_{11}V_{n+1,\,n+1}\right)(\varrho_2)^2$$
$$= 2\varrho_1\varrho_2\left((V_{1,\,n+1})^2 - V_{11}V_{n+1,\,n+1}\right)^{1/2}\left((V_{2,\,n+1})^2 - V_{22}V_{n+1,\,n+1}\right)^{1/2}$$

nach Division durch die positive Größe $2\varrho_1\varrho_2 V_{1,\,n+1}V_{2,\,n+1}$

$$\frac{V_{12}V_{n+1,\,n+1}}{V_{1,\,n+1}V_{2,\,n+1}} \geqq 1 - \left(1 - \frac{V_{11}V_{n+1,\,n+1}}{(V_{1,\,n+1})^2}\right)^{1/2}\left(1 - \frac{V_{22}V_{n+1,\,n+1}}{(V_{2,\,n+1})^2}\right)^{1/2}. \tag{802}$$

Im Fall $\beta)$ finden wir dagegen durch in (801) vorgenommene Spezialisierung $\varrho_2 = 1$, Division durch ϱ_1 und Grenzübergang $\varrho_1 \to +\infty$ die Ungleichung $2(V_{12}V_{n+1,\,n+1} - V_{1,\,n+1}V_{2,\,n+1}) \geqq 0$ oder

$$\frac{V_{12}V_{n+1,\,n+1}}{V_{1,\,n+1}V_{2,\,n+1}} \geqq 1\,. \tag{803}$$

Im Fall $\gamma)$ zeigt Einsetzung von $\varrho_1 = 1$, Division durch ϱ_2 und Grenzübergang $\varrho_2 \to +\infty$ in (801) in gleicher Weise die Gültigkeit der Ungleichung (803), die trivialerweise auch im Fall $\delta)$ ihre Gültigkeit behält (Einsetzung von $\varrho_1 = \varrho_2 = 1$ in (801)). Da in den Fällen $\beta)$, $\gamma)$ und $\delta)$ jeweils einer oder beide der auf der rechten Seite von (802) auftretenden Faktoren verschwinden, ist mit (803) in allen diesen Fällen auch die Richtigkeit von (802) gezeigt. Die Beziehung (802) ist somit als allgemeingültig erkannt.

Wir benutzen jetzt die Ungleichung vom arithmetischen und geometrischen Mittel, deren Anwendung

$$\left(1 - \frac{V_{11}V_{n+1,\,n+1}}{(V_{1,\,n+1})^2}\right)^{1/2}\left(1 - \frac{V_{22}V_{n+1,\,n+1}}{(V_{2,\,n+1})^2}\right)^{1/2}$$

$$\leqq 1 - \frac{1}{2}\left(\frac{V_{11}V_{n+1,\,n+1}}{(V_{1,\,n+1})^2} + \frac{V_{22}V_{n+1,\,n+1}}{(V_{2,\,n+1})^2}\right) \tag{804}$$

ergibt. Hierbei herrscht genau dann Gleichheit, wenn

$$\frac{V_{11}V_{n+1,\,n+1}}{(V_{1,\,n+1})^2} = \frac{V_{22}V_{n+1,\,n+1}}{(V_{2,\,n+1})^2} \tag{805}$$

gilt. Nach Einsetzung von (804) in (802) und Division durch die wegen (796) und $\dim K_{n+1} = n$ nach Satz 15.9 positive Größe $V_{n+1,\,n+1}$ resultiert

$$\frac{V_{12}}{V_{1,\,n+1}V_{2,\,n+1}} \geqq \frac{1}{2}\left(\frac{V_{11}}{(V_{1,\,n+1})^2} + \frac{V_{22}}{(V_{2,\,n+1})^2}\right), \tag{806}$$

was aufgrund von (800) mit der zu zeigenden Relation (798) identisch ist. Hierbei tritt wegen

$$\frac{1}{2}\left(\frac{V_{11}}{(V_{1,\,n+1})^2} + \frac{V_{22}}{(V_{2,\,n+1})^2}\right) \geqq \frac{(V_{11})^{1/2}\,(V_{22})^{1/2}}{V_{1,\,n+1}V_{2,\,n+1}} \tag{807}$$

(Ungleichung vom arithmetischen und geometrischen Mittel) sicher dann Gleichheit ein, wenn dasselbe für (723) oder (nach (800) gleichbedeutend) $(V_{12})^2 - V_{11}V_{22} \geqq 0$ zutrifft. Herrscht umgekehrt Gleichheit in (806), so gilt dasselbe in (804), so daß wir aufgrund von (805) und $V_{n+1,\,n+1} > 0$

$$\frac{V_{11}}{(V_{1,\,n+1})^2} = \frac{V_{22}}{(V_{2,\,n+1})^2} \tag{808}$$

haben. Daraus folgt aber auch das Eintreten der Gleichheit in (807), d. h. zusammen mit der Gleichheit in (806) das Eintreten der Gleichheit in (723). Hiermit haben wir nachgewiesen, daß in (806) bzw. (798) genau dann der Gleichheitsfall eintritt, wenn dies für (723) der Fall ist. Letzteres zieht also als Konsequenz die Gültigkeit der Relation (808) oder (nach (800) gleichbedeutend) der Relation (799) nach sich, womit Hilfssatz 24.1 bewiesen ist. $\square$

Hilfssatz 24.2. *Es seien K_1, K_2 und K_3 kompakte konvexe Mengen des R_n ($n \geqq 2$) mit*

$$\dim K_1 \geqq 2, \qquad \dim K_2 \geqq 2, \qquad \dim K_3 = n. \tag{809}$$

Weiter bezeichnen wir die Orthogonalprojektion des R_n auf eine den Ursprung o des R_n enthaltende Hyperebene $A(v)$ mit dem Einheitsnormalenvektor v mit p_v und das sich auf $A(v)$ beziehende gemischte Volumen mit $V_{(n-1)}(\underbrace{., \ldots , .})$. Dann ist
$$\text{\small{(n-1)-mal}}$$

$$\left.\begin{aligned} V_{(n-1)}\big(p_v(K_1),\, p_v(K_3),\, \ldots ,\, p_v(K_3)\big) > 0, \\ V_{(n-1)}\big(p_v(K_2),\, p_v(K_3),\, \ldots ,\, p_v(K_3)\big) > 0, \end{aligned}\right\} \tag{810}$$

und die auf die Mengen K_1, K_2, K_3, ..., K_3 angewandte Aleksandrowsche Ungleichung
(723) *besitzt die Verschärfung*

$$\frac{V(K_1, K_1, K_3, ..., K_3)}{\left(V_{(n-1)}(p_v(K_1), p_v(K_3), ..., p_v(K_3))\right)^2}$$

$$- 2\, \frac{V(K_1, K_2, K_3, ..., K_3)}{V_{(n-1)}\big(p_v(K_1), p_v(K_3), ..., p_v(K_3)\big)\, V_{(n-1)}\big(p_v(K_2), p_v(K_3), ..., p_v(K_3)\big)}$$

$$+ \frac{V(K_2, K_2, K_3, ..., K_3)}{\left(V_{(n-1)}(p_v(K_2), p_v(K_3), ..., p_v(K_3))\right)} \leqq 0 \,.^{1)} \tag{811}$$

Beweis. Wir betrachten zunächst die aus K_1, K_2, K_3 abgeleiteten kompakten konvexen Körper

$$K_1' := \varrho_{11}K_1 + \varrho_{12}K_2 + \varrho_{13}K_3\,, \qquad K_2' := \varrho_{21}K_1 + \varrho_{22}K_2 + \varrho_{23}K_3 \tag{812}$$

$$(\varrho_{11} > 0,\, \varrho_{12} > 0,\, \varrho_{13} > 0,\, \varrho_{21} > 0,\, \varrho_{22} > 0,\, \varrho_{23} > 0)$$

sowie

$$L_1 := K_1'\,, \qquad L_2 := K_1' + \sigma K_2' \qquad (\sigma \geqq 0)\,,^{2)} \tag{813}$$

wobei wir noch die Abkürzungen

$$V_{\mu\nu} := V(K_\mu, K_\nu, K_1', ..., K_1') \tag{814a}$$

und

$$U_\nu := V_{(n-1)}\big(p_v(K_\nu), p_v(K_1'), ..., p_v(K_1')\big) \qquad (\mu, \nu = 1, 2, 3) \tag{814b}$$

einführen. Dann stellt $\{K(\tau)\}_{\tau \in [0,\,1]}$ mit

$$K(\tau) := (1 - \tau)\, \frac{L_1}{V_{(n-1)}^{1/(n-1)}\big(p_v(L_1)\big)} + \tau\, \frac{L_2}{V_{(n-1)}^{1/(n-1)}\big(p_v(L_2)\big)} \qquad (0 \leqq \tau \leqq 1)$$

eine lineare und damit um so mehr eine konkave Schar kompakter konvexer Körper des R_n mit der Eigenschaft $V_{(n-1)}\big(p_v(K(0))\big) = V_{(n-1)}\big(p_v(K(1))\big) = 1$ dar. Nach der Folgerung aus Satz 19.2 von BONNESEN gilt daher

$$(1 - \tau)\, V\left(\frac{L_1}{V_{(n-1)}^{1/(n-1)}\big(p_v(L_1)\big)}\right) + \tau V\left(\frac{L_2}{V_{(n-1)}^{1/(n-1)}\big(p_v(L_2)\big)}\right)$$

$$- V\left((1 - \tau)\, \frac{L_1}{V_{(n-1)}^{1/(n-1)}\big(p_v(L_1)\big)} + \tau\, \frac{L_2}{V_{(n-1)}^{1/(n-1)}\big(p_v(L_2)\big)}\right) \leqq 0 \qquad (0 \leqq \tau \leqq 1) \tag{815}$$

(vgl. (534)). Bezeichnen wir nun den auf der linken Seite von (815) stehenden Ausdruck mit $\Psi(\tau)$, so hat (815) wegen $\Psi(0) = \Psi(1) = 0$ sowie wegen (301) die Bezie-

---

¹⁾ Daß (811) eine Verschärfung von

$$(V(K_1, K_2, K_3, ..., K_3))^2 - V(K_1, K_1, K_3, ..., K_3)\, V(K_2, K_2, K_3, ..., K_3) \geqq 0$$

darstellt, läßt sich wegen der aus (809) folgenden Beziehungen

$$V(K_1, K_1, K_3, ..., K_3) > 0\,, \qquad V(K_2, K_2, K_3, ..., K_3) > 0$$

analog wie bei der Fußnote auf S. 307 einsehen.

²⁾ Wegen $(K_3)^0 \neq \emptyset$ und $\varrho_{13} > 0$, $\varrho_{23} > 0$ ist $(K_1')^0 \neq \emptyset$, $(K_2')^0 \neq \emptyset$, $(L_1)^0 \neq \emptyset$, $(L_2)^0 \neq \emptyset$.

hung

$$\frac{d\Psi}{d\tau}(0) = (n-1)\,\frac{V(L_1, \ldots, L_1)}{V_{(n-1)}^{n/(n-1)}\!\big(p_v(L_1)\big)} - n\,\frac{V(L_1, \ldots, L_1, L_2)}{V_{(n-1)}\!\big(p_v(L_1)\big)\,V_{(n-1)}^{1/(n-1)}\!\big(p_v(L_2)\big)}$$

$$+ \frac{V(L_2, \ldots, L_2)}{V_{(n-1)}^{n/(n-1)}\!\big(p_v(L_2)\big)} \leqq 0 \tag{816}$$

zur Folge. Einsetzung von (813) in (816) und Entwicklung des entstehenden Ausdrucks auf der linken Seite von (816) in eine Potenzreihe von σ ergibt jetzt unter Berücksichtigung von (301) und Satz 15.6

$$\frac{n(n-1)}{2\,V_{(n-1)}^{(3n-2)/(n-1)}\!\big(p_v(K_1')\big)}\,\big[\,V(K_1', \ldots, K_1')\,V_{(n-1)}^2\big(p_v(K_1'), \ldots, p_v(K_1'), p_v(K_2')\big)$$

$$-2V(K_1', \ldots, K_1', K_2')\,V_{(n-1)}\big(p_v(K_1'), \ldots, p_v(K_1')\big)$$

$$\times\,V_{(n-1)}\big(p_v(K_1'), \ldots, p_v(K_1'), p_v(K_2')\big)$$

$$+\,V(K_1', \ldots, K_1', K_2', K_2')\,V_{(n-1)}^2\big(p_v(K_1'), \ldots, p_v(K_1')\big)\big]\,\sigma^2 + (\cdots)\,\sigma^3 + \cdots \leqq 0$$

$(\sigma \geqq 0)$. Nach Division durch $\sigma^2 > 0$ und Grenzübergang $\sigma \to +0$ sowie Einsetzung von (812) hat man also unter Benutzung von (814 a, b)

$$\left(\sum_{\mu=1}^{3}\sum_{\nu=1}^{3} V_{\mu\nu}\,\varrho_{1\mu}\varrho_{1\nu}\right)\left(\sum_{\nu=1}^{3} U_\nu\varrho_{2\nu}\right)^2 - 2\left(\sum_{\mu=1}^{3}\sum_{\nu=1}^{3} V_{\mu\nu}\varrho_{1\mu}\varrho_{2\nu}\right)\left(\sum_{\mu=1}^{3} U_\mu\varrho_{1\mu}\right)$$

$$\times\left(\sum_{\nu=1}^{3} U_\nu\varrho_{2\nu}\right) + \left(\sum_{\mu=1}^{3}\sum_{\nu=1}^{3} V_{\mu\nu}\varrho_{2\mu}\varrho_{2\nu}\right)\left(\sum_{\nu=1}^{3} U_\nu\varrho_{1\nu}\right)^2 \leqq 0 \tag{817}$$

$$(\varrho_{11} > 0, \varrho_{12} > 0, \varrho_{13} > 0, \varrho_{21} > 0, \varrho_{22} > 0, \varrho_{23} > 0)\,.$$

Hierbei erweist es sich als von besonderer Bedeutung, daß die Ungleichung (817) auch ohne die Voraussetzung $\varrho_{21} > 0$, $\varrho_{22} > 0$, $\varrho_{23} > 0$ gültig bleibt. Ersetzt man nämlich in (817) die Größen $\varrho_{2\nu}$ durch $\varrho_{2\nu} + \omega\varrho_{1\nu}$ ($\nu = 1, 2, 3$) mit beliebigen reellen Zahlen $\varrho_{2\nu}$ und hinreichend großem $\omega > 0$, so kann man wegen $\varrho_{1\nu} > 0$ stets $\varrho_{2\nu} + \omega\varrho_{1\nu} > 0$ ($\nu = 1, 2, 3$) erreichen, und die linke Seite von (817) bleibt nach dieser Ersetzung ungeändert, weil sie sich als von ω unabhängig erweist. Wir können also in (817) die Spezialisierung

$$\varrho_{21} = -U_2\,, \qquad \varrho_{22} = U_1\,, \qquad \varrho_{23} = 0$$

vornehmen und erhalten nach erfolgter Division der entstehenden Ungleichung durch $\left(\sum_{\nu=1}^{3} U_\nu\varrho_{1\nu}\right)^2 = V_{(n-1)}^2\big(p_v(K_1')\big) > 0$ (vgl. (814 b), (812) und die Fußnote [2]) auf S. 310)

$$V_{11} \cdot (U_2)^2 - 2V_{12} \cdot U_1 U_2 + V_{22} \cdot (U_1)^2 \leqq 0 \tag{818}$$

$$(\varrho_{11} > 0, \varrho_{12} > 0, \varrho_{13} > 0)\,.$$

20a *

Aus (818) folgt aber nach der weiteren Spezialisierung $\varrho_{13} = 1$ und Grenzübergang $\varrho_{11} \to +0$, $\varrho_{12} \to +0$ aufgrund von (814 a, b), (812) und Satz 15.6

$$V(K_1, K_1, K_3, \ldots, K_3)\, V_{(n-1)}^2\big(p_v(K_2), p_v(K_3), \ldots, p_v(K_3)\big)$$

$$-2V(K_1, K_2, K_3, \ldots, K_3)\, V_{(n-1)}\big(p_v(K_1), p_v(K_3), \ldots, p_v(K_3)\big)$$

$$\times\ V_{(n-1)}\big(p_v(K_2), p_v(K_3), \ldots, p_v(K_3)\big)$$

$$+\ V(K_2, K_2, K_3, \ldots, K_3)\, V_{(n-1)}^2\big(p_v(K_1), p_v(K_3), \ldots, p_v(K_3)\big) \leqq 0,$$

und diese Ungleichung erweist sich wegen den aus (809), d. h. $\dim\big(p_v(K_1)\big) \geqq 1$, $\dim\big(p_v(K_2)\big) \geqq 1$, $\dim\big(p_v(K_3)\big) = n - 1$ nach Satz 15.9 folgenden Beziehungen (810) als äquivalent mit der in Hilfssatz 24.2 zu beweisenden Ungleichung (811). Hiermit ist alles gezeigt. $\square$

Beweis von Satz 24.2. Wenn K_1 oder K_2 ein Punkt x_1 oder x_2 ist bzw. wenn K_1 und K_2 in parallelen m'-dimensionalen Unterräumen $R_{m'}$ und $R_{m'} + x$ des R_n liegen ($m' < m$), gilt aufgrund von (788) bzw. (789) die in Satz 24.2 behauptete Gleichheit in (787). In den übrigbleibenden Fällen kann (790) vorausgesetzt werden, woraus nach Satz 15.9 (791) oder — (unter Benutzung der sogenannten *gemischten Quermaßintegrale*)

$$W_{n-m}(\underbrace{K_1, \ldots, K_1}_{m-\mu}, \underbrace{K_2, \ldots, K_2}_{\mu}) := V\big(\underbrace{K_1, \ldots, K_1}_{m-\mu}, \underbrace{K_2, \ldots, K_2}_{\mu}, \underbrace{B_1(o), \ldots, B_1(o)}_{n-m}\big)$$

$$(2 \leqq m \leqq n,\ 0 \leqq \mu \leqq m) \qquad (819)$$

(vgl. Definition 16.1) — die Beziehung

$$W_{n-m}(\underbrace{K_1, \ldots, K_1}_{m-m_2}, \underbrace{K_2, \ldots, K_2}_{m_2}) > 0$$

$$(1 \leqq m - m_2 \leqq \dim K_1,\ 1 \leqq m_2 \leqq \dim K_2) \qquad (820)$$

folgt. Wir nehmen von jetzt an an, in (787) herrsche Gleichheit. Dann ist die durch

$$\Omega(\xi) := W_{n-m}^{1/m}\big((1 - \xi)\, K_1 + \xi K_2\big)$$

$$= \left(\sum_{\mu=0}^{m} \binom{m}{\mu} W_{n-m}(\underbrace{K_1, \ldots, K_1}_{m-\mu}, \underbrace{K_2, \ldots, K_2}_{\mu}) \cdot (1 - \xi)^{m-\mu} \cdot \xi^{\mu} \right)^{1/m} \qquad (821)$$

(vgl. (331), Satz 15.6 und (819)) für $0 \leqq \xi \leqq 1$ definierte und nach Satz 24.1 konkave Funktion Ω linear. Hilfssatz 22.2 b) ergibt, daß für die in (821) auftretenden gemischten Quermaßintegrale die quadratischen Relationen

$$\big(W_{n-m}(\underbrace{K_1, \ldots, K_1}_{m-\mu}, \underbrace{K_2, \ldots, K_2}_{\mu})\big)^2$$

$$= W_{n-m}(\underbrace{K_1, \ldots, K_1}_{m-\mu+1}, \underbrace{K_2, \ldots, K_2}_{\mu-1})\, W_{n-m}(\underbrace{K_1, \ldots, K_1}_{m-\mu-1}, \underbrace{K_2, \ldots, K_2}_{\mu+1}) \qquad (822)$$

$$(\mu = 1, \ldots, m - 1)$$

bestehen.[1]) Aus ihnen folgt zusammen mit (820) zusätzlich

$$W_{n-m}(\underbrace{K_1, \dots, K_1}_{m-m_2+1}, \underbrace{K_2, \dots, K_2}_{m_2-1}) > 0, \dots, W_{n-m}(\underbrace{K_1, \dots, K_1}_{m}) > 0$$

sowie

$$W_{n-m}(\underbrace{K_1, \dots, K_1}_{m-m_2-1}, \underbrace{K_2, \dots, K_2}_{m_2+1}) > 0, \dots, W_{n-m}(\underbrace{K_2, \dots, K_2}_{m}) > 0,$$

d. h. insgesamt

$$W_{n-m}(\underbrace{K_1, \dots, K_1}_{m-\mu}, \underbrace{K_2, \dots, K_2}_{\mu}) > 0 \qquad (0 \leqq \mu \leqq m) . \tag{823}$$

Speziell haben wir im Fall $\mu = 0$ bzw. $\mu = m$

$$W_{n-m}(\underbrace{K_1, \dots, K_1}_{m}) = W_{n-m}(K_1) > 0 , \qquad W_{n-m}(\underbrace{K_2, \dots, K_2}_{m}) = W_{n-m}(K_2) > 0 \tag{824}$$

$\bigl($vgl. (819) und (331)$\bigr)$, so daß sich wegen Satz 16.2 e) als notwendige Bedingung für das Eintreten der Gleichheit in (787) unter der Voraussetzung (790), wie in Satz 24.2 behauptet,

$$\dim K_1 \geqq m , \qquad \dim K_2 \geqq m \tag{825}$$

ergibt. Wir unterscheiden nun im folgenden die beiden Fälle: α) $m = 2$ und β) $m > 2$. Unser Ziel ist zu zeigen, daß in diesen Fällen die gleichsinnige Homothetie von K_1 und K_2 eine weitere notwendige Bedingung für Gleichheit in (787) bei Voraussetzung von (790) ist.

α) Im Fall $m = 2$ stellt dies eine unmittelbare Konsequenz aus der im folgenden zu beweisenden Tatsache dar, daß für die gemischten Quermaßintegrale zweier kompakter konvexer Mengen K_1 und K_2 des R_n ($n \geqq 2$) mit $\dim K_1 \geqq 2$, $\dim K_2 \geqq 2$ die Ungleichung

$$\frac{W_{n-2}(K_1, K_1)}{(W_{n-1}(K_1))^2} - 2\, \frac{W_{n-2}(K_1, K_2)}{W_{n-1}(K_1)\, W_{n-1}(K_2)} + \frac{W_{n-2}(K_2, K_2)}{(W_{n-1}(K_2))^2} \leqq 0 \tag{826}$$

besteht, in welcher nur dann Gleichheit herrscht, wenn K_1 und K_2 gleichsinnig homothetisch sind. Aus der Gleichheit in (787) folgt nämlich (822) und somit das Verschwinden der Diskriminante, d. h. die Existenz einer reellen Doppelwurzel der quadratischen Gleichung

$$W_{n-2}(K_1, K_1)\, \xi^2 - 2 W_{n-2}(K_1, K_2)\, \xi + W_{n-2}(K_2, K_2) = 0 , \tag{827}$$

deren linke Seite also nach (824) genau so wie speziell die linke Seite von (826) nichtnegativ sein muß. Letzteres kann aber nur bei Gleichheit in (826), d. h. bei gleichsinniger Homothetie von K_1 und K_2 der Fall sein.

Wir beweisen jetzt die Gültigkeit von (826) mit der angegebenen Gleichheitsdiskussion durch vollständige Induktion nach der Dimension n des K_1 und K_2 enthaltenden euklidischen Raumes R_n. Im Fall $n = 2$ ist (826) nichts anderes als

---

[1]) Bei der Herleitung von (683) wurde nämlich die Voraussetzung $\gamma_\mu > 0$ nicht benutzt.

der Spezialfall $K_3 = B_1(o)$ in der schon bewiesenen Beziehung (798), und infolgedessen folgt nach Hilfssatz 24.1 aus der Gleichheit in (826) bzw. in (798) die Gleichheit in (723), was wegen $n = 2$ nach Satz 22.6 die gleichsinnige Homothetie von K_1 und K_2 nach sich zieht. Nun sei also schon die Gültigkeit der (826) im Fall der Dimension $n - 1$ entsprechenden Ungleichung für alle mindestens zweidimensionalen kompakten konvexen Mengen des R_{n-1} mit Gleichheit nur für gleichsinnig homothetische Mengen bewiesen; wir werden zeigen, daß dasselbe dann entsprechend auch für den Fall der Dimension n zutrifft ($n > 2$). Zu diesem Zweck betrachten wir zunächst die nach Hilfssatz 24.2 $\left(\text{mit } K_3 = B_1(o)\right)$ und (819) sowie (331) gültige Ungleichung

$$W_{n-2}(K_1, K_1) \left(\frac{W_{n-2}^{(n-1)}\big(p_v(K_2)\big)}{W_{n-2}^{(n-1)}\big(p_v(K_1)\big)}\right)^2 - 2W_{n-2}(K_1, K_2) \frac{W_{n-2}^{(n-1)}\big(p_v(K_2)\big)}{W_{n-2}^{(n-1)}\big(p_v(K_1)\big)}$$

$$+ \, W_{n-2}(K_2, K_2) \leqq 0 \qquad \big(v = \text{beliebig} \in \partial B_1(o)\big) \,. \tag{828}$$

Der in (828) auftretende Quotient $\dfrac{W_{n-2}^{(n-1)}\big(p_v(K_2)\big)}{W_{n-2}^{(n-1)}\big(p_v(K_1)\big)}$ ist wegen (810) stets positiv und hängt nach Satz 16.6 von v stetig ab; wir haben daher

$$0 < \varkappa_1 := \operatorname*{Min}_{v \in \partial B_1(o)} \frac{W_{n-2}^{(n-1)}\big(p_v(K_2)\big)}{W_{n-2}^{(n-1)}\big(p_v(K_1)\big)} \leqq \frac{W_{n-2}^{(n-1)}\big(p_v(K_2)\big)}{W_{n-2}^{(n-1)}\big(p_v(K_1)\big)}$$

$$\leqq \operatorname*{Max}_{v \in \partial B_1(o)} \frac{W_{n-2}^{(n-1)}\big(p_v(K_2)\big)}{W_{n-2}^{(n-1)}\big(p_v(K_1)\big)} =: \varkappa_2 \,. \tag{829}$$

Daraus folgt aufgrund von (828) in Verbindung mit (824) für die (der Größe nach geordneten) reellen Wurzeln $\xi^{(1)}$ und $\xi^{(2)}$ der quadratischen Gleichung (827) die Beziehung

$$\xi^{(1)} \leqq \varkappa_1 \leqq \varkappa_2 \leqq \xi^{(2)} \,. \tag{830}$$

Einsetzung der Abschätzungen (829) in die Rekursionsformel (352) von Kubota für $W_{n-1}(K_1)$ und $W_{n-1}(K_2)$ liefert weiter

$$\varkappa_1 \leqq \frac{W_{n-1}(K_2)}{W_{n-1}(K_1)} \leqq \varkappa_2 \tag{831}$$

mit entweder keiner oder doppelter Gleichheit, so daß (830) zusammen mit (831) die Gültigkeit der mit (826) äquivalenten Ungleichung

$$W_{n-2}(K_1, K_1) \left(\frac{W_{n-1}(K_2)}{W_{n-1}(K_1)}\right)^2 - 2W_{n-2}(K_1, K_2) \frac{W_{n-1}(K_2)}{W_{n-1}(K_1)}$$

$$+ \, W_{n-2}(K_2, K_2) \leqq 0 \tag{832}$$

ergibt.

Hierbei kann nur dann in (826) bzw. (832) Gleichheit herrschen, wenn $\dfrac{W_{n-1}(K_2)}{W_{n-1}(K_1)}$ mit einer der Wurzeln $\xi^{(1)}$, $\xi^{(2)}$ von (827) übereinstimmt und daher insbesondere nach (830) und (831) (mit der dort gemachten Bemerkung über den Gleichheitsfall) in (831) überall Gleichheit herrscht. Dies bedeutet aber wegen (829) das Bestehen der Relation

$$\varkappa_1 = \frac{W_{n-2}^{(n-1)}\big(p_v(K_2)\big)}{W_{n-2}^{(n-1)}\big(p_v(K_1)\big)} = \varkappa_2 \qquad \big(v = \text{beliebig} \in \partial B_1(o)\big)\,, \tag{833}$$

wobei

$$\varkappa := \varkappa_1 = \varkappa_2 \tag{834}$$

eine Wurzel von (827) darstellt und somit

$$W_{n-2}(K_1, K_1)\,\varkappa^2 - 2W_{n-2}(K_1, K_2)\,\varkappa + W_{n-2}(K_2, K_2) = 0 \tag{835}$$

gilt. Nun haben wir nach (352) und (109) für beliebiges $\alpha_1 \geqq 0,\ \alpha_2 \geqq 0$

$$W_{n-2}(\alpha_1 K_1 + \alpha_2 K_2) = \frac{1}{n\omega_{n-1}} \int\limits_{\partial B_1(o)} W_{n-3}^{(n-1)}\big(\alpha_1 p_v(K_1) + \alpha_2 p_v(K_2)\big)\, d\sigma\,,$$

und die aufgrund von (331) und Satz 15.6 mögliche Entwicklung der linken und der rechten Seite dieser Gleichung in ein vom Grade 2 homogenes Polynom von α_1 und α_2 ergibt nach Koeffizientenvergleich wegen (819)

$$W_{n-2}(K_i, K_j) = \frac{1}{n\omega_{n-1}} \int\limits_{\partial B_1(o)} W_{n-3}^{(n-1)}\big(p_v(K_i),\, p_v(K_j)\big)\, d\sigma \qquad (i, j = 1, 2)\,.^{1)}$$

Einsetzung dieser Rekursionsformeln für die gemischten Quermaßintegrale in (835) liefert

$$\int\limits_{\partial B_1(o)} \Big[W_{n-3}^{(n-1)}\big(p_v(K_1),\, p_v(K_1)\big)\,\varkappa^2 - 2W_{n-3}^{(n-1)}\big(p_v(K_1),\, p_v(K_2)\big)\,\varkappa$$
$$+ W_{n-3}^{(n-1)}\big(p_v(K_2),\, p_v(K_2)\big) \Big]\, d\sigma = 0\,.$$

Da der (nach Fußnote [1] stetige) Integrand des vorstehenden Integrals wegen (834), (833) und der nach Induktionsvoraussetzung geltenden, (826) im Fall der Dimension $n - 1$ entsprechenden Ungleichung für mindestens zweidimensionale kompakte konvexe Mengen $p_v(K_1)$ und $p_v(K_2)$ und damit fast überall[2] nichtpositiv ist, muß derselbe für derartige Mengen verschwinden. Dies hat ebenfalls nach Induktionsvoraussetzung die gleichsinnige Homothetie aller mindestens zweidimensionalen $p_v(K_1)$ und $p_v(K_2)$ zur Folge; und das Gleiche gilt nach erfolgtem geeigneten Grenzübergang für alle Orthogonalprojektionen $p_v(K_1)$ und $p_v(K_2)$ von

---

[1] Nach Satz 16.6 und Hilfssatz 15.1 hängt nämlich mit

$$W_{n-3}^{(n-1)}(p_v(\alpha_1 K_1 + \alpha_2 K_2)) = \sum_{i=1}^{2} \sum_{j=1}^{2} W_{n-3}^{(n-1)}(p_v(K_i),\, p_v(K_j))\,\alpha_i \alpha_j$$

für jedes $\alpha_1 \geqq 0,\ \alpha_2 \geqq 0$ auch $W_{n-3}^{(n-1)}(p_v(K_i),\, p_v(K_j))$ $(i, j = 1, 2)$ von v stetig ab.

[2] $p_v(K_i)$ ist genau dann eindimensional, wenn $\dim K_i = 2$ gilt und v zu aff K_i $(i = 1, 2)$ parallel ist. Somit besitzt die Menge aller „Ausnahmerichtungen" v auf $\partial B_1(o)$ das $(n - 1)$-dimensionale Lebesguesche Maß 0.

K_1 und K_2 schlechthin.[1]) Dabei muß das Ähnlichkeitsverhältnis $\lambda(v) > 0$ von $p_v(K_2)$ und $p_v(K_1)$ bei allen $p_v(K_1)$ und $p_v(K_2)$ gleich sein, wie man aus (833) zusammen mit Satz 15.6 entnimmt. Es ist also

$$\lambda(v) = \lambda > 0 \qquad (v = \text{beliebig} \in \partial B_1(o)) \, ,$$

und wir haben mit λK_1 und K_2 zwei kompakte konvexe Mengen, deren sämtliche Orthogonalprojektionen $\lambda p_v(K_1)$ und $p_v(K_2)$ translationsgleich sind. Nach Lemma 20.1 a) sind daher wegen $n \geq 3$ auch λK_1 und K_2 selbst translationsgleich, d. h., K_1 und K_2 sind gleichsinnig homothetisch, womit unsere Induktionsbehauptung im Fall der Dimension n vollständig bewiesen ist. Wie schon dargelegt, ist hiermit im Fall $m = 2$ neben (825) auch die gleichsinnige Homothetie von K_1 und K_2 unter der Voraussetzung (790) als notwendige Bedingung für die Gleichheit in der Ungleichung (787) des verallgemeinerten Brunn-Minkowskischen Satzes erkannt.

β) Um dasselbe im Fall $m > 2$ nachzuweisen, führen wir zweckmäßigerweise vollständige Induktion nach m durch. Den Anfang $m = 2$ für diese Induktion stellt der bereits erledigte Fall α) dar, so daß wir im folgenden annehmen, die zu zeigende Behauptung sei für $m - 1 \geq 2$ bewiesen. Es ist dann nur noch zu zeigen, daß bei Voraussetzung von (790) die Gleichheit in (787) die gleichsinnige Homothetie von K_1 und K_2 zur Folge hat. Nun hatten wir schon gesehen, daß aus der Gleichheit in (787) die Beziehungen (822) oder (wegen (823))

$$\frac{W_{n-m}(K_1, \dots, K_1, K_2)}{W_{n-m}(K_1, \dots, K_1)} = \frac{W_{n-m}(K_1, \dots, K_1, K_2, K_2)}{W_{n-m}(K_1, \dots, K_1, K_2)}$$

$$= \frac{W_{n-m}(K_1, \dots, K_1, K_2, K_2, K_2)}{W_{n-m}(K_1, \dots, K_1, K_2, K_2)} = \dots = \frac{W_{n-m}(K_2, \dots, K_2)}{W_{n-m}(K_1, K_2, \dots, K_2)} \qquad (836)$$

folgen. Hieraus entnimmt man spezieller

$$\frac{W_{n-m}(K_1, \dots, K_1, K_2)}{W_{n-m}(K_1, \dots, K_1)} = \frac{W_{n-m}(K_1, \dots, K_1, K_2, K_2, K_2)}{W_{n-m}(K_1, \dots, K_1, K_2, K_2)} \, ,$$

$$\frac{W_{n-m}(K_1, \dots, K_1, K_2, K_2)}{W_{n-m}(K_1, \dots, K_1, K_2)} = \frac{W_{n-m}(K_1, \dots, K_1, K_2, K_2, K_2, K_2)}{W_{n-m}(K_1, \dots, K_1, K_2, K_2, K_2)} \, , \dots \, ,$$

$$\frac{W_{n-m}(K_1, K_1, K_2, \dots, K_2)}{W_{n-m}(K_1, K_1, K_1, K_2, \dots, K_2)} = \frac{W_{n-m}(K_2, \dots, K_2)}{W_{n-m}(K_1, K_2, \dots, K_2)}$$

---

[1]) Aus $\lim\limits_{\nu \to \infty} v^{(\nu)} = v_0$ und $h_2(u^{(\nu)}) = \lambda^{(\nu)} h_1(u^{(\nu)}) + \langle a^{(\nu)}, u^{(\nu)} \rangle$ für alle $u^{(\nu)} \in \partial B_1(o) \cap A(v^{(\nu)})$ $(v^{(\nu)} \in \partial B_1(o)$, h_1 bzw. $h_2 = $ (stetige) Stützfunktion von K_1 bzw. K_2, $\lambda^{(\nu)} > 0$, $a^{(\nu)} \in A(v^{(\nu)}))$ folgt nämlich wegen

$$\lambda^{(\nu)} = \frac{W_{n-2}^{(n-1)}(p_{v^{(\nu)}}(K_2))}{W_{n-2}^{(n-1)}(p_{v^{(\nu)}}(K_1))} = \frac{W_{n-2}^{(n-1)}(p_{v_0}(K_2))}{W_{n-2}^{(n-1)}(p_{v_0}(K_1))} = : \lambda_0 > 0 \qquad \text{(vgl. (833))}$$

und (o. B. d. A.) $\lim\limits_{\nu \to \infty} a^{(\nu)} = a_0$ durch Grenzübergang $\nu \to \infty$: $h_2(u_0) = \lambda_0 h_1(u_0) + \langle a_0, u_0 \rangle$ für alle $u_0 \in \partial B_1(o) \cap A(v_0)$ $(a_0 \in A(v_0))$.

sowie nach leichter Umformung

$$\frac{W_{n-m}(K_1, \ldots, K_1, K_2, K_2)}{W_{n-m}(K_1, \ldots, K_1)} = \frac{W_{n-m}(K_1, \ldots, K_1, K_2, K_2, K_2)}{W_{n-m}(K_1, \ldots, K_1, K_2)}$$

$$= \frac{W_{n-m}(K_1, \ldots, K_1, K_2, K_2, K_2, K_2)}{W_{n-m}(K_1, \ldots, K_1, K_2, K_2)}$$

$$= \cdots = \frac{W_{n-m}(K_2, \ldots, K_2)}{W_{n-m}(K_1, K_1, K_2, \ldots, K_2)} \,. \tag{837}$$

Da die Gleichungen (822) gerade den Gleichheitsfall in den Aleksandrowschen Ungleichungen (723) mit $K_3 = K_1, \ldots, K_{m-\mu+1} = K_1, K_{m-\mu+2} = K_2, \ldots, K_m = K_2$, $K_{m+1} = B_1(o), \ldots, K_n = B_1(o)$ darstellen (vgl. (819)), haben wir weiter nach (dem wegen (823) anwendbaren) Hilfssatz 24.1 (vgl. (796)) mit $K_{n+1} = B_1(o)$

$$\frac{W_{n-m}(\underbrace{K_1, \ldots, K_1}_{m-\mu-1}, \underbrace{K_2, \ldots, K_2}_{\mu+1})}{W_{n-m}(\underbrace{K_1, \ldots, K_1}_{m-\mu+1}, \underbrace{K_2, \ldots, K_2}_{\mu-1})} = \frac{\big(W_{n-m+1}(\underbrace{K_1, \ldots, K_1}_{m-\mu-1}, \underbrace{K_2, \ldots, K_2}_{\mu})\big)^2}{\big(W_{n-m+1}(\underbrace{K_1, \ldots, K_1}_{m-\mu}, \underbrace{K_2, \ldots, K_2}_{\mu-1})\big)^2}$$

$$(\mu = 1, \ldots, m-1) \tag{838}$$

(vgl. (799)). Einsetzung von (838) in (837) und nachfolgende Bildung der Quadratwurzeln liefert

$$\frac{W_{n-(m-1)}(K_1, \ldots, K_1, K_2)}{W_{n-(m-1)}(K_1, \ldots, K_1)} = \frac{W_{n-(m-1)}(K_1, \ldots, K_1, K_2, K_2)}{W_{n-(m-1)}(K_1, \ldots, K_1, K_2)} = \cdots$$

$$= \frac{W_{n-(m-1)}(K_2, \ldots, K_2)}{W_{n-(m-1)}(K_1, K_2, \ldots, K_2)} \,,$$

und der Vergleich mit (836) zeigt, daß damit die (822) im Fall $m-1$ entsprechenden quadratischen Relationen gültig sind. Aufgrund von Hilfssatz 22.2 b) ist daher die durch

$$\Omega'(\xi) := W_{n-(m-1)}^{1/(m-1)}\big((1-\xi)K_1 + \xi K_2\big)$$

$$= \left(\sum_{\mu'=0}^{m-1} \binom{m-1}{\mu'} W_{n-(m-1)}(\underbrace{K_1, \ldots, K_1}_{m-1-\mu'}, \underbrace{K_2, \ldots, K_2}_{\mu'})(1-\xi)^{m-1-\mu'} \xi^{\mu'}\right)^{1/(m-1)}$$

$$(0 \leq \xi \leq 1)$$

definierte Funktion Ω' linear, so daß in der (787) im Fall $m-1$ entsprechenden Ungleichung Gleichheit herrschen muß. Dann sind aber nach der (wegen dim $K_1 > 0$, dim $K_2 > 0$, dim$((\text{aff } K_1)_0 \vee (\text{aff } K_2)_0) \geq m > m-1$ anwendbaren) Induktionsvoraussetzung K_1 und K_2 schon gleichsinnig homothetisch, und unsere Induktionsbehauptung ist erwiesen. In allen Fällen ist also (bei Voraussetzung von (790)) neben (825) die gleichsinnige Homothetie von K_1 und K_2 eine notwendige Bedingung für Gleichheit in (787).

Da schließlich umgekehrt bei beliebigen gleichsinnig homothetischen kompakten konvexen Mengen K_1 und $K_2 = \lambda K_1 + a$ $(\lambda > 0,\ a \in R_n)$ in (787) wegen

$$W_{n-m}^{1/m}(\lambda_1 K_1 + \lambda_2 K_2) = W_{n-m}^{1/m}((\lambda_1 + \lambda_2\lambda)\, K_1) = (\lambda_1 + \lambda_2\lambda)\, W_{n-m}^{1/m}(K_1)$$
$$= \lambda_1 W_{n-m}^{1/m}(K_1) + \lambda_2 W_{n-m}^{1/m}(K_2)$$

stets Gleichheit eintritt, ist Satz 24.2 hiermit vollständig bewiesen. $\square$

Bemerkung 24.1. *Die Ungleichung (787) bleibt im Fall* $m = 1$ *nach Satz 16.3 trivialerweise gültig; weil in ihr stets Gleichheit herrscht, lassen sich aber daraus im Gegensatz zu den Fällen* $m > 1$ *in bezug auf* K_1 *und* K_2 *keine weiteren geometrischen Schlüsse ziehen.*

Wir vermerken noch zwecks nachfolgender Anwendung als Analoga zu den Minkowskischen Ungleichungen erster Art (696), (697) und zweiter Art (719), (720) die sich aus den Sätzen 24.1 und 24.2 zusammen mit Hilfssatz 22.2 a), b) unmittelbar ergebenden sogenannten *verallgemeinerten Ungleichungen von Minkowski erster Art und zweiter Art* in dem

Satz 24.3. *Für die gemischten Quermaßintegrale zweier beliebiger kompakter, konvexer, mindestens* m-*dimensionaler Mengen* K_1 *und* K_2 *des* R_n $(n \geqq 2,\ 2 \leqq m \leqq n)$ *gelten*

a) *die „verallgemeinerten Minkowskischen Ungleichungen erster Art"*

$$W_{n-m}(\underbrace{K_1, \ldots, K_1}_{m-1}, K_2) \geqq \big(W_{n-m}(K_1, \ldots, K_1)\big)^{(m-1)/m} \big(W_{n-m}(K_2, \ldots, K_2)\big)^{1/m} \tag{839}$$

und

$$W_{n-m}(K_1, \underbrace{K_2, \ldots, K_2}_{m-1}) \geqq \big(W_{n-m}(K_1, \ldots, K_1)\big)^{1/m} \big(W_{n-m}(K_2, \ldots, K_2)\big)^{(m-1)/m} \tag{840}$$

mit jeweiliger Gleichheit genau bei gleichsinnig homothetischem K_1 *und* K_2 *sowie*

b) *die „verallgemeinerten Minkowskischen Ungleichungen zweiter Art"*

$$\big(W_{n-m}(\underbrace{K_1, \ldots, K_1}_{m-1}, K_2)\big)^2 \geqq W_{n-m}(K_1, \ldots, K_1)\, W_{n-m}(\underbrace{K_1, \ldots, K_1}_{m-2}, K_2, K_2) \tag{841}$$

und

$$\big(W_{n-m}(K_1, \underbrace{K_2, \ldots, K_2}_{m-1})\big)^2 \geqq W_{n-m}(K_1, K_1, \underbrace{K_2, \ldots, K_2}_{m-2})\, W_{n-m}(K_2, \ldots, K_2) .^{1)} \tag{842}$$

Hierbei sind K_1 *und* K_2 *genau dann gleichsinnig homothetisch, wenn alle quadratischen Relationen (822) bestehen.*

Um jetzt die angekündigte Anwendung verallgemeinerter Minkowskischer Ungleichungen durchführen zu können, benötigen wir noch den Begriff der $(m-1)$-*ten Krümmungsfunktion* einer beliebigen kompakten konvexen Menge K_1 des R_n $(2 \leqq m \leqq n)$, dessen Ursprung auf die differentialgeometrischen Eigenschaften bei einer als zweimal stetig differenzierbar vorausgesetzten Randmenge ∂K_1 zu-

---

[1]) Die Ungleichungen (841) und (842) sind natürlich auch eine direkte Folge der Aleksandrowschen Ungleichung (723).

rückgeht. Hierzu bemerken wir, daß nach W. Fenchel und B. Jessen[1]) das bei festen $K_1, \ldots, \underline{K}_{n-1} \in K_n$ durch die Zuordnung

$$h_K \underset{\partial B_1(o)}{\big|} \in \underline{H}_n\big(\partial B_1(o)\big) \mapsto V(K, K_1, \ldots, K_{n-1}) \in R$$

$\big(K \in \underline{K}_n,\ h_K =$ Stützfunktion von K, $\underline{H}_n\big(\partial B_1(o)\big) =$ durch die Supremumnorm normierter Raum der Einschränkungen aller auf R_n definierten, konvexen und positiv homogenen Funktionen auf $\partial B_1(o)\big)$ gegebene ,,positiv'' lineare[2]), monotone und stetige Funktional (vgl. Satz 15.6, 15.8 und 15.7) in eindeutiger Weise unter Erhaltung dieser Eigenschaften zu einem (schlechthin linearen) Funktional auf dem Raum $\underline{C}_n\big(\partial B_1(o)\big)$ aller auf $\partial B_1(o)$ definierten stetigen Funktionen mit Supremumnorm fortgesetzt werden kann. Letzteres entspricht bekanntlich einem (positiven) *Radonschen Maß* $\dfrac{1}{n}\,\mu_{(K_1, \ldots, K_{n-1})}$ auf $\partial B_1(o)$ in der Weise, daß der Wert dieses Funktionals für eine beliebige Funktion $f \in \underline{C}_n\big(\partial B_1(o)\big)$ durch das Integral $\dfrac{1}{n} \displaystyle\int\limits_{\partial B_1(o)} f \, d\mu_{(K_1, \ldots, K_{n-1})}$ ausgedrückt werden kann.[3]) Damit kommen wir zur

Definition 24.1. Ist K_1 eine beliebige kompakte konvexe Menge des R_n $(n \geqq 2)$, so heißt das Radonsche Maß auf $\partial B_1(o)$

$$\mu_{m-1}^{(K_1)} := \mu_{(\underbrace{K_1, \ldots, K_1}_{(m-1)\text{-mal}},\ \underbrace{B_1(o), \ldots, B_1(o)}_{(n-m)\text{-mal}})} \qquad (2 \leqq m \leqq n)$$

mit der für alle $K \in \underline{K}_n$ mit den Stützfunktionen h_K gültigen charakteristischen Eigenschaft

$$V\big(K, \underbrace{K_1, \ldots, K_1}_{m-1}, \underbrace{B_1(o), \ldots, B_1(o)}_{n-m}\big) = \frac{1}{n} \int\limits_{\partial B_1(o)} h_K \, d\mu_{m-1}^{(K_1)} \tag{843}$$

$(m-1)$-*te Krümmungsfunktion* von K_1.

Von A. D. Aleksandrow stammt nun der folgende (im Spezialfall $m = n$ auf Minkowski zurückgehende) bemerkenswerte Satz über die (von Translationen abgesehen) eindeutige Bestimmtheit kompakter konvexer Mengen des R_n durch eine ihrer $n - 1$ Krümmungsfunktionen:[4])

Satz 24.4. *Es seien K_1 und K_2 mindestens m-dimensionale kompakte konvexe Mengen des R_n $(n \geqq 2)$, deren $(m - 1)$-te Krümmungsfunktionen im Sinne von*

---

[1]) Vgl. [63].

[2]) Hierbei bezieht sich die Linearität nur auf Linearkombinationen mit nichtnegativen Koeffizienten.

[3]) Vgl. hierzu etwa [8], Satz 43.4. Das Radonsche Maß $\mu_{(K_1, \ldots, K_{n-1})}$ wurde schon vorher auf etwas andere Weise von A. D. Aleksandrow [64] definiert und als *gemischte Oberflächenfunktion* bezeichnet.

[4]) Vgl. [60], § 7, Theorem I.

Definition 24.1 *übereinstimmen*:

$$\mu_{m-1}^{(K_1)} = \mu_{m-1}^{(K_2)} \qquad (2 \leq m \leq n) \ . \tag{844}$$

Dann sind K_1 und K_2 translationsgleich.

Beweis. Aufgrund der Voraussetzung (844) für K_1 und K_2 und der charakteristischen Eigenschaft (843) der Krümmungsfunktionen haben wir zunächst in Verbindung mit (819)

$$\left(W_{n-m}(K_1, \dots, K_1)\right)^m = \left(\frac{1}{n} \int\limits_{\partial B_1(o)} h_{K_1} \mathrm{d}\mu_{m-1}^{(K_1)}\right)^m = \left(\frac{1}{n} \int\limits_{\partial B_1(o)} h_{K_1} \mathrm{d}\mu_{m-1}^{(K_2)}\right)^m$$

$$= \left(W_{n-m}(K_1, K_2, \dots, K_2)\right)^m \ ,$$

woraus sich durch Kombination mit (840) oder

$$\left(W_{n-m}(K_1, K_2, \dots, K_2)\right)^m \geqq W_{n-m}(K_1, \dots, K_1) \left(W_{n-m}(K_2, \dots, K_2)\right)^{m-1} \tag{845}$$

nach Division durch $W_{n-m}(K_1, \dots, K_1) > 0$ [1]) die Relation

$$\left(W_{n-m}(K_1, \dots, K_1)\right)^{m-1} \geqq \left(W_{n-m}(K_2, \dots, K_2)\right)^{m-1} \tag{846}$$

ergibt. Durch Vertauschung der Rollen von K_1 und K_2 folgt analog

$$\left(W_{n-m}(K_2, \dots, K_2)\right)^{m-1} \geqq \left(W_{n-m}(K_1, \dots, K_1)\right)^{m-1} \ ,$$

so daß in (846) und (845), d. h. auch in (840) Gleichheit herrschen muß. Daher sind K_1 und K_2 nach Satz 24.3 gleichsinnig homothetisch mit einem Ähnlichkeitsverhältnis $\lambda > 0$, was sich aufgrund der Gleichheit in (846) oder $W_{n-m}(K_1) = W_{n-m}(K_2)$ zusammen mit (335) zu $\lambda = 1$ berechnet, womit K_1 und K_2 als translationsgleich erkannt und Satz 24.4 bewiesen ist. □

Der Eindeutigkeitssatz 24.4 wirft die Frage der Existenz kompakter konvexer Mengen K_1 des R_n mit einer vorgegebenen $(m-1)$-ten Krümmungsfunktion $\mu_{m-1}^{(K_1)}$ auf $(2 \leq m \leq n)$. Hierbei ist zunächst leicht einzusehen, daß das Radonsche Maß $\mu_{m-1}^{(K_1)}$ auf $\partial B_1(o)$ nicht völlig beliebig gewählt werden kann, sondern der Einschränkung

$$\int\limits_{\partial B_1(o)} v \, \mathrm{d}\mu_{m-1}^{(K_1)} = 0 \tag{847}$$ [2])

$(v = $ Ortsvektor eines beliebigen Punktes von $\partial B_1(o)$, $2 \leq m \leq n)$ unterliegt. Diese bedeutet, physikalisch gesprochen, daß der Schwerpunkt von $\partial B_1(o)$ mit der „Massenbelegung" $\mu_{m-1}^{(K_1)}$ mit dem Ursprung o des R_n zusammenfallen muß. (847) läßt sich unmittelbar aus der charakteristischen Eigenschaft (843) der Krümmungsfunktionen und der Translationsinvarianz des gemischten Volumens ablei-

---

[1]) Wegen $\dim K_1 \geqq m$ ist nach Satz 15.9 und (819) $W_{n-m}(K_1, \dots, K_1) > 0$.
[2]) Vgl. die Fußnote [4]) auf S. 33.

ten; aus (843) folgt nämlich nach Ersetzung von K durch $K + a$ für alle $a \in R_n$

$$\frac{1}{n} \int\limits_{\partial B_1(o)} h_{K+a}\, \mathrm{d}\mu_{m-1}^{(K_1)} = \frac{1}{n} \int\limits_{\partial B_1(o)} h_K\, \mathrm{d}\mu_{m-1}^{(K_1)} + \frac{1}{n} \left\langle a, \int\limits_{\partial B_1(o)} v\, \mathrm{d}\mu_{m-1}^{(K_1)} \right\rangle = \frac{1}{n} \int\limits_{\partial B_1(o)} h_K\, \mathrm{d}\mu_{m-1}^{(K_1)},$$

d. h. $\quad \left\langle a, \int\limits_{\partial B_1(o)} v\, \mathrm{d}\mu_{m-1}^{(K_1)} \right\rangle = 0 \quad (2 \leqq m \leqq n),$

woraus (847) unmittelbar resultiert.

Zurückgehend auf MINKOWSKI konnten nun A. D. ALEKSANDROW [65] und W. FENCHEL und B. JESSEN [63] unabhängig voneinander zeigen, daß (847) *im wesentlichen die einzige charakteristische Eigenschaft der $(n - 1)$-ten Krümmungsfunktion darstellt, d. h., daß zu einem im wesentlichen beliebigen Radonschen Maß μ auf $\partial B_1(o)$ mit der Eigenschaft $\int\limits_{\partial B_1(o)} v\, \mathrm{d}\mu = 0$ immer ein kompakter konvexer Körper K_1 des R_n mit der $(n - 1)$-ten Krümmungsfunktion $\mu_{n-1}^{(K_1)} = \mu$ existiert.*

Nach W. J. FIREY [66] kommen im Falle $m - 1 = 1$ zu $\int\limits_{\partial B_1(o)} v\, \mathrm{d}\mu_1^{(K_1)} = 0$ noch weitere charakteristische Bedingungen für $\mu_1^{(K_1)}$ hinzu, während diesbezügliche Existenzsätze im Fall $1 < m - 1 < n - 1$ unseres Wissens nach noch nicht behandelt wurden.

Übungen

1. Man mache sich klar, daß die verallgemeinerte Minkowskische Ungleichung erster Art (839) den Spezialfall $K_{m+1} = B_1(o), \ldots, K_n = B_1(o)$ einer allgemeiner geltenden Ungleichung

$$V(\underbrace{K_1, \ldots, K_1}_{m-1}, K_2, K_{m+1}, \ldots, K_n) \geqq V(\underbrace{K_1, \ldots, K_1}_{m}, K_{m+1}, \ldots, K_n)^{(m-1)/m}$$
$$\times\, V(\underbrace{K_2, \ldots, K_2}_{m}, K_{m+1}, \ldots, K_n)^{1/m}$$

darstellt, und beweise mittels letzterer durch vollständige Induktion die für alle kompakten konvexen Mengen $K_1, \ldots, K_n$ des R_n geltenden Beziehungen

$$(V(K_1, \ldots, K_n))^m \geqq \prod_{l=1}^{m} V(\underbrace{K_l, \ldots, K_l}_{m}, K_{m+1}, \ldots, K_n) \qquad (1 \leqq m \leqq n)$$

(aus denen insbesondere $V(K_1, \ldots, K_n) \geqq V^{1/n}(K_1) \cdots V^{1/n}(K_n)$ folgt).

2. Es seien $K_1, \ldots, K_n$ kompakte konvexe Mengen des R_n $(n \geqq 2)$, $V(K_1, K_1, K_3, \ldots, K_n) > 0$ und $V(K_2, K_2, K_3, \ldots, K_n) > 0$. Man zeige, daß dann in der Aleksandrowschen Ungleichung (723) genau dann Gleichheit gilt, wenn die auf der Einheitssphäre $\partial B_1(o)$ definierten gemischten Oberflächenfunktionen $\mu_{(K_1, K_3, \ldots, K_n)}$ und $\mu_{(K_2, K_3, \ldots, K_n)}$ (vgl. die Fußnote [3]) auf S. 319)! proportional sind:

$$\mu_{(K_2, K_3, \ldots, K_n)} = \alpha \cdot \mu_{(K_1, K_3, \ldots, K_n)} \qquad (\alpha = \text{const} > 0).$$

Literatur

[1] McMullen, P., and G. Shephard, Convex polytopes and the upper bound conjecture, Cambridge Univ. Press 1971.

[2] Valentine, F., Konvexe Mengen, Bibl. Inst., Mannheim 1968.

[3] Bonnesen, T., und W. Fenchel, Theorie der konvexen Körper, Springer, Berlin 1934.

[4] Hammer, P. C., Semispaces and the topology of convexity, Proc. Amer. Math. Soc. 7 (1963), 305–309.

[5] Carathéodory, C., Über den Variabilitätsbereich der Fourierschen Konstanten von positiven harmonischen Funktionen, Rend. Circ. Mat. Palermo 32 (1911), 193–217.

[6] Radon, J., Mengen konvexer Körper, die einen gemeinsamen Punkt enthalten, Math. Ann. 83 (1921), 113–115.

[7] Grünbaum, B., Convex polytopes, Interscience Publ., London 1967.

[8] Bauer, H., Wahrscheinlichkeitstheorie und Grundzüge der Maßtheorie, de Gruyter, Berlin 1968.

[9] Krein, M. G., and D. P. Milman, On extreme points of regularly convex sets, Studia Math. 9 (1940), 133–138.

[10] Klee, V. L., Extremal structures of convex sets I, Arch. Math. 8 (1957), 234–240.

[11] Straszewicz, S., Über exponierte Punkte abgeschlossener Punktmengen, Fund. Math. 24 (1935), 139–143.

[12] Klee, V. L., Extremal structures of convex sets II, Math. Z. 69 (1958), 90–104.

[13] Klee, V. L., Some characterizations of convex polyhedra, Acta Math. 102 (1959), 79–107.

[14] Tietz, H., Lineare Geometrie, Aschendorff, Münster 1967.

[15] Eggleston, H., Convexity, Cambridge Univ. Press 1963.

[16] Helly, E., Über Mengen konvexer Körper mit gemeinschaftlichen Punkten, Jahresber. DMV 32 (1923), 175–176.

[17] Sandgren, L., On convex cones, Math. Scand. 2 (1954), 19–28.

[18] Helly, E., Über Systeme abgeschlossener Mengen mit gemeinschaftlichen Punkten, Monatsh. Math. 37 (1930), 281–302.

[19] Danzer, L., B. Grünbaum and V. L. Klee, Helly's theorem and its relatives, Proc. Symp. Pure Math. 7 (1963), 101–177.

[20] Kirchberger, P., Über Tschebyscheffsche Annäherungsmethoden, Math. Ann. 57 (1903), 509–540.

[21] Krasnoselskij, M., Sur un critère pour qu'un domain soit étoilé, Mat. Sbornik, N. S. 19 (1946), 309–310.

[22] Jung, H. E. W., Über die kleinste Kugel, die eine räumliche Figur einschließt, J. Reine Angew. Math. 123 (1901), 241–257.

[23] Dvoretzky, A., A converse of Helly's theorem of convex sets, Pacific J. Math. **5** (1955), 345—350.

[24] Hammer, R., Eine kategorielle Charakterisierung von Familien konvexer Mengen, Abh. Math. Sem. Hamburg **43** (1975), 92—104.

[25] Motzkin, T., Sur quelques propriétés charactéristiques des ensembles bornés non convexes, Rend. Acad. Lincei **21** (1935), 773—779.

[26] Aumann, G., On a topological characterization of compact convex point sets, Ann. Math. **37** (1936), 443—447.

[27] Anderson, R. D., and V. L. Klee, Convex functions and upper semi-continuous collections, Duke Math. J. **19** (1952), 349—357.

[28] Leichtweiss, K., Zwei Extremalprobleme der Minkowski-Geometrie, Math. Z. **62** (1955), 37—49.

[29] Laugwitz, D., Konvexe Mittelpunktsbereiche und normierte Räume, Math. Z. **61** (1954), 235—244.

[30] Leichtweiss, K., Über eine analytische Darstellung des Randes konvexer Körper, Arch. Math. **16** (1965), 300—319.

[31] Baum, D., Zur analytischen Darstellung des Randes konvexer Körper durch Stützhyperboloide I, Manuscr. Math. **9** (1973), 113—141.

[32] Radon, J., Über eine besondere Art ebener konvexer Kurven, Ber. Sächs. Akad. Wiss., Math. Phys. Kl. **68** (1916), 123—128.

[33] Leichtweiss, K., Selbstadjungierte Banachräume, Math. Z. **73** (1959), 335—360.

[34] Riesz, F., und B. Sz.-Nagy, Vorlesungen über Funktionalanalysis, 3. Aufl., VEB Deutscher Verlag der Wissenschaften, Berlin 1973 (Übersetzung aus dem Französischen).

[35] Blaschke, W., Räumliche Variationsprobleme mit symmetrischer Transversalitätsbedingung, Ber. Sächs. Akad. Wiss., Math. Phys. Kl. **68** (1916), 50—55.

[36] James, R. C., Inner products in normed linear spaces, Bull. Amer. Math. Soc. **53** (1947), 559—566.

[37] Gruber, P., Über kennzeichnende Eigenschaften von Ellipsoiden und euklidischen Räumen III, Monatsh. Math. **78** (1974), 311—340.

[38] Danzer, L., D. Laugwitz und H. Lenz, Über das Löwnersche Ellipsoid und sein Analogon unter den einem Eikörper einbeschriebenen Ellipsoiden, Arch. Math. **8** (1957), 214—219.

[39] Blaschke, W., Kreis und Kugel, 2. Aufl., de Gruyter, Berlin 1956.

[40] Wills, J., Zur Gitterpunktanzahl konvexer Mengen, Elemente Math. **28** (1973), 57—63.

[41] Hadwiger, H., Vorlesungen über Inhalt, Oberfläche und Isoperimetrie, Springer-Verlag Berlin 1957.

[42] McMullen, P., Metrical properties of convex sets, Preprint, 1974.

[43] Schneider, R., Krümmungsschwerpunkte konvexer Körper I, Abh. Math. Sem. Hamburg **37** (1972), 112—132.

[44] Schneider, R., Steiner points of convex bodies, Israel J. Math. **9** (1971), 241—249.

[45] Schneider, R., Krümmungsschwerpunkte konvexer Körper II, Abh. Math. Sem. Hamburg **37** (1972), 204—217.

[46] Gross, W., Die Minimaleigenschaft der Kugel, Monatsh. Math. Phys. **28** (1917), 77—97.

[47] Bonnesen, T., Les problèmes des isopérimètres et des isépiphanes, Gauthier-Villars, Paris 1929.

[48] Süss, W., Zusammensetzung von Eikörpern und homothetischen Eiflächen, Tohoku Math. J. **35** (1932), 47—50.

[49] Rogers, C. A., and G. Shephard, The difference body of a convex body, Arch. Math. **8** (1957), 220—233.

[50] Grünbaum, W., Measures of symmetry for convex sets, Proc. Symp. Pure Math. **7** (1963), 233—270.

[51] KNESER, H., und W. SÜSS, Die Volumina in linearen Scharen konvexer Körper, Mat. Tidskr. B, 1 (1932), 19—25.

[52] SCHMIDT, E., Der Brunn-Minkowskische Satz und sein Spiegeltheorem sowie die isoperimetrische Eigenschaft der Kugel in der euklidischen und hyperbolischen Geometrie, Math. Ann. 120 (1948), 307—422.

[53] SCHMIDT, E., Die Brunn-Minkowskische Ungleichung und ihr Spiegelbild sowie die isoperimetrische Eigenschaft der Kugel in der euklidischen und nichteuklidischen Geometrie I, II, Math. Nachr. 1 (1948), 81—157; 2 (1949), 171—244.

[54] BUSEMANN, H., A theorem on convex bodies of the Brunn-Minkowski-type, Proc. Nat. Acad. Sci. 35 (1949), 27—31.

[55] BARTHEL, W., Zum Busemannschen und Brunn-Minkowskischen Satz, Math. Z. 70 (1959), 407—429.

[56] BOULIGAND, G., et G. CHOQUET, Problèmes liés à des métriques variationelles, C. R. Acad. Sci. Paris 218 (1944), 696—698.

[57] BUSEMANN, H., Intrinsic area, Ann. Math. 48 (1947), 234—267.

[58] BOL, G., Beweis einer Vermutung von H. Minkowski, Abh. Math. Sem. Hamburg 15 (1943), 37—56.

[59] FENCHEL, W., Inégalités quadratiques entre les volumes mixtes des corps convexes, C. R. Acad. Sci. Paris 203 (1936), 647—650.

[60] ALEKSANDROW, A. D., Neue Ungleichungen zwischen den gemischten Volumina und ihre Anwendungen, Mat. Sbornik N. S. 2 (1937), 1205—1238.

[61] FAVARD, J., Sur les corps convexes, J. Math. Pures Appl. 12 (1933), 219—282.

[62] FENCHEL, W., Généralisation du theorème de Brunn et Minkowski concernant les corps convexes, C. R. Acad. Sci. Paris 203 (1936), 764—766.

[63] FENCHEL, W., und B. JESSEN, Mengenfunktionen und konvexe Körper, Kgl. Dansk. Vid. Sels. Math.-fys. Meddel. XVI, 3 (1938), 3—31.

[64] ALEKSANDROW, A. D., Verallgemeinerung einiger Begriffe der Theorie der konvexen Körper, Mat. Sbornik N. S. 2 (1937), 947—972.

[65] ALEKSANDROW, A. D., Die Erweiterung zweier Lehrsätze Minkowskis über die konvexen Polyeder auf beliebige konvexe Flächen, Mat. Sbornik N. S. 3 (1938), 27—44.

[66] FIREY, W., Christoffel's problem for general convex bodies, Mathematika 15 (1968), 7—21.

Namen- und Sachverzeichnis